NEW CONCEPT PHYSICS

新概念物理
题解

（上册）

赵凯华 罗蔚茵 陈熙谋

高等教育出版社·北京

内容简介

赵凯华主编的《新概念物理教程》系列教材提供了丰富的思考题和习题资源，而教师选择和布置习题、思考题是一件很费时的事。本书为这套教材的所有思考题和习题作了解答，为教师节省了时间和精力。学生也可以在自己思考的基础上，与该题解作比较，找出差距，检验和深化所学知识。

本书上册包括力学和电磁学，下册包括热学、光学和量子物理。书中所有的思考题和习题均配有原题，既可作为与《新概念物理教程》相配套的教学参考书，也可以作为普通物理课程的习题集供高等院校理工科类的师生和社会读者参考。

图书在版编目（CIP）数据

新概念物理题解. 上册 / 赵凯华，罗蔚茵，陈熙谋. —北京：高等教育出版社，2009.6（2024.12 重印）

ISBN 978-7-04-026274-2

Ⅰ. 新… Ⅱ. ①赵…②罗…③陈… Ⅲ. 物理学-高等学校-解题 Ⅳ. 04-44

中国版本图书馆 CIP 数据核字（2009）第 090020 号

策划编辑 马天魁　责任编辑 王文颖　封面设计 张 楠　责任印制 赵 佳

出版发行	高等教育出版社	咨询电话	400-810-0598
社　　址	北京市西城区德外大街4号	网　　址	http://www.hep.edu.cn
邮政编码	100120		http://www.hep.com.cn
印　　刷	北京中科印刷有限公司	网上订购	http://www.landraco.com
开　　本	787×960　1/16		http://www.landraco.com.cn
印　　张	22.75	版　　次	2009年6月第1版
字　　数	360 000	印　　次	2024年12月第23次印刷
购书热线	010-58581118	定　　价	43.00元

本书如有缺页、倒页、脱页等质量问题，请到所购图书销售部门联系调换

物 料 号　26274-00

前　言

学习物理不做习题是不行的，习题是巩固所学原理的必要环节。思考题则更能启发学生对所学内容进行深入的思考。学生通过习题和思考题可以检验自己是否真正掌握了所学的物理理论和概念，可以扩大知识面，巩固和深化所学的理论知识。《新概念物理教程》系列教材提供了丰富的思考题和习题资源，供不同的任课教师根据不同的教学要求选用。而教师选择和布置习题、思考题是一件很费时的事，他们需要先解出各题并进一步思考该题的训练意义，且从教学要求加以全面权衡。尤其是对新任课教师，需要花费他们很多精力。为此，我们编写了这套《新概念物理题解》，对各卷(除《光学》为第一版外，其余四卷均为第二版)的思考题和习题进行分析和解答，供教师参考。

然而我们却有一种担忧，这套《新概念物理题解》为那些学习不够自觉的学生提供了一份简便的照抄样本，这是我们不愿看到的。显然禁止学生购买和照抄解答是不可能的，重要的是教导他们正确地对待学习和做题。应该让他们知道，听课堂讲授是被动的学习，自学(包括预习和复习)与做习题、钻研思考题才是主动学习的环节，这对于掌握教学基本内容、巩固和深化所学的理论知识、提高学习能力，是不可缺少的。学生常反映，听了课都懂了，但是一拿到题就不会做。我们认为这是正常现象，若学生课后都能顺利地解出所有习题，习题的作用也就不大了。学生不能顺利解题，说明他们对相关的课程内容还没有较好地掌握，正要通过解题来检验和深化。学生通过自己的努力解出的难题往往终身难忘，收获是最大的。当然在自己思考的基础上与同学讨论，同样是有益的。也不排除学生参考一下习题解答，但一定要通过自己的思考，将自己的思路和困难与题解作比较，找出差距，仍不失为一种收获。最要不得的是简单地照抄题解以应付作业，从根本上说是害了自己。

公开出版这一套《新概念物理题解》，如何权衡利弊，作者和出版社都经过了长期的犹豫。我们希望出版这套题解，对教师和学生都起到积极作用。

这套《新概念物理题解》分上、下两册，各册内容和编写者如下：

上册：
- 力 学：赵凯华 罗蔚茵
- 电磁学：赵凯华 陈熙谋

下册：
- 热 学：赵凯华 罗蔚茵
- 光 学：赵凯华
- 量子物理：赵凯华 王笑君

编 者

上册目录

力学

电磁学

力　学

力学思考题解答

第一章　质点运动学

1－1. 本题图所示为A、B两球运动的闪频照相，图中球上方的数字是时间，即相同数字表示相同的时刻拍摄两球的影像。两球有过瞬时速度相同的时刻吗？如果有，在什么时间？什么位置？在时刻2 和5 哪个球的速度大？

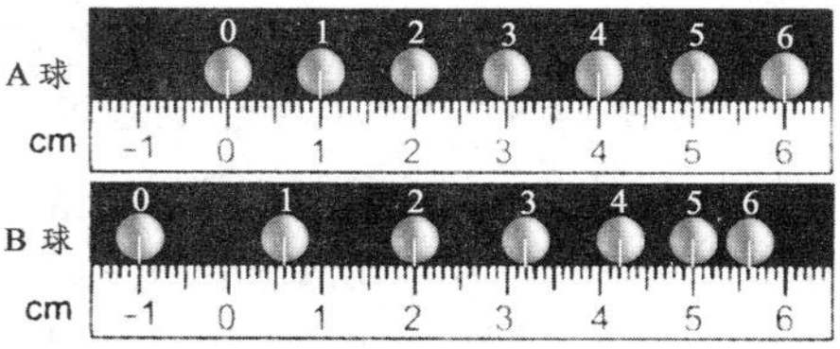

思考题 1－1

答： 由图可见，A球作匀速运动，B球作减速率运动。在t=2 时刻B球赶上A球($s-t$ 图中a点)，瞬时速度$v_B>v_A$；在t=5 时刻A球赶上B球($s-t$ 图中b点)，瞬时速度$v_A>v_B$. 在这两时刻之间必有一瞬时速度$v_B=v_A$的时刻，由$s-t$图上估计，约在t=3.5 时刻(图中箭头c处)。在该处B球$s-t$曲线的切线与A球的平行，速度皆为1.

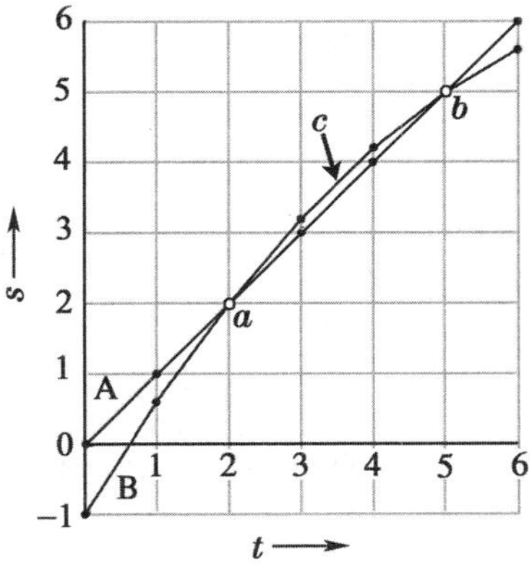

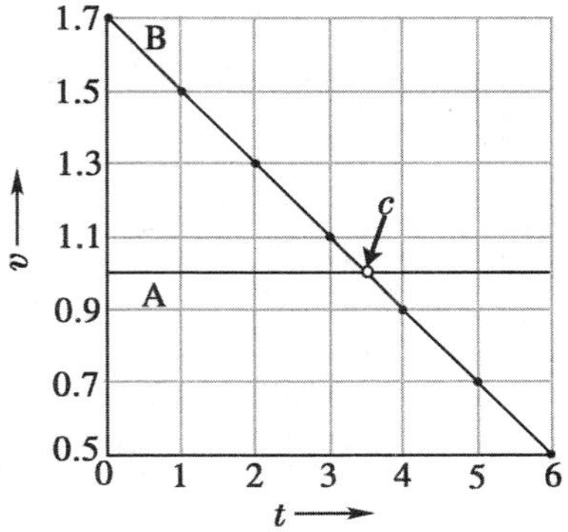

1－2. 本题图所示为A、B两球运动的闪频照相，时间的显示如上题，与上题不同的是在0 时刻B球静止，它是在时刻1 才起步的。

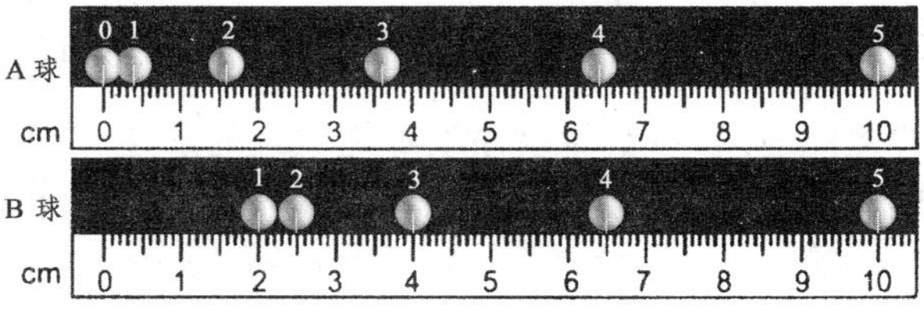

思考题 1－2

(1) 判断两球是否在作匀加速运动；

(2) 哪个球的加速度大?

(3) 在时刻 5 哪个球达到的终速度大?

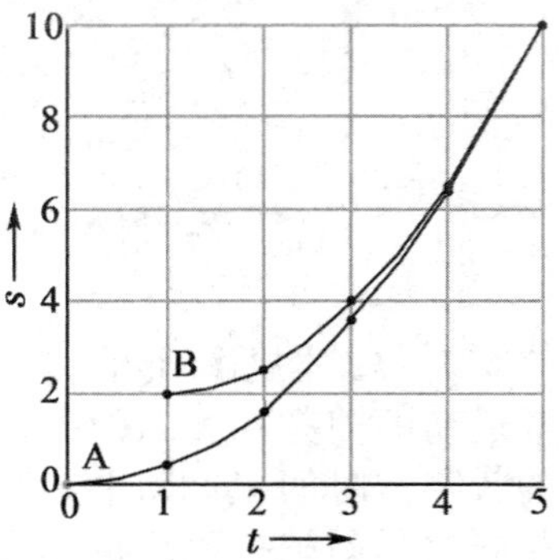

答：(1) 两球都是在作匀加速运动。(3) 由右图 $s-t$ 曲线可以看出，在时刻 5 两球达到的终速度一样。(2) B 球在较短的时间内达到同样的速度，其加速度必大。

1－3. 在粗糙水平桌面上放置一物体，用棒从旁敲击一下，它向前滑动一段路程后停下来。本题图给出此过程的 $v-t$ 曲线，试将相应的 $s-t$ 和 $a-t$ 曲线补画出来。

答：见本题图中灰色曲线。

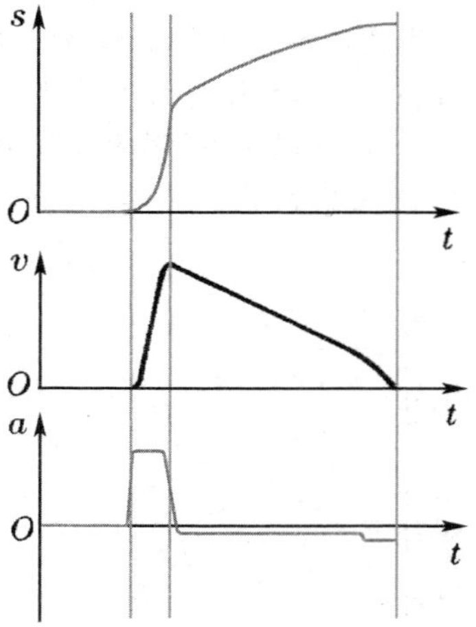

思考题 1－3

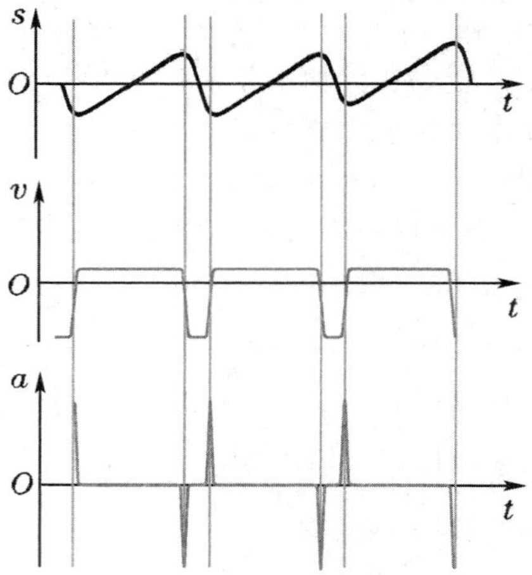

思考题 1－4

1－4. 本题图给出干摩擦引起的张弛振动 $s-t$ 曲线，试将相应的 $v-t$ 和 $a-t$ 曲线补画出来。

答：见本题图中灰色曲线。

1－5. 有人说："加速度 $a=\dfrac{\mathrm{d}v}{\mathrm{d}t}$，因此，若质点在某时刻速度为 0，对 0 的微商当然为 0，所以在该时刻质点的加速度必为 0."这种说法对吗? 设想一下，是否可能有(1) $v=0$ 而 $a\neq0$，(2) $v>0$ 而 $a<0$ 的情形。

答：上述说法不对。因为某时刻的加速度并不是将该时刻的速度对时间取导数，而是将速度的表达式(一般是时间的函数)对时间取导数之后，再将该时刻的时间值代入，即时刻 $t=t_0$ 的加速度为

$$a(t_0)=\left(\frac{\mathrm{d}v}{\mathrm{d}t}\right)_{t=t_0}.$$

(1) 上抛物体达到最高点时，$v=0$ 而 $a=-g\neq 0$.

(2) 在上抛过程中 $v>0$ 而 $a=-g<0$.

1－6. 伽利略奠定力学基础的不朽之作是《[关于托勒玫和哥白尼] 两大世界体系的对话》(以下简称《对话》)。此书是以三个人对话的形式来写的：1. 萨尔维亚蒂(Salviati)，伽利略自己的发言人；2. 辛普利邱(Simplicio)，传统亚里士多德观点的代表；3. 沙格列陀(Sagredo)，中立而开朗的旁观者。下面摘录书中的一个片段[方括号内的话是摘引者的]。

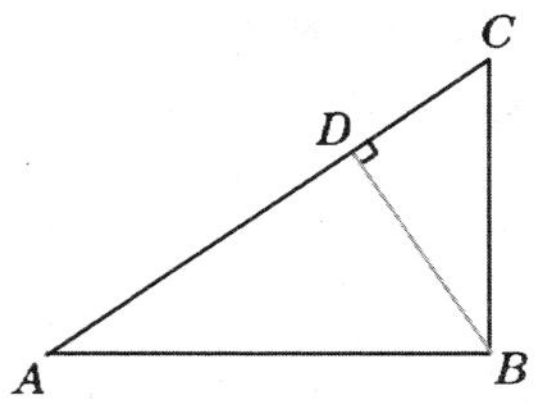

思考题 1－6

萨：……*CA* 代表一个斜面，磨得非常光滑而且很硬，从这上面我们滚下[应读作滑下] 一个…… 圆球。现在假定另外一个完全相同的圆球沿垂直线[*CB*] 自由落下。我问你承认不承认，那个沿斜面 *CA* 滚下[滑下] 的圆球到达 *A* 点时，它的冲力和另一个沿垂直线 *CB* 落下的圆球到达 *B* 点时的冲力相等。

沙：我当然相信是相等的 …… 每一圆球所获得的冲力都足以使它回到同样的高度。

…………

萨：…… 在斜面 *CA* 上滚下[滑下]…… 要比沿垂直线落得慢些，是不是？

沙：我本来想说肯定是这样 …… 可是如果这样，又怎样能够 …… 冲力一样(即同等速度) 呢？这两条命题好像是矛盾的。

萨：那么如果我说，物体沿垂直线和斜面坠落的快慢一样，在你看来就更加错误了。然而这个命题是完全对的。正像说物体沿垂直线比沿斜面运动得快一样正确。

沙：我听上去，这像是两条矛盾的命题，你呢，辛普利邱？

辛：我也一样。

…………

上面对话中所用的术语，如"冲力相等"、"快慢一样" 等，都不是现代物理学的标准术语，它们的语义是含混不清的。试用现代物理学的标准术语，如"速度"、"加速度"、"动量"、"动能" 等来分析上述两条命题是否矛盾，孰是孰非？

答： 如果萨尔维亚蒂说的"冲力" 是到达终点时的动能的话，按机械能守恒定律，他是对的。沙格列陀起初也是这样理解的，但他后来把“冲力”的概念偷换成速度，而且与谁先走完全程的问题联系在一起，这就把“冲力”的概念理解成全程的平均速度了，于是发生了矛盾。将物体沿垂直线和斜面坠落比较时，沿斜面加速度小，平均速度小，但在同一高度上动能一样，瞬时速率一样。在上述辩论中矛盾是因把不同概念混淆而引起的，实际上不存在。

1－7. 质点作直线运动，平均速度公式 $\bar{v}=\dfrac{v_{初}+v_{末}}{2}$ 永远成立吗？

答： 只对匀加速运动才成立。

1－8. 质点的位矢方向不变，它是否一定作直线运动？质点作直线运动，其位矢的方向是否一定保持不变？

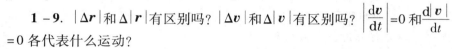

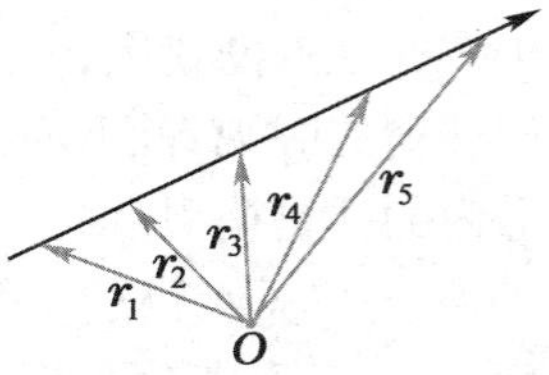

答： 如果质点的位矢方向不变，它一定作直线运动。反之则不一定，这与坐标原点的选择有关。如右图将原点 O 选在直线轨迹之外，则位矢的方向一直在变。

1－9. $|\Delta\boldsymbol{r}|$ 和 $\Delta|\boldsymbol{r}|$ 有区别吗？$|\Delta\boldsymbol{v}|$ 和 $\Delta|\boldsymbol{v}|$ 有区别吗？$\left|\dfrac{\mathrm{d}\boldsymbol{v}}{\mathrm{d}t}\right|=0$ 和 $\dfrac{\mathrm{d}|\boldsymbol{v}|}{\mathrm{d}t}=0$ 各代表什么运动？

答： $|\Delta\boldsymbol{r}|$ 和 $\Delta|\boldsymbol{r}|$ 有区别。$|\Delta\boldsymbol{r}|=|\boldsymbol{r}_2-\boldsymbol{r}_1|$ 是质点位矢改变量的大小，即位移的大小。而 $\Delta|\boldsymbol{r}|=|\boldsymbol{r}_2|-|\boldsymbol{r}_1|$ 是质点位矢的大小的改变量。例如，在匀速率圆周运动中，以圆心为坐标原点，则 $|\Delta\boldsymbol{r}|\neq0$，而 $\Delta|\boldsymbol{r}|=0$，即虽然其位矢不断地改变，但位矢的大小（也就是圆的半径）不变。

同样，$|\Delta\boldsymbol{v}|$ 和 $\Delta|\boldsymbol{v}|$ 也有区别。$|\Delta\boldsymbol{v}|=|\boldsymbol{v}_2|-|\boldsymbol{v}_1|$ 是质点速度的改变量大小，而 $\Delta|\boldsymbol{v}|=|\boldsymbol{v}_2|-|\boldsymbol{v}_1|$ 是质点速度的大小的改变量，或者说是速率的改变量。例如，在匀速率圆周运动中，$|\Delta\boldsymbol{v}|\neq0$，而 $\Delta|\boldsymbol{v}|=0$. 即作匀速率圆周运动的质点，其速度是变的，但速率却是不变的。

$\left|\dfrac{\mathrm{d}\boldsymbol{v}}{\mathrm{d}t}\right|=0$ 表示质点的加速度为零，它代表匀速直线运动，即其速度的大小和方向都不变的运动。而 $\dfrac{\mathrm{d}|\boldsymbol{v}|}{\mathrm{d}t}=0$ 表示质点的切向加速度为零，它代表速度的大小不变的运动，或者说是速率不变的运动。但其速度的方向可能变，即法向加速度不为零。例如，匀速率圆周运动。

1－10. 在一段时间间隔 Δt 内（1）$\Delta\boldsymbol{r}=0$，（2）$\Delta r=0$，（3）$\Delta s=0$，在此期间质点可能作过怎样的运动？在每一瞬时（1）$\mathrm{d}\boldsymbol{r}=0$，（2）$\mathrm{d}r=0$，（3）$\mathrm{d}s=0$，质点可能在作怎样的运动？

答： 在一段时间间隔内

(1) $\Delta \boldsymbol{r}=0$ 表示在这一段时间间隔内质点的位移为零,或者说是位置改变量为零。所以，在此期间质点可能是一直处于静止状态，也可能是作过任意的曲线运动(当然也包括直线运动),但最后又回到原点。

(2) $\Delta r=0$ 表示在这一段时间间隔内质点位置矢量大小的改变量为 0，在此期间质点可能是一直处于静止状态，也可能是作任意的曲线运动，但最后又回到原点，或者是该质点始终在围绕原点的圆周上运动。

(3) $\Delta s=0$ 表示质点在此时间间隔内所走过的路程为 0，质点只能在此时间间隔内一直处于静止状态。

如果在每一瞬时

(1) $\mathrm{d}\boldsymbol{r}=0$ 表示质点的位置一直不变,它只能是处于静止状态。

(2) $\mathrm{d}r=0$ 表示在质点的位矢大小一直不变,它可能处于静止状态，也可能作匀速率圆周运动。

(3) $\mathrm{d}s=0$ 表示在所走过的路程始终为 0，它只能处于静止状态。

1－11. 在一段时间间隔 Δt 内 (1) $|\Delta \boldsymbol{r}|=\Delta s$，(2) $|\Delta \boldsymbol{r}|=\pm\Delta x$,在此期间质点可能作过怎样的运动？在每一瞬时(1) $|\mathrm{d}\boldsymbol{r}|=\mathrm{d}s$，(2) $|\mathrm{d}\boldsymbol{r}|=\pm\mathrm{d}x$，质点可能在作怎样的运动？

答： 在一段时间间隔 Δt 内

(1) $|\Delta \boldsymbol{r}|=\Delta s$ 表示在此期间质点位移的大小等于它所走过的路程,质点是在作直线运动。

(2) $|\Delta \boldsymbol{r}|=\pm\Delta x$ 表示在此期间质点的位移沿 x 轴方向,沿其它垂直方向或者没有移动，或者移动后复原。

在每一瞬时

(1) $|\mathrm{d}\boldsymbol{r}|=\mathrm{d}s$，此式总成立，适用于质点的任何运动。

(2) $|\mathrm{d}\boldsymbol{r}|=\pm\mathrm{d}x$ 表示质点在 x 轴作直线运动。

1－12. 质点作匀速圆周运动,以下各量哪些变,哪些不变？

$$(1)\ \lim_{\Delta t\to 0}\frac{\Delta r}{\Delta t},\qquad (2)\ \lim_{\Delta t\to 0}\frac{\Delta \boldsymbol{r}}{\Delta t},\qquad (3)\ \lim_{\Delta t\to 0}\frac{|\Delta \boldsymbol{r}|}{\Delta t},$$

$$(4)\ \lim_{\Delta t\to 0}\frac{\Delta v}{\Delta t},\qquad (5)\ \lim_{\Delta t\to 0}\frac{\Delta \boldsymbol{v}}{\Delta t},\qquad (6)\ \lim_{\Delta t\to 0}\frac{|\Delta \boldsymbol{v}|}{\Delta t}.$$

答： (1) $\lim\limits_{\Delta t\to 0}\dfrac{\Delta r}{\Delta t}=0$，不变；　(2) $\lim\limits_{\Delta t\to 0}\dfrac{\Delta \boldsymbol{r}}{\Delta t}=\boldsymbol{v}$，方向变；

(3) $\lim\limits_{\Delta t\to 0}\dfrac{|\Delta \boldsymbol{r}|}{\Delta t}=v$，不变；　(4) $\lim\limits_{\Delta t\to 0}\dfrac{\Delta v}{\Delta t}=0$，不变；

(5) $\lim\limits_{\Delta t\to 0}\dfrac{\Delta \boldsymbol{v}}{\Delta t}=\boldsymbol{a}$，方向变；　(6) $\lim\limits_{\Delta t\to 0}\dfrac{|\Delta \boldsymbol{v}|}{\Delta t}=a=v^2/R$，不变。

1－13. 试分析抛物运动(见本题图)各中间阶段速度和加速度的方向。速率在哪里最大,哪里最小?法向加速度、切向加速度和总加速度呢?

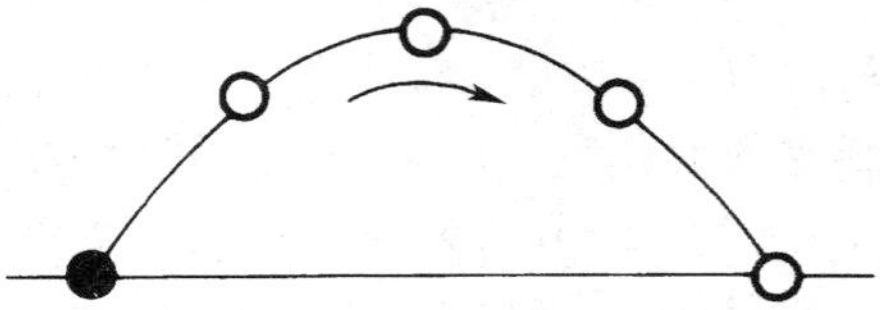

思考题 1－13

答: 作抛体运动的质点各阶段速度的都沿着轨迹的切线方向,其加速度的方向都竖直向下。

其速率在起抛点和落地点最大,在最高点处最小。

其法向加速度在最高点处最大,在起抛点和落地点最小。

其切向加速度在起抛点和落地点最大,在最高点处最小(等于0)。总加速度则到处一样大,都是 g.

1－14. 如本题图所示,单摆静止地从位置 A 摆到 B,试分析它在中间各阶段加速度的方向。

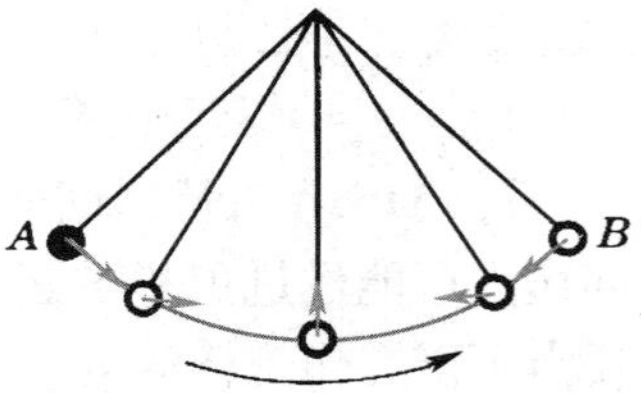

思考题 1－14

答: 单摆作曲线运动,它受到绳子张力和重力的合力,产生向心加速度和切向加速度。摆锤加速度的方向已用箭头标在图上。在 A 点和 B 点摆锤速度为 0,向心加速度为零,只有指向平衡位置的切向加速度。在平衡位置(即中点)重力和张力都在同一竖直方向上,故切向加速度为零,重力和张力都在同一竖直方向上,故切向加速度为零,只有法向加速度。在其余各点上既有向心加速度,也有指向平衡位置的切向加速度。

1－15. 在测量降雨量时,有风和无风,量筒中的积水量相同吗?

答: 相同。因风速 $v_{风}$ 沿水平方向,雨速 $v_{雨}$ 沿竖直方向,$\boldsymbol{v}=\boldsymbol{v}_{雨}+\boldsymbol{v}_{风}$,设量筒的横截面积为 S,垂直于 $\boldsymbol{v}$ 的面积为 $S'=S\cos\theta$(见图)。量筒中的积水量

$$Q \propto vS'=v\times S\cos\theta=v\cos\theta\times S=v_{雨}\times S,$$

即它等于无风时的积水量。

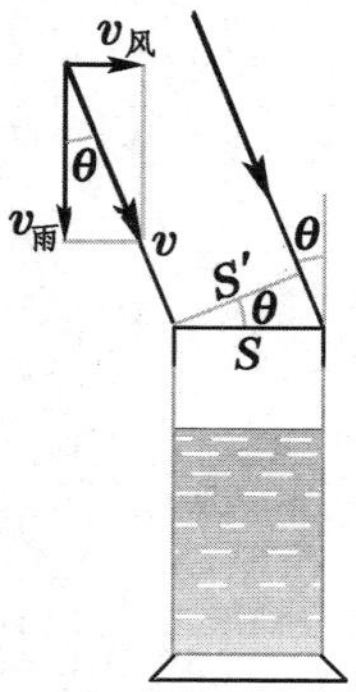

1－16. 如本题图所示,一人站在河岸上(岸高 h),手握绳之一端,绳的另端系一小船。那人站着不动,以手收绳。设收绳速度 v_0 恒定,绳与水面的夹角为 θ,船向岸靠拢的速度 $v=v_0\cos\theta$ 吗?船作匀速运动还是加速运动?加速度为多少?

答： 人用手以恒速收绳，当绳与水面的夹角为 θ 时，“船向岸靠拢的速度为 $v=v_0\cos\theta$”的说法不对，因为这个结论是由船的靠岸速度 $\boldsymbol{v}$ 是收绳速度 $\boldsymbol{v}_0$ 的分量（投影）而得到的。其实正好相反，船速 $\boldsymbol{v}$ 是由收绳速度 $\boldsymbol{v}_0$ 和与绳垂直的速度 $\boldsymbol{v}_\perp$ 合成的，即 $\boldsymbol{v}_0$ 是 $\boldsymbol{v}$ 的分量（见右图）：

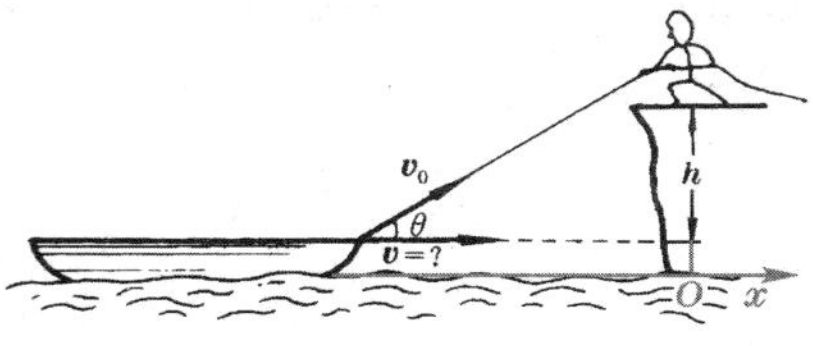

思考题 1－16

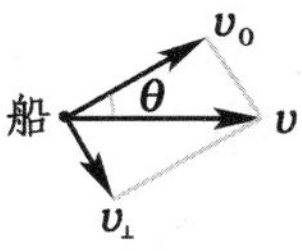

$$v_0=v\cos\theta,\qquad 即\qquad v=\frac{v_0}{\cos\theta},\tag{①}$$

如果 $\boldsymbol{v}_\perp$ 不存在，就不能保证船沿水面运动。而船很重，是不应离开水面的。

由上式看，θ 在增大，$\cos\theta$ 在减小，其倒数在增大，故船作加速运动，且非匀加速运动，求加速度需用微积分。下面我们用微积分重作此题。选人的铅垂线与水面的交点 O 为坐标原点，船与原点的联线为 x 轴，且向右为正，如本题图中添加的灰色部分所示，

$$l^2=x^2+h^2,\tag{②}$$

求导：

$$2l\frac{\mathrm{d}l}{\mathrm{d}t}=2x\frac{\mathrm{d}x}{\mathrm{d}t}\tag{③}$$

$$v=\frac{\mathrm{d}x}{\mathrm{d}t}=\frac{l}{x}\frac{\mathrm{d}l}{\mathrm{d}t}=\frac{v_0}{\cos\theta}.$$

与上面①式结果一样。现在求加速度。对③式再次求导：

$$2\left(\frac{\mathrm{d}l}{\mathrm{d}t}\right)^2+2l\frac{\mathrm{d}^2l}{\mathrm{d}t^2}=2\left(\frac{\mathrm{d}x}{\mathrm{d}t}\right)^2+2x\frac{\mathrm{d}^2x}{\mathrm{d}t^2},\tag{④}$$

其中 $\frac{\mathrm{d}l}{\mathrm{d}t}=-v_0$，$\frac{\mathrm{d}^2l}{\mathrm{d}t^2}=0$，$x=\frac{-h}{\tan\theta}$. 加速度

$$a=\frac{\mathrm{d}^2x}{\mathrm{d}t^2}=\frac{1}{x}\left[\left(\frac{\mathrm{d}l}{\mathrm{d}t}\right)^2-\left(\frac{\mathrm{d}x}{\mathrm{d}t}\right)^2\right]=\frac{1}{x}\left(1-\frac{l^2}{x^2}\right)\left(\frac{\mathrm{d}l}{\mathrm{d}t}\right)^2=\frac{-h^2}{x^3}\left(\frac{\mathrm{d}l}{\mathrm{d}t}\right)^2$$

即

$$a=\frac{v_0^2}{h}\tan^3\theta.\tag{⑤}$$

1－17. 一小船载木箱逆水而行，经过桥下时，一个木箱不慎落入水中，半小时后才发觉，立即回程追赶，在桥的下游 5.0 km 处赶上木箱。设小船顺流和逆流时相对水流的划行速度不变，问小船回程追赶所需时间，并求水流速度。

答： 选流水为参考系，则木箱相对流水静止，而小船顺流和逆流时相对

水流的划行速度不变，所以小船回程追赶木箱所需的时间，与木箱落水到被发现所需的时间相同，即半个小时。

从上可见，木箱落水到被追上共一个小时，而在这段时间内木箱随水漂流了 5.0 km，水流速度为 5.0 km/s.

1－18. 某人立在桥上，桥下河水平稳地向前流动。他将一石子竖直向下投于水中。试分析，激起的水波属于下列哪种情况？(1) 同心椭圆，(2) 非同心圆(见本题图)，(3) 与水共同前进的同心圆。

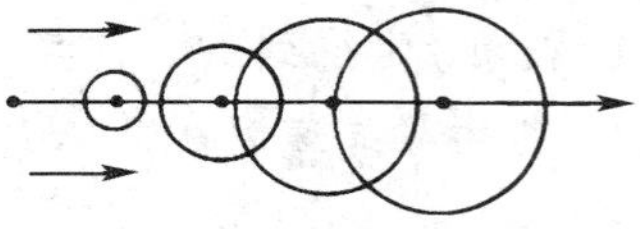

思考题 1－18

答： 选流水为参考系，这相当于石子投入了平静的河水中，激起的水波应是一系列同心圆。但现在河水是流动的，从桥上看，这些同心圆将以相同的速度随水一起运动。所以，此石子激起的水波是与水共同前进的同心圆。

1－19. 假设烟花爆竹在高空爆炸时，向四面八方飞出的碎片都具有相同的速率，经过一定时间后，这些碎片将联成怎样的曲面？

答： 烟花爆竹在空中爆炸时，向四面八方飞出碎片，这些碎片都有相同的重力加速度。若选以重力加速度下落的参考系，如果这些碎片都具有相同的速率，经过一定时间后这些碎片将连成一个球面。在地面参考系内看来，这个不断扩张的碎片形成的球面以重力加速度向下降落。

第二章　动量守恒　质点动力学

2－1. 两个滑冰运动员,质量分别为60 kg和40 kg,每人各执绳索的一头。体重者手执绳端不动,体轻者用力收绳。它俩人最终将在何处相遇?

答: 两个滑冰运动员与绳构成的系统不受外力,其总动量守恒,据质心运动定理,质心保持静止,最后两个运动员在此相遇。两运动员的质量之比为3∶2,故质心的位置在绳长2∶3处。

2－2. 以球击墙而弹回,由球和墙组成的系统动量守恒吗?

答: 墙是固定在地面上的,若把地球包括在系统内,则总动量是守恒的,不过因地球的质量太大,墙和地球的后退看不出来。若系统中不包括地球,则球和墙组成的系统受到地给墙的力,这是外力,故动量不守恒。

2－3. 人坐在车上推车,是怎么也推不动的;但坐在轮椅上的人却能让车前进。为什么?

答: 以人和车为系统,人在车上推车,人、车之间的相互作用力是内力,根据质心运动定理,内力是不能改变系统质心的运动状态的,所以,人坐在车上推车,怎么也推不动。但坐在轮椅上的人却可以通过转动车轮,使得车轮与地面之间有相对滑动的趋势,从而车轮与地面之间有摩擦力,这力是外力,能够使车前进。

2－4. 使百米赛跑运动员加速的是什么力?有人说是地面给跑鞋的摩擦力。如果是这样,岂不和运动员本人的体力无关了吗?你的意见如何?

答: 使百米赛跑的运动员加速的是地面给鞋的摩擦力,此力在水平方向并向前。跑得快或慢并非和运动员的体力无关,因为运动员的体力好的,脚的蹬力大,地面给鞋的摩擦力大,跑得就快。运动员的体力差的,脚的蹬力小,地面给鞋的摩擦力也小,跑得就慢。

2－5. 在一次中学生物理竞赛中,赛题是从桌角A处向B发射一个乒乓球,让竞赛者在桌边B处用一只吹管将球吹进桌上C处的球门(见本题图),看谁最先成功。某生将吹管对准C拼命吹,但球总是不进球门。试分析该生失败的原因。

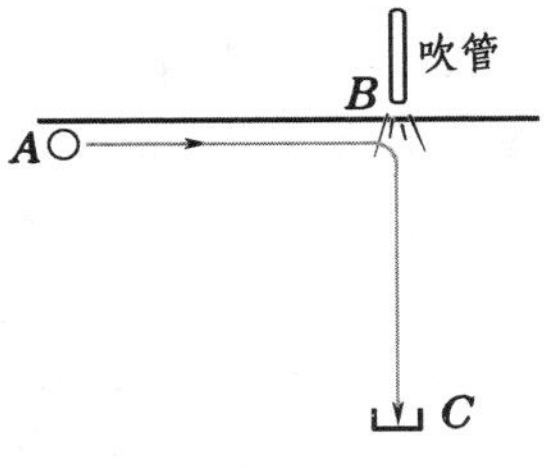

思考题2－5

答: 乒乓球从A向B发射,到达B处时它仍有一AB方向的动量,而该参赛者在B处对着C吹乒乓球,不能改变沿AB方向的动量,球仍向右运动,也就进不了C处的球门。要想让球进球门,必须在B处将吹管向左斜对着乒乓球吹，以消除球的 AB 方向的动量，并产生沿 BC 方向的动量，才有可能将球吹进门。

2－6. 细线中间系一重物，如本题图所示，以力拉下端。缓慢地拉，或用力猛拉，上下哪根线先断？

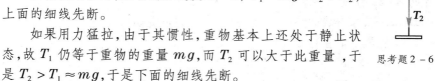

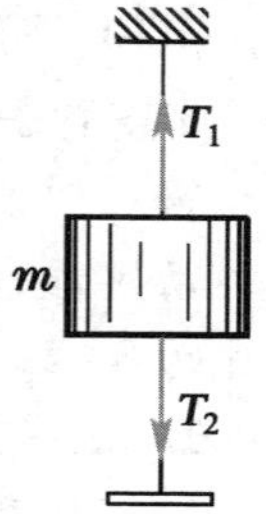

思考题 2－6

答： 重物受力：重力 mg、上下细线的张力 T_1、T_2. 重物的运动方程：$mg+T_2-T_1=ma$，或 $T_1=mg+T_2-ma$.

当缓慢地拉时，重物的加速度 $a\to 0$，$T_1=mg+T_2>T_2$，上面的细线先断。

如果用力猛拉，由于其惯性，重物基本上还处于静止状态，故 T_1 仍等于重物的重量 mg，而 T_2 可以大于此重量，于是 $T_2>T_1\approx mg$，于是下面的细线先断。

2－7. 杂技表演中，在一个平躺的人身上压一块大而重的石板，另一人以大锤猛力击石，石裂而人不伤。试解释之。

答： 大而重的石板作用有二：一是质量大，惯性大，它被大锤猛击而碎裂时，其静止的状态几乎不变，人只经受的是石板的自重；二是石板面积大，使下面的人承受的压强小。故而只要下面的人受得起石板的自重，石裂而人不伤。

2－8. 在上题中有人建议用很厚的棉被代替石板，会更安全。你同意吗？

答： 用棉被代替石板会更安全的想法不对。因为棉被既不够重，又是软的。不重就没有石板的惯性作用来抵挡大锤的瞬时冲力，不硬就不能把力分散到大面积上以减小压强。结果一锤打下去，力直接集中传到锤下的地方，人是受不了的。

2－9. 当你站在秤台上，仔细观察你在站起和蹲下的过程中，台秤的读数如何变化。试用牛顿定律解释之。

答： 以人作为被研究的质点组，取坐标系向上为正。人受到重力 mg 和台称的支撑力 N，设人的质心加速度为 a. 台秤的读数等于作用在台秤上的 N 的反作用力，其大小等于 N. 对人这一质点组运用质心运动定理：

$$N-mg=ma,\quad 即\quad N=m(g+a).$$

人在蹲下时，其质心先有一向下的加速度，遂即有一减速度，直到停止。即 a 先小于0，后大于0，最后恢复到0. 于是 N（即台秤的读数）先减后增，最后恢复到正常的体重。

人在站起时，其质心先有一向上的加速度，遂即有一减速度，直到停止。即 a 先大于0，后小于0，最后恢复到0. 于是 N（即台秤的读数）先增后减，最后恢复到正常的体重。

2－10. 设想惯性质量和引力质量并不相等，有两块石头，惯性质量相同而引力质量不同，自由降落时它们都作匀加速运动吗？它们的加速度相等吗？重量相等吗？若设两块石头引力质量相同而惯性质量不同，情况又如何？

答： 物体的重力 $W = m_{引}g$，

自由降落时的运动方程为 $f = m_{引}g = m_{惯}a$，即 $a = \frac{m_{引}}{m_{惯}}g$.

若惯性质量相同而引力质量不同，则 $m_{引}$ 大的受重力 W 大，自由降落时的加速度 a 大。

若引力质量相同而惯性质量不同，则 $m_{惯}$ 大的自由降落时的加速度 a 小，受重力 W 则一样。

2－11. 悬挂一根重绳使自然下垂，其内张力怎样随高度变化？若悬挂点突然脱落，情况又如何？

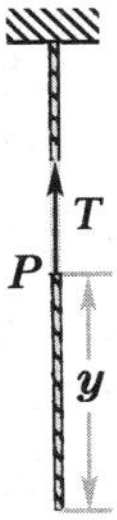

答： 如右图所示，在重绳上任取一点 P，设它以下的绳长为 y，该处绳的张力为 T. 因单位绳长的重量为 m/l，则平衡时 $T = \frac{m}{l}yg$. 绳上端 $T = mg$，下端 $T = 0$.

若悬挂点突然脱落，重绳完全失重，全长 $T = 0$.

2－12. 拖着一根重绳在粗糙的水平面上匀速前进，它各点的张力一样吗？

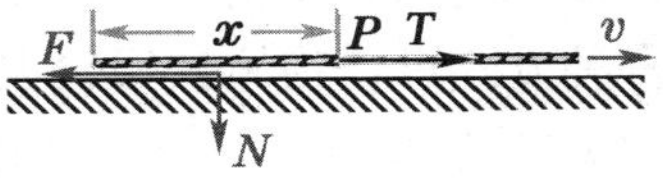

答： 各点的张力不一样。如右图所示，在重绳上任取一点 P，设它以后的绳长为 x，该处绳的张力为 T. 因单位绳长的质量为 m/l，则此段绳给地面的正压力为 $N = \frac{m}{l}xg$，摩擦力为 $F = \mu N = \mu\frac{m}{l}xg$，绳在水平面上匀速前进时 $T = F = \mu\frac{m}{l}xg$. 绳前端 $T = \mu mg$，后端 $T = 0$.

2－13. 如本题图所示，在两根等高的立柱之间悬挂一根均匀重绳 AB. 绳中点 C 处的张力比它本身重量的大小如何？试分析这与悬点的角度 θ 有什么关系。

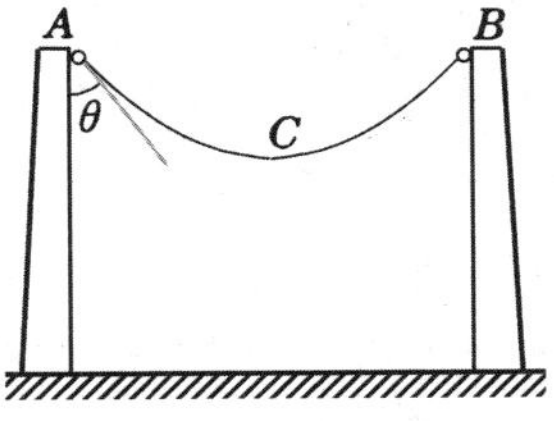

思考题 2－13

答： 如右图，以 AC 一段为系统，它所受的力有重力为 $mg/2$、悬挂点 A 的拉力 $\boldsymbol{F}$ 和右边绳子对它的张力 T，由平衡条件得

$$\begin{cases} \text{水平方向} \quad F\sin\theta = T, \\ \text{竖直方向} \quad F\cos\theta = mg/2, \end{cases}$$

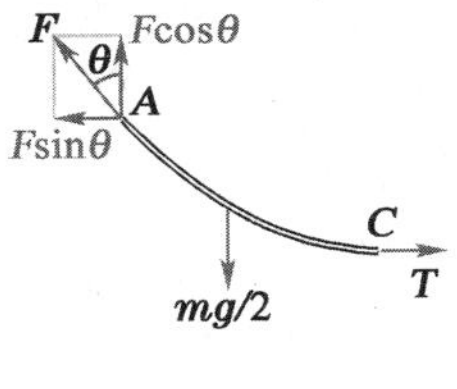

由此得　$T = \frac{1}{2}mg\tan\theta$.

悬挂点处的角度 θ 愈大，绳的中点 C 处的张力也愈大。$\theta > \arctan 2 = 63.43°$ 时 $T > mg$，特别是当 $\theta \to \pi/2$（悬绳近于水平）时，$T \to \infty$.

2－14. 两个弹簧等长，劲度系数分别为 k_1 和 k_2，将它们串联起来，等效的劲度系数为多少？若并联呢？

答：（1）串联：力 f 相同，$f = -k_1 x_1 = -k_2 x_2 = -k_{串} x$，而 $x = x_1 + x_2$；

$$\frac{1}{k_{串}} = -\frac{x}{f} = -\frac{x_1 + x_2}{f} = \frac{(f/k_1) + (f/k_2)}{f} = \frac{1}{k_1} + \frac{1}{k_2}.$$

（2）并联：伸长量 x 相同，$f_1 = -k_1 x$，$f_2 = -k_2 x$，$f = -k_{并} x$，而 $f = f_1 + f_2$；

$$k_{并} = -\frac{f}{x} = -\frac{f_1 + f_2}{x} = \frac{k_1 x + k_2 x}{x} = k_1 + k_2.$$

2－15. 说摩擦力总和物体运动的方向相反，对吗？

答：“摩擦力总和物体运动的方向相反”这种说法是不对的，如传送带上的物体、被带动的传动轮等的运动方向就是和摩擦力一致的。又例如，对于正常行驶（没有打滑）的自行车，当用力蹬车时，后轮所受的摩擦力就与车轮甚至整部车的运动方向相同。实际上，正是这向前的摩擦力使车向前加速。正确的说法是摩擦力与物体的接触点的相对滑动趋势方向相反。

2－16. 用同一力 $\boldsymbol{F}$ 和同一角度 θ 分别以本题图 a、b 的方式推或拉一个物体，哪种方式可使物体获得较大的加速度？若力 $\boldsymbol{F}$ 不够大，物体不动，试比较两种情况下摩擦力的大小。

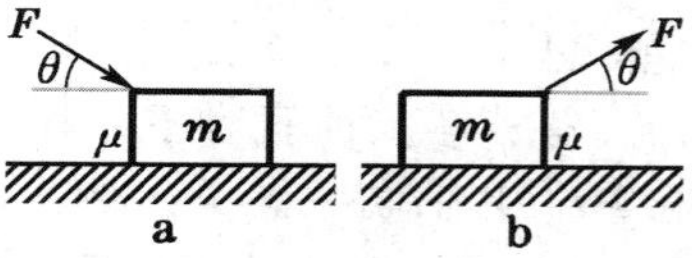

思考题 2－16

答：两种情况力 $\boldsymbol{F}$ 的水平分量一样大，竖直分量图 a 所示情形朝下，加大了正压力，从而静摩擦力大；图 b 所示情形朝上，减小了正压力，从而静摩擦力小。若力 $\boldsymbol{F}$ 足够大，物体运动起来，图 a 情形的滑动摩擦也比图 b 情形的大，图 b 情形获得较大的加速度。

2－17. 春暖河开，冰面上一块石头逐渐下陷。有人说：“冬天冰硬，冰面的反作用力等于石头的压力，石头不下陷。春天冰面变软，它的反作用力达不到石头的压力，故而石头下陷。”这种解释对吗？

答：这种解释不对。首先，不论什么情况，作用力和反作用力总是大小相等方向相反的，冰面的反作用力总是等于石头的压力，即不论是冬天或是春天，也不论石头是否下陷。其次，石头是否下陷，必须看它所受的合力（重力和冰面对它的反作用力之和）是否为 0. 在冬天冰硬，冰面的反作用力可以达到与石头的重力相等的地步（这时石头对冰面的压力等于石头的重力），它所受的合力为 0，石头不下陷。春天冰面变软，它的反作用力达不到与石头的重力相等的地步(这时石头对冰面的压力小于石头的重力),它所受的合力不为0,合力向下,所以石头下陷。

总之,应该说,冰面对石头的反作用力达不到石头所受的重力,而不是达不到石头的压力。冰面的反作用力总是与石头压力相等的。

2－18. 串在同一木芯上的两磁环以同极相对,上环因斥力而悬浮(见本题图)。磅秤的读数,除木芯外,显示一个磁环还是两个磁环的重量?若两磁环异极相对,它们将吸在一起。这时下环受到的压力大于上环的重量吗?磅秤的读数大于木芯加两磁环的重量吗?

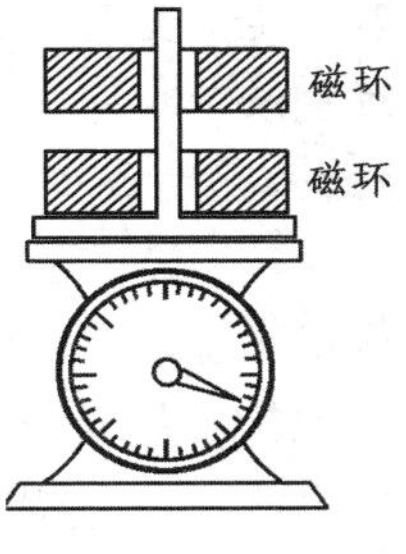

思考题2－18

答: 若串在同一木芯上的两磁环以同极相对,虽然上环因斥力而悬浮,但磅秤的读数,除了木芯外,显示的仍是两个磁环的重量。因为下环给上环的斥力$f_{磁}$等于上环的重量$W_{上}$(上环的平衡条件,见右图a):

$$f_{磁}=W_{上}$$

从而上环给下环的斥力(按牛顿第三定律等于下环给上环的斥力)也等于上环的重量$W_{上}$. 由下环的平衡条件知,它所受秤台的支撑力N等于它的重量$W_{下}$加上上环给它的斥力$f_{磁}$:

$$N=W_{下}+f_{磁}=W_{下}+W_{上},$$

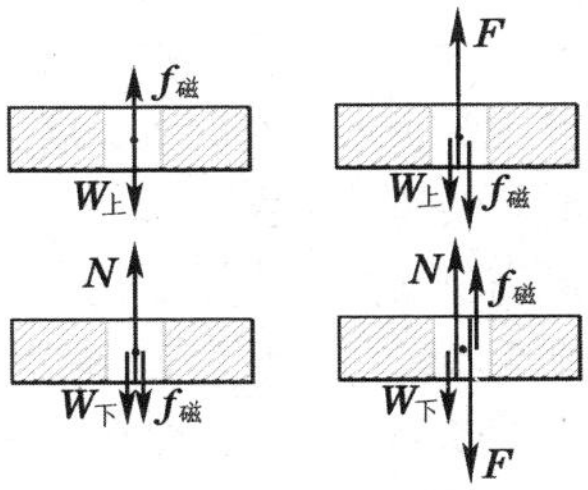

a　同极相对　　b　异极相对

即N等于两环重量之和。按牛顿第三定律,下环对秤台的压力(即磅秤显示的读数)等于秤台对下环的支撑力,即等于两环重量之和。

若串在同一木芯上的两磁环以异极相对,斥力变为吸力,按上环的平衡条件,下环给上环的吸力$f_{磁}$加上环的重量$W_{上}$等于下环给上环的支撑力F(见右图b,注意:支撑力是一种弹性力,是可以调节的,这时的支撑力比没有磁力时大):

$$f_{磁}+W_{上}=F$$

此时下环受到的压力,即支撑力的反作用力,大于上环的重量$W_{上}$. 然而按下环的平衡条件,它所受上环压力(其大小等于F)加上它的重量$W_{下}$应等于秤台的支撑力N加上环对它的磁吸力$f_{磁}$:

$$F+W_{下}=N+f_{磁},$$

所以

$$N=W_{上}+W_{下},$$

即磅秤显示的读数仍等于木芯和两环重量之和。

2－19. 如本题图所示,将一铝管竖立在磅秤上,将一比管的内径略小的球从上端投入。试分析磅秤读数的变化。

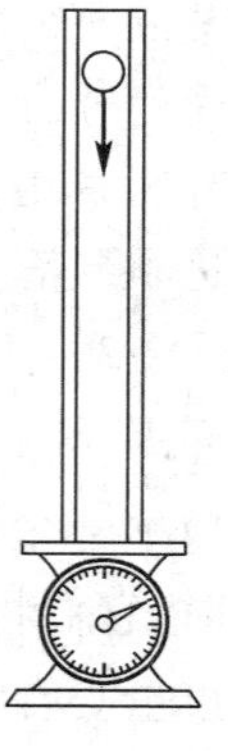

思考题2－19

答: 假定小球与铝管不接触，从而两者间没有摩擦力。此外设小球与铝管间的缝隙可漏气，但不畅快。所以当小球下落时，其下空气柱受到压缩，压强略增，但因漏气，压强不会持续增长。所以在小球在管内下落的过程中，因空气柱的附加压强,磅秤读数比铝管的重量略大。

2－20. 旋转一把被雨水淋湿的伞,水滴将沿切线还是法线甩出?

答: 先看最简单的情形，水滴原相对于雨伞静止地位于其边缘。在地面参考系看来,此水滴沿切线甩出。然而在随雨伞旋转的非惯性参考系中看,水滴沿法线甩出。

一般情形如右图所示，水滴从雨伞边缘以内一点 P 出发，由于伞面的摩擦力,从地面参考系看水滴产生沿切线方向的速度。若水滴沿切线方向走下去，相对于伞面有沿径向朝外的速度分量，从而摩擦力是向心的，此力使水滴的速度产生向心的分量。如此这般地一步一步分析下去，水滴走的如右图 a 所示，是一条逐渐扩展的螺线，最后到达雨伞的边缘时，沿与切线成一定夹角的斜方向甩出。以上是从地面惯性参考系看到的情况。

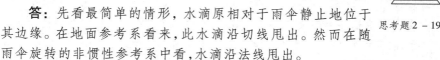

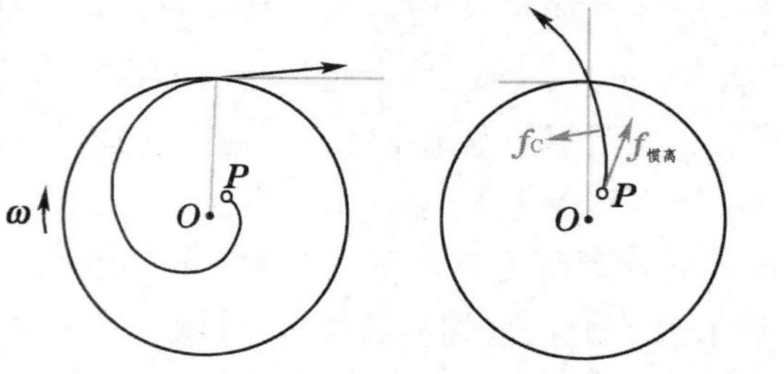

a 从地面参考系看　　b 从与伞共转参考系看

现在从与雨伞共转的非惯性参考系中来分析。如右图 b 所示，雨滴从 P 点出发，首先受到沿径向朝外的惯性离心力。待它获得一定径向速度时，又受到横向的科里奥利力 $\boldsymbol{f}_C$，使其运动偏离径向。伞面的摩擦力与这两个惯性力的合力方向相反，减缓水滴的运动。最后雨滴到达雨伞的边缘时，沿与法线成一定夹角的斜方向甩出。

2－21. 以绳系石在竖直平面内旋转,石头在最高点时受到哪几个力?有人说:重力和绳的张力都是向下的,石头必然还受一个向上的离心力,否则它为什么不掉下来?这话有没有一些道理?

答: 石头在最高点时受到重力和绳的张力的作用，方向都是向下的。在地面参考系(惯性系)中不存在离心力。石头不立即掉下来，是因为惯性。因此时石头有水平速度，它虽受向下的力，但不能突然改变方向立即下落。物体的运动方向并不时时刻刻与力的方向一致。

然而从与石头共转的非惯性参考系看，石头是静止的，支撑它不下落的是“惯性离心力”，这概念在惯性系中是没有的。

所以题中所引的话对与石共转的非惯性参考系来说有些道理，但在惯性参考系中看问题，就没有道理了。

2－22. 试解释，为什么北半球的河流对右岸冲刷得较厉害，而南半球的河流则对左岸冲刷较厉害？

答： 这是由于地球这个非惯性系里的科里奥利力$\boldsymbol{f}_C=2m\boldsymbol{v}\times\boldsymbol{\omega}$引起的。地球从西向东转，其角速度矢量$\boldsymbol{\omega}$由南指向北，在北半球垂直地面的分量向上，从而$\boldsymbol{v}\times\boldsymbol{\omega}$总指向运动方向$\boldsymbol{v}$的右边。在南半球$\boldsymbol{\omega}$球垂直地面的分量向下，从而$\boldsymbol{v}\times\boldsymbol{\omega}$总指向运动方向$\boldsymbol{v}$的左边。故北半球的河流冲刷右岸，南半球的河流冲刷左岸。

2－23. 试论证动量守恒定律(2.21)式和动量定理(2.24)式在伽利略变换下的不变性。

答：(1) 动量守恒定律：在合外力等于0的条件下

$$\boldsymbol{P}=\sum_i \boldsymbol{p}_i=\boldsymbol{C}(\text{常量}). \tag{2.21}$$

力在伽利略变换下不变，故在一惯性系中在合外力等于0，在其它惯性系中合外力也等于0．即动量守恒定律的条件符合伽利略变换下的不变性。从惯性系K变换到惯性系K′，$\boldsymbol{v}_i'=\boldsymbol{v}_i-\boldsymbol{V}$，$\boldsymbol{p}_i'=\boldsymbol{p}_i-m_i\boldsymbol{V}$，$\boldsymbol{P}'=\boldsymbol{P}-M\boldsymbol{V}$(式中$M=\sum_i m_i$)，于是(2.21)式化为

$$\boldsymbol{P}'=\sum_i \boldsymbol{p}_i'=\boldsymbol{C}-M\boldsymbol{V}(\text{另一常量}).$$

与(2.21)式具有同样的形式。

(2) 动量定理：

$$\int_{t_0}^{t}\boldsymbol{F}\,\mathrm{d}t=\boldsymbol{P}-\boldsymbol{P}_0. \tag{2.24}$$

从惯性系K变换到惯性系K′，$\boldsymbol{F}'=\boldsymbol{F}$，$\boldsymbol{P}'=\boldsymbol{P}-M\boldsymbol{V}$，$\boldsymbol{P}_0'=\boldsymbol{P}_0-M\boldsymbol{V}$，于是(2.24)式化为

$$\int_{t_0}^{t}\boldsymbol{F}'\mathrm{d}t=\boldsymbol{P}'-\boldsymbol{P}_0'.$$

与(2.24)式具有同样的形式。

2－24. 如果牛顿第二定律不是$f=ma$，而是$f=mv$(v为速度)，伽利略相对性原理还成立吗？

答： 从惯性系K变换到惯性系K′，$f'=f$，$v'=v-V$，从而

$$f'=m(v'+V)\neq mv',$$

即 $f=mv$ 不满足伽利略相对性原理。

2－25. 怎样理解伽利略相对性原理的表述："不可能在惯性系内部进行任何物理实验来确定该系统作匀速直线运动的速度。"司机在汽车内通过车速表不就可以知道汽车的速度了吗？这违背伽利略相对性原理吗？

答： 伽利略相对性原理的表述"不可能在惯性系内部进行任何物理实验来确定该系统作匀速直线运动的速度"，是说在任何一个惯性系内部都不会有显示它对其它惯性系相对速度的物理效应。车速表测量的是车轮的转速。只有在车轮与地面的接触点没有滑动的情况下，才能确定车对地的速度。因此单凭车速表的读数并不能确定车子是否前进。比如将汽车放在传送带上开足马力，车轮在转动，车速表也有读数，但车身相对地面没有运动。如果车窗被遮住，也没有车外的人传递信息，车内的人单凭车速表的读数是不能判断车身相对地面运动的情况的。

2－26. 跳水运动员从弹离跳板腾空而起到落下的过程中，哪一阶段超重，哪一阶段失重？

答： 按质心运动定理，跳水运动员起跳前下蹲时有点失重，用力蹬跳板往上跳时超重，从离开跳板直到入水的整个过程处于完全失重状态。

2－27. 4.4 节中讨论了匀速旋转参考系中的惯性力，证明在加速旋转的参考系中还多一项惯性力 $-m\dot{\boldsymbol{\omega}}\times\boldsymbol{r}$，这里 $\dot{\boldsymbol{\omega}}\times\boldsymbol{r}$ 是与角加速度 $\dot{\boldsymbol{\omega}}$ 相联系的切向加速度。

答： 如果旋转参考系的角速度 $\boldsymbol{\omega}$ 随时间变化，在 4.4 节中从(2.48)式推到(2.49)式过程中要加一与 $\dot{\boldsymbol{\omega}}$ 有关的项。具体推导如下。

沿用 4.4 节中的符号，以 $\frac{\mathrm{D}}{\mathrm{D}t}$ 表示对静止系的时间微商，$\frac{\mathrm{d}}{\mathrm{d}t}$ 表示对旋转系的时间微商。对于一个质点的位矢 $\boldsymbol{r}$ 我们有

$$\frac{\mathrm{D}\boldsymbol{r}}{\mathrm{D}t}=\boldsymbol{\omega}\times\boldsymbol{r}+\boldsymbol{v},$$

这里 $\boldsymbol{v}=\frac{\mathrm{d}\boldsymbol{r}}{\mathrm{d}t}$ 是质点相对于旋转系的速度。对上式再次取对静止系的时间导数：

$$\begin{aligned}\frac{\mathrm{D}^2\boldsymbol{r}}{\mathrm{D}t^2}&=\frac{\mathrm{D}\boldsymbol{\omega}}{\mathrm{D}t}\times\boldsymbol{r}+\boldsymbol{\omega}\times\frac{\mathrm{D}\boldsymbol{r}}{\mathrm{D}t}+\frac{\mathrm{D}\boldsymbol{v}}{\mathrm{D}t}\\&=\dot{\boldsymbol{\omega}}\times\boldsymbol{r}+\boldsymbol{\omega}\times(\boldsymbol{\omega}\times\boldsymbol{r})+\boldsymbol{\omega}\times\boldsymbol{v}+\boldsymbol{\omega}\times\boldsymbol{v}+\frac{\mathrm{d}\boldsymbol{v}}{\mathrm{d}t}\\&=\dot{\boldsymbol{\omega}}\times\boldsymbol{r}+\boldsymbol{\omega}\times(\boldsymbol{\omega}\times\boldsymbol{r})+2\boldsymbol{\omega}\times\boldsymbol{v}+\boldsymbol{a},\end{aligned}$$

即

$$\boldsymbol{a}=\boldsymbol{A}-\dot{\boldsymbol{\omega}}\times\boldsymbol{r}-\boldsymbol{\omega}\times(\boldsymbol{\omega}\times\boldsymbol{r})-2\boldsymbol{\omega}\times\boldsymbol{v},$$

式中 $\dot{\boldsymbol{\omega}}=\frac{\mathrm{D}\boldsymbol{\omega}}{\mathrm{D}t}$ 是角加速度，$\boldsymbol{a}=\frac{\mathrm{d}\boldsymbol{v}}{\mathrm{d}t}$ 是质点相对于旋转系的加速度，$\boldsymbol{A}=\frac{\mathrm{D}^2\boldsymbol{r}}{\mathrm{D}t^2}$ 是

质点相对于静止系的加速度。乘以质点的质量 m：

$$m\boldsymbol{a}=m\boldsymbol{A}-m\dot{\boldsymbol{\omega}}\times\boldsymbol{r}-m\boldsymbol{\omega}\times(\boldsymbol{\omega}\times\boldsymbol{r})-2m\boldsymbol{\omega}\times\boldsymbol{v},$$

上式右端除第一项 $m\boldsymbol{A}$ 外都是惯性力，式中的 $\dot{\boldsymbol{\omega}}\times\boldsymbol{r}$ 就是题目中说的与角加速度相联系的切向加速度。

第三章　机械能守恒

3－1. 给出物体在某一时刻的运动状态(位置、速度),能确定此时刻它的动能和势能吗?反之,如物体的动能和势能已知,能否确定其运动状态?

答: 由于动能与速度的平方成正比,势能与物体的相对位置决定,故当给出某物体的运动状态(位置、速度),就能确定此时刻它的动能和势能。反之,如物体的动能和势能为已知,则还不能唯一地确定其运动状态。因为知其动能,只知其速度的大小而未知其速度的方向,知其势能只知物体相对于势能零点的距离而未知其具体方位,即未能唯一地确定其位置、速度,故不能唯一地确定其运动状态。

3－2. 将物体匀速或匀加速地拉起同样的高度时,外力对物体作的功是否相同?

答: 将物体匀速或匀加速地拉起同样的高度,外力对物体作的功不相同。因为两种情况,物体的位移相同,但所施加的力不同。匀速拉起的情形,所施加的力与物体所受的重力相等。而匀加速拉起的情形,所施加的力要大于物体所受的重力。故匀加速拉起的情形外力对物体作的功,大于在匀速拉起的情形外力对物体作的功。或从功能原理看,两种情形势能的改变相同,但动能改变不同。在匀速拉起的情形,其动能不变,而匀加速拉起的情形,其动能增加。故匀加速拉起的情形外力对物体作的功,大于匀速拉起的情形外力对物体作的功。

3－3. 用绳子沿粗糙斜面往上拉重物的过程中,重物共受几个力?哪些力作正功?哪些力作负功?哪些力不作功?

答: 用绳子沿着粗糙的斜面往上拉物体的过程中,重物共受四个力:重力、绳子的拉力、摩擦力和斜面的支撑力。其中绳子的拉力作正功,重力和摩擦力作负功,支撑力不作功。

3－4. 子弹水平地射入树干内,阻力对子弹作正功还是负功?子弹施于树干的力对树干作正功还是负功?

答: 子弹水平地射入树干内,阻力对子弹作负功,使子弹的动能减少。子弹施于树干的阻力对树干作正功,因为树干中的一些质元在子弹的推动下发生位移,位移的方向与子弹施予它的力的方向一致。

3－5．把水抽上水塔，将它储满。用本题图 a、b 两种方式所需的功是否相同？

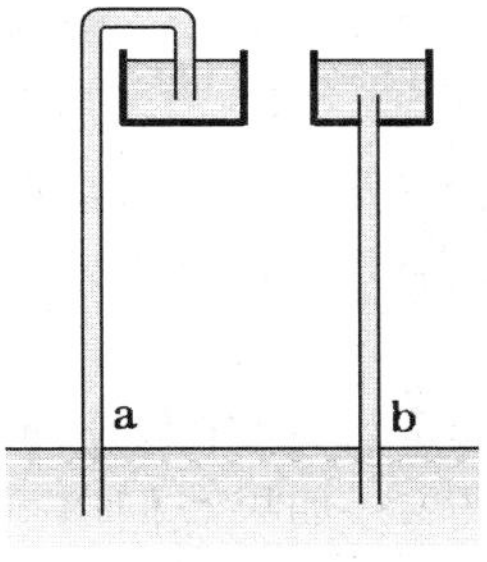

思考题 3－5

答：把水抽上水塔，将水塔储满。用本题图 a、b 两种方式所需的功不相同，a 种方式所需的功多些。因为它要将所有的水都抽上较高的高度，这些水在下落过程中有部分势能转变为动能，再变为热能等。

3－6．某甲和某乙各攀一根悬挂着的绳子上升到顶端，甲的绳子不可伸长，乙所攀的是可伸长的弹性绳，其原长与甲的一样。谁作的功多？

答：甲乙两人所作的功一样多，由功能原理可以看出。甲乙两人开始时在同一水平面上，最后两人到达同样的高度，他们的势能变化是相同的；而弹性绳子开始和结束时的弹性势能都同样为零，因此如果忽略弹性绳子的伸缩损耗（一般是比较小的），甲乙两人所作的功应该一样。

表面上看来，由于乙攀的绳子是可以伸长的弹性绳，当乙往上攀时，乙的体重使绳伸长了，所以乙要攀到顶端所走的路程比甲的多；但在攀登过程中弹性力协助他上升，把弹性势能逐渐还给他，使他不用作额外的功。

3－7．运动员跳高时用脚蹬地，地面对他的反作用力作功多少？他获得的重力势能是从哪里来的？地面反作用力有没有给他冲量？他获得向上的动量是从哪里来的？

答：运动员跳高时用脚蹬地，地面对他的反作用力作功为 0．因为地面对他的反作用力是作用在他的脚板上，而他的脚板在离开地面之前没有位移，而在离开地面之后，又不再受到地面对他的作用力，故运动员跳高时用脚蹬地，地面对他的反作用力作功为 0．他获得的势能是由他本身的生物能、化学能转化而来的。

地面对他的反作用力则予给他冲量，因为冲量是力的时间积累，在力的作用下经过一段时间的积累，就有了冲量，也就有了动量的改变量。他获得向上的动量就是从地面对他的反作用力的冲量而来的。

3－8．如本题图所示，用力 f 作用在 m_1 上使弹簧压缩。突然撤去 f 之后，就有可能把 m_2 提离地面。整个系统获得的重力势能是从哪里来的？地面的支撑力有没有作功？

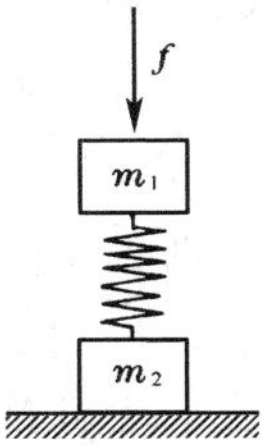

思考题 3－8

答：整个系统获得的重力势能是来自被压缩弹簧的弹性势能。用力作用在 m_1 上使弹簧压缩。突然撤去之后，弹性力将 m_1 向上推，克服重力作功。如果原来弹簧被压缩程度大，当它恢复原长之后，还能进一步将弹簧拉长，从而把 m_2 提离地面。通过弹性力作功将弹性势能转化为重力势能。地面的支撑力没有作功，因为地面与 m_2 的接触点没有移动。

3－9. 汽车启动时，动能从何而来？动量又从何而来？

答： 汽车启动时，动能来自燃烧汽油，将化学能转化为动能。其动量则来自地面摩擦力产生的冲量。

3－10. 在一弹簧下挂一重物，将它放开，它将迅速下沉，使弹簧拉伸到某一最大长度后回升（见本题图 a）。如果我们用手托着它缓缓下沉，到达某一高度时它就不动了（见本题图 b）。试比较重物在 A、B、C 三位置上总势能（重力势能和弹性势能之和）的大小。

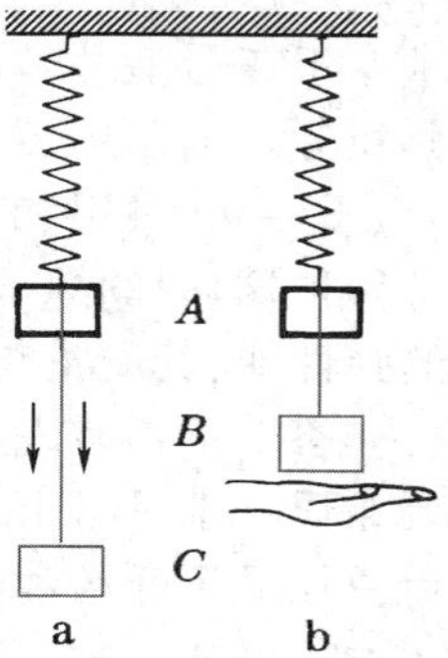

思考题 3－10

答： 在没有用手托着重物的情况下，重物在下降过程机械能守恒。即有 $E_A=E_B=E_C$. 而重物在 A、C 两位置的动能为 0，在 B 位置的动能不为 0，即 $E_{kA}=E_{kC}=0$，$E_{kB}\neq 0$；故 $E_{pA}=E_{pC}>E_{pB}$，即物体在 A、C 位置的总势能相等，在 B 位置的总势能比前者少。

3－11. 作出上题中总势能与高度的函数曲线来，并与总机械能曲线作比较。

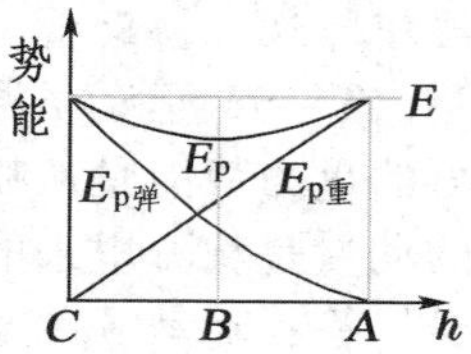

答： 作势能曲线如右图，其中 $E_{p弹}$ 和 $E_{p重}$ 分别为弹性势能和重力势能，E_p 为总势能，E 为总机械能。除 A、C 两端点外，总弹性势能都比总机械能低。如果没有手托住，则总机械能守恒，它比总弹性势能多出来的部分化为动能，动能在 B 点最大。

3－12. 如图3－15，在匀速前进的车厢内光滑的桌面上有一物体，通过弹簧系在厢壁上作简谐振动。以车厢为参考系来看，物体和弹簧所组成的系统的机械能是守恒的。以地面为参考系来看，情况如何？

答： 一般把物体、弹簧和车厢壁组成一个叫做“弹簧振子”的系统，这个系统无论对匀速运动的车厢还是地面为参考系，机械能都是守恒的。但是如果只局限于物体和弹簧二者，则因车厢壁对弹簧的作用力属于外力，以车厢为参考系来看，厢壁与弹簧接触点不动，此外力不作功，机械能是守恒的。以地面为参考系来看，厢壁与弹簧接触点在动，外力作功不为 0，系统的机械能有变化。

3－13. 在上题中，如果车厢作匀加速运动，以它为参考系，仍可以认为该系统机械能守恒吗？

答： 如果车厢是作匀加速运动，以车厢为参考系，惯性力是作功的。如果把惯性力作为外力的话，则以物体、弹簧和车厢壁组成的“弹簧振子”系统的机械能有变化。然而作为匀加速参考系，其中惯性力是恒力。正像重力场那样,任何恒力场都可看成是保守力场。所以匀加速参考系的惯性力场是保守力场，可引进惯性力势能的概念。如果把这种惯性力势能也看成“弹簧振子”系统机械能一部分的话，则该系统又恢复了机械能守恒的性质。

3 – 14. 冰球在冰上的匀速滑动是否具有时间反演不变性？汽车在马路上的匀速行驶呢？伞兵在空中匀速下降的过程呢？

答： 冰球在冰上的匀速滑动具有时间反演不变性。因为该过程冰对冰球的摩擦阻力可以忽略不计,没有耗散力作功。汽车在马路上的匀速行驶不具有时间反演不变性，因为这时阻力将机械能耗散掉一部分，由燃烧汽油时的化学能来补充。这是个非保守系统。伞兵在空中匀速下降的过程也不具有时间反演不变性，因为此过程也有非保守力 —— 空气的阻力作功，将机械能耗散掉一部分，这也是个非保守系统。如果将伞兵在空中匀速下降的过程进行时间反演,则伞兵的速度向上,他所受的阻力应向下,重力也向下,但他却匀速向上,这不可能！

3 – 15. 阻力$\boldsymbol{f}$与速度$\boldsymbol{v}$有关,不是时间反演不变的。科里奥利力$\boldsymbol{f}_C = m\boldsymbol{v}\times\boldsymbol{\omega}$也与速度有关，是否具有时间反演不变性？

答： 虽然科里奥利力$\boldsymbol{f}_C$也与速度$\boldsymbol{v}$有关,但是它具有时间反演不变性。因为科里奥利力不仅与速度$\boldsymbol{v}$有关，还与角速度$\boldsymbol{\omega}$有关，时间反演时两者都反向,它们的乘积是不变的,从而科里奥利力$\boldsymbol{f}_C$不变。科里奥利力不是耗散力。

3 – 16. 若函数$U(x)$在$x=x_0$处的一阶导数和二阶导数都等于0：$U'(x_0)=0$，$U''(x_0)=0$，但三阶导数$U'''(x_0)\neq 0$,则该处称为函数的拐点。设想一下,在势能曲线拐点处平衡的稳定性问题。

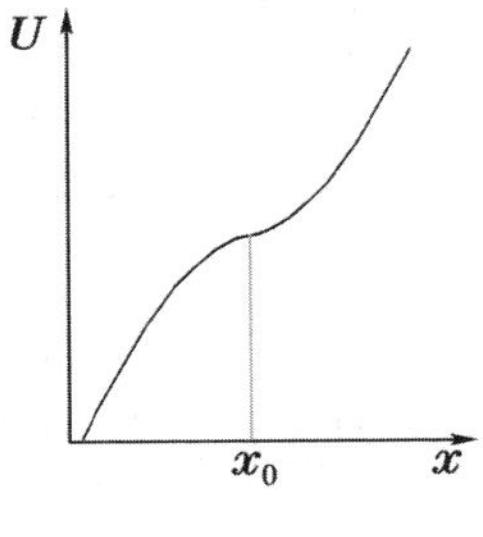

答： 拐点是势能函数曲线的不稳定平衡点，或半稳定平衡点。如右图所示,设想质点处于平衡位置$x=x_0$处,当它受微扰稍向右移时,它将受到向左的恢复力，回复到平衡位置。当它受微扰稍向左移时，它将仍受到向左的力 的作用远离平衡点而去。所以说拐点$x=x_0$是势能函数曲线的不稳定平衡点,或半稳定平衡点。本质上这种平衡是不稳定的。

3 – 17. 在本章例题3(见图3 – 21)的倒摆装置中螺旋弹簧所支撑的平衡位置在$\theta=0$处。现将此装置作些改变，使螺旋弹簧所支撑的平衡位置可通过旋钮调节到任意位置$\theta=\Theta$上。先把Θ调节为0，设装置的参量超过临界值，即$l>l_\star=\kappa/mg$，系统有左右两个对称的稳定平衡位置。起初，把摆拨到左边的平衡位置上，慢慢地向右转动旋钮，使Θ增大。当Θ达到一定值Θ_1时，摆会突然倒向右边。如果这时慢慢地向反方向调节旋钮，Θ由正经过0变负（即螺旋弹簧的平衡位置开始偏向左边），当Θ达到一定值$\Theta_2=-\Theta_1$时，摆就突然倒回左边。想象一下摆的势能曲线$U(\theta)$-θ随参量Θ变化的情况，你能说出发生突跳时势能曲线$U(\theta)$-θ有什么特征吗？

答： 将弹簧势能写为$\frac{1}{2}\kappa(\theta-\Theta)^2$，总势能

$$U(x)=\frac{1}{2}\kappa(\theta-\Theta)^2+mgl(\cos\theta+1), \qquad ①$$

在小角度近似下

$$\begin{aligned}U(x)&\approx\frac{1}{2}\kappa\theta^2-\kappa\theta\Theta+\frac{1}{2}\kappa\Theta^2+2mgl-\frac{1}{2}mgl\theta^2+\frac{1}{24}mgl\theta^4\\&=\frac{1}{2}(\kappa-mgl)\theta^2-\kappa\theta\Theta+\frac{1}{2}\kappa\Theta^2+2mgl+\frac{1}{24}mgl\theta^4,\end{aligned} \qquad ②$$

发生突跳时势能曲线应出现切线呈水平的拐点，即出现势能函数的一、二阶导数同时为0的点。

$$\frac{\mathrm{d}U}{\mathrm{d}\theta}=(\kappa-mgl)\theta-\kappa\Theta+\frac{1}{6}mgl\theta^3=0, \qquad ③$$

$$\frac{\mathrm{d}^2U}{\mathrm{d}\theta^2}=\kappa-mgl+\frac{1}{2}mgl\theta^2=0, \qquad ④$$

由此解出θ和$\Theta_{1,2}$：

$$\theta=\pm\sqrt{2\left(1-\frac{\kappa}{mgl}\right)}\ , \qquad ⑤$$

$$\Theta_{1,2}=\mp\frac{2mgl}{3\kappa}\sqrt{2\left(1-\frac{\kappa}{mgl}\right)}^{3}. \qquad ⑥$$

发生突跳时的势能曲线$U(\theta)$-θ见下图。

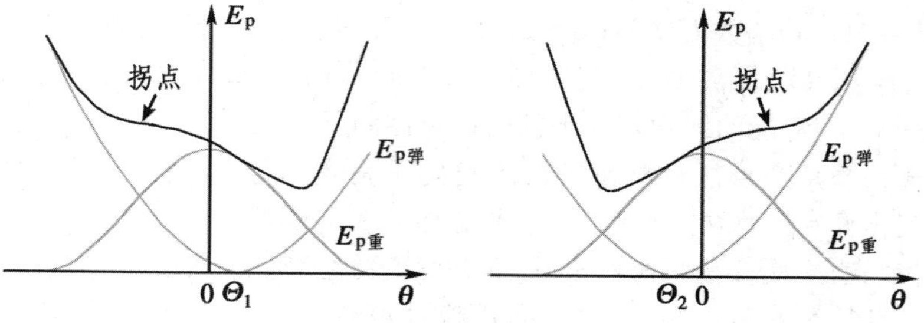

如果θ和Θ不太小，则我们需要直接按①式求导，于是有

$$\frac{\mathrm{d}U}{\mathrm{d}\theta}=\kappa(\theta-\Theta)-mgl\sin\theta=0, \qquad ⑦$$

$$\frac{\mathrm{d}^2U}{\mathrm{d}\theta^2}=\kappa-mgl\cos\theta=0, \qquad ⑧$$

由此解出 θ 和 $\Theta_{1,2}$：

$$\theta=\arccos\frac{\kappa}{mgl}\text{(这里有正负两个角度)},\quad \sin\theta=\pm\sqrt{1-\left(\frac{\kappa}{mgl}\right)^2},\qquad ⑨$$

$$\Theta_{1,2}=\theta-\frac{mgl}{\kappa}\sin\theta=\arccos\frac{\kappa}{mgl}\mp\frac{mgl}{\kappa}\sqrt{1-\left(\frac{\kappa}{mgl}\right)^2}.\qquad ⑩$$

3 – 18. 如本题图，在一只水桶底部装有龙头，其下放一只杯子接水。整个装置放在一个大磅秤的托盘上。在打开龙头放水和关上龙头断水的时候，磅秤的读数各有什么变化？

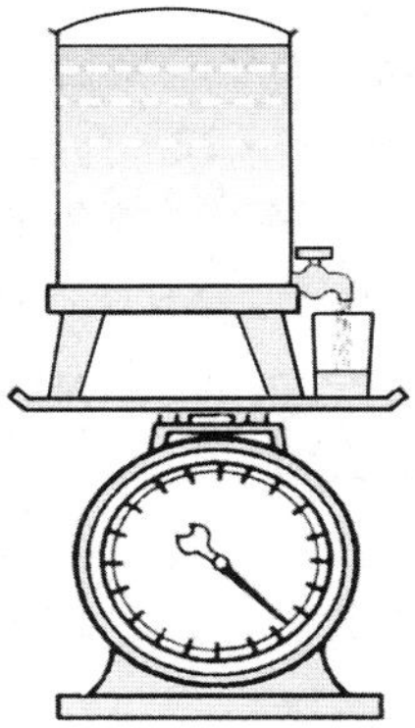

思考题 3 – 18

答： 用质心运动定理来分析。在打开龙头的一刹那，整个水箱里的水从静止开始运动，其质心产生向下的加速度。失重效应使磅秤指针产生一次短暂回摆。在关闭龙头的一刹那，整个水箱里的水从运动趋于静止，其质心产生向上的加速度。超重效应使磅秤指针产生一次向增值方向的摆动。

3 – 19. 以一定的速度由船跳上岸，从大船上容易还是从小船上容易？

答： 设人和船的质量分别为 m 和 M，跳之前人和船均静止，人以水平速度 v 跳出，船获得的速度为 V，不考虑水的阻力，则根据质点组的动量定理和质点组的动能定理

$$mv+MV=0,$$

而人作的功为

$$A=\frac{1}{2}mv^2+\frac{1}{2}MV^2,$$

由上两式解得

$$A=\frac{1}{2}mv^2\left(1+\frac{m}{M}\right).$$

由此可见，当人的体重(即质量)一定，跳出速度一定，船愈大(其质量愈大)，人消耗体力所作的功就越少，也就是说从大船上跳比从小船上跳容易。

3 – 20. 在非弹性碰撞中损失的机械能，是否与观察的参考系有关？

答： 在非弹性碰撞中损失的机械能，与观察者的参考系无关。因为在非弹性碰撞中损失的机械能等于其中的非保守力 —— 作用力与反作用力作功之和。而作用力与反作用力作功之和与参考系无关，故在非弹性碰撞中损失的机械能，与观察者的参考系无关。

3 – 21. 用动球击静球，二者作完全非弹性碰撞。在下列三种情况里何者机械能损失最多？(1) 质量 $m_{动}\gg m_{静}$；(2) $m_{动}\ll m_{静}$；(3) $m_{动}\approx m_{静}$.

答： 设动球的初速度为 v_0，非弹性碰撞后两球速度皆为 v，碰撞过程动量守恒，即

$$m_{动} v + m_{静} v = m_{动} v_0, \quad 得 \quad v = \frac{m_1}{m_1 + m_2} v_0.$$

机械能损耗

$$\Delta E = \frac{1}{2} m_{动} v_0^2 - \frac{1}{2} (m_{动} + m_{静}) v^2 = \frac{m_{动} m_{静}}{2(m_{动} + m_{静})} v_0^2 = \frac{m_{动}}{2(1 + m_{动}/m_{静})} v_0^2.$$

故而在 $m_{动}$、v_0 一定的条件下，$m_{动}/m_{静}$ 愈大，损失的机械能愈少，也就是说，情形(1)机械能损失最少，情形(3)次之，情形(2)机械能损失最多。

3－22. 为什么茶在茶壶里容易保温，倒在茶碗里凉得快？

答： 一物体所含热量与体积 V 成正比，散热速度与表面积 S 成正比，而 $V \propto l^3$，$S \propto l^2$，这里 l 为物体的线度，l 愈大，愈容易保温。

3－23. 为什么老鼠每天摄取的食物量超过自己的体重，而猫远不要吃那么多？

答： 体重正比于体积，散热速度正比于表面面积。老鼠比猫小，单位体重散热多，需要的食物重量与体重之比大。

第四章　角动量守恒　刚体力学

4 - 1. 下列系统角动量守恒吗？

(1) 圆锥摆；

(2) 一端悬挂在光滑水平轴上自由摆动的米尺；

(3) 冲击摆；

(4) 阿特武德机；

(5) 荡秋千；

(6) 在空中翻筋斗的京剧演员；

(7) 在水平面上匀速滚动的车轮；

(8) 从旋转着的砂轮边缘飞出的碎屑；

(9) 绕自转轴旋转的炮弹在空中爆炸的瞬间。

答：(1) 圆锥摆在摆动过程,如果摩擦力可以忽略,则其对圆心的角动量守恒；

(2) 一端悬挂在光滑水平轴上的自由摆动的米尺,在摆动过程对轴的角动量不守恒,因为它所受的重力对轴的力矩不为0；

(3) 冲击摆在冲击过程对轴的角动量守恒,因为在冲击过程,它所受的外力为重力和悬点的支撑力，它们对轴的力矩为0；

(4) 阿特武德机对轴的角动量不守恒,因为两边所受的重力矩不相等,重力对轴的合力矩不为0；

(5) 荡秋千,在摆动过程对轴的角动量不守恒,因为受到重力矩的作用;但在最低点人迅速站起的过程角动量守恒,这过程系统所受的重力对轴的力矩为0；

(6) 在空中翻筋斗的京剧演员,对其质心轴的角动量守恒,因为这时人受的重力对其质心轴的力矩为0；

(7) 在水平面上匀速滚动的车轮,对其质心轴的角动量守恒；

(8) 若不计重力影响,从旋转砂轮边缘飞出的碎屑角动量守恒；

(9) 绕自转轴旋转的炮弹在空中爆炸的瞬间,对自转轴的角动量守恒。

4 - 2. 本章例题10中两个各绕自转轴旋转的圆柱构成的系统,它们的边缘接触前后系统的总角动量守恒吗？试分析守恒或不守恒的原因。在这里轴上的约束力对角动量会有影响吗？

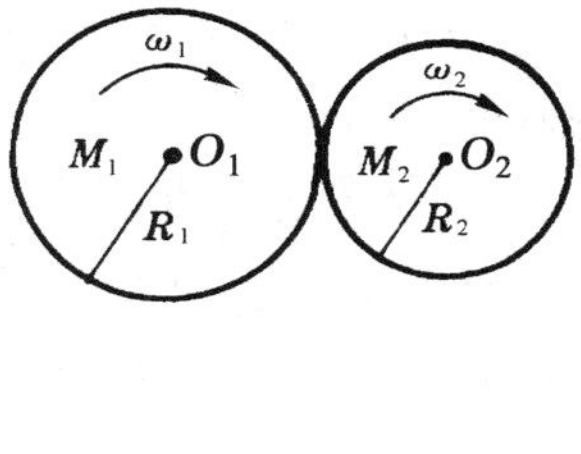

答： 这两个各绕自转轴 O_1、O_2 旋转的圆柱体构成的系统，在其边缘接触前后，系统的总角动量不守恒。因两圆柱接触时接触面存在滑动摩擦力，必须外加约束力在 O_1、O_2 两轴上，才能保持两轴平行不动。若选 O_2 为轴，则加于 O_1 轴的约束力对 O_2 轴产生力矩，这对两圆柱系统来说是外力矩。或者选 O_1 为轴，则加于 O_2 轴的约束力对 O_1 轴产生力矩，这对两圆柱系统来说是也外力矩。故无论选择计算角动量的轴在何处，系统都受到外力矩，角动量都不守恒。（这里要注意的是，系统的总角动量必须指对同一轴而言。）

4－3. 如本题图，在光滑水平面上立一圆柱，在其上缠绕一根细线，线的另一头系一个质点。起初将一段线拉直，横向给质点一个冲击力，使它开始绕柱旋转。在此后的时间里线愈绕愈短，质点的角速度怎样变化？其角动量守恒吗？动能守恒吗？

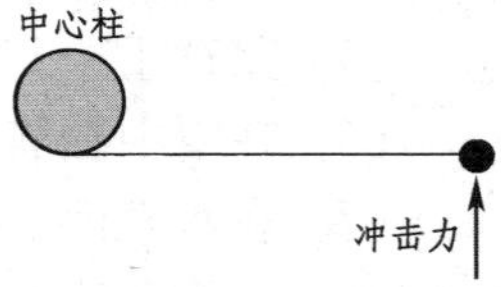

思考题4－3

答： 横向给质点一个冲击力后的时间里线愈绕愈短，质点的角速度将愈来愈大。如果圆柱的半径不能忽略，则质点的角动量不守恒。因为质点在运动过程中，受到绳的张力 $\boldsymbol{T}$ 的作用，此力不是有心力，对圆柱中心的力矩 $\boldsymbol{L}=\boldsymbol{r}\times\boldsymbol{T}=RT\neq0$（如右图所示），且力矩与角动量反方向，故其角动量减少，不守恒。

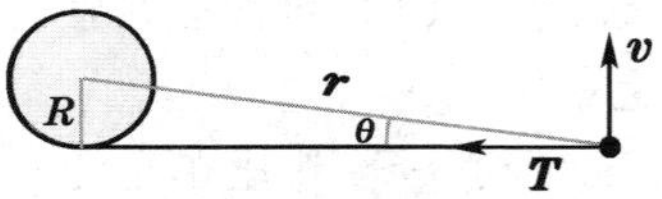

动能守恒，因为质点在运动过程中，绳子的方向始终与质点的瞬时速度 $\boldsymbol{v}$ 垂直，绳的张力不作功。[1]

4－4. 骑自行车时，脚蹬子在什么位置上，人施予它的力矩最大？在什么位置上力矩最小？

答： 这个问题与脚的用力的大小、方向有关。按照一般人踩车的习惯，踩车所用的力是朝下的。当脚磴子处于水平位置，并在轴的前方时，人用力往下踩，施予脚磴子的力最大，力臂也最大，故力矩最大。当脚磴子在轴的后方时，力矩是反的，当然脚不该用力了。

4－5. 经验告诉我们，推手推车上坡时，推不动了，扳车轮的上缘可省力。什么道理？

答： 若对车轮的质心轴来分析，推手推车上坡时，力是作用于车轮的轴上，无力矩，只是摩擦力矩使轮转动。如果是板车轮的上缘，则摩擦力和推力都会对质心轴产生力矩，且两者是同向的，用同样的力可以使力矩增加一倍，故省力。

如果对车轮接触地面的瞬时轴来分析，则板车轮的上缘比推车时力作

---

[1] 在本书第一次到第五次印刷中这一点分析有错误。

用在轴上的力臂增加一倍，也是用同样的力可使力矩增加一倍，故省力。

4－6. 为什么走钢丝的杂技演员手中要拿一根长竹竿来保持身体的平衡？

答： 走钢丝绳的杂技演员手中拿一根长竹竿，增加了系统对钢丝轴的转动惯量，演员在行走过程中即使稍有偏离，对系统也不会产生大的角加速度，而且可以左右移动竹竿，调整质心的位置，从而容易保持身体的平衡。

4－7. 通常我们都知道，物体愈高且上面愈重，则愈不稳定。但杂技演员用手指、额头或肩膀顶一个物体时，物体愈高且上面愈重，顶起来却愈容易平衡。试解释之。

答： 设杆长、质心高度、杆偏离竖直方向的角度和杆对支撑点的转动惯量分别为 l、r_C、θ 和 I，取顶点为重力势能原点，则物体和顶杆静止于竖直位置时机械能为 0. 因机械能能守恒，倾角为 θ 时的能量公式为

$$\frac{1}{2}I\left(\frac{\mathrm{d}\theta}{\mathrm{d}t}\right)^2+mgr_C(\cos\theta-1)=0,$$

$$\left(\frac{\mathrm{d}\theta}{\mathrm{d}t}\right)^2=\frac{2mgr_C}{I}(1-\cos\theta)\approx\frac{mgr_C}{I}\theta^2.$$

令 $I=kml^2$，$r_C=k'l$，这里 k 和 k' 都是无量纲的数。于是上式化为

$$\left(\frac{\mathrm{d}\theta}{\mathrm{d}t}\right)^2\approx\frac{gk'}{kl}\theta^2,\quad 即\quad \frac{\mathrm{d}\theta}{\mathrm{d}t}=\sqrt{\frac{gk'}{kl}}\theta,$$

顶端的线速度 $v=\mathrm{d}\theta/\mathrm{d}t$ 与线位移 $x=l\theta$ 的关系为

$$v=\sqrt{\frac{gk'}{kl}}x.$$

当顶端偏离了距离 x 时，杂技演员必须迅速把支撑点移动相应的位置以恢复平衡，上式表明，移动的速度 v 反比于杆长 l 的平方根，杆愈长，支撑点需要移动的速度 v 可以愈小，杂技演员愈容易调节。

再看质量分布的影响。讨论两个极端情形，一是均匀的光杆，$k=1/3$，$k'=1/2$，$k'/k=3/2$；二是轻杆上端顶一重物，$k=1$，$k'=1$，$k'/k=1$. 由上式可见，后者的调节速度是前者的$\sqrt{2/3}\approx 82\%$，可见把重心上调是有好处的，但不太明显。

4－8. 试用角动量以及功和能的概念说明荡秋千的原理。

答： 如果荡秋千者在一边（最高点）蹲下（其质心降低），在平衡位置（最低点）时站起（其质心升高），就可以愈荡愈高。下面从角动量和功、能的概念加以说明。

为简单起见，将人看成一个质点。设在摆的最高位置 A 点时人的质心到悬挂点的距离为 l_1，绳与竖直方向的夹角为 θ_1（见图）。此时他突然蹲下，

其质心降低到B处，质心到悬挂点的距离变为l_2. 而后人由B摆到C,在C位置时人突然站起来,将质心恢复到距悬挂点l_1处的D点。而后人由D摆到E,在E位置时绳与竖直方向的夹角为θ_2. 从A到B的过程中对悬挂点的角动量始终为0 . 从B到C的过程机械能守恒,有

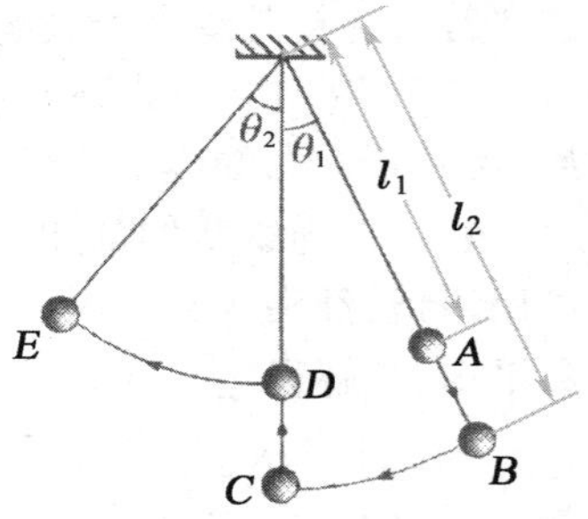

$$mv_C^2/2=mgl_1(1-\cos\theta_1),$$

从C到D的过程外力通过悬点,角动量守恒,有

$$ml_2v_C=ml_1v_D,$$

从D到E的过程机械能守恒,有

$$mv_D^2/2=mgl_2(1-\cos\theta_2),$$

由以上各式得

$$\cos\theta_1=1-v_C^2/2l_2g,\quad \cos\theta_2=1-v_D^2/2l_1g=1-(l_2/l_1)^3(v_C^2/2l_1g),$$

因为 $l_2>l_1$，所以 $\cos\theta_1>\cos\theta_2$，即 $\theta_1<\theta_2$，

即摆动的偏角增大了。此后人由E摆向A点,不过摆角已从θ_1增大到θ_2了。反复这样做就可以愈荡愈高。

4－9. 试分析下列运动是平动还是转动:

（1）自行车脚蹬板的运动;

（2）月球绕地球运行。

答:（1）自行车脚踏板不绕它的自身轴转动,只是绕轮盘的轴运行,其运动是平动。

（2）如果月球只是绕地球运行,没有绕自身轴转动的自转运动,则月球绕地球运行是平动;但实际上月球的一面始终对着地球,说明它每月自转一周,即它又平动又转动。

4－10. **若滚动摩擦可以忽略,试分析自行车在加速、减速、匀速行进时,前后轮所受地面摩擦力的方向。此时摩擦力作功吗?**

答: 自行车在加速前进时,后轮所受摩擦力的方向向前;这是因为要使自行车加速,骑车人必须施力矩于脚踏板,再通过飞轮和链条带动后轮转动,使后轮与地的接触点有一向后运动的趋势,从而后轮受到触地处一向前的摩擦力。此力使自行车加速前进,推动前轮,使前轮与地的接触点有一向前运动的趋势,从而使前轮受到一向后的摩擦力,令它向前滚动。

当自行车在减速前进时,骑车人必须刹车。若前后轮同时刹车,则前后轮所受摩擦力的方向均向后。因为这时前后轮的转速减慢,但它向前平动的速度不变,所以两轮与地的接触点有一向前滑动的趋势,从而受到向后的

摩擦阻力。若只刹其中一轮，则刹车轮受向后的摩擦力使车子减速，另一轮所受摩擦力的方向却是向前，以减慢该轮的转速。

若上述这些摩擦力只是静摩擦力，即轮子与地的接触点相对于地没有滑动，地对车的摩擦力不作功。但车刹与车轮之间有相对滑动时，这种摩擦力是作负功的，它使车子减少的动能变为热能。若一下子把轮子刹死，车刹与车轮之间没有相对滑动，不作功了；但地面的摩擦力不足以使车马上停止，整部车必然向前滑动，地面的滑动摩擦力就作负功了。

当自行车在匀速前进时，若滚动摩擦可以忽略，在前后轮与地的接触点处都没有相对运动的趋势，因而没有摩擦力，自然不存在作功的问题。

4－11. 汽车发动机的内力矩是不能改变汽车的总角动量的。那么，在启动的制动时，其角动量为什么能改变？

答： 汽车发动机或刹车的内力矩改变车轮的转动状态，使车轮与地的接触点有一相对滑动的趋势，使之受到摩擦力。摩擦力矩是外力矩，是它改变着汽车的总角动量。

4－12. 为什么汽车启动时车头会稍往上抬，制动时，车头稍往下沉？

答： 因为汽车的启动和制动，是靠汽车发动机或刹车的内力矩改变后轮的转动状态，使后轮与地的接触点有一相对滑动的趋势，产生摩擦力，改

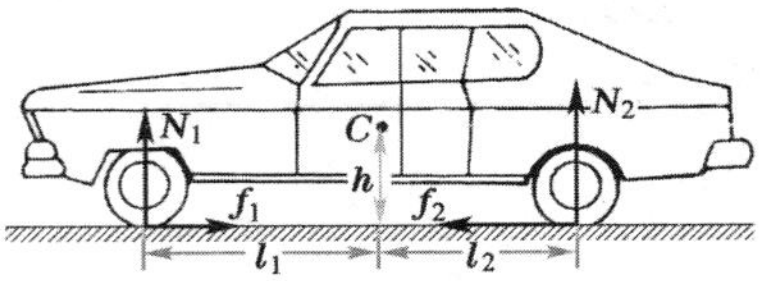

a 起 动

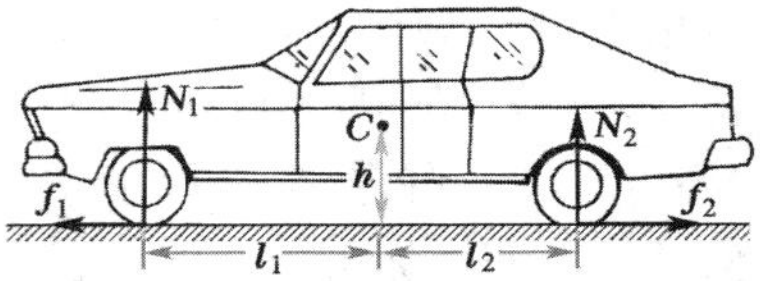

b 制 动

变汽车的运动状态，使汽车加速或减速。启动时，后轮所受的摩擦力$\boldsymbol{f}_2$向前(图a)，它对质心C产生一个顺时针的力矩f_2h；前轮所受的摩擦力$\boldsymbol{f}_1$向后，它对质心C产生一个逆时针的力矩f_1h. 由于$f_2>f_1$，两力矩的合成是顺时针的，使车头稍往上抬。制动时，后轮所受的摩擦力$\boldsymbol{f}_2$向后(图b)，它对质心C产生一个逆时针的力矩f_2h；前轮所受的摩擦力$\boldsymbol{f}_1$向前，它对质心C产生一个顺时针的力矩f_1h. 由于$f_2<f_1$，两力矩的合成是逆时针的，使车头稍往下沉。

现作一简单的定量讨论。设汽车前后轮所受的支撑力分别为N_1、N_2，到质心C的水平距离分别为l_1、l_2. 从力矩的平衡条件有

$$N_1l_1 \mp f_1h = N_2l_2 \mp f_2h,$$

由质心运动定理有

$$f_1-f_2=\mp ma,$$

以上两式中“－”号属加速情形，“＋”号属减速情形，a是汽车的加速度。

$$N_1 l_1 = N_2 l_2 \pm (f_1 - f_2) h = N_2 l_2 + mah \begin{cases} < N_2 l_2, & \text{加速情形}(a>0), \\ > N_2 l_2, & \text{减速情形}(a<0). \end{cases}$$

地面支撑力与是对地面压力的反作用力，它们的大小反映了汽车前后轮对地面压力的大小。由上式可见，启动情形前轻后重，车头呈上抬趋势；制动情形前重后轻，车头呈下沉趋势。

4－13. 试说明自行车刹车时前后轮给地面压力的变化。

答： 自行车刹车时，后轮对地面的压力减少，前轮对地的压力增加。分析与汽车制动时的情况相同。

4－14. 试分析拖拉机牵引农具时，前后轮对地面压力的变化。

答： 拖拉机牵引农具时，其受力情况与汽车的情况相比（思考题4－12），多一个向后的拉力。若无加速度，则无摩擦力，但拖拉机所受拉力与汽车启动时摩擦力引起的加速项 ma 类似，加大后轮对地面的压力，减小前轮对地面压力。

4－15. 通过学习物理学，我们有了这样的概念，若忽略空气的阻力，任何物体自由降落时的加速度都是一样的。如本题图所示，将一块长条木板一端抵在地面上，抬起它的另一端，在其上放一小木块。松开手后，在降落的过程中木块会离开木板吗？你可做个实验试一试。

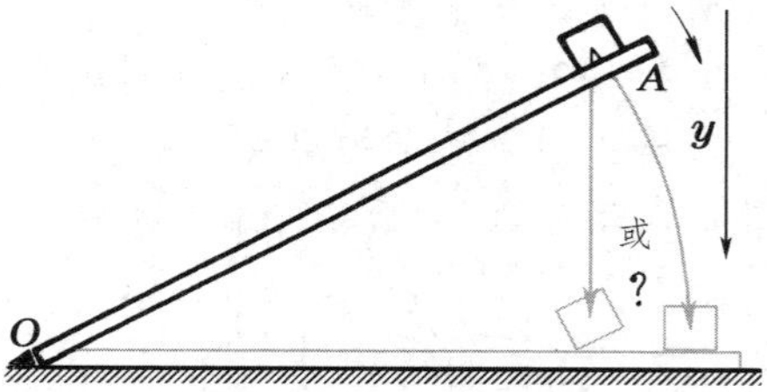

思考题4－15

答： 小木块若离开木板，则以重力加速度 g 自由降落，与木板没有相互作用。实现这种情况的条件是木板末端 A 点加速度的垂直分量必须大于或等于重力加速度 g. 下面考虑小木块在离开时木板的运动情况。设木板的质量为 M，长为 l，某时刻与地面的夹角为 θ. 以木板和地面的触点 O 为参考点，转动惯量为 $Ml^2/3$，重力矩为 $Mg(l/2)\cos\theta$，其转动方程为

$$\frac{1}{2}Mgl\cos\theta = \frac{1}{3}Ml^2\ddot{\theta},$$

由此可得 A 点的加速度和垂直分量分为

$$a_A = l\ddot{\theta} = \frac{3}{2}g\cos\theta, \quad \text{竖直分量 } a_{Ay} = a_A\cos\theta = \frac{3}{2}g\cos^2\theta.$$

现在要求 $a_{Ay} > g$，这相当于要求 $\cos^2\theta > 2/3$，或 $\cos\theta > \sqrt{2/3}$，$\theta < 35.5°$. 换句话说，在木板与地面的夹角小于 35.5° 时，小木块离开木板。

4 – 16. 工厂里很高的烟囱往往是用砖砌成的。有时为了拆除旧烟囱，可以采用从底部爆破的办法。在烟囱倾倒的过程中，往往中间偏下的部位发生断裂（见本题图）。试说明其理由。

思考题 4 – 16

答： 取均匀柱模型。正在倒塌的烟囱未断裂前可看成刚体，设它的质量为 m，高度为 h，转动惯量为 $I=\frac{1}{3}mh^2$，质心高度 $h_C=\frac{1}{2}h$，重力矩为

$$mgh_C\sin\theta=\frac{1}{2}mgh\sin\theta.$$

设角加速度为 $\ddot{\theta}$，则烟囱倾倒过程的运动方程为

$$\frac{1}{2}mgh\sin\theta=\frac{1}{3}mh^2\ddot{\theta},$$

$$\ddot{\theta}=\frac{3g\sin\theta}{2h},$$

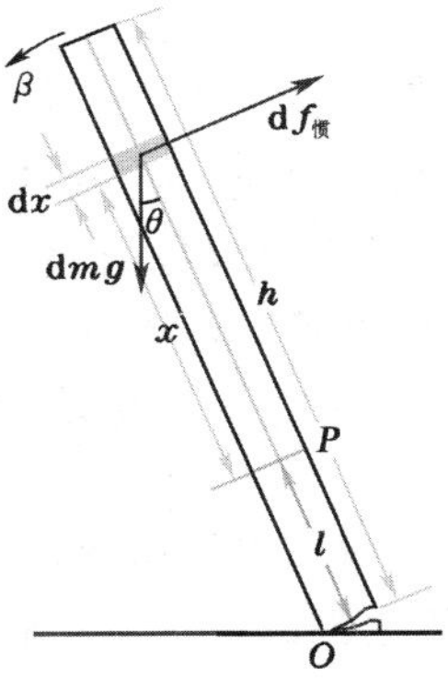

如右图，假设断裂点在高度为 l 的 P 处，考虑 P 点以上高度为 x 处一质元 dm 受到的外力，除重力 dmg 外，还受到两个惯性力：

d$f_{惯}$=−dma ［$a=(l+x)\ddot{\theta}$ 为质元的线加速度］

和惯性离心力，二者都对烟囱的断裂有作用，前者的影响是主要的。

现计算 P 点以上一段 d$f_{惯}$ 和 dmg 对 P 点产生的总力矩 M：

$$M=\int_0^{h-l}\eta\,\mathrm{d}x\left[\frac{3(l+x)}{2h}-1\right]xg\sin\theta=\frac{\eta g\sin\theta}{4h}(h-l)^2l.$$

式中 $\eta=\mathrm{d}m/\mathrm{d}x$. 求 M 的极大：

$$\frac{\mathrm{d}M}{\mathrm{d}l}=\frac{\eta g\sin\theta}{4h}(h-l)(h-3l)=0,$$

即 $l=h/3$ 处烟囱受到的向后弯曲的力矩最大，最易断裂。若考虑惯性离心力，断裂处会高一些。

4 – 17. 用手扶着静止的自行车不让倒下，把它左边的脚蹬放在朝下的位置，如本题图所示。这时用水平力向后推此脚蹬，车子向前还是向后运动？脚蹬朝哪个方向转？解释你判断的依据。（你可实地

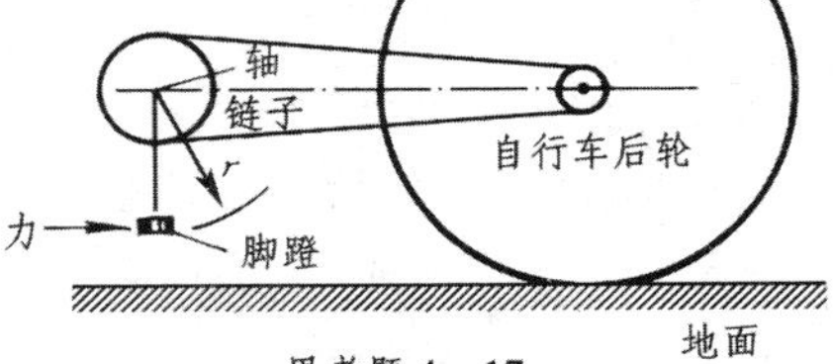

思考题 4 – 17

验证一下你的想法。)

答: 设自行车齿轮传动的比例为 n,即后轮的角位移 θ 是脚蹬角位移 θ' 的 n 倍,但中轴与后轴的平移是相等的。如果我们设想把齿轮传动系统去掉,而将脚蹬的长度 r 缩小到 r/n,装在后轴上(见下图b),令它以 n 倍

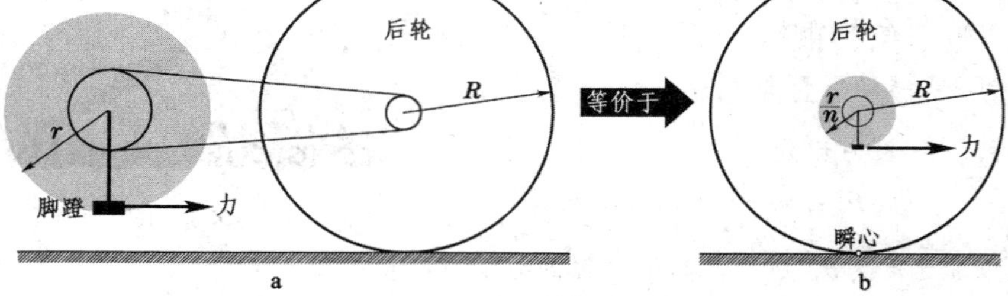

思考题 4 - 17

的角速度旋转。这装置与原系统是等价的,但它相当于一个小半径为 r/n、大半径为 R(后轮半径)的大"线轴",可用书上图 4 - 46 里介绍的方法来分析,结论是以向后水平的外力拉缠在小轴上的线,整个线轴车轮向后滚动。换成自行车问题,则以向后水平的外力推脚蹬,车轮向后滚动,脚蹬却向前移。

4 - 18. 四块相同的砖头以本题图中所示的方式叠放在桌上,它们会不会翻倒?这是它们能够探出桌边的最大距离吗?

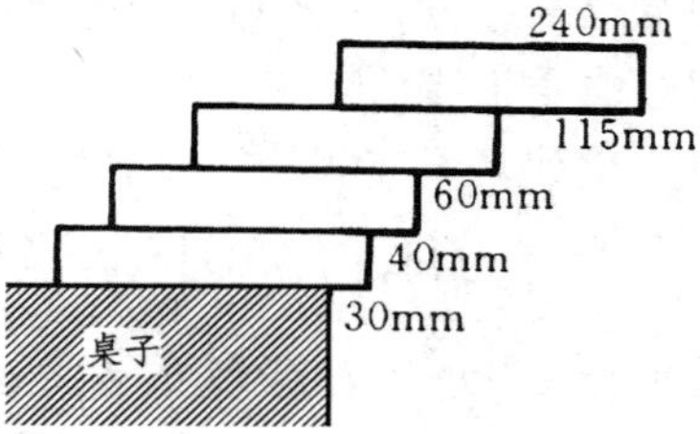

思考题 4 - 18

答: 不会倾倒。证明如下:设每块的质量为 m,砖长为 $l=240\,\text{mm}$,由于砖是均匀的,其重心在 $l/2=120\,\text{mm}$ 处。以桌子的边缘为坐标原点,向右的水平线为 x 轴,则从下往上各砖的质心坐标为

$$x_{1C}=(-120+30)\,\text{mm}=-90\,\text{mm},\quad x_{2C}=(-90+40)\,\text{mm}=-50\,\text{mm},$$

$$x_{3C}=(-50+60)\,\text{mm}=10\,\text{mm},\quad x_{4C}=(10+115)\,\text{mm}=125\,\text{mm},$$

所有砖块的质心坐标为

$$x_C=\frac{1}{4}(x_{1C}+x_{2C}+x_{3C}+x_{4C})=\frac{1}{4}(-90-50+10+125)\,\text{mm}=-\frac{5}{4}\text{mm}.$$

由此可见,整个系统的质心落在桌子边缘的左边,不会倾倒。

再看上面三块砖,它们的合质心坐标为

$$x_C'=\frac{1}{3}(x_{2C}+x_{3C}+x_{4C})=\frac{1}{3}(-50+10+125)\,\text{mm}=\frac{85}{3}\text{mm}=28.33\,\text{mm},$$

落在第一块砖边缘(30 mm)的左边,因此也不会倾倒。

再看上面两块砖,它们的合质心坐标为

$$x_C'' = \frac{1}{2}(x_{3C}+x_{4C}) = \frac{1}{2}(10+125)\,\text{mm} = \frac{135}{2}\text{mm} = 67.5\,\text{mm},$$

也落在第二块砖边缘(30 +40) mm = 70 mm 的左边,故不会倾倒。

最上面一块砖的质心坐标为 x_{4C} = 125 mm,显然落在第三块砖边缘(30 +40 +60) mm = 130 mm 的左边,所以也不会倾倒。

总之,所有砖块都不会倾倒。

显然,按这个例子里所给的数据并未达到探出桌边的最大距离,第四块砖还有 5 mm 的探出余量。

4 – 19. 如本题图所示,用两台相同的磅秤共同支撑一长方物件,它们的读数相同。若此时用水平的力拉物件的右上角,两磅秤的读数如何变化?拉中间或右下角呢?

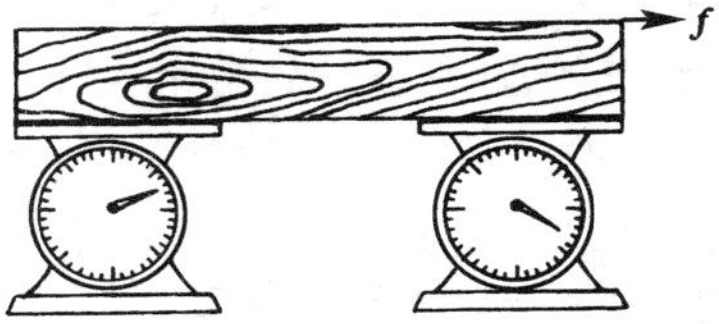

思考题 4 – 19

答: 设水平拉力不引起物件滑动,则摩擦力未知,取物件底部中点 O 为计算力矩的参考点,重力和摩擦力的力矩可避免出现。如右图所示,支撑力(数值上等于磅秤读数)N_1、N_2 水平拉力 F 的力矩平衡条件为

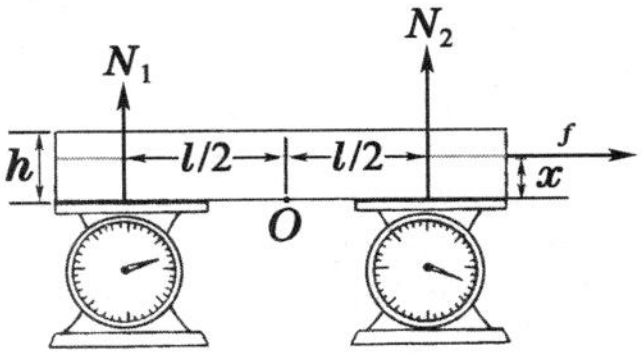

$$\frac{N_2 l}{2} = \frac{N_1 l}{2} + fx > \frac{N_1 l}{2}.$$

拉右上角时($x = h$)N_1 与 N_2 差别最大,拉中间时($x = h/2$)次之,拉右下角时($x = 0$)$N_1 = N_2$.

4 – 20. 用绳子系在绕水平轴快速旋转的轮子转轴的一端,将它悬挂起来,如本题图所示。轮子将怎样运动?绳子会保持竖直吗?

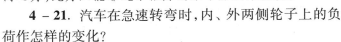

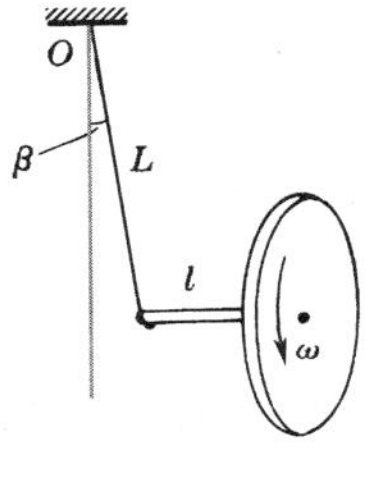

思考题 4 – 20

答: 轮子一方面绕其自转轴转动,同时其自转轴又绕竖直轴进动。在进动过程中,绳子不会保持竖直,因为轮子要绕竖直轴转动,因为进动时在水平面上需要有个向心力,此力只能靠绳子张力的水平分量来提供。

4 – 21. 汽车在急速转弯时,内、外两侧轮子上的负荷作怎样的变化?

答: 汽车在急转弯时,有一大的向心加速度(向心力来自地面对轮子的摩擦力),外侧轮子上的负荷增加,内侧轮子上的负荷减少。

4－22. 拐弯时，骑自行车和蹬三轮车的人有不同的感觉。譬如想朝左拐，骑自行车的人只需把身体的重心偏向左边，而无需有意识地向左转动车把。如果她或他只向左转动车把，而不向左侧身，则车子就会产生朝右倾倒的趋势。若蹬三轮车的人想朝左拐的话，他必须向左转动车把，而是否向左侧身则无所谓。只要弯拐得不太急，一般用不着担心朝右倾倒。试解释之。

答： 自行车在行驶过程中，车轮具有一定的角动量，方向向左。当骑车人把身体的重心侧向左边时，则系统（人与自行车）受到重力矩的作用，其方向向后，使前轮产生进动，进动使车轮角动量向后转，即前轮向左偏。这样，自行车也就自然向左拐弯了。所以，当骑自行车的人想向左拐，只需把身体的重心侧向左边，而无需有意识地向左转动车把。但如果只向左转动车把，则车向左拐，从骑车人者看来，他受到向右的惯性离心力，车子有向右倾倒的趋势。

三轮车的后部有两个车轮，有两个支撑点。蹬三轮车的人侧身不会使车身倾斜而产生重力矩，从而也没有进动效应。他想向左拐，就得向左转动车把。因为后面有两个支撑点，只要弯拐得不太急，一般用不着担心惯性离心力把车子向右掀翻。

第五章　连续体力学

5－1. 在图5－4中我们分析了横梁弯曲时横断面上的正应力,你能想象其上下各层分界面上剪应力的情况吗?

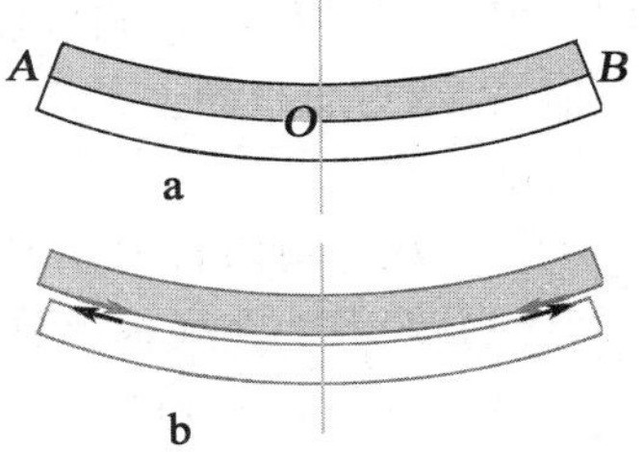

答: 如图a所示,设想从中间O点作一分界曲面AOB，将弯曲横梁上下两层分开。如果上下两层没有联系，则情况将如图b所示，上层的下表面要比下层的上表面长出来。可见，在这个分界面上，上层给下层的剪应力是朝两头拉的(见图b中黑箭头)，下层给上层的剪应力是朝中间挤的(见图b中灰箭头)。由于对称性，AOB面上的剪应力两头大中部小，正中央O点处为0. 此外，因为在弯曲横梁的上下表面处没有物体施加剪应力，故而那里的剪应力为0. 所以，分布在AOB面上的那种剪应力，随着此面向上或向下朝横梁的表面趋近时，减小到0.

5－2. 在图5－7中我们分析了圆柱扭转时各同轴薄层界面上的剪应力,你能想象正应力的情况吗?

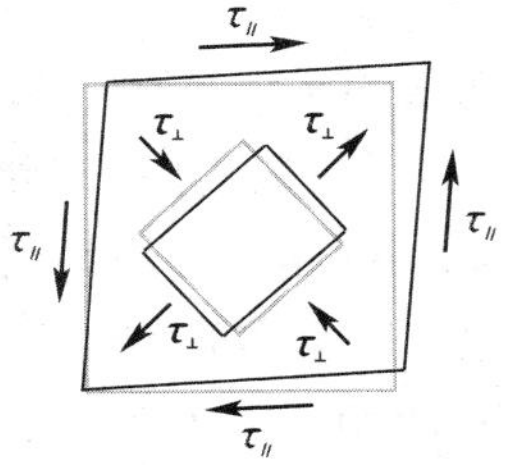

答: 圆柱扭转时各同轴柱面上都有剪应力。如图所式，凡有剪应力$\tau_{/\!/}$的地方，转个角度看，就是正应力$\tau_{\perp}$(张力和压力)。但在扭转的弹性柱内，沿平行和垂直于柱轴的方向上，任何地方都没有正应力。

5－3. 用桨向后划水,在水中平行于桨面和垂直于桨面的截面上,压强哪个大?

答: 无论流体静止或流动以及有无加速度,其中压强总是各向同性的,故而用桨划水时桨附近水中任何一点平行于桨面和垂直于桨面的截面上压强一样大。

5－4. 如本题图,在一平底锥形烧瓶内盛满水银,放在台秤上。若忽略烧瓶本身的重量,水银给瓶底的压力和瓶底给秤盘的压力一样吗?哪个大?

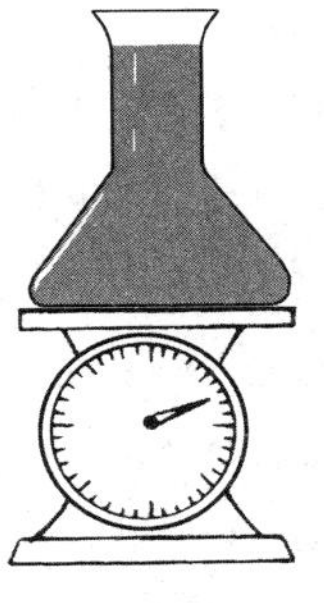

思考题5－4

答: 水银给瓶底的压力$F=(p_0+\rho gh)S$，瓶底给秤盘的压力$F'=p_0S+mg$，这里p_0是大气压，ρ是水银密度，h是水银高度，m是水银质量，S为瓶底面积。对于平底锥形烧瓶来说$m<\rho ghS$，故$F'<F$. 于是瓶底受秤盘的支撑力小于水银给瓶底的压力,不足的部分要靠瓶

的侧壁对它的向上拉力来弥补的(注意:瓶内的水银对倾斜的侧壁是有向上的压力的)。

5-5. 如本题图,把一段宽口圆锥形管的下面管口用一块平玻璃板AB遮住,使水不能透入。放进盛水的容器以后,水对底板向上的压力为1 kgf. 在下列情况下,底板会不会脱离?

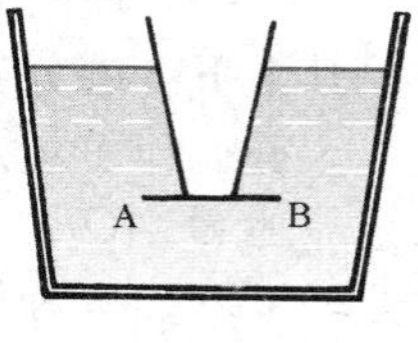

思考题5-5

(1)从上口向管内注入1 kg的水;

(2)轻轻地在底板上放一个1 kg的砝码。

答:(1)注入1 kg水底板不会使底板脱离,因为水的重量有一部分为倾斜的侧壁所承担。

(2)放一个1 kg的砝码会使底板脱离,因为砝码的重量全部压在底板上。

5-6. 本题图中所示的装置叫做“笛卡儿浮沉子”。将一只不满的小试管倒扣在大水瓶里,瓶口用橡皮膜封住。压橡皮膜时试管就下沉;放开手,试管浮起。什么道理?

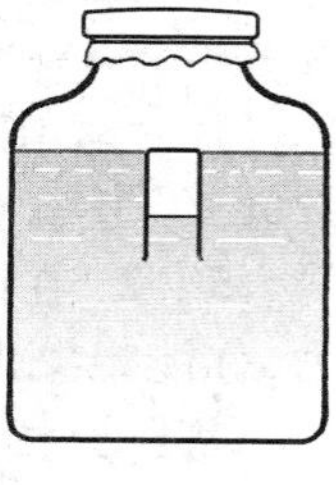
思考题5-6

答:压橡皮膜时水瓶里的压强增大,小试管里的气体体积缩小,从而浮力减小,试管就下沉。放开手后压强复原,小试管里的气体体积增大,浮力增大,试管再度浮起。

5-7. 伽利略年轻的时候,他很喜欢阿基米德鉴定王冠的故事。一想到阿基米德从澡盆跳出来,喊着“我知道了”直奔实验室的情景,心情就非常激动。然而他对这个故事感到有点不满足,因为故事中没有介绍测定王冠中金、银含量的方法。他想出了一个很简单的方法。

他做了一杆小秤,先在等臂的情况下测一纯金块的重量(图a),然后将金块浸入水中,保持砝码数量不变,但将其悬挂点移近到A点,以使秤杆恢复平衡,并在A点做一刻度(图b)。下一步用纯银块代替金块重复上述步骤,于是得到又一刻度B(图c与d)。最后用待测的王冠代替银

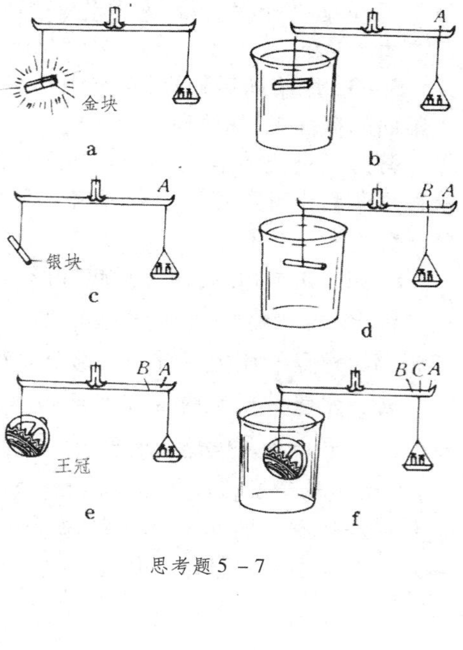

思考题5-7

块,得到王冠在水中时砝码的位置 C(图 e 与 f)。C 必落在杠杆上的 AB 区间，从$\overline{AC}$ 和$\overline{CB}$ 的比例即可确定王冠的成分。试解释伽利略小秤的原理。刻度 A、B 的位置与所用金、银块的重量有关吗?

答: 设金块、银块、王冠的密度分别为 $\rho_{金}$、$\rho_{银}$和 $\rho_{冠}$，体积分别为 $V_{金}$、$V_{银}$ 和 $V_{冠}$，在等臂秤与之平衡的砝码质量分别为 $m_{金}$、$m_{银}$ 和 $m_{冠}$，秤杆每臂长 l, A、B、C 点到秤杆端点的距离分别为 a、b、c. 由等臂秤的平衡条件知

$$m_{金}=\rho_{金}V_{金}，\quad m_{银}=\rho_{银}V_{银}，\quad m_{冠}=\rho_{冠}V_{冠}.$$

根据阿基米德原理，在水中杆秤的平衡条件为

$$(\rho_{金}-\rho_{水})V_{金}=m_{金}(l-a)=\rho_{金}V_{金}(l-a),$$

$$(\rho_{银}-\rho_{水})V_{银}=m_{银}(l-b)=\rho_{银}V_{银}(l-b),$$

$$(\rho_{冠}-\rho_{水})V_{冠}=m_{冠}(l-c)=\rho_{冠}V_{冠}(l-c).$$

因此得

$$\rho_{金}=\frac{l\rho_{水}}{a},\quad \rho_{银}=\frac{l\rho_{水}}{b},\quad \rho_{冠}=\frac{l\rho_{水}}{c}.$$

设王冠的含金百分比为 F，则

$$\rho_{冠}=F\rho_{金}+(1-F)\rho_{银},$$

将前式代入此式，$l\rho_{水}$因子被消掉，得

$$\frac{1}{c}=\frac{F}{a}+\frac{1-F}{b},\quad 所以\quad F=\frac{c(b-a)}{a(b-c)}.$$

由 a、b、c 可求出王冠的含金量。此法与所用的金、银块和王冠的体积无关。

5－8. 如本题图,用手捏住悬挂细棒绳子的上端，慢慢地把棒放入水中。如果是木棒,它总要倾斜,最后横躺着浮在水面上;如果是铁棒,它就竖着浸入水中,直触水底而不倾斜。为什么?

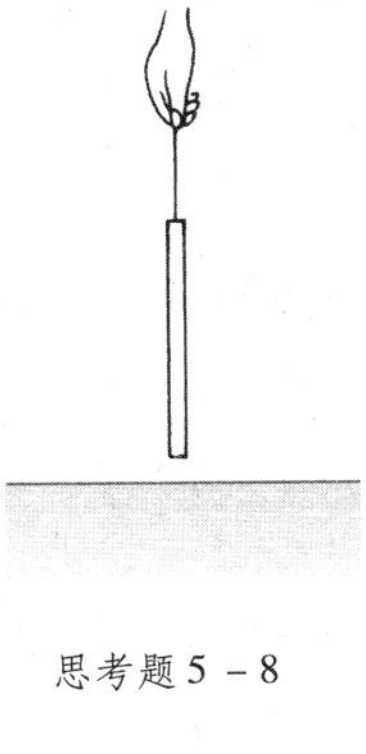

思考题 5－8

答: 设想细棒浸入水中后仍处于竖直状态，木棒将有一段浮于水上，浮心(位于浸入水中那段的质心处)比棒的质心(位于全棒中点)低，从而竖直状态是不稳定的。铁棒全部浸于水中，浮心与棒的质心重合，且重力大于浮力，从而竖直状态稳定。

5－9. 分析上题中下放木棒的过程中棒和绳的倾斜情况。

答: 当木棒插入水中时,若有倾斜，起初浮力力矩小于重力力矩，木棒会恢复竖直位置。但超过一定深度 a 时，浮力力矩将大于重力力矩，木棒就会倾倒。现在我们用浮力力矩等于重力力矩的条件求临界深度 a(参见

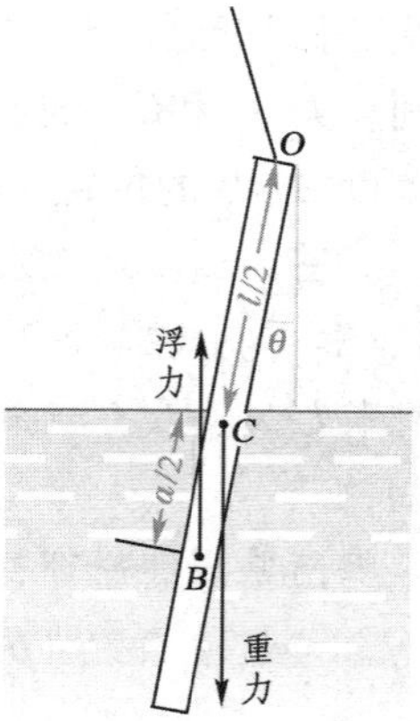

右图)。令l和S分别代表棒长和截面积,浮力为$\rho_{水}aSg$,对悬挂点O的力臂为$\frac{l+a}{2}\sin\theta$;重力为$\rho_{木}lSg$,对O点的力臂为$\frac{l}{2}\sin\theta$. 浮力力矩等于重力力矩的条件可写成

$$\frac{1}{2}a(l+a)S\sin\theta\rho_{水}=\frac{1}{2}l^2S\sin\theta\rho_{木},$$

$$\frac{a}{l}\left(1+\frac{a}{l}\right)=\frac{\rho_{木}}{\rho_{水}},\quad 即\quad \frac{a}{l}=\frac{1}{2}\left(\sqrt{1+4\frac{\rho_{木}}{\rho_{水}}}-1\right).$$

若取$\frac{\rho_{木}}{\rho_{水}}=0.85$,则$\frac{a}{l}=0.55$,即当木棒插入水中的深度略超过其长度的一半时就要倾倒。

5-10. 什么是定常流动?飞机在高空平稳地匀速飞行时,周围空气的流动是定常的吗?把飞机做成模型,悬在风洞里做模拟试验,风洞里的气流能看成定常的吗?

答: 流场中空间各点的流速不随时间变化的流动,称为定常流动。飞机在高空平稳地匀速飞行时,在地面参考系中看,不是定常流动,但在飞机参考系中看是定常流动。在风洞中做实验时飞机模型参考系就是地面参考系,风洞里的气流能看成定常的。

5-11. 什么是流迹?什么是流线?它们之间有什么区别?为什么说在定常流动中二者相符?

答: 流迹是流体微元的运动轨迹曲线,流线的流速场中切线与流速处处方向一致的曲线。流线只在画流线图的特定时刻与处于各点不同流体微元的迹线重合,一般不与单个流体微元在不同时刻形成的运动轨迹重合。但在定常流动中两者是相符的,这可说明如下:微元的瞬时速度与该点流线方向一致,下一时刻它就到达此流线的邻近点。因为流动是定常的,在那里它的瞬时速度又必须与该处的流线方向一致。如此下去,流体微元就沿着流线前进,它的迹线也就是流线。

5-12. 在使用伯努利原理分析问题时,我们总是要比较同一流线上的两点。这是指同一时刻上、下游的两液块呢,还是比较同一液块从上游流到下游先后的情况?

答: 是指同一时刻上、下游的两液块。但在定常流动中,这也是同一液块从上游流到下游先后的情况。

5-13. 有人对网球的运动是这样分析的:当球沿逆时针方向旋转,自右向左运动时（见本题图），球上部的质点 A 的线速度比下部的质点 B 的线速度大，因而通过黏性力带动的空气流动的速度也大，根据伯努利原理，球下面的压强较上面大，从而受到向上的升力。这结论和书上的相反，怎么回事？

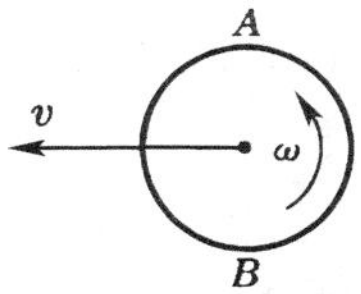

思考题 5－13

答： 在题目中所给的分析里忽视了球与空气有相对运动这一事实。在球的参考系中，空气有一较大的向右速度。说球上部的质点 A 的线速度比下部的质点 B 的线速度大，都是指向前的线速度。通过黏性力把动量传递给空气，使球上部空气向右速度减少得多，下部空气向右的速度减少得少，即空气向右的速度在球上部小，下部大，这正是书上的结论。

5－14. 当火车飞驰而过时，为什么站在路旁的人容易被卷入铁轨？

答： 当火车飞驰而过时，站在路旁的人与火车之间的空气通道窄，空气的流速较大，根据伯努利原理，这里压强较小，路旁的人容易被外侧较大的压强推向火车。

5－15. 打乒乓球时上旋球和下旋球有什么不同的特点？哪种球容易使对方推挡出界，哪种球容易触网？

答： 按书上4.3节所讲的马格纳斯效应，如下图所示，上旋球走向上弯的弧线，下旋球走向下弯的弧线。如果对方简单地推挡而不改变球的旋转方向，则上旋球变下旋球，容易触网（图 a）；下旋球变上旋球，容易出界（图 b）。

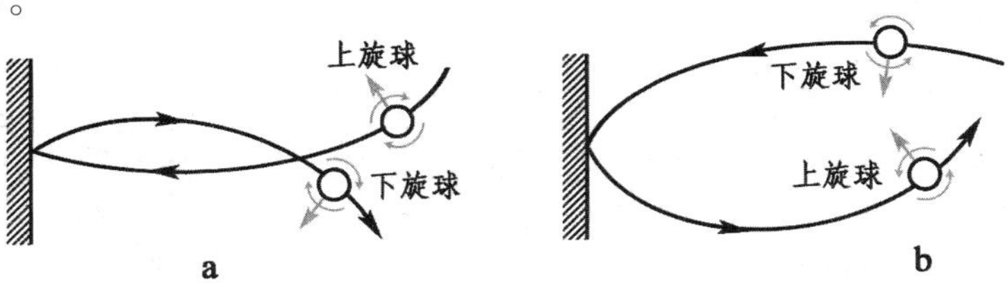

5－16. 大气中水滴的直径从 10^{-3} mm 到 2～3 mm，大小相差许多数量级。但是为什么没有更大的，譬如像人的脑袋那样大的雨滴？试分析雨滴直径上限的数量级。[提示：使雨滴破碎的主要因素是气流，气流作用力的大小与雨滴本身的重量是同数量级的，（为什么？）而维持雨滴不散的因素是表面张力。]

答： 雨滴在达到终极速度时重力与空气阻力（即在雨滴参考系中看到的气流冲击力）平衡，所以它们是同数量级的。将两半液滴维系在一起的表面张力是$2\pi\gamma r$，重力是$\frac{4\pi r^3}{3}\rho g$，令两者相等，得雨滴半径r的临界数量级

$$r=\sqrt{\frac{3\gamma}{2\rho g}},$$

把水的表面张力系数$\gamma=75\,\mathrm{dyn/cm}$和密度$\rho=1\,\mathrm{g/cm^3}$代入，得$r=0.34\,\mathrm{cm}$，与观测到的雨滴半径上限2～3 mm在数量级上符合。

5－17. 大雨点还是小雨点，哪个在空气里降落得快？

答： 按书中(5.57a)式推导，雨滴降落速度$v\propto r^2$(r为雨滴半径)；按书中(5.57b)式推导，雨滴降落速度$v\propto\sqrt{r}$. 无论哪种情况，都是大雨点降落得快(详见下题)。

5－18. 为了计算雨滴在大气中降落的终极速度，需要用到阻力公式，但是我们至少有两个这样的公式：(5.57a)和(5.57b)式，它们分别适用于大、小雷诺数。要判断对于大气中多大的水滴应该用前式，多大的水滴应该用后者，我们可以分别用两式去计算终极速度$v_{终极}$，由此得到两条不同的$v_{终极}$和半径r依赖关系的曲线。从两条曲线的交点可定出一个临界半径$r_\star$来，当$r\ll r_\star$时(5.57a)式，即斯托克斯公式成立；$r\gg r_\star$时(5.57b)式成立。上述两种$v_{终极}-r$依赖关系各具有什么形式？对于大气中的水滴，$r_\star$具有怎样的数量级？

按你的判据，本章与此问题有关的习题5－26和5－27是否合理？

答： 按(5.57a)式空气阻力$f=6\pi\eta rv$，当它等于重力$\frac{4\pi}{3}r^3\rho_{水}g$时，雨滴达到终极速度

$$v_{终极}=\frac{2}{9\eta}\rho_{水}gr^2\propto r^2.$$

按(5.57b)式空气阻力$f=0.2\pi\rho_{气}r^2v^2$，当它等于重力时，雨滴终极速度为

$$v_{终极}=\sqrt{\frac{20\rho_{水}}{3\rho_{气}}gr}\propto\sqrt{r}.$$

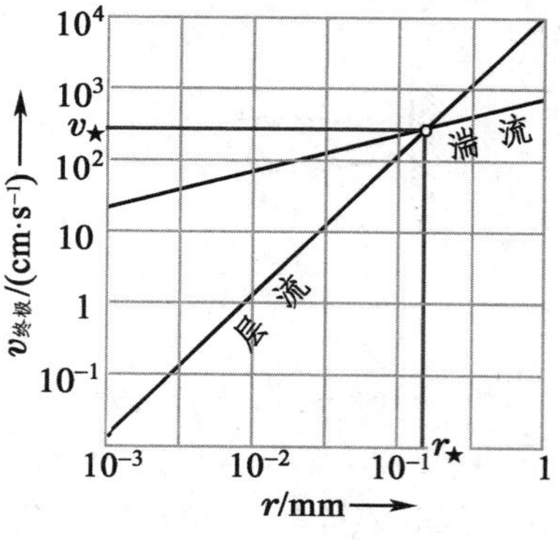

取$\rho_{水}=10^3\,\mathrm{kg/m^3}$，$\rho_{气}=1.29\,\mathrm{kg/m^3}$，$\eta=1.82\times10^{-5}\,\mathrm{Pa\cdot s}$，$g=9.80\,\mathrm{m/s^2}$，作两曲线如右图，它们交于$r=r_\star=1.52\times10^{-4}\,\mathrm{m}=0.152\,\mathrm{mm}$处，对应的速度为$v_\star=2.77\,\mathrm{m/s}$.

据以上讨论判断，本章习题5－26和5－27按小雷诺数公式计算是合理的。

5－19. 估算一下5.3节末所讨论的气球在空气中降落时雷诺数的数量级。

答： 按大雷诺数公式(5.57b)计算，气球终极速度为

$$v=\sqrt{\frac{mg}{0.2\pi\rho_{气}r^2}}=\sqrt{\frac{9.8\times10^{-2}}{0.2\pi\times1.29\times(0.15)^2}}\ \mathrm{m/s}=2.32\ \mathrm{m/s}.$$

雷诺数为

$$\mathscr{R}=\frac{\rho_{气}dv}{\eta}=\frac{1.29\times0.30\times2.32}{1.8\times10^{-5}}\approx5\times10^4.$$

此数确实远大于临界雷诺数。

第六章　振动和波

6－1. 下列运动中哪些是简谐振动，哪些近似是，或不是？

（1）完全弹性球在地面上不断地弹跳；

（2）圆锥摆及其在某方向上的投影；

（3）如本题图所示装置中小球的横向振动；

（4）小球在半球形碗底附近来回滚动；

（5）将上题里的碗换成旋转抛物面形的，情况怎样？

（6）缝纫机里针头的上下动作。

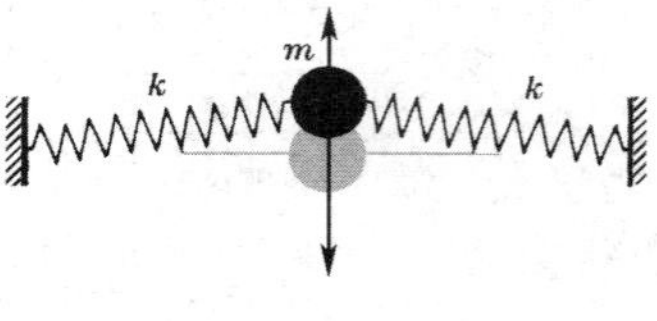

思考题6－1

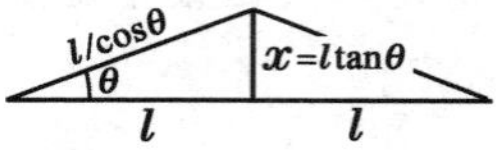

问题(3)

答：（1）不是。（2）是。

（3）小球的横向位移 $x=l\tan\theta\approx l\theta$；弹簧的伸长量 $\Delta l=l\left(\dfrac{1}{\cos\theta}-1\right)\approx\dfrac{l\theta^2}{2}$，弹性势能

$$U=2\times\frac{1}{2}k(\Delta l)^2\approx kl^2\theta^4=\frac{k}{l^2}x^4\propto x^4.$$

简谐振动的弹性势能应正比于 x^2，故此振动不是简谐振动。

（4）小角度时近似是。（5）是。

（6）如右图，若缝纫机里针头的上下动作是由匀速转动的偏心圆轮带动的，r 为圆轮半径，O 是圆心，O' 是转轴，$a=\overline{OO'}$，则针头上下动作的位移为

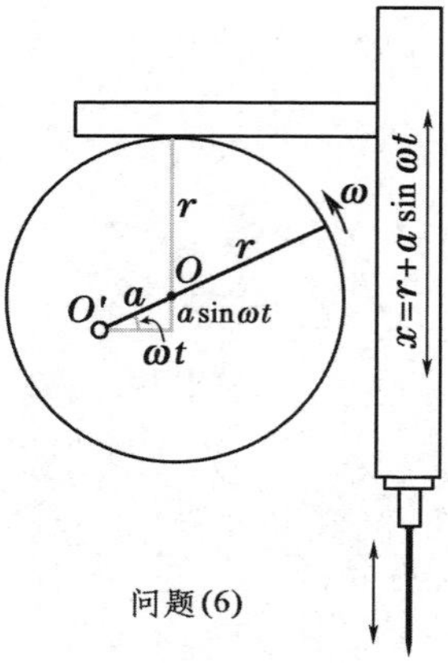

问题(6)

$$x=r+a\sin\omega t,$$

其运动是简谐式的。

6－2. 将劲度系数分别为 k_1 和 k_2 的弹簧并联或串联起来，构成弹簧振子，它们的周期公式各具有什么形式？

答： 先导出一个关于简谐振动周期的普遍公式。设系统是保守的，机械能守恒：

$$E_k+E_p=E\quad\text{或}\quad E_k=E-E_p.\qquad①$$

若动能 E_k 和势能可写成如下普遍形式：

$$E_k=\frac{1}{2}M\dot{q}^2,\quad E_p=\frac{1}{2}Kq^2,\qquad②$$

这里 q 是广义位移（可以是线位移或角位移），$\dot{q}$ 是广义速度（线速度或角速度）。代入①式，有

$$\frac{1}{2}M\dot{q}^2=E-\frac{1}{2}Kq^2.\qquad③$$

因此得

$$\dot{q}=\sqrt{\frac{2E}{M}\left(1-\frac{K}{2E}q^2\right)}\quad 或\quad \frac{\mathrm{d}q}{\sqrt{1-\frac{K}{2E}q^2}}=\sqrt{\frac{2E}{M}}\mathrm{d}t,$$

取积分，得

$$\arcsin\sqrt{\frac{K}{2E}}\,q=\sqrt{\frac{K}{M}}\,t+常量,\quad 即\quad q=\sqrt{\frac{2E}{K}}\sin\left(\sqrt{\frac{K}{M}}\,t+\varphi_0\right).\qquad ④$$

上式表明运动是简谐式的，角频率和周期为

$$\omega=\sqrt{\frac{K}{M}},\quad T=2\pi\sqrt{\frac{M}{K}}.\qquad ⑤$$

现在我们来解决本题提出的弹簧振子串、并联问题。

（1）并联：　势能 $E_{\mathrm{p}}=\frac{1}{2}(k_1+k_2)x^2$，　动能 $E_{\mathrm{k}}=\frac{1}{2}m\dot{x}^2$，

这相当于②式中的 $q\to x$，$K\to k_1+k_2$，$M\to m$（振子质量），根据⑤式，周期公式为

$$T=2\pi\sqrt{\frac{m}{k_1+k_2}}.$$

（2）串联：　力 $f=-k_1x_1=-k_2x_2$，$x=x_1+x_2$，由此 $x_1=\frac{k_2x}{k_1+k_2}$，$x_2=\frac{k_1x}{k_1+k_2}$.

势能 $E_{\mathrm{p}}=\frac{1}{2}(k_1x_1{}^2+k_2x_2{}^2)x^2=\frac{1}{2}\left(\frac{k_1k_2^2}{(k_1+k_2)^2}+\frac{k_1^2k_2^2}{(k_1+k_2)^2}\right)x^2=\frac{1}{2}\frac{k_1k_2}{k_1+k_2}x^2$，

$$动能\ E_{\mathrm{k}}=\frac{1}{2}m\dot{x}^2,$$

这相当于②式中的 $q\to x$，$K\to\frac{k_1k_2}{k_1+k_2}$，$M\to m$，根据⑤式，周期公式为

$$T=2\pi\sqrt{\frac{m(k_1+k_2)}{k_1k_2}}.$$

6－3. 若单摆悬线质量不可忽略，它的周期增加还是减少？

答： 设悬线的质量为 m_1，则它的质心高度为 $r_C=l/2$，对悬点的转动惯量为 $I=\frac{m_1}{3}l^2$. 设摆锤的质量为 m_2，其速度为 $l\dot{\theta}$. 于是

$$势能\ E_{\mathrm{p}}=m_1gr_C(1-\cos\theta)+m_2gl(1-\cos\theta)\approx\frac{1}{2}\left(\frac{m_1}{2}+m_2\right)gl\theta^2,$$

$$动能\ E_{\mathrm{k}}=\frac{1}{2}I\dot{\theta}^2+\frac{1}{2}m_2l^2\dot{\theta}^2=\frac{1}{2}\left(\frac{m_1}{3}+m_2\right)l^2\dot{\theta}^2.$$

这相当于 6－2 题解答里②式中的 $q\to\theta$，$K\to(m_1/2+m_2)gl$，$M\to(m_1/3+m_2)l^2$，根据⑤式，周期公式为

$$T=2\pi\sqrt{\frac{m_1/2+m_2}{m_1/3+m_2}\frac{g}{l}}>2\pi\sqrt{\frac{g}{l}}.$$

即周期增大了。

6－4. 若弹簧振子中弹簧本身的质量不可忽略,其周期增加还是减少?

答: 设弹簧的质量为 m_1，长度为 l，故单位长度内的质量为 $\eta=m_1/l$，振子的质量为 m_2，则

$$\text{势能 } E_p=\frac{1}{2}kq^2 \quad (q=l-l_0),$$

$$\text{动能 } E_k=\frac{1}{2}\int_0^l \eta\,\dot{x}^2\mathrm{d}x+\frac{1}{2}m_2\dot{l}^2 \qquad (\dot{x}=\frac{x}{l}\dot{l}^2)$$

$$=\frac{m_1}{2l^3}\dot{l}^2\int_0^l x^2\mathrm{d}x+\frac{1}{2}m_2\dot{l}^2=\frac{1}{2}\left(\frac{m_1}{3}+m_2\right)\dot{l}^2=\frac{1}{2}\left(\frac{m_1}{3}+m_2\right)\dot{q}^2.$$

这相当于6－2题解答里②式中的 $q\to l-l_0$，$K\to k$，$M\to m_1/3+m_2$，根据⑤式，周期公式为

$$T=2\pi\sqrt{\frac{m_1/3+m_2}{k}}>2\pi\sqrt{\frac{m_2}{k}}.$$

即周期增大了。

6－5. 若将第四章习题4－18里圆盘与细杆的刚性连接换为轮轴,即圆盘可绕圆心自由转动,此摆周期变长还是变短?

答: 势能 $E_p=mgr_C(1-\cos\theta)+Mgl(1-\cos\theta)\approx\frac{1}{2}\left(\frac{m}{2}+M\right)gl\theta^2$，

$$\text{动能}\begin{cases}\text{刚性连接} & E_k'=\frac{1}{2}\left(\frac{m}{3}l^2\dot{\theta}^2+Ml^2\dot{\theta}^2+\frac{M}{2}R^2\dot{\theta}^2\right),\\ \text{自由转动} & E_k=\frac{1}{2}\left(\frac{m}{3}l^2\dot{\theta}^2+Ml^2\dot{\theta}^2\right).\end{cases}$$

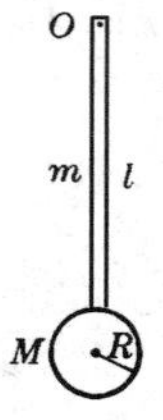

习题4－18

式中 $r_C=l/2$ 为细杆质心高度。这相当于6－2题解答里②式中的

$$q\to\theta,\ K\to(m/2+M)gl,\ M\to\begin{cases}\text{刚性连接} & \left(\frac{m}{3}l^2+Ml^2+\frac{M}{2}R^2\right)\\ \text{自由转动} & \left(\frac{m}{3}l^2+Ml^2\right),\end{cases}$$

根据⑤式，周期公式为

$$T=2\pi\sqrt{\frac{(m/3+M)l}{(m/2+M)g}}<T'=2\pi\sqrt{\frac{(m/3+M)l^2+MR^2/2}{(m/2+M)gl}}.$$

即周期减小了。

6－6. 将一个动力传感器连接到计算机上,我们就可以测量快速变化的力。本题图中所示,就是用这种方法测得的单摆悬线上张力随时间变化的曲线。试从这根曲线估算一下:

(1) 最大摆角;

(2) 摆锤的质量。

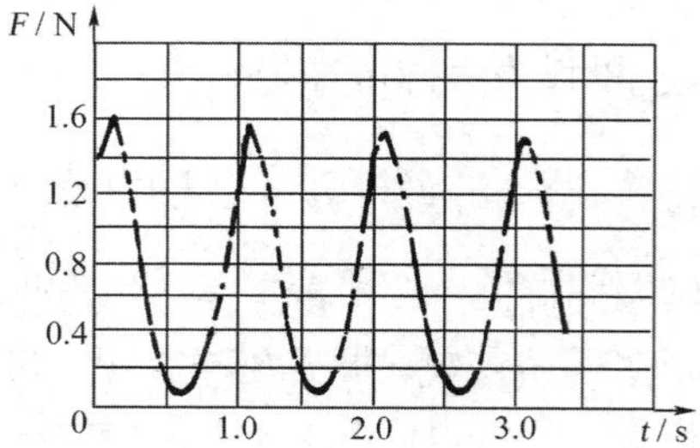

思考题6－6

忽略空气阻力的影响，尽管图中的曲线显示出有些阻尼的迹象。还要注意，这摆的摆幅不能算很小。

答： 由图可读出力的最大值为 $f_{max}=1.6\,N$，力的最小值为 $f_{min}=0.08\,N$. f_{max} 出现在最低点，在那里

$$f_{max}=m\left(g+\frac{v^2}{l}\right),\ 而\ v^2=2gl(1-\cos\theta)\ (机械能守恒)$$

所以

$$f_{max}=mg(3-2\cos\theta).$$

f_{min} 出现在最大摆幅处，在那里

$$f_{min}=mg\cos\theta.$$

两式相除：$\dfrac{f_{max}}{f_{min}}=\dfrac{3-2\cos\theta}{\cos\theta}$，得 $\cos\theta=\dfrac{3}{f_{max}/f_{min}+2}=\dfrac{3}{16/0.8+2}=0.136.$

（1）最大摆角 $\theta=\arccos 0.136=82.18°$.

（2）摆锤质量 $m=\dfrac{f_{min}}{g\cos\theta}=\dfrac{0.08\,N}{9.8\,m/s^2\times0.136}=60\,g.$

6－7. 自激振动与受迫振动有什么区别？试举出比书上更多一些自激振动的例子。

答： 自激振动是由非周期力激励的，振动的振幅、波形和频率都由驱动力和受驱系统共同决定。产生自激振动的系统必须是非线性的，线性系统没有这种现象。

受迫振动是由周期力驱动的，受驱系统有自己的固有频率，但振动频率由驱动力的频率决定，而振幅的大小与驱动频率和固有频率之差有敏锐的依赖关系，两者相等时发生共振，此时驱动力和受驱系统的相位一致，受驱系统速度的幅值最大。受迫振动系统可以是线性的，也可以是非线性的，线性系统受迫振动的波形是简谐的。

除书上所举的自激振动的例子外，心脏的跳动、高速行驶时车辆的颤振等，也是自激振动。

6－8. 大风刮过烟囱，在其后面形成卡尔曼涡街，左右交替产生的旋涡又震撼了烟囱。试从受迫振动或自激振动的观点分析上述现象。

答： 大风刮过烟囱形成卡尔曼涡街，这是一种自激振动现象。已形成涡街的气流驱动烟囱振动，是受迫振动过程。

6－9. 你能设想，蜻蜓翅膀上的痣斑（见本题图）起什么作用？

答： 飞行物体的翅膀在强力气流的激励下可以产生各种颤振（自激振动），有些颤振对飞行的

思考题6－9

平稳会带来较大危害。如果在颤振波腹的位置增加质量，会有效地抑制颤振。蜻蜓翅膀上的痣斑处质地厚重，可抑制颤振。实验表明，若将痣斑切除，蜻蜓飞起来就会荡来晃去。这对飞机翅膀的设计有重要的参考意义。

6－10. 在一维简谐波的传播路径上，A 点的相位超前于 B 点（见本题图），波动朝哪个方向传播？若 A 点的相位落后呢？

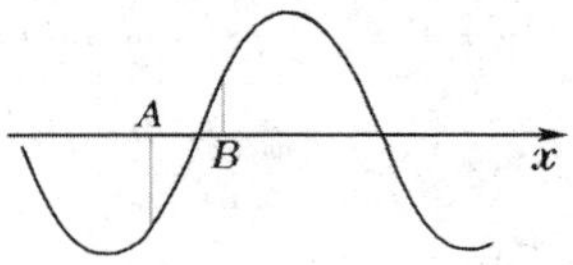

思考题 6－10

答： 沿波动传播的方向看去，相位逐点落后。若 A 点的相位超前于 B 点，波动沿 x 的方向传播；若 A 点的相位落后，波动沿 $-x$ 的方向传播。

6－11. 当波动从一种介质传播到另一种介质时，下列哪些特征量变化，哪些不变？

（1）频率；（2）波长；（3）波速。

答：（1）频率不变；（2）波长变；（3）波速变。

6－12. 试比较行波和驻波的异同。

答： 行波和驻波都具有时空双重周期性。行波的波形和能量是向前传播的，沿波动传播的方向相位逐点落后。驻波的波形原地振荡，在相邻波节之间各点相位一致，波节两侧相位相反，能量不在空间传播。

6－13. 从下列色散关系看，哪些波是有色散的，哪些波没有色散？

（1）声波：$\omega = k c_s$；

（2）浅水波：$\omega = k\sqrt{gh}$；

（3）深水波：$\omega = \sqrt{gk}$；

（4）真空中的电磁波：$\omega = ck$ （c 为光速）；

（5）等离子体中的电磁波：$\omega^2 = \omega_p^2 + c^2k^2$ （ω_p 为等离子体频率）。

答： ω 与 k 不成正比叫做有色散，以此判断：

（1）声波无色散；（2）浅水波有色散；（3）深水波有色散；

（4）真空中的电磁波无色散；（5）等离子体中的电磁波有色散。

6－14. 微波背景辐射是宇宙空间无处不在的一种电磁辐射（即各种频率的电磁波）。近年来人们观察到，微波背景辐射有一定的偶极各向异性，即沿某个特定的方向看去有红移（即电磁波的频率下降），而在相反的方向上有蓝移（即电磁波的频率增加）。试从多普勒效应的观点去分析我们所在的星系相对于微波背景辐射的运动。

答： 按多普勒效应分析，我们的星系（即银河系）相对于微波背景辐射沿有蓝移的方向运动。

第七章　万有引力

7－1. 地球上有季节现象,是不是因为地球的轨道是椭圆,从而一年之中到太阳的距离在变化所导致的?

答: 一年之中地球到太阳的距离变化不大,对气候没有多大影响。同一个地球,北半球是夏天,南半球却是冬天,也是明证。决定地球上有季节现象的是地球的自转轴与公转平面法线有夹角,这使得不同地区接受阳光的倾角随地球在公转轨道上的位置而异,从而光照不同,于是出现了不同的季节。例如在夏季中午,阳光近乎垂直地照射到北半球大部分地区,因此北半球的气温较高。与此同时,南半球表面只接受到斜射的光线,照度比北半球少多了,因此气温较低,在那里是冬季。

7－2. 平常我们说,在地面上抛射一个物体,若不计空气阻力,它的轨迹是条抛物线。这种说法没有考虑大地是球形的。若考虑到这点,严格说来抛体的轨迹是什么曲线?

答: 严格说来抛体的轨迹应是以地心为一个焦点的椭圆。

7－3. 假想一颗行星在通过远日点时质量突然减为原来的一半,但速度不变。它的轨道和周期有什么变化?

答: 行星在通过远日点时速度不变,质量突然减为原来的一半。和质量成正比的行星动能、势能和机械能 E 以及角动量 L 也同样减半。表征运动轨道的参量:

半长轴 $a=-\dfrac{GMm'}{2E'}=-\dfrac{GM(m/2)}{2(E/2)}=-\dfrac{GMm}{2E}=a$,

$$半焦距\ c=\frac{1}{2}\sqrt{\frac{G^2M^2m'^2}{E'^2}-\frac{2L'^2}{m'E'}}=\frac{1}{2}\sqrt{\frac{G^2M^2(m/2)^2}{(E/2)^2}-\frac{2(L/2)'^2}{(m/2)(E/2)}}$$

$$=\frac{1}{2}\sqrt{\frac{G^2M^2m^2}{E^2}-\frac{2L^2}{mE}}=c,$$

即半长轴与半焦距和原来的一样,这说明行星的轨道完全没有变化。

又从开普勒第三定律知,周期 $T'=\sqrt{\dfrac{a'^3}{2}}=\sqrt{\dfrac{a^3}{2}}=T$(开普勒常量 K 只与太阳质量有关,与行星的任何参量无关),即周期也没有变化。

7－4. 海王星和冥王星轨道的半长轴分别是地球轨道半长轴的30.1和39.2倍。如果你听到天文学家说,现在观测到冥王星比海王星距离太阳近,你觉得可信吗?

答: 冥王星轨道的偏心率较大($\varepsilon=0.25$),冥王星近日点的距离为 $a(1-\varepsilon)=39.2\,a_{地}\times0.75=29.4\,a_{地}<30.1\,a_{地}$. 因此冥王星比海王星距太阳近是

有可能的。

7 - 5. 怎样才能测得一个遥远星体的质量?

答: 需要找到它的一颗伴星。由于万有引力定律是普适的,因而开普勒行星第三定律对所有伴星围绕主星转动的情况都适用。开普勒常数 $K=a^3/T^2=GM/4\pi^2$,式中 M 为主星和伴星的质量和。如果能够测得它们轨道的半长轴 a 和 T,就可求得 M. 当伴星的质量可忽略时,M 就近似等于主星的质量。一般周期好测。天文观测直接测的是角距离,确定半长轴还涉及星体的距离,难以准确知道。

7 - 6. 开普勒常量 K 的表达式(7.11)只与太阳的质量有关,而与行星的质量毫无关系,这是精确的吗? 应该如何修正?

答: 设主星的质量为 m_1,伴星的质量为 m_2,从主星到伴星的位矢为 $\boldsymbol{r}$,则从它们的共同质心 C 到主星和伴星坐标系的位矢及相对质心的速度分别为:

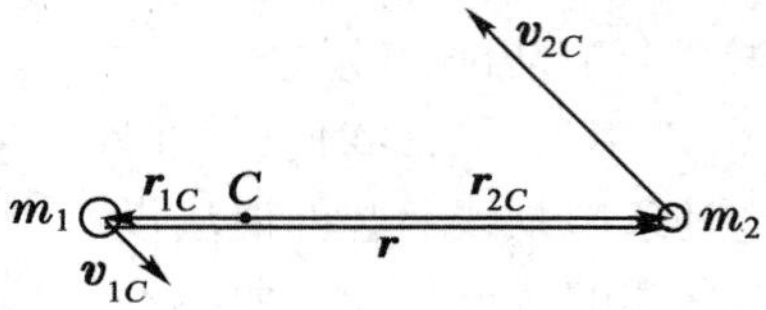

$$\begin{cases}\boldsymbol{r}_{1C}=-\dfrac{m_2}{m_1+m_2}\boldsymbol{r},\\ \boldsymbol{r}_{2C}=\dfrac{m_1}{m_1+m_2}\boldsymbol{r}.\end{cases}\quad \begin{cases}\boldsymbol{v}_{1C}=-\dfrac{m_2}{m_1+m_2}\boldsymbol{v},\\ \boldsymbol{v}_{2C}=\dfrac{m_1}{m_1+m_2}\boldsymbol{v}.\end{cases}\quad \boldsymbol{v}=\boldsymbol{v}_{2C}-\boldsymbol{v}_{1C}.$$

系统的机械能为

$$\begin{aligned}E&=\frac{1}{2}m_1v_{1C}^2+\frac{1}{2}m_2v_{2C}^2-\frac{Gm_1m_2}{r}\\&=\frac{1}{2}\frac{m_1m_2^2}{(m_1+m_2)^2}v^2+\frac{1}{2}\frac{m_1^2m_2}{(m_1+m_2)^2}v^2-\frac{Gm_1m_2}{r}\\&=\frac{1}{2}\frac{m_1m_2}{m_1+m_2}v^2-\frac{Gm_1m_2(m_1+m_2)}{(m_1+m_2)r}=\frac{1}{2}\mu v^2-\frac{G\mu M}{r},\end{aligned}\qquad ①$$

式中 $\mu=\dfrac{m_1m_2}{m_1+m_2}$ 为约化质量,$M=m_1+m_2$.

系统的角动量为

$$\boldsymbol{L}=m_1\boldsymbol{r}_{1C}\times\boldsymbol{v}_{1C}+m_2\boldsymbol{r}_{2C}\times\boldsymbol{v}_{2C}=\mu\boldsymbol{r}\times\boldsymbol{v}.\qquad ②$$

从 ①、② 式可见,只需把主星的质量 m_1 用主星及伴星的质量和 M 代替,伴星的质量 m_2 用约化质量 μ 代替,则决定系统运动特征的机械能和角动量形式不变。于是,原开普勒常数 K 中的主星质量 m_1 应该用 M 代替,即

$$K=\frac{a^3}{T^2}=\frac{GM}{4\pi^2}=\frac{G(m_1+m_2)}{4\pi^2}.\qquad ③$$

7－7. 测得双星之间的距离为 r，旋转的周期为 T，假定轨道是圆形，你能确定它们的质量 M_1 和 M_2 吗？

答：由上题讨论的结果知，从开普勒第三定律仅能求得双星的质量和 M_1+M_2. 如果还能测定双星的质心相对位置，就可以分别确定 M_1 和 M_2 了。

7－8. 远在人类登上月球之前，天文学上就准确知道月球的质量。你能设想这是怎样测得的吗？

答：我们可以准确测定地月距离和月球公转的周期，从而确定地月系统的开普勒常数 K，并进一步算出地球加月球的总质量。另一方面，从卡文迪许实验可以测定地球的质量。这样，从地月总质量中减去地球的质量，就可以确定月球的质量了。

7－9. 关于一个遥远的天体，你认为最难测定的是什么量？它的运行速度好测量吗？化学成分呢？

答：最难测定的是距离。当距离确定后，测量角速度就可以决定横向速度；测量光谱的多普勒效应就可决定它的纵向速度。至于天体的化学成分，则可通过光谱分析确定。

7－10. 计算两个星球之间的引力时，人们常把每个星球看成质量全部集中在质心上的质点去计算。这种算法有根据吗？如果万有引力定律不是与距离的平方成反比，而是另外什么幂次，譬如说，与距离立方成反比，上述算法还能用吗？

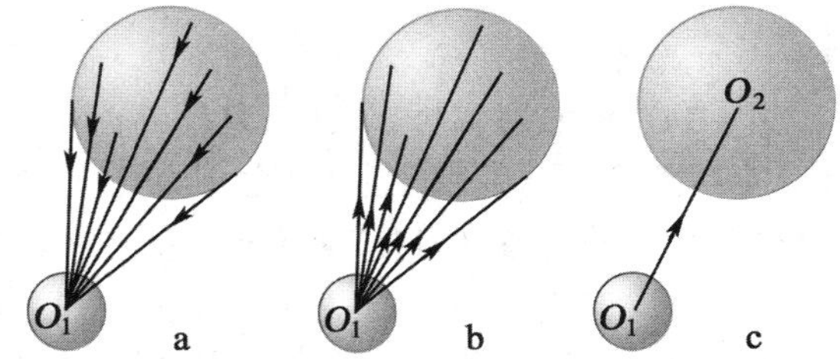

答：这种算法是有数学根据的，前提是每个星球的质量分布具有球对称性和作用力与距离的平方成反比。如右图所示，考虑两个球对称物体 1、2 之间的引力。数学上证明了，一个球对称的质量分布对外部一点的引力，等价于将此球的质量集中到球心时所产生的引力，只要这引力是与距离的平方成反比的。图 a 所示为整个球 1 对球 2 各质元的引力，它们都好像发自其球心 O_1. 图 b 所示为图 a 所示各力的反作用力，即球 2 的各质元给球 1 的引力。因为球 2 的质量分布也具有球对称性，球 2 各质元给球 1 的引力也可看成发自其球心 O_2（图 c）。

如果万有引力定律不与距离的平方成反比，或相互作用的物体不具有球对称性，上述算法是不能用的。

7－11. 若要计算同一星球两半之间的引力作用，能把质量集中在两半球的质心上看成质点来计算吗？

答： 不可以，因为半球的质量分布不是球对称的。

7－12. 在地球表面上重力加速度是与物体到地心的距离平方成反比的。我们设想挖一个很深的竖井，在井下离地心近了，重力加速度比地面大吗？试分别从地球内部密度均匀和径向分布不均匀的模型去讨论。

答： 若地球内部密度均匀，则按书上4.1节的计算，重力加速度 g 正比于到地心的距离 r[见(7.39)式]，即竖井内 g 是随着深度的增加而减小的，其数值比地面小。原因是地球中比此深度高的那个球壳的质量已对该点的引力无贡献。

实际上地球内部密度并不均匀，愈靠近地心密度愈大，这样一来，g 随着深度的增加而减小的趋势要比密度均匀时缓慢，因为有更多的质量保留在此深度的下边。

7－13. 假设一个星系是球对称的，它的密度作怎样的径向分布，旋转曲线才会出现平台(即星系中天体的旋转速度 v 与到星系中心的距离 r 无关)？

答： 向心加速度 $\frac{v^2}{r}=g$，由(7.39)式 $g=\frac{4\pi G\rho r}{3}$，故

$$v^2=\frac{4\pi G\rho}{3}r^2,$$

要 v 与 r 无关，需 $\rho(r)\propto r^{-2}$.

7－14. 你能否解释，为什么月球外面没有大气层？

答： 月球的质量较小，因此在月球上的逃逸速度较小，只有2.4 km/s(地球上的逃逸速度为11.2 km/s)，致使月球表面上的大气分子因热运动而不断逃离。

7－15. 在地球和月球的联线上什么地方引力势能最高？那里的引力也最大吗？

答： 设地月间的距离为 l，质量为 m 的物体在地月联线上距地球 r 处的引力势能为

$$E_p=-\frac{GmM_{地}}{r}-\frac{GmM_{月}}{l-r},$$

为求极值而求导：

$$\frac{dE_p}{dr}=\frac{GmM_{地}}{r^2}-\frac{GmM_{月}}{(l-r)^2}=Gm\frac{M_{地}(l-r)^2-M_{月}r^2}{r^2(l-r)^2}=0,$$

$$M_{地}(l-r)^2-M_{月}r^2=0,\quad r=\frac{M_{地}l}{M_{地}-M_{月}}(1\pm\sqrt{M_{月}/M_{地}}).$$

月地的质量 $M_{月}/M_{地}=0.012$，代入上式，舍去“+”号，得

$$r=\frac{l}{1-0.012}(1-\sqrt{0.012})=0.90\,l.$$

即离地球到地月联线的90%处引力势能最高，该处引力为0.

7－16. 试从(7.55)式推导，如果 $\Omega_0=1$，则年龄因子 $f(\Omega_0)=2/3$.

答： $\Omega_0=1$ 属临界状态，(7.55)式中 $E=0$，将其中 v 写成 $\dot{R}$，则

$$R^{1/2}\dot{R}=\sqrt{2GM}$$

积分后得

$$\frac{3}{2}R^{3/2}=\sqrt{2GM}\,t,$$

两式相除，得

$$H(t)=\frac{\dot{R}}{R}=\frac{2}{3t},\qquad H_0=H(T)=\frac{2}{3T}$$

所以

$$f(\Omega_0=1)=\frac{T}{H_0^{-1}}=\frac{2}{3}.$$

7－17. 隆格-楞次矢量反映开普勒运动中什么量守恒？

答： 隆格-楞次矢量的方向反映椭圆轨道的长轴方向和拱点位置，其大小正比于轨道的偏心率。隆格-楞次矢量守恒反映椭圆轨道长轴方位、拱点位置和偏心率不变。

7－18. 开普勒运动的轨迹是闭合的曲线(椭圆)，如果有心力不是严格的平方反比力，轨道将有什么样的变化？

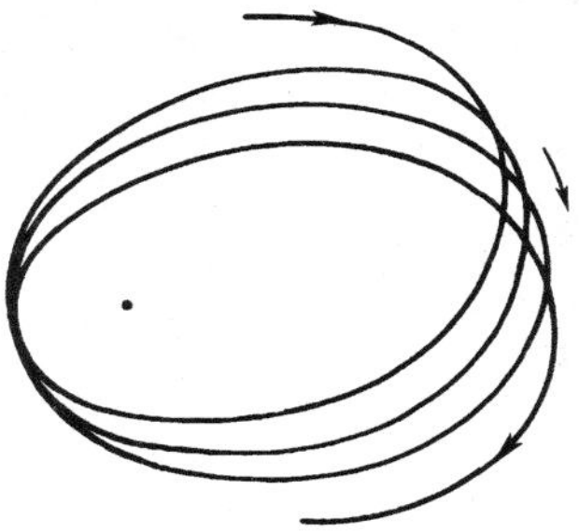

答： 如果有心力不是严格的平方反比力，隆格-楞次矢量不守恒，近日点随着隆格-楞次矢量的方向而缓慢移动(所谓近日点的进动，见图)。

7－19. 再入(re-entry)大气的飞行器在受到空气阻力时反而加速运动，这符合能量守恒定律吗？又偏心率 $\varepsilon=0$ 意味着轨道是处处与重力垂直的圆周，然而即使轨道的偏心率 $\varepsilon=0$，飞行器再入大气时也会被加速。是什么力对它作了正功？

答： 符合能量守恒定律。因为进入大气后不断降落，重力势能减少，一部分耗散于空气阻力上，一部分转变为飞行器的动能，使它加速。这不是保守系统，即使轨道偏心率 $\varepsilon=0$，轨道亦非严格的圆形，而是缓缓向内的螺旋线，飞行器的速度具有一点向下的分量，地球重力对它作了正功。

7－20. 地月系统的角动量是守恒的。在潮汐的作用下地球自转减缓，角动量转移到哪里去了？月地距离相应地作怎样的变化？

答： 角动量转移到月球的公转上去。设月球绕地轨道为圆形，半径为 r，线速度为 v，周期为 T，则 $v=2\pi r/T$，角动量

$$L = mrv = \frac{2\pi r^2}{T}.$$

按开普勒定律 $\frac{r^3}{T^2} = K$ 或 $\frac{r^2}{T} = \sqrt{Kr}$,

代入前式，有 $L = mrv = 2\pi m\sqrt{Kr}$,

式中 m(月球质量)、K(开普勒常量)皆为常量，即角动量 L 增加意味着月地距离 r 增大。

第八章　相对论

8－1. 一列行进中的火车前、后两处遭雷击，车上的人看来是同时发生的，地面上的人看来是否同时？何处雷击在先？

答： 根据同时性的相对性，地面上的人看来这两个雷击不是同时发生。他看到车尾的雷击在先。因为这相当于地面以反向速度相对于列车运动，故车尾处雷击的闪光先传到地面上与车头、车尾相对应的两处 A、B 的中点 C，从而判断车尾的雷击在先。

8－2. 站台两侧各有一列火车以相同的速率南北对开，站台上的人看两火车上的钟走得一样快吗？两火车上的人彼此看对方的钟呢？

答： 因为两列火车相对站台的速率相同，而钟慢效应只与速率有关，与运动方向无关，故站台上的人看两列火车上的钟走得一样快。两火车上的人看对方车上的钟都比自己车上的钟慢了，而且慢的程度相同。

8－3. 上题中站台上的人看南来的车上纵向米尺比自己的短，该车上的人是否会同意他的看法？北往车上的人呢？

答： 站台上的人看南来车上纵向的米尺比自己的短；而在该车上的人看来，是站台上的纵向米尺比他车上的短些。

在北往车上的人，观测到的是站台上的纵向米尺和南来车上纵向的米尺都比他车上的短，而且南来车上的短得更多一些，因为它们的相对速度更大。

8－4. 如本题图，两相同的刚性杆 A 和 B，在惯性系 K 内 A 杆静止，B 杆以沿 x 方向的速度 v 趋近 A，在运动的过程中两杆保持平行，且与 x 轴成倾角 θ. 在 B 杆静止的参考系 K′ 内两杆还是平行的吗？

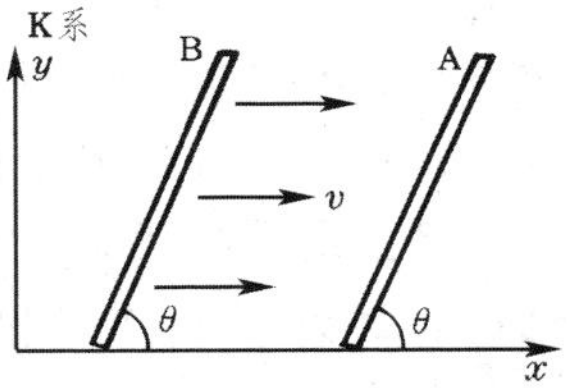

思考题 8－4

答： 设在 K 系中 A 杆的长度为 l，与 x 轴的夹角为 θ. 若在 K′ 系中 A 杆的长度为 l'，与 x 轴的夹角为 θ'；则它在 y 方向上的分量与运动方向垂直，长度不变，即 $l_y'=l_y=l\sin\theta$，而在 x 方向上的分量缩短为 $l_x'=l_x\sqrt{1-v^2/c^2}=l\cos\theta\sqrt{1-v^2/c^2}$. 因此在 K′ 系中 $\tan\theta'=l_y'/l_x'=\sin\theta/(\cos\theta\sqrt{1-v^2/c^2})$，即 $\tan\theta'=\tan\theta/\sqrt{1-v^2/c^2}>\tan\theta$，$\theta'>\theta$. 上面的结果表明，在 K′ 系中观察，A 杆不再与 B 杆平行，而是向上仰，即上端靠近 B 杆，下端远离 B 杆。

8－5. 如本题图，一刚性杆的固有长度恰好与栅栏的间隔相等。杆与栅栏保持平行，向前高速运动，同时具有一个向栅栏靠拢的微小横向速度。当杆飞临栅栏所在平面时，正好对准了一个空档。因洛伦兹收缩效应，它此刻的长度比栅栏间隔略小，竟未受任何阻碍而顺利穿过。如果我们变换到杆的静止参考系内去看问题，则发现栅栏的间隔因洛伦兹收缩而变得比刚杆的长度小些，杆还通得过吗？

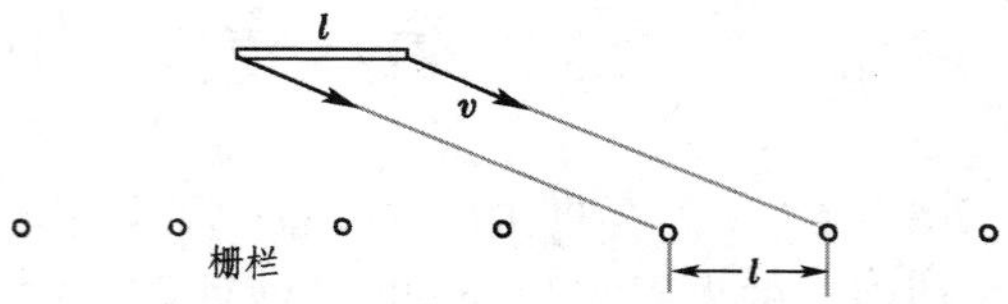

思考题 8－5

答： 杆还是通得过的。如上题分析所得的结论，在杆静止的参考系看来，虽然栅栏间隔比杆的长度小些，但它们不再保持平行。这种情况如右图所示，栅栏间隔可以倾斜地穿过杆，即栅栏间隔的右端先穿过杆的右端，过一阵子栅栏间隔的左端才达到杆的左端，因此也能顺利通过。虽然杆长 l 比栅栏间隔 l' 要长，但它相对栅栏是倾斜的，因而栅栏以速度 $-v$ 运动过来时还是不会受到阻拦的。

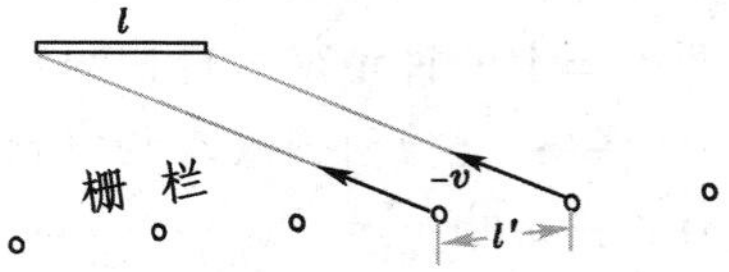

8－6. 正负电子对湮没后，放出两个 γ 光子。因动量守恒，在质心系内两光子必沿相反的方向。光子是静质量为 0 的粒子，它们相对于质心系的速率都是 c，它们之间的相对速度是多少？

答： 对于光子的质心系，两光子的相对速度为 $2c$. 至于其中一个光子相对于另一光子的速度，从速度合成定理计算，似仍为 c；但个别光子是不能作为参考系的（参见习题 8－7 的讨论），因此这个结论是没有意义的。

8－7. 存在与光子相对静止的参考系吗？为什么？

答： 所谓参考系，指的是研究物体运动时所参照的物体，或彼此不作相对运动的物体群。为了用数学语言描述物体运动的方便，可以建立一个固联于参考系上的坐标系。因此，坐标系实质上是物质参考系的数学抽象。一个参考系可以相对于另一参考系运动，其相对速度可以接近光速，但不能等于光速；因为等于光速的物体质量无限大，这是不可能达到的。由于光子的静止质量为零，宇宙中不存在相对静止的光子；即与光子相对静止的参考系是不存在的。另一方面，从量子力学中的不确定度关系，粒子位置在 x 方向上的不确定度 Δx 与动量的不确定度 Δp 满足关系 $\Delta x \cdot \Delta p \geqslant h$，其中 h 为普朗克常数。光子的动量 $p = h\nu / c$，对于确定的光子，$\Delta p = (h/c)\Delta\nu = 0$；这就是说光子的 $\Delta x = \infty$. 亦即一个确定动量（或频率）的光子，其位置完全不确定，又如何能作为一个参考系呢?! 至于我们通常所说的星系相对于微波背景辐射的速度，实质上指的是相对于许许多多能量不同、运动方向也不同的微波光子的“平均位置”而言，亦即是相对于微波光子群体的“动量中心坐标系”而言，并非是相对于某一确定光子的。

8－8. 太阳向空间辐射能量的平均功率为 3.6×10^{26} W，自从人类有史以来，太阳的质量减少了百分之几?

答：人类有史以来大约经过五千年，即经过

$$t=5\times10^{3}\times365\times24\times60\times60\,\mathrm{s}=1.58\times10^{11}\,\mathrm{s}.$$

太阳在此期间总共辐射了的能量为

$$\Delta E=3.6\times10^{26}\,\mathrm{W}\times1.58\times10^{11}\,\mathrm{s}=5.8\times10^{37}\,\mathrm{J}.$$

按照质能关系，在此期间太阳一共减少了质量

$$\Delta m=\Delta E/c^{2}=\left[5.8\times10^{37}/(3.0\times10^{8})^{2}\right]\mathrm{kg}=6.3\times10^{20}\,\mathrm{kg}.$$

已知太阳的质量为 $M_{\odot}=1.99\times10^{30}$ kg，故太阳的质量减少了百分数为

$$\Delta m/M_{\odot}=(6.3\times10^{20})/(1.99\times10^{30})=3.2\times10^{-10}=3.2\times10^{-8}\%.$$

8－9. 微波背景辐射是宇宙间均匀分布的一种处于热平衡状态下的电磁辐射。20世纪80年代初人们发现它不是严格各向同性的，而是有 10^{-3} 的偶极各向异性，即沿某个方向看去它有红移(频谱向长波移动)，在相反的方向上有蓝移(频谱向短波移动)。这说明什么?

答：这说明我们的星系相对于微波背景辐射有一定的运动速度，其方向由红移指向蓝移方向，大小的数量级为 $v\approx c\times10^{-3}=3\times10^{5}\,\mathrm{m/s}$.

8－10. 试用光的量子理论(即公式 $E=h\nu$)和等效原理($m_{引}=m_{惯}$)导出地面上的引力红移公式。

答：光子在地面附近的均匀引力场中，其重力势能可以写成 $E_{\mathrm{p}}=m_{引}gy$. 当光子升高 Δy 后，重力势能改变 $\Delta E_{\mathrm{p}}=m_{引}g\Delta y$. 若这过程中光子的频率改变 $\Delta\nu$，则能量改变 $\Delta E=h\Delta\nu$. 按能量守恒定律有

$$\Delta E_{\mathrm{p}}+\Delta E=m_{引}g\,\Delta y+h\,\Delta\nu=0,$$

即

$$\Delta\nu=-(m_{引}/h)g\,\Delta y.$$

另一方面，$m_{引}=m_{惯}=E/c^{2}=h\nu/c^{2}$，于是 $\Delta\nu=-\nu g\,\Delta y/c^{2}$，得引力红移公式

$$z=\frac{\Delta\lambda}{\lambda}=-\frac{\Delta\nu}{\nu}=g\,\Delta y/c^{2}.$$

8－11. 估算一下运动员所掷的铁球以及地球、木星和太阳的施瓦氏半径。

答：施瓦氏半径 $r_{\mathrm{S}}=\dfrac{2GM}{c^{2}}.$

铁球：$M = 16\,\mathrm{lb} = 7.26\,\mathrm{kg}$,

$$r_S = [2\times6.67\times10^{-11}\times7.26/(3\times10^8)^2]\,\mathrm{m} = 1.076\times10^{-26}\,\mathrm{m};$$

地球：$M = 5.98\times10^{24}\,\mathrm{kg}$,

$$r_S = [2\times6.67\times10^{-11}\times5.98\times10^{24}/(3\times10^8)^2]\,\mathrm{m} = 8.86\times10^{-3}\,\mathrm{m};$$

木星：$M = 1.90\times10^{27}\,\mathrm{kg}$,

$$r_S = [2\times6.67\times10^{-11}\times1.90\times10^{27}/(3\times10^8)^2]\,\mathrm{m} = 2.82\,\mathrm{m};$$

太阳：$M = 1.99\times10^{30}\,\mathrm{kg}$,

$$r_S = [2\times6.67\times10^{-11}\times1.99\times10^{30}/(3\times10^8)^2]\,\mathrm{m} = 2.95\times10^3\,\mathrm{m}.$$

8 - 12. 典型中子星的质量与太阳质量 $M_\odot = 2\times10^{30}\,\mathrm{kg}$ 同数量级，半径约为10 km. 若进一步坍缩为黑洞，其施瓦氏半径为多少？质子那样大小的微黑洞（10^{-15} cm），质量是什么数量级？

答： 上题已算出太阳坍缩为黑洞，其施瓦氏半径为 $r_S \approx 3.0\,\mathrm{km}$. 质子那样大小（$10^{-15}$ cm）的微黑洞质量为

$$M = r_S c^2/2G = [10^{-15}\times(3\times10^8)^2/2\times6.67\times10^{-11}]\,\mathrm{kg} = 6.7\times10^{11}\,\mathrm{kg}.$$

力学习题解答

第一章　质点运动学

1－1. 已知质点沿x轴作周期性运动，选取某种单位时其坐标x和时间t的数值关系为

$$x = 3\sin\left(\frac{\pi}{6}t\right),$$

求 $t=0$、3、6、9、12 时质点的位移、速度和加速度。

解：

t/s	0	3	6	9	12
位移 $\Delta x=x(t)-x(0)=3\sin\frac{\pi t}{6}$(m)	0	3	0	-3	0
速度 $v=\frac{dx}{dt}=\frac{\pi}{2}\cos\frac{\pi t}{6}$(m/s)	$\frac{\pi}{2}$	0	$-\frac{\pi}{2}$	0	$\frac{\pi}{2}$
加速度 $a=\frac{dv}{dt}=-\frac{\pi^2}{12}\sin\frac{\pi t}{6}$(m/s^2)	0	$-\frac{\pi^2}{12}$	0	$\frac{\pi^2}{12}$	0

1－2. 已知质点位矢随时间变化的函数形式为

$$\boldsymbol{r} = R\ (\cos\omega t\,\boldsymbol{i} + \sin\omega t\,\boldsymbol{j}),$$

求 (1)质点轨迹，(2)速度和加速度，并证明其加速度总指向一点。

解：(1) $x=R\cos\omega t$，$y=R\sin\omega t$，$x^2+y^2=R^2$，轨迹为一圆。

(2) $\boldsymbol{v}=\frac{d\boldsymbol{r}}{dt}=\omega R(-\sin\omega t\,\boldsymbol{i}+\cos\omega t\,\boldsymbol{j})$，

$\boldsymbol{a}=\frac{d\boldsymbol{v}}{dt}=-\omega^2R(\cos\omega t\,\boldsymbol{i}+\sin\omega t\,\boldsymbol{j})=-\omega^2\boldsymbol{r}$，恒指向原点(圆心)。

1－3. 在一定单位制下质点位矢随时间变化的函数数值形式为

$$\boldsymbol{r} = 4t^2\ \boldsymbol{i} + (2t+3)\boldsymbol{j},$$

求 (1)质点轨迹，(2)从 $t=0$ 到 $t=1$ 的位移，(3)$t=0$ 和 $t=1$ 两时刻的速度和加速度。

解：(1) $x=4t^2$，$y=2t+3$，$x=(y-3)^2$，$x\geqslant0$，$y\geqslant3$，轨迹为一段抛物线。

(2) 位移 $\Delta\boldsymbol{r}=\boldsymbol{r}(1)-\boldsymbol{r}(0)=(4-0)\boldsymbol{i}+(5-3)\boldsymbol{j}=4\boldsymbol{i}+2\boldsymbol{j}$.

$|\Delta\boldsymbol{r}|=\sqrt{4^2+2^2}=2\sqrt{5}$，与 x 轴夹角 $\theta=\arctan\frac{2}{4}=26.6°$.

(3) 速度 $\boldsymbol{v}=\frac{d\boldsymbol{r}}{dt}=8t\boldsymbol{i}+2\boldsymbol{j}$，$\boldsymbol{v}(0)=2\boldsymbol{j}$，$\boldsymbol{v}(1)=8\boldsymbol{i}+2\boldsymbol{j}$，

$$\begin{cases} v(0)=2，与 x 轴夹角 \theta(0)=\arctan\infty=90°，沿+y 方向； \\ v(1)=\sqrt{8^2+2^2}=2\sqrt{17}，与 x 轴夹角 \theta(1)=\arctan\dfrac{2}{8}=14°. \end{cases}$$

加速度 $\boldsymbol{a}=\dfrac{\mathrm{d}\boldsymbol{v}}{\mathrm{d}t}=8\boldsymbol{i}=\boldsymbol{a}(0)=\boldsymbol{a}(1)$，

$a(0)=a(1)=8$，与 x 轴夹角 $\theta(0)=\theta(1)=\arctan 0=0°$，沿 $+x$ 方向。

1－4. 站台上一观察者，在火车开动时站在第一节车厢的最前端，第一节车厢在 $\Delta t_1=4.0\mathrm{s}$ 内从他身旁驶过。设火车作匀加速直线运动，问第 n 节车厢从他身旁驶过所需的时间间隔 Δt_n 为多少。令 $n=7$，求 Δt_n.

解： 火车初速为 0，设加速度为 a，每节车厢长为 l，n 节车厢经过观测者所需时间为 t_n，$t_1=\Delta t_1=4.0\mathrm{s}$，则

$$l=at_1^2/2，\ nl=at_n^2/2，两式相除得\ t_n^2=nt_1^2，或\ t_n=\sqrt{n}\,t_1.$$

$$\Delta t_n=t_n-t_{n-1}=(\sqrt{n}-\sqrt{n-1})t_1=(\sqrt{n}-\sqrt{n-1})\Delta t_1.$$

令 $n=7$，则 $$\Delta t_7=(\sqrt{7}-\sqrt{6})\times 4.0\mathrm{s}=0.785\mathrm{s}.$$

1－5. 一球从高度为 h 处自静止下落。同时另一球从地面以一定初速度 v_0 上抛。v_0 多大时两球在 $h/2$ 处相碰？

解： 设上下球在 $h/2$ 处相遇的时间为 t，则

$$\begin{cases} h/2=gt^2/2, & ① \\ h/2=v_0t-gt^2/2, & ② \end{cases}$$

由 ①、② 两式解得

$$t=\sqrt{h/g},\quad v_0=\frac{h}{t}=\sqrt{gh}.$$

1－6. 一球以初速 v_0 竖直上抛，经过时间 t_0 后在同一地点以同样速率向上抛出另一小球。两球在多高处相遇？

解： 相遇高度 $y=v_0t-gt^2/2=v_0(t+t_0)-g(t+t_0)^2/2$，

由此解得 $$t=\frac{v_0}{g}-\frac{t_0}{2},\quad y=\frac{v_0^2}{2g}-\frac{gt_0^2}{8}.$$

1－7. 一物体作匀加速直线运动，走过一段距离 Δs 所用的时间为 Δt_1，紧接着走过下一段距离 Δs 所用的时间为 Δt_2. 试证明，物体的加速度为

$$a=\frac{2\Delta s}{\Delta t_1\Delta t_2}\frac{\Delta t_1-\Delta t_2}{\Delta t_1+\Delta t_2}.$$

解：

$$\Delta s=v_0\Delta t_1+a\Delta t_1^2/2,$$

$$2\Delta s=v_0(\Delta t_1+\Delta t_2)+a(\Delta t_1+\Delta t_2)^2/2$$

$$=(\Delta t_1+\Delta t_2)(v_0+a\Delta t_1/2+a\Delta t_2/2)=(\Delta t_1+\Delta t_2)(\Delta s/\Delta t_1+a\Delta t_2/2),$$

由此解得 $\dfrac{1}{2}a\Delta t_2=\dfrac{2\Delta s}{\Delta t_1+\Delta t_2}-\dfrac{\Delta s}{\Delta t_1}=\dfrac{\Delta s(\Delta t_1-\Delta t_2)}{\Delta t_1(\Delta t_1+\Delta t_2)}$，即 $a=\dfrac{2\Delta s}{\Delta t_1\Delta t_2}\dfrac{\Delta t_1-\Delta t_2}{\Delta t_1+\Delta t_2}$.

1－8. 路灯距地面的高度为 h_1，一身高为 h_2 的人在路灯下以匀速 v_1 沿直线行走。试证明人影的顶端作匀速运动，并求其速度 v_2.

解：设人与路灯的水平距离为 x_1，人影顶端与路灯的水平距离为 x_2，则

$$\frac{h_2}{h_1}=\frac{x_2-x_1}{x_2},\quad 得\ x_2=\frac{h_1}{h_1-h_2}x_1;$$

$$v_2=\frac{\mathrm{d}x_2}{\mathrm{d}t}=\frac{h_1}{h_1-h_2}\frac{\mathrm{d}x_1}{\mathrm{d}t}=\frac{h_1}{h_1-h_2}v_1=常量。$$

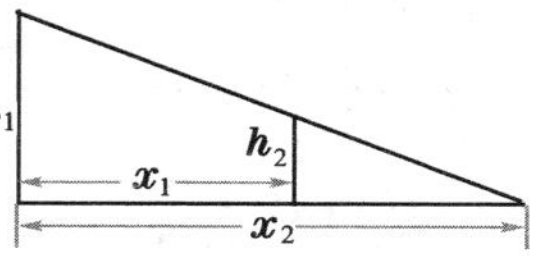

1－9. 设 α 为由炮位所在处观看靶子的仰角，β 为炮弹的发射角。试证明：若炮弹命中靶点恰为弹道的最高点，则有 $\tan\beta=2\tan\alpha$.

解：
$$y_{\mathrm{m}}=\frac{v_0^2\sin^2\beta}{2g},\quad x_{\mathrm{m}}=\frac{2v_0^2\sin\beta\cos\beta}{g},$$

所以
$$\tan\alpha=\frac{y_{\mathrm{m}}}{x_{\mathrm{m}}/2}=\frac{\sin\beta}{2\cos\beta}=\frac{1}{2}\tan\beta.$$

1－10. 在同一竖直面内的同一水平线上 A、B 两点分别以 30°、60° 为发射角同时抛出两个小球，欲使两球在各自轨道的最高点相遇，求 A、B 两点之间的距离。已知小球 A 的初速为 $v_{A0}=9.8\,\mathrm{m/s}$.

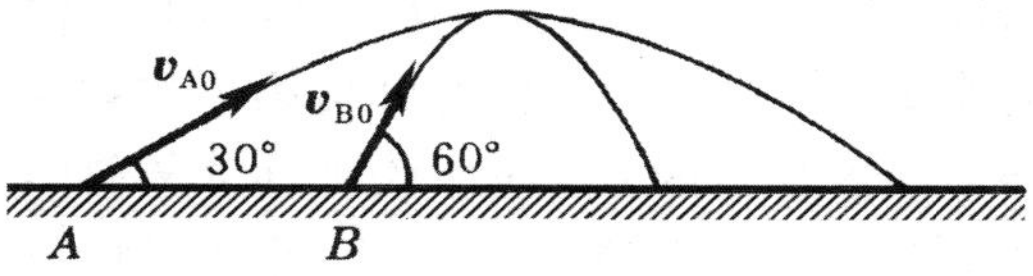

习题 1－10

解：$y_{Am}=\dfrac{v_{A0}^2\sin^2 30°}{2g}$，$y_{Bm}=\dfrac{v_{B0}^2\sin^2 60°}{2g}$，由 $y_{Am}=y_{Bm}$ 得 $v_{B0}=\dfrac{\sqrt{3}}{3}v_{A0}$.

所以
$$\overline{AB}=\frac{x_{Am}}{2}-\frac{x_{Bm}}{2}=\frac{v_{A0}^2\sin(2\times30°)-v_{B0}^2\sin(2\times60°)}{2g}$$
$$=\frac{v_{A0}^2}{2g}\left(\frac{\sqrt{3}}{2}-\frac{\sqrt{3}}{3}\frac{\sqrt{3}}{2}\right)=\frac{9.8^2}{2\times9.8}\frac{\sqrt{3}-1}{2}\mathrm{m}=1.79\,\mathrm{m}.$$

1－11. 飞机以 $v_0=100\,\mathrm{m/s}$ 的速度沿水平直线飞行，在离地面高 $h=98\,\mathrm{m}$ 时，驾驶员要把物品投到前方某一地面目标上，问：

（1）投放物品时，驾驶员看目标的视线和竖直线应成什么角度？此时目标距飞机在下方地点多远？

（2）物品投出 1 s 后，物品的法向加速度和切向加速度各为多少？

解：（1）由 $y=gt^2/2=h$，得 $t=\sqrt{2h/g}$；

$$x=v_0t=v_0\sqrt{2h/g}=100\times\sqrt{2\times98/9.8}\,\mathrm{m}=200\sqrt{5}\,\mathrm{m}=447.2\,\mathrm{m};$$

视线和竖直线应成的角度

$$\alpha=\arctan\frac{x}{h}=\arctan\left(v_0\sqrt{\frac{2}{gh}}\right)=\arctan\left(100\times\sqrt{\frac{2}{98\times9.8}}\right)=77°38'24''.$$

(2) $v_x=v_0$, $v_y=gt$, $v=\sqrt{v_x^2+v_y^2}=\sqrt{v_0^2+g^2t^2}$. 法向加速度

$$a_n=g\sin\theta=g\frac{v_x}{v}=\frac{gv_0}{\sqrt{v_0^2+g^2t^2}}=\frac{9.8\times100}{\sqrt{100^2+9.8^2\times1^2}}\mathrm{m/s^2}=9.75\,\mathrm{m/s^2},$$

切向加速度

$$a_t=g\cos\theta=g\frac{v_y}{v}=\frac{g^2t}{\sqrt{v_0^2+g^2t^2}}=\frac{9.8^2\times1}{\sqrt{100^2+9.8^2\times1^2}}\mathrm{m/s^2}=0.96\,\mathrm{m/s^2}.$$

1－12. 已知炮弹的发射角为θ,初速为v_0,求抛物线轨道的曲率半径随高度的变化。

解: $\begin{cases}v_x=v_0\cos\theta,\\ v_y=v_0\sin\theta-gt.\end{cases}$ $\begin{cases}x=v_0\cos\theta t,\\ y=v_0\sin\theta t-gt^2/2.\end{cases}$ $v=\sqrt{v_x^2+v_y^2}=\sqrt{v_0^2-2gy}.$

$$a_n=\frac{gv_x}{v}=\frac{v^2}{\rho},\quad 曲率半径\ \rho(h)=\frac{v^2}{a_n}=\frac{v^3}{gv_x}=\frac{(v_0^2-2gy)^{3/2}}{gv_0\cos\theta}.$$

1－13. 一弹性球自静止竖直地落在斜面上的A点,下落高度$h=0.20\,\mathrm{m}$,斜面与水平夹角$\theta=30°$. 问弹性球第二次碰到斜面的位置B距A多远。设弹性球与斜面碰撞前后速度数值相等,碰撞时入射角等于反射角。

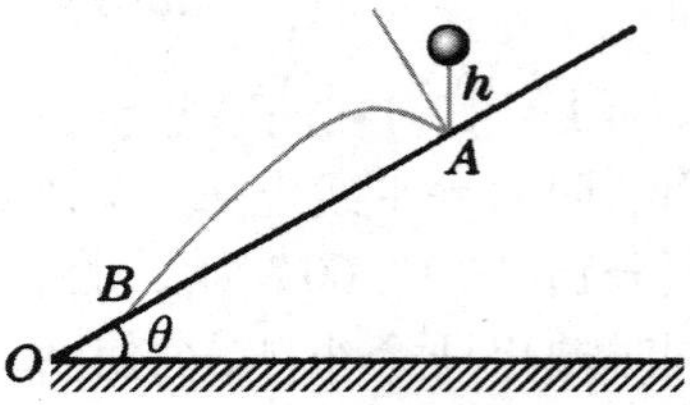

习题 1－13

解: 取xy坐标如右图,重力加速度分量为

$$a_x=g\sin\theta=\frac{1}{2}g,\ a_y=g\cos\theta=\frac{\sqrt3}{2}g.$$

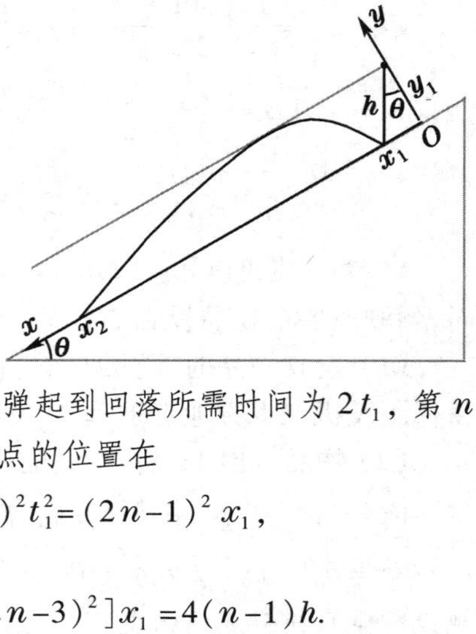

第一次下落的时间为 $t_1=\sqrt{2h/g}$,

x方向的距离为 $x_1=\dfrac{1}{2}a_xt_1^2=\dfrac{h}{2}$.

由于球与斜面的碰撞是弹性的,碰撞前后x方向速度不变,y方向速度反向,在y方向弹起的"高度"y_1不变,每次上、下所用的时间t_1不变,故每次从弹起到回落所需时间为$2t_1$,第n次碰撞时刻为$t_n=(2n-1)t_1$,第n次落点的位置在

$$x_n=\frac{1}{2}a_xt_n^2=\frac{1}{2}a_x(2n-1)^2t_1^2=(2n-1)^2x_1,$$

两次碰撞落点之间沿斜面的距离

$$\Delta x_n=x_n-x_{n-1}=[(2n-1)^2-(2n-3)^2]x_1=4(n-1)h.$$

令 $n=2$, 得 $\overline{AB}=\Delta x_2=4h$.

1 - 14. 一物体从静止开始作圆周运动。切向加速度 $a_t = 3.00\,\mathrm{m/s^2}$，圆的半径 $R = 300\,\mathrm{m}$. 问经过多少时间物体的加速度 a 恰与半径成 45 °夹角。

解： $a_n = a_t$ 时加速度 a 恰与半径成 45 °夹角，由 $a_n = \dfrac{v^2}{R} = \dfrac{a_t^2 t^2}{R} = a_t$ 得

$$t = \sqrt{R/a_t} = \sqrt{300/3.00}\,\mathrm{s} = 10\,\mathrm{s}.$$

1 - 15. 一物体和探测气球从同一高度竖直向上运动，物体初速度为 $v_0 = 49.0\,\mathrm{m/s}$，而气球以速度 $v = 19.6\,\mathrm{m/s}$ 匀速上升，问气球中的观察者分别在第二秒末、第三秒末、第四秒末测得物体的速度各为多少？

解：

$$v_{物} = v_0 - gt = (49 - 9.8t)\,(\mathrm{m/s}),$$

$$v_{观测} = v_{物} - v_{气球} = (29.4 - 9.8t)\,(\mathrm{m/s}).$$

	第二秒末	第三秒末	第四秒末
$v_{观测}/(\mathrm{m\cdot s^{-1}})$	9.8	0	-9.8

第二章　动量守恒 质点动力学

2－1. 一个原来静止的原子核，经放射性衰变，放出一个动量为 9.22×10^{-16} g·cm/s 的电子，同时该核在垂直方向上又放出一个动量为 5.33×10^{-16} g·cm/s 的中微子。问蜕变后原子核的动量的大小和方向。

解：由动量守恒　　$\boldsymbol{p}_B+\boldsymbol{p}_e+\boldsymbol{p}_\nu=0$，

$$p_B=|\boldsymbol{p}_B|=|-\boldsymbol{p}_e-\boldsymbol{p}_\nu|=\sqrt{p_e^2+p_\nu^2}$$
$$=\sqrt{9.22^2+5.33^2}\times10^{-16}\,\text{g}\cdot\text{cm/s}$$
$$=10.65\times10^{-16}\,\text{g}\cdot\text{cm/s}.$$

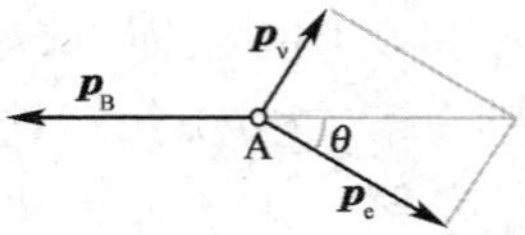

方向（见图）　　$\theta=\arctan\dfrac{5.33}{9.22}=30°$.

2－2. 质量为 M 的木块静止在光滑的水平桌面上。质量为 m，速率为 v_0 的子弹水平地射入木块内（见本题图）并与它一起运动。

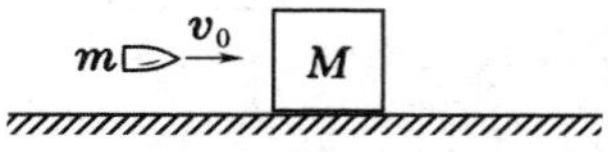

习题 2－2

（1）求子弹相对于木块静止后，木块的速率和动量，以及子弹的动量；

（2）在此过程中子弹施于木块的冲量。

解：（1）由动量守恒 $mv_0=(M+m)v$ 得木块速率 $v=\dfrac{mv_0}{M+m}$；

木块动量 $p_木=Mv=\dfrac{Mmv_0}{M+m}$，　子弹动量 $p_弹=mv=\dfrac{m^2v_0}{M+m}$.

（2）子弹施于木块的冲量　　$I=p_木=\dfrac{Mmv_0}{M+m}$.

2－3. 如本题图，已知绳的最大强度 $T_0=1.00$ kgf，$m=500$ g，$l=30.0$ cm. 开始时 m 静止。水平冲量 I 等于多大才能把绳子打断？

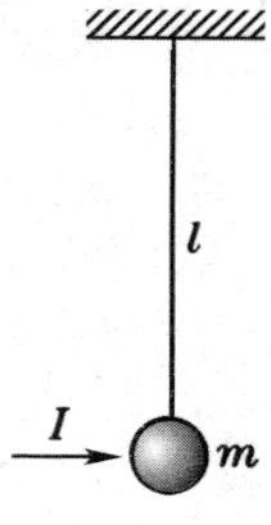

习题 2－3

解：要求向心力 $\dfrac{mv^2}{l}>T_0-mg$，即 $v>\sqrt{\dfrac{(T_0-mg)l}{m}}$，或冲量 $I=mv>\sqrt{(T_0-mg)ml}$，　代入题设数值，有

$$I>\sqrt{(1.00-0.50)\times9.8\times0.50\times30.0\times10^{-2}}\,\text{kg}\cdot\text{m/s}=0.86\,\text{kg}\cdot\text{m/s}.$$

2－4. 一子弹水平地穿过两个前后并排在光滑水平桌面上的静止木块。木块的质量分别为 m_1 和 m_2，设子弹透过两木块的时间间隔为 t_1 和 t_2. 设子弹在木

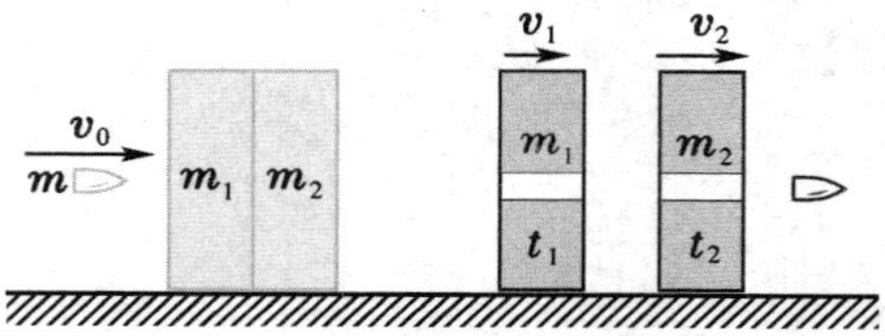

习题 2－4

块中所受阻力为恒力f，求子弹穿过时两木块各以多大的速度运动。

解： $ft_1=(m_1+m_2)v_1$，　所以　$v_1=\dfrac{ft_1}{m_1+m_2}$.

又　$ft_2=m_2(v_2-v_1)$，　所以　$v_2=v_1+\dfrac{ft_2}{m_2}=f\left(\dfrac{t_1}{m_1+m_2}+\dfrac{t_2}{m_2}\right)$.

2-5. 质量70 kg的渔人站在小船上，设船和渔人的总质量为200 kg. 若渔人在船上向船头走4.0 m后停止。试问：以岸为参考系，渔人走了多远？

解： 人和船的质心C相对于岸是静止的，它们对C的位移即相对于岸的位移，设为$l_{人}$和$l_{船}$. 则　$m_{人}l_{人}+m_{船}l_{船}=0$；

另一方面人对船的位移　$l=l_{人}+l_{船}=4.0\,\text{m}$，

由此解得　$l_{人}=\dfrac{m_{船}l}{m_{人}+m_{船}}=\dfrac{130\times4.0\,\text{m}}{200}=2.6\,\text{m}$.

2-6. 两艘船依惯性在静止湖面上以匀速相向运动，它们的速率皆为6.0 m/s. 当两船擦肩相遇时，将甲船上的货物都搬上乙船，甲船的速率未变，而乙船的速率变为4.0 m/s. 设货物质量为60 kg，求乙船质量。

解： 动量守恒：　$(m_{甲}+m_{货})v_0-m_{乙}v_0=m_{甲}v_0+(m_{乙}+m_{货})v$，

由此解得　$m_{乙}=\dfrac{v_0+v}{v_0-v}m_{货}=\dfrac{6.0+4.0}{6.0-4.0}\times60\,\text{kg}=300\,\text{kg}$.

2-7. 三只质量均为M的小船鱼贯而行，速率均为v. 由中间那只船上同时以水平速率u（相对于船）把两质量均为m的物体分别抛到前后两只船上。求此后三只船的速率。

解： 设从前到后三只船的最后速率分别为v_1、v_2和v_3，由三只船的动量守恒得：

前船　$Mv+m(v+u)=(M+m)v_1\rightarrow v_1=v+\dfrac{mu}{M+m}$；

中船　$(M+2m)v=Mv_2+m(v_2+u)+m(v_2-u)\rightarrow v_2=v$；

后船　$Mv+m(v-u)=(M+m)v_3\rightarrow v_3=v-\dfrac{mu}{M+m}$.

2-8. 一质量为M的有轨板车上有N个人，各人质量均为m. 开始时板车静止。

(1) 若所有人一起跑到车的一端跳离车子，设离车前它们相对于车子的速度为u，求跳离后车子的速度；

(2) 若N个人一个接一个地跳离车子，每人跳离前相对于车子的速度皆为u，求车子最后速度的表达式；

(3) 在上述两种情况中，何者车子获得的速度较大？

解：取车的运动方向为正，人相对于车运动的方向为负，则

（1）设 N 个人一次跳下，跳离后车速为 v，人速为 $v-u$，

根据动量守恒有 $Mv+Nm(v-u)=0$，　由此解出 $v=\dfrac{Nmu}{M+Nm}$.

（2）若 N 个人逐个跳下，设跳下 n 个人后车及剩下的 $N-n$ 人速度为 v_n，根据动量守恒有

$$[M+(N-n)m]v_n+m(v_n-u)=[M+(N-n+1)m]v_{n-1},$$

由此可得第 n 个人跳下后车速的增量为

$$\Delta v_n=v_n-v_{n-1}=\frac{mu}{M+(N-n+1)m}.$$

最后得
$$v_N=\sum_{n=1}^{N}\Delta v_n=mu\sum_{n=1}^{N}\frac{1}{M+(N-n+1)m}.$$

（3）由于各次 $\Delta v_n=\dfrac{mu}{M+(N-n+1)m}\geqslant\dfrac{mu}{M+Nm}$,

所以
$$v_N>\frac{Nmu}{M+Nm}=N\text{ 个人一次跳离后的车速 }v.$$

2－9. 一炮弹以速率 v_0 和仰角 θ_0 发射，到达弹道的最高点时炸为质量相等的两块(见本题图)，其中一块以速率 v_1 铅垂下落，求另一块的速率 v_2 及速度与水平方向的夹角(忽略空气阻力)。

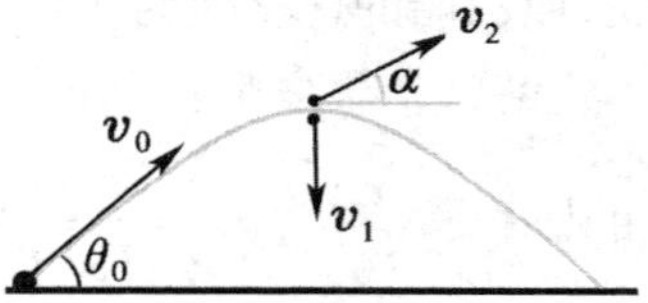

习题 2－9

解：在最高点 $v_x=v_0\cos\theta_0$，$v_y=0$.

爆炸瞬时重力的冲量可忽略，故动量守恒：

$$\begin{cases}mv_0\cos\theta_0=(m/2)v_2\cos\alpha,\\0=-(m/2)v_1+(m/2)v_2\sin\alpha.\end{cases}\quad\text{得}\quad\begin{cases}v_2=\sqrt{v_1^2+4v_0^2\cos^2\theta_0},\\\alpha=\arctan\dfrac{v_1}{2v_0\cos\theta_0}.\end{cases}$$

2－10. 求每分钟射出 240 发子弹的机枪平均反冲力，假定每粒子弹的质量为 10 g，枪口速度为 900 m/s.

解：平均反冲力

$$\overline{F}=\frac{\text{子弹的动量变化}}{\text{时　间}}=\frac{240\,mv}{60\,\mathrm{s}}=\frac{240\times10\times10^{-3}\times900}{60}\,\mathrm{N}=36\,\mathrm{N}.$$

2－11. 一起始质量为 M_0 的火箭以恒定率 $|\mathrm{d}M/\mathrm{d}t|=\mu$ 排出燃烧过的燃料，排料相对于火箭的速率为 v_0.

（1）计算火箭从发射台竖直向上启动时的初始加速度；

（2）如果 $v_0=2000\,\mathrm{m/s}$，则对于一个质量为 100 t 的这种火箭，要给以等于 $0.5g$ 的向上初始加速度，每秒钟必须排出多少 kg 的燃料？

解：(1) 在 $\mathrm{d}t$ 时间内动量变化为

$$M\mathrm{d}v+v_0\mathrm{d}M=Mg\mathrm{d}t,\text{即 } M\frac{\mathrm{d}v}{\mathrm{d}t}+v_0\frac{\mathrm{d}M}{\mathrm{d}t}=Mg,$$

启动时 $M=M_0$，$\frac{\mathrm{d}M}{\mathrm{d}t}=-\mu$，$\frac{\mathrm{d}v}{\mathrm{d}t}=a_0$，代入上式，得初始加速度 $a_0=\frac{v_0\mu}{M_0}-g$.

(2) $\mu=\frac{M_0}{v_0}(a_0+g)=\left[\frac{100\times10^3}{2000}\times(0.5+1)\times9.8\right]\mathrm{kg/s}=735\ \mathrm{kg/s}$.

2－12. 一个三级火箭，各级质量如下表所示，不考虑重力，火箭的初速为0.

级 别	发射总质量	燃料质量	燃料外壳质量
一 级	60 t	40 t	10 t
二 级	10 t	(20/3) t	(7/3) t
三 级	1 t	(2/3) t	

(1) 若燃料相对于火箭喷出速率为 $C=2500\ \mathrm{m/s}$，每级燃料外壳在燃料用完时将脱离火箭主体。设外壳脱离主体时相对于主体的速度为0，只有当下一级火箭发动后，才将上一级的外壳甩在后边。求第三级火箭的最终速率。

(2) 若把 $47\frac{1}{3}$t 燃料放在 $12\frac{1}{3}$t 的外壳里组成一级火箭，问火箭最终速率是多少。

解：(1) 若在外层空间忽略重力效应和空气阻力，按动量守恒定律：

$$m\mathrm{d}v+C\mathrm{d}m=0,\ \mathrm{d}v=-\frac{\mathrm{d}m}{m},\qquad \text{所以}\qquad v-v_0=C\ln\frac{m_0}{m}.$$

将上式用于三级火箭：

一级 $v_1=v_0+C\ln\frac{m_0}{m}=0+2500\ \mathrm{m/s}\times\ln\frac{60}{60-40}=2500\ln3\ \mathrm{m/s}$,

二级 $v_2=v_1+C\ln\frac{m_0}{m}=0+2500\ \mathrm{m/s}\times\ln\frac{10}{10-20/3}=5000\ln3\ \mathrm{m/s}$,

三级 $v_3=v_2+C\ln\frac{m_0}{m}=0+2500\ \mathrm{m/s}\times\ln\frac{1}{1-2/3}=7500\ln3\ \mathrm{m/s}=8240\ \mathrm{m/s}$.

(2) $v=C\ln\frac{m_0}{m}=2500\ \mathrm{m/s}\times\ln\frac{60}{60-142/3}=3888\ \mathrm{m/s}$.

小于三级火箭。

2－13. 一宇宙飞船以恒速 $\boldsymbol{v}$ 在空间飞行，飞行过程中遇到一股微尘粒子流，后者以 $\mathrm{d}m/\mathrm{d}t$ 的速率沉积在飞船上。尘粒在落到飞船之前的速度为 $\boldsymbol{u}$，方向与 $\boldsymbol{v}$ 相反，在时刻 t 飞船的总质量为 $M(t)$，试问：要保持飞船匀速飞行，需要多大的力？

解：由动量定理，得 $[M(t)+\mathrm{d}M](v+\mathrm{d}v)-[M(t)-u\,\mathrm{d}M]=F\mathrm{d}t$,

忽略高次项：$F=M(t)\dfrac{\mathrm{d}v}{\mathrm{d}t}+(v+u)\dfrac{\mathrm{d}M}{\mathrm{d}t}$，　匀速飞行 $\dfrac{\mathrm{d}v}{\mathrm{d}t}=0$，

所需推力
$$F=(v+u)\frac{\mathrm{d}M}{\mathrm{d}t}.$$

2－14. 一水平传送带将沙子从一处运送到另一处，沙子经一垂直的静止漏斗落到传送带上，传送带以恒定速率 v 运动着（见本题图 a）。忽略机件各部位的摩擦。若沙子落到传送带上的速率是 $\mathrm{d}m/\mathrm{d}t$，试问：

（1）要保持传送带以恒定速率 v 运动，水平总推力 F 多大？

（2）若整个装置是：漏斗中的沙子落进以匀速 v 在平直光滑轨道上运动的货车里（见本题图 b），以上问题的答案改变吗？

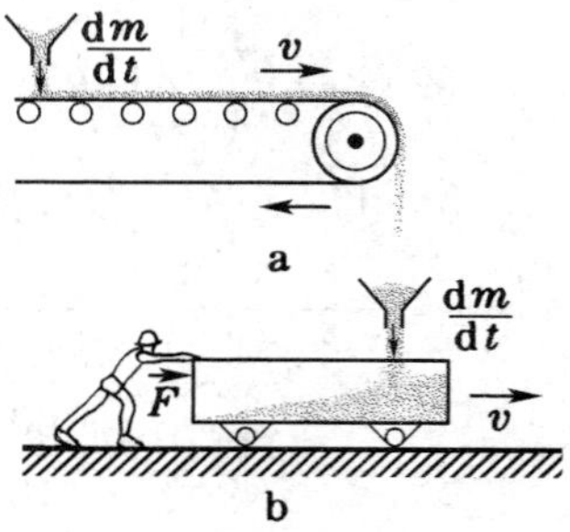

习题 2－14

解：（1）水平方向上由动量定理得
$$(m+\mathrm{d}m)(v+\mathrm{d}v)-mv\approx m\,\mathrm{d}v+v\,\mathrm{d}m=F\mathrm{d}t,$$
即
$$F=m\frac{\mathrm{d}v}{\mathrm{d}t}+v\frac{\mathrm{d}m}{\mathrm{d}t};\qquad \text{匀速运动}\ \frac{\mathrm{d}v}{\mathrm{d}t}=0,\ F=v\frac{\mathrm{d}m}{\mathrm{d}t}.$$

（2）答案不变。

2－15. 一质量为 m 的质点在 xy 平面上运动，其位矢为
$$\boldsymbol{r}=a\cos\omega t\,\boldsymbol{i}+b\sin\omega t\,\boldsymbol{j},$$
求质点受力的情况。

解：
$$\boldsymbol{v}=\frac{\mathrm{d}\boldsymbol{r}}{\mathrm{d}t}=-\omega a\sin\omega t\,\boldsymbol{i}+\omega b\cos\omega t\,\boldsymbol{j},$$
$$\boldsymbol{a}=\frac{\mathrm{d}\boldsymbol{v}}{\mathrm{d}t}=-\omega^2a\cos\omega t\,\boldsymbol{i}-\omega^2b\sin\omega t\,\boldsymbol{j}=-\omega^2\boldsymbol{r}.$$

质点受力　$\boldsymbol{f}=m\boldsymbol{a}=-m\omega^2\boldsymbol{r}$，恒指向原点。

2－16. 如本题图所示，一质量为 m_{A} 的木块 A 放在光滑的水平桌面上，A 上放置质量为 m_{B} 的另一木块 B，A 与 B 之间的摩擦系数为 μ. 现施水平力推 A，问推力至少为多大时才能使 A、B 之间发生相对运动。

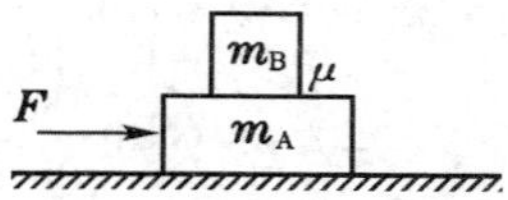

习题 2－16

解： 对于 B：法向力 $N=m_{\mathrm{B}}g$，摩擦力 $f=\mu N=m_{\mathrm{B}}a_{\mathrm{B}}$，$\rightarrow a_{\mathrm{B}}=\mu m_{\mathrm{B}}g$.

对于 A：　$F-f=m_{\mathrm{A}}a_{\mathrm{A}}$，$\rightarrow a_{\mathrm{A}}=\dfrac{1}{m_{\mathrm{A}}}(F-f)=\dfrac{1}{m_{\mathrm{A}}}(F-\mu m_{\mathrm{B}}g)$.

当 $a_{\mathrm{A}}>a_{\mathrm{B}}$ 时 A、B 之间发生相对运动，即要求 $F>\mu(m_{\mathrm{A}}+m_{\mathrm{B}})g$.

2－17. 如本题图所示，质量为 m_2 的三角形木块，放在光滑的水平面上，另一质量为 m_1 的方木块放在斜面上。如果接触面的摩擦可以忽略，两物体的加速度各若干？

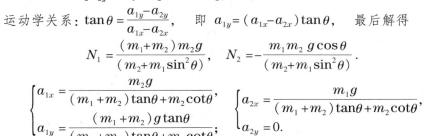

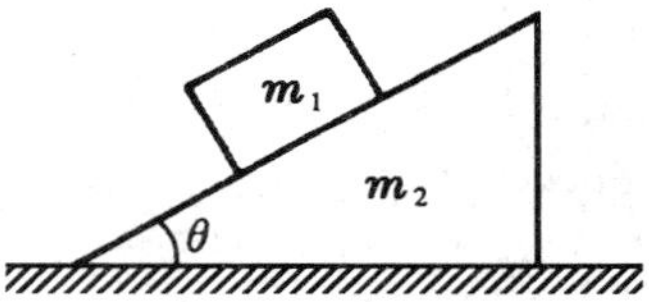

习题 2－17

解：对于 m_1：$\begin{cases} m_1 a_{1x} = -N_2 \sin\theta, \\ m_1 a_{1y} = N_2 \cos\theta - m_1 g; \end{cases}$

对于 m_2：$\begin{cases} m_2 a_{2x} = N_2 \sin\theta, \\ m_2 a_{2y} = N_1 - N_2 \cos\theta - m_2 g = 0; \end{cases}$

运动学关系：$\tan\theta = \dfrac{a_{1y} - a_{2y}}{a_{1x} - a_{2x}}$，　即 $a_{1y} = (a_{1x} - a_{2x})\tan\theta$，　最后解得

$$N_1 = \frac{(m_1+m_2)m_2 g}{(m_2+m_1\sin^2\theta)}, \quad N_2 = -\frac{m_1 m_2 g\cos\theta}{(m_2+m_1\sin^2\theta)}.$$

$$\begin{cases} a_{1x} = \dfrac{m_2 g}{(m_1+m_2)\tan\theta + m_2\cot\theta}, \\ a_{1y} = \dfrac{(m_1+m_2)g\tan\theta}{(m_1+m_2)\tan\theta + m_2\cot\theta}; \end{cases} \quad \begin{cases} a_{2x} = \dfrac{m_1 g}{(m_1+m_2)\tan\theta + m_2\cot\theta}, \\ a_{2y} = 0. \end{cases}$$

2－18. 在桌上有一质量 m_1 的木板，板上放一质量为 m_2 的物体。设板与桌面间的摩擦系数为 μ_1，物体与板面间的摩擦系数为 μ_2，欲将木板从物体下抽出，至少要用多大的力？

解：$f_1 = \mu_1 N_1$，$N_1 = (m_1+m_2)g$；　$f_2 = \mu_2 N_2$，$N_2 = m_2 g$.

又　$$F - f_1 - f_2 = m_1 a_1, \quad f_2 = m_2 a_2.$$

将木板从物体下抽出，要求 $a_2 > a_1$，　因此得 $F > (\mu_1+\mu_2)(m_1+m_2)g$.

2－19. 设斜面的倾角 θ 是可以改变的，而底边不变。求

（1）若摩擦系数为 μ，写出物体自斜面顶端从静止滑到底端的时间 t 与倾角 θ 的关系；

（2）若斜面倾角 $\theta_1 = 60°$ 与 $\theta_2 = 45°$ 时，物体下滑的时间间隔相同，求摩擦系数 μ.

解：（1）摩擦力　$f = \mu N = \mu m g\cos\theta$，

由运动方程　$mg\sin\theta - f = ma$　得　$a = g(\sin\theta - \mu\cos\theta)$.

设底边长度为 l，斜面长度为 $s = l/\cos\theta$，下滑时间

$$t = \sqrt{\frac{2s}{a}} = \sqrt{\frac{2l}{g\cos\theta(\sin\theta - \mu\cos\theta)}}.$$

（2）由 $\sqrt{\dfrac{2l}{g\cos60°(\sin60° - \mu\cos60°)}} = \sqrt{\dfrac{2l}{g\cos45°(\sin45° - \mu\cos45°)}}$

得

$$\mu = \frac{\cos60°\sin60° - \cos45°\sin45°}{\cos^2 60° - \cos^2 45°} = 2 - \sqrt{3} = 0.268.$$

2 －20. 本题图中各悬挂物体的质量分别为 $m_1=3.0\,\text{kg}$, $m_2=2.0\,\text{kg}$, $m_3=1.0\,\text{kg}$. 求 m_1 下降的加速度。忽略悬挂线和滑轮的质量、轴承摩擦和阻力,线不可伸长。

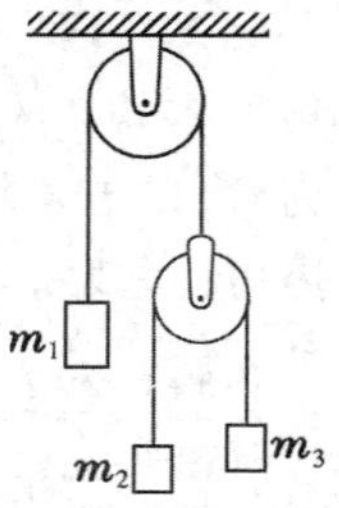

习题 2 －20

解：

各悬挂物体的运动方程：$\begin{cases} m_1g-T_1=m_1g-2T_2=m_1a_1, \\ m_2g-T_2=m_2a_2, \\ T_2-m_3g=m_3a_3. \end{cases}$

运动学关系：$\begin{cases} a_2=a'-a_1, \\ a_3=a'+a_1. \end{cases}$ $\left(\begin{array}{c} a' \text{ 为下滑轮相对于} \\ \text{上滑轮的加速度.} \end{array}\right)$

因此得

$$a_1=\frac{[m_1(m_2+m_3)-4m_2m_3]g}{[m_1(m_2+m_3)+4m_2m_3]}=\frac{[3\times(2+1)-4\times2\times1]g}{[3\times(2+1)+4\times2\times1]}=0.58\,\text{m/s}^2.$$

2 －21. 在本题图所示装置中, m_1与 m_2及 m_2与斜面之间的摩擦系数都为μ,设$m_1>m_2$. 斜面的倾角 θ 可以变动。求 θ 至少为多大时 m_1、m_2 才开始运动。略去滑轮和线的质量及轴承的摩擦, 线不可伸长。

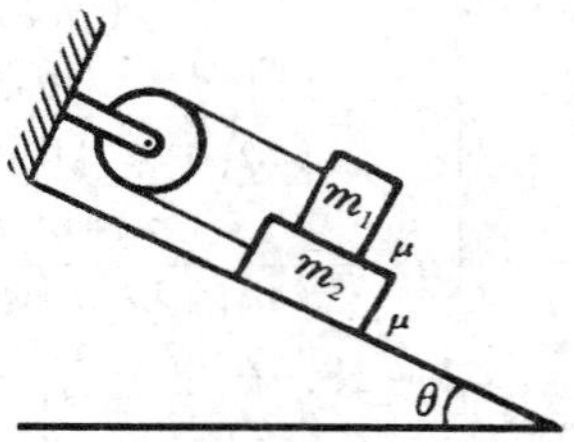

习题 2 －21

解： 摩擦力

$\begin{cases} m_1 \text{与 } m_2 \text{间}: f_1=\mu N_1=\mu m_1g\cos\theta, \\ m_2 \text{与斜面间}: f_2=\mu N_2=\mu(m_1+m_2)g\cos\theta; \end{cases}$

运动方程 $\begin{cases} m_1: \ m_1a=m_1g\sin\theta-f_1-T, \\ m_2: \ m_2a=T-m_2g\sin\theta-f_1-f_2. \end{cases}$

由此解出 $$a=\frac{(m_1-m_2)\sin\theta-\mu(3m_1+m_2)\cos\theta}{m_1+m_2}g.$$

$a>0$ 时 m_1、m_2 开始运动,由上式得开始运动条件 $\tan\theta>\dfrac{3m_1+m_2}{m_1-m_2}\mu$.

2 －22. 如本题图所示装置,已知质量 m_1、m_2 和 m_3,设所有表面都是光滑的,略去绳和滑轮质量和轴承摩擦。求施加多大水平力 F 才能使 m_3 不升不降。

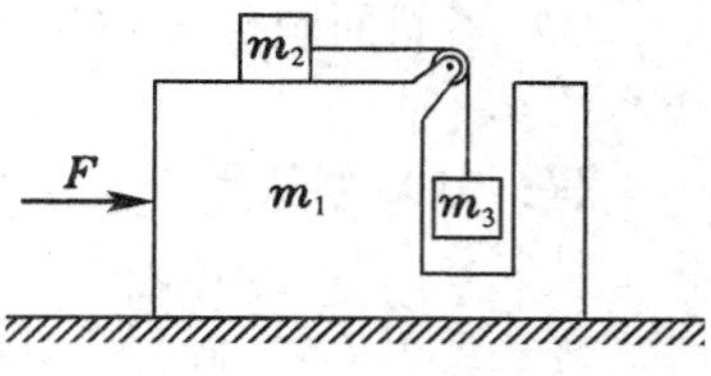

习题 2 －22

解：

运动方程：$\begin{cases} F=(m_1+m_2+m_3)a, \\ T=m_2a, \\ m_3g-T=0. \end{cases}$

由此解得

$$F=\frac{m_3(m_1+m_2+m_3)g}{m_2}.$$

2－23. 如本题图所示，将质量为 m 的小球用细线挂在倾角为 θ 的光滑斜面上。求

（1）若斜面以加速度 a 沿图示方向运动时，求细线的张力及小球对斜面的正压力；

（2）当加速度 a 取何值时，小球刚可以离开斜面？

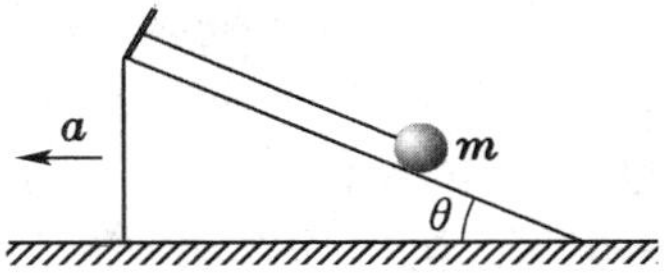

习题 2－23

解：（1）小球运动方程

$$\begin{cases}竖直方向：T\sin\theta+N\cos\theta=mg,\\ 水平方向：T\cos\theta-N\sin\theta=ma.\end{cases}$$

由此解得

$$\begin{cases}T=m(g\sin\theta+a\sin\theta),\\ N=m(g\sin\theta-a\sin\theta).\end{cases}$$

（2）$N=0$ 时小球刚可以离开斜面，由上式可得 $a=g\cot\theta$.

2－24. 一辆汽车驶入曲率半径为 R 的弯道。弯道倾斜一角度 θ，轮胎与路面之间的摩擦系数为 μ. 求汽车在路面上不作侧向滑动时的最大和最小速率。

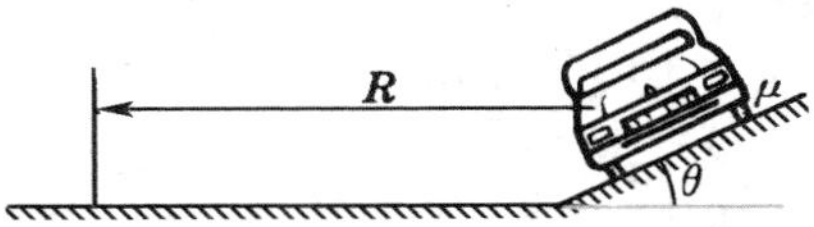

习题 2－24

解：（1）车子行驶太慢就要下滑。

最小速率 $v_{\min}$ 满足 $\begin{cases}N\cos\theta+f\sin\theta=mg,\\ N\sin\theta-f\cos\theta=\dfrac{mv_{\min}^2}{R};\end{cases}$　$f=\mu N$.

由此解得　$v_{\min}=\sqrt{\dfrac{gR(\sin\theta-\mu\cos\theta)}{\sin\theta+\mu\cos\theta}}=\sqrt{\dfrac{gR(\tan\theta-\mu)}{1+\mu\tan\theta}}$.

（2）车子行驶太快就要侧向上滑。

最大速率 $v_{\max}$ 满足 $\begin{cases}N\cos\theta-f\sin\theta=mg,\\ N\sin\theta+f\cos\theta=\dfrac{mv_{\max}^2}{R};\end{cases}$　$f=\mu N$.

由此解得 $v_{\max}=\sqrt{\dfrac{gR(\sin\theta+\mu\cos\theta)}{\sin\theta-\mu\cos\theta}}=\sqrt{\dfrac{gR(\tan\theta+\mu)}{1-\mu\tan\theta}}$.

2－25. 质量为 m 的环套在绳上，m 相对绳以加速度 a' 下落。求环与绳间的摩擦力。图中 M、m 为已知。略去绳与滑轮间的摩擦，绳不可伸长。

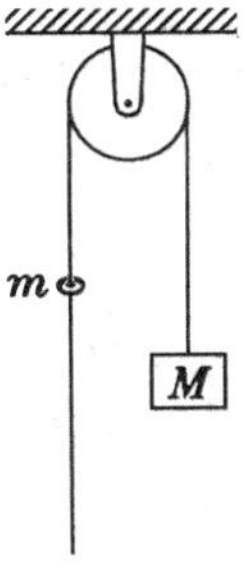

习题 2－25

解：维持滑轮左边绳子张力 T 的只有 m 给绳的摩擦力 f，故 $T=f$. 运动方程

$$\begin{cases}m：mg-f=m(a'-a),\\ M：Mg-T=Mg-f=Ma.\end{cases}$$　由此解得 $f=\dfrac{Mm(2g-a')}{M+m}$.

2－26. 如本题图，升降机中水平桌上有一质量为m的物体A，它被细线所系，细线跨过滑轮与质量也为m的物体B相连。当升降机以加速度$a=g/2$上升时，机内的人和地面上的人将观察到A、B两物体的加速度分别是多少？（略去各种摩擦，线轻且不可伸长。）

习题2－26

解：（1）从机内看：$\begin{cases}T=ma',\\ mg+\dfrac{1}{2}mg-T=ma'.\end{cases}$

式中$\dfrac{1}{2}mg$是惯性力，由此解得以升降机为参考系的加速度$a'=\dfrac{3}{4}g$.

（2）从地面看，力不变。运动方程

对A $\begin{cases}ma_{Ax}=T=ma'=\dfrac{3}{4}mg,\rightarrow a_{Ax}=\dfrac{3}{4}g.\\ a_{Ay}=\dfrac{1}{2}g.\end{cases}$

对B $\begin{cases}a_{Bx}=0,\\ ma_{By}=T-mg=\dfrac{3}{4}mg-mg,\rightarrow a_{By}=-\dfrac{1}{4}g.\end{cases}$

2－27. 如本题图所示，一根长l的细棒，绕其端点在竖直平面内作匀速率转动，棒的一端有质量为m的质点固定于其上。

（1）试分析，质点速率取何值才能使在顶点A处棒对它的作用力为0？

（2）假定$m=500\,\mathrm{g}$，$l=50.0\,\mathrm{cm}$，质点以均匀速率$v=40\,\mathrm{cm/s}$运动，求它在B点时棒对它的切向和法向的作用力。

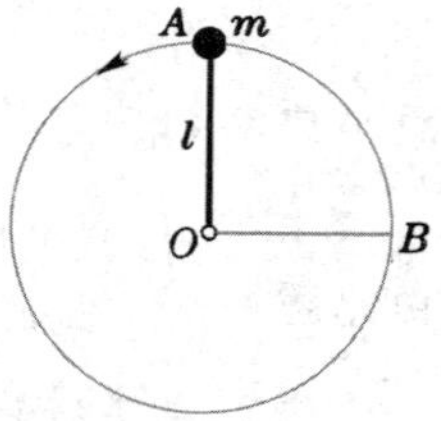

习题2－27

解：（1）运动方程$\begin{cases}F_n+mg=\dfrac{mv^2}{l},\\ F_t=0.\end{cases}$ 若要$F_n=0$，必须$v=\sqrt{gl}$.

（2）由运动方程

$$\begin{cases}F_t=mg=(500\times10^{-3}\times9.8)\,\mathrm{N}=4.9\,\mathrm{N},\\ F_n=\dfrac{mv^2}{l}=\dfrac{500\times10^{-3}\times(40\times10^{-2})^2}{5\times10^{-2}}\,\mathrm{N}=0.16\,\mathrm{N}.\end{cases}$$

2－28. 一条均匀的绳子，质量为m，长度为l，将它拴在转轴上，以角速度ω旋转，试证明：略去重力时，绳中的张力分布为

$$T(r)=\frac{m\omega^2}{2l}(l^2-r^2),$$

式中r为到转轴的距离。

解：在r处的张力T等于r到l这段绳子作圆周运动所需的向心力，r

到 $r+\mathrm{d}r$ 这段的质量 $\mathrm{d}m=\frac{m}{l}\mathrm{d}r$ 所需的向心力为

$$\mathrm{d}T=\omega^2 r\,\mathrm{d}m=\frac{m\omega^2 r}{l}\mathrm{d}r,$$

积分可得绳中的张力分布

$$T(r)=\int_r^l \mathrm{d}T=\int_r^l\frac{m\omega^2 r}{l}\mathrm{d}r=\frac{m\omega^2}{2l}(l^2-r^2).$$

2 - 29. 在顶角为 2α 的光滑圆锥面的顶点上系一劲度系数为 k 的轻弹簧,原长 l_0,下坠一质量为 m 的物体,绕锥面的轴线旋转。试求出使物体离开锥面的角速度 ω 和此时弹簧的伸长。

解: 物体离开锥面的条件是它对锥面的法向正压力为0, 此时它受的力和运动方程为 $f=k\Delta l$, $\begin{cases} f\sin\alpha=mr\omega^2=m(l+\Delta l)\sin\alpha\,\omega^2,\\ f\cos\alpha=mg. \end{cases}$

由此解得 $$\omega=\sqrt{\frac{kg}{kl_0\cos\alpha+mg}},\quad \Delta l=\frac{mg}{k\cos\alpha}.$$

2 - 30. 抛物线形弯管的表面光滑, 可绕铅直轴以匀角速率转动。抛物线方程为 $y=ax^2$, a 为常数。小环套于弯管上。

(1) 求弯管角速度多大,小环可在管上任意位置相对弯管静止。

(2) 若为圆形光滑弯管,情形如何?

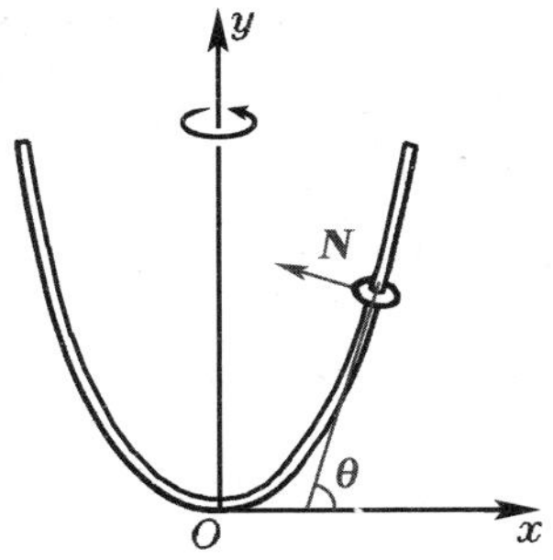

习题 2 - 30

解: (1) 弯管表面光滑, 对小环只有正压力 $\boldsymbol{N}$. 小环平衡条件为

$\begin{cases} N\sin\theta=mx\omega^2,\\ N\cos\theta=mg; \end{cases}$ 两式相除得 $\tan\theta=\frac{x\omega^2}{g}$,

式中 θ 为弯管切线与 x 轴的夹角, 即 $\tan\theta=\frac{\mathrm{d}y}{\mathrm{d}x}=2ax.$

由此解得 $\omega=\sqrt{2ag}$ —— 与 x、y 或 θ 无关(随遇平衡)。

(2) 若为圆形光滑弯管, $x^2+(y-R)^2=R^2$, $\tan\theta=\frac{\mathrm{d}y}{\mathrm{d}x}=\frac{x}{R-y}$,

$$\omega=\sqrt{\frac{g\tan\theta}{x}}=\sqrt{\frac{g}{R-y}}$$ —— 与 y 有关, 不能随遇平衡。

2 - 31. 在加速系中分析 2 - 25 题。

解: 以绳子为参考系,此参考系在滑轮左边有向上的加速度 a,对小环 m 有向下的惯性力 ma, 在此参考系中小环的加速度为 a', 故它的运动方程为

$$mg-f+ma=ma'.$$

此参考系在滑轮右边有向下的加速度 a,对重物 M 有向上的惯性力 Ma, 在

此参考系中重物是静止的，故它的运动方程为

$$Mg-T-Ma=Mg-f-Ma=0.$$

以上两式与 2 – 25 题解中的运动方程实质上是一样的，结果也应一样。

2 – 32. 在加速系中分析 2 – 26 题。

解： 见 2 – 26 题解(1)，该处已用了升降机为参考系。

2 – 33. 在加速系中分析 2 – 30 题。

解： 选旋转参考系，在水平方向多一惯性离心力 $-mx\omega^2$，但无加速度，运动方程化为
$$N\sin\theta-mx\omega^2=0,$$
此式与 2 – 30 题解中的运动方程实质上是一样的，结果也应一样。

2 – 34. 列车在北纬 30° 自南向北沿直线行驶，速率为 90 km/h，其中一车厢重 50 t. 问哪一边铁轨将受到车轮的旁压力。该车厢作用于铁轨的旁压力等于多少？

解： 按科里奥利力公式 $\boldsymbol{f}_C=2m\boldsymbol{v}\times\boldsymbol{\omega}$ 知此力作用在铁路的东边，大小为

$$f_C=2mv\omega\sin30^\circ=\left(2\times50\times10^3\times\frac{90\times10^3}{60\times60}\times\frac{2\pi}{24\times60\times60}\times0.5\right)\mathrm{N}=91\ \mathrm{N}.$$

第三章　机械能守恒

3－1. 有一列火车,总质量为M,最后一节车厢质量为m. 若m从匀速前进的列车中脱离出来,并走了长度为s的路程之后停下来。若机车的牵引力不变,且每节车厢所受的摩擦力正比于其重量而与速度无关。问脱开的那节车厢停止时,它距列车后端多远。

解: 列车受到的牵引力原与整个列车的摩擦力μMg平衡, 末节脱开后牵引力不变, 而摩擦力减少到$\mu(M-m)g$, 故列车所受总力为

$$F=F_{牵引}-f_{摩擦}=\mu mg,$$

而脱离下来的车厢受向后的力, 即摩擦力为$f=-\mu mg$, 与前者大小相等、方向相反,它们的加速度大小与质量成反比,方向相反。

$$\frac{a_{M-m}}{a_m}=-\frac{m}{M-m}.$$

取末节脱钩前匀速前进的列车为参考系,从脱钩到末节相对地面停止这段时间t内前后两部分的位移(注意: 位移与参考系的选择无关) 分别为

$$\begin{cases}\Delta s_{M-m}=\dfrac{1}{2}a_{M-m}t^2,\\ \Delta s_m=-s=\dfrac{1}{2}a_m t^2;\end{cases}\quad 故 \quad \frac{\Delta s_{M-m}}{\Delta s_m}=\frac{a_{M-m}}{a_m}=-\frac{m}{M-m}.$$

脱开的那节车厢停止时,它与列车后端的距离为

$$\Delta s_{M-m}-\Delta s_m=\left(-\frac{m}{M-m}+1\right)s=\frac{M}{M-m}s.$$

3－2. 如本题图, 一质点自球面的顶点由静止开始下滑,设球面的半径为R,球面质点之间的摩擦可以忽略,问质点离开顶点的高度h多大时开始脱离球面。

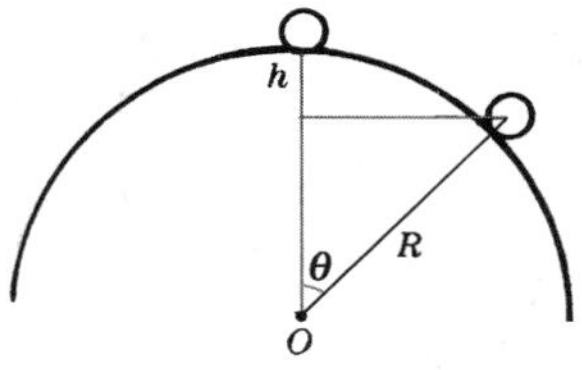

习题 3－2

解: 质点脱离球面的条件为正压力

$$N=mg\cos\theta-\frac{mv^2}{R}=0.$$

由能量守恒$\frac{1}{2}mv^2=mgh$, 而$\cos\theta=\frac{R}{R-h}$, 由此解得$h=R/3$.

3－3. 如本题图,一重物从高度为h处沿光滑轨道滑下后,在环内作圆周运动。设圆环的半径为R,若要重物转至圆环顶点刚好不脱离,高度h至少要多少?

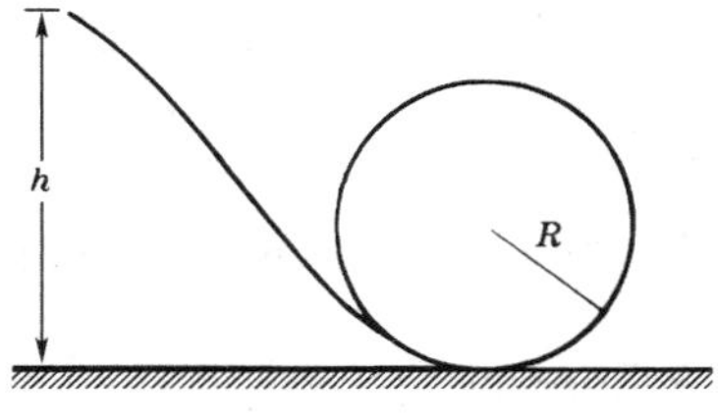

习题 3－3

解: 重物转至圆环顶点刚好不脱离的条件是正压力 $N=\frac{mv^2}{R}-mg=0$.

由能量守恒 $mgh=\frac{1}{2}mv^2+2mgR$. 由此解得 $h=5R/2$.

3－4. 一物体由粗糙斜面底部以初速 v_0 冲上去后又沿斜面滑下来，回到底部时的速度减为 v_1，求此物体达到的最大高度。

解： 设物体达到的最大高度为 h，摩擦力的大小为 f，按功能原理，有

$$\begin{cases}\text{冲上去} \quad mgh-\frac{1}{2}mv_0^2=-fs,\\ \text{滑下来} \quad \frac{1}{2}mv_1^2-mgh=-fs.\end{cases} \qquad \text{由此解得 } h=\frac{v_0^2+v_1^2}{4g}.$$

3－5. 如本题图，物体A和B用绳连接，A置于摩擦系数为 μ 的水平桌面上，B在滑轮下自然下垂。设绳与滑轮的质量都可忽略，绳不可伸长。已知两物体的质量分别为 m_A 和 m_B，求物体B从静止下降一个高度 h 后所获得的速度。

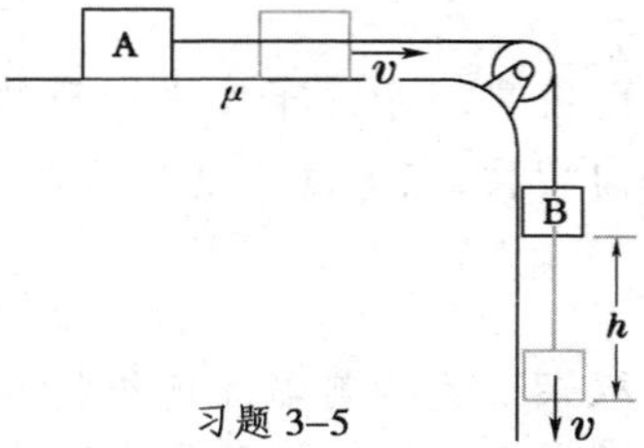

习题 3–5

解： 按功能原理，有

$$\frac{1}{2}(m_A+m_B)v^2-m_Bgh=-\mu m_Agh, \quad \text{由此解得 } v=\sqrt{\frac{2(m_B-\mu m_A)gh}{m_A+m_B}}.$$

3－6. 如本题图，用细线将一质量为 M 的大圆环悬挂起来。两个质量均为 m 的小圆环套在大圆环上，可以无摩擦地滑动。若两小圆环沿相反方向从大圆环顶部自静止下滑，求在下滑过程中，θ 角取什么值时大圆环刚能升起。

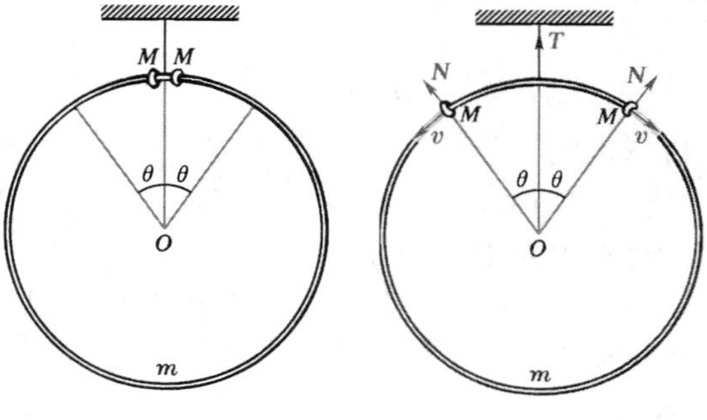

习题 3－6

解： 小环下滑获得一定速度时，就会给大环一个向上的正压力 N，从而减小悬挂大环的绳子中的张力 T. 当 T 减到 0 时大圆环刚能升起（见上图）。

$$\left.\begin{aligned}&\text{大环平衡条件：} T-mg+2N\cos\theta=0,\\ &\text{小环运动方程：} N+mg\cos\theta=\frac{mv^2}{R},\\ &\text{机械能守恒：} \frac{1}{2}mv^2=mgR(1-\cos\theta).\end{aligned}\right\} \begin{aligned}&\text{解得 } \cos\theta=\frac{1}{3}\left(1\pm\sqrt{1-\frac{3M}{2m}}\right).\\ &\text{求 }\theta\text{ 角之小者，取“+”号，}\\ &\theta_{\min}=\arccos\left[\frac{1}{3}\left(1+\sqrt{1-\frac{3M}{2m}}\right)\right].\end{aligned}$$

上式有实根条件为 $m>1.5M$，即每个小环的质量必须大于一个半大环，否则大环不会升起。

3－7. 如本题图，在劲度系数为 k 的弹簧下挂质量分别为 m_1 和 m_2 的两个物体，开始时处于静止。若把 m_1、m_2 间的连线烧断，求 m_1 的最大速度。

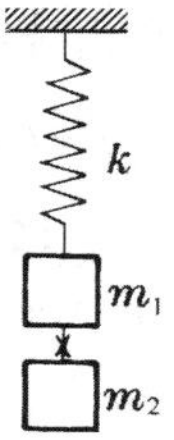

习题 3－7

解： 首先考虑一个系在弹簧上的物体的弹性势能及重力势能之和，即系统的总势能：

$$U(x)=E_p=E_{p弹}+E_{p重}=\frac{1}{2}k(\Delta l)^2-mg\Delta l$$

$$=\frac{1}{2}k\left(\Delta l-\frac{mg}{k}\right)^2-\frac{(mg)^2}{k},\qquad ①$$

即与弹性势能曲线 $E_{p弹}$-$k\Delta l$ 相比，总势能曲线 E_p-$k\Delta l$ 在横方向朝右平移了距离 mg，纵方向朝下平移了距离 $(mg)^2/k$（参见下图 a）。

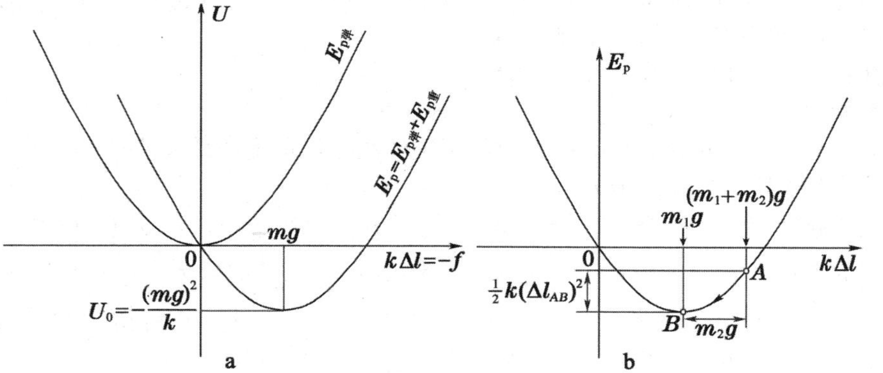

现在回到本题。烧断系 m_2 的连线后，m_1 的总势能曲线 E_p-$k\Delta l$ 如上图 b 所示。连线刚烧断时，物体 m_1 的状态处于曲线的 A 点，这时弹簧的伸长量 $\Delta l=(m_1+m_2)g/k$. 于是弹簧收缩，当 Δl 缩到 m_1g/k 时，m_1 的状态处于新的平衡位置 B 点，这时其势能最低，动能最大。按机械能守恒，有

$$\frac{1}{2}m_1v^2=\frac{1}{2}k(\Delta l_{AB})^2,$$

由图 b 可以看出，$\Delta l_{AB}=m_2g/k$. 代入上式，解得 $v=\dfrac{m_2g}{\sqrt{m_1k}}$.

3－8. 如本题图，劲度系数为 k 的弹簧一端固定在墙上，另一端系一质量为 m_A 的物体。当把弹簧的长度压短 x_0 后，在它旁边紧贴着放一质量为 m_B 的物体。撤去外力后，求

(1) A、B 离开时，B 以多大速率运动；

(2) A 距起始点移动的最大距离。

设下面是光滑的水平面。

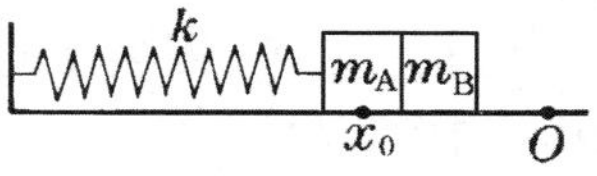

习题 3－8

解： (1) 撤去外力后，A、B 一起回到平衡位置，这时它们的共同速率

v 达到最大，并开始分离，故 v 也就是 B 的速率 v_B. 按机械能守恒：

$$\frac{1}{2}kx_0^2=\frac{1}{2}(m_A+m_B)v^2=\frac{1}{2}(m_A+m_B)v_B^2,\quad 得\quad v_B=\sqrt{\frac{k}{m_A+m_B}}x_0.$$

(2) A、B在平衡位置分离后，A将继续减速前进，直到振动幅值 x_m 时停下来并往回走。按机械能守恒：

$$\frac{1}{2}kx_m^2=\frac{1}{2}m_Av^2=\frac{km_Ax_0^2}{2(m_A+m_B)},\quad 得\quad x_m=\sqrt{\frac{m_A}{m_A+m_B}}x_0.$$

A 距起始点移动的最大距离 $\quad x=x_0+x_m=\left(1+\sqrt{\frac{m_A}{m_A+m_B}}\right)x_0.$

3 - 9. 如本题图，用劲度系数为 k 的弹簧将质量为 m_A 和 m_B 的物体连接，放在光滑的水平面上。m_A 紧靠墙，在 m_B 上施力将弹簧从原长压缩了长度 x_0. 当外力撤去后，求

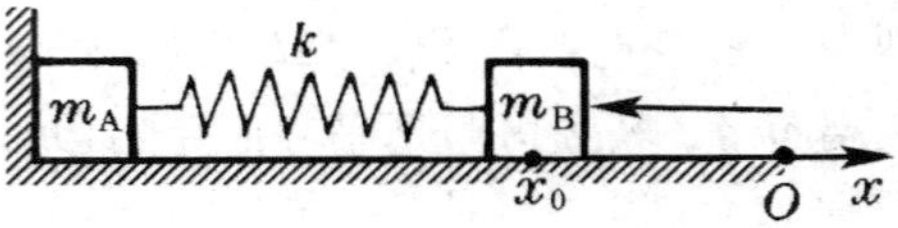

习题 3 - 9

(1) 弹簧和 m_A、m_B 所组成的系统的质心加速度的最大值；

(2) 质心速度的最大值。

解：(1) 在水平方向(m_A+m_B+弹簧)系统所受唯一外力为墙的正压力 N，它的初始值 kx_0 最大，此时质心加速度 $a_C=\frac{kx_0}{m_A+m_B}$ 也最大。

(2) 当弹簧恢复到原长时，m_B 的速度 v_B 达到最大。此刻 m_A 仍静止，但开始与墙脱离接触。因外力 N 不作功，故机械能守恒：

$$\frac{1}{2}m_Bv_B^2=\frac{1}{2}kx_0^2,\quad 得\quad v_B=\sqrt{\frac{k}{m_B}}x_0.$$

m_A与墙脱离后系统动量守恒。当 m_A、m_B 没有相对运动时质心的动能和速率 v_C 最大。此刻

$$(m_A+m_B)v_C^{\max}=与墙脱离时刻系统的动量\ m_Bv_B,$$

由此解得 $\quad v_C^{\max}=\frac{m_B}{m_A+m_B}\sqrt{\frac{k}{m_B}}x_0.$

3 - 10. 如本题图，质量为 m_1 和 m_2 的物体以劲度系数为 k 的弹簧相连，竖直地放在地面上，m_1 在上，m_2 在下。

(1) 至少先用多大的力 F 向下压 m_1，突然松开时 m_2 才能离地？

(2) 在力 F 撤除后，由 m_1、m_2 和弹簧组成的系统质心加速度 a_C 何时最大？何时为 0？m_2 刚要离地面时 a_C = ?

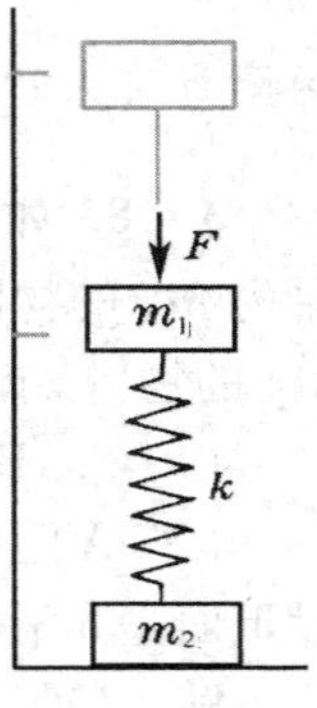

习题 3 - 10

解: (1) 在习题3－7解中讨论了竖直弹簧重物系统势能问题，给出了弹性和重力总势能曲线，现在利用那里的结果，作出本题的总势能曲线如右图。这里与习题3－7不同的是弹簧被压缩而不是伸长，即 Δl 由正变为负，曲线右移变左移。

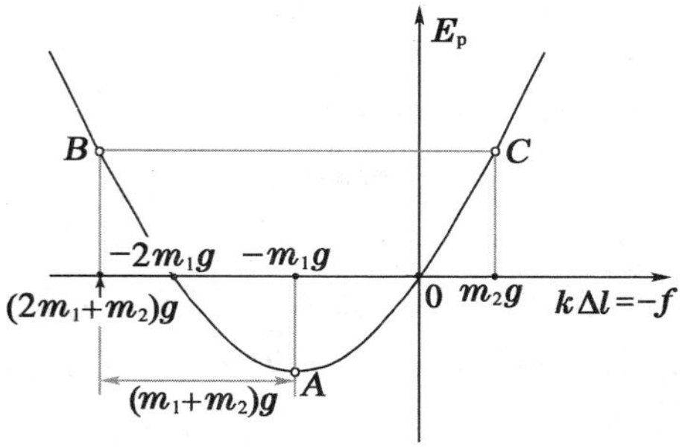

m_2 刚能跳离地面的条件是弹簧中有拉力 m_2g，其状态相当于曲线上的 C 点。弹簧的伸张过程是机械能守恒的，且两头都没有动能。过程之初的压缩状态相当于曲线上等高的 B 点，B 点与 C 点对平衡点 A 是对称的。由图可见，B 点对应的弹簧压力是 $(2m_1+m_2)g$，达到此状态，需要在 m_1 的重量之外再施加力 $F=(m_1+m_2)g$.

(2) F 撤除后，重物 m_1+m_2 和弹簧组成的系统所受的外力只有重力和地面的支撑力 N，重力 $W=(m_1+m_2)g$（向下）是不变的，F 刚撤除时（状态 B）$N=2(m_1+m_2)g$（向上）最大，质心的加速度 $a_C=\dfrac{N-W}{m_1+m_2}=g$（向上）也最大。达到平衡点 A 时 $N=(m_1+m_2)g$（向上）与 W 抵消，质心的加速度 $a_C=0$. m_2 刚要离地面时（状态 C）$a_C=\dfrac{-W}{m_1+m_2}=-g$（向下）。

3－11. 如本题图，质量为 M 的三角形木块静止地放在光滑的水平面上，木块的斜面与地面之间的夹角为 θ. 一质量为 m 的物体从高 h 处自静止沿斜面无摩擦地下滑到地面。分别以 m、M 和地面为参考系，计算在下滑的过程中 M 对 m 的支撑力 N 及其反作用力 N' 所作的功，并证明二者之和与参考系的选择无关，总是为0.

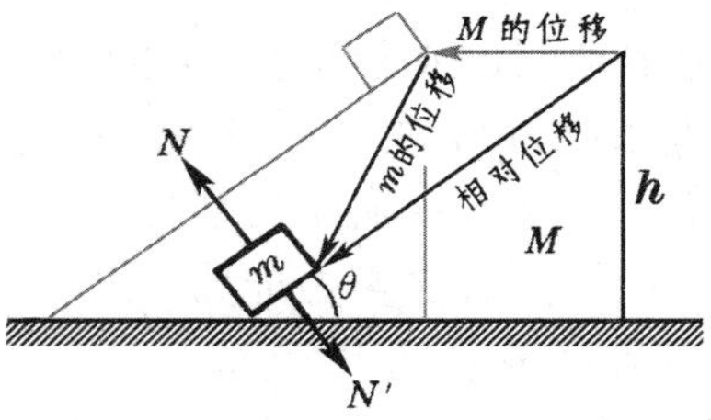

习题3－11

解: 从第二章习题2-17知　　$N=N'=\dfrac{mMg\cos\theta}{M+m\sin^2\theta}$.

$$\begin{cases}a_{Mx}=\dfrac{mg}{(m+M)\tan\theta+M\cot\theta},\\ a_{my}=\dfrac{(m+M)g\tan\theta}{(m+M)\tan\theta+M\cot\theta};\end{cases}\quad \begin{cases}s_M=\dfrac{1}{2}a_{Mx}t^2,\\ h=\dfrac{1}{2}a_{my}t^2;\end{cases}\quad s_M=\dfrac{a_{Mx}}{a_{my}}=\dfrac{mg}{(m+M)g\tan\theta}h.$$

(1) 以 m 为参考系：m 不动，$A_N=0$；M 的位移垂直于 N'，$A_{N'}=0$.

（2）以 M 为参考系：M 不动，$A_{N'}=0$；m 的位移垂直于 N，$A_N=0$.

（3）以地面为参考系： $A_{N'}=N's_M\sin\theta=\dfrac{m^2Mg\cos^2\theta h}{(m+M)(M+m\sin^2\theta)}$,

$$A_N=\boldsymbol{N}\cdot\boldsymbol{s}_m=\boldsymbol{N}\cdot(\boldsymbol{s}_{相对}+\boldsymbol{s}_M)=\boldsymbol{N}\cdot\boldsymbol{s}_M=-\boldsymbol{N}'\cdot\boldsymbol{s}_M=-A_{N'},$$

在上面的推导中应注意到 $\boldsymbol{N}\perp\boldsymbol{s}_{相对}$，$\boldsymbol{N}\cdot\boldsymbol{s}_{相对}=0$.

3-12. 如本题图，一根不可伸长的绳子跨过一定滑轮，两端各拴质量为 m 和 M 的物体（$M>m$）。M 静止在地面上，绳子起初松弛。当 m 自由下落一个距离 h 后绳子开始被拉紧。求绳子刚被拉紧时两物体的速度和此后 M 上升的最大高度 H.

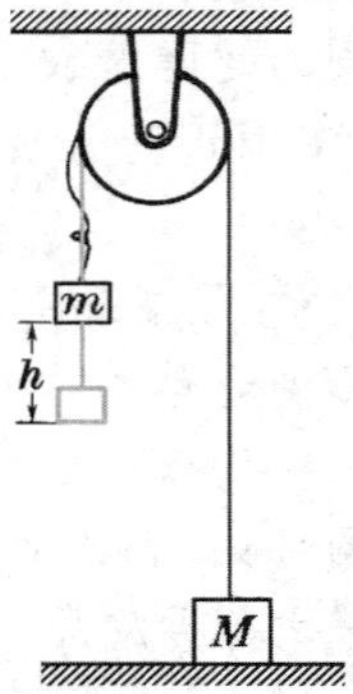

习题 3-12

解：m 下降高度 h 时获得速度 $v_0=\sqrt{2gh}$，在绳被拉紧的一瞬间重力的冲量可以忽略，由动量定理：

$$\begin{cases}对\ m:\ T\Delta t=-mv-(-mv_0),\\ 对\ M:\ T\Delta t=Mv.\end{cases}$$

由此 $(m+M)v=mv_0$，得 $v=\dfrac{mv_0}{m+M}=\dfrac{m}{m+M}\sqrt{2gh}$.

此后 M 上升、m 下降的过程能量守恒：$\dfrac{1}{2}(m+M)v^2=(M-m)gH$，所以

$$H=\frac{(m+M)v^2}{2g(M-m)}=\frac{m^2h}{M^2-m^2}.$$

3-13. 如本题图，质量为 m 的物体放在光滑的水平面上，m 的两边分别与劲度系数为 k_1 和 k_2 的两个弹簧相连，若在右边弹簧末端施以拉力 f，问：

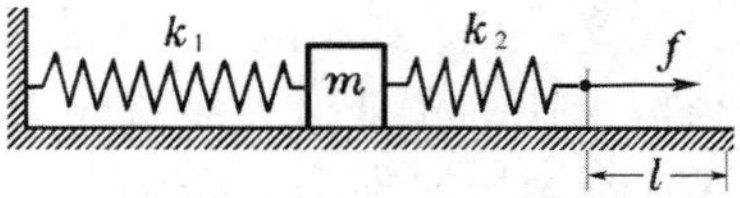

习题 3-13

（1）若以拉力非常缓慢地拉了一段距离 l，它作功多少？

（2）若用猛力拉到距离 l 后突然不动，拉力作功又如何？

解：（1）缓慢拉：两弹簧按比例同时伸长，$f=k_1x_1=k_2x_2$，$x_1+x_2=x$，

$$\to x_{1,2}=\frac{k_{2,1}x}{k_1+k_2},\qquad 功\ A=\int_0^l f\mathrm{d}x=\int_0^l k_1x_1\,\mathrm{d}x=\int_0^l\frac{k_1k_2}{k_1+k_2}x\,\mathrm{d}x=\frac{1}{2}\frac{k_1k_2}{k_1+k_2}l^2.$$

（2）猛力拉：m 未动，$f=k_2x$，功 $A'=\int_0^l f\mathrm{d}x=\int_0^l k_2x\,\mathrm{d}x=\dfrac{1}{2}k_2l^2>A$，

而后 m 被带动，振荡起来。多作的功化为 m 的振动能。

3-14. 质量为 M 的木块静止在光滑的水平面上。一质量为 m 的子弹以速率 v_0 水平入射到木块内，并与木块一起运动。已知 $M=980\,\mathrm{g}$，$m=20\,\mathrm{g}$，$v_0=800\,\mathrm{m/s}$. 求

（1）木块对子弹作用力的功；

（2）子弹对木块作用力的功；

（3）耗散掉的机械能。

解： 按动量守恒　　$m v_0 = (m+M)v$,

于是末速度　　$v = \dfrac{m v_0}{m+M} = \dfrac{20\times10^{-3}\times800}{(900+20)\times10^{-3}}\,\text{m/s} = 16\,\text{m/s}.$

（1）木块对子弹作功

$$A_1 = \frac{1}{2}m(v^2 - v_0^2) = \frac{1}{2}\times20\times10^{-3}\times(16^2-800^2)\,\text{J} = -6\,397\,\text{J}.$$

（2）子弹对木块作功

$$A_2 = \frac{1}{2}Mv^2 = \frac{1}{2}\times980\times10^{-3}\times16^2\,\text{J} = 125\,\text{J}.$$

（3）耗散掉的机械能

$$\Delta E = \frac{1}{2}m v_0^2 - \frac{1}{2}(m+M)v^2 = -(A_1+A_2) = 6\,272\,\text{J}.$$

3－15. 如本题图，m_1、m_2 静止在光滑的水平面上，以劲度系数为 k 的弹簧相连，弹簧处于自然伸展状态，一质量为 m、水平速率为 v_0 的子弹入射到 m_1 内，弹簧最多压缩了多少？

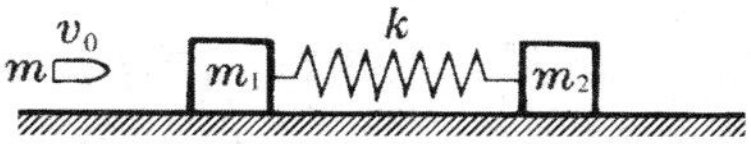

习题 3－15

解： ① 子弹射入 m_1 阶段：m_2 尚未动，按动量守恒，有

$$m v_0 = (m+m_1)v, \rightarrow v = \frac{m v_0}{m+m_1}.$$

② 弹簧被压缩阶段：

$$\begin{cases} \text{动量守恒：}(m+m_1)v = (m+m_1+m_2)v_C, \\ \text{机械能守恒：}\dfrac{1}{2}(m+m_1)v^2 = \dfrac{1}{2}(m+m_1+m_2)v_C^2 + E_k^{CM} + \dfrac{1}{2}k(\Delta l)^2. \end{cases}$$

相对于质心的动能 $E_k^{CM}=0$ 时弹簧有最大的压缩量 Δl_{max}，由此解得

$$\Delta l_{max} = \sqrt{\frac{m_2}{(m+m_1)(m+m_1+m_2)k}}\,m v_0.$$

3－16. 如本题图，两球有相同的质量和半径，悬挂于同一高度，静止时两球恰能接触且悬线平行。已知两球碰撞的恢复系数为 e. 若球 A 自高度 h_1 释放，求该球碰撞后能达到的高度。

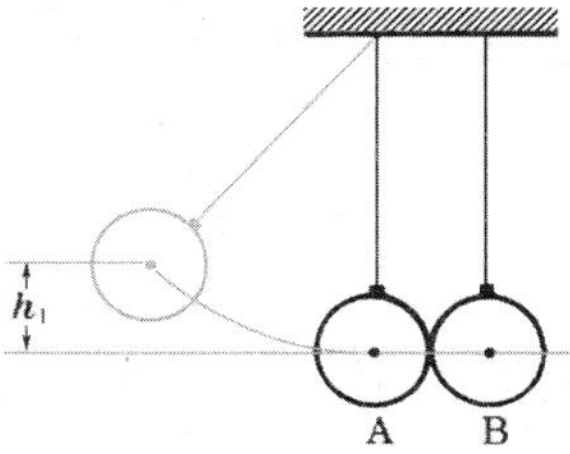

习题 3－16

解： ① A 球下摆阶段：由机械能守恒知其碰撞前速度

$$v_{A0} = \sqrt{2gh_1}.$$

② 碰撞阶段：动量守恒 $m v_{A0} = m(v_A + v_B)$，速度恢复 $v_A - v_B = -e v_{A0}$.

由此解得 $v_A=(1-e)v_{A0}/2=(1-e)\sqrt{gh_1/2}>0$，即碰撞后 A 球并不立即弹回，而是继续前进。

③ A 球上摆阶段：当 A 球摆到一定高度 h_2 时才开始回摆。按机械能守恒得

$$h_2=\frac{v_A^2}{2g}=(1-e)^2h_1/4.$$

3－17. 如本题图，在一竖直面内有一光滑的轨道，轨道左边是光滑弧线，右边是足够长的水平直线。现有质量分别为 m_A 和 m_B 的两个质点，B 在水平轨道上静止，A 在高 h 处自静止滑下，与 B 发生完全弹性碰撞。碰后 A 仍可返回到弧线的某一高度上，并再度滑下。求 A、B 至少发生两次碰撞的条件。

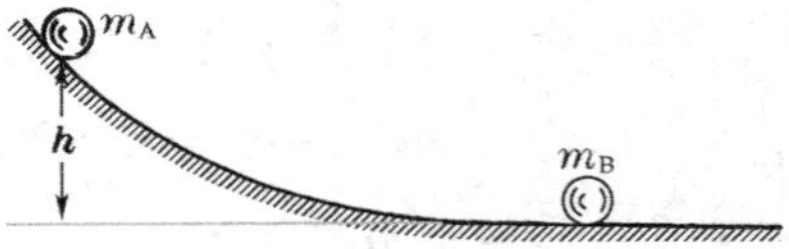

习题 3－17

解：① m_A 下滑阶段：由机械能守恒，碰撞前其速度为 $v_{A0}=\sqrt{2gh}$.

② 第一次碰撞：由书上弹性碰撞的普遍公式(3.60)，碰撞后的速度为

$$v_A=\frac{m_A-m_B}{m_A+m_B}\sqrt{2gh},\quad v_B=\frac{2m_A}{m_A+m_B}\sqrt{2gh}.$$

③ 第二次碰撞：若要 m_A 返回，须 $v_A<0$，即 $m_B>m_A$. m_A 自高处滑下后的速率不变，即其速度为 $v_A'=-v_A=\frac{m_B-m_A}{m_A+m_B}\sqrt{2gh}$，发生第二次碰撞的条件是 $v_A'>v_B$，即 $m_B>3m_A$.

3－18. 一质量为 m 的粒子以速度 v_0 飞行，与一初始时静止、质量为 M 的粒子作完全弹性碰撞。从 $m/M=0$ 到 $m/M=10$ 画出末速 v 与比值 m/M 的函数关系图。

解：由书上弹性碰撞的普遍公式(3.60)，

$$\begin{cases} v_m=\dfrac{m-M}{m+M}v_0=\dfrac{r-1}{r+1}v_0, & ① \\ v_M=\dfrac{2m}{m+M}v_0=\dfrac{2r}{r+1}v_0, & ② \end{cases}$$

式中 $r=m/M$，末速与比值 r 的函数关系如右。

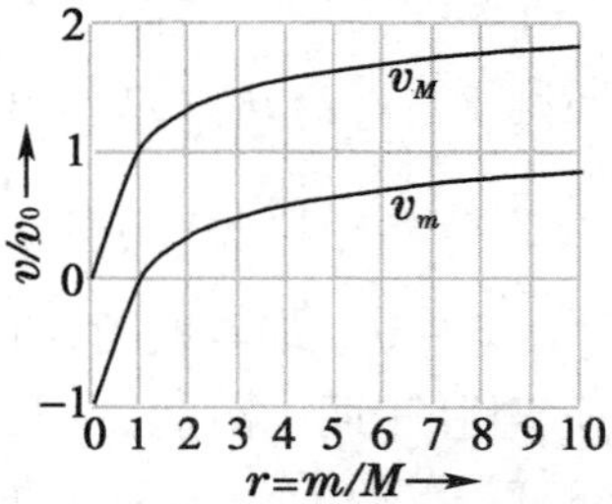

$$\begin{cases} r\to 0 \text{ 时},\ v_m\to -v_0,\ v_M\to 0; \\ r\to\infty \text{ 时},\ v_m\to v_0,\ v_M\to 2v_0. \end{cases}$$

3－19. 一质量为 m_1、初速为 u_1 的粒子碰到一个静止的、质量为 m_2 的粒子，碰撞是完全弹性的。现观察到碰撞后粒子具有等值反向的速度。求(1) 比值 m_2/m_1；(2) 质心的速度；(3) 两粒子在质心系中的总动能，用 $\frac{1}{2}m_1u_1^2$ 的分数来表示；(4) 在实验室参考系中 m_1 的最终动能。

解：（1）动量守恒　$m_1u_1=m_1(-v)+m_2v$，
机械能守恒　$\frac{1}{2}m_1u_1^2=\frac{1}{2}(m_1+m_2)v^2$，　解得 $m_2/m_1=3$，$v=\frac{1}{2}u_1$.

（2）$v_C=\frac{-m_1v+m_2v}{m_1+m_2}=\frac{u_1}{4}$.　　（3）$E_k^{CM}=\frac{1}{2}\frac{m_1m_2}{m_1+m_2}u_1^2=\frac{3}{4}\left(\frac{1}{2}m_1u_1^2\right)$.

（4）$E_{k1}=\frac{1}{2}m_1v^2=\frac{1}{4}\left(\frac{1}{2}m_1u_1^2\right)$.

3－20. 在一项历史性的研究中，詹姆斯·查德威克（James Chadwick）于 1932 年通过快中子与氢核、氮核的弹性碰撞得到中子质量之值。他发现，氢核（原来静止）的最大反冲速度[1]为 3.3×10^7 m/s，而氮 14 核的最大反冲速度为 4.7×10^6 m/s，误差为 ±10%．由此你能得知

（1）中子质量；

（2）所用中子的初速度是多大吗？[要计及氮的测量误差。以一个氢核的质量为 1 u（原子质量单位），氮 14 核的质量为 14 u.]

解：（1）从习题 3－18 解中的②式，有

$$v_0=\frac{m_n+m_H}{2m_n}v_H=\frac{m_n+m_N}{2m_n}v_N,$$

由此解得

$$m_n=\frac{m_Nv_N-m_Hv_H}{v_H-v_N}=\frac{14v_N-v_H}{v_H-v_N}m_H=\frac{14\times4.7\times10^6-3.3\times10^7}{3.3\times10^7-4.7\times10^6}m_H=1.016m_H,$$

$$v_0=\left(1+\frac{v_H-v_N}{14v_N-v_H}\right)\frac{v_H}{2}=\left(1+\frac{3.3\times10^7-4.7\times10^6}{14\times4.7\times10^6-3.3\times10^7}\right)\frac{v_H}{2}=3.07\times10^7\,\text{m/s}.$$

（2）误差分析：　$\Delta v_N=v_N\times10\%=4.7\times10^6\times10\%=0.47\times10^6$.

$$\ln\frac{m_n}{m_H}=\ln\frac{14v_N-v_H}{v_H-v_N},$$

$$\frac{\Delta m_n}{m_n}=\left(\frac{14}{14v_N-v_H}+\frac{1}{v_H-v_N}\right)\Delta v_N=\left(\frac{14}{14v_N-v_H}+\frac{1}{v_H-v_N}\right)v_N\times10\%$$

$$=\left(\frac{14}{14\times4.7\times10^6-3.3\times10^7}+\frac{1}{3.3\times10^7-4.7\times10^6}\right)\times0.47\times10^6=21.7\%.$$

$\Delta m_n=m_H\times21.7\%=0.252m_H$.　　得　　$m_n=(1.016\pm0.252)m_H$.

3－21. 在《原理》一书中，牛顿提到，在一组碰撞实验中他发现，某种材料的两个物体分离时的相对速度为它们趋近时的 5/9. 假设一原先不动的物体质量为 m_0，另一物体质量为 $2m_0$，以初速 v_0 与前者相撞。求两物体的末速。

解：　$m_0v_1+2m_0v_2=2m_0v_0$，　$v_1-v_2=\frac{5}{9}v_0$

由此解得　$v_1=\frac{28}{27}v_0$，　$v_2=\frac{13}{27}v_0$.

---

[1] 对心碰撞时反冲速度最大。

3－22. 一质量为 m_0，以速率 v_0 运动的粒子，碰到一质量为 $2m_0$ 静止的粒子。结果，质量为 m_0 的粒子偏转了45°并具有末速 $v_0/2$. 求质量为 $2m_0$ 的粒子偏转后的速率和方向。动能守恒吗？

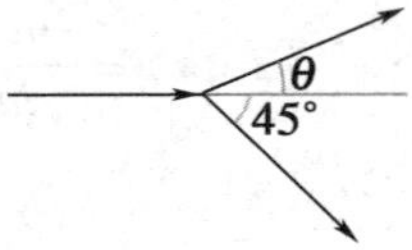

解： 动量守恒 $\begin{cases} m_0\dfrac{v_0}{2}\cos\dfrac{\pi}{4}+2m_0v\cos\theta=m_0v_0, \\ 0=m_0\dfrac{v_0}{2}\sin\dfrac{\pi}{4}-2m_0v\sin\theta. \end{cases}$

由此解得 $v=\dfrac{1}{4}\sqrt{5-2\sqrt{2}}\,v_0=0.368\,v_0$，　$\theta=\arctan\dfrac{\sqrt{2}}{4-\sqrt{2}}=28.68°$.

末态动能 $E_k=\dfrac{1}{2}m_0\left(\dfrac{v_0}{2}\right)^2+\dfrac{1}{2}(2m_0)\left(\dfrac{1}{4}\sqrt{5-2\sqrt{2}}\,v_0\right)^2=0.52\left(\dfrac{1}{2}m_0v_0^2\right)<\dfrac{1}{2}m_0v_0^2$，动能不守恒。

3－23. 在一次交通事故中（这是以一个真实的案情为依据的），一质量为2000 kg、向南行驶的汽车在一交叉路中心撞上一质量为6000 kg、向西行驶的卡车。两辆车连接在一起沿着差不多是正西南的方向滑离公路。一目击者断言，卡车进入交叉点时的速率为80 km/h.

（1）你相信目击者的判断吗？

（2）不管你是否相信他，总初始动能的几分之几由于这碰撞而转换成了其它形式的能量？

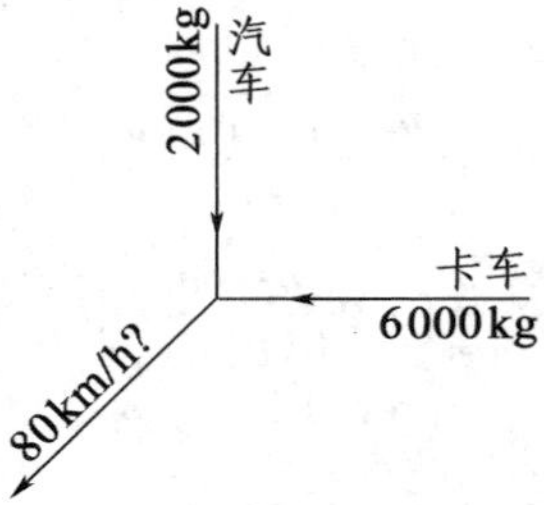

解： 分别用下标1、2代表汽车和卡车。

（1）碰撞后连在一起的两车向正西南滑行的事实表明，碰撞前两车动量的大小相等。若按目击者的话来判断，汽车原来的速度

$$v_1=\frac{m_2}{m_1}v_2=\frac{6000}{2000}\times 80\text{ km/h}=240\text{ km/h}，\text{这是不大可能的。}$$

（2）如上分析，$v_1=3v_2$，$m_1=m_2/3$，碰撞后速度 $v=\dfrac{\sqrt{2}\,m_2v_2}{m_1+m_2}=\dfrac{3\sqrt{2}}{4}v_2$.

$$\left.\begin{aligned} &\text{初态动能 } E_{k0}=\frac{1}{2}\frac{m_2}{3}(3v_2)^2+\frac{1}{2}m_2v_2^2=2m_2v_2^2, \\ &\text{末态动能 } E_k=\frac{1}{2}(m_1+m_2)v_2^2=\frac{1}{2}\frac{4m_2}{3}\left(\frac{3\sqrt{2}}{4}v_2\right)^2=\frac{3}{4}m_2v_2^2; \end{aligned}\right\} \begin{aligned} &\frac{E_{k0}-E_k}{E_{k0}}=\frac{3}{8}. \\ &\text{损失 } 3/8 \text{ 能量。} \end{aligned}$$

3－24. 两船在静水中依惯性相向匀速而行，速率皆为6.0 m/s. 当它们相遇时，将甲船上的货物搬到乙船上。以后，甲船速度不变，乙船沿原方向继续前进，但速率变为4.0 m/s. 设甲船空载时的质量为500 kg，货物的质量为60 kg，求乙船质量。在搬运货物的前后，两船和货物的总动能有没有变化？

解： 在第一章习题2－6中已算出 $m_甲=300\text{ kg}$，$m_乙=500\text{ kg}$，

$$\begin{cases}\text{初态动能 } E_{k0}=\dfrac{1}{2}(m_{甲}+m_{乙}+m_{货})v_0^2,\\ \text{末态动能 } E_k=\dfrac{1}{2}m_{甲}\ v_0^2+\dfrac{1}{2}(m_{乙}+m_{货})v_{乙}^2;\end{cases}$$

$$E_{k0}-E_k=\frac{1}{2}(m_{乙}+m_{货})(v_0^2-v_{乙}^2)>0,\text{动能减少了。}$$

3－25. 一质量为 m 的物体，开始时静止在一无摩擦的水平面上，受到一连串粒子的轰击。每个粒子的质量为 $\delta m(\ll m)$，速率为 v_0，沿正 x 的方向。碰撞是完全弹性的，每一粒子都沿负 x 的方向弹回。证明这物体经第 n 个粒子碰撞后，得到的速率非常接近于 $v=v_0(1-e^{-an})$，其中 $a=2\delta m/m$. 试考虑这结果对于 $an\ll 1$ 和对于 $an\to\infty$ 情形的有效性。

解： 由书上弹性碰撞的普遍公式(3.60)第二式，令其中

$$m_1\to\delta m,\ m_2\to m,\ v_{10}\to v_0,v_{20}\to v_{n-1},\ v_2\to v_n,$$

则对于第 n 个微粒的碰撞有

$$\frac{v_n}{v_0}=\frac{2\delta m}{m+\delta m}+\frac{m-\delta m}{m+\delta m}\frac{v_{n-1}}{v_0}=a+b\frac{v_{n-1}}{v_0},\ \left(a=\frac{2\delta m}{m+\delta m},\ b=\frac{m-\delta m}{m+\delta m}=1-a.\right)$$

将此递推关系逐次迭代：

$$\frac{v_n}{v_0}=a+b\frac{v_{n-1}}{v_0}=a+b\left(a+b\frac{v_{n-2}}{v_0}\right)=a(1+b)+b^2\frac{v_{n-2}}{v_0}$$

$$=\cdots=a(1+b+b^2+\cdots+b^{n-1})=1-b^n\to\begin{cases}na, & na\ll 1; & ①\\ 1, & n\to\infty. & ②\end{cases}$$

如果 $na\ll 1$，可作如下近似处理：

$$1-\frac{v_n}{v_0}=1-na,\quad \ln\left(1-\frac{v_n}{v_0}\right)=\ln(1-na)\approx -na,\quad 1-\frac{v_n}{v_0}=e^{-na},$$

最后得到

$$v_n=v_0(1-e^{-an}),\qquad ③$$

③式仅适用于 $na\ll 1$ 情况。$n\to\infty$ 时我们要用①式，$b^n\to 0$，$v_n\to v_0$.

3－26. 水平地面上停放着一辆小车，车上站着 10 个质量相同的人，每人都以相同的方式、消耗同样的体力从车后沿水平方向跳出。设所有人所消耗的体力全部转化为车与人的动能，在整个过程中可略去一切阻力。为了使小车得到最大的动能，车上的人应一个一个地往后跳，还是 10 个人一起跳？

解： 设变量如下：$N=10$—— 人数，m—— 各人质量，M—— 车质量，v_C ——N 个人质心速度，V—— 车速，A—— 各人作功。

动量守恒：$Nmv_C+MV=0,\ \to v_C=-\dfrac{M}{Nm}V.$

功能原理+克尼希定理：$NA=\dfrac{1}{2}MV^2+\dfrac{1}{2}Nmv_C^2+E_k^{CM}=\dfrac{NmMV^2}{2(M+Nm)}+E_k^{CM},$

车的动能　$\dfrac{1}{2}MV^2=\dfrac{M+Nm}{Nm}(NA-E_k^{CM})<\dfrac{M+Nm}{Nm}NA.$

式中 E_k^{CM} 是所有人跳下车后对他们所组成的系统的质心的相对动能。所有人一起跳下时 $E_k^{CM}=0$，一个一个跳下时 $E_k^{CM}>0$，故而所有人一起跳下时车子获得的动能较大。

3 – 27. 求圆心角为 2θ 的一段均匀圆弧的质心。

解： 弧长 $2\theta R$，单位弧长的质量 $\eta=\dfrac{m}{2\theta R}$，质心坐标

$$x_C=\frac{1}{m}\int x\,\mathrm{d}m=\frac{\eta}{m}\int_{-\theta}^{\theta}xR\,\mathrm{d}\alpha=\frac{\eta R^2}{m}\int_{-\theta}^{\theta}\cos\alpha\,\mathrm{d}\alpha=\frac{R\sin\theta}{\theta}.$$

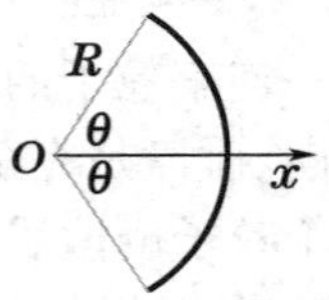

特例：
$$\begin{cases}\theta=\pi,\ x_C=0(\text{质心在圆心});\\ \theta=\pi/2,\ x_C=2R/\pi(\text{半圆弧的质心});\\ \theta=0,\ x_C=R(\text{质心在质点处})。\end{cases}$$

3 – 28. 求均匀半球体的质心。

解： $r=R\sin\theta$，$z=R\cos\theta$，$\mathrm{d}z=-R\sin\theta$. $\rho=\dfrac{3m}{2\pi R^3}$，

$$z_C=\frac{1}{m}\int z\,\mathrm{d}m=\frac{1}{m}\int_0^R\rho z\,\pi r^2\mathrm{d}z$$
$$=-\frac{\rho}{m}\int_{\pi/2}^{0}R\cos\theta\,\pi\,(R\sin\theta)^2R\sin\theta\,\mathrm{d}\theta$$
$$=-\frac{\rho\pi R^4}{m}\int_{\pi/2}^{0}\sin^3\theta\cos\theta\,\mathrm{d}\theta=\frac{\rho\pi R^4}{4m}=\frac{3R}{8}.$$

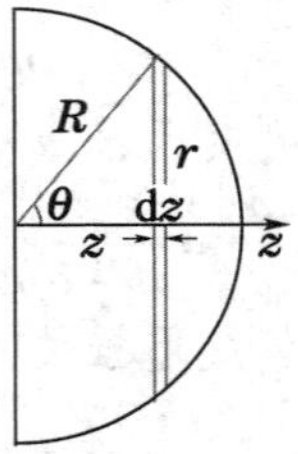

3 – 29. 如本题图，半径为 R 的大圆环固定地挂于顶点 A，质量为 m 的小环套于其上，通过一劲度系数为 k、自然长度为 l ($l<2R$) 的弹簧系于 A 点。分析在不同的参数下这装置平衡点的稳定性，并作出相应的势能曲线。

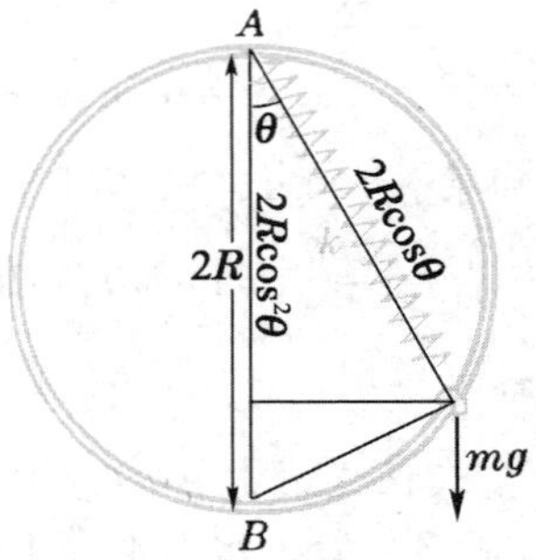

习题 3 – 29

解： 势能

$$U(\theta)=2Rmg(1-\cos^2\theta)+k(2R\cos\theta-l)^2/2$$
$$=A\cos^2\theta-B\cos\theta+C,$$

式中 $A=2R(kR-mg)$，

$B=2Rkl$，

$C=2Rmg+kl^2/2$.

$$\frac{\mathrm{d}U}{\mathrm{d}\theta}=\sin\theta(B-2A\cos\theta),\qquad \frac{\mathrm{d}^2U}{\mathrm{d}\theta^2}=B\cos\theta+2A(\sin^2\theta-\cos^2\theta).$$

$\dfrac{\mathrm{d}U}{\mathrm{d}\theta}=0$ 有三根 $\begin{cases}\sin\theta=0,\ \theta=0;\\ \cos\theta=B/2A,\end{cases}$ $B-2A<0$ 时 $\theta_\pm=\pm\arccos(B/2A)$.

① $\theta=0$ 处 $\dfrac{\mathrm{d}^2U}{\mathrm{d}\theta^2}=B-2A\begin{cases}>0，稳定平衡；\\ <0，失稳。\end{cases}$

② $\theta_\pm=\pm\arccos(B/2A)$ 处 $\dfrac{\mathrm{d}^2U}{\mathrm{d}\theta^2}=-(B+2A)(B-2A)/2A>0$，稳定平衡。

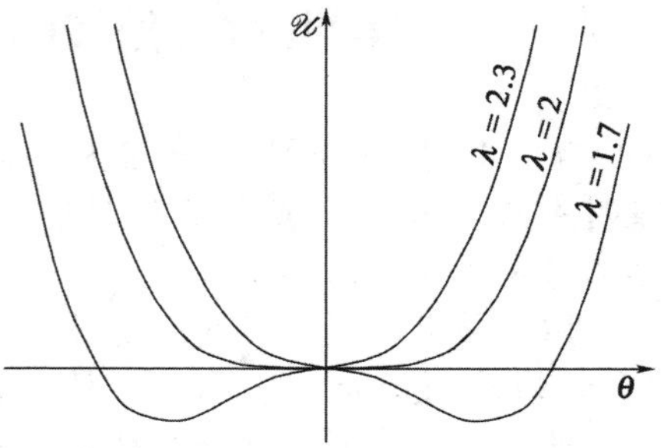

总之，$B-2A>0$ 时只在 $\theta=0$ 处有一个平衡点，平衡是稳定的。$B-2A<0$ 时(此时 A 必大于0) $\theta=0$ 处的平衡点失稳，另外在左右 $\theta_{\pm}=\pm\arccos(B/2A)$ 处出现一对稳定的平衡点。

各种情形的势能曲线图如右，图中

$$\mathscr{U}=\frac{1}{A}(U-A+B-C)=\cos^2\theta-\lambda\cos\theta+(\lambda-1),$$

式中势能 $\mathscr{U}$ 已无量纲化，且将其 $\theta=0$ 处的值选作零点，参量 $\lambda=B/A$ 的临界值是2，这相当于 $2mg=k(2R-l)$.

3 – 30. 计算思考题 3 – 17 中突跳点 Θ_1 和 Θ_2 的位置。

解： 见思考题 3 – 17 的解答。

第四章 角动量守恒 刚体力学

4－1. 如本题图，一质量为 m 的质点自由降落，在某时刻具有速度 v. 此时它相对于 A、B、C 三参考点的距离分别为 d_1、d_2、d_3. 求

（1）质点对三个点的角动量；

（2）作用在质点上的重力对三个点的力矩。

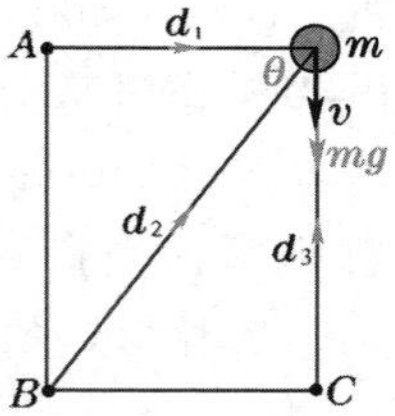

习题 4－1

解：（1）角动量 $\boldsymbol{J}_A=m\boldsymbol{d}_1\times\boldsymbol{v}$，$J_A=md_1v$，方向 ⊗；$\boldsymbol{J}_B=m\boldsymbol{d}_2\times\boldsymbol{v}$，$J_B=md_2v\sin\left(\dfrac{\pi}{2}+\theta\right)=md_1v$，方向 ⊗；$\boldsymbol{J}_C=m\boldsymbol{d}_3\times\boldsymbol{v}=0$.

（2）重力矩 $\boldsymbol{M}_A=m\boldsymbol{d}_1\times\boldsymbol{g}$，$J_A=md_1g$，方向 ⊗；$\boldsymbol{M}_B=m\boldsymbol{d}_2\times\boldsymbol{g}$，$J_B=md_2g\sin\left(\dfrac{\pi}{2}+\theta\right)=md_1g$，方向 ⊗；$\boldsymbol{M}_C=m\boldsymbol{d}_3\times\boldsymbol{g}=0$.

4－2. 一质量为 m 的粒子位于$(x,\ y)$处，速度为 $\boldsymbol{v}=v_x\boldsymbol{i}+v_y\boldsymbol{j}$，并受到一个沿 $-x$ 方向的力f. 求它相对于坐标原点的角动量和作用在其上的力矩。

解：

$$\boldsymbol{J}=m\boldsymbol{r}\times\boldsymbol{v}=m\begin{vmatrix}\boldsymbol{i}&\boldsymbol{j}&\boldsymbol{k}\\x&y&0\\v_x&v_y&0\end{vmatrix}=m(xv_y-yv_x)\boldsymbol{k}；\quad \boldsymbol{M}=\boldsymbol{r}\times\boldsymbol{f}=m\begin{vmatrix}\boldsymbol{i}&\boldsymbol{j}&\boldsymbol{k}\\x&y&0\\-f&0&0\end{vmatrix}=yf\boldsymbol{k}.$$

4－3. 电子的质量为 9.1×10^{-31} kg，在半径为 5.3×10^{-11} m 的圆周上绕氢核作匀速率运动。已知电子的角动量为 $h/2\pi$（h 为普朗克常量，等于 6.63×10^{-34} J·s），求其角速度。

解：角动量 $J=mrv=mr^2\omega=h/2\pi$，

得 $\omega=\dfrac{h}{2\pi mr^2}=\dfrac{6.63\times10^{-34}}{2\pi\times9.1\times10^{-31}\times(5.3\times10^{-11})^2}$ rad/s $=4.13\times10^{16}$ rad/s.

4－4. 如本题图，圆锥摆的中央支柱是一个中空的管子，系摆锤的线穿过它，我们可将它逐渐拉短。设摆长为 l_1 时摆锤的线速度为 v_1，将摆长拉到 l_2 时，摆锤的速度 v_2 为多少？圆锥的顶角有什么变化？

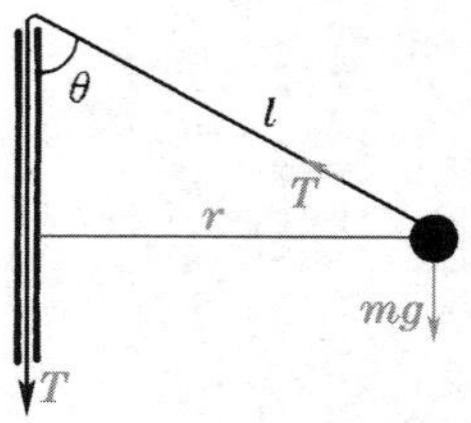

习题 4－4

解：角动量守恒，即

$$mrv=ml\sin\theta v=J,\qquad r=\frac{J}{mv}. \qquad ①$$

又线内张力 T 满足

$$\begin{cases}T\cos\theta=mg,\\T\sin\theta=\dfrac{mv^2}{r}=\dfrac{m^2v^3}{J},\end{cases}\quad\rightarrow\ \tan\theta=\frac{mv^3}{gJ}\propto v^3\rightarrow v=\left(\frac{gJ\tan\theta}{m}\right)^{1/3}, \qquad ②$$

① 式化为

$$ml\sin\theta v = ml\sin\theta\left(\frac{gJ\tan\theta}{m}\right)^{1/3} = 常量\ J,$$

即
$$\sin\theta\tan^{1/3}\theta = \left(\frac{J^2}{gm^2}\right)^{1/3}\frac{1}{l} \propto \frac{1}{l}, \qquad ③$$

在第一象限内 $\sin\theta\tan^{1/3}\theta$ 是 θ 的单调升函数，当 l 减小时，$1/l$ 增大，从而 θ 增大；又由②式知，θ 增大时，$\tan^{1/3}\theta$ 增大，故 v 亦增大。总之，当 l 减小时 v 增大。

4－5. 如本题图，在一半径为 R、质量为 m 的水平转台上有一质量是它一半的玩具汽车。起初小汽车在转台边缘，转台以角速度 ω 绕中心轴旋转。汽车相对转台沿径向向里开，当它走到 $R/2$ 处时，转台的角速度变为多少？动能改变多少？能量从哪里来？

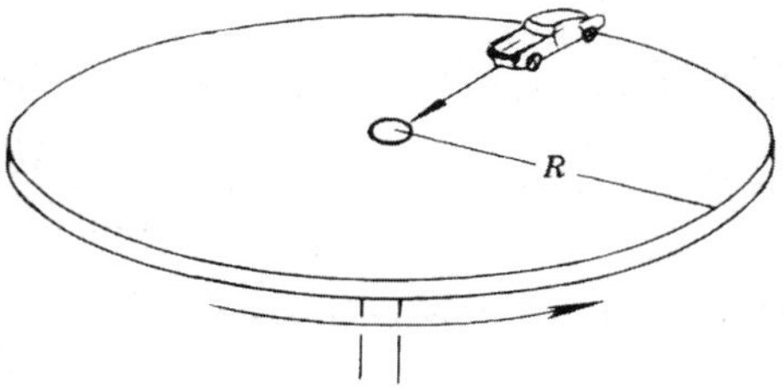

习题 4－5

解：圆盘转动惯量 $I = \dfrac{1}{2}mR^2$.

$$\left.\begin{aligned}&初态角动量\ J_0 = I\omega_0 + \frac{m}{2}R^2\omega_0 = mR^2\omega_0,\\ &末态角动量\ J = I\omega + \frac{m}{2}\left(\frac{R}{2}\right)^2\omega = \frac{5}{8}mR^2\omega;\end{aligned}\right\}\quad J = J_0 \rightarrow \omega = \frac{8}{5}\omega_0.$$

动能改变
$$\Delta E_k = \frac{J_0}{2}(\omega - \omega_0) = \frac{3}{10}J_0\omega_0 = \frac{3}{5}E_{k0}.$$

动能增大了，能量来源于玩具汽车动力所作的功。

4－6. 在上题中若转台起初不动，玩具汽车沿边缘开动，当其相对于转台的速度达到 v 时，转台怎样转动？

解：$v_车 = v + R\omega$，ω 为转台的角速度。

$$\left.\begin{aligned}&J_车 = \frac{m}{2}Rv_车 = \frac{m}{2}R(v+R\omega),\\ &J_台 = I\omega = \frac{1}{2}mR^2\omega;\end{aligned}\right\}\quad J_车 + J_台 = 0 \rightarrow \omega = -\frac{v}{2R}.$$

负号表示转台与车的旋转方向相反。

4－7. 两质点的质量分别为 m_1、m_2（$m_1 > m_2$），拴在一根不可伸长的绳子的两端，以角速度 ω 在光滑水平桌面上旋转。它们之中哪个对质心的角动量大？角动量之比为多少？

解：设绳长为 l，则 $l_{1C} = \dfrac{m_1 l}{m_1 + m_2}$，$l_{2C} = \dfrac{m_2 l}{m_1 + m_2}$.

$$\left.\begin{aligned} J_{1C} &= m_1 l_1^2 \omega = \frac{m_1 m_1^2 l^2 \omega}{m_1 + m_2}, \\ J_{2C} &= m_2 l_2^2 \omega = \frac{m_1^2 m_1 l^2 \omega}{m_1 + m_2}; \end{aligned}\right\} \quad \text{所以} \quad \frac{J_{1C}}{J_{2C}} = \frac{m_1}{m_2} > 1.$$

4－8. 在上题中，若起初按住 m_2 不动，让 m_1 绕着它以角速度 ω 旋转。然后突然将 m_2 放开，求以后此系统质心的运动，绕质心的角动量和绳中的张力。设绳长为 l.

解： ①放开 m_2 前角动量 $J_0 = m_1 l^2 \omega$；质心速度 $v_C = l_2 \omega = \dfrac{m_1 l \omega}{m_1 + m_2}$.

②放开 m_2 后以原 m_2 位置为参考点，质心角动量 $J_C = (m_1 + m_2) l_2^2 \omega$；

$$\left.\begin{aligned} &m_1\text{绕质心角动量 } J_{1C} = m_1 l_1^2 \omega_C = \frac{m_1 m_2^2 l^2 \omega_C}{(m_1 + m_2)^2}, \\ &m_2\text{绕质心角动量 } J_{2C} = m_2 l_2^2 \omega_C = \frac{m_1^2 m_2 l^2 \omega_C}{(m_1 + m_2)^2}; \end{aligned}\right\} \begin{aligned} &\text{角动量守恒 } J_C + J_{1C} + J_{2C} = J_0, \\ &\text{由此解得绕质心角速度：} \\ &\qquad \omega_C = \omega. \end{aligned}$$

无外力作用质心速度 $v_C = \dfrac{m_1 l \omega}{m_1 + m_2}$ 不变，绕质心角动量 $J_{1C} + J_{2C} = \mu l^2 \omega$，

绳中张力 $T = m_1 l_1 \omega^2 = m_2 l_2 \omega^2 = \mu l \omega^2$，式中 $\mu = \dfrac{m_1 m_2}{m_1 + m_2}$ 为约化质量。

4－9. 两个滑冰运动员，身体质量都是 60 kg，他们以 6.5 m/s 的速率垂直地冲向一根 10 m 长细杆的两端，并同时抓住它，如本题图所示。若将每个运动员看成一个质点，细杆的质量可以忽略不计。

（1）求他们抓住细杆前后相对于其中点的角动量；

（2）他们每人都用力往自己一边收细杆，当他们之间距离为 5.0 m 时，各自的速率是多少？

（3）求此时细杆中的张力；

（4）计算每个运动员在减少他们之间距离的过程中所作的功，并证明这功恰好等于他们动能的变化。

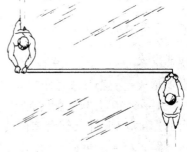

习题 4－9

解：（1）角动量守恒，前后角动量一样：

$$J = J_1 + J_2 = 2 m r_0 v_0 = 2 \times 60 \times 6.5\ \text{kg·m}^2/\text{s} = 2 \times 1950\ \text{kg·m}^2/\text{s} = 3900\ \text{kg·m}^2/\text{s}.$$

（r_0 为各人到中心距离，即杆长之半；v_0 为速率。）

（2）各人收杆用力通过杆心，无力矩，角动量守恒。

$$J = J_1 + J_2 = 2 m r_0 v_0 = 2 m r v, \quad \text{解得 } v = \frac{r_0}{r} v_0 = \frac{5.0}{2.5} \times 6.5\ \text{m/s} = 13\ \text{m/s}.$$

（3）细杆中的张力　　$T=\frac{mv^2}{r}=\frac{60\times13^2}{2.5}\text{N}=4056\,\text{N}.$

（4）运动员所作的功 $A=\int_r^{r_0}T\mathrm{d}r=\int_r^{r_0}\frac{mv^2}{r}\mathrm{d}r=\int_r^{r_0}\frac{mr_0^2v_0^2}{r^3}\mathrm{d}r$

$$=\frac{mr_0^2v_0^2}{2}\left(\frac{1}{r^2}-\frac{1}{r_0^2}\right)=\frac{mv^2}{2}-\frac{mv_0^2}{2}=E_k-E_{k0}=\text{动能的变化 }\Delta E_k.$$

4－10. 在光滑的水平桌面上，用一根长为 l 的绳子把一质量为 m 的质点联结到一固定点 O. 起初，绳子是松弛的，质点以恒定速率 v_0 沿一直线运动。质点与 O 最接近的距离为 b，当此质点与 O 的距离达到 l 时，绳子就绷紧了，进入一个以 O 为中心的圆形轨道。

（1）求此质点的最终动能与初始动能之比。能量到哪里去了？

（2）当质点作匀速圆周运动以后的某个时刻，绳子突然断了，它将如何运动？绳断后质点对 O 的角动量如何变化？

解：（1）绳子绷紧前 m 以速率 v_0 作匀速直线运动，对 O 点的力臂为 b；绷紧后 m 以半径 l 绕 O 点作匀速圆周运动。绷紧过程中力通过 O 点，无力矩，角动量守恒：　$J=mbv_0=mlv$，　得 $v=\frac{b}{l}v_0$.

动能之比　　$$\frac{E_k}{E_{k0}}=\frac{mv^2/2}{mv_0^2/2}=\frac{b^2}{l^2}<1.$$

损耗掉的能量在绳子绷紧的瞬间化为其弹性势能，最终化为热。

（2）绳断后质点沿切线方向飞出作匀速直线运动，对 O 的角动量不变。

4－11. 图中 O 为有心力场的力心，排斥力与距离平方成反比：$f=k/r^2$（k 为一常量）。

（1）求此力场的势能；

（2）一质量为 m 的粒子以速度 v_0、瞄准距离 b 从远处入射，求它能达到的最近距离和此时刻的速度。

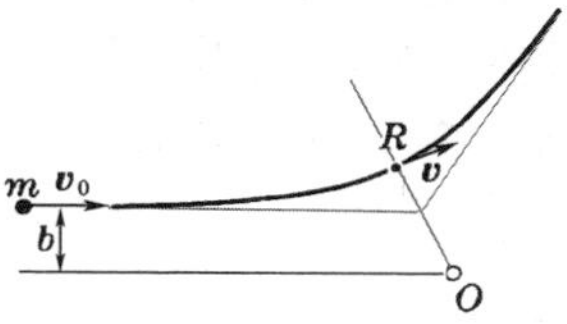

习题 4－11

解：（1）以无穷远为参考点，势能 $U(r)=\int_r^{\infty}f\,\mathrm{d}r=\int_r^{\infty}\frac{k}{r^2}\mathrm{d}r=\frac{k}{r}.$

（2）有心力场中角动量守恒：$J=mbv_0=mRv$，

又机械能守恒：　　$$\frac{1}{2}mv_0^2=\frac{1}{2}mv^2+\frac{k}{R}.$$

由此解得　　$$R=\frac{mb^2v_0^2}{\sqrt{k^2+m^2b^2v_0^4}-k}=\frac{\sqrt{k^2+m^2b^2v_0^4}+k}{mv_0^2},$$

$$v=\frac{\sqrt{k^2+m^2b^2v_0^4}-k}{mbv_0}=\frac{mbv_0^3}{\sqrt{k^2+mb^2v_0^4}+k}.$$

4－12. 在上题中将排斥力换为吸引力，情况如何？

解： 只需把 k 换成 $-k$，其余结果完全一样。

4－13. 如果由于月球的潮汐作用，地球的自转从现在的每24小时一圈变成每48小时一圈，试估计地球与月球之间的距离将增为多少？已知地球的质量为 $M_{\oplus}\approx 6\times10^{24}$ kg，地球半径为 $R_{\oplus}=6400$ km，月球质量为 $M_{☾}\approx 7\times10^{22}$ kg，地月距离为 $l=3.8\times10^{5}$ km，将月球视为质点。

解： 因 $M_{☾}\ll M_{\oplus}$，在地心参考系中选地心 O 为角动量参考点。角动量守恒：

$$\frac{5}{2}M_{\oplus}R_{\oplus}^{2}\omega+M_{☾}lv_{☾}=\frac{5}{2}M_{\oplus}R_{\oplus}^{2}\omega'+M_{☾}l'v_{☾}'.$$

向心力等于地月引力：

$$\begin{cases}\dfrac{M_{☾}v_{☾}^{2}}{l}=\dfrac{GM_{\oplus}M_{☾}}{l^{2}}\rightarrow v_{☾}^{2}=\dfrac{GM_{\oplus}}{l},\\[2ex]\dfrac{M_{☾}v_{☾}'^{2}}{l'}=\dfrac{GM_{\oplus}M_{☾}}{l'^{2}}\rightarrow v_{☾}'^{2}=\dfrac{GM_{\oplus}}{l'},\end{cases}$$

由此解得

$$l'=\left[\sqrt{l}-\frac{2R_{\oplus}^{2}}{5M_{☾}}\sqrt{\frac{M_{\oplus}}{G}}(\omega'-\omega)\right]^{2}$$

$$=\left[\sqrt{3.8\times10^{8}}-\frac{2\times(2.64\times10^{6})^{2}}{5\times7\times10^{22}}\times\sqrt{\frac{6\times10^{22}}{6.67\times10^{-11}}}\times\frac{2\pi}{60\times60}\left(\frac{1}{48}-\frac{1}{24}\right)\right]^{2}\text{m}$$

$$=4.86\times10^{8}\text{m}=4.86\times10^{5}\text{km}.$$

4－14. 一根质量可忽略的细杆，长度为 l，两端各联结一个质量为 m 的质点，静止地放在光滑的水平桌面上。另一相同质量的质点以速度 v_0 沿45°角与其中一个质点作弹性碰撞，如本题图所示。求碰后杆的角速度。

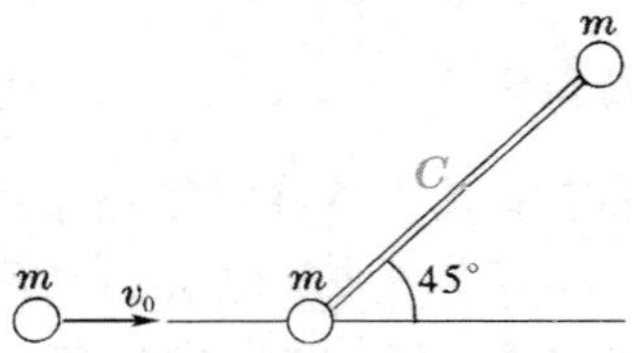

习题 4－14

解： 以杆的质心 C 为参考点，v_C 为杆的质心速度。

动量守恒：　$(2m)v_C+mv=mv_0$，　①

角动量守恒：　$I\omega+m\dfrac{l\sin\theta}{2}v=m\dfrac{l\sin\theta}{2}v_0$，　$\left(I=\dfrac{1}{2}ml^{2}\right)$　②

机械能守恒：　$\dfrac{1}{2}I\omega^{2}+\dfrac{1}{2}(2m)v_C^{2}+\dfrac{1}{2}mv^{2}=\dfrac{1}{2}mv_0^{2}.$　③

①、②、③式解得

$$v=\frac{1+\sin^{2}\theta}{3+\sin^{2}\theta}\left(1\pm\frac{2}{1+\sin^{2}\theta}\right)v_0,$$

取"＋"号得 $v=v_0$，相当于未碰撞，没有意义，应舍。

取"－"号最后得

$$v=\frac{1-\sin^{2}\theta}{3+\sin^{2}\theta}v_0,\quad v_C=\frac{2v_0}{3+\sin^{2}\theta},\quad \omega=\frac{4\sin\theta}{3+\sin^{2}\theta}\frac{v_0}{l}.$$

当 $\theta=45°$ 时，$\sin\theta=1/\sqrt{2}$，则有

$$v=-\frac{v_0}{7},\quad v_C=\frac{4v_0}{7},\quad \omega=\frac{4\sqrt{2}}{7}\frac{v_0}{l}.$$

4 - 15. 质量为 M 的匀质正方形薄板,边长为 L,可自由地绕一竖直边旋转。一质量为 m、速度为 v 的小球垂直于板面撞在它的对边上。设碰撞是完全弹性的,问碰撞后板和小球将怎样运动?

解: 设小球碰撞后的速度为 v',薄板对转轴的转动惯量为 $I=\frac{1}{3}ML^2$,

角动量守恒: $$I\omega+mLv'=mLv; \quad ①$$

机械能守恒: $$\frac{1}{2}I\omega^2+\frac{1}{2}mv'^2=\frac{1}{2}mv^2. \quad ②$$

由 ①、② 式解得 $$v'=\frac{3m-M}{3m+M}v,\qquad \omega=\frac{m}{3m+M}\frac{v}{L}.$$

讨论:$\begin{cases} M<3m, & v'>0,\ \text{小球继续向前;} \\ M=3m, & v'=0,\ \text{小球停止下来;} \\ M>3m, & v'<0,\ \text{小球反弹回去。} \end{cases}$

4 - 16. 由三根长 l、质量为 m 的均匀细杆组成一个三脚架,求它对通过其中一个顶点且与架平面垂直的轴的转动惯量。

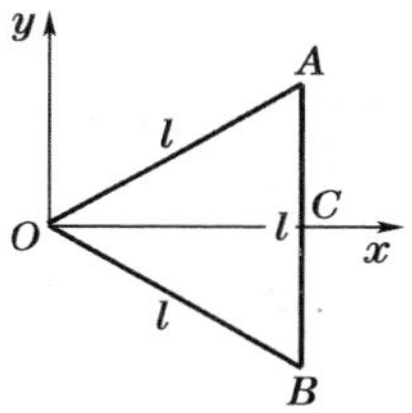

解: $I_{OA}=I_{OB}=\frac{1}{3}ml^2$,求 I_{AB} 用平行轴定理:

$$I_{AB}=I_C+m\cdot\overline{OC}^2=\frac{1}{12}ml^2+\frac{3}{4}ml^2=\frac{5}{6}ml^2.$$

整个三脚架绕 O 的转动惯量 $I=I_{OA}+I_{OB}+I_{AB}=\frac{3}{2}ml^2$.

4 - 17. 六小球各质量为 60 g,用长 1 cm 的六根细杆联成正六边形,若杆的质量可忽略,求下述情况的转动惯量。

(1) 转轴通过中心与平面垂直;

(2) 转轴与对角线重合;

(3) 转轴通过一顶点与平面垂直。

解: (1) $I_C=6ml^2=\left[6\times60\times10^{-3}\times(10^{-2})^2\right]\text{kg}\cdot\text{m}^2=3.6\times10^{-5}\text{kg}\cdot\text{m}^2$;

(2) $I=4m(l\sin60°)^2=3ml^2=1.8\times10^{-5}\text{kg}\cdot\text{m}^2$;

(3) $I=I_C+(6m)l^2=12ml^2=7.2\times10^{-5}\text{kg}\cdot\text{m}^2$.

4 - 18. 如本题图,钟摆可绕 O 轴转动。设细杆长 l,质量为 m,圆盘半径为 R,质量为 M. 求

(1) 对 O 轴的转动惯量,

(2) 质心 C 的位置和对它的转动惯量。

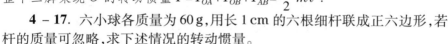

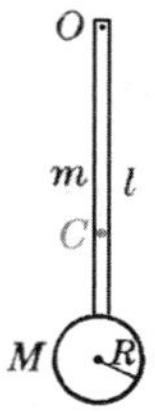

习题 4 - 18

解: (1) $I_O=\frac{1}{3}ml^2+\frac{1}{2}MR^2+M(l+R)^2$;

(2) 质心 C 到 O 的距离

$$\overline{OC}=\frac{ml/2+M(l+R)}{m+M}=\frac{ml+2M(l+R)}{2(m+M)}.$$

$$I_C = I_O - (m+M)\overline{OC}^2$$
$$= \frac{1}{3}ml^2 + \frac{1}{2}MR^2 + M(l+R)^2 - \frac{[ml+2M(l+R)]^2}{4(m+M)}.$$

4－19. 如本题图，在质量为M、半径为R的匀质圆盘上挖出半径为r的两个圆孔，孔心在半径的中点。求剩余部分对大圆盘中心且与盘面垂直的轴线的转动惯量。

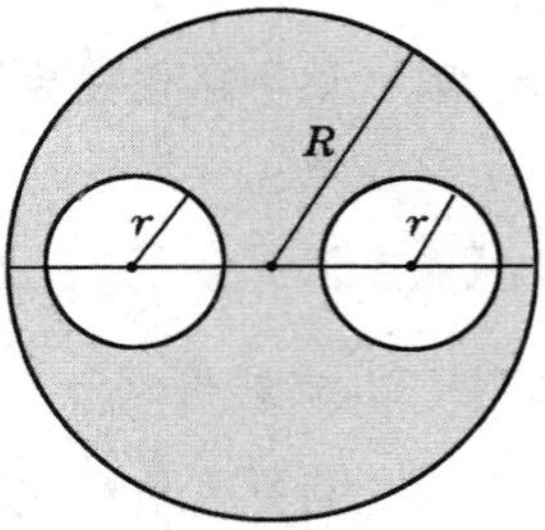

习题 4－19

解： $m = \frac{r^2}{R^2}M$,

$$I = \frac{1}{2}MR^2 - 2m\left[\frac{1}{2}r^2 + \left(\frac{R}{2}\right)^2\right]$$
$$= \frac{MR^2}{2}\left(1 - \frac{r^2}{R^2} - \frac{2r^4}{R^4}\right).$$

4－20. 一电机在达到20 r/s 的转速时关闭电源，若令它仅在摩擦力矩的作用下减速，需时 240 s 才停下来。若加上阻滞力矩 500 N·m，则在 40 s 内即可停止。试计算该电机的转动惯量。

解：
$$I(0-\omega) = -M_{摩}t_1 = -(M+M_{摩})t_2,$$

解得 $M_{摩} = \frac{Mt_2}{t_1 - t_2}$, $I = \frac{M_{摩}t_1}{\omega} = \frac{M}{\omega}\frac{t_1 t_2}{t_1 - t_2} = \frac{50}{20\times 2\pi}\frac{240\times 40}{240-40}\text{kg}\cdot\text{m}^2 = 191\ \text{kg}\cdot\text{m}^2.$

4－21. 一磨轮直径0.10 m，质量25 kg，以50 r/s 的转速转动。用工具以200 N 的正压力作用在轮边上，使它在 10 s 内停止。求工具与磨轮之间的摩擦系数。

解：
$$I(0-\omega) = -M_{摩}t = -\mu NRt,$$
$$\mu = \frac{I\omega}{NRt} = \frac{MR\omega}{2Nt} = \frac{25\times 0.05\times 2\pi\times 50}{2\times 200\times 10} = 0.10.$$

4－22. 飞轮质量1000 g，直径1.0 m，转速100 r/min。现要求在 5.0 s 内制动，求制动力F. 假定闸瓦与飞轮之间的摩擦系数$\mu = 0.50$，飞轮质量全部分布在外缘上，尺寸如本题图所示。

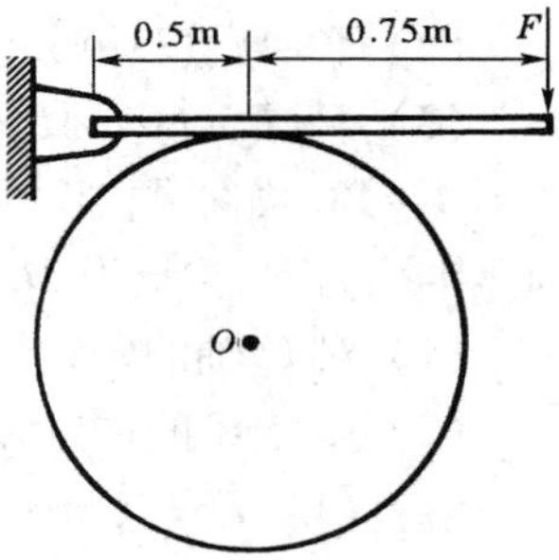

习题 4－22

解： 正压力 $N = \frac{0.5+0.75}{0.5}F = 2.5F$,

$$I(0-\omega) = -\mu NRt = -2.5\mu FRt,$$
$$F = \frac{mR\omega}{2.5\mu t} = \frac{1.000\times 0.5\times 2\pi\times 100/60}{2.5\times 0.50\times 5.0}\text{N}$$
$$= 1.4\ \text{N}.$$

4 - 23. 如本题图,发电机的轮 A 由蒸汽机的轮 B 通过皮带带动。两轮半径 $R_A = 30\,\text{cm}$,$R_B = 75\,\text{cm}$. 当蒸汽机开动后,其角加速度 $\beta_B = 0.8\,\pi\,\text{rad/s}^2$,设轮与皮带之间没有滑动。

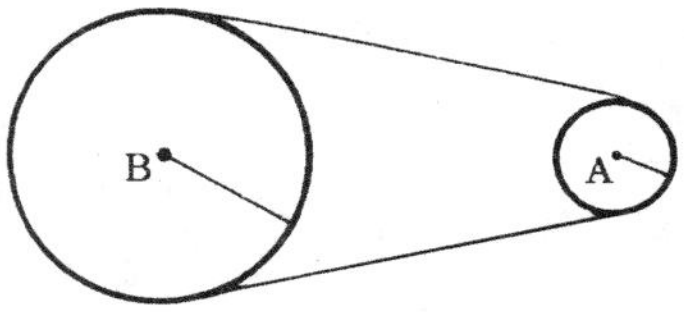

习题 4 - 23

(1) 经过多少秒后发电机的转速达到 $n_A = 600\,\text{r/min}$?

(2) 当蒸汽机停止工作后一分钟内发电机转速减到 300 r/min,求其角加速度。

解: (1) 两轮边缘上线速度一样,即 $R_A\omega_A = R_B\omega_B$,

$$t = \frac{\omega_B}{\beta_B} = \frac{\omega_A R_A}{\beta_B R_B} = \frac{2\pi n_A R_A}{\beta_B R_B} = \frac{2\pi \times 600/60 \times 0.30}{0.8\pi \times 0.75}\,\text{s} = 10\,\text{s}.$$

(2) $\beta_B' = \dfrac{\omega_B' - \omega_B}{t} = \dfrac{2\pi(300-600)/60}{60}\,\text{rad/s}^2 = -0.52\,\text{rad/s}^2$.

4 - 24. 如本题图,电动机通过皮带驱动一厚度均匀的轮子,该轮质量为 10 kg,半径为 10 cm. 设电动机上的驱动轮半径为 2 cm,能传送 5 N·m 的转矩而不打滑。

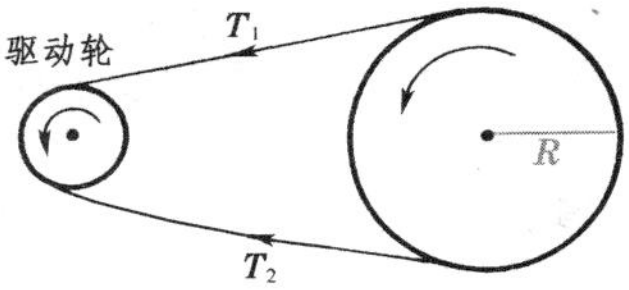

习题 4 - 24

(1) 把大轮加速到 100 r/min 需要多长时间?

(2) 若皮带与轮子之间的摩擦系数为 0.3,轮子两旁皮带中的张力各多少?(设皮带与轮子的接触面为半个圆周。)

解: (1) $I(\omega - 0) = Mt$, $I = \frac{1}{2}mR^2$,

$$t = \frac{I\omega}{M} = \frac{mR^2\omega}{2M} = \frac{10 \times 0.1^2 \times 2\pi \times 100/60}{2 \times 5}\,\text{s} = 0.105\,\text{s}.$$

(2) 由书上公式(2.37) $T_2 = T_1 e^{-\mu\Theta}$(在这里 $\Theta = \pi$),

$$M = (T_1 - T_2)R = T_1(1 - e^{-\mu\Theta})R,$$

由此解得

$$\begin{cases} T_1 = \dfrac{M}{(1-e^{-\mu\Theta})R} = \dfrac{5}{(1-e^{-0.3\pi}) \times 0.1}\,\text{N} = 82\,\text{N}, \\ T_2 = \dfrac{Me^{-\mu\Theta}}{(1-e^{-\mu\Theta})R} = \dfrac{5 \times e^{-0.3\pi}}{(1-e^{-0.3\pi}) \times 0.1}\,\text{N} = 32\,\text{N}. \end{cases}$$

4 - 25. 如本题图,在阶梯状的圆柱形滑轮上朝相反的方向绕上两根轻绳,绳端各挂物体 m_1 和 m_2,已知滑轮的转动惯量为 I_C,绳不打滑,求两边物体的加速度和绳中张力。

解: 动力学方程(以逆时针方向为正):

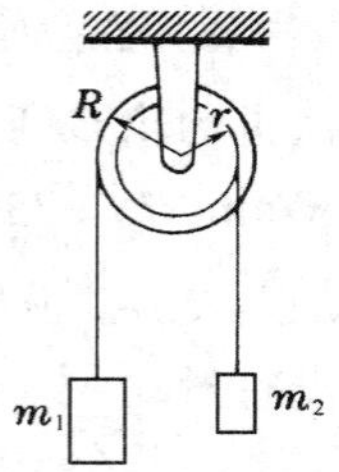

习题 4－25

$$m_1g-T_1=m_1a_1,\quad T_2-m_2g=m_2a_2,\quad T_1R-T_2r=I\beta;$$

运动学关系：　$a_1=R\beta,\quad a_2=r\beta.$

由此解得　$a_1=\dfrac{(m_1R-m_2r)R}{I+m_1R^2+m_2r^2}g,\quad a_2=\dfrac{(m_1R-m_2r)r}{I+m_1R^2+m_2r^2}g;$

$$\beta=\frac{m_1R-m_2r}{I+m_1R^2+m_2r^2}g.$$

$$T_1=\frac{I+m_2r(R+r)}{I+m_1R^2+m_2r^2}m_1g,\quad T_2=\frac{I+m_2R(R+r)}{I+m_1R^2+m_2r^2}m_2g.$$

4－26. 如本题图，一细棒两端装有质量相同的质点 A 和 B，可绕水平轴 O 自由摆动，已知参量见图。求小幅摆动的周期和等值摆长。

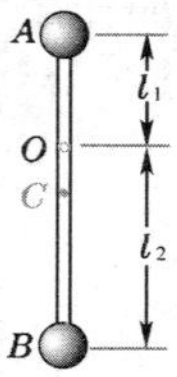

习题 4－26

解： 质心 C 到 O 距离　$r_C=\dfrac{l_2-l_1}{2}$,

对 O 的转动惯量　$I=m(l_1^2+l_2^2)$.

周期　$T=2\pi\sqrt{\dfrac{I}{(2m)gr_C}}=2\pi\sqrt{\dfrac{l_1^2+l_2^2}{g(l_2-l_1)}}$,

等值摆长　$l_0=\dfrac{I}{(2m)r_C}=\dfrac{l_1^2+l_2^2}{l_2-l_1}$.

4－27. 如本题图，复摆周期原为 $T_1=0.500\,\text{s}$，在 O 轴下 $l=10.0\,\text{cm}$ 处（联线过质心 C）加质量 $m=50.0\,\text{g}$ 后，周期变为 $T_2=0.600\,\text{s}$. 求复摆对 O 轴原来的转动惯量。

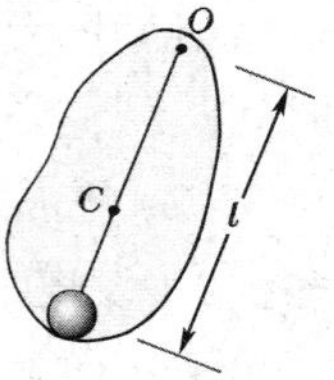

习题 4－27

解： 设 I_1 和 I_2 分别为加 m 前后的转动惯量，r_{C1} 和 r_{C2} 分别为加 m 前后的质心到 O 距离。则

$$I_2=I_1+ml^2,\quad r_{C2}=\frac{Mr_{C1}+ml}{M+m};$$

复摆周期　$T_1=2\pi\sqrt{\dfrac{I_1}{Mgr_{C1}}},\quad T_2=2\pi\sqrt{\dfrac{I_2}{(M+m)gr_{C2}}}$,

由此解出　$r_{C1}=\dfrac{4\pi^2ml^2}{Mg(T_2^2-T_1^2)}-\dfrac{ml}{M}\dfrac{T_1^2T_2^2}{T_2^2-T_1^2}$,

$$I_1=\frac{T_1^2}{4\pi^2}Mgr_{C1}=\frac{T_1^2ml^2}{T_2^2-T_1^2}-\frac{mgl}{4\pi^2}\frac{T_1^2T_2^2}{T_2^2-T_1^2}$$

$$=\left[\frac{0.500^2\times50.0\times10^{-3}\times0.10^2}{0.600^2-0.500^2}-\frac{50.0\times10^{-3}\times9.8\times0.10\times0.500^2\times0.600^2}{4\pi^2\times(0.600^2-0.500^2)}\right]\text{kg}\cdot\text{m}^2$$

$$=1.2\times10^{-4}\,\text{kg}\cdot\text{m}^2=1.2\times10^3\,\text{g}\cdot\text{cm}^2.$$

4－28. 1.00 m 的长杆悬于一端，摆动周期为 T_0，在离悬点为 h 的地方加一同等质量后，周期变为 T.

（1）求 $h=0.50\,\mathrm{m}$ 和 $1.00\,\mathrm{m}$ 时的周期比 T/T_0；

（2）是否存在某一 h 值，使 $T/T_0=1$？

解： 未加质量前：

$$I_0=\frac{1}{3}ml^2,\quad r_{C0}=\frac{l}{2},\quad T_0=2\pi\sqrt{\frac{I_0}{mgr_{C0}}}=2\pi\sqrt{\frac{2l}{3g}}.$$

加质量后：

$$I=I_0+mh^2,\quad r_C=\frac{r_{C0}+h}{2},\quad T=2\pi\sqrt{\frac{I}{(2m)gr_C}}=2\pi\sqrt{\frac{2(l^2+3h^2)}{3g\ (l+2h)}}.$$

可见

$$\frac{T}{T_0}=\sqrt{\frac{l^2+3h^2}{l(l+2h)}}.$$

（1）$h=0.50\,\mathrm{m}$时，$\dfrac{T}{T_0}=\sqrt{\dfrac{1.00^2+3\times0.50^2}{1.00\times(1.00+2\times0.50)}}=0.935$；

$h=1.00\,\mathrm{m}$时，$\dfrac{T}{T_0}=\sqrt{\dfrac{1.00^2+3\times1.00^2}{1.00\times(1.00+2\times1.00)}}=1.155$.

（2）$T/T_0=1$ 的条件是 $l^2+3h^2=l(l+2h)$，由此得 $h(3h-2l)=0$，

$$h=\begin{cases}0,\ \text{将质量加在悬点上,平庸解;}\\ 2l/3=0.67\,\mathrm{m}.\end{cases}$$

4－29. 半径为 r 的小球沿斜面滚入半径为 R 的竖直环形轨道里。求小球到最高点时至少需要具备多大的速度才不致脱轨。若小球在轨道上只滚不滑，需要在斜面上多高处自由释放，它才能获得此速度？

解： ① 在最高点轨道正压力 N 所满足的方程：$N+mg=\dfrac{mv^2}{R-r}$，

不脱轨的条件是　　$N\geqslant0$，　即 $v^2\geqslant g(R-r)$.

② 只滚不滑时机械能守恒：　$mg(2R-r)+\dfrac{1}{2}mv^2+\dfrac{1}{2}I\omega^2=mgh$，

只滚不滑的运动学关系：$v=r\omega$.　球的转动惯量 $I=\dfrac{2}{5}mr^2$.

将这些和上述不脱轨条件代入机械能守恒公式，得

$$h\geqslant\frac{1}{10}(27R-17r).$$

4－30. 如本题图所示为麦克斯韦滚摆，已知转盘质量为 m，对盘轴的转动惯量为 I_C，盘轴直径为 $2r$，求下降时的加速度和每根绳的张力。

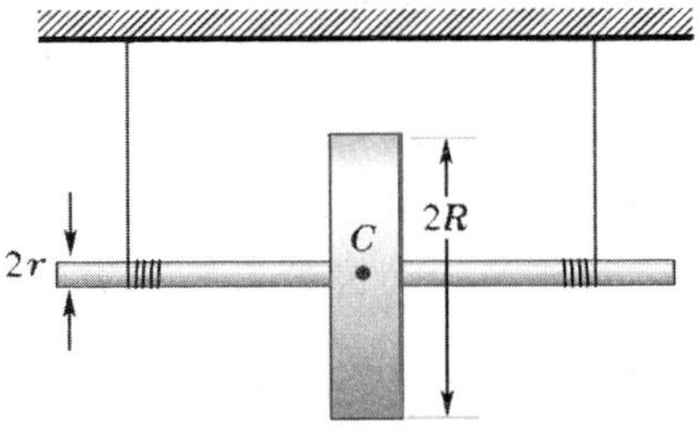

习题 4－30

解： 运动方程：$\begin{cases}mg-2T=ma_C,\\ 2Tr=I_C\beta;\end{cases}$

运动学关系：$a_C=r\beta$. 由此解得

$$a_C=\frac{mr^2}{I_C+mr^2g},\quad T=\frac{I_Cmg}{2(I_C+mr^2)}.$$

4－31. 一质量为m、半径为R的圆筒垂直于行驶方向横躺在载重汽车的粗糙地板上,其间摩擦系数为μ. 若汽车以匀加速度a启动,问

(1) a满足什么条件时圆筒作无滑滚动?

(2) 此时圆筒质心的加速度和角加速度为何?

解: (1) 运动方程: $\begin{cases} \text{摩擦力 } f=m(a-a_C), \\ fR=I_C\beta; \end{cases}$ (a_C为圆筒质心相对于汽车的加速度.)

只滚不滑: $a_C=R\beta$; 空筒转动惯量: $I_C=mR^2$; 由此解出 $f=a/2$.
由最大静摩擦$f_{max}=\mu mg$得无滑滚动条件: $a\leqslant \mu g/2$.

(2) 圆筒质心对地面加速度$=a-a_C=\dfrac{a}{2}$; 角加速度$\beta=\dfrac{a_C}{2R}=\dfrac{a}{2R}$.

4－32. 如本题图,质量为m的汽车在水平路面上急刹车,前后轮均停止转动。设两轮的间距为L,与地面间的摩擦系数为μ,汽车质心离地面的高度为h,与前轮轴的水平距离为l. 求前后轮对地面的压力。

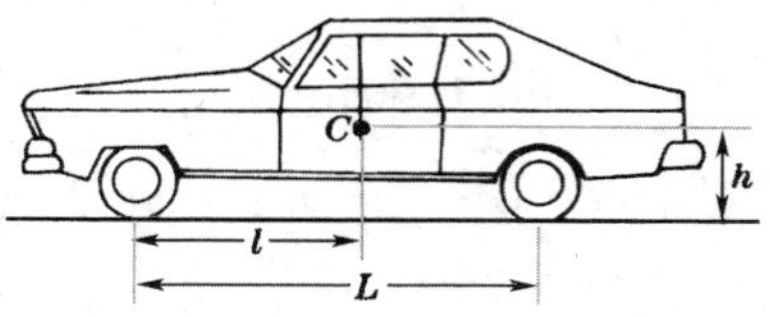

习题4－32

解: 设前后轮对地面压力和摩擦阻力分别为N_1、N_2和f_1、f_2,则

运动方程: $\begin{cases} N_1+N_2=mg, \\ N_1 l=N_2(L-l)+(f_1+f_2)h; \end{cases}$ 又 $\begin{cases} f_1=\mu N_1, \\ f_2=\mu N_2. \end{cases}$

由此解得 $N_1=\dfrac{(L-l+\mu h)mg}{L}$, $N_2=\dfrac{(l-\mu h)mg}{L}$.

4－33. 足球质量为m,半径为R,在地面上作无滑滚动,球心速度为v_0. 球与光滑墙壁作完全弹性碰撞后怎样运动?

解: 足球与墙碰撞后质心速度由v_0变为$-v_0$,角速度$\omega_0=v_0/R$未变,于是返回时旋转是逆向的,接触点有摩擦力$f=\mu mg$,此力及其对足球质心的力矩Rf都与返程的质心速度v_C及角速度ω相反,使它们减速。到一定时候t_1角速度ω减小到0,继而反向,直到某一时刻t_2其反向角速度达到与反向质心速度满足无滑条件$\omega=v_C/R$以后,足球将作无滑滚动。此时滑动摩擦消失,足球的质心速度v_C及角速度ω都不再改变。现计算时刻t_1和t_2.

足球的转动惯量$I_C=\frac{2}{3}mR^2$. 由于摩擦力及其力矩是常量,线加速度$a_C=-\mu g$和角加速度$\beta=-\dfrac{\mu mg}{I_C}=-\dfrac{3\mu g}{2R}$都是常量,故有

$$\begin{cases} v_C=-v_0+\mu g t, \\ \omega=\omega_0-\dfrac{3\mu g}{2R}t. \end{cases}$$

由 $\omega=0$ 条件得 $t_1=\dfrac{2v_0}{3v_0\mu g}$；此时 $v_{C1}=-\dfrac{1}{3}v_0$.

由 $v_C=R\omega$ 条件得 $t_2=\dfrac{4v_0}{5\mu g}$；此时 $v_{C2}=-\dfrac{1}{5}v_0$，$\omega=-\dfrac{1}{5}\omega_0$.

4－34. 若在上题中滚动着撞墙的球是个完全非弹性球，墙面粗糙，碰撞后球会怎样运动？它会向上滚吗？能滚多高？

解： 设恢复系数为 e，足球撞墙的速度为 v_0，反弹的速度 $v_x=-ev_0$，其动量变化为 $\Delta p_x=-(1+e)mv_0$，它等于墙给球的法向冲量 ΔI_N. 由于球在旋转，且墙有摩擦力 f，摩擦力给球的切向冲量为 $\Delta I_f=\mu\Delta I_N=\mu(1+e)mv_0$，方向向上，即 y 方向，从而球获得 y 方向的动量 $\Delta p_y=\mu(1+e)mv_0$，或者说 y 方向的速度 $v_y=\mu(1+e)v_0$. 故球将向上爬升高度

$$h=\frac{v_y^2}{2g}=\frac{\mu^2(1+e)^2v_0^2}{2g}.$$

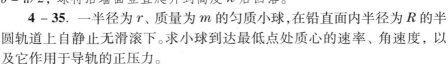

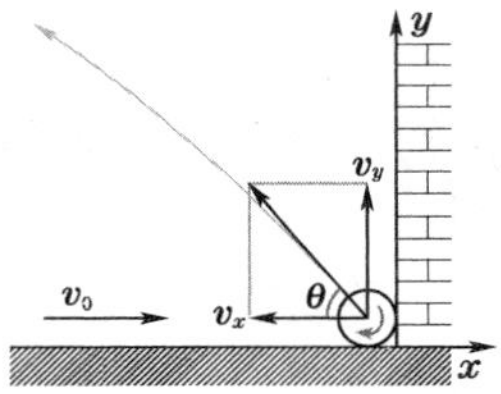

足球反弹后将以仰角 $\theta=\arctan\dfrac{\mu(1+e)}{e}$ 作抛物线运动（见右图）。若碰撞是完全非弹性的，$e=0$，$\theta=\pi/2$，球将沿墙面竖直爬升到高度 h 后回落。

4－35. 一半径为 r、质量为 m 的匀质小球，在铅直面内半径为 R 的半圆轨道上自静止无滑滚下。求小球到达最低点处质心的速率、角速度，以及它作用于导轨的正压力。

解： 机械能守恒：$mg(R-r)=\dfrac{1}{2}mv^2+\dfrac{1}{2}I_C\omega^2$，其中 $I_C=\dfrac{2}{5}mr^2$.

无滑滚动条件 $v=r\omega$，由此得 $v=\sqrt{\dfrac{10}{7}g(R-r)}$，$\omega=\dfrac{1}{r}\sqrt{\dfrac{10}{7}g(R-r)}$.

由向心力公式 $N-mg=\dfrac{mv^2}{R-r}$ 可得正压力为 $N=\dfrac{17mg}{7}$.

4－36. 一圆球静止地放在粗糙的水平板上，用力抽出此板，球会怎样运动？

解： 抽板的力不太大时球向后作无滑滚动。若用力过猛，则球又滚又滑。现在求只滚不滑条件。

设平板加速度 a，球心相对于平板加速度为 a_C，球的角加速度为 β，受到平板的摩擦力为 f，无滚滑动约束：$a_C=R\beta$.

由运动方程 $\begin{cases}f=(a-a_C),\\ Rf=I_C\beta=\dfrac{2}{5}mR^2\beta;\end{cases}$ 解得 $a_C=\dfrac{5}{7}a$，$a=\dfrac{7f}{2m}$.

最大静摩擦 $f_{max}=\mu mg$，无滚滑动条件为 $a\leqslant\dfrac{7f_{max}}{2m}=\dfrac{7}{2}\mu g$.

4 － 37. (1) 沿水平方向击台球时,应在球心上方多高处击球才能保证球开始无滑滚动?

(2) 若台球与桌面间的摩擦系数为 μ，试分析朝着中心击球的后果。

解: (1) 设用水平力 F 击高度 h 处时的摩擦力为 f.

运动方程: $\begin{cases} F-f=ma_C, \\ hF+rf=I_C\beta; \end{cases}$ $\left(\begin{array}{l} 式中\ I_C=\dfrac{2}{5}mr^2; \\ 无滑约束\ a_C=r\beta. \end{array}\right)$ 解得 $f=\dfrac{2R-5h}{7r}F.$

无滑滚动条件 $f=\dfrac{2r-5h}{7r}F\leqslant f_{\max}=\mu mg$，无论用多大力 F 击 $h=\dfrac{2}{5}r$ 处都可使球作无滑滚动。

(2) 若朝中心击球，$h=0$，只有当 $F\leqslant\dfrac{7}{2}\mu mg$ 时球才只滚不滑。

4 － 38. 一滑雪者站在30°的雪坡上享受着山中的新鲜空气，突然看到一个巨大的雪球在100 m 外向他滚来并已具有25 m/s 的速度。他立即以10 m/s 的初速下滑。设他下滑的加速度已达到最大的可能性，即 $g\sin30°=g/2$，他能逃脱吗?

解: ① 求雪球质心加速度 a_C:

运动方程 $\begin{cases} mg\sin30°-f=ma_C, \\ Rf=I_C\beta. \end{cases}$ $\left(\begin{array}{l} f\ 为摩擦力,\ \beta\ 为角加速度, \\ I_C=\frac{2}{5}mR^2\ 为转动惯量, \end{array}\right)$

消去 f,利用无滑滚动约束 $a_C=R\beta$，得

$$a_C=\frac{5\sin30°}{7}g=\frac{5}{14}g<滑雪者加速度\ g\sin30°=\frac{1}{2}g.$$

② 匀加速下行距离 $\begin{cases} 雪球:\ s_1=-s_0+v_1t+\dfrac{1}{2}\dfrac{5g}{14}t^2, \\ 滑雪者:\ s_2=v_2t+\dfrac{1}{2}\dfrac{g}{2}t^2. \end{cases}$

滑雪者在时刻 t 被雪球赶上的条件: $s_1=s_2$. 从以上式得 t 所满足的方程:

$$\frac{1}{2}\left(\frac{1}{2}-\frac{5}{14}\right)g+(v_2-v_1)t+s_0=0,\quad 即\quad \frac{g}{14}t^2+(v_2-v_1)t+s_0=0.$$

这二次代数方程有实根的条件是 $(v_2-v_1)^2-\dfrac{4gs_0}{14}\geqslant0$,将题中所给数据代入,有 $(25-10)^2-\dfrac{4\times9.8\times100}{2}=-55$，即方程式只有复数根。这表明雪球没有赶上滑雪者的时刻，滑雪者逃脱了。

4 － 39. 如本题图,一高为 b、长为 a 的匀质木箱,放在倾角为 θ 的斜面上,两者之间的摩擦系数为 μ. 逐渐加大 θ,木箱何时倾倒,或下滑?

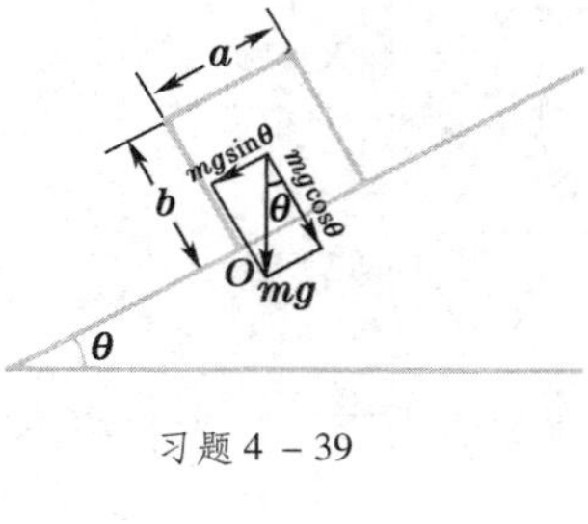

习题 4 － 39

解: ① 倾倒条件:

对 O 点力矩 $mg\sin\theta\dfrac{b}{2}-mg\cos\theta\dfrac{a}{2}>0$,

即
$$\theta > \arctan\frac{a}{b} = \theta_1.$$

② 下滑条件：运动方程　$N = mg\cos\theta$，　$mg\sin\theta - \mu N > 0$，

由此得
$$\theta > \arctan\mu = \theta_2.$$

③ 讨 论：

$\mu > a/b$ 时，$\theta_1 < \theta_2$，则在 θ 达到 θ_1 时木箱倾翻；

$\mu < a/b$ 时，$\theta_2 < \theta_1$，则在 θ 达到 θ_2 时木箱下滑，达到 θ_1 时再倾翻。

4－40. 本题图中墙壁和水平栏杆都是光滑的，细杆斜靠在其间。在什么角度 θ 下细杆才能平衡？

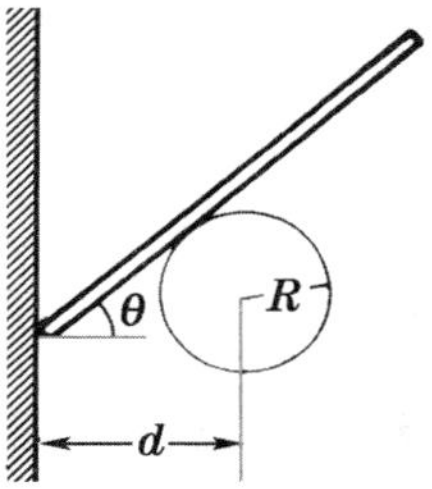

习题 4－40

解：力的平衡：
$$N_2\cos\theta = mg;$$

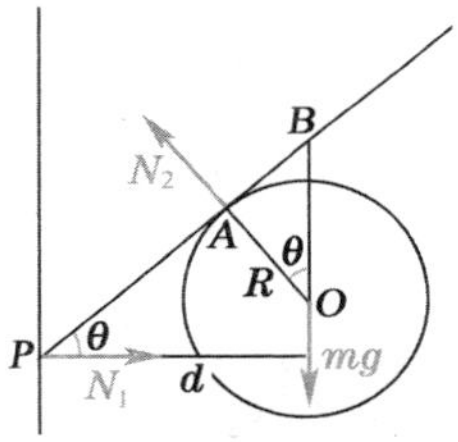

力矩的平衡（对 P 点）：
$$N_2 \cdot \overline{PA} = mg\,\frac{l}{2}\cos\theta,$$

而 $\overline{PA} = \overline{PB} - \overline{AB} = \dfrac{d}{\cos\theta} - R\tan\theta.$（见左图）

从以上各式消去 N_2，得 θ 应满足的超越方程：
$$l\cos^3\theta + 2R\sin\theta - 2d = 0.$$

4－41. 倾角为 α 的斜面上放置一个质量为 m_1、半径为 R 的圆柱体。有一细绳绕在此圆柱体的边缘上，并跨过滑轮与质量为 m_2 的重物相连，如本题图所示。圆柱体与斜面的摩擦系数为 μ，α 角满足什么条件时，m_1 和 m_2 能够平衡？在什么情况下圆柱会下滚？

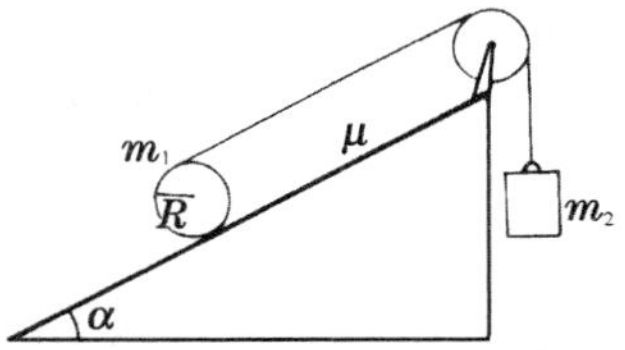

习题 4－41

解：① 圆柱体的平衡条件（见右图）：

$$\begin{cases} \text{沿斜面力的平衡：} T + f = m_1 g\sin\alpha, \\ \text{对质心 } C \text{ 的力矩平衡：} RT = Rf. \end{cases}$$

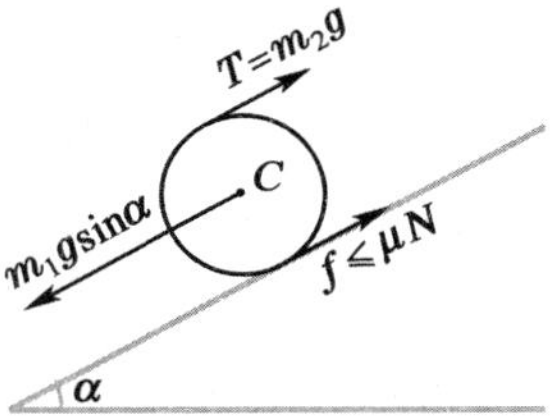

绳中张力 $T = m_2 g$，摩擦力 $f \leqslant \mu N = \mu m_1 g\cos\alpha$.

由此得
$$\sin\alpha = \frac{2m_2}{m_1}, \quad \tan\alpha \leqslant 2\mu.$$

总之，平衡角
$$\alpha_1 = \arcsin 2m, \quad \left(m \equiv \frac{m_2}{m_1}\right) \qquad ①$$

对摩擦系数的要求是
$$\mu \geqslant \frac{1}{2}\tan\alpha_1 = \frac{m}{\sqrt{1-4m^2}}, \qquad ②$$

以上两式有解的条件是
$$m \leqslant \frac{1}{2}.$$

② 圆柱体无滑下滚条件：

运动方程 $\begin{cases} \text{平动}\begin{cases} m_1 g\sin\alpha - T - f = m_1 a_C, \\ T - m_2 g = m_2 a_2; \end{cases} \\ \text{转动}: (f-T)R = I_C\beta. \end{cases}$ 无滑滚动：$a_C = R\beta$ 绳长不变：$a_2 = a_C + R\beta = 2a_C$ 转动惯量 $I_C = \frac{1}{2}m_1R^2$

即
$$\begin{cases} f+T = m_1(g\sin\alpha - a_C), & ③ \\ T = m_2(g - 2a_C), & ④ \\ f - T = \dfrac{1}{2}m_1 a_C. & ⑤ \end{cases}$$

③+⑤：
$$f = \frac{m_1}{2}\left(g\sin\alpha - \frac{1}{2}a_C\right), \quad ⑥$$

③−⑤：
$$T = \frac{m_1}{2}\left(g\sin\alpha - \frac{3}{2}a_C\right), \quad ⑦$$

将⑦代入④：
$$a_C = \frac{2(m_1\sin\alpha - 2m_2)}{3m_1 + 8m_2}g, \quad ⑧$$

将⑧代入⑥：
$$f = \frac{m_1m_2(4\sin\alpha + 1) + m_1^2\sin\alpha}{3m_1 + 8m_2}g. \quad ⑨$$

接触点不滑动的条件是 $f \leqslant \mu m_1 g\cos\alpha$，即
$$\frac{m_2(4\sin\alpha+1) + m_1\sin\alpha}{3m_1 + 8m_2} \leqslant \mu\cos\alpha \quad \text{或} \quad \lambda\sin\alpha - \mu\cos\alpha \leqslant -\kappa,$$

式中 $\lambda = \dfrac{4m_2 + m_1}{3m_1 + 8m_2} = \dfrac{4m+1}{3+8m}$， $\kappa = \dfrac{m_2}{3m_1 + 8m_2} = \dfrac{m}{3+8m}$.

全式除以 $\sqrt{\lambda^2+\mu^2}$，令 $\cos\beta = \dfrac{\lambda}{\sqrt{\lambda^2+\mu^2}}$，则 $\sin\beta = \dfrac{\mu}{\sqrt{\lambda^2+\mu^2}}$，

于是 $\sin\alpha\cos\beta - \cos\alpha\sin\beta \leqslant \dfrac{-\kappa}{\sqrt{\lambda^2+\mu^2}}$， 即 $\sin(\alpha-\beta) \leqslant \dfrac{-\kappa}{\sqrt{\lambda^2+\mu^2}}$，
$$\alpha \leqslant \alpha_2 \equiv \beta - \arcsin\frac{\kappa}{\sqrt{\lambda^2+\mu^2}} = \arcsin\frac{\mu}{\sqrt{\lambda^2+\mu^2}} - \arcsin\frac{\kappa}{\sqrt{\lambda^2+\mu^2}}.$$

α 角超过 α_2，圆柱体将打滑。

下面举一个数字例子。设 $m = \frac{1}{4} < \frac{1}{2}$，则按①式平衡角
$$\alpha_1 = \arcsin\frac{1}{2} = 30°.$$

按②式对摩擦系数的要求是 $\mu \geqslant \dfrac{1}{\sqrt{12}} = 0.289$. 今设 $\mu = 0.4$.
$$\lambda = \frac{2}{5} = 0.4, \quad \kappa = \frac{1}{20} = 0.05,$$

则 $\dfrac{\mu}{\sqrt{\lambda^2+\mu^2}} = \dfrac{0.4}{\sqrt{0.4^2+0.4^2}} = 0.7071$， $\dfrac{\kappa}{\sqrt{\lambda^2+\mu^2}} = \dfrac{0.05}{\sqrt{0.4^2+0.4^2}} = 0.0884$.
$$\alpha_2 = \arcsin 0.7071 - \arcsin 0.0884 = 45.00° - 5.07° = 39.93°.$$

亦即，当斜面角为 30° 时圆柱体达到平衡。抬高斜面时，若斜面角小于 39.93°，圆柱体做无滑滚动；大于 39.93° 则圆柱体连滚带滑。

4 - 42. 本题图中示意地表明轮船上悬吊救生艇的装置。救生艇质量为 960 kg，其重量为两根吊杆分担。吊杆穿过 A 环，下端为半球形，放在止推轴承 B 内。求吊杆在 A、B 处所受的力。

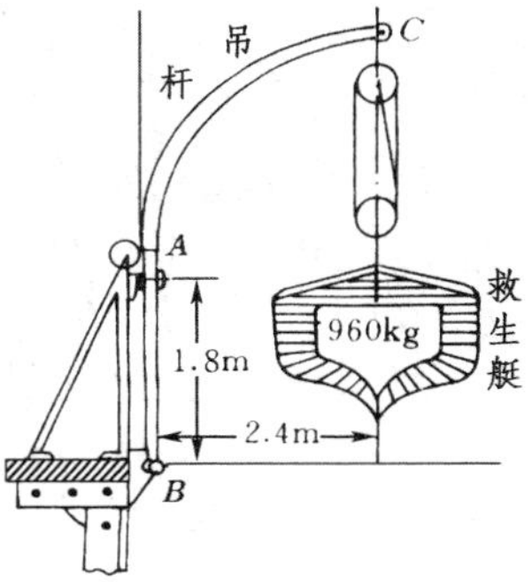

习题 4 - 42

解： 力矩平衡：　$N_A l_1 = mgl_2$；

力的平衡：$\begin{cases} N_B\cos\theta = N_A, \\ N_B\sin\theta = mg. \end{cases}$

由此解出

$$N_A = \frac{mgl_2}{l_1} = \frac{960\times9.8\times2.4}{1.8}\text{ N} = 1.25\times10^4\text{ N},$$

$$N_B = \frac{mg\sqrt{l_1^2+l_2^2}}{l_1} = \frac{960\times9.8\times\sqrt{1.8^2+2.4^2}}{1.8}\text{ N}$$

$$=1.57\times10^4\text{ N}.$$

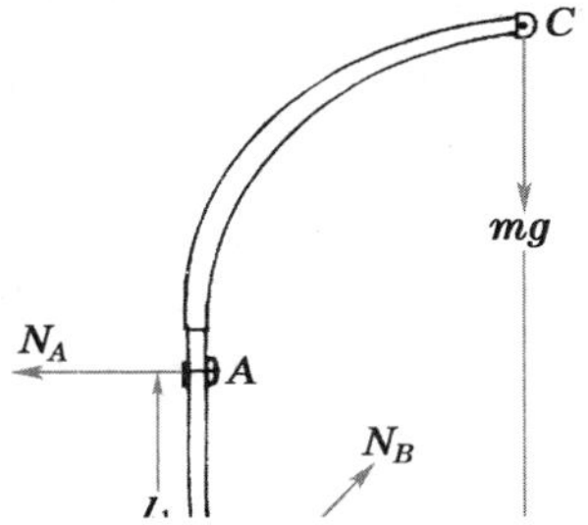

4 - 43. 两条质量为 m、长度为 l 的细棒，用一无摩擦的铰链连接成人字形，支撑于一光滑的平面上。开始时，两棒与地面的夹角为 30°，问细棒滑倒时，铰链碰地的速度多大。

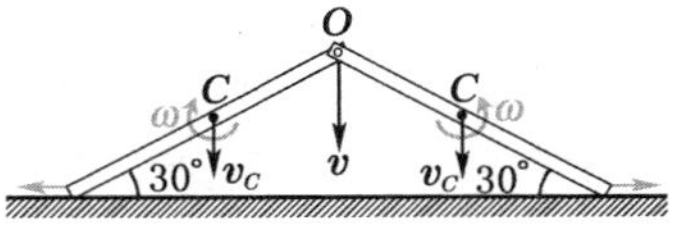

解： 机械能守恒：

$$mg\frac{l\sin30°}{2} = \frac{1}{2}mv_C^2 + \frac{1}{2}I_C\omega^2,$$

注意到 $I_C = \frac{1}{12}ml^2$，$v_C = \frac{l}{2}\omega$，　解得

$$v_C = \sqrt{\frac{3gl}{10}},\quad v = 2v_C = \sqrt{\frac{6gl}{5}}.$$

4 - 44. 设思考题4 - 20 中轮子的质量为 m，绕质心的转动惯量为 I_C，角速度为 ω，质心到轴端系绳处的距离为 l. 求轮子进动的角速度 Ω 和绳子与铅垂线所成的角度 β.

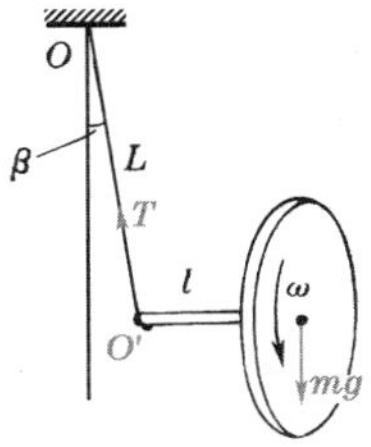

习题 4 - 44

解： 如右图，在对 O' 点重力矩 mgl 的作用下轮子绕过 O 点的铅垂轴进动，其角速度为 $\Omega = \frac{mgl}{I_C\omega}$，轮子的运动方程为

$$\left.\begin{aligned} &T\cos\beta = mg, \\ &m(l+L\sin\beta)\Omega^2 = T\sin\beta. \end{aligned}\right\}$$

由此消去绳子张力 T，得 β 的超越方程：

$$m^2gl^2(l+L\sin\beta) - I_C^2\omega^2\tan\beta = 0.$$

第五章　连续体力学

5－1. 本题图所示为圆筒状锅炉的横截面，设气体压强为p，求壁内的正应力。已知锅炉直径为D，壁厚为d，$D \gg d$，应力在壁内均匀分布。

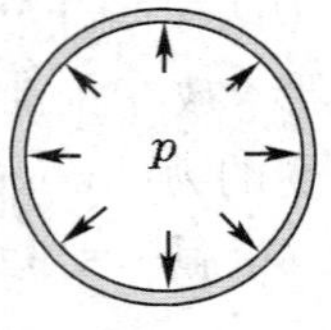

习题 5－1

解： 设想把圆筒沿纵向对半切开，筒长为l，则半圆筒截面面积为$S=2ld$. 设该截面里的张应力为T，半圆筒壁内的总张应力应与它所受筒内气体的总压力平衡：

$$TS=2ldT=plD,\quad 即\quad T=\frac{Dp}{2d}.$$

5－2. （1）矩形横截面杆在轴向拉力的作用下产生拉伸应变为ε，此材料的泊松比为σ，求证体积的相对改变为

$$\frac{V-V_0}{V_0}=\varepsilon(1-2\sigma),$$

式中V_0和V分别代表原来和形变后的体积。

（2）式子是否适用于压缩？

（3）低碳钢的杨氏模量为$Y=19.6\times10^{10}$ Pa，泊松比为$\sigma=0.3$，受到的拉应力$\tau_0=1.37$ Pa，求杆体积的相对改变。

解：（1）设材料的原长、宽、高分别为a_0、b_0、c_0，则原体积为$V_0=a_0b_0c_0$，拉长后的长、宽、高分别为

$$a=(1+\varepsilon)a_0,\quad b=(1-\varepsilon\sigma)b_0,\quad c=(1-\varepsilon\sigma)c_0.$$

拉长后的体积变为 $V=abc=(1+\varepsilon)(1-\varepsilon\sigma)^2a_0b_0c_0\approx[1+\varepsilon(1-2\sigma)]V_0$，

即
$$\frac{V-V_0}{V_0}=\varepsilon(1-2\sigma).$$

（2）对于压缩情形 $V=(1-\varepsilon)(1+\varepsilon\sigma)^2a_0b_0c_0\approx[1-\varepsilon(1-2\sigma)]V_0$，

即
$$\frac{V-V_0}{V_0}=-\varepsilon(1-2\sigma).$$

（3）杆体积的相对改变

$$\frac{\Delta V}{V}=\frac{3(1-2\sigma)\tau}{Y}=\frac{3\times(1-2\times0.3)\times1.37}{19.6\times10^{10}}=8.4\times10^{-12}.$$

5－3. 在剪切钢板时，由于刀口不快，没有切断，该材料发生了剪切形变。钢板的横截面积为$S=90\,\text{cm}^2$，二刀口间的距离为$d=0.5$ cm，当剪切力为$F=7\times10^5$ N 时，已知钢的剪变模量$G=8\times10^{10}$ Pa，求

（1）钢板中的剪应力；

（2）钢板的剪应变；

（3）与刀口齐的两个截面所发生的相对滑移。

解：（1）钢板中的剪应力 $\tau_{剪}=\dfrac{F}{S}=\dfrac{7\times10^5}{90\times10^{-4}}\text{N/m}^2=7.8\times10^7\text{N/m}^2.$

（2）钢板的剪应变 $\varepsilon_{剪}=\dfrac{\tau_{剪}}{G}=\dfrac{7.8\times10^7}{8\times10^{10}}=9.7\times10^{-4}.$

（3）相对滑移 $\Delta d=\varepsilon_{剪}d=9.7\times10^{-4}\times0.5\text{cm}=4.9\times10^{-4}\text{cm}.$

5－4. 矩形横截面两边边长之比为2∶3的梁在力偶矩作用下发生纯弯曲。对于截面的两个不同取向,同样的力偶矩产生的曲率半径之比为多少？

解：矩形梁在力偶矩 M 作用下产生的曲率半径为

$$R=\frac{Ybh^3}{12M},\ \left(\begin{array}{l}b\text{ 为宽}, h\text{ 为高},\\ Y\text{ 为杨氏模量。}\end{array}\right)\quad \text{所以}\quad \frac{R_1}{R_2}=\frac{b_1h_1^3}{b_2h_2^3}=\frac{2\times3^3}{3\times2^3}=\left(\frac{3}{2}\right)^2=2.25.$$

5－5. 试推导钢管扭转常量 D 的表达式。

解：实心圆柱的扭转常量 $D=\dfrac{\pi GR^4}{l}$. 设钢管的内外径为 R_1 和 R_2，产生扭转角 φ 的力偶矩 $M=(D_2-D_1)\varphi=\left(\dfrac{\pi GR_2^4}{l}-\dfrac{\pi GR_1^4}{l}\right)\varphi \xlongequal{\text{应等于}} D\varphi$，

故
$$D=\frac{\pi G(R_2^4-R_1^4)}{l}.$$

5－6. 一铝管直径为4cm，壁厚1mm，长10m，一端固定，另一端作用一力矩50N·m，求铝管的扭转角 θ. 对同样尺寸的钢管再计算一遍。已知铝的剪变模量 $G=2.65\times10^{10}$ Pa，钢的剪变模量为 8.0×10^{10}Pa.

解：按上题所得弹性管扭转常量的表达式

$$D_{铝}=\frac{\pi\times2.56\times10^{10}\times(0.020^4-0.019^4)}{2\times10}\text{N·m/rad}=1.25\times10^2\text{N·m/rad},$$

$$D_{铁}=\frac{\pi\times8.0\times10^{10}\times(0.020^4--0.019^4)}{2\times10}\text{N·m/rad}=3.77\times10^2\text{N·m/rad};$$

$$\theta_{铝}=\frac{M}{D_{铝}}=\frac{50}{125}=0.4\,\text{rad}=23°,$$

$$\theta_{铁}=\frac{M}{D_{铁}}=\frac{50}{377}=0.13\,\text{rad}=7.4°.$$

5－7. 用流体静力学基本原理,论证液面上有大气、物体全部浸在液体中的情况下的阿基米德原理。

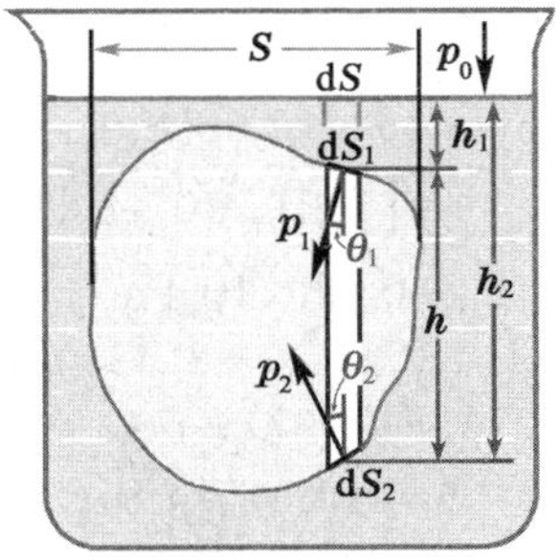

解：如右图所示,取一水平截面为 dS 的竖直柱面，将液体中的物体割出一柱体来，其上下表面分别为 dS_1 和 dS_2，它们在液体中的深度分别为 h_1 和 h_2，它们的内向法线与竖直方向的夹角分别为 θ_1 和 θ_2，在二表面处液体的压强分别为 $p_1=p_0+\rho gh_1$ 和 $p_2=p_0+\rho gh_2$，

二表面受液体的压力的向上分量分别为

$$dF_1=-p_1dS_1\cos\theta_1=-(p_0+\rho gh_1)dS,$$

$$dF_2=p_2dS_2\cos\theta_2=(p_0+\rho gh_2)dS;$$

$$dF=dF_1+dF_2=\rho g(h_2-h_1)dS=\rho ghdS=\rho gdV,$$

式中 dV 是被竖直柱面割出物体的体积。对物体在水平面上的投影面 S 积分，得物体所受浮力

$$F=\int_{(S)}dF=\rho g\int_{(S)}hdS=\rho gV,$$

式中 V 是物体的体积，ρ 是液体的密度。上式表明，物体所受浮力 F 等于被物体所排开的液体的重量，此即阿基米德原理。

5－8. 灭火筒每分钟喷出 60 L 的水，假定喷口处水柱的截面积为 $1.5\,cm^2$，问水柱喷到 2 m 高时其截面积有多大？

解： 设水柱在喷口和高度为 h 处的截面积分别为 S_1 和 S_2，两处的速率分别为 v_1 和 v_2，流量为 Q，则

$$v_1=\frac{Q}{S_1}m/s=\frac{0.06\,m^3/60s}{1.5\times10^{-4}m^2}=6.7\,m/s,$$

$$v_2=\sqrt{v_1^2-2gh}=\sqrt{0.67^2-2\times9.8\times2}\,m/s=2.3\,m/s.$$

$$S_2=\frac{v_1S_1}{v_2}=\frac{Q}{v_2}=\frac{0.06\,m^3/60s}{2.3\,m/s}=4.3\times10^{-4}m^2=4.3\,cm^2.$$

5－9. 一截面为 $5.0\,cm^2$ 的均匀虹吸管从容积很大的容器中把水吸出。虹吸管最高点高于水面 1.0 m，出口在水下 0.60 m 处，求水在虹吸管内作定常流动时管内最高点的压强和虹吸管的体积流量。

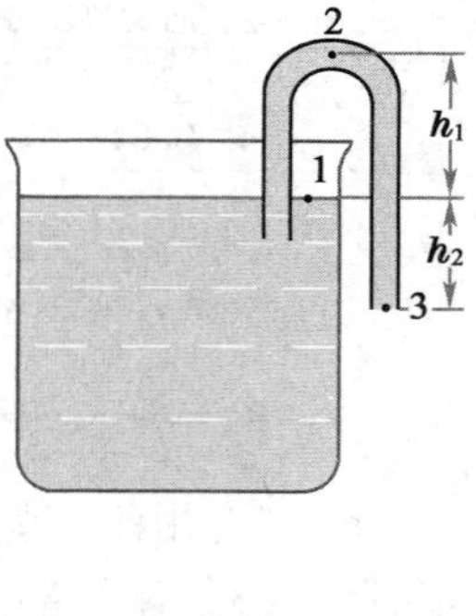

解： $v_1=0$，$v_2=v_3=v$；$p_1=p_3=p_0$（大气压）。将伯努利方程用于 1、2、3 三处，有

$$p_0+\rho gh_2=p_2+\frac{1}{2}\rho v^2+\rho g(h_1+h_2)=p_0+\frac{1}{2}\rho v^2;$$

① $p_2=p_0-\rho g(h_1+h_2)$

$=[1.01\times10^5-1\times10^3\times9.8\times(1.0+0.6)]\,Pa$

$=0.86\times10^5\,Pa.$

② $v=v_3=3.43\,m/s,$

体积流量　$Q=vS=(3.43\times5.0\times10^{-4})\,m^3/s=1.7\times10^{-3}m^3/s.$

5－10. 油箱内盛有水和石油，石油的密度为 $0.9\,g/cm^3$，水的厚度为 1 m，油的厚度为 4 m。求水自箱底小孔流出的速度。

解： 如右图所示，$p_1=p_3=p_0$（大气压），$v_1=0$，将伯努利方程用于 1、3 两处，有

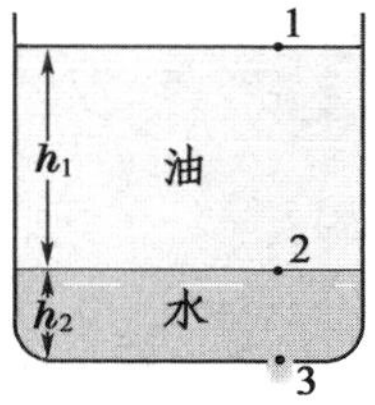

$$p_0+\rho_{油}gh_1+\rho_{水}gh_2=p_0+\frac{1}{2}\rho_{水}v^2,$$

所以
$$v=\sqrt{\frac{2g(\rho_{油}h_1+\rho_{水}h_2)}{\rho_{水}}}$$
$$=\sqrt{\frac{2\times9.8\times(0.9\times10^3\times4+10^3\times1)}{10^3}}\ \text{m/s}=9.5\ \text{m/s}.$$

5－11. 一截面为 A 的柱形桶内盛水的高度为 H,底部有一小孔,水从这里流出。设水注的最小截面积为 S,求容器内只剩下一半水和水全部流完所需的时间 t_1和 t_2.

解: 小孔流速 $v=\sqrt{2gh}$ 随高度 h 而变,水面高度由 h 降到 $h-\mathrm{d}h$ 的时间 $\mathrm{d}t$ 与 $\mathrm{d}h$ 的关系是
$$-A\mathrm{d}h=vS\mathrm{d}t=\sqrt{2gh}S\mathrm{d}t.$$
计算容器内水流出的时间需要积分:
$$t=-\int_{H_1}^{H_2}\frac{A\mathrm{d}h}{S\sqrt{2gh}}=\frac{A}{S\sqrt{8g}}\left(\sqrt{H_1}-\sqrt{H_2}\right).$$
由此
$$\begin{cases}t_1=\dfrac{A}{S\sqrt{8g}}\left(\sqrt{H}-\sqrt{H/2}\right)=(\sqrt{2}-1)\dfrac{A}{4S}\sqrt{\dfrac{H}{g}};\\ t_2=\dfrac{A}{S\sqrt{8g}}\left(\sqrt{H}-0\right)=\dfrac{A}{S}\sqrt{\dfrac{H}{8g}}.\end{cases}$$

5－12. 在一 20 cm×30 cm 的矩形截面容器内盛有深度为 50 cm 的水。如果从容器底部面积为 2.0 cm^2 的小孔流出,求水流出一半时所需的时间。

解: 按上题 t_1 的公式计算:
$$t_1=(\sqrt{2}-1)\frac{20\times30}{4\times2.0}\sqrt{\frac{50}{980}}\ \text{s}=7.02\ \text{s}.$$

5－13. 如图 5－36 所示,在一高度为 H 的量筒侧壁上开一系列高度 h 不同的小孔。试证明:当 $h=H/2$ 时水的射程最大。

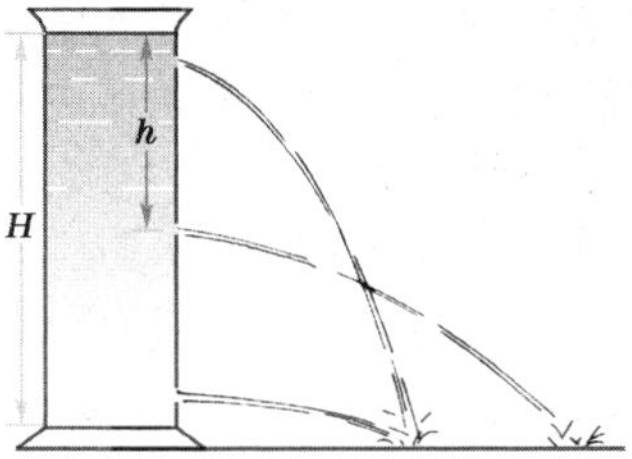

图 5－36

解: 射程
$$L=vt=\sqrt{2gh}\cdot\sqrt{2(H-h)/g}=2\sqrt{h(H-h)},$$
L 对 h 求导: $\dfrac{\mathrm{d}L}{\mathrm{d}h}=\dfrac{H-2h}{\sqrt{(H-h)h}}$, 　由$\dfrac{\mathrm{d}L}{\mathrm{d}h}=0$ 求得 $h=H/2$ 时 $L=L_{\max}=H$.

5－14. 推导文丘里流量计的流量公式(5.41)。

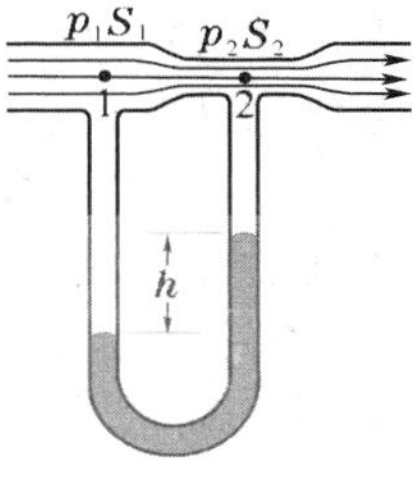

解: 1、2 两点等高,按伯努利方程,有
$$p_1+\frac{1}{2}\rho v_1^2=p_2+\frac{1}{2}\rho v_2^2;$$
通过 1、2 两截面流量相等: $Q=v_1S_1=v_2S_2$.

联立两式可得

$$v_1 = S_2\sqrt{\frac{2(p_1-p_2)}{\rho(S_1^2-S_2^2)}},\quad v_2 = S_1\sqrt{\frac{2(p_1-p_2)}{\rho(S_1^2-S_2^2)}}.$$

所以
$$Q = S_1S_2\sqrt{\frac{2(p_1-p_2)}{\rho(S_1^2-S_2^2)}} = S_1S_2\sqrt{\frac{2\Delta p}{\rho(S_1^2-S_2^2)}}.$$

5 - 15. 在盛水圆筒侧壁上有高低两个小孔,它们分别在水面之下 25 cm 和 50 cm 处。自它们射出的两股水流在哪里相交?

解: 两孔中的流速 $v_1=\sqrt{2gh_1}$, $v_2=\sqrt{2gh_2}$;
设两股水流相交的高度为 h,水平距离为 L,水流自孔到交点的时间分别为 t_1 和 t_2,则

$$t_1=\sqrt{\frac{2(h-h_1)}{g}},\quad t_2=\sqrt{\frac{2(h-h_2)}{g}};$$

$$L = v_1t_1 = v_2t_2,\qquad 即\qquad h_1(h-h_1) = h_2(h-h_2).$$

由此解得
$$h = h_1+h_2 = (25+50)\ \text{cm} = 75\ \text{cm},$$
$$L = 2\sqrt{h_1h_2} = 2\times\sqrt{25\times50}\ \text{cm} = 70.7\ \text{cm}.$$

5 - 16. 如本题图, A 是一个很宽阔的容器, B 是一根较细的管子,C 是压力计。

(1) 若拔去 B 管下的木塞,压力计的水位将处在什么地方?

(2) 若 B 管是向下渐细的,答案有何改变?

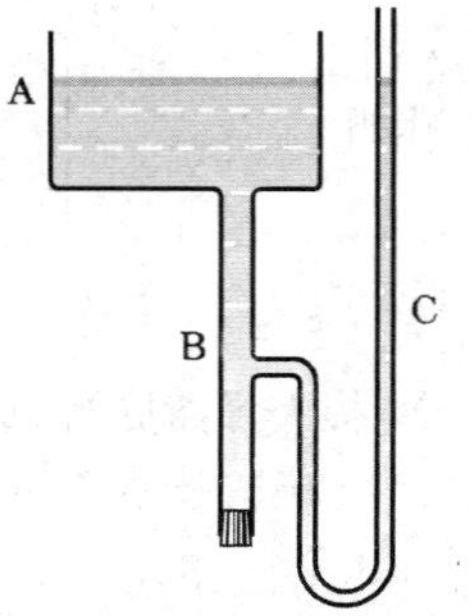

习题 5 - 16

解: (1) 如右下图(1)所示, B 管截面均匀, 2、3 处流速一样, 由伯努利方程知: $p_2+\rho gh=p_3=p_0$(大气压).
2、4 两点等高,压力计中 $p_4=p_2=p_0-\rho gh$,
压力计两侧 $p_4-\rho gh'=p_5=p_0$,
由此得 $h=h'$,即 5 点应与 B 管出口处 3 点等高。

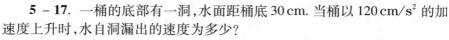

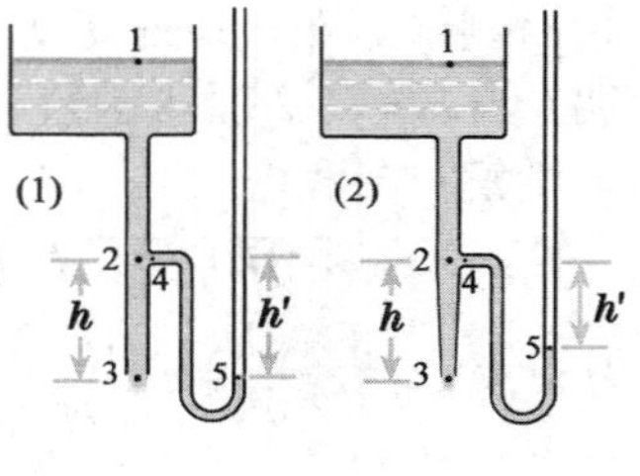

(2) 如右图(2)所示,B 管向下渐细, $v_2<v_3$, 由伯努利方程知:

$$p_2+\frac{1}{2}\rho v_2^2+\rho gh=p_0+\frac{1}{2}\rho v_3^2,$$

即 $p_2=p_0-\rho gh+\frac{1}{2}\rho(v_3^2-v_2^2)>p_0-\rho gh.$

2、4 两点等高,压力计中 $p_4=p_2>p_0-\rho gh$,
压力计两侧 $p_4-\rho gh'=p_5=p_0$,
由此得 $h>h'$, 即 5 点液面升高。

5 - 17. 一桶的底部有一洞,水面距桶底 30 cm. 当桶以 120 cm/s^2 的加速度上升时,水自洞漏出的速度为多少?

解: 桶加速上升时水受到向下的惯性力(超重), 出口速度为

$$v=\sqrt{2(g+a)h}=\sqrt{2\times(9.8+1.20)\times0.30}\ \text{m/s}=2.57\ \text{m/s}.$$

5－18. 如本题图，方形截面容器侧壁上有一孔，其下缘的高度为 h. 将孔封住时，容器内液面高度达到 H. 此容器具有怎样的水平加速度 a，即使将孔打开，液体也不会从孔中流出？此时液面是怎样的？

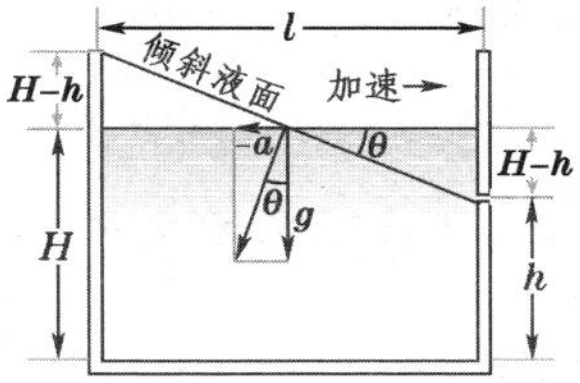

习题 5－18

解： 水平加速度 a 相当于一个水平向后的惯性力，它与重力的合力构成等效重力，使与之垂直的液面倾斜。要液体不从孔中流出，前边的液面必须至少比原来降低高度 $H-h$，此时后边的液面比原来提升高度 $H-h$，从而倾斜液面与水平面的夹角为

$$\theta=\arctan\frac{2(H-h)}{l},\qquad 因此\ \frac{a}{g}=\tan\theta=\frac{2(H-h)}{l}.$$

5－19. 使机车能在行进时装水，所用的装置如本题图所示，顺着铁轨装一长水槽，以曲管引至机车上。曲管之另一端浸入水槽中，且其开端朝向运动的前方。试计算，火车的速度多大，才能使水升高 5.1 m？（不计水的黏性。）

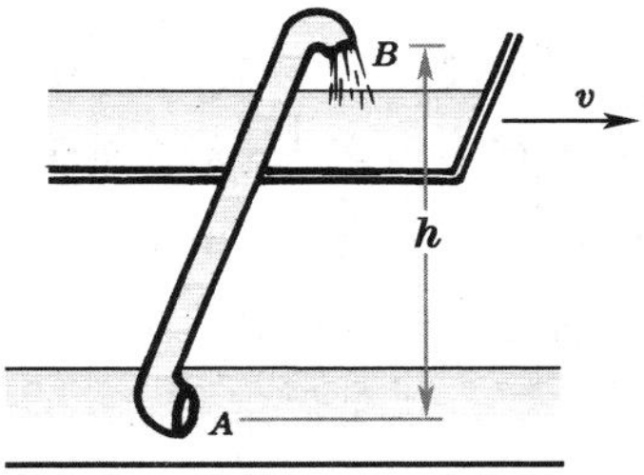

习题 5－19

解： 以机车为参考系，$v_A=-v$，$v_B=0$，$p_A=p_B=p_0$（大气压）。以 A 为参考点 B 点的高度为 h，将伯努利方程用于 A、B 两点，我们有

$$p_0+\frac{1}{2}\rho(-v)^2=p_0+\rho g h,$$

由此解得 $$v=\sqrt{2gh}=\sqrt{2\times9.8\times5.1}\ \mathrm{m/s}=10\ \mathrm{m/s}.$$

5－20. 试作下击式水轮机最大功率和转速的计算。如本题图所示，设水源高 $h=5\ \mathrm{m}$，水流截面积 $S=0.06\ \mathrm{m}^2$，轮的半径 $R=2.5\ \mathrm{m}$；还假定水连续不断地打在桨叶上，打击后水以桨叶的速度流去。

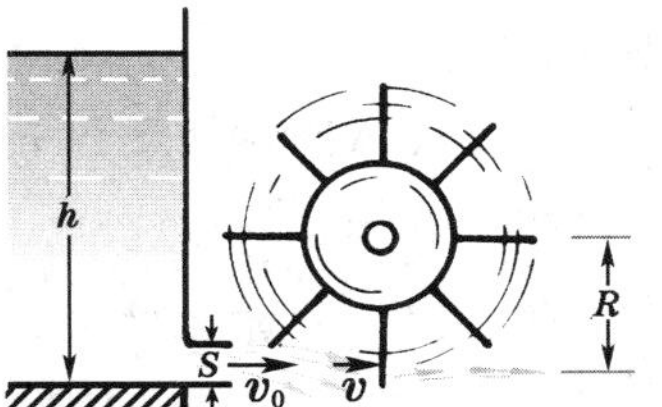

习题 5－20

解： 设桨叶速度为 v，水在截面 S 处的出口速度为 $v_0=\sqrt{2gh}$.

下面讨论叶片受到的作用力 f. 在惯性参考系之间变换时，力是不变量。现在取受水冲击的叶片为参考系，此参考系相对于地面的速度为 v，水对叶片的相对速度为 v_0-v，冲击到叶片上水流的质量流量为 $Q_m=\frac{\Delta m}{\Delta t}=\rho S(v_0-v)$，打到叶片上以后其速度变为0，

即其速度减少量为 v_0-v，故传递给叶片的动量，即施加给叶片的作用力为

$$f=\frac{\Delta m}{\Delta t}(v_0-v)=\rho S(v_0-v)^2.$$

现在回到地面参考系。水传递给叶片的功率为力乘以叶片的速度：

$$P=fv=\rho Sv(v_0-v)^2,$$

由 $\frac{\mathrm{d}P}{\mathrm{d}v}=fv=\rho S(v_0-v)(v_0-3v)=0$ 得 $v=v_0/3$ 时

$$P=P_{\max}=\rho S\frac{v_0}{3}\left(\frac{2v_0}{3}\right)^2=\frac{4}{27}\rho Sv_0^3=\frac{4}{27}\rho S(2gh)^{3/2}$$

$$=\frac{4\times10^3\times0.06\times(2\times9.8\times5)^{3/2}}{27}\mathrm{W}=8.62\times10^3\,\mathrm{W}.$$

转速 $\omega=\frac{v}{R}=\frac{v_0}{3R}=\frac{\sqrt{2gh}}{3R}=\frac{\sqrt{2\times9.8\times5}}{3\times2.5}\mathrm{rad/s}=1.32\,\mathrm{rad/s}=0.21\,\mathrm{r/s}.$

5－21. 在一截面积为 $50\,\mathrm{cm}^2$ 的水管上接有一段弯管，使管轴偏转 75°. 设管中水的流速为 3.0 m/s. 计算水流作用在弯管上力的大小和方向。

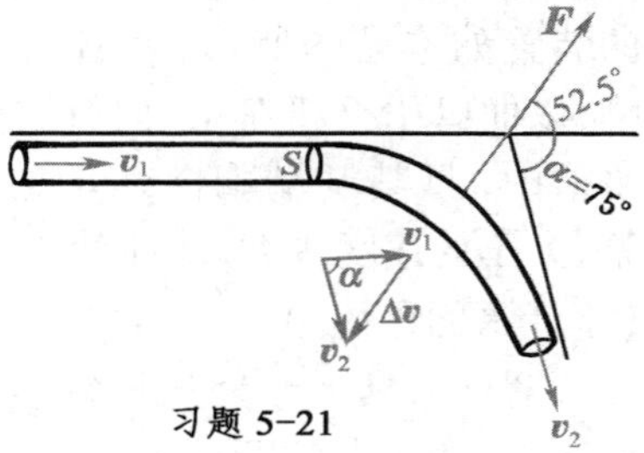

习题 5-21

解： 质量流量 $Q_m=\rho vS$，水流作用在弯管上力 $\boldsymbol{F}=-Q_m(\boldsymbol{v}_2-\boldsymbol{v}_1)=-Q_m\Delta\boldsymbol{v}$，

力的大小 $F=Q_m|\Delta\boldsymbol{v}|=\rho vS\cdot2v\sin(\alpha/2)$

$=10^3\times3.0\times50\times10^{-4}\times2\times3.0\times\sin(75°/2)\,\mathrm{N}=55\,\mathrm{N}$，

$\boldsymbol{F}$ 与原水流方向夹角 $\theta=(180°-75°)/2=52.5°$.

5－22. 在重力作用下，某液体在半径为 R 的竖直圆管中向下作定常层流，已知液体密度为 ρ，测得从管口流出的体积流量为 Q，求

（1）液体的黏性系数 η；

（2）管轴处的流速 v.

解：（1）由泊肃叶公式 $Q=\frac{\pi}{8}\frac{(p_a-p_b)R^4}{\eta l}$（$l$ 为管长）

和上下压强差 $p_a-p_b=\rho gl$，得黏性系数 $\eta=\frac{\rho g\pi R^4}{8Q}$.

（2）管内流速分布 $v(r)=\frac{(p_a-p_b)(R^2-r^2)}{4\eta l}$，

管轴 $r=0$ 处流速为 $v_0=\frac{(p_a-p_b)R^2}{4\eta l}=\frac{2Q}{\pi R^2}$.

5－23. 黏性流体在一对无限大平行平面板之间流动。试推导其横截面上的速度分布公式。

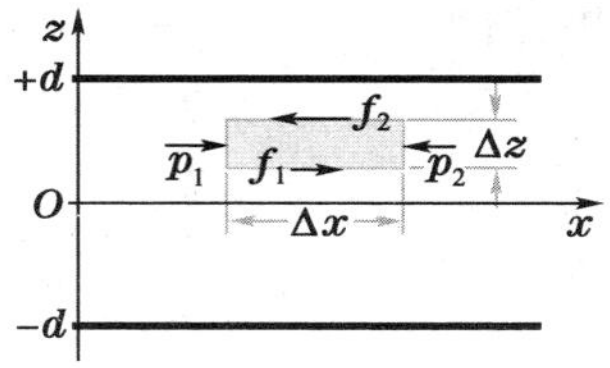

解：如右图所示，设平行板间距为$2d$，取直角坐标系的原点O在两板中间，xy面平行于板，x轴沿流速方向。取体元$\Delta x\Delta y\Delta z$，其上下面所受黏性力之差为

$$\Delta f=f_2-f_1=\eta\left[\left(\frac{\mathrm{d}v}{\mathrm{d}z}\right)_{z+\Delta z}-\left(\frac{\mathrm{d}v}{\mathrm{d}z}\right)_z\right]\Delta x\Delta y$$
$$=\eta\left(\frac{\mathrm{d}^2v}{\mathrm{d}z^2}\Delta z\right)\Delta x\Delta y,$$

左、右侧压力之差为

$$\Delta F=(p_1-p_2)\Delta y\Delta z=-\left(\frac{\mathrm{d}p}{\mathrm{d}x}\Delta x\right)\Delta y\Delta z,$$

液块匀速前进的条件是$\Delta F+\Delta f=0$，即

$$\eta\frac{\mathrm{d}^2v}{\mathrm{d}z^2}=-p_x\quad\left(p_x=\frac{\mathrm{d}p}{\mathrm{d}x}<0\text{ 为常量}\right),$$

相继两次积分：

$$\eta\frac{\mathrm{d}v}{\mathrm{d}z}=-p_xz+C_1,\quad \eta v=-p_x\frac{z^2}{2}+C_1z+C_2.$$

由边界条件$z=0$处$\dfrac{\mathrm{d}v}{\mathrm{d}z}=0$(对称性)和$z=\pm d$处$v=0$定出积分常数：

$$C_1=0,\ C_2=p_x\frac{d^2}{2},$$

因此流速发分布为

$$v=\frac{p_x}{2\eta}(z^2-d^2).$$

5－24. 密度为2.56 g/cm³、直径为6.0 mm的玻璃球在一盛甘油的筒中自静止下落。若测得小球的恒定速度为3.1 cm/s，试计算甘油的黏性系数。甘油的密度为1.26 g/cm³。

解：小球达到恒定速度时重力浮力与黏性阻力达到平衡，按斯托克斯公式，有

$$\frac{4\pi d^3}{24}(\rho_{球}-\rho_{油})g=\frac{6\pi\eta dv}{2},$$

由此得

$$\eta=\frac{gd^2(\rho_{球}-\rho_{油})}{18v}=\frac{9.8\times(6\times10^{-3})^2\times(2.56-1.26)\times10^3}{18\times3.1\times10^{-2}}\mathrm{Pa\cdot s}=0.82\ \mathrm{Pa\cdot s}.$$

5－25. 一半径为0.10 cm的小空气泡在密度为0.72×10^3 kg/m³、黏性系数为0.11 Pa·s的液体中上升，求其上升的终极速度。

解：浮力与黏性阻力平衡，按斯托克斯公式，有

$$\frac{4\pi r^3}{3}\rho g=6\pi\eta rv,$$

由此得

$$v=\frac{2r^2\rho g}{9\eta}=\frac{2\times(1.0\times10^{-3})^2\times0.72\times10^3\times9.8}{9\times0.11}\mathrm{m/s}=1.43\times10^{-2}\ \mathrm{m/s}.$$

5－26. 试分别计算半径为1.0×10^{-3} mm和5.0×10^{-2} mm的雨滴的终

极速度。已知空气的黏性系数为 1.81×10^{-5} Pa·s，密度为 $1.3\times10^{-3}\text{g/cm}^3$.

解： 雨滴所受空气的浮力比重力小三个数量级，浮力可以忽略。按空气作层流运动计算，达到终极速度时重力与黏性力平衡，按斯托克斯公式，有

$$\frac{4\pi r^3}{3}\rho_{水}g=6\pi\eta rv,\quad 由此得终极速度\ v=\frac{2r^2\rho_{水}g}{9\eta}.$$

$$\begin{cases} r=1.0\times10^{-3}\text{mm时}\ v_1=\dfrac{2\times(1.0\times10^{-6})^2\times10^3\times9.8}{9\times1.81\times10^{-5}}\text{m/s}=1.2\times10^{-4}\text{m/s},\\ r=5.0\times10^{-2}\text{mm时}\ v_2=\dfrac{2\times(5.0\times10^{-5})^2\times10^3\times9.8}{9\times1.81\times10^{-5}}\text{m/s}=3.0\times10^{-1}\text{m/s}.\end{cases}$$

5－27．一直径为0.02mm的水滴在速度为2cm/s的上升气流中，它是否回落向地面（不必考虑浮力）？空气的黏性系数可取 18×10^{-5}P.

解： 重力 $mg=\dfrac{\pi d^3}{6}\rho_{水}g==\dfrac{\pi\times(2\times10^{-5})^3\times9.8}{6}\text{N}=4.1\times10^{-11}\text{N}$,

按斯托克斯公式，静止水滴在上升气流中所受的黏性力

$$f=\frac{6\pi\eta dv}{2}=\frac{6\times\pi\times(18/10)\times10^{-5}\times2\times10^{-5}\times2\times10^{-2}}{2}\text{N}=6.8\times10^{-11}\text{N},$$

由于 $f>mg$，水滴不能回落向地面。

5－28．在直径为305mm的输油管内，安装了一个开口面积为原来1/5的隔片。管中的石油流量为36L/s，其运动黏性系数 $\nu\equiv\eta/\rho=0.0001\,\text{m}^2/\text{s}$. 石油经过隔片时是否变为湍流？

解： 管道临界雷诺数 $\mathscr{R}_c=2000\sim2600$，雷诺数 $\mathscr{R}=\dfrac{vd}{\nu}=\dfrac{4Q_V}{\pi d\nu}$.

未安装隔片前 $\mathscr{R}=\dfrac{vd}{\nu}=\dfrac{4Q_V}{\pi d\nu}=\dfrac{4\times36\times10^{-3}}{\pi\times0.305\times10^{-4}}=1.503\times10^3<\mathscr{R}_c$,

安装隔片后若有保持流量 Q_V 不变（这需要增加压力梯度），则雷诺数再增大 $\sqrt{5}$ 倍，达到 3.36×10^3. 故安装隔片后，层流变湍流。

第六章　振动和波

6－1. 一物体沿 x 轴作简谐振动，振幅为12.0 cm，周期为2.0 s，在 $t=0$ 时物体位于6.0 cm处且向正 x 方向运动。求

（1）初相位；

（2）$t=0.50\,\text{s}$ 时，物体的位置、速度和加速度；

（3）在 $x=-6.0\,\text{cm}$ 处且向负 x 方向运动时，物体的速度和加速度。

解：（1）$x=A\cos\left(\dfrac{2\pi t}{T}+\varphi_0\right)$，$\rightarrow 6.0=12.0\cos\varphi_0$，

$$\varphi_0=\arccos\frac{1}{2}\xlongequal{\text{Ⅳ 象限}}\frac{5\pi}{3}\text{ 或}-\frac{\pi}{3}.$$

（2）$$x=A\cos\left(\frac{2\pi t}{T}+\varphi_0\right)=12.0\,\text{cm}\times\cos\left(\frac{2\pi\times0.5}{2.0}-\frac{\pi}{3}\right)$$

$$=12.0\,\text{cm}\times\cos\frac{\pi}{6}=6\sqrt{3}\,\text{cm}=10.4\,\text{cm},$$

$$v=\frac{\mathrm{d}x}{\mathrm{d}t}=-\frac{2\pi A}{T}\sin\left(\frac{2\pi t}{T}+\varphi_0\right)=-\frac{2\pi\times12.0\,\text{cm}}{2.0\,\text{s}}\sin\frac{\pi}{6}=-18.8\,\text{cm/s},$$

$$a=\frac{\mathrm{d}v}{\mathrm{d}t}=-\frac{(2\pi)^2A}{T^2}\cos\left(\frac{2\pi t}{T}+\varphi_0\right)=-\frac{(2\pi)^2\times12.0\,\text{cm}}{(2.0\,\text{s})^2}\cos\frac{\pi}{6}=-102.6\,\text{cm/s}^2.$$

（3）$$-6.0=12.0\times\cos\left(\frac{2\pi t}{2.0\,\text{s}}-\frac{\pi}{3}\right)$$

$$\rightarrow t=\frac{2.0\,\text{s}}{2\pi}\left(\arccos\frac{-1}{2}+\frac{\pi}{3}\right)=\frac{2.0\,\text{s}}{2\pi}\left(\frac{5\pi}{3}+\frac{\pi}{3}\right)=1\,\text{s}.$$

$$v=-\frac{2\pi A}{T}\sin\left(\frac{2\pi t}{T}+\varphi_0\right)=-\frac{2\pi\times12.0\,\text{cm}}{2.0\,\text{s}}\sin\frac{2\pi}{3}=-32.6\,\text{cm/s},$$

$$a=-\frac{(2\pi)^2A}{T^2}\cos\left(\frac{2\pi t}{T}+\varphi_0\right)=-\frac{(2\pi)^2\times12.0\,\text{cm}}{(2.0\,\text{s})^2}\cos\frac{2\pi}{3}=59.2\,\text{cm/s}^2.$$

6－2. 一简谐振动为 $x=\cos(\pi t+\alpha)$，试作出初相位 α 分别为0、$\pi/3$、$\pi/2$、$-\pi/3$ 时的 x-t 图。

解：（1）$\varphi_0=0$，（2）$\varphi_0=\pi/3$，（3）$\varphi_0=\pi/2$，（4）$\varphi_0=-\pi/3$.

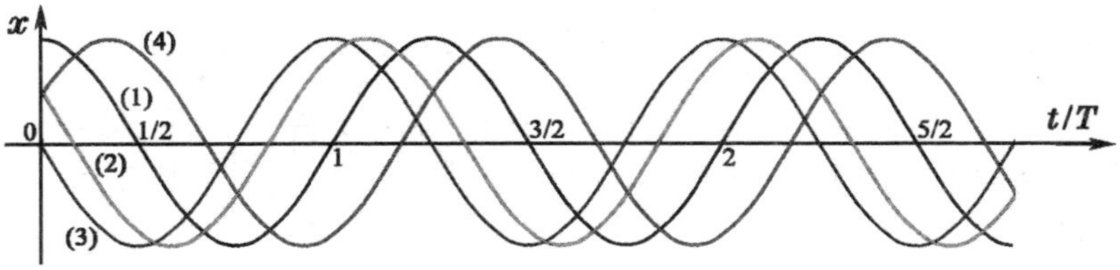

6－3. 三个频率和振幅都相同的简谐振动 $s_1(t)$、$s_2(t)$、$s_3(t)$，设 s_1 的图形如本题图所示，已知 s_2 与 s_1 的相位差 $\alpha_2-\alpha_1=2\pi/3$，s_3 与 s_1 的相位差 $\alpha_3-\alpha_1=-2\pi/3$. 试在图中作出 $s_2(t)$ 和 $s_3(t)$ 的图形。

解： 见右图。

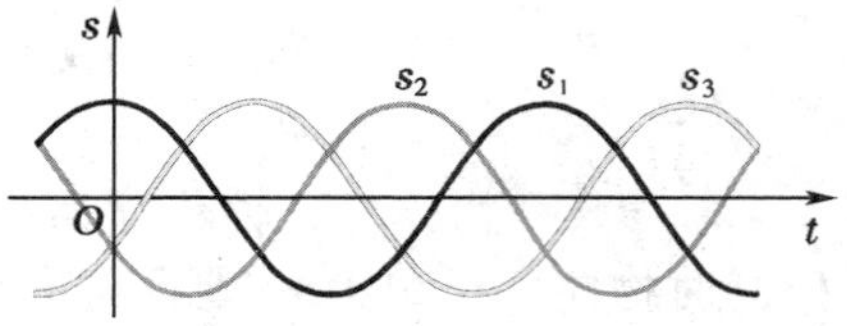

习题 6－3

6－4. 一个质量为0.25 g的质点作简谐振动，其表达式为 $s=6\sin(5t-\pi/2)$，式中 s 的单位为 cm，t 的单位为 s. 求（1）振幅和周期；（2）质点在 $t=0$ 时所受的作用力；（3）振动的能量。

解：（1）振幅 $A=6.0\,\text{cm}$，周期 $T=\dfrac{2\pi}{\omega}=\dfrac{2\pi}{5}\text{s}=1.26\,\text{s}$；

（2）$\dot{s}(t)=30\cos(5t-\pi/2)$，　$\ddot{s}(t)=-150\sin(5t-\pi/2)$，

质点受力　$f(0)=m\ddot{s}(0)=-(0.25\times150)\,\text{dyn}\times\sin(-\pi/2)=0$；

（3）能量 $E=\dfrac{1}{2}m\omega^2A^2=\dfrac{1}{2}\times0.25\times5^2\times6^2\,\text{erg}=113\,\text{erg}.$

6－5. 如本题图，把液体灌入 U 形管内，液柱的振荡是简谐运动吗？周期是多少？

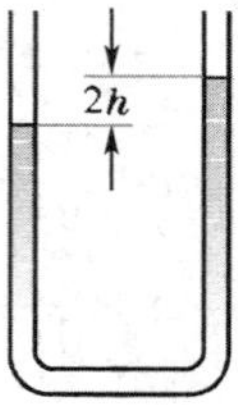

习题 6－5

解： 在图中所示状态下液柱所受恢复力为

$$f=2\rho gSh,\quad \rho=\frac{m}{SL},\ (S\text{ 为管的截面积.})$$

从而运动方程为

$$m\ddot{h}=-2\rho gSh=-\frac{2mg}{L}h,\ \text{即}\ \ddot{h}+\frac{2g}{L}h=0.$$

这是简谐运动的方程，角频率的平方是 h 项的系数：

$$\omega^2=\frac{2g}{L},\quad \omega=\sqrt{\frac{2g}{L}},\quad \text{周期 } T=\frac{2\pi}{\omega}=2\pi\sqrt{\frac{L}{2g}}.$$

6－6. 如本题图，劲度系数为 k_1 和 k_2 的两个弹簧与质量为 m 的物体组成一个振动系统。求系统振动的固有角频率。

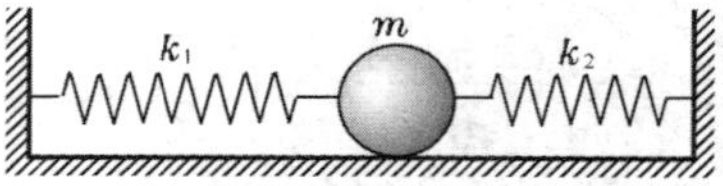

习题 6－6

解： 最大势能 $E_{\text{p}}^{\max}=\dfrac{1}{2}(k_1+k_2)A^2$，

最大动能 $E_{\text{k}}^{\max}=\dfrac{1}{2}mv_{\max}^2=\dfrac{1}{2}m\omega^2A^2$，

保守系统机械能守恒：$E_{\text{p}}^{\max}=E_{\text{k}}^{\max}$，　由此解得 $\omega=\sqrt{\dfrac{k_1+k_2}{m}}$.

6－7. 一竖直弹簧下挂一物体，最初用手将物体在弹簧原长处托住，然后撒手，此系统便上下振动起来。已知物体最低位置在初始位置下方 10.0 cm 处。求

（1）振动频率；

（2）物体在初始位置下方 8.0 cm 处的速率大小；

（3）若将一个 300 g 的砝码系在该物体上，系统振动频率就变为原来频率的一半，则原物体的质量为多少？

(4) 原物体与砝码系在一起时,其新的平衡位置在何处?

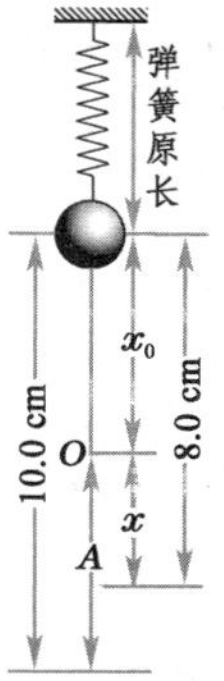

解: 如右图,在平衡位置 O 点:$mg=kx_0$,$x_0=mg/k$.

运动方程:$m\ddot{x}=mg-k(x_0+x)=-kx$,即 $m\ddot{x}+kx=0$.

由此 $x(t)=A\cos(\omega t+\varphi_0)$,$v(t)=\dot{x}(t)=-\omega A\sin(\omega t+\varphi_0)$,

其中
$$\omega=\sqrt{k/m}.$$

由初条件 $x(0)=x_0=A\cos\varphi_0$,$v(0)=0=-\omega A\sin\varphi_0$ 定出
$$A=x_0=5\,\text{cm},\quad \varphi_0=\pi.$$

(1) $\omega=\sqrt{k/m}=\sqrt{g/x_0}=14\,\text{rad/s}$.

(2) $x=8\,\text{cm}-x_0=3\,\text{cm}=5\,\text{cm}\times\cos(14\,\text{rad/s}\times t+\pi)$

得 $\cos(14\,\text{rad/s}\times t+\pi)=0.6 \rightarrow \sin(14\,\text{rad/s}\times t+\pi)=-0.8$,

所以 $x=3\,\text{cm}$ 时,$v=-\omega A\sin(14\,\text{rad/s}\times t+\pi)$
$$=-14\times5\times(-0.8)\,\text{cm/s}=56\,\text{cm/s}.$$

(3) 由 $\omega'=\sqrt{\dfrac{k}{m+300\,\text{g}}}=\dfrac{\omega}{2}=\dfrac{1}{2}\sqrt{\dfrac{k}{m}}$ 得 $m=100\,\text{g}$.

(4) 新平衡位置 $x_0'=\dfrac{(m+300\,\text{g})g}{k}=20\,\text{cm}$.

6-8. 如本题图,一单摆的摆长 $l=100\,\text{cm}$,摆球质量 $m=10.0\,\text{g}$,开始时处在平衡位置。

(1) 若给小球一个向右的水平冲量 $F\Delta t=10.0\,\text{g}\cdot\text{cm/s}$,以刚打击后为 $t=0$ 时刻,求振动的初相位及振幅;

(2) 若 $F\Delta t$ 是向左的,则初相位为多少?

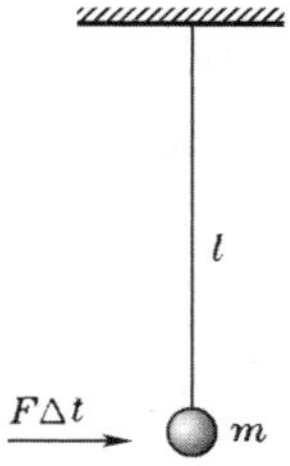

习题 6-8

解: (1) $v_0=\dfrac{F\Delta t}{m}=\dfrac{10.0}{10}\,\text{cm/s}=1.0\,\text{cm/s}$,

设 $\theta=\theta_0\cos(\omega t+\varphi_0)$,$v=l\dot{\theta}=-l\theta_0\omega\sin(\omega t+\varphi_0)$. $\left(\omega=\sqrt{\dfrac{g}{l}}.\right)$

由初条件 $\theta=0=\theta_0\cos\varphi_0$,$v=v_0=-l\theta_0\omega\sin\varphi_0$,

得 $\varphi_0=\dfrac{3\pi}{2}$,$\theta_0=\dfrac{v_0}{l\omega}=\dfrac{v_0}{\sqrt{lg}}=\dfrac{1.0\times10^{-2}}{\sqrt{1.00\times9.8}}\,\text{rad}=3.19\times10^{-3}\,\text{rad}$.

(2) 若 $F\Delta t$ 向左,则 $\varphi_0=\dfrac{\pi}{2}$.

6-9. 如本题图,在劲度系数为 k 的弹簧下悬挂一盘,一质量为 m 的重物自高度 h 处落到盘中作完全非弹性碰撞。已知盘子原来静止,质量为 M. 求盘子振动的振幅和初相位(以碰后为 $t=0$ 时刻)。

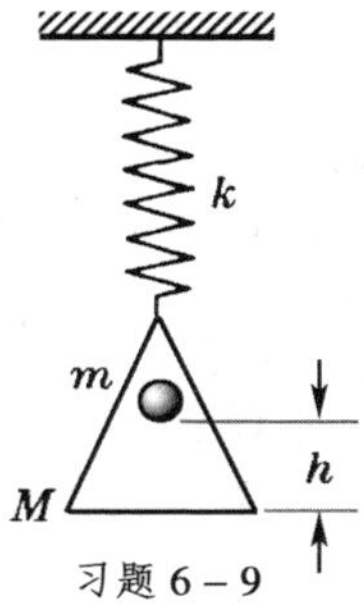

习题 6-9

解: m 撞击 M 的速度为 $v_0=\sqrt{2gh}$,

完全非弹性碰撞后的速度为 $v_1=\dfrac{mv_0}{m+M}$；

原平衡位置为 $x_0=\dfrac{Mg}{k}$，新平衡位置为 $x_0'=\dfrac{(m+M)g}{k}$.

以新平衡位置为坐标原点，向下为正，则运动方程为

$$(m+M)\ddot{x}=(m+M)g-k(x_0+x)=-kx,$$

可见运动是简谐的，角频率为 $\omega=\sqrt{\dfrac{k}{m+M}}$，

$$x(t)=A\cos(\omega t+\varphi_0),\quad v(t)=\dot{x}(t)=-\omega A\sin(\omega t+\varphi_0).$$

由初条件 $x(0)=-(x_0'+x_0)=-\dfrac{m}{k}=A\cos\varphi_0$，$v(0)=v_1=-\omega A\sin\varphi_0$

得 $A=\dfrac{mg}{k}\sqrt{1+\dfrac{2kh}{(m+M)g}}$，$\varphi_0=\arctan\sqrt{\dfrac{2kh}{(m+M)g}}$（第三象限）。

6 – 10. 若单摆的振幅为 θ_0，试证明悬线所受的最大拉力等于 $mg(1+\theta_0^2)$.

解：$\theta=\theta_0\cos(\omega t+\varphi_0)$，$\dot{\theta}=-\omega\theta_0\sin(\omega t+\varphi_0)$.　($\omega=\sqrt{g/l}$.)

由向心力公式 $T=ml\dot{\theta}^2+mg\cos\theta$，

在平衡位置上 $|\dot{\theta}|=\omega\theta_0$ 最大；$\theta=0$，$\cos\theta=1$ 也最大。

故此时 T 最大：$T_{\max}=mg+ml\omega^2\theta_0^2=mg(1+\theta_0^2)$.

6 – 11. 如本题图，把一个周期为 T 的单摆挂在小车里，车从斜面上无摩擦地滑下，单摆的周期如何改变？

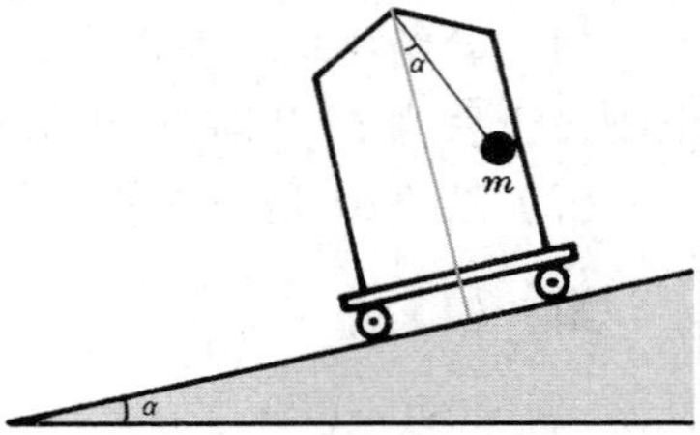

习题 6 – 11

解：由于惯性力的作用，小球所受的力是垂直于斜面的，其切向运动方程为 $f_t=-mg\cos\alpha\sin\theta=ml\ddot{\theta}$，

即 $\ddot{\theta}+(g\cos\alpha/l)\sin\theta\approx\ddot{\theta}+(g\cos\alpha/l)\theta=0$，

由此简谐运动方程可见 $\omega=\sqrt{g\cos\alpha/l}$，

$T=2\pi\sqrt{l/g\cos\alpha}>2\pi\sqrt{l/g}$，即周期变大了。

6 – 12. 如本题图，将一个匀质圆环用三根等长的细绳对称地吊在一个水平等边三角形的顶点上，绳皆铅直。将环稍微扭动，此扭摆的运动是简谐的吗？其周期为多少？

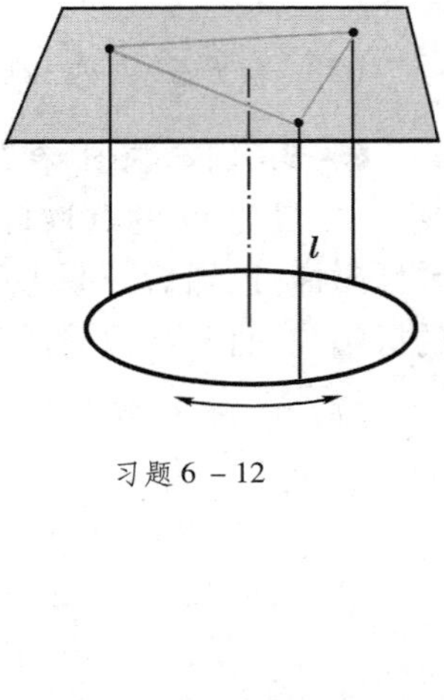

习题 6 – 12

解：切向恢复力为 $3\cdot\dfrac{mg\sin\theta}{3}\approx mg\theta$，

运动方程为 $ml\ddot{\theta}=-mg\theta$，运动是简谐的。

$$\omega=\sqrt{g/l},\quad T=2\pi\sqrt{l/g}.$$

6－13. 如本题图,质量为 M 的平板两端用劲度系数均为 k 的相同的弹簧连到侧壁上,下垫有一对质量各为 m 的相同圆柱。将此系统加以左右扰动后,圆柱上下都只滚不滑。这系统作简谐振动吗? 周期是多少?

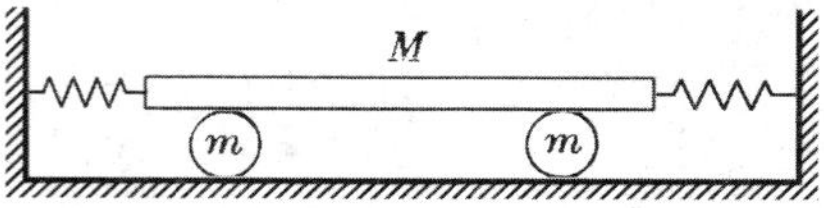

习题 6－13

解: 系统势能 $E_p=2\cdot\frac{1}{2}kx^2=kx^2$ 正比于位移 x 的平方, 运动是简谐的。

动能为 $$E_k=\frac{1}{2}M\dot{x}^2+2\left(\frac{1}{2}mv_C^2+\frac{1}{2}I_C\omega_C^2\right)=\frac{1}{2}\left(M+\frac{3}{4}m\right)\dot{x}^2.$$

(在上面的推导中用到: 圆柱绕自轴角速度 $\omega_C=\frac{v_C}{r}$, $I_C=\frac{1}{2}mr^2$, $v_C=\frac{\dot{x}}{2}$).

设振幅为 A, 角频率为 ω, 则

最大势能 $E_p^{max}=kA^2$, 最大势能 $E_k^{max}=\frac{1}{2}\left(M+\frac{3}{4}m\right)\dot{x}_{max}^2=\frac{1}{2}\left(M+\frac{3}{4}m\right)\omega^2A^2.$

保守系统机械能守恒, 有 $E_p^{max}=E_k^{max}$, 由此可得

$$\omega=\sqrt{\frac{8k}{4M+3m}},\quad T=2\pi\sqrt{\frac{4M+3m}{8k}}.$$

6－14. 本题图中两个相同圆柱体的轴在同一水平面上,且相距 $2l$. 两圆柱体以相同的恒定角速率按图中的转向很快地转动。在圆柱体上放一匀质木板,木板与圆柱体之间的滑动摩擦系数为 μ, 设 μ 为常数。把处在平衡位置的木板略加触动,

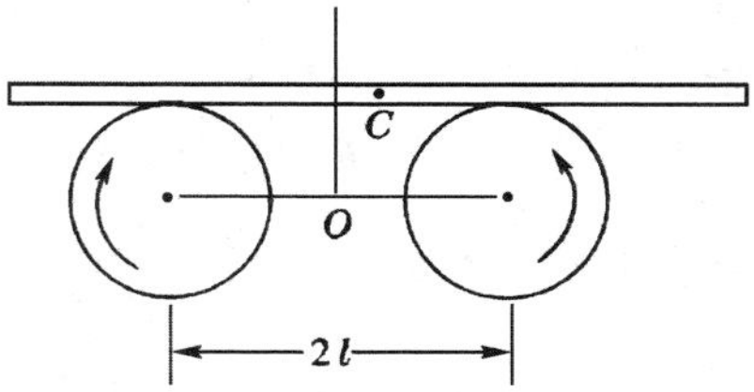

习题 6－14

(1) 试证明木板的运动是简谐振动,并确定其固有角频率;

(2) 若两圆柱体的转动方向都反向,木板是否仍作简谐振动?

解: (1) 两圆柱给木板的摩擦力分别为 $f_1=\mu N_1$, $f_2=\mu N_2$.

$$\begin{cases}N_1+N_2=Mg,\\ N_1(l+x)=N_2(l-x).\end{cases}\quad 得\quad \begin{cases}N_1=Mg(l-x)/2l,\\ N_2=Mg(l+x)/2l;\end{cases}\quad \begin{cases}f_1=\mu Mg(l-x)/2l,\\ f_2=\mu Mg(l+x)/2l.\end{cases}$$

运动方程 $M\ddot{x}=f_1-f_2=-\frac{\mu Mg}{l}x$, 即 $\ddot{x}+\frac{\mu g}{l}x=0$. 是简谐运动, $\omega=\sqrt{\mu g/l}$.

(2) 若两圆柱反转, $\ddot{x}-\frac{\mu g}{l}x=0$, 运动不稳定,木板将向左或右飞出。

6－15. 竖直悬挂的弹簧振子,若弹簧本身质量不可忽略,试推导其周期公式:

$$T=2\pi\sqrt{\frac{M+m/3}{k}},$$

式中 m 为弹簧的质量, k 为其劲度系数, M 为系于其上物体的质量(假定弹簧的伸长量由上到下与长度成正比地增加)。

解： 设弹簧长度为L，系质量M后的平衡长度为L_0，以平衡位置为参考点系统的势能为

$$E_p=\frac{1}{2}\left(M+\frac{m}{2}\right)g(L_0-L)+\frac{1}{2}k(L^2-L_0^2).$$

从势能极小求平衡长度L_0：

$$\frac{dE_p}{dL}=-\frac{1}{2}\left(M+\frac{m}{2}\right)g+kL=0 \quad\rightarrow\quad L=L_0=\frac{g}{2k}\left(M+\frac{m}{2}\right).$$

于是势能的表达式可改写为 $E_p=\frac{1}{2}k(L-L_0)^2=\frac{1}{2}kx^2$，式中$x=L-L_0$.

现在看动能。设弹簧下端的速度为$\dot{L}$. 弹簧从上到下各段的速度不一样，距悬挂点为l处的速度$\dot{l}$正比于l：$\dot{l}=\frac{l}{L}\dot{L}$. 该处一小段$dl$的质量为$\frac{m}{L}dl$，动能为$\frac{m}{2L}\dot{l}^2dl=\frac{ml^2}{2L^3}\dot{L}^2dl$，整个弹簧的动能为

$$E_k^{弹簧}=\int_0^L\frac{ml^2}{2L^3}\dot{L}^2dl=\frac{m}{2L^3}\dot{L}^2\int_0^L l^2dl=\frac{m}{6}\dot{L}^2=\frac{m}{6}\dot{x}^2.$$

弹簧和质量M一起的总动能为 $E_k=\frac{m}{6}\dot{x}^2+\frac{1}{2}M\dot{x}^2=\frac{1}{2}\left(M+\frac{m}{3}\right)\dot{x}^2.$

振动是简谐的，设振幅为A，角频率为ω，则速度$\dot{x}$的最大绝对值为ωA，势能和动能的最大值分别为

$$E_p^{max}=\frac{1}{2}kA^2,\quad E_k^{max}=\frac{1}{2}\left(M+\frac{m}{3}\right)\omega^2A^2.$$

保守系统机械能守恒，$E_p^{max}=E_k^{max}$，由此求得

$$\omega=\sqrt{\frac{k}{M+m/3}},\qquad T=2\pi\sqrt{\frac{M+m/3}{k}}.$$

6－16. 三个质量为m的质点和三个劲度系数为k的弹簧串联在一起，紧套在光滑的水平圆周上（见本题图）。求此系统简正模（即简正频率和运动方式）。

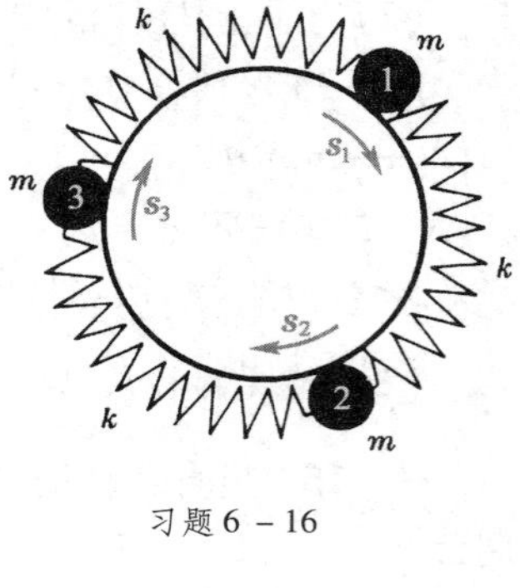

习题6－16

解： 设三个质点的振动分别为$s_1(t)$、$s_2(t)$和$s_3(t)$，顺时针为正逆时针为负，它们的运动方程为

$$\begin{cases}m\ddot{s}_1=k(s_2-s_1)+k(s_3-s_1)=k(s_2+s_3-2s_1),\\ m\ddot{s}_2=k(s_3-s_2)+k(s_1-s_2)=k(s_3+s_1-2s_2),\\ m\ddot{s}_3=k(s_1-s_3)+k(s_2-s_3)=k(s_1+s_2-2s_1).\end{cases} \quad ①$$

三个质点的振动必定具有相同的角频率ω，这里采用复数形式比较方便，我们设

$$\widetilde{s_i}(t)=\widetilde{A}_ie^{i\omega t},\qquad 得\qquad \ddot{\widetilde{s_i}}(t)=-\omega^2\widetilde{s_i}\quad(i=1,2,3).$$

代入①式，指数因子消掉，得振幅方程组：

$$\begin{cases}-m\omega^2\tilde{A}_1=k(\tilde{A}_2+\tilde{A}_3-2\tilde{A}_1),\\-m\omega^2\tilde{A}_2=k(\tilde{A}_3+\tilde{A}_1-2\tilde{A}_2),\\-m\omega^2\tilde{A}_3=k(\tilde{A}_1+\tilde{A}_2-2\tilde{A}_3).\end{cases}\text{或}\begin{cases}-\lambda\tilde{A}_1=\tilde{A}_2+\tilde{A}_3-2\tilde{A}_1,\\-\lambda\tilde{A}_2=\tilde{A}_3+\tilde{A}_1-2\tilde{A}_2,\\-\lambda\tilde{A}_3=\tilde{A}_1+\tilde{A}_2-2\tilde{A}_3.\end{cases}\left(\lambda=\frac{m\omega^2}{k}\right)\quad ②$$

线性代数方程组②可写成矩阵形式：

$$\begin{pmatrix}\lambda-2&1&1\\1&\lambda-2&1\\1&1&\lambda-2\end{pmatrix}\cdot\begin{pmatrix}\tilde{A}_1\\\tilde{A}_2\\\tilde{A}_3\end{pmatrix}=0.\quad ③$$

齐次代数方程组③的可解条件是方阵的行列式等于0.

$$\begin{vmatrix}\lambda-2&1&1\\1&\lambda-2&1\\1&1&\lambda-2\end{vmatrix}=0.\ \text{即}\ \lambda(\lambda-3)^2=0,\quad\begin{cases}\lambda_1=0,\\\lambda_{2,3}=3.\end{cases}\quad ④$$

即此系统有频率为 $\omega_1=0$ 和 $\omega_{2,3}=\sqrt{\dfrac{3k}{m}}$ 的三个简正模。

（1）简正模1：　将 $\lambda_1=0$ 代入③，

$$\begin{pmatrix}-2&1&1\\1&-2&1\\1&1&-2\end{pmatrix}\cdot\begin{pmatrix}\tilde{A}_1\\\tilde{A}_2\\\tilde{A}_3\end{pmatrix}=0.\ \rightarrow\begin{cases}-2\tilde{A}_1+\tilde{A}_2+\tilde{A}_3=0,\\\tilde{A}_1-2A_2+\tilde{A}_3=0,\\\tilde{A}_1+\tilde{A}_2-2\tilde{A}_3=0.\end{cases}\rightarrow\ \tilde{A}_1=\tilde{A}_2=A_3.$$

这不是振动，而是三质点同步绕圆周转动。

（2）简正模2,3：　将 $\lambda_{2,3}=3$ 代入③，

$$\begin{pmatrix}1&1&1\\1&1&1\\1&1&1\end{pmatrix}\cdot\begin{pmatrix}\tilde{A}_1\\\tilde{A}_2\\\tilde{A}_3\end{pmatrix}=0.\ \rightarrow\ \tilde{A}_1+\tilde{A}_2+\tilde{A}_3=0.$$

应当注意，$\tilde{A}_1$、$\tilde{A}_2$、$\tilde{A}_3$ 一般是复数，它们包含振幅和相位两方面的信息。满足上式的复振幅可以有多种可能性，譬如它们振幅相等，相位依次差 $2\pi/3$；也可以是 $\tilde{A}_2$、$\tilde{A}_3$ 相位相同，$\tilde{A}_1$ 与它们相位相反，且 $|\tilde{A}_1|=|\tilde{A}_2|+|\tilde{A}_3|$，等等。

6－17. 阻尼振动起始振幅为3.0 cm，经过10 s后振幅变为1.0 cm. 经过多长时间振幅将变为0.30 cm?

解： 由 $A=A_0\mathrm{e}^{-\beta t}$ 得 $\beta=-\dfrac{1}{t_1}\ln\dfrac{A_1}{A_0}=-\dfrac{1}{10\,\mathrm{s}}\ln\dfrac{1.0}{3.0}=0.11\,\mathrm{s}^{-1}$.

$$t_2=-\frac{1}{\beta}\ln\frac{A_2}{A_0}=-\frac{1}{0.11\,\mathrm{s}^{-1}}\ln\frac{0.30}{3.0}=21\,\mathrm{s}.$$

6－18. 一音叉的频率为440 Hz，从测试仪器测出声强在4.0 s内减少到1/5，求音叉的 Q 值（$Q=1/2\Lambda$，Λ 为阻尼度）。

解： $$\Lambda=\frac{\beta}{\omega_0}\approx\frac{\beta}{\omega}=\frac{\beta}{2\pi\nu},\quad Q=\frac{1}{2\Lambda}=\frac{\pi\nu}{\beta}.$$

声强比 $\frac{I}{I_0}=\left(\frac{A}{A_0}\right)^2=\mathrm{e}^{-2\beta t}$，$\beta=-\frac{1}{2t}\ln\frac{I}{I_0}=-\frac{1}{2\times4.0\,\mathrm{s}}\ln\frac{1}{5}=\frac{\ln5}{8.0\,\mathrm{s}}$，

$$Q=\frac{\pi\nu}{\beta}=\frac{\pi\times440\times8.0}{\ln5}=6.87\times10^3.$$

6－19. 一个弹簧振子的质量为5.0 kg，振动频率为0.50 Hz，已知振幅的对数减缩为0.02，求弹簧的劲度系数 k 和阻尼因数 β.

解： 劲度系数 $k=m\omega_0^2=m(2\pi\nu_0)^2=5.0\times(2\pi\times0.5)^2\ \mathrm{N/m}=49.3\ \mathrm{N/m}$.

对数减缩 $\lambda=0.02$，　阻尼因数 $\beta=\frac{\lambda}{T}=\lambda\nu=0.02\times0.50\ \mathrm{Hz}=0.01\ \mathrm{s}^{-1}$.

6－20. 弹簧振子的固有频率为2.0 Hz，现施以振幅为100 dyn 的谐变力，使发生共振。已知共振时的振幅为5.0 cm，求阻力系数 γ 和阻力的幅度。

解： 阻力系数 $\gamma=2m\beta$，$A=\frac{F_0}{2m\beta\sqrt{\omega_0^2-\beta^2}}\approx\frac{F_0}{2m\beta\omega_0}=\frac{F_0}{\gamma\omega_0}$，

$$\gamma=\frac{F_0}{\omega_0A}=\frac{F_0}{2\pi\nu_0A}=\frac{100\ \mathrm{dyne}}{2\pi\times2.0\ \mathrm{Hz}\times5.0\ \mathrm{cm}}=1.59\ \mathrm{g/s}.$$

阻力幅度 $=\gamma v_{\max}=\gamma\omega_0A=F_0=100\ \mathrm{dyne}$.

6－21. 设有两个同方向同频率的简谐振动 $x_1=A\cos(\omega t+\pi/4)$，$x_2=\sqrt{3}A\cos(\omega t+3\pi/4)$. 求合成振动的振幅和初相位。

解： 振幅 $A_{合}=\sqrt{1+3}A=2A$. 初相位 $\varphi_{合}=\frac{\pi}{4}+\arctan\frac{1}{\sqrt3}=\frac{\pi}{4}+\frac{\pi}{3}=\frac{7\pi}{12}$.

6－22. 说明下面两种情形下的垂直振动合成各代表什么运动，并画出轨迹图来。两者有什么区别？

(1) $\begin{cases}x=A\sin\omega t,\\ y=B\cos\omega t;\end{cases}$ (2) $\begin{cases}x=A\cos\omega t,\\ y=B\sin\omega t.\end{cases}$

解： 见右图。

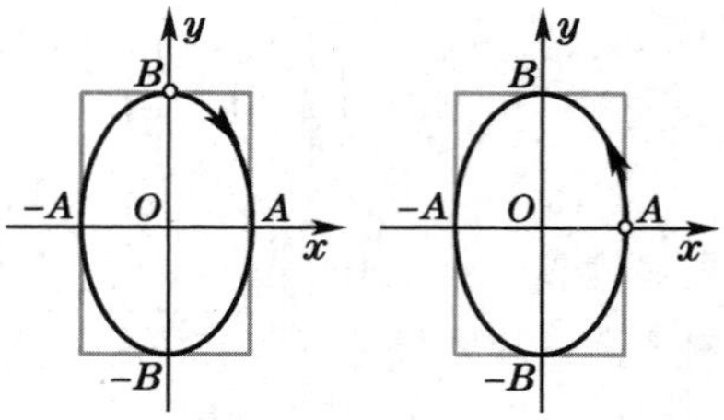

(1) 顺时针　(2) 逆时针

6－23. 两支C调音叉，其一是标准的256 Hz.，另一是待校正的。同时轻敲这两支音叉，在20 s内听到10拍。问待校音叉的频率是多少。

解： $\Delta\nu=\frac{1}{T_{拍}}=\frac{n}{t}=\frac{10}{20\,\mathrm{s}}=0.5\ \mathrm{Hz}$，　$\nu_{待校}=\nu_{标准}\pm\Delta\nu=(256\pm0.5)\ \mathrm{Hz}$.

6－24. 本题图为相互垂直振动合成的李萨如图形。已知横方向振动的角频率为 ω，求纵方向振动的角频率。

解：

见右图。

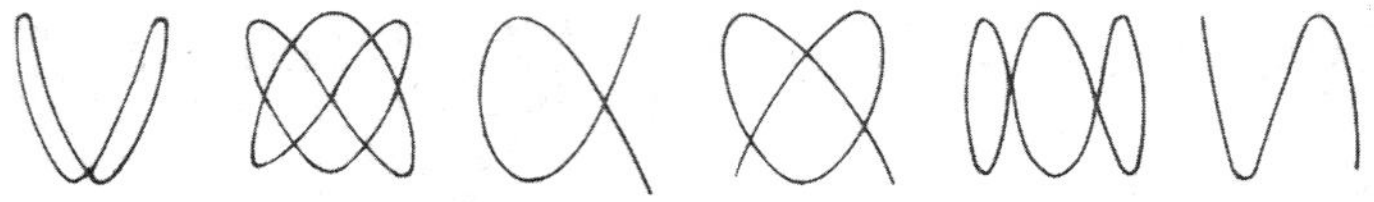

6 －25. 已知平面简谐波在 $t=0$ 时刻的波形如本题图所示，波朝正 x 方向传播。

（1）试分别画出 $t=T/4$、$T/2$、$3T/4$ 三时刻的 $u-x$ 曲线；

（2）分别画出 $x=0$、x_1、x_2、x_3 四处的 $u-t$ 曲线。

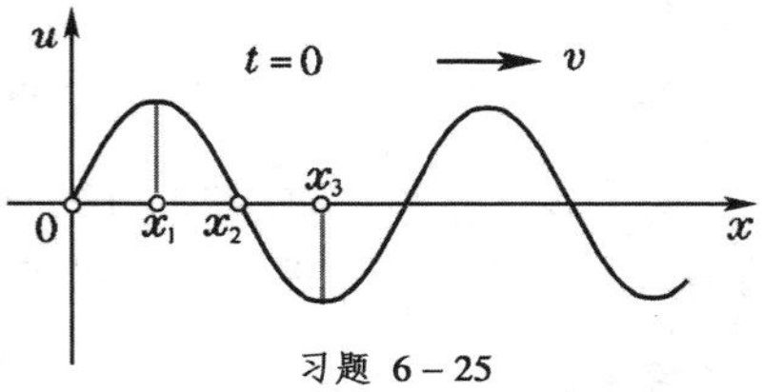

习题 6－25

解： 见下图。

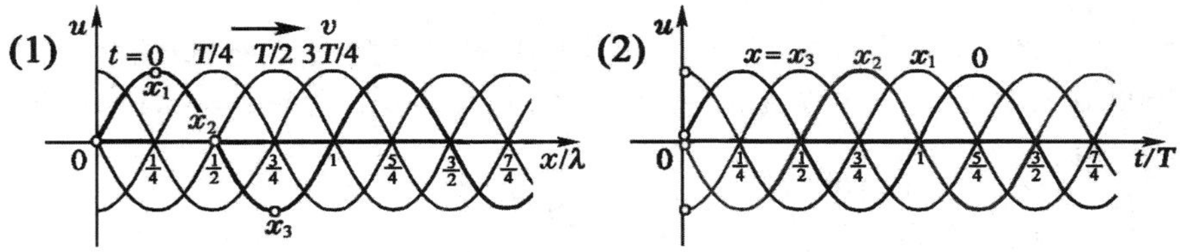

6 －26. 本题图为 $t=0$ 时刻平面简谐波的波形，波朝负 x 方向传播，波速为 $v=330$ m/s. 试写出波函数 $u(x,t)$ 的表达式。

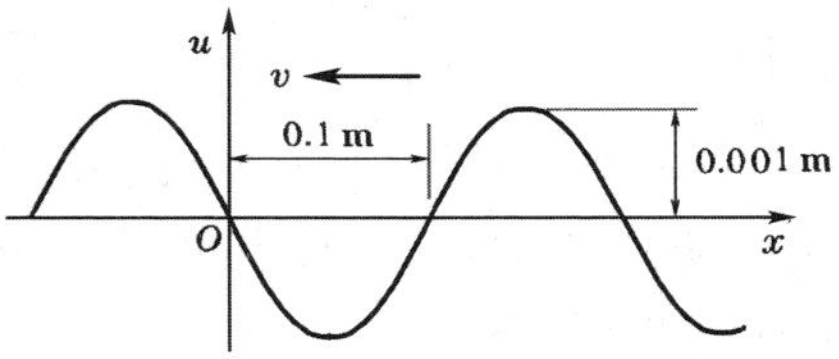

习题6－26

解： 由图 $A=0.001\,\mathrm{m}$，

$$\lambda=2\times0.1\,\mathrm{m}=0.2\,\mathrm{m};$$

$$k=\frac{2\pi}{\lambda}=\frac{2\pi\,\mathrm{rad}}{0.2\,\mathrm{m}}=10\pi\,\mathrm{rad/m},$$

$$\omega=\frac{2\pi}{T}=\frac{2\pi v}{\lambda}=\frac{2\pi\times330\,\mathrm{rad/s}}{0.2\,\mathrm{s}}=3300\pi\,\mathrm{rad/s},$$

$$u(x,t)=-0.001\times\sin\left(3300\pi t+10\pi x\right)=0.001\times\cos\left(3300\pi t+10\pi x+\frac{\pi}{2}\right),$$

式中 x、u 的单位为 m，t 的单位为 s.

6 －27. 设有一维简谐波

$$u(x,\ t)=2.0\times\cos2\pi\left(\frac{t}{0.010}-\frac{x}{30}\right),$$

式中 x、u 的单位为 cm，t 的单位为 s. 求振幅、波长、频率、波速，以及 $x=10$ cm 处振动的初相位。

解： $A=2.0\,\mathrm{cm}$，　$\lambda=30\,\mathrm{cm}$，　$\nu=\dfrac{1}{T}=\dfrac{1}{0.010\,\mathrm{s}}=100\,\mathrm{Hz}$，

波速　$$c=\nu\lambda=100\times30\,\mathrm{cm/s}=3000\,\mathrm{cm/s};$$

在 $x=10\,\mathrm{cm}$ 处，

$$u(x,\ 10)=2.0\times\cos 2\pi\left(\frac{t}{0.010}-\frac{10}{30}\right)=2.0\times\cos\left(\frac{2\pi t}{0.010}-\frac{2\pi}{3}\right),$$

即初相位 $\varphi_0=-\frac{2\pi}{3}$.

6－28. 写出振幅为 A、频率为 ν、波速为 c、朝正 x 方向传播的一维简谐波的表达式。

解:
$$u(x,\ t)=A\cos\left[2\pi\nu\left(t-\frac{x}{c}\right)-\varphi_0\right].$$

6－29. 频率在 $20\sim20\times10^3$ Hz 的弹性波能触发人耳的听觉。设空气里的声速为 330 m/s，求这两个频率声波的波长。

解: $\lambda_1=\frac{c}{\nu_1}=\frac{330}{20}\text{m}=16.5\text{ m},\quad \lambda_2=\frac{c}{\nu_2}=\frac{330}{20\times10^3}\text{m}=1.65\times10^{-2}\text{ m}.$

6－30. 人眼所能见到的光(可见光)的波长范围是 4000Å(紫光)到 7600Å(红光)，求可见光的频率范围(1Å $=10^{-10}$ m，光速 $c=3\times10^8$ m/s)。

解:

$$\begin{cases}\nu_{红}=\dfrac{c}{\lambda_{红}}=\dfrac{3\times10^8}{4000\times10^{-10}}\text{Hz}=7.50\times10^{14}\text{Hz},\\ \nu_{紫}=\dfrac{c}{\lambda_{紫}}=\dfrac{3\times10^8}{7600\times10^{-10}}\text{Hz}=3.95\times10^{14}\text{Hz}.\end{cases}$$

所以可见光频率范围为 $(3.95\sim7.50)\times10^{14}$ Hz.

6－31. 一无限长弹簧振子链，所有弹簧的劲度系数皆为 κ，自然长度为 $a/2$，振子质量 m 和 m' 相间。试证明：此链有两支频谱，即对应每个角波数 k 有两个角频率 $\omega_1(k)$ 和 $\omega_2(k)$，在 $m\gg m'$ 的情况下有

$$\begin{cases}\omega_1(k)=\sqrt{\dfrac{2\kappa}{m}}\sin\dfrac{ka}{2} & (声频支),\\ \omega_2(k)=\sqrt{\dfrac{2\kappa}{m'}} & (光频支)。\end{cases}$$

对于低频的声频支，$\tilde{A}'=\tilde{A}$，即 m、m' 的振动同相位；对于高频的光频支，$\tilde{A}=-\frac{m'}{m}\tilde{A}$，即 m、m' 的振动反相位，且与 m' 相比，m 几乎不动。

解: 运动方程

$$\begin{cases}m\ddot{\tilde{u}}_n=k(\tilde{u}_{n+1}-\tilde{u}_n)-k(\tilde{u}_n-\tilde{u}_{n-1})=k(\tilde{u}_{n+1}-2\tilde{u}_n+\tilde{u}_{n-1}), & ①\\ m'\ddot{\tilde{u}}_{n+1}=k(\tilde{u}_{n+2}-\tilde{u}_{n+1})-k(\tilde{u}_{n+1}-\tilde{u}_n)=k(\tilde{u}_{n+2}-2\tilde{u}_{n+1}+\tilde{u}_n). & ②\end{cases}$$

设

$$\begin{cases}\tilde{u}_n=\tilde{u}(x_n,t)=\tilde{A}\exp\left[\mathrm{i}\left(\omega t-\kappa x_n\right)\right]=\tilde{A}\exp\left[\mathrm{i}\left(\omega t-n\kappa a/2\right)\right], & ③\\ \tilde{u}_{n+1}=\tilde{u}(x_{n+1},t)=\tilde{A}'\exp\left[\mathrm{i}\left(\omega t-\kappa x_{n+1}\right)\right]=\tilde{A}'\exp\left[\mathrm{i}\left(\omega t-(n+1)\kappa a/2\right)\right]. & ④\end{cases}$$

令 $\omega_0=\sqrt{\frac{\kappa}{m}}$，$\omega_0'=\sqrt{\frac{\kappa}{m'}}$. 分别将③、④式代入①、②式，有

$$\begin{cases}(\omega^2-2\omega_0^2)\widetilde{A}+2\omega_0^2\cos(\kappa a/2)\widetilde{A}'=0, & ⑤\\ 2\omega'^2_0\cos(\kappa a/2)\widetilde{A}+(\omega^2-2\omega'^2_0)\widetilde{A}'=0. & ⑥\end{cases}$$

线性齐次代数方程组可解条件：

$$\begin{vmatrix}\omega^2-2\omega_0^2 & 2\omega_0^2\cos(\kappa a/2)\\ 2\omega'^2_0\cos(\kappa a/2) & \omega^2-2\omega'^2_0\end{vmatrix}=0, \qquad ⑦$$

由此解得

$$\begin{cases}\omega_1(\kappa)=\left[\omega_0^2+\omega'^2_0-\sqrt{(\omega_0^2+\omega'^2_0)^2+4\omega_0^2\,\omega'^2_0\cos(\kappa a/2)}\right]^{1/2}, & ⑧\\ \omega_2(\kappa)=\left[\omega_0^2+\omega'^2_0+\sqrt{(\omega_0^2+\omega'^2_0)^2+4\omega_0^2\,\omega'^2_0\cos(\kappa a/2)}\right]^{1/2}. & ⑨\end{cases}$$

当 $m\gg m'$ 时，$\omega'^2_0\gg\omega_0^2$，近似地有

$$\begin{cases}\omega_1(\kappa)\approx\omega_0\left[1-\cos\left(\dfrac{\kappa a}{2}\right)\right]^{1/2}=\sqrt{\dfrac{2k}{m}}\sin\left(\dfrac{\kappa a}{2}\right), & (\text{声频支}) \quad ⑧\\ \omega_2(\kappa)\approx\sqrt{2}\,\omega_0'=\sqrt{\dfrac{2k}{m'}}\,. & (\text{光频支}) \quad ⑨\end{cases}$$

将声频支⑧式代入⑤、⑥式，得 $\widetilde{A}'=\widetilde{A}\cos\left(\dfrac{\kappa a}{2}\right)$，可见 m、m' 相位相同。

将光频支⑨式代入⑤、⑥式，得 $\widetilde{A}=-\dfrac{m'\widetilde{A}'}{m}\cos\left(\dfrac{\kappa a}{2}\right)$，可见 m、m' 相位相反，且 m 几乎不动。

6－32. 本题图中 O 处为波源，向左右两边发射振幅为 A、角频率为 ω 的简谐波，波速为 c. BB' 为反射面，它到 O 的距离为 $5\lambda/4$（λ 为波长）。试在有无半波相位突变的两种情况下，讨论 O 点两边合成波的性质。

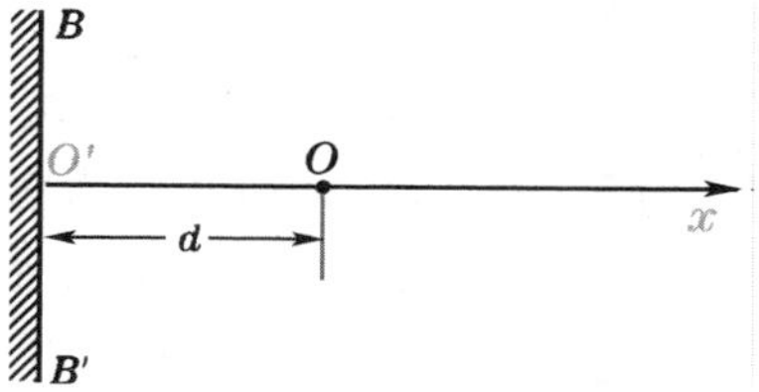

习题 6－32

解：以 O 点为 x 坐标原点，且选择时间 t 的起点使 O 处振源的初相位 0：

$$u(0,t)=A\cos\omega t. \qquad \begin{cases}\text{正向波：} u_+(x,t)=A\cos(\omega t-kx),\\ \text{反向波：} u_-(x,t)=A\cos(\omega t+kx).\end{cases}$$

反射波

$$u'(x,t)=A\cos\left[\omega t-k\left(x-2d\right)+\begin{Bmatrix}0\\ \pi\end{Bmatrix}\right]$$

$$=A\cos\left(\omega t-kx+5\pi+\begin{Bmatrix}0\\ \pi\end{Bmatrix}\right)=\mp A\cos\left(\omega t-kx\right). \begin{matrix}\leftarrow \text{无半波损失}\\ \leftarrow \text{有半波损失}\end{matrix}$$

① O 点之左：$u=u_-+u'=A\cos\left(\omega t+kx\right)\mp A\cos\left(\omega t-kx\right)$

$$=\begin{cases}-2\sin\omega t\sin kx, \leftarrow \text{无半波损失}\\ 2\cos\omega t\cos kx. \leftarrow \text{有半波损失}\end{cases} \quad \text{是驻波。}$$

波腹与波节间隔 $\dfrac{\lambda}{4}$，$\begin{cases}\text{无半波损失时，反射点 } O' \text{ 处是波腹，} O \text{ 点是波节；}\\ \text{有半波损失时，反射点 } O' \text{ 处是波节，} O \text{ 点是波腹。}\end{cases}$

② O 点之右：$u=u_{+}+u'=A\cos(\omega t-kx)\mp A\cos(\omega t-kx)$

$$=\begin{cases}0, & \leftarrow \text{无半波损失，无波；}\\ 2A\cos(\omega t-kx). & \leftarrow \text{有半波损失，是振幅加倍的行波。}\end{cases}$$

6－33. 本题图中所示为某一瞬时入射波的波形，在固定端全反射。试画出此时刻反射波的波形。

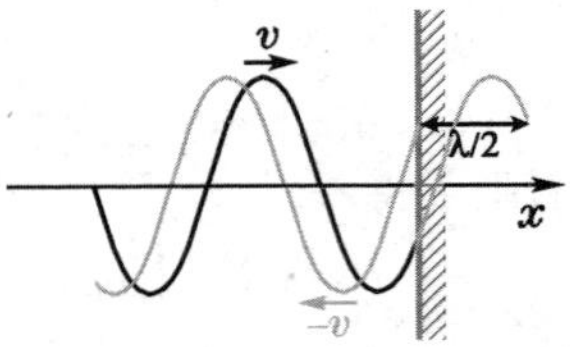

习题 6－33

解： 在固定端全反射时有半波损失，反射波的波形如图中灰色曲线所示。入射波与反射波合成的驻波在反射点形成波节。

6－34. 入射简谐波的表达式为

$$u(x,\ t)=A\ \cos\left[2\pi\left(\frac{t}{T}+\frac{x}{\lambda}\right)+\frac{\pi}{4}\right],$$

在 $x=0$ 处的自由端反射，设振幅无损失，求反射波的表达式。

解： 在 $x=0$ 处自由端反射时无半波损失，反射波的表达式为

$$u'(x,\ t)=A\ \cos\left[2\pi\left(\frac{t}{T}-\frac{x}{\lambda}\right)+\frac{\pi}{4}\right].$$

6－35. 设入射波为 $u=A\cos 2\pi\left(\frac{t}{T}+\frac{x}{\lambda}\right)$，在 $x=0$ 处发生反射，反射点为一自由端。求

（1）反射波的表达式；

（2）合成的驻波的表达式，并说明哪里是波腹，哪里是波节。

解：（1）在 $x=0$ 处自由端反射时无半波损失，反射波的表达式为

$$u'=A\cos 2\pi\left(\frac{t}{T}-\frac{x}{\lambda}\right).$$

（2）合成的驻波表达式

$$U=u+u'=A\cos 2\pi\left(\frac{t}{T}+\frac{x}{\lambda}\right)+A\cos 2\pi\left(\frac{t}{T}-\frac{x}{\lambda}\right)=2A\cos\frac{2\pi x}{\lambda}\cos\frac{2\pi t}{T}.$$

波腹：$x=n\frac{\lambda}{2}$，　波节：$x=\left(n+\frac{1}{2}\right)\frac{\lambda}{2}$　$(n=0,\ \pm 1,\ \pm 2,\ \cdots)$.

6－36. 在同一直线上相向传播的两列同频同幅的波，甲波在 A 点是波峰时乙波在 B 点是波谷，A、B 两点相距 20.0 m. 已知两波的频率为 100 Hz，波速为 200 m/s，求 AB 联线上静止不动点的位置。

解： 波长 $\lambda=\frac{c}{\nu}=\frac{200\ \text{m/s}}{100\ \text{Hz}}=2.00\ \text{m}$，　得　$\overline{AB}=20.0\ \text{m}=10\lambda$.

$$\begin{cases}u_{甲}(x,t)=A\cos\left[2\pi\left(\frac{t}{T}-\frac{x}{\lambda}\right)+\varphi_{甲}\right],\\ u_{乙}(x,t)=A\cos\left[2\pi\left(\frac{t}{T}+\frac{x}{\lambda}\right)+\varphi_{乙}\right].\end{cases}\qquad \begin{cases}u_{甲}(0,0)=A\cos\varphi_{甲}=A,\\ u_{乙}(10\lambda,0)=A\cos(20\pi+\varphi_{乙})\\ \qquad =A\cos\varphi_{乙}=-A.\end{cases}$$

由此得 $\varphi_{甲}=0$，$\varphi_{乙}=\pi$，故

$$U=u_{甲}+u_{乙}=A\cos\left[2\pi\left(\frac{t}{T}-\frac{x}{\lambda}\right)\right]-A\cos\left[2\pi\left(\frac{t}{T}+\frac{x}{\lambda}\right)\right]=2A\sin\frac{2\pi x}{\lambda}\sin\frac{2\pi t}{T}.$$

在 AB 联线上的静止不动点（即驻波波节）除两端点外，其间每隔半波长有一个，共 19 个。

6－37. 利用表面张力波的色散关系(6.95)式求其群速，并证明相速等于群速时相速最小。

解： $v_{相}=\dfrac{\omega}{k}$，　$v_{群}=\dfrac{d\omega}{dk}$，　$\dfrac{dv_{相}}{dk}=\dfrac{d}{dk}\left(\dfrac{\omega}{k}\right)=\dfrac{1}{k}\dfrac{d\omega}{dk}-\dfrac{\omega}{k^2}=\dfrac{1}{k}(v_{群}-v_{相})$.

故 $\dfrac{dv_{相}}{dk}=0$ 时 $v_{群}=v_{相}$，可见相速等于群速时相速最小是色散波的一般规律，不仅限于表面张力波。

表面张力波的色散关系 $\omega=\sqrt{gk+\dfrac{\gamma k^3}{\rho}}$，　$v_{群}=\dfrac{d\omega}{dk}=\dfrac{1}{2\omega}\left(g+\dfrac{3\gamma k^2}{\rho}\right)$.

6－38. (1) 沿一平面简谐波传播的方向看去，相距 2 cm 的 A、B 两点中 B 点相位落后 $\pi/6$. 已知振源的频率为 10 Hz，求波长与波速。

(2) 若波源以 40 cm/s 的速度向着 A 运动，B 点的相位将比 A 点落后多少？

解：(1) $\Delta\varphi=\dfrac{2\pi\Delta x}{\lambda}$，　$\lambda=\dfrac{2\pi\Delta x}{\Delta\varphi}=\dfrac{2\pi\times 2\,\text{cm}}{\pi/6}=24\,\text{cm}$.

$$c=\nu\lambda=10\,\text{Hz}\times 24\,\text{cm}=240\,\text{cm/s}.$$

(2) 因多普勒效应 $\lambda'=\lambda-v_S/\nu=(24-40/10)\,\text{cm}=20\,\text{cm}$.

B 点的相位将比 A 点落后　$\Delta\varphi=\dfrac{2\pi\Delta x}{\lambda'}=\dfrac{2\pi\times 2}{20}=\dfrac{\pi}{5}$.

6－39. 两个观察者 A 和 B 携带频率均为 1000 Hz 的声源。如果 A 静止，B 以 10 m/s 的速率向 A 运动，A 和 B 听到的拍频是多少？设声速为 340 m/s.

解：① A 为观测者，$\nu_A=\dfrac{c\nu_0}{c-v_S}=\dfrac{340}{340-10}\nu_0=\dfrac{34}{33}\nu_0$，

A 听到的拍频为　$\Delta\nu_A=\nu_A-\nu_0=\dfrac{\nu_0}{33}=\dfrac{1000\,\text{Hz}}{33}=30.3\,\text{Hz}$.

② B 为观测者，$\nu_B=\dfrac{(c+v_D)\nu_0}{c}=\dfrac{340+10}{340}\nu_0=\dfrac{35}{34}\nu_0$，

B 听到的拍频为　$\Delta\nu_B=\nu_B-\nu_0=\dfrac{\nu_0}{34}=\dfrac{1000\,\text{Hz}}{34}=29.4\,\text{Hz}$.

6－40. 一音叉以 2.5 m/s 的速率接近墙壁，观察者在音叉后面听到拍音的频率为 3 Hz，求音叉振动的频率。已知声速为 340 m/s.

解：

观察者直接接收音叉的频率 $\nu_1=\dfrac{c\nu}{c+v_S}$，
观察者接收墙壁反射波的频率 $\nu_2=\dfrac{c\nu}{c-v_S}$，
拍频 $\Delta\nu=\nu_2-\nu_1=\dfrac{2cv_S\nu}{c^2-v_S^2}$.

$$\text{音叉的频率 } \nu=\frac{(c^2-v_S^2)\Delta\nu}{2cv_S}=\frac{(340^2-2.5^2)\times 3}{2\times 340\times 2.5}\text{Hz}=204\text{ Hz}.$$

6－41. 装于海底的超声波探测器发出一束频率为30000 Hz的超声波，被迎面驶来的潜水艇反射回来。反射波与原来的波合成后，得到频率为 241 Hz 的拍。求潜水艇的速率。设超声波在海水中的传播速度为 1500 m/s.

解：

潜水艇收到波的频率 $\nu_1=\dfrac{(c+v)\nu}{c}$，
潜水艇反射波的频率 $\nu_2=\dfrac{c\nu_1}{c-v}=\dfrac{(c+v)\nu}{c-v}$，
拍频 $\Delta\nu=\nu_2-\nu=\dfrac{2v\nu}{c-v}$.

$$\text{潜水艇的速率 } v=\frac{c\Delta\nu}{2\nu+\Delta\nu}\text{m/s}=\frac{1500\times 241}{2\times 30000+241}\text{m/s}=6\text{ m/s}.$$

6－42. 求速度为声速的 1.5 倍的飞行物艏波的马赫角。

解： 马赫锥的半顶角 $\alpha=\arcsin\dfrac{c}{v_S}=\arcsin\dfrac{1}{1.5}=41.8°$.

第七章　万有引力

7－1. 试由月球绕地球运行的周期(T=27.3 d)和轨道半径(r=3.85×10^5km)来确定地球的质量$M_\oplus$. 设轨道为圆形。这样计算的结果与标准数据比较似乎偏大了一些,为什么?

解: 月球绕地球运行的开普勒常量 $K=\frac{GM_\oplus}{4\pi^2}=\frac{r^3}{T^2}$ 得

$$M_\oplus=\frac{4\pi^2 r^3}{GT^2}=\frac{4\pi^2\times(3.85\times10^5)^3}{6.67\times10^{-11}\times(27.3\times24\times60\times60)^2}\,\mathrm{kg}=6.06\times10^{24}\,\mathrm{kg}.$$

由于月球质量并不可忽略，上式中的 r 严格说来应是月球到两体质心的距离,上面计算的 $M_\oplus$ 值比实际偏大。

7－2. 在伴星的质量与主星相比不可忽略的条件下,利用圆轨道推导严格的开普勒常量的公式。

解: 设主星与伴星之间的距离为 r，伴星到两体质心 C 的距离为 r_C，主星与伴星的质量分别为 M 和 m，则 $r_C=\frac{M}{M+m}r$，再由向心力等于万有引力 $m r_C\omega^2=m\,r_C\left(\frac{2\pi}{T}\right)^2=\frac{GMm}{r^2+m}$ 得 $\frac{r^3}{T^2}=\frac{G(M+m)}{4\pi^2}$=开普勒常量$K$. 此时的开普勒常量与伴星的质量有关,已非严格意义上的常量。

7－3. 我们考虑过月球绕地球的轨道问题,把地心看作一固定点而围绕着它运动。然而实际上地球和月球是绕着它们的共同质心转动的。如果月球的质量与地球的相比可以忽略,一个月要多长?已知地球的质量是月球的81倍。

解: 在给定了地月距离 r 之后，周期 T 的平方正比于开普勒常量。按上题，实际的开普勒常量 K 正比于 $M_\oplus+M_☾$，忽略了 $M_☾$ 月球质量时开普勒常量 K 正比于 $M_\oplus$，故忽略了月球质量时的周期 T' 与严格周期 T 为

$$\frac{T'}{T}=\sqrt{\frac{M_\oplus+M_☾}{M_\oplus}}=\sqrt{\frac{81+1}{81}}=1.006,\quad T'=1.006\times27.3\ 天=27.5\ 天。$$

7－4. 众所周知,四个内层行星和五个外层行星之间的空隙由小行星带占据,而不是第十个行星占据。这小行星带延伸范围的轨道半径约为从2.5 AU到3.0 AU. 试计算相应的周期范围,用地球年的倍数表示。

解: 按开普勒第三定律　$T\propto a^{3/2}$，　$T/T_\oplus=(a/a_\oplus)^{3/2}$，

而 $T_\oplus=1\,\mathrm{yr}$，$a_\oplus=1\,\mathrm{AU}$，故　　$T/\mathrm{yr}=(a/\mathrm{AU})^{3/2}$.

小行星带内缘　$T_1=2.5^{3/2}\mathrm{yr}=3.95\,\mathrm{yr}$;　外缘　$T_2=3.0^{3/2}\mathrm{yr}=5.2\,\mathrm{yr}$.

7－5. 已知引力常量 G、地球年的长短以及太阳的直径对地球的张角约为0.55°的事实，试计算太阳的平均密度。

解：按开普勒第三定律 $\frac{r^3}{T_\oplus^2}=K=\frac{GM_\odot}{4\pi^2}$，　$M_\odot=\frac{4\pi R_\odot^3}{3}\bar{\rho}_\odot$，

又 $2R_\odot=r\theta$，由此解得　$\bar{\rho}_\odot=\frac{24\pi}{GT^2\theta^3}$

$$=\frac{24\pi}{6.67\times10^{-11}\times(360\times24\times60\times60)^2\times(0.55\pi/180)^3}\text{kg/m}^3=1.29\times10^3\text{kg/m}^3.$$

7－6. 证明在接近一星球表面的圆形轨道中运动的一个粒子的周期只与引力常量 G 和星球的平均密度有关。对于平均密度等于水的密度的星球（木星差不多与此情况相应），推算此周期之值。

解：按开普勒第三定律，粒子的周期 $T=\sqrt{\frac{4\pi^2r^3}{GM}}$，　$M=\frac{4\pi R^3}{3}\bar{\rho}$，

今粒子轨道半径 $r\approx$ 星球半径 R，　由此解出 $T=\sqrt{\frac{3\pi}{G\bar{\rho}}}\propto\bar{\rho}^{-1/2}$，

对于木星情形　$T=\sqrt{\frac{3\pi}{6.67\times10^{-11}\times1.0\times10^3}}\text{s}=1.19\times10^4\text{s}=3.31\text{h}.$

7－7. 已知火星的平均直径为6900 km，地球的平均直径为 1.3×10^4 km，火星质量约为地球质量的0.11倍。试求：

（1）火星的平均密度 ρ_M 与地球密度 $\rho_\oplus$ 之比；

（2）火星表面的 g 值。

解：（1）$\frac{\rho_M}{\rho_\oplus}=\frac{M_M}{M_\oplus}\frac{d_\oplus^3}{d_M^3}=0.11\times\left(\frac{1.3\times10^4}{6.9\times10^3}\right)^3=0.74$；

（2）$g_M=\frac{M_M}{M_\oplus}\frac{d_\oplus^2}{d_M^2}g_\oplus=0.11\times\left(\frac{1.3\times10^4}{6.9\times10^3}\right)^2g_\oplus=0.207g_\oplus=2.03\text{m/s}^2.$

7－8. 计划放一个处于圆形轨道、周期为2小时的地球卫星。

（1）这个卫星必须离地表面多高？

（2）如果它的轨道处于地球的赤道平面内，而且与地球的转动方向相同，在赤道海平面的一给定地方能够连续看到这颗卫星的时间有多长？

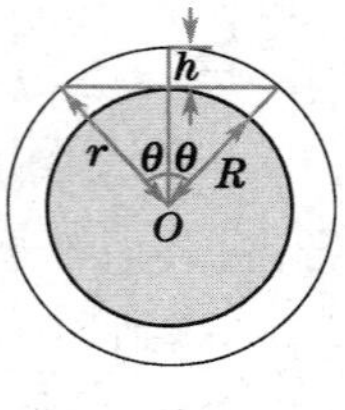

解：（1）按开普勒第三定律，$r^3=\frac{GM_\oplus T^2}{4\pi^2}=\frac{gR_\oplus^2T^2}{4\pi^2}$，

$$h=r-R_\oplus=\left(\frac{gR_\oplus^2T^2}{4\pi^2}\right)^{1/3}-R_\oplus$$

$$=\left[\left(\frac{9.8\times(6.37\times10^6)^2\times(2\times60\times60)^2}{4\pi^2}\right)^{1/3}-6.37\times10^6\right]\text{m}$$

$$=(8.05-6.37)\times10^6\text{m}=1.68\times10^6\text{m}.$$

（2）卫星角速度

$$\omega=2\pi\left(\frac{1}{T}-\frac{1}{T_\oplus}\right)=\left[2\pi\left(\frac{1}{2\times3600}-\frac{1}{24\times3600}\right)\right]\text{rad/s}=8.0\times10^{-4}\text{rad/s},$$

卫星对海平面观测者掠过的张角为

$$\theta = \arccos\frac{R_\oplus}{r} = \arccos\frac{6.37}{8.05} = 37.7° = 0.658\,\text{rad},$$

能看到卫星的时间 $t = \frac{2\theta}{\omega} = \frac{2\times0.658}{8.0\times10^{-4}}\,\text{s} = 1\,650\,\text{s} = 27.5\,\text{min}.$

7－9. 要把一个卫星置于地球的同步圆形轨道上，卫星的动力供应预期能维持10年，如果在卫星的生存期内向东或向西的最大容许漂移为10°，它的轨道半径的误差限度是多少？

解： 同步卫星角速度　$\omega = \omega_\oplus = 2\pi\,\text{d}^{-1}$，

容许误差 $\Delta\omega = \frac{2\pi\times10°}{360°\times10\times365\,\text{d}} = \frac{2\pi}{360\times365\,\text{d}}$，　相对误差 $\frac{\Delta\omega}{\omega} = \frac{1}{360\times365}.$

按开普勒第三定律，　$r^3 = \frac{GM_\oplus T^2}{4\pi^2} = \frac{GM_\oplus}{\omega^2}$，

取微分：　$3r^2\text{d}r = -\frac{2GM_\oplus\text{d}\omega}{\omega^3}$，　被前式除 $\frac{3\text{d}r}{r} = -\frac{2\text{d}\omega}{\omega}$，

轨道半径的相对误差　$\frac{|\Delta r|}{r} = \frac{2|\Delta\omega|}{3\omega} = \frac{2}{3\times360\times365} = 5.07\times10^{-6}.$

若将 $M_\oplus = 5.98\times10^{24}\,\text{kg}$ 代入，可得

$$r = \left(\frac{GM_\oplus}{\omega^2}\right)^{1/3} = \left[\frac{6.67\times10^{-11}\times5.98\times10^{24}}{(2\pi\times86400)^2}\right]^{1/3}\text{m} = 4.23\times10^7\,\text{m},$$

于是　$\Delta r = 5.07\times10^{-6}\times4.23\times10^7\,\text{m} = 214\,\text{m}.$

7－10. 为了研究木星的大气低层中的著名“大红斑”，把一个卫星放置在绕木星的同步圆形轨道上，这颗卫星将在木星表面上方多高的地方？木星自转的周期为9.6小时，它的质量 M_J 约为地球质量的320倍，半径 R_J 约为地球半径的11倍。

解： 类似上题，木星同步卫星的轨道半径为

$$r_\text{J} = \left(\frac{GM_\text{J}T_\text{J}^2}{4\pi^2}\right)^{1/3} = \left[320\times\left(\frac{9.6}{24}\right)^2\right]^{1/3} r_\oplus = 3.713\times4.23\times10^7\,\text{m} = 1.57\times10^8\,\text{m},$$

式中 $r_\oplus = 4.23\times10^7\,\text{m}$ 为地球同步卫的轨道半径（见上题）。

木星同步卫星高度

$$h = r_\text{J} - R_\text{J} = r_\text{J} - 11R_\oplus = (1.57\times10^8 - 11\times6.37\times10^6)\,\text{m} = 8.7\times10^7\,\text{m}.$$

7－11. 一质量为 M 的行星同一个质量为 $M/10$ 的卫星由互相间的引力吸引使它们保持在一起，并绕着它们的不动质心在一圆形轨道上转，它们的中心之间的距离是 D，

（1）这一轨道运动的周期有多长？

（2）在总的动能中，卫星所占比例有多少？

忽略行星和卫星绕它们自轴的任何自转。

解：(1) 利用 7－2 题结果，$T^2=\frac{r^3}{K}=\frac{4\pi^2 r^3}{G(M+m)}$，

$$T=2\pi\sqrt{\frac{r^3}{G(M+m)}}=2\pi\sqrt{\frac{D^3}{G(M+M/10)}}=2\pi\sqrt{\frac{10D^3}{11GM}}.$$

(2) 绕质心 C 运动速率比　$\frac{v_{1C}}{v_{2C}}=\frac{\dot{r}_{1C}}{\dot{r}_{2C}}=\frac{r_{1C}}{r_{2C}}=10$，(1 代表卫星，2 代表主星.)

动能比　$\frac{E_{k1}}{E_{k2}}=\frac{m_1 v_{1C}^2}{m_2 v_{2C}^2}=\frac{1}{10}\times 10^2=10$，　$\frac{E_{k1}}{E_{k1}+E_{k2}}=\frac{10}{11}$.

7－12. 哈雷彗星绕日运动的周期为76年，试估算它的远日点到太阳的距离。

解：按开普勒第三定律，彗星轨道半长轴与天文单位 AU 之比应等于它的周期与地球周期(年)之比的 2/3 次方：$a/\text{AU}=(T/\text{yr})^{2/3}$，

即　$a=(76)^{2/3}\text{AU}=17.9\,\text{AU}=17.9\times 1.496\times 10^{11}\,\text{m}=2.68\times 10^{12}\,\text{m}.$

哈雷彗星近日点距离不到 1 AU，可忽略，故

远日点距离 $\approx 2a=35.8\,\text{AU}=5.36\times 10^{12}\,\text{m}$（精确值是 35.3 AU）.

7－13. 在卡文迪许实验中(见图 7－14)，设 M 与 m 的中心都在同一圆周上，两个大球分别处于同一直径的两端，各与近处小球的球心距离为 $r=10.0$ cm，轻杆长 $l=50.0$ cm，$M=10.0$ kg，$m=10.0$ g，悬杆的角偏转 $\theta=3.96\times 10^{-3}$ rad，悬丝的扭转常量 $D=8.34\times 10^{-8}\,\text{kg}\cdot\text{m}^2/\text{s}^2$. 求 G.

解：万有引力 $F=\frac{GMm}{r^2}$，　扭力矩 $Fl=D\theta$，　由此得

$$G=\frac{D\theta r^2}{Mml}=\frac{8.34\times 10^{-8}\times 3.96\times 10^{-3}\times(0.100)^2}{10.0\times 0.100\times 0.500}\text{m}\cdot\text{kg/s}^2=6.61\times 10^{-11}\,\text{m}\cdot\text{kg/s}^2.$$

7－14. 在可缩回的圆珠笔中弹簧的松弛长度为 3 cm，弹簧的劲度系数大概是 0.05 N/m. 设想有两个各为 10.000 kg 的铅球，放在无摩擦的面上，使得一个这样的弹簧在非压缩状态下嵌入它们的最近两点之间。

(1) 这两个球的引力吸引将使弹簧压缩多少?铅的密度约 11000 kg/m³.

(2) 使这个系统在水平面内转动，在什么角速度下这两个铅球不再压缩弹簧?

解：(1) 铅球半径 $R=\left(\frac{3M}{4\pi\rho}\right)^{1/3}=\left(\frac{3\times 10.000}{4\pi\times 11000}\right)^{1/3}=6.01\times 10^{-2}\,\text{m}.$

球心距离 $2R+l-\Delta l\approx 2R+l$，　万有引力与弹性力平衡：$\frac{GM^2}{(2R+l)^2}=k\Delta l$，

由此解得 $\Delta l=\frac{GM^2}{k(2R+l)^2}=\frac{6.67\times 10^{-11}\times 10.000^2}{0.05\times(2\times 6.01\times 10^{-2}+0.03)^2}\text{m}=5.91\times 10^{-6}\,\text{m}.$

(2) 万有引力与惯性离心力平衡：　$\frac{GM^2}{(2R+l)^2}=M\left(R+\frac{l}{2}\right)\omega^2$，

由此解得角速度

$$\omega=\sqrt{\frac{GM}{(R+l/2)(2R+l)^2}}=\sqrt{\frac{2GM}{(2R+l)^3}}=\sqrt{\frac{2\times6.67\times10^{-11}\times10.000}{(2\times6.01\times10^{-2}+0.03)^3}}\ \mathrm{rad/s}$$

$$=6.3\times10^{-4}\mathrm{rad/s}.$$

7－15. 将地球内部结构简化为地幔和地核两部分，它们分别具有密度 ρ_M 和 ρ_C，二者之间的界面在地表下2900 km深处。试利用总质量 $M_\oplus=6.0\times10^{24}$ kg 和转动惯量 $I_\oplus=0.33M_\oplus R_\oplus{}^2$ 的数据求 ρ_M 和 ρ_C.

解： 地幔厚度 $a=2900\,\mathrm{km}$,

地核半径 $R_C=R_\oplus-a=(6370-2900)\,\mathrm{km}=3470\,\mathrm{km}.$

$$\begin{cases}M_\oplus=\dfrac{4\pi}{3}\left[\rho_M\left(R_\oplus^3-R_C^3\right)+\rho_C R_C^3\right],\\[2mm] I_\oplus=\dfrac{2}{5}\dfrac{4\pi}{3}\left[\rho_M\left(R_\oplus^5-R_C^5\right)+\rho_C R_C^5\right]=0.33M_\oplus R_\oplus^2.\end{cases}$$

联立解得

$$\begin{cases}\rho_M=\dfrac{3(5\times0.33R_\oplus^2-2R_C^2)M_\oplus}{8\pi R_\oplus^3(R_\oplus^2-R_C^2)}\\[2mm] \quad=\dfrac{3\times(1.65\times6370^2-2\times3470^2)\times10^6\times6.0\times10^{24}}{8\pi\times6370^3\times(6370^2-3470^2)\times10^{15}}\mathrm{kg/m^3}\\[2mm] \quad=4.16\times10^3\mathrm{kg/m^3},\\[2mm] \rho_C=\dfrac{3[(5\times0.33-2)R_\oplus^5-5\times0.33R_\oplus^2R_C^3+2R_C^5]M_\oplus}{8\pi R_\oplus^3R_C^3(R_\oplus^2-R_C^2)}\\[2mm] \quad=\dfrac{3\times(-0.35\times6370^5-1.65\times6375^2\times3470^3+2\times3470^5)\times10^{15}\times6.0\times10^{24}}{8\pi\times6370^3\times3470^3\times(6370^2-3470^2)\times10^{24}}\mathrm{kg/m^3}\\[2mm] \quad=12.7\times10^3\mathrm{kg/m^3}.\end{cases}$$

7－16. 利用上题的模型和数据来计算，地球内部何处的重力加速度最大。

解： 在地核范围里其外表面重力加速度最大，在那里

$$g=g_0=\frac{4\pi G}{3}R_C\rho_C=\left(\frac{4\pi\times6.67\times10^{-11}}{3}\times3470\times10^3\times12.69\times10^3\right)\mathrm{m/s^2}=12.3\,\mathrm{m/s^2}.$$

在地幔范围里 $$g=\frac{4\pi G}{3r^2}\left[\rho_C R_C^3+\rho_M\left(r^2-R_C^3\right)\right],$$

只要 $g-g_0<0$，g_0 就是最大重力加速度。下面看 $g-g_0>0$ 的条件。

$$g-g_0=\frac{4\pi G}{3r^2}\left[\rho_C R_C\left(R_C^2-r^2\right)+\rho_M\left(r^3-R_C^3\right)\right]$$

$$=\frac{4\pi G}{3r^2}(r-R_C)\left[\rho_M\left(r^2+rR_C+R_C^2\right)-\rho_C R_C\left(r+R_C\right)\right]$$

若要 $g-g_0>0$，除非 $$\rho_M\left(r^2+rR_C+R_C^2\right)-\rho_C R_C\left(r+R_C\right)>0,$$

或 $$r^2-\left(\frac{\rho_C}{\rho_M}-1\right)R_C r-\left(\frac{\rho_C}{\rho_M}-1\right)R_C^2>0,$$

或 $$r>\frac{R_C}{2}\left[\left(\frac{\rho_C}{\rho_M}-1\right)+\sqrt{\left(\frac{\rho_C}{\rho_M}-1\right)^2+4\left(\frac{\rho_C}{\rho_M}-1\right)}\right].$$

而 $\frac{\rho_C}{\rho_M}-1=\frac{12.69}{4.16}-1=2.05$，　代入上式，有 $r>2.78R_C=9667\,\text{km}>R_\oplus$，即在地幔范围内没有 $g>g_0$ 的地方，地核与地幔交界处的重力加速度 g_0 最大。

7－17. 一个不转动的球状行星，没有大气层，质量为 M，半径为 R. 从它的表面上发射一质量为 m 的粒子，速率等于逃逸速率的3/4. 根据总能量和角动量守恒，计算粒子(1) 沿径向发射，(2) 沿切向发射所达到的最远距离(从行星的中心算起)。

解：逃逸速率(第二宇宙速度) $v_2=\sqrt{\frac{2GM}{R}}$，

发射速度 $v_0=\frac{3v_2}{4}$，　发射动能 $\frac{1}{2}mv_0^2=\frac{9GMm}{16R}$.

(1) 径向发射：设最远距离为 r_1.

机械能守恒：$\frac{1}{2}mv_0^2-\frac{GMm}{R}=-\frac{7GMm}{16R}=-\frac{GMm}{r_1}$，　得　$r_1=\frac{16R}{7}$.

(2) 切向发射：设最远距离为 r_2.

发射速度 $v_0=\frac{3v_2}{4}=\frac{3\sqrt{2}v_1}{4}=1.06v_1>v_1=\sqrt{\frac{GM}{R}}$(第一宇宙速度)，故粒子轨道为椭圆。发射点与最高点是两拱点，该处速度与径矢垂直，故可写

$$\left.\begin{aligned}&\text{角动量守恒：}\quad mRv_0=mr_2v.\\&\text{机械能守恒：}\quad \frac{1}{2}mv_0^2-\frac{GMm}{R}=\frac{1}{2}mv^2-\frac{GMm}{r_2}.\end{aligned}\right\}\quad \text{由此解得}\ r_2=\frac{9R}{7}.$$

7－18. 设想有一不转动的球状行星，质量为 M，半径为 R，没有大气层。从这行星的表面发射一卫星，速率为 v_0，方向与当地的竖直线成 30° 角。在随后的轨道中，这颗卫星所达到的离行星中心的最大距离为 $5R/2$. 用能量和角动量守恒原理证明

$$v_0=(5GM/4R)^{1/2}.$$

解：卫星最大距离处为椭圆轨道拱点，该处速度与径矢垂直，故可写

$$\left.\begin{aligned}&\text{角动量守恒：}\quad mRv_0\sin30^\circ=mrv=\frac{5}{2}mRv.\\&\text{机械能守恒：}\quad \frac{1}{2}mv_0^2-\frac{GMm}{R}=\frac{1}{2}mv^2-\frac{GMm}{r}.\end{aligned}\right\}\quad \text{解得}\ v_0=\sqrt{\frac{5GM}{4R}}.$$

7－19. 一质量为 m 的卫星绕着地球(质量为 M) 在一半径为 r 的理想圆轨道上运行。卫星因爆炸而分裂为相等的两块，每块的质量为 $m/2$. 刚

爆炸后的两碎块的径向速度分量等于$v_0/2$，其中v_0是卫星于爆炸前的轨道速率；在卫星参考系中两碎块在爆炸的瞬间表现为沿着卫星到地心的连接线分离。

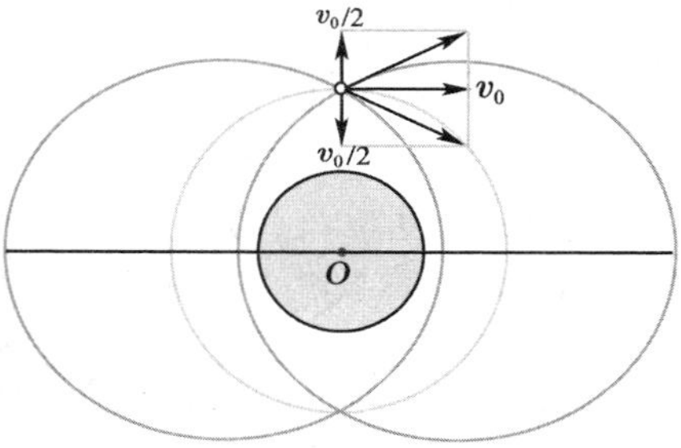

（1）用G、M、m和r表示出每一碎块的能量和角动量（以地心系为参考系）。

（2）画一草图说明原来的圆轨道和两碎块的轨道。作图时，利用卫星椭圆轨道的长轴与总能量成反比这一事实。

解：（1）爆炸后两碎块速度的平方 $v_1^2=v_2^2=v^2=v_0^2+\left(\dfrac{v_0}{2}\right)^2=\dfrac{5v_0^2}{4}=\dfrac{5GM}{4r}$.

能量 $E_1=E_2=\dfrac{1}{2}\dfrac{m}{2}v^2-\dfrac{m}{2}\dfrac{GM}{r}=-\dfrac{3GMm}{16r}$，　角动量 $L_1=L_2=\dfrac{m}{2}rv_0=\dfrac{m}{2}\sqrt{GMr}$.

（2）如右上图，两碎块的轨道都是以地心O为焦点的椭圆：

半长轴 $a=-\dfrac{GM(m/2)}{E_{1,2}}=\dfrac{4r}{3}$，　偏心率 $\varepsilon=\sqrt{1-\dfrac{2|E_{1,2}|L_{1,2}^2}{G^2M^2(m/2)^2}}=\dfrac{1}{2}$，

半短轴 $b=\sqrt{a^2(1-\varepsilon^2)}=\dfrac{2r}{\sqrt{3}}$.　[可以验证：隆格-楞次矢量（即椭圆的长轴）与$\pm\boldsymbol{v}_0$平行。]

7－20. 彗星在近日点的速率比在沿圆形轨道上运行的行星约大几倍？［提示：彗星的轨道非常狭长］

解：沿圆形轨道的速率 $v_1=\sqrt{\dfrac{GM_\odot}{r}}$，

彗星在近日点的速率近似等于逃逸速度 $v_2=\sqrt{\dfrac{2GM_\odot}{r}}$，　v_2比v_1大$\sqrt{2}$倍。

7－21. 假设SL9彗星与木星的密度一样，试计算它被撕碎的洛希极限在木星表面上空多少千米。

解：按洛希公式，$r_C=2.45539R\left(\dfrac{\rho}{\rho'}\right)^{1/3}=2.45539R_J$，

高度
$$h=r_C-R_J=1.45539R_J=1.45539\times7.154\times10^7\text{m}$$
$$=1.041\times10^8\text{m}=1.041\times10^5\text{km}.$$

7－22. 试根据图7－57估算SL9彗星碎片与木星相撞时的相对速度。

解：按7－10题 $M_J=320M_\oplus$，$R_J=11R_\oplus=11\times6370\text{ km}=70070\text{ km}$.

据图7－57估算，SL9彗星轨道的长轴$2a\approx5\times10^7$km，是木星半径R_J的70倍，故SL9彗星撞木星的速度可近似地按逃逸速度计算。

$$v_{J逃}=\sqrt{\frac{2GM_J}{R_J}}=\sqrt{\frac{320}{11}}v_{\oplus逃}=5.4\times11.2\text{ km/s}=60.48\text{ km/s}.$$

第八章　相对论

8－1. 一艘空间飞船以 $0.99c$ 的速率飞经地球上空 1000 m 高度,向地上的观察者发出持续 2×10^{-6} s 的激光脉冲。当飞船正好在观察者头顶上垂直于视线飞行时,观察者测得脉冲信号的持续时间为多少？在每一脉冲期间相对于地球飞了多远?

解: 地上观察者测得脉冲持续时间

$$\Delta t=\frac{\Delta\tau}{\sqrt{1-v^2/c^2}}=\frac{2\times10^{-6}}{\sqrt{1-0.99^2}}\text{s}=14\times10^{-6}\text{s}.$$

飞船在脉冲期间飞行距离

$$\Delta l=v\Delta t=0.99\times3.0\times10^8\times14\times10^{-6}\text{m}=4.16\times10^3\text{m}.$$

8－2. 1952 年杜宾等人报导，把 π^+ 介子加速到相对于实验室的速度为 $(1-5\times10^{-5})c$ 时,它在自身静止的参考系内的平均寿命为 2.5×10^{-8}s,它在实验室参考系内的平均寿命为多少?通过的平均距离为多少?

解: 在实验室系内的平均寿命

$$\Delta t=\frac{\Delta\tau}{\sqrt{1-v^2/c^2}}=\frac{2.5\times10^{-8}}{\sqrt{1-(1-10^{-4})}}\text{s}=2.5\times10^{-6}\text{s}.$$

通过的距离

$$\Delta l=v\Delta t\approx3.0\times10^8\times2.5\times10^{-6}\text{m}=7.5\times10^2\text{m}.$$

8－3. 在惯性系 K 中观测到两事件发生在同一地点,时间先后相差 2 s. 在另一相对于 K 运动的惯性系 K′ 中观测到两事件之间的时间间隔为 3 s. 求 K′ 系相对于 K 系的速度和在其中测得两事件之间的空间距离。

解: $\Delta t=\dfrac{\Delta\tau}{\sqrt{1-v^2/c^2}}$,　所以

K′ 相对于 K 的速度　$v=\sqrt{1-\dfrac{\Delta\tau}{\Delta t}}\,c=\sqrt{1-\dfrac{2}{3}}\,c=\dfrac{\sqrt{5}\,c}{3}=2.24\times10^8\text{m/s}.$

K′ 系测得两事件间距　$\Delta l=v\Delta t=\dfrac{\sqrt{5}\,c}{3}\times3\text{ s}=6.7\times10^8\text{m}.$

8－4. 在惯性系 K 中观测到两事件同时发生，空间距离相隔 1m. 惯性系 K′ 沿两事件联线的方向相对于 K 运动，在 K′ 系中观测到两事件之间的距离为 3m. 求 K′ 系相对于 K 系的速度和在其中测得两事件之间的时间间隔。

解: $\Delta t=0$,　$\Delta x'=\dfrac{\Delta x-v\Delta t}{\sqrt{1-v^2/c^2}}=\dfrac{\Delta x}{\sqrt{1-v^2/c^2}}$,

$$v=\sqrt{1-\left(\frac{\Delta x}{\Delta x'}\right)^2}\,c=\sqrt{1-\left(\frac{1}{3}\right)^2}\,c=\frac{\sqrt{8}}{3}c=2.83\times10^8\text{m/s}.$$

$$\Delta t'=\frac{\Delta t-v\Delta x/c^2}{\sqrt{1-v^2/c^2}}=\frac{-v\Delta x/c^2}{\sqrt{1-v^2/c^2}}=\frac{-(\sqrt{8}/3c)\times1\text{ m}}{\sqrt{1-8/9}}=-0.94\times10^{-8}\text{s},$$

“－”号表示在 K′ 系中事件 2 发生在事件 1 之前。

8 – 5. 一质点在惯性系 K 中作匀速圆周运动，轨迹方程为 $x^2+y^2=a^2$，$z=0$，在以速度 V 相对于 K 系沿 x 方向运动的惯性系 K′ 中观测，该质点的轨迹若何？

解：椭圆：
$$\frac{x'^2}{(1-V^2/c^2)a^2}+\frac{y'^2}{a^2}=1.$$

8 – 6. 斜放的直尺以速度 V 相对于惯性系 K 沿 x 方向运动，它的固有长度为 l_0，在与之共动的惯性系 K′ 中它与 x' 轴的夹角为 θ'. 试证明：对于 K 系的观察者来说，其长度 l 和与 x 轴的夹角 θ 分别为

$$l=l_0\sqrt{(\sqrt{1-V^2/c^2}\cos\theta')^2+\sin^2\theta'},\qquad \tan\theta=\frac{\tan\theta'}{\sqrt{1-V^2/c^2}}.$$

解：在 K 系 $x=\sqrt{1-V^2/c^2}\,x'=\sqrt{1-V^2/c^2}\,l_0\cos\theta'$， $y=y'=l_0\sin\theta'$；

于是 $l=\sqrt{x^2+y^2}=l_0\sqrt{1-\cos^2\theta' V^2/c^2}$， $\tan\theta=\dfrac{y}{x}\dfrac{\tan\theta'}{\sqrt{1-V^2/c^2}}$.

8 – 7. 惯性系 K′ 相对于惯性系 K 以速度 V 沿 x 方向运动，在 K′ 系观测，一质点的速度矢量 $\boldsymbol{v}'$ 在 $x'y'$ 面内与 x' 轴成 θ' 角。试证明：对于 K 系，质点速度与 x 轴的夹角为

$$\tan\theta=\frac{v'\sqrt{1-V^2/c^2}\sin\theta'}{V+v'\cos\theta'}.$$

解：相对论速度合成
$$\begin{cases}v_x=\dfrac{v_x'+V}{1+Vv_x'/c^2}=\dfrac{(v'\cos\theta'+V)c^2}{c^2+Vv_x'},\\[2ex] v_y=\dfrac{v_y'\sqrt{1-V^2/c^2}}{1+Vv_x'/c^2}=\dfrac{c^2v'\sin\theta'\sqrt{1-V^2/c^2}}{c^2+Vv_x'};\end{cases}$$

所以
$$\tan\theta=\frac{v_y}{v_x}=\frac{v'\sin\theta'\sqrt{1-V^2/c^2}}{v'\cos\theta'+V}.$$

8 – 8. 一原子核以 0.5c 的速率离开某观察者运动。原子核在它的运动方向上向后发射一光子，向前发射一电子，电子相对于核的速度为 0.8c. 对于静止的观察者，电子和光子各具有多大的速度？

解：在任何参考系中真空中光子速度总是 c，电子速度
$$v=\frac{v'+V}{1+Vv'/c^2}=\frac{0.8c+0.5c}{1+0.5\times0.8}=\frac{13c}{14}.$$

8 – 9. 两宇宙飞船相对于某遥远的恒星以 0.8 c 的速率朝相反的方向离开。试求两飞船的相对速度。

解：设恒星为 K 系，飞船 1 为 K′系，飞船 2 相对于飞船 1（即 K′系）的速度为
$$v_2'=\frac{v_1-V}{1-v_1V/c^2}=\frac{0.8c+0.8c}{1+0.8\times0.8}=0.97c.$$

8 － 10. 在惯性系 K 中观测两个宇宙飞船，它们正沿直线朝相反的方向运动，轨道平行相距为 d，如本题图所示。每个飞船的速率皆为 $c/2$.

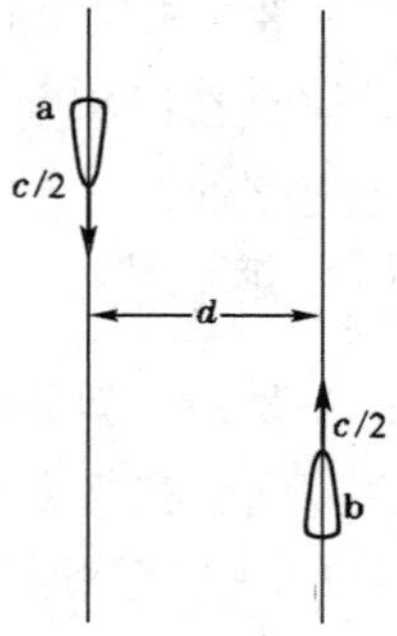

习题 8 － 10

(1) 当两飞船处于最接近位置（即相距为 d 时，见图）的时刻，飞船 a 以速率 $3c/4$（也是从 K 系测量的）发射一个小包。问从飞船 a 上的观察者看来，为了让飞船 b 接到这个小包，应以什么样的角度瞄准？

(2) 在飞船 a 上的观察者观测到小包的速率是多少？

(3) 在飞船 b 上的观察者观测到小包速度沿什么方向？速率多少？

解：(1) 设飞船 a 为 K′ 系，它相对于 K 系以速度 $v_a = -c/2$ 沿 y 轴运动；设飞船 b 为 K″ 系，它相对于 K 系以速度 $v_b = c/2$ 沿 y 轴运动。

对 K 系小包的速度分量 v_y 必须等于 $v_b = c/2$ 方能抛到飞船 b，故其速度分量

$$v_x = \sqrt{v^2 - v_y^2} = \sqrt{\left(\frac{3c}{4}\right)^2 - \left(\frac{c}{2}\right)^2} = \frac{\sqrt{5}\,c}{4}.$$

小包对飞船 a 的速度分量为

$$\begin{cases} v_y' = \dfrac{v_y - v_a}{1 - v_y v_a/c^2} = \dfrac{c/2 + c/2}{1 + 1/4} = \dfrac{4c}{5}, \\[2ex] v_x' = \dfrac{v_x\sqrt{1 - v_a^2/c^2}}{1 - v_y v_a/c^2} = \dfrac{(\sqrt{5}c/4)\sqrt{1 - 1/4}}{1 + 1/4} = \dfrac{\sqrt{15}\,c}{10}. \end{cases}$$

相对于正 y 轴的瞄准角为 $\theta' = \arctan\dfrac{v_x'}{v_y'} = \arctan\dfrac{\sqrt{15}}{8} = 25.8°$.

(2) 在飞船 a 观测到小包的速率

$$v' = \sqrt{v_x'^2 + v_y'^2}\sqrt{\left(\frac{\sqrt{15}\,c}{10}\right)^2 + \left(\frac{4c}{5}\right)^2} = \frac{\sqrt{79}\,c}{10} = 0.89\,c.$$

(3) 在飞船 b 上观测到小包速度分量为

$$\begin{cases} v_y'' = \dfrac{v_y - v_b}{1 - v_y v_b/c^2} = \dfrac{c/2 - c/2}{1 - 1/4} = 0, \\[2ex] v_x'' = \dfrac{v_x\sqrt{1 - v_b^2/c^2}}{1 - v_y v_b/c^2} = \dfrac{(\sqrt{5}c/4)\sqrt{1 - 1/4}}{1 - 1/4} = \dfrac{\sqrt{15}\,c}{6}. \end{cases}$$

速率 $v'' = v_x'' = \dfrac{\sqrt{15}\,c}{6}$，方向沿 x 轴。

8 － 11. 将一个电子从静止加速到 $0.1c$ 的速度需要作多少功？从 $0.8c$ 加速到 $0.9c$ 需要作多少功？已知电子的静止质量为 9.11×10^{-31} kg.

解：两过程分别需要作功

$$A_1 = (m_{0.1c} - m_0)c^2 = \left(\frac{1}{\sqrt{1 - 0.1^2}} - 1\right)m_0c^2 = 0.005\,m_0c^2 = 0.14 \times 10^{-15}\,\text{J},$$

$$A_2=(m_{0.9c}-m_{0.8c})c^2=\left(\frac{1}{\sqrt{1-0.9^2}}-\frac{1}{\sqrt{1-0.8^2}}\right)m_0c^2=0.08\,m_0c^2=6.97\times10^{-15}\,\text{J}.$$

8－12. 一粒子的动量是按非相对论计算结果(即m_0v)的二倍,该粒子的速率是多少?

解: 由 $\dfrac{m_0v}{\sqrt{1-v^2/c^2}}=2m_0v$ 解得 $v=\dfrac{\sqrt{3}c}{2}$.

8－13. 火箭静止质量为100 t(t为“吨”的符号),速度为第二宇宙速度,即11 km/s. 试计算火箭因运动而增加的质量。此质量占原有质量多大的比例?

解: $\Delta m=\dfrac{\Delta E}{c^2}=\dfrac{m_0v^2}{2c^2}=\dfrac{(11\times10^3)^2m_0}{2\times(3\times10^6)^2}=6.7\times10^{-10}m_0=6.7\times10^{-5}\,\text{kg}$,

$$\frac{\Delta m}{m_0}=6.7\times10^{-10}\text{，可忽略不计。}$$

8－14. 试计算一瓶开水(约2.5 kg)从100°C冷却至20°C时它所减少的质量。此质量占原有质量多大的比例?

解: 水的比热 $c_{水}=4.2\times10^3\,\text{J/°C}$,

冷却时减少的能量 $\Delta E=mc_{水}\Delta t=2.5\times4.2\times10^3\times(100-20)\,\text{J}=8.4\times10^5\,\text{J}$,

减少的质量 $\Delta m=\dfrac{\Delta E}{c^2}=\dfrac{8.4\times10^5}{(3.0\times10^8)^2}\text{kg}=9.3\times10^{-12}\,\text{kg}.$

8－15. 一个电子和一个正电子相碰,转化为电磁辐射(这样的过程叫做正负电子湮没)。正、负电子的质量皆为9.11×10^{-31} kg,设恰在湮没前两电子是静止的,求电磁辐射的总能量。

解: 电磁辐射总能量

$$E=2m_0c^2=2\times9.11\times10^{-31}\times(3.0\times10^8)^2\,\text{J}=1.64\times10^{-13}\,\text{J}.$$

8－16. 一核弹含20kg的钚,爆炸后生成物的静质量比原来小10^4分之一。

(1) 爆炸中释放了多少能量?

(2) 如果爆炸持续了1μs,平均功率为多少?

解: (1) 释放能量 $\Delta E=\Delta mc^2=20\times10^{-4}\times(3.0\times10^8)^2\,\text{J}=1.8\times10^{14}\,\text{J}.$

(2) 平均功率 $\overline{P}=\dfrac{\Delta E}{\Delta t}=\dfrac{1.8\times10^{14}}{10^{-6}}\text{W}=1.8\times10^{20}\,\text{W}.$

8－17. 在聚变过程中四个氢核转变成一个氦核,同时以各种辐射形式放出能量。氢核质量为1.0081 u,氦核质量为4.0039 u,试计算四氢核融合为一氦核时所释放的能量。($1\,\text{u}=1.66\times10^{-27}$ kg.)

解: 释放的能量 $\Delta E=(4m_{\text{H}}-m_{\text{He}})c^2$

$=(4\times1.0081-4.0039)\times1.66\times10^{-27}\times(3.0\times10^8)^2\,\text{J}=4.26\times10^{-12}\,\text{J}.$

8 – 18. 在实验室系中 γ 光子以能量 E_γ 射向静止的靶质子，求此系统质心系的速度。

解：在实验室系中 $\begin{cases}\text{系统的总动量 } p=\dfrac{E_\gamma}{c}+0=\dfrac{E_\gamma}{c}, \\ \text{系统的总能量 } E=E_\gamma+m_p c^2.\end{cases}$ m_p为质子静质量。

在质心系中总动量 p^{CM} 为 0，按四维矢量的洛伦兹变换

$$p^{CM}=\gamma(p+i\beta p_t)=\gamma\left(p-\frac{vE}{c^2}\right)\xlongequal{\text{应等于}}0,\quad \text{质心系速度 } v=\frac{pc^2}{E}=\frac{cE_\gamma}{E_\gamma+m_p c^2}.$$

8 – 19. π^+介子衰变为 μ^+子和中微子 ν：

$$\pi^+\to\mu^++\nu.$$

求质心系中 μ^+子和中微子的能量，已知三粒子的静质量分别为 m_π、m_μ和0.

解：在质心系中

$$\begin{cases}\text{动量守恒}:0=\dfrac{m_\mu v_\mu}{\sqrt{1-v_\mu^2/c^2}}-\dfrac{E_\nu}{c}, & ①\\ \text{能量守恒}:m_\pi c^2=E_\mu+E_\nu=\dfrac{m_\mu c^2}{\sqrt{1-v_\mu^2/c^2}}+E_\nu. & ②\end{cases}$$

由 ① 式解出 $v_\mu^2=\dfrac{E_\nu^2 c^2}{E_\nu^2+m_\mu^2 c^4}$，代入 ② 式解出：

$$E_\mu=\frac{(m_\pi^2+m_\mu^2)c^2}{2m_\pi},\qquad E_\nu=\frac{(m_\pi^2-m_\mu^2)c^2}{2m_\pi}.$$

8 – 20. 一质量为42 u的静止粒子衰变为两个碎片，其一静质量为20 u，速率为 $c/4$，求另一的动量、能量和静质量。

解：设两碎片的静质量、速度、动量、和能量分别为 $m_{10},m_{20};v_1,v_2;p_1,p_2$ 和 E_1,E_2.

$$\begin{cases}\text{动量守恒}:\quad p_1+p_2=\dfrac{m_{10}v_1}{\sqrt{1-v_1^2/c^2}}+p_2=0, & ①\\ \text{能量守恒}:\quad E_1+E_2=m_1c^2+m_2c^2=E_0=m_0c^2. & ②\end{cases}$$

由 ①、② 式解出：

$$p_2=-p_1=\frac{-m_{10}v_1}{\sqrt{1-v_1^2/c^2}}=\frac{-20\times1.66\times10^{-27}\times(1/4)\times3.0\times10^8}{\sqrt{1-(1/4)^2}}\text{J}=-2.57\times10^{-18}\text{J},$$

$$E_2=m_2c^2=m_0c^2-m_1c^2=\left(m_0-\frac{m_{10}}{\sqrt{1-v_1^2/c^2}}\right)c^2$$

$$=\left(42-\frac{20}{\sqrt{1-(1/4)^2}}\right)\times1.66\times10^{-27}\times(3.0\times10^8)^2\text{ J}=3.2\times10^{-9}\text{J},$$

$$m_{20}=\sqrt{(E_2^2-c^2p_2^2)/c^4}$$

$$=\sqrt{[(3.2\times10^{-9})^2-(3.0\times10^8)^2\times(2.57\times10^{-18})^2]/(3.0\times10^8)^4}\text{ kg}$$

$$=3.45\times10^{-24}\text{kg}=20.8\text{ u}.$$

8－21. 静止的正负电子对湮没时产生两个光子,若其中一个光子再与一个静止电子相碰,求它能给予这电子的最大速度。

解: 静止正负电子对湮没时产生的每个 γ 光子动量的大小为 $p_0=m_ec$ (m_e 为电子静质量)。在光子及其所碰静止电子 e 的质心系中它们的动量 p_0' 大小相等方向相反(见右图 a、b)。由于动量和能量守恒,碰撞后它们动量和能量仍保持原来的大小,但可以沿任意其它方向(右图 a)。然而变换到实验室系,电子的散射方向愈接近光子入射方向,它获得的动量愈大,$\theta=0$ 时电子的速度最大(右图 b)。下面就在实验室系计算这一最大速度(参见右图 c)。

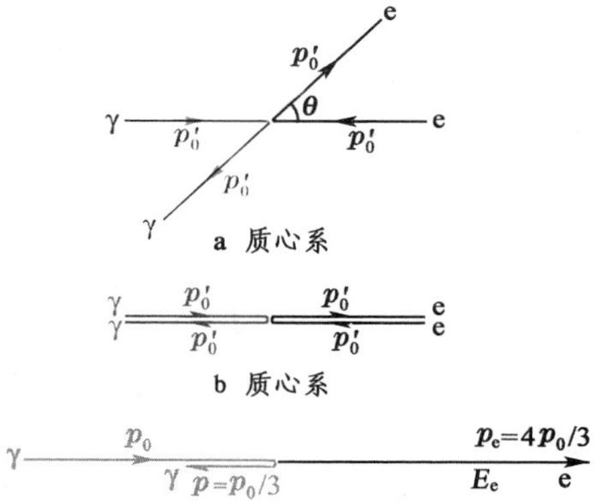

a 质心系

b 质心系

c 实验室系

$$\begin{cases}\text{动量守恒: } p_0=p_e-p,\\ \text{能量守恒: } p_0c+m_ec^2=E_e+pc.\end{cases}$$

消去反弹光子的动量 p,得

$$2p_0+m_ec=3m_ec=\frac{E_e}{c}+p_e=\frac{m_e(c+v)}{\sqrt{1-v^2/c^2}}=m_ec\sqrt{\frac{c+v}{c-v}},$$

$$3\sqrt{c-v}=\sqrt{c+v}\quad\rightarrow\quad 9(c-v)=c+v\quad\rightarrow\quad v=\frac{4c}{5}$$

$$\rightarrow\quad p_e=\frac{4}{3}m_ec\quad\rightarrow\quad p=\frac{1}{3}m_ec.$$

8－22. 光生 K^+ 介子的反应为

$$\gamma+p\rightarrow K^++\Lambda^0,$$

(1) 求上述反应得以发生时在实验室系(质子静止系)中光子的最小能量。

(2) 在飞行中 Λ^0 衰变为一个质子和一个 π^- 介子。如果 Λ^0 具有速率 $0.8c$,则 π^- 介子在实验室系中可具有的动量最大值为多少?垂直于 Λ^0 方向的实验室动量分量的最大值为多少?

已知　$m_{K^+}=494\ \text{MeV}/c^2$,　$m_{\Lambda^0}=1116\,\text{MeV}/c^2$,　$m_{\pi^-}=140\,\text{MeV}/c^2$.

解: (1) 四维动量模方

$$E^2-c^2p^2=K$$

既是反应过程的守恒量,又是洛伦兹不变量。

① 反应前实验室系: $E=E_\gamma+m_pc^2$, $p=E_\gamma/c$;

$$K=(E_\gamma+m_pc^2)^2-E_\gamma^2=2E_\gamma m_pc^2+(m_pc^2)^2.$$

② 反应后质心系: $p^{CM}=p_{K^+}^{CM}+p_{\Lambda^0}^{CM}=0$;

$$\left.\begin{aligned}(E_{\mathrm{K}^+}^{\mathrm{CM}})^2&=(cp_{\mathrm{K}^+}^{\mathrm{CM}})^2+(m_{\mathrm{K}^+}c^2)^2,\\(E_{\Lambda^0}^{\mathrm{CM}})^2&=(cp_{\Lambda^0}^{\mathrm{CM}})^2+(m_{\Lambda^0}c^2)^2;\end{aligned}\right\}K=(cp_{\mathrm{K}^+}^{\mathrm{CM}})^2+(m_{\mathrm{K}^+}c^2)^2+(cp_{\Lambda^0}^{\mathrm{CM}})^2+(m_{\Lambda^0}c^2)^2.$$

反应生成物在质心系中静止时($p_{\mathrm{K}^+}^{\mathrm{CM}}=p_{\Lambda^0}^{\mathrm{CM}}=0$)，在实验室系中光子能量最小，此时

$$K=(m_{\mathrm{K}^+}c^2)^2+(m_{\Lambda^0}c^2)$$

①、② 联合

$$E_\gamma^{\min}=\frac{\left[\left(m_{\mathrm{K}^+}+m_{\Lambda^0}\right)^2-m_{\mathrm{p}}^2\right]c^2}{2m_{\mathrm{p}}}=\frac{(494+1\,116)^2-938^2}{2\times938}\,\mathrm{MeV}=913\,\mathrm{MeV}.$$

(2)
$$\Lambda^0\to\mathrm{p}+\pi^-$$

在质心系中

$$\begin{cases}\boldsymbol{p}_{\mathrm{p}}^{\mathrm{CM}}+\boldsymbol{p}_{\pi^-}^{\mathrm{CM}}=0,\ 即\ p_{\mathrm{p}}^{\mathrm{CM}}=p_{\pi^-}^{\mathrm{CM}},\\E_{\Lambda^0}^{\mathrm{CM}}=E_{\mathrm{p}}^{\mathrm{CM}}+E_{\pi^-}^{\mathrm{CM}},\ 即\ E_{\Lambda^0}^{\mathrm{CM}}-E_{\pi^-}^{\mathrm{CM}}=E_{\mathrm{p}}^{\mathrm{CM}};\end{cases}\quad\begin{cases}E_{\Lambda^0}^{\mathrm{CM}}=m_{\Lambda^0}c^2,\\E_{\mathrm{p}}^2=(m_{\mathrm{p}}c^2)^2+(c^2p_{\mathrm{p}}^{\mathrm{CM}})^2,\\E_{\pi^-}^2=(m_{\pi^-}c^2)^2+(c^2p_{\pi^-}^{\mathrm{CM}})^2;\end{cases}$$

于是

$$(E_{\Lambda^0}^{\mathrm{CM}}-E_{\pi^-}^{\mathrm{CM}})^2=(E_{\mathrm{p}}^{\mathrm{CM}})^2,\quad 即\quad (E_{\Lambda^0}^{\mathrm{CM}})^2+(E_{\pi^-}^{\mathrm{CM}})^2-2E_{\Lambda^0}^{\mathrm{CM}}E_{\pi^-}^{\mathrm{CM}}=(E_{\mathrm{p}}^{\mathrm{CM}})^2,$$

$$(m_{\Lambda^0}c^2)^2+(m_{\pi^-}c^2)^2+(c^2p_{\pi^-}^{\mathrm{CM}})^2-2m_{\Lambda^0}c^2E_{\pi^-}^{\mathrm{CM}}=(m_{\mathrm{p}}c^2)^2+(c^2p_{\mathrm{p}}^{\mathrm{CM}})^2,$$

$$(m_{\Lambda^0}c^2)^2+(m_{\pi^-}c^2)^2-2m_{\Lambda^0}c^2E_{\pi^-}^{\mathrm{CM}}=(m_{\mathrm{p}}c^2)^2;$$

$$\begin{cases}E_{\pi^-}^{\mathrm{CM}}=\dfrac{\left(m_{\Lambda^0}^2+m_{\pi^-}^2-m_{\mathrm{p}}^2\right)c^2}{2m_{\Lambda^0}}=\dfrac{1\,116^2+140^2-938^2}{2\times1\,116}\,\mathrm{MeV}=173\,\mathrm{MeV},\\p_{\pi^-}^{\mathrm{CM}}=\dfrac{\sqrt{(E_{\pi^-}^{\mathrm{CM}})^2-m_{\pi^-}^2c^4}}{c}=\sqrt{173^2-140^2}\,\mathrm{MeV}/c=102\,\mathrm{MeV}/c.\end{cases}$$

取质心系相对于实验室系运动的方向(亦即 Λ^0 在实验室系中的速度 $\boldsymbol{v}$ 的方向)为 x 轴，$\boldsymbol{p}_{\pi^-}^{\mathrm{CM}}$ 所在平面为 xy 面，并设 $\boldsymbol{p}_{\pi^-}^{\mathrm{CM}}$ 与 x 轴的夹角为 θ，作洛伦兹变换：

$$\begin{cases}(p_{\pi^-})_x=\gamma\left(p_{\pi^-}^{\mathrm{CM}}\cos\theta+vE_{\pi^-}^{\mathrm{CM}}/c^2\right),\\(p_{\pi^-})_y=p_{\pi^-}^{\mathrm{CM}}\sin\theta.\end{cases}\quad\gamma=\frac{1}{\sqrt{1-v^2/c^2}}=\frac{1}{\sqrt{1-0.8^2}}=\frac{1}{0.6};$$

$\theta=0$ 时 $p_{\pi^-}=(p_{\pi^-})_x$ 最大，

$$(p_{\pi^-})_{\max}=\gamma\left(p_{\pi^-}^{\mathrm{CM}}+vE_{\pi^-}^{\mathrm{CM}}/c^2\right)=\frac{1}{0.6}(102+0.8\times173)\,\mathrm{MeV}/c=401\,\mathrm{MeV}/c$$

$\theta=\pi/2$ 时 $(p_{\pi^-})_y$ 最大，

$$(p_{\pi^-})_{y\max}=p_{\pi^-}^{\mathrm{CM}}=102\,\mathrm{MeV}/c.$$

8－23. 氢原子光谱中的 H_α 谱线波长为 $656.1\times10^{-9}\,\mathrm{m}$，这是最显著的一条亮红线。在地球上测量来自太阳盘面赤道两端发射的 H_α 谱线波长相差 $9\times10^{-12}\,\mathrm{m}$. 假定此效应是由太阳自转引起的，求太阳的自转周期 T. 已知太阳的直径是 $1.4\times10^9\,\mathrm{m}$.

解：太阳自转引起的赤道线速度 $v=\pi D/T$，赤道两端的多普勒红移和

蓝移为 $\nu_{\mp}=(c\mp v)\nu/c$，$\Delta\nu=\nu_{+}-\nu_{-}=2v\nu/c$.

换作 λ 来表达，$\nu=c/\lambda$，$\Delta\nu=-c\Delta\lambda/\lambda$，最后得

$$T=\frac{2\pi\lambda D}{c\Delta\lambda}=\frac{2\pi\times656.1\times10^{-9}\times1.4\times10^{9}}{3.0\times10^{8}\times9\times10^{-12}}\text{ s}=2.14\times10^{6}\text{ s}=24.7\text{ d}.$$

8－24. 利用多普勒效应可以精确地测量物体的速度，例如，远在 10^5 km 外人造卫星的速度和位置变化，误差不大于 10^{-1} cm. 如本题图所示，在地面站和卫星上各装一台固有频率为 ν 的振荡器。试证明：在卫星速度 $v\ll c$ 的情况下，地面站将收到的卫星频率 ν' 和本机频率 ν 形成的差拍为

$$\nu_{拍}=\nu'-\nu=-\nu v\cos\theta/c,$$

式中 $v\cos\theta$ 为卫星的径向速度（见图）。

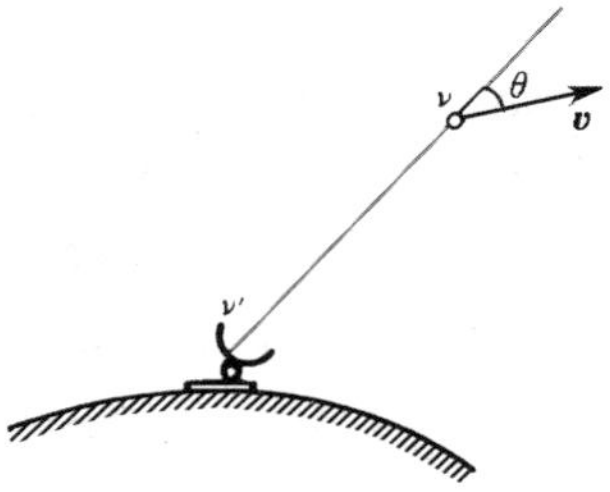

习题 8－24

解：由多普勒效应公式 $\nu'=\dfrac{\nu\sqrt{1-\beta^2}}{1+\beta\cos\theta}\approx\dfrac{\nu}{1+v\cos\theta/c}$ 得

$$\nu_{拍}=\nu'-\nu=\nu\left(\frac{1}{1+v\cos\theta/c}-1\right)\approx-\nu v\cos\theta/c.$$

8－25. 发现某星的光谱线波长为 6.00×10^3 Å，它比实验室中测得同一光谱线波长增大了 0.10Å. 假定这是由于多普勒效应引起的，此星远离我们而去的退行速度有多大？

解：退行速度 $v=\dfrac{c\Delta\lambda}{\lambda}=\dfrac{0.10\times3.0\times10^{8}}{6.00\times10^{3}}\text{ m/s}=5.0\times10^{3}\text{ m/s}.$

附录A　微积分初步

A－1.

（1）若$f(x)=x^2$,写出$f(0)$、$f(1)$、$f(2)$、$f(3)$之值。

（2）若$f(x)=\cos 2\pi x$，写出$f(0)$、$f\left(\frac{1}{12}\right)$、$f\left(\frac{1}{8}\right)$、$f\left(\frac{1}{6}\right)$、$f\left(\frac{1}{4}\right)$、$f\left(\frac{1}{2}\right)$、$f(1)$之值。

（3）若$f(x)=a+bx$，$f(0)=$？x_0为多少时$f(x_0)=0$？

解：（1）$f(x)=x^2$，$f(0)=0$，$f(1)=1$，$f(2)=4$，$f(3)=9$；

（2）$f(x)=\cos 2\pi x$，　$f(0)=\cos 0=1$，　$f(1/12)=\cos \pi/6=\sqrt{3}/2$，$f(1/8)=\cos \pi/4=\sqrt{2}/2$，　$f(1/6)=\cos \pi/3=1/2$，　$f(1/4)=\cos \pi/2=0$，$f(1/2)=\cos \pi=-1$，　$f(1)=\cos 2\pi=1$；

（3）$f(x)=a+bx$，　$f(0)=a$，　$f(-a/b)=0.$

A－**2** 求下列函数的导数：

（1）$y=3x^4-2x^2+8$，　（2）$y=5+3x-4x^3$，　（3）$y=\frac{1}{2}ax^2$，

（4）$y=\frac{a+bx+cx^2}{x}$，　（5）$y=\frac{a-x}{a+x}$，　（6）$y=\frac{1}{x^2+a^2}$，

（7）$y=\sqrt{x^2-a^2}$，　（8）$y=\frac{1}{\sqrt{x^2+a^2}}$，　（9）$y=\frac{x}{\sqrt{x^2-a^2}}$，

（10）$y=\sqrt{\frac{a-x}{a+x}}$，　（11）$y=x\tan x$，　（12）$y=\sin(ax+b)$，

（13）$y=\sin^2(ax+b)$，　（14）$y=\cos^2(ax+b)$，　（15）$y=\sin x\cos x$，

（16）$y=\ln(x+a)$，　（17）$y=x^2e^{-ax}$，　（18）$y=xe^{-ax^2}$.

式中a，b，c为常量。

解：（1）$y'=12x^3-4x$，　（2）$y'=3-12x^2$，　（3）$y'=ax$，

（4）$y'=\frac{(b+2cx)x-(a+bx+cx^2)}{x^2}=\frac{-a+cx}{x^2}$，

（5）$y'=\frac{-(a+x)-(a-x)}{(a+x)^2}=\frac{-2a}{(a+x)^2}$，　（6）$y'=\frac{-2x}{(x^2+a^2)^2}$，

（7）$y'=\frac{2x}{2\sqrt{x^2-a^2}}=\frac{x}{\sqrt{x^2-a^2}}$，　（8）$y'=\frac{-2x}{2(x^2+a^2)^{3/2}}=\frac{-x}{(x^2+a^2)^{3/2}}$，

（9）$y'=\frac{1}{\sqrt{x^2-a^2}}-\frac{2x^2}{2(x^2-a^2)^{3/2}}=\frac{-a^2}{(x^2-a^2)^{3/2}}$，

（10）$y'=\frac{-1}{2(a+x)^{1/2}(a-x)^{1/2}}-\frac{(a-x)^{1/2}}{2(a+x)^{3/2}}=\frac{-a}{(a+x)^{3/2}(a-x)^{1/2}}$，

（11）$y=\frac{x\sin x}{\cos x}$，　$y'=\frac{\sin x}{\cos x}+x\frac{\cos^2 x+\sin^2 x}{\cos^2 x}=\frac{\sin x\cos x+x}{\cos^2 x}$，

(12) $y'=a\cos(ax+b)$, (13) $y'=2a\sin(ax+b)\cos(ax+b)$,

(14) $y'=-2a\cos(ax+b)\sin(ax+b)$, (15) $y'=\cos^2x-\sin^2x$,

(16) $y'=\dfrac{1}{x+a}$, (17) $y'=x(2-ax)\mathrm{e}^{-ax}$, (18) $y'=(1-2ax^2)\mathrm{e}^{-ax^2}$.

A－**3**. 计算习题 A－2(1)~(18) 中 y 的微分。

解: (1) $\mathrm{d}y=(12x^3-4x)\mathrm{d}x$, (2) $\mathrm{d}y=(3-12x^2)\mathrm{d}x$,

(3) $\mathrm{d}y=ax\mathrm{d}x$, (4) $\mathrm{d}y=\dfrac{-a+cx}{x^2}\mathrm{d}x$, (5) $\mathrm{d}y=\dfrac{-2a\mathrm{d}x}{(a+x)^2}$,

(6) $\mathrm{d}y=\dfrac{-2x\mathrm{d}x}{(x^2+a^2)^2}$, (7) $\mathrm{d}y=\dfrac{x\mathrm{d}x}{\sqrt{x^2-a^2}}$, (8) $\mathrm{d}y=\dfrac{-x\mathrm{d}x}{(x^2+a^2)^{3/2}}$,

(9) $\mathrm{d}y=\dfrac{-a^2\mathrm{d}x}{(x^2-a^2)^{3/2}}$, (10) $\mathrm{d}y=\dfrac{-a\mathrm{d}x}{(a+x)^{3/2}(a-x)^{1/2}}$,

(11) $\mathrm{d}y=\dfrac{\sin x\cos x+x}{\cos^2x}\mathrm{d}x$, (12) $\mathrm{d}y=a\cos(ax+b)\mathrm{d}x$,

(13) $\mathrm{d}y=2a\sin(ax+b)\cos(ax+b)\mathrm{d}x$,

(14) $\mathrm{d}y=-2a\cos(ax+b)\sin(ax+b)\mathrm{d}x$,

(15) $\mathrm{d}y=(\cos^2x-\sin^2x)\mathrm{d}x$, (16) $\mathrm{d}y=\dfrac{\mathrm{d}x}{x+a}$,

(17) $\mathrm{d}y=x(2-ax)\mathrm{e}^{-ax}\mathrm{d}x$, (18) $\mathrm{d}y=(1-2ax^2)\mathrm{e}^{-ax^2}\mathrm{d}x$.

A－**4** 求以下函数围绕 $x=0$ 的泰勒级数中前两个非 0 项:

(1) $f(x)=\dfrac{1}{x-a}-\dfrac{1}{x+a}$, (2) $f(x)=\dfrac{1-ax}{(1-ax+x^2)^{3/2}}-1$,

(3) $f(x)=\dfrac{1}{2}x^2+\cos x-1$, (4) $f(x)=1-\cos x-\dfrac{1}{2}\sin^2x$.

解: (1) $f(x)=-\dfrac{2x}{a^2}\left(1+\dfrac{x^2}{a^2}+\cdots\right)$, (2) $f(x)=\dfrac{x}{2}\left[a-3x\left(1+a^2\right)+\cdots\right]$,

(3) $f(x)=\dfrac{x^4}{4!}-\dfrac{x^6}{6!}+\cdots$, (4) $f(x)=\dfrac{x^4}{8}\left(1+\dfrac{x^2}{6}+\cdots\right)$.

A－**5**. 求下列不定积分:

(1) $\int(x^3+x-1)\,\mathrm{d}x$, (2) $\int(3-4x-9x^8)\,\mathrm{d}x$, (3) $\int\dfrac{x^2+x+1}{3}\mathrm{d}x$,

(4) $\int\dfrac{1+x^2+x^4}{x}\mathrm{d}x$, (5) $\int\dfrac{2-3x+6x^2}{x^2}\mathrm{d}x$, (6) $\int\sqrt{x+a}\,\mathrm{d}x$,

(7) $\int x\sqrt{x^2-a^2}\,\mathrm{d}x$, (8) $\int\dfrac{\mathrm{d}x}{\sqrt{ax+b}}$, (9) $\int\dfrac{x\,\mathrm{d}x}{\sqrt{x^2-a^2}}$,

(10) $\int\dfrac{\mathrm{d}x}{x^2-a^2}$ $\left[提示: \dfrac{1}{x^2-a^2}=\dfrac{1}{2a}\left(\dfrac{1}{x-a}-\dfrac{1}{x+a}\right)\right]$,

(11) $\int\dfrac{x\,\mathrm{d}x}{x^2-a^2}$, (12) $\int\sin^2x\cos x\,\mathrm{d}x$, (13) $\int\cos^2x\sin x\mathrm{d}x$,

(14) $\int\tan x\mathrm{d}x$, (15) $\int\sin^2x\,\mathrm{d}x$ $\left[提示: \sin^2x=\dfrac{1}{2}(1-\cos2x)\right]$,

(16) $\int \cos^2 x\,\mathrm{d}x$， (17) $\int \sin 2x \sin x\,\mathrm{d}x$， (18) $\int \frac{\ln x}{x}\,\mathrm{d}x$，

(19) $\int \mathrm{e}^{-ax}\,\mathrm{d}x$， (20) $\int x\mathrm{e}^{-ax^2}\,\mathrm{d}x$， (21) $\int \frac{\mathrm{d}x}{\mathrm{e}^x}$.

解： (1) $\int (x^3+x-1)\,\mathrm{d}x = \frac{x^4}{4}+\frac{x^2}{2}-x+C$，

(2) $\int (3-4x-9x^8)\,\mathrm{d}x = 3x-2x^2-x^9+C$，

(3) $\int \frac{x^2+x+1}{3}\,\mathrm{d}x = \frac{1}{3}\left(\frac{x^3}{3}+\frac{x^2}{2}+x\right)+C$，

(4) $\int \frac{1+x^2+x^4}{x}\,\mathrm{d}x = \ln x+\frac{x^2}{2}+\frac{x^4}{4}+C$，

(5) $\int \frac{2-3x+6x^2}{x^2}\,\mathrm{d}x = -\frac{2}{x}-3\ln x+6x+C$，

(6) $\int \sqrt{x+a}\,\mathrm{d}x = \frac{2}{3}(x+a)^{3/2}+C$，

(7) $\int x\sqrt{x^2-a^2}\,\mathrm{d}x = \frac{1}{3}(x^2-a^2)^{3/2}+C$，

(8) $\int \frac{\mathrm{d}x}{\sqrt{ax+b}} = \frac{2}{a}\sqrt{ax+b}+C$，

(9) $\int \frac{x\,\mathrm{d}x}{\sqrt{x^2-a^2}} = \sqrt{x^2-a^2}+C$，

(10) $\int \frac{\mathrm{d}x}{x^2-a^2} = \frac{1}{2a}\left(\int \frac{\mathrm{d}x}{x-a}-\int \frac{\mathrm{d}x}{x+a}\right) = \frac{1}{2a}\ln\frac{x-a}{x+a}+C$，

(11) $\int \frac{x\,\mathrm{d}x}{x^2-a^2} = \frac{1}{2}\ln(x^2-a^2)+C$，

(12) $\int \sin^2 x\cos x\,\mathrm{d}x = \frac{\sin^3 x}{3}+C$，

(13) $\int \cos^2 x\sin x\,\mathrm{d}x = \frac{-\cos^3 x}{3}+C$，

(14) $\int \tan x\,\mathrm{d}x = -\ln|\cos x|+C$，

(15) $\int \sin^2 x\,\mathrm{d}x = \frac{1}{2}\int (1-\cos 2x)\,\mathrm{d}x = \frac{x}{2}-\frac{1}{4}\sin 2x+C$，

(16) $\int \cos^2 x\,\mathrm{d}x = \int (\cos 2x+\sin^2 x)\,\mathrm{d}x = \frac{1}{2}\sin 2x+\frac{x}{2}-\frac{1}{4}\sin 2x+C$

$= \frac{x}{2}+\frac{1}{4}\sin 2x+C$，

(17) $\int \sin 2x\sin x\,\mathrm{d}x = 2\int \sin^2 x\cos x\,\mathrm{d}x = \frac{2}{3}\sin^3 x+C$，

(18) $\int \frac{\ln x}{x}\,\mathrm{d}x = \int \ln x\,\mathrm{d}(\ln x) = \frac{2}{3}(\ln x)^2+C$，

(19) $\int \mathrm{e}^{-ax}\mathrm{d}x = -\frac{1}{a}\mathrm{e}^{-ax}+C$，

（20）$\int x\mathrm{e}^{-ax^2}\mathrm{d}x=-\dfrac{1}{2a}\mathrm{e}^{-ax^2}+C$,

（21）$\int \dfrac{\mathrm{d}x}{\mathrm{e}^x}=\int \mathrm{e}^{-x}\mathrm{d}x=-\mathrm{e}^{-x}+C.$

A－**6**. 计算下列定积分：

（1）$\int_0^1(3x^2-4x+1)\,\mathrm{d}x$，（2）$\int_{-1}^1(8x^3-x)\,\mathrm{d}x$，（3）$\int_3^6\dfrac{\mathrm{d}x}{\sqrt{x-2}}$,

（4）$\int_1^8\dfrac{\mathrm{d}x}{x^2}$,　（5）$\int_1^3\dfrac{\mathrm{d}x}{x}$,　（6）$\int_{-2}^2\dfrac{\mathrm{d}x}{x+3}$,　（7）$\int_0^1\sin^2 2\pi x\,\mathrm{d}x$,

（8）$\int_0^1\cos^2 2\pi x\,\mathrm{d}x$,　（9）$\int_0^1\mathrm{e}^{-ax}\mathrm{d}x$,　（10）$\int_1^2 x\mathrm{e}^{-ax^2}\mathrm{d}x.$

解：（1）$\int_0^1(3x^2-4x+1)\mathrm{d}x=\left[x^3-2x^2+x\right]_0^1=0$,

（2）$\int_{-1}^1(8x^3-x)\mathrm{d}x=\left[2x^4-\dfrac{x^2}{2}\right]_{-1}^1=3$,

（3）$\int_3^6\dfrac{\mathrm{d}x}{\sqrt{x-2}}=\left[\dfrac{-1}{2}\sqrt{x-2}\right]_3^6=-\dfrac{1}{2}$,

（4）$\int_1^8\dfrac{\mathrm{d}x}{x^2}=\left[\dfrac{-1}{x}\right]_1^8=\dfrac{7}{8}$,

（5）$\int_1^3\dfrac{\mathrm{d}x}{x}=\left[\ln x\right]_1^3=\ln 3$,

（6）$\int_{-2}^2\dfrac{\mathrm{d}x}{x+3}=\left[\ln(x+3)\right]_{-2}^2=\ln 5$,

（7）$\int_0^1\sin^2 2\pi x\,\mathrm{d}x=\dfrac{1}{2\pi}\left[\dfrac{2\pi x}{2}-\dfrac{\sin 4\pi x}{4}\right]_0^1=\dfrac{1}{2}$,

（8）$\int_0^1\cos^2 2\pi x\,\mathrm{d}x=\dfrac{1}{2\pi}\left[\dfrac{2\pi x}{2}+\dfrac{\sin 4\pi x}{4}\right]_0^1=\dfrac{1}{2}$,

（9）$\int_0^1\mathrm{e}^{-ax}\mathrm{d}x=\left[\dfrac{-1}{a}\mathrm{e}^{-ax}\right]_0^1=-\dfrac{1}{a}\left(\mathrm{e}^{-a}-1\right)$,

（10）$\int_1^2 x\mathrm{e}^{-ax^2}\mathrm{d}x=\left[\dfrac{-1}{2a}\mathrm{e}^{-ax^2}\right]_1^2=-\dfrac{1}{2a}\left(\mathrm{e}^{-4a}-\mathrm{e}^{-a}\right).$

附录B 矢 量

B－**1**. 有三个矢量 $\boldsymbol{A}=(1,0,2)$、$\boldsymbol{B}=(1,1,1)$、$\boldsymbol{C}=(2,2,-1)$，试计算：

(1) $\boldsymbol{A}\cdot\boldsymbol{B}$, (2) $\boldsymbol{B}\cdot\boldsymbol{A}$, (3) $\boldsymbol{B}\cdot\boldsymbol{C}$,

(4) $\boldsymbol{C}\cdot\boldsymbol{A}$, (5) $\boldsymbol{A}\cdot(\boldsymbol{B}+\boldsymbol{C})$, (6) $\boldsymbol{B}\cdot(2\boldsymbol{A}-\boldsymbol{C})$,

(7) $\boldsymbol{A}\times\boldsymbol{B}$, (8) $\boldsymbol{A}\times(2\boldsymbol{B}+\boldsymbol{C})$, (9) $\boldsymbol{A}\cdot(\boldsymbol{B}\times\boldsymbol{C})$,

(10) $(\boldsymbol{A}\cdot\boldsymbol{B})\boldsymbol{C}$, (11) $(\boldsymbol{A}\times\boldsymbol{B})\times\boldsymbol{C}$, (12) $\boldsymbol{A}\times(\boldsymbol{B}\times\boldsymbol{C})$.

解：(1) $\boldsymbol{A}\cdot\boldsymbol{B}=1\times1+0\times1+2\times1=3$,

(2) $\boldsymbol{B}\cdot\boldsymbol{A}=1\times1+1\times0+1\times2=3$,

(3) $\boldsymbol{B}\cdot\boldsymbol{C}=1\times2+1\times2+1\times(-1)=3$,

(4) $\boldsymbol{C}\cdot\boldsymbol{A}=2\times1+2\times0+(-1)\times2=0$,

(5) $\boldsymbol{A}\cdot(\boldsymbol{B}+\boldsymbol{C})=1\times(1+2)+0\times(1+2)+2\times(1-1)=3$,

(6) $\boldsymbol{B}\cdot(2\boldsymbol{A}-\boldsymbol{C})=1\times3(2\times1-2)+1\times(2\times0-2)+1\times[2\times2-(-1)]=3$,

(7) $\boldsymbol{A}\times\boldsymbol{B}=\begin{vmatrix}\boldsymbol{i} & \boldsymbol{j} & \boldsymbol{k}\\ 1 & 0 & 2\\ 1 & 1 & 1\end{vmatrix}=-2\boldsymbol{i}+\boldsymbol{j}+\boldsymbol{k}$,

(8) $\boldsymbol{A}\times(2\boldsymbol{B}+\boldsymbol{C})=\begin{vmatrix}\boldsymbol{i} & \boldsymbol{j} & \boldsymbol{k}\\ 1 & 0 & 2\\ 2\times1+2 & 2\times1+2 & 2\times1+(-1)\end{vmatrix}=-8\boldsymbol{i}+7\boldsymbol{j}+4\boldsymbol{k}$,

(9) $\boldsymbol{A}\cdot(\boldsymbol{B}\times\boldsymbol{C})=\begin{vmatrix}1 & 0 & 2\\ 1 & 1 & 1\\ 2 & 2 & -1\end{vmatrix}=-3$,

(10) 按题(1) $\boldsymbol{A}\cdot\boldsymbol{B}=3$，$(\boldsymbol{A}\cdot\boldsymbol{B})\boldsymbol{C}=3\boldsymbol{C}=6\boldsymbol{i}+6\boldsymbol{j}-3\boldsymbol{k}$,

(11) 按题(7) $\boldsymbol{A}\times\boldsymbol{B}=-2\boldsymbol{i}+\boldsymbol{j}+\boldsymbol{k}$, $(\boldsymbol{A}\times\boldsymbol{B})\times\boldsymbol{C}=\begin{vmatrix}\boldsymbol{i} & \boldsymbol{j} & \boldsymbol{k}\\ -2 & 1 & 1\\ 2 & 2 & -1\end{vmatrix}=-3\boldsymbol{i}+6\boldsymbol{k}$,

(12) $\boldsymbol{B}\times\boldsymbol{C}=\begin{vmatrix}\boldsymbol{i} & \boldsymbol{j} & \boldsymbol{k}\\ 1 & 1 & 1\\ 2 & 2 & -1\end{vmatrix}=-3\boldsymbol{i}+3\boldsymbol{j}$,

$$\boldsymbol{A}\times(\boldsymbol{B}\times\boldsymbol{C})=\begin{vmatrix}\boldsymbol{i} & \boldsymbol{j} & \boldsymbol{k}\\ 1 & 0 & 2\\ -3 & 3 & 0\end{vmatrix}=-6\boldsymbol{i}-6\boldsymbol{j}-3\boldsymbol{k}.$$

B－2 证明下列矢量恒等式：

(1) $(\boldsymbol{A}\times\boldsymbol{B})\times\boldsymbol{C}=(\boldsymbol{A}\cdot\boldsymbol{C})\boldsymbol{B}-(\boldsymbol{B}\cdot\boldsymbol{C})\boldsymbol{A}$,

(2) $(\boldsymbol{A}\times\boldsymbol{B})\cdot(\boldsymbol{C}\times\boldsymbol{D})=(\boldsymbol{A}\cdot\boldsymbol{C})(\boldsymbol{B}\cdot\boldsymbol{D})-(\boldsymbol{A}\cdot\boldsymbol{D})(\boldsymbol{B}\cdot\boldsymbol{C})$.

解：(1) 分别将待证式左右端展开，证明它们的各分量相等即可。由于存在 $x\to y\to z\to x$ 的循环对称性，只验证一个分量即可。现验证 x 分量。

右端：$(A\times\boldsymbol{B})_y C_z-(\boldsymbol{A}\times\boldsymbol{B})_z C_y=3(A_zB_y-3A_yB_z)C_z-3(A_xB_y-3A_yB_x)C_y$

$=B_x(A_yC_y+A_zC_z)-A_x(B_yC_y+B_zC_z)$.

左端：$(\boldsymbol{A}\cdot\boldsymbol{C})B_x-(\boldsymbol{B}\cdot\boldsymbol{C})A_x=B_x(A_xC_x+A_yC_y+A_zC_z)-A_x(B_xC_x+B_yC_y+B_zC_z)$

$=B_x(A_yC_y+A_zC_z)-A_x(B_yC_y+B_zC_z)$.

可见左右端相等，恒等式证讫。

(2) 按书上(B.18)式，再利用本题(1)式，(2)式右端

$$(\boldsymbol{A}\times\boldsymbol{B})\cdot(\boldsymbol{C}\times\boldsymbol{D})=[(\boldsymbol{A}\times\boldsymbol{B})\times\boldsymbol{C}]\cdot\boldsymbol{D}=(\boldsymbol{A}\cdot\boldsymbol{C})(\boldsymbol{B}\cdot\boldsymbol{D})-(\boldsymbol{B}\cdot\boldsymbol{C})(\boldsymbol{A}\cdot\boldsymbol{D}).$$

B－3. 有三个矢量 $a=(1,2,3)$、$\boldsymbol{b}=(3,2,1)$、$\boldsymbol{c}=(1,0,1)$，试计算：

(1) 三个矢量的大小和方向余弦；

(2) 两两之间的夹角；

(3) 以三矢量为棱组成平行六面体的体积和各表面的面积。

解：
$$\begin{cases}a=\sqrt{\boldsymbol{a}\cdot\boldsymbol{a}}=\sqrt{1^2+2^2+3^2}=\sqrt{14},\\ b=\sqrt{\boldsymbol{b}\cdot\boldsymbol{b}}=\sqrt{3^2+2^2+1^2}=\sqrt{14},\\ c=\sqrt{\boldsymbol{c}\cdot\boldsymbol{c}}=\sqrt{1^2+0^2+1^2}=\sqrt{2};\end{cases}\quad \begin{cases}\boldsymbol{a}\cdot\boldsymbol{b}=1\times3+2\times2+3\times1=10,\\ \boldsymbol{b}\cdot\boldsymbol{c}=3\times1+2\times0+1\times1=4,\\ \boldsymbol{c}\cdot\boldsymbol{a}=1\times1+0\times2+1\times3=4.\end{cases}$$

(1) 方向余弦　　(2) 夹角

$$\begin{cases}\dfrac{\boldsymbol{a}}{a}=\dfrac{1}{\sqrt{14}}(1,2,3),\\ \dfrac{\boldsymbol{b}}{b}=\dfrac{1}{\sqrt{14}}(3,2,1),\\ \dfrac{\boldsymbol{c}}{c}=\dfrac{1}{\sqrt{2}}(1,0,1).\end{cases}\quad \begin{cases}\theta(\boldsymbol{a},\boldsymbol{b})=\arccos\dfrac{\boldsymbol{a}\cdot\boldsymbol{b}}{ab}=\arccos\dfrac{10}{14}=44.42^\circ,\\ \theta(\boldsymbol{b},\boldsymbol{c})=\arccos\dfrac{\boldsymbol{b}\cdot\boldsymbol{c}}{bc}=\arccos\dfrac{4}{\sqrt{28}}=40.89^\circ,\\ \theta(\boldsymbol{c},\boldsymbol{a})=\arccos\dfrac{\boldsymbol{c}\cdot\boldsymbol{a}}{ca}=\arccos\dfrac{4}{\sqrt{28}}=40.89^\circ.\end{cases}$$

(3) 平行六面体体积

$$V=\boldsymbol{a}\cdot(\boldsymbol{c}\times\boldsymbol{b})=\begin{vmatrix}1&2&3\\1&0&1\\3&2&1\end{vmatrix}=8,$$

各表面面积

$$\begin{cases}S(\boldsymbol{a},\boldsymbol{b})=|\boldsymbol{a}\times\boldsymbol{b}|=\sqrt{(\boldsymbol{a}\times\boldsymbol{b})\cdot(\boldsymbol{a}\times\boldsymbol{b})}=\sqrt{a^2b^2-(\boldsymbol{a}\cdot\boldsymbol{b})^2}=\sqrt{14\times14-10^2}\\ \qquad=9.80,\\ S(\boldsymbol{b},\boldsymbol{c})=|\boldsymbol{b}\times\boldsymbol{c}|=\sqrt{(\boldsymbol{b}\times\boldsymbol{c})\cdot(\boldsymbol{b}\times\boldsymbol{c})}=\sqrt{b^2c^2-(\boldsymbol{b}\cdot\boldsymbol{c})^2}=\sqrt{14\times2-4^2}\\ \qquad=3.46,\\ S(\boldsymbol{c},\boldsymbol{a})=|\boldsymbol{c}\times\boldsymbol{a}|=\sqrt{(\boldsymbol{c}\times\boldsymbol{a})\cdot(\boldsymbol{c}\times\boldsymbol{a})}=\sqrt{c^2a^2-(\boldsymbol{c}\cdot\boldsymbol{a})^2}=\sqrt{2\times14-4^2}\\ \qquad=3.46.\end{cases}$$

B－4 试证明：

（1）极矢量 $\boldsymbol{A}$ 和 $\boldsymbol{B}$ 的矢积 $\boldsymbol{A}\times\boldsymbol{B}$ 是轴矢量；

（2）极矢量 $\boldsymbol{A}$ 和轴矢量 $\boldsymbol{B}$ 的矢积 $\boldsymbol{A}\times\boldsymbol{B}$ 是极矢量。

解： 点对称操作相当于镜像反演加上绕镜轴旋转 180°，在点对称操作下极矢量的三个分量皆反号，而轴矢量的三个分量皆不变。

（1）在点对称操作下极矢量 $\boldsymbol{A}$ 和 $\boldsymbol{B}$ 的三个分量皆反号，故它们的矢积 $\boldsymbol{C}=\boldsymbol{A}\times\boldsymbol{B}$ 三个分量皆不变，所以 $\boldsymbol{C}$ 是轴矢量。

（2）在点对称操作下极矢量 $\boldsymbol{A}$ 三个分量反号，轴矢量 $\boldsymbol{B}$ 三个分量不变，故它们的矢积 $\boldsymbol{C}=\boldsymbol{A}\times\boldsymbol{B}$ 三个分量皆反号，故它们的矢积 $\boldsymbol{C}$ 是极矢量。

附录C　复数的运算

C－**1**. 计算下列复数的模和辐角。

(1) $(1+2\mathrm{i})+(2+3\mathrm{i})$;

(2) $(3+\mathrm{i})-[1+(1+\sqrt{3})\mathrm{i}]$;

(3) $(2+3\mathrm{i})-(3+4\mathrm{i})$;

(4) $(-2+7\mathrm{i})+(-1-2\mathrm{i})$.

解：(1) $\tilde{z}=(1+2\mathrm{i})+(2+3\mathrm{i})=3+5\mathrm{i}$;

模 $z=\sqrt{3^2+5^2}=\sqrt{34}=5.831$，　$\arg\tilde{z}=\arctan(3/5)=30.96°$.

(2) $\tilde{z}=(3+\mathrm{i})-[1+(1+\sqrt{3})\mathrm{i}]=2-\sqrt{3}\mathrm{i}$;

模 $z=\sqrt{2^2+3}=\sqrt{7}=2.646$，　$\arg\tilde{z}=\arctan\dfrac{2}{-\sqrt{3}}=-49.11°$.

(3) $\tilde{z}=(2+3\mathrm{i})-(3+4\mathrm{i})=-(1+\mathrm{i})$;

模 $z=\sqrt{1^2+1^2}=\sqrt{2}=1.414$，　$\arg\tilde{z}=\arctan\dfrac{-1}{-1}=-135°$.

(4) $\tilde{z}=(-2+7\mathrm{i})+(-1-2\mathrm{i})==-3+5\mathrm{i}$;

模 $z=\sqrt{3^2+5^2}=\sqrt{34}=5.831$，　$\arg\tilde{z}=\arctan\dfrac{-3}{5}=149.04°$.

C－**2** 计算下列复数的实部和虚部。

(1) $(-1-\sqrt{3}\mathrm{i})\times(1+\sqrt{3}\mathrm{i})$;

(2) $(-1+\sqrt{3}\mathrm{i})^2$;　(3) $\dfrac{-2\mathrm{i}}{1-\mathrm{i}}$;　(4) $\dfrac{1-\sqrt{3}\mathrm{i}}{\sqrt{3}+\mathrm{i}}$.

解：(1) $\tilde{z}=(-1-\sqrt{3}\mathrm{i})\times(1+\sqrt{3}\mathrm{i})=2-2\sqrt{3}\mathrm{i}$;　$\mathrm{Re}\tilde{z}=2$，　$\mathrm{Im}\tilde{z}=-2\sqrt{3}$.

(2) $\tilde{z}=(-1+\sqrt{3}\mathrm{i})^2=-2-2\sqrt{3}\mathrm{i}$;　$\mathrm{Re}\tilde{z}=-2$，　$\mathrm{Im}\tilde{z}=-2\sqrt{3}$.

(3) $\tilde{z}=\dfrac{-2\mathrm{i}}{1-\mathrm{i}}=\dfrac{-2\mathrm{i}(1+\mathrm{i})}{(1-\mathrm{i})(1+\mathrm{i})}=\dfrac{2-2\mathrm{i}}{2}=1-\mathrm{i}$，　$\mathrm{Re}\tilde{z}=1$，　$\mathrm{Im}\tilde{z}=-1$.

(4) $\tilde{z}=\dfrac{1-\sqrt{3}\mathrm{i}}{\sqrt{3}+\mathrm{i}}=\dfrac{(1-\sqrt{3}\mathrm{i})(\sqrt{3}-\mathrm{i})}{(\sqrt{3}+\mathrm{i})(\sqrt{3}-\mathrm{i})}=\dfrac{-4\mathrm{i}}{4}=-\mathrm{i}$，　$\mathrm{Re}\tilde{z}=0$，　$\mathrm{Im}\tilde{z}=-1$.

C－**3**. 用复数求两个简谐量 $a(t)=A\cos(\omega t+\varphi_a)$ 和 $b(t)=B\cos(\omega t+\varphi_b)$ 乘积的平均值 $\overline{a(t)b(t)}=\dfrac{1}{T}\int_0^T a(t)b(t)\,\mathrm{d}t$ $(T=2\pi/\omega)$:

	A	φ_a	B	φ_b	平均值
(1)	2	$\pi/3$	1	$2\pi/3$	
(2)	6	$\pi/4$	2	0	
(3)	3	$\pi/3$	1	$-2\pi/3$	
(4)	0.2	$4\pi/5$	7	$6\pi/5$	

解：
$$\overline{a(t)b(t)}=\frac{AB}{2}\cos(\varphi_a-\varphi_b).$$

（1）$\overline{a(t)b(t)}=\frac{2\times1}{2}\cos\left(\frac{\pi}{3}-\frac{2\pi}{3}\right)=\cos\frac{-\pi}{3}=0.500.$

（2）$\overline{a(t)b(t)}=\frac{6\times2}{2}\cos\left(\frac{\pi}{4}-0\right)=6\cos\frac{\pi}{4}=3\sqrt{2}=4.243.$

（3）$\overline{a(t)b(t)}=\frac{3\times1}{2}\cos\left(\frac{\pi}{3}+\frac{2\pi}{3}\right)=\frac{3}{2}\cos\pi=-1.500.$

（4）$\overline{a(t)b(t)}=\frac{0.2\times7}{2}\cos\left(\frac{4\pi}{5}-\frac{6\pi}{5}\right)=0.7\times\cos\frac{-2\pi}{5}=0.216.$

电 磁 学

电磁学思考题解答

第一章　静电场　恒定电流场

1-1. 给你两个金属球，装在可以搬动的绝缘支架上。试指出使这两个球带等量异号电荷的方法。你可以用丝绸摩擦过的玻璃棒，但不使它和两球接触。你所用的方法是否要求两球的大小相等？

答： 为了使两个金属球带等量异号电荷可利用静电感应现象。先使两个金属球相互接触，用手触摸它们，使其所带电荷通过人体导走；再用丝绸摩擦过的玻璃棒从一边靠近一个金属球，则在导体的近端静电感应出异号电荷，在导体的远端静电感应出等量的同号电荷；把两个金属球分开，这两个球就分别带等量异号电荷。离玻璃棒较近的金属球带负电荷，离玻璃棒较远的金属球带等量的正电荷。这里并不要求两金属球的大小要相等。

1-2. 带电棒吸引干燥软木屑，木屑接触到棒以后，往往又剧烈地跳离此棒。试解释之。

答： 带电棒吸引干燥木屑，木屑接触到棒以后剧烈跳离带电棒，是因为木屑接触到带电捧，带电棒上的电荷转移到木屑上，木屑上带有同号电荷。由于同性相斥，木屑在斥力作用下跳离带电棒。

1-3. 用手握铜棒与丝绸摩擦，铜棒不能带电。戴上橡皮手套，握着铜棒和丝绸摩擦，铜棒就会带电。为什么两种情况有不同的结果？

答： 人体是接地导体，用手握铜棒，铜棒相当于接地导体，与丝绸摩擦，铜棒上因摩擦产生的电荷将被导走，铜棒不能带电。橡皮手套是绝缘体，戴上橡皮手套，握着的铜棒相当于绝缘导体，与丝绸摩擦，铜棒上因摩擦产生的电荷不会被导走，铜棒上就会带电。

1-4. 在地球表面上通常有一竖直方向的电场，电子在此电场中受到一个向上的力，电场强度的方向朝上还是朝下？

答： 由于电子带负电，因此地球表面附近的电场强度方向朝下。

1-5. 在一个带正电的大导体附近 P 点放置一个试探点电荷 q_0（$q_0>0$），实际上测得它受力 F. 若考虑到电荷量 q_0 并不足够小，则 F/q_0 比 P 点的场强 E 大还是小？若大导体球带负电，情况如何？

答： 在一带正电的大导体外没有其他带电体时，其上的电荷有一种分布；当其外附近放一电荷量不太小的正电荷，它将对大导体产生静电感应作用，使大导体上的电荷分布发生变化，其上的正电荷偏向远离，从而对试探电荷的作用力要减小，因此由 F/q_0 所得的场强比真实的场强要小。如果大导体带负电，由于同样的原因可得出由试探电荷所测得的 F/q_0 比真实的场强要大。这就是用单位正试探电荷所受的力来定义场强要求试探电荷的电量要充分小的缘由。

1－6. 一般地说电场线代表点电荷在电场中的运动轨迹吗？为什么？

答： 一般说来，电场线与点电荷在电场中的运动轨迹并不相同，因为点电荷有一定的初速度时，其运动方向不会沿其受力方向；即使点电荷开始时其初速度为零，运动一段时间之后也会偏离电场线。

1－7. 在空间里的电场线为什么不相交？

答： 在空间里电场线不可能相交。电场线相交意味着交点处可以有两个电场线的切线方向，也就是说在该点有两个电场方向，这与实际电场中每一点只有一个电场相矛盾。除非交点处的场强为 0，零矢量的方向是任意的。例如书中第 11 页图 1－13b 一对等量同号电荷的电场，图中的中点场强。

1－8. 一点电荷 q 放在球形高斯面的中心处，试问在下列情况下，穿过这高斯面的电通量是否改变？

（1）如果第二个点电荷放在高斯球面外附近；

（2）如果第二个点电荷放在高斯球面内；

（3）如果将原来的点电荷移离了高斯球面的球心，但仍在高斯球面内。

答： 设第二个点电荷为 q'. 按高斯定理，穿过高斯面的电通量仅由闭合面所包围的电荷代数和决定，与闭合面外的电荷分布无关。所以

（1）则当第二个点电荷 q' 放在球形高斯面外时，穿过高斯面的电通量 Φ_E 不变，仍为 q/ε_0；

（2）若第二个点电荷 q' 放在高斯面内，Φ_E 变为 $(q+q')/\varepsilon_0$；

（3）如果将原来的点电荷 q 移离了高斯球面的球心，仍在高斯球面内，Φ_E 不变，仍为 q/ε_0.

1－9. （1）如果上题中高斯球面被一个体积减小一半的立方体表面所代替，而点电荷在立方体的中心，则穿过该高斯面的电通量如何变化？

（2）通过这立方体六个表面之一的电通量是多少？

答： （1）根据高斯定理，穿过高斯面的电通量不变，仍为 q/ε_0.

（2）由于立方体六个表面对电荷分布是对称的，因此通过每个表面的电通量 $\Phi_E=q/6\varepsilon_0$.

1－10. 如本题图所示，在一个绝缘不带电的导体球的周围作一同心高斯面 S. 试定性地回答，在我们将一正点电荷 q 移至导体表面的过程中，

（1）A 点的场强大小和方向怎样变化？

（2）B 点的场强大小和方向怎样变化？

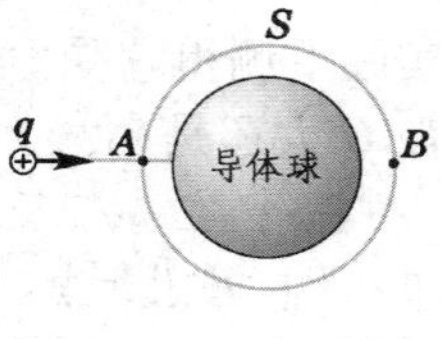

思考题 1－10

(3) 通过 S 面的电通量怎样变化?

答: (1) 当 q 到达 A 点之前, A 点场强方向向右,大小逐渐增大;过 A 点后场强方向向左,大小逐渐减小。

(2) 整个移动电荷过程中, B 点的场强方向向右, 大小逐渐增大。

(3) 电荷移动过程中,到达 A 点之前穿过 S 面的电通量为 0;过 A 点之后,穿过 S 面的电通量为 q/ε_0. 高斯面是几何面,它是没有厚度的。如果点电荷也是一个几何的点,则当它穿过高斯面时电通量是突变的。然而点电荷是一个相对的概念,离点电荷很近时,它就不能再看成是没有大小的点,而要考虑其大小和形状以及其电荷分布。这时电荷 q 穿过 A 点时,高斯面将切割电荷,穿过高斯面的电通量将连续地由 0 增加到 q/ε_0.

1-11. 有一个球形的橡皮气球,电荷均匀分布在表面上。在此气球被吹大的过程中,下列各处的场强怎样变化?

(1) 始终在气球内部的点;

(2) 始终在气球外部的点;

(3) 被气球表面掠过的点。

答: (1) 可根据高斯定理得出, 在气球内部各点场强为 0.

(2) 在气球外部的点,根据对称性,可由高斯定理得出场强同电荷集中在球心时相同,

$$E=\frac{1}{4\pi\varepsilon_0}\frac{q}{r^2},$$

式中 q 为气球上的总电荷, r 为场点到气球中心的距离。

(3) 在气球表面掠过的点,由于它离电荷很近,电荷的分布不能看成是无限薄的,应考虑在一定厚度内有某种体分布,因此在掠过点处,根据高斯定理,该点的场强由 $\frac{1}{4\pi\varepsilon_0}\frac{q}{r^2}$ 连续减小到 0.

1-12. 3.6 节例题 9 中的高斯面为什么取成图 1-40b 所示形状? 具体地说,

(1) 为什么柱体的两底要对于带电面对称?不对称行不行?

(2) 柱体底面是否需要是圆的?面积取多大合适?

(3) 为了求距带电平面为 x 处的场强,柱面应取多长?

答: 运用高斯定理计算场强就是要比较容易地计算出电通量的结果,这只有在少数电荷分布具有对称性,且选择特定的高斯面的情形下才能做到。例如在某些情形下,高斯面上的场强大小处处相等,而场强的方向与面的法线方向之间的夹角处处为 0,即 $\theta=0$,从而 $\cos\theta=1$,且高斯面的面积容易计算出来为 S,于是 $\oiint E\cos\theta\,\mathrm{d}S=ES$;或者在一部分高斯面上穿过的电

通量容易算出,而另一部分高斯面上场强的方向与面元的法线方向之间的夹角 $\theta=90°$, $\cos\theta=0$, 这部分高斯面对电通量的贡献恒为0,在这种情形下,穿过闭合高斯面的电通量部容易算出来,可以用高斯定理计算场强。因此该例题

(1) 采用图示的高斯面,穿过闭合面的电通量容易算出为 $2EA$. 如果不对称,则不能预知两边场强大小相等,得不到这样简单的结果。

(2) 柱体底面不需要是圆形的,面积 A 也无需取得很大。

(3) 柱面应取长为 $2x$,这样才可使一底面通过场点,从而其上的场强 E 为场点的场强。

1 - 13. 求一对带等量异号或等量同号的无限大平行平面板之间的场强时,能否只取一个高斯面?

答: 对于一对带等量异号的无限大平行平板情形,并不具有左右对称性,取一个垂直平板的柱形高斯闭合面,我们没有理由说左右底面上的场强相等,因此无法作一个高斯面直接算出结果。必须对每一个无限大平面带电板分别运用高斯定计算出其场强分布,再运用场强叠加原理计算最后的结果。

对于一对带等量同号的无限大平板情形,具有左右对称性,可以只取一个高斯面运用高斯定理计算结果。但是当两无限大平行平板带不等量电荷时,则失去了左右对称性,也就不能只取一个高斯面来计算,而应对一个无限大均匀带电平板运用高斯定理计算,然后再运用场强叠加原理计算出最后的结果。

1 - 14. (1) 在本题图 a 所示情形里,把一个正电荷从 P 移动到 Q,电场力的功 A_{PQ} 是正还是负?它的电势能是增加还是减少? P、Q 两点的电势哪里高?

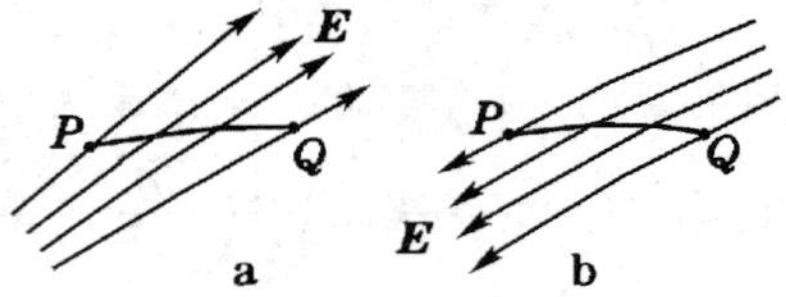

思考题 1 - 14

(2) 若移动的是负电荷,情况怎样?

(3) 若电场线的方向如图 b 所示,情况怎样?

答: (1) 在本题图 a 情形,把一个电正荷从 P 点移动到 Q 点,电场的功 $A_{PQ}>0$, 电荷的电势能减少, $U_P>U_Q$.

(2) 把负电荷从 P 点移动到 Q 点, $A_{PQ}<0$,电荷的电势能增加,然而仍有 $U_P>U_Q$.

(3) 若如图 b,把一个正电荷从 P 移动到 Q,则 $A_{PQ}<0$,电荷的电势能增加, $U_P<U_Q$.

1 - 15. 电场中两点电势的高低是否与试探电荷的正负有关,电势能的高低呢?沿着电场线移动负试探电荷时,电势是升高还是降低?它的电势

能增加还是减少？

答： 电势是描述电场性质的量，与试探电荷的正负无关。电势能是电荷在电场中所具有的势能，其高低就与电荷的正负有关。因为电场线由高电势指向低电势，沿着电场线移动负的试探电荷，电势降低，但它的电势能增加。

1－16. 说明电场中各处的电势永远逆着电场线方向升高。

答： 根据电势差的定义式，两点的电势差

$$U_{PQ}=U_P-U_Q=\int_Q^P E\cos\theta\,\mathrm{d}l,$$

当顺着电场线移动电荷时，$\theta=0°$，$\cos\theta=1$，而$\boldsymbol{E}$和$\mathrm{d}\boldsymbol{l}$都是绝对值，是正的，故积分大于0，从而$U_P>U_Q$. 当逆着电场线移动电荷时，$\theta=180°$，$\cos\theta=-1$，而$\boldsymbol{E}$和$\mathrm{d}\boldsymbol{l}$仍为正值，因此积分小于0，从而$U_P<U_Q$，即电场中逆着电场线方向电势永远升高。

1－17. (1) 将初速度为零的电子放在电场中时，在电场力作用下，这电子是向电场中高电势处跑还是向低电势处跑？为什么？

(2) 说明无论对正负电荷来说，仅在电场力作用下移动时，电荷总是从它的电势能高的地方移向电势能低的地方去。

答： (1) 场强由高电势指向低电势，而电子带负电，它所受的电场力与场强方向相反，由低电势指向高电势，因此初速度为零的电子放在电场中，电子将由低电势向高电势处跑。

(2) 仅在电场力作用下移动电荷，电场力作功总为正值，即$A_{PQ}>0$. 根据电势能的定义，电场力所作的功等于电势能减少，因此电荷无论是正电荷还是负电荷，总是从电势能高的地方移向电势能低的地方去。

1－18. 我们可否规定地球的电势为 +100 V，而不规定它为 0？这样规定后，对测量电势、电势差的数值有什么影响？

答： 电势零点的选取具有任意性，因此可以规定地球的电势为 +100 V，而不规定它为 0. 这样规定后，测量其它各点电势都需要加上 +100 V，但电场中两点的电势差与参考点的选择无关，不受影响。

1－19. 若甲乙两导体都带负电，但甲导体比乙导体电势高，当用细导线把二者连接起来后，试分析电荷流动情况。

答： 甲乙两导体都带负电，而甲导体比乙导体电势高，根据电场线的性质总是由电势高的地方指向电势低的地方，这就意味着导体甲有发出电场线的地方，导体乙有中止电场线的地方，也就是说导体甲有正电荷，在甲乙之间的场强由甲指向乙，负电荷受力方向由乙指向甲。故用导线连接甲和乙，正电荷由甲流向乙，负电荷由乙流向甲。

1－20. 在技术工作中有时把整机机壳作为电势零点。若机壳未接地，能不能说因为机壳电势为零,人站在地上就可以任意接触机壳?若机壳接地则如何?

答: 机壳未接地,人站在地上,人与机壳有一定的电势差(电压),人接触机壳有一定触电的危险性,因此人不能随便接触机壳。若机壳接地,站在地上的人与机壳电势差为零,人接触机壳就没有危险。

1－21. (1) 场强大的地方,是否电势就高?电势高的地方是否场强大?

(2) 带正电的物体的电势是否一定是正的?电势等于零的物体是否一定不带电?

(3) 场强为零的地方,电势是否一定为零?电势为零的地方,场强是否一定为零?

(4) 场强大小相等的地方电势是否相等?等势面上场强的大小是否一定相等?

以上各问题分别举例说明之。

答: 电势与场强是描述电场的两个物理量,它们之间的关系如下:电势是场强的空间积分, $U_P=\int_P^\infty \boldsymbol{E}\cdot \mathrm{d}\boldsymbol{l}$; 场强是电势梯度的负值, $\boldsymbol{E}=-\nabla U$. 也就是说电势与一个空间范围内的场强联系在一起;而场强是与电势的空间变化率联系在一起,一点的电势与该点的场强没有必然的联系,反之亦然。因此,

(1) 场强大的地方不一定电势就高,电势高的地方,场强也不一定就大。例如一个负的点电荷,靠近它的地方场强大而电势较低,远离它的地方电势高而场强较小。

(2) 带正电的物体的电势不一定是正的,例如一个带负电的导体A对另一个不带电的导体B产生静电感应的情形,导体B受到静电感应,近端感应正电荷,其电势就是负的。电势等于零的物体不一定不带电,例如将上述导体B用导线接地,其电势等于0,虽然其远端的负电荷导入地,近端还带有正电荷。

(3) 场强为零的地方电势不一定为0,例如两个相距一定距离的带同号的点电荷,其中点的场强为0,而电势不为0. 电势为0的地方场强也可不为0,例如相距一定距离的两个异号点电荷,其中点电势为0,而场强不为0.

(4) 场强大小相等的地方,电势不一定相等,例如一个无限大均匀带电平面的一侧空间各点的场强均相等,而到带电平面不同距离处的电势各不相等。等势面上场强的大小不一定相等,例如一个任意形状的带电体在空间产生的电场是复杂的,等势面也很复杂,不可能是等间距的,任意一

个等势面上各点的场强大小各不相等。

1－22. 两个不同电势的等势面是否可以相交?同一等势面是否可与自身相交?

答: 两个不同电势的等势面不会相交，这与等势面的定义有矛盾。同一等势面可与自身相交,例如图1.53b两个等量同号点电荷产生的电场中就有同一等势面相交的情形,在等势面相交处场强必定为0.

1－23. 已知一高斯面上场强处处为零,在它所包围的空间内任一点都没有电荷吗?

答: 一个高斯面上场强处处为0,则穿过该高斯面的电通量为零,根据高斯定理,可得出高斯面所包围的空间电荷的代数和为零,即高斯面内可能有的地方有正电荷,有的地方有负电荷,它们的代数和零,但得不出高斯面所包围的空间内任一点都没有电荷。例如在一空腔导体内有带电体时，作在空腔导体内且包围空腔的高斯面便是如此。

1－24. 试想在图1－61b中的导体单独产生的电场$\boldsymbol{E}'$的电场线是什么样子(包括导体内和导体外的空间)。如果撤去外电场$\boldsymbol{E}_0$，$\boldsymbol{E}'$的电场线还会维持这个样子吗?

答: 图1.61b中导体单独产生的电场$\boldsymbol{E}'$的电场线由正感应电荷指向负感应电荷，在导体内部$\boldsymbol{E}'$与$\boldsymbol{E}_0$平行反向，而且大小相等。在导体外面则有所不同,一般近似于一偶极子的电场线,由静电感应的正电荷发出,中止在静电感应的负电荷上。总的场强,如图1.61c所示,在导体内部$\boldsymbol{E}=0$. 撤去外电场$\boldsymbol{E}_0$，导体上的正负感应电荷中和，$\boldsymbol{E}'$也随之消失。

1－25. 本章例题9中曾给出无限大带电面两侧的场强$E=\dfrac{\sigma_e}{2\varepsilon_0}$,这个公式对于靠近有限大小带电面的地方也应适用。这就是说,根据这个结果,导体表面元ΔS上的电荷在紧靠它的地方产生的场强也应是$\dfrac{\sigma_e}{2\varepsilon_0}$,它比(1.51)式的场强小一半。这是为什么?

答: (1.24)式是一个无限大带电平面均匀带电所产生的场强公式,场强E与电荷面密度σ_e的关系为$E=\sigma_e/2\varepsilon_0$,在这种情形下，带电面两边的场强分布是对称的。(1.51)式是导体表面外附近一点的场强E与导体上电荷面密度σ_e的关系为$E=\sigma_e/\varepsilon_0$，在这种情形下,导体内部的场强为0，因此两者情况不同。然而两种情况没有矛盾。设导体表面某处一块小面积ΔS，在其近旁产生的场强$E_1=\sigma_e/2\varepsilon_0$，它在导体外的方向指向导体外,在导体内的方向指向导体内，导体上其他电荷在ΔS近旁产生的场强为E_2,且在此连续分布。ΔS处的总场强为上述两者的矢量和。由于导体内部的总场强为零,因此在 ΔS 附近导体内部有 $E_2=E_1$,而在 ΔS 附近导体外部总场强为

$$E=E_1+E_2=2E_1=\frac{\sigma_e}{\varepsilon_0}.$$

这符合(1.51)式的结论。另外,对于一块无限大带电导体薄板,应注意它有两个表面,电荷均匀分布在两个表面上,根据静电平衡条件可得出两个表面上的电荷面密度相等,即每一表面上的电荷面密度为 $\sigma_e/2$,这也符合(1.51)式的结论。

1－26. 根据(1.51)式,若一带电导体表面上某点附近电荷面密度为 σ_e,这时该点外侧附近场强为 $E=\frac{\sigma_e}{\varepsilon_0}$. 如果将另一带电体移近,该点场强是否改变?公式 $E=\frac{\sigma_e}{\varepsilon_0}$ 是否仍成立?

答: 带电导体表面上某点附近电荷面密度为 σ_e,该点导体外侧附近的场强为 $E=\sigma_e/\varepsilon_0$. 如果将另一带电体移近,该点的场强改变了,该点附近导体的电荷面密度 σ_e 也因静电感应而改变了,但公式 $E=\sigma_e/\varepsilon_0$ 仍成立。它是导体静电平衡的一条基本性质。不管情况如何变化,导体表面电荷和导体外附近的场强变化,它们相互制约,维持 $E=\sigma_e/\varepsilon_0$ 关系不变。

1－27. 把一个带电物体移近一个导体壳,带电体单独在导体空腔内产生的电场是否等于0?静电屏蔽效应是怎样体现的?

答: 把一个带电物体移近一个导体壳,带电体单独在导体壳内产生的电场不等于0,而导体空腔当内部没有带电体时,空腔内部的场强以及导体上的场强在静电平衡条件下应为0,因此带电物体移近导体壳时,导体壳近端和远端静电感应电荷所产生的电场将抵消原来带电物体单独在导体壳上的电场,使导体壳内不再受到电场的作用,从而体现屏蔽的作用。

1－28. 万有引力和静电力都服从平方反比律,都存在高斯定理。有人幻想把引力场屏蔽起来,这能否做到?在这方面引力和静电力有什么重要差别?

答: 静电屏蔽是靠导体壳上的感应电荷所产生的电场将外部的电场抵消来实现的。静电力的源有正、负两种电荷,而万有引力的源只有一种,只有引力,没有斥力,也没有感应现象,因此引力场是无法屏蔽的。

1－29. (1) 将一个带正电的导体A移近一个不带电的绝缘导体B时,导体的电势升高还是降低?为什么?

(2) 试论证:导体B上每种符号感应电荷的数量不多于A上的电荷量。

答: (1) 将一个带正电的导体A移近一个不带电的绝缘导体B时导体A的电势降低,导体B的电势升高。

导体B的电势升高是容易证明的。原来导体B不带电，其电势为零。将带正电的导体A移近，导体B上静电感应出正负电荷，负电荷在近端，正电荷在远端，此正电荷发出的电场线不可能中止于导体B上的负电荷，否则沿此电场线作积分则得出导体B不是等势体。于是由这些正电荷出发的电场线只能中止于无穷远，也就是说B的电势比无限远的零电势要高，即B的电势升高了。

导体A的电势降低可作如下说明。在导体A背向导体B的一侧表面上总有一点P，从它出发的电场线L通向无穷远。由于导体B的存在，导体A和导体B上的正电荷都向远离P点的方向移动，而负电荷都朝着接近P点的方向移动，所有这些的综合效果都使P点及其以远L上各处的场强变小，从而导体A的电势$U_A=\int_{P\,(L)}^{\infty} E\,\mathrm{d}l$减少。

(2) 当带正电的导体A移近不带电的导体B时，B上感应的正电荷发出的电场线不能中止在B上感应的负电荷，只能中止于无穷远。中止于导体B上负电荷的电场线不可能来自无穷远，只可能来自导体A上的正电荷。A上正电荷发出的电场线可中止于B上的负电荷，也有可能中止于无穷远。因此导体B上每一种符号感应电荷的数量不大于A上的电荷量。

1-30. 将一个带正电的导体A移近一个接地的导体B时，导体B是否维持零电势？其上是否带电？

答： 将一个带正电的导体A移近一个接地的导体B时，导体B的电势始终维持为0，导体B上静电感应的正电荷将导入地下，而静电感应的负电荷留在导体B上。

1-31. 一封闭的金属壳内有一个带电量q的金属物体，试证明：要想使这金属物体的电势与金属壳的电势相等，唯一的办法是使$q=0$. 这个结论与金属壳是否带电有没有关系？

答： 要使金属壳和其内放置的金属物体之间的电势相等，则必须使它们两者之间的电场为零，从而根据导体静电平衡性质和高斯定理可知，金属物体上的电荷量$q=0$. 这个结论与金属壳是否带电没有关系。

1-32. 有若干个互相绝缘的不带电导体A、B、C、…，它们的电势都是零。如果把其中任一个A带上正电，证明：

(1) 所有这些导体的电势都高于零；

(2) 其它导体的电势都低于A的电势。

答： (1)A带正电后将对其它导体产生静电感应，近端感应负电荷，远端感应正电荷，这些正电荷发出的电场线不可能中止于同一导体自身上的负电荷，它们或者通向无穷远，或者中止于另一导体上的负电荷。由此根据电场线总是由电势高处指向电势低处，可得所有这些导体的电势均高于0.

（2）在这些导体所感应的负电荷上中止的电场线不可能来自无穷远，也不可能来自同一个导体的感应正电荷，它们只可能来自不同导体上的正电荷，中止于最靠近导体A的那一导体上负电荷的电场线必定来自导体A的正电荷，因此其它导体的电势均低于A的电势。

1－33. 两导体上分别带有电荷量 $-q$ 和 $2q$，都放在同一个封闭的金属壳内。试证明：带电荷量为 $2q$ 的导体的电势高于金属壳的电势。

答： 在金属壳内作一个高斯面包围两个带电导体。根据高斯定理，通过高斯面的电通量大于0，这表明有电场线从高斯面内穿出且中止于金属壳上的负电荷，这些电场线必定来自带正电荷量为 $2q$ 的导体。因此带电荷量为 $2q$ 的导体的电势比金属壳的电势要高。

1－34. 一封闭导体壳C内有一些带电体，所带电荷量分别为 q_1、q_2、…， C外也有一些带电体，所带电荷量分别为 Q_1、Q_2、…。问：

(1) q_1、q_2、… 的数值对C外的电场强度和电势有无影响？

（2）当 q_1、q_2、… 的数值不变时，它们在壳内的分布情况对C外的电场强度和电势影响如何？

(3) Q_1、Q_2、… 的数值对C内的电场强度和电势有无影响？

（4）当 Q_1、Q_2、… 的数值不变时，它们在壳外的分布情况对C内的电场强度和电势影响如何？

答：(1) q_1、q_2、… 的值的变化会引起导体壳外表面上感应电荷发生变化，从而改变C外的电场和电势。

（2）当 q_1、q_2、… 的数值不变而它们在壳内的分布改变时，C的内表面的感应电荷分布会变化，但C外表面的电荷分布不变，从而不影响C外的电场和电势。

(3) Q_1、Q_2、… 的数值对C内的电势有影响，但C内的电场不受影响。

（4）当 Q_1、Q_2、… 数值不变而它们在C外的分布变化时，C内的电场不变，而电势会发生变化。

1－35. 若在上题中C接地，情况如何？

答： 若上题中导体壳C接地，则 q_1、q_2、… 无论怎样变化，对C外的电场强度和电势均无影响。同样，Q_1、Q_2、… 无论怎样变化，对C内的电场强度和电势也均无影响。这就是接地导体壳对壳内外的静电屏蔽作用。

1 －36. （1）一个孤立导体球带电量 Q，其表面场强沿什么方向？Q 在其表面上的分布是否均匀？其表面是否等电势？导体内任意一点 P 的场强是多少？为什么？

（2）当我们把另一带电体移近这个导体球时，球表面场强沿什么方向？其上电荷分布是否均匀？其表面是否等电势？电势有没有变化？导体内任一点 P 的场强有无变化？为什么？

答：（1）孤立带电导体球表面场强沿径向，Q 在表面分布均匀，其表面是等势面，导体内任意点的场强为0. 以上结论既符合球对称性，也符合导体的静电平衡条件。

（2）把另一带电体移近这个导体时，球表面场强仍与球面垂直，其上电荷分布不再均匀，表面仍为等势面，导体内任意一点 P 的场强仍为0. 这时球对称性已不存在，所有结论均来自导体的静电平衡条件。

1 －37. （1）在两个同心导体球B、C的内球上带电 Q，Q 在其表面上的分布是否均匀？

（2）当我们从外边把另一带电体 A 移近这一对同心球时，内球 C 上的电荷分布是否均匀？为什么？

答：（1）内球 C 上的电荷在表面上的分布是均匀的，这是因为球对称性。

（2）从外面把另一个带电体 A 移近这对同心球时，外球 B 外表面静电感应电荷分布不再具有球对称性，但 B 球对 B 球内部产生静电屏蔽作用，使 B 球内表面和 C 球上的电荷分布仍是均匀的，不受 A 球的影响。

1 －38. 两个同心球状导体，内球带电 Q，外球不带电，试问：

（1）外球内表面电量 Q_1 = ？外球外表面电量 Q_2 = ？

（2）球外 P 点总场强是多少？

（3）Q_2 在 P 点产生的场强是多少？Q 是否在 P 点产生场？Q_1 是否在 P 点产生场？如果外面球壳接地，情况有何变化？

答：（1）外球内表面电量 $Q_1=-Q$，外球外表面电量 $Q_2=Q$；

（2）球外 P 点总场强可根据场强叠加原理得出：

$$E=\frac{1}{4\pi\varepsilon_0}\frac{Q}{r^2}+\frac{1}{4\pi\varepsilon_0}\frac{Q_1}{r^2}+\frac{1}{4\pi\varepsilon_0}\frac{Q_2}{r^2}=\frac{1}{4\pi\varepsilon_0}\frac{Q}{r^2}.$$

（3）Q_2 在 P 点产生的场强是上式中的第 3 项 $\frac{1}{4\pi\varepsilon_0}\frac{Q_2}{r^2}=\frac{1}{4\pi\varepsilon_0}\frac{Q}{r^2}$，$Q$ 在 P 点的场强是上式中的第 1 项 $\frac{1}{4\pi\varepsilon_0}\frac{Q}{r^2}$，$Q_1$ 在 P 点的场强是上式中的第 2 项 $\frac{1}{4\pi\varepsilon_0}\frac{Q_1}{r^2}=-\frac{1}{4\pi\varepsilon_0}\frac{Q}{r^2}$. 如果外面球壳接地，球壳电势为 0，球壳外表面电荷

$Q_2=0$，则在 P 点的场强为0. 内球在 P 点的场强仍为$\frac{1}{4\pi\varepsilon_0}\frac{Q}{r^2}$，$Q_1$ 在 P 的场强仍为 $-\frac{1}{4\pi\varepsilon_0}\frac{Q}{r^2}$.

1 – 39. 在上题中当外球接地时,从远处移来一个带负电的物体,内、外两球的电势增高还是降低？两球间的电场分布有无变化？

答: 在上题中当外球接地时,从远处再移来一个带负电的物体,内、外两球的电势没有变化,两球间的电场分布也没有变化。这是由接地球壳的静电屏蔽性质所决定的。

1 – 40. 在上题中若外球不接地,从远处移来一个带负电的物体,内、外两球的电势增高还是降低？两球间的电场和电势有无变化？两球间的电势差有无变化？

答: 在上题中若外球不接地,从远处再移来一个带负电的物体,内外两球的电势降低,而内、外两球之间的电场没有变化。两球之间各点的电势降低,而两球间的电势差没有变化。

1 – 41. 如本题图所示，在金属球A内有两个球形空腔。此金属球整体上不带电。在两空腔中心各放置一点电荷 q_1 和 q_2. 此外在金属球 A 之外远处放置一点电荷 q（q 至A的中心距离 $r\gg$ 球A的半径 R）。作用在A、q_1、q_2、q 四物体上的静电力各多少？

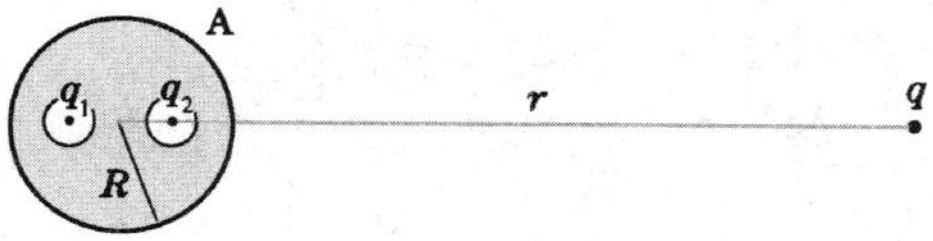

思考题 1 – 41

答: 根据题目给定的情况，q_1对其所在的空腔内表面感应出$-q_1$，q_2对其所在的空腔内表面感应出$-q_2$，于是在A的外表面有感应电荷 q_1+q_2，设 q_1+q_2 是均匀分布的。另外由于 q 对A的静电感应,引起A的外表面有 q' 的分布，它是偶极型的。在A的外表面总的电荷分布为 q_1+q_2+q'，由于 $r\gg R$，因此考虑 q_1+q_2 与 q 作用时可把A看成点电荷，且 q 对A的感应可忽略，即可认为 $q'=0$，也就是说A外表面上的电荷分布是均匀的，于是

(1) 作用在A上的静电力，即 q_1、q_2 和 q 作用于A上所有感应电荷的静电力的总和：

设$-q_1$所受的静电力为$\boldsymbol{F}_{A1}$，q_1对 $-q_1$的作用力由于电荷分布对称而为0，q_2对$-q_1$的作用力为吸引力，指向右，大小为$\frac{1}{4\pi\varepsilon_0}\frac{q_1q_2}{a^2}$（$a$ 为 q_1、q_2之间的距离），q 对$-q_1$的作用力$\frac{1}{4\pi\varepsilon_0}\frac{q_1q_2}{(r+a/2)^2}\approx\frac{1}{4\pi\varepsilon_0}\frac{q_1q_2}{r^2}$ 为吸引力，指向右。于

是 $-q_1$ 所受的静电力为

$$F_{A1}=\frac{1}{4\pi\varepsilon_0}\left(\frac{q_1q_2}{a^2}+\frac{qq_1}{r^2}\right).$$

设 $-q_2$ 所受的静电力为 $\boldsymbol{F}_{A2}$. q_2 对 $-q_2$ 的作用力由于电荷分布对称而为0. q_1 对 $-q_2$ 的吸引力指向左，大小为 $\frac{1}{4\pi\varepsilon_0}\frac{q_1q_2}{a^2}$. q 对 $-q_2$ 的吸引力指向右，大小为 $\frac{1}{4\pi\varepsilon_0}\frac{q_1q_2}{r^2}$. 于是 $-q_2$ 所受的静电总力为

$$F_{A2}=-\frac{1}{4\pi\varepsilon_0}\left(\frac{q_1q_2}{a^2}-\frac{qq_2}{r^2}\right).$$

设 q_1+q_2 所受的静电力为 $\boldsymbol{F}_{A3}$. q_1 对 q_1+q_2 的作用力为0，这是因为 q_1+q_2 对 q_1 的作用力为0，而它们是一对作用力和反作用力，在静电情形牛顿第三定律是成立的。同理，q_2 对 q_1+q_2 的作用力也为0. q 对 q_1+q_2 的作用力为 $\frac{1}{4\pi\varepsilon_0}\frac{q(q_1+q_2)}{r^2}$，方向指向左，是排斥力，于是

$$F_{A3}=-\frac{1}{4\pi\varepsilon_0}\frac{q(q_1+q_2)}{r^2}.$$

因此作用在A上的静电总力为

$$F_A=F_{A1}+F_{A2}+F_{A3}=\frac{1}{4\pi\varepsilon_0}\left(\frac{q_1q_2}{a^2}+\frac{qq_1}{r^2}-\frac{q_1q_2}{a^2}+\frac{qq_2}{r^2}-\frac{q(q_1+q_2)}{r^2}\right)=0.$$

(2) 作用在 q_1 上的静电力，即所有其它电荷对 q_1 的作用力：

$-q_1$ 对 q_1 的作用力为0. q_2 和 $-q_2$ 在 q_1 处的合场强为0，它们对 q_1 的作用力之和为0. q_1+q_2 在其内部的场强为0,它们对 q_1 的作用力为0. q 和 q' 在 q_1 处的合场强为0，它们对 q_1 的作用力之和为0. 因此作用于 q_1 上静电力的总和为0.

(3) 作用在 q_2 上的静电力：

与上述情形(2)相同,为0.

(4) 作用在 q 上的静电力，即所有其它电荷对 q 的作用力：

q_1 和 $-q_1$ 对 q 的作用力之和为0. q_2 和 $-q_2$ 对 q 的作用力之和为0. q' 对 q 有向左的吸引力，考虑到 $r\gg R$, q 对A的感应可忽略，$q'=0$，因此只有 q_1+q_2 对 q 的作用力 $\frac{1}{4\pi\varepsilon_0}\frac{q(q_1+q_2)}{r^2}$，方向向右。

1-42. 在上题上取消 $r\gg R$ 的条件,并设两空腔中心的间距为 a,试写出：(1) q 给 q_1 的力；(2) q_2 给 q 的力；(3) q_1 给A的力；(4) A给 q_2 的力；(5) q_1 受到的合力。

答： (1) q 给 q_1 的力：$\frac{1}{4\pi\varepsilon_0}\frac{qq_1}{(r+a/2)^2}$,方向向左。

(2) q_2 给 q 的力：$\frac{1}{4\pi\varepsilon_0}\frac{qq_1}{(r-a/2)^2}$,方向向右。

(3) q_1给A的力，即q_1给A上所有电荷的作用力之和：

q_1给$-q_1$的作用力为0. q_1给q_1+q_2的作用力为0，这是因为q_1+q_2对q_1的作用力为0，两者是一对作用力和反作用力，在静电情形牛顿第三定律成立。q_1给$-q_2$的作用力为$\frac{1}{4\pi\varepsilon_0}\frac{q_1q_2}{a^2}$，方向指向左。由于$q'$和$q$在$q_1$处产生的场强为0，因此$q'$与$q$对$q_1$的作用力之和为0，即$\boldsymbol{f}_{q'q_1}+\boldsymbol{f}_{qq_1}=0$，此外有$\boldsymbol{f}_{q_1q'}=-\boldsymbol{f}_{q'q_1}$和$\boldsymbol{f}_{qq_1}=-\boldsymbol{f}_{q_1q}$，因此

$$\boldsymbol{f}_{q_1q'}=-\boldsymbol{f}_{q'q_1}=\boldsymbol{f}_{qq_1}=-\boldsymbol{f}_{q_1q},$$

即q_1对q'的作用力等于q_1对q的作用力的负值，大小为$\frac{1}{4\pi\varepsilon_0}\frac{qq_1}{(r+a/2)^2}$，方向指向左。因此$q_1$给A的力的总和为

$$f=\frac{1}{4\pi\varepsilon_0}\left(\frac{q_1q_2}{a^2}+\frac{qq_1}{(r+a/2)^2}\right),$$

方向指向左。

(4) A给q_2的力为A上所有电荷给q_2的作用力的总和：

$-q_2$给q_2的作用力为0. q_1+q_2给q_2的作用力为0. $-q_1$给q_2的作用力为$\frac{1}{4\pi\varepsilon_0}\frac{q_1q_2}{a^2}$，方向指向左。由于$q'$和$q$在$q_2$处产生的场强为0，因此$q'$与$q$对$q_2$的作用力之和为0，即$\boldsymbol{f}_{q'q_2}+\boldsymbol{f}_{qq_2}=0$，于是$\boldsymbol{f}_{q'q_2}=-\boldsymbol{f}_{qq_2}=\boldsymbol{f}_{q_2q}$，因此，$q'$对$q_2$的作用力大小为$\frac{1}{4\pi\varepsilon_0}\frac{qq_2}{(r-a/2)^2}$，方向指向右，从而A给$q_2$的作用力的总和为

$$f=\frac{1}{4\pi\varepsilon_0}\left(\frac{q_1q_2}{a^2}-\frac{qq_2}{(r-a/2)^2}\right),$$

指向左。

(5) q_1所受的合力，即q_1所受其它所有电荷作用力的总和：

$-q_1$给q_1的作用力为0. q_1+q_2给q_1的作用力为0. q_2和$-q_2$给q_1的作用力之和为0. q和q'给q_1的作用力之和为0. 因此将它们叠加起来，q_1所受的合力为0.

1－43. 如本题图，

(1) 若将一个带正电的金属小球移近一个绝缘的不带电导体时(图a)，小球受到吸引还是排斥力？

(2) 若小球带负电(图b)，情况将如何？

(3) 若当小球在导体近旁(但未接触)时，将导体远端接地(图c)，情况如何？

(4) 若将导体近端接地(图d)，情况如何？

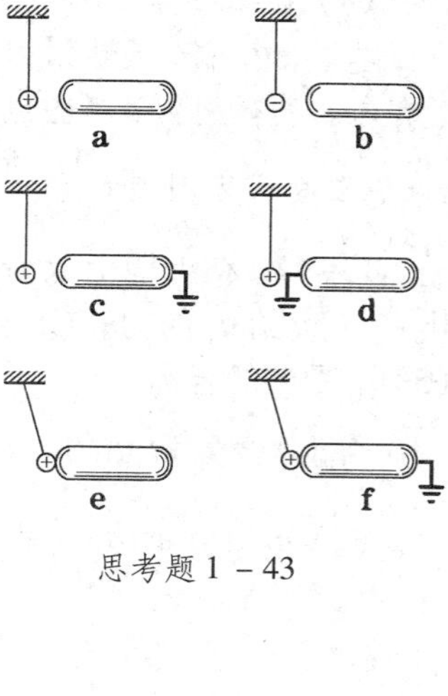

思考题1－43

(5) 若导体在未接地前与小球接触一下(图 e),将发生什么情况?

(6) 若将导体接地,小球与导体接触一下后(图 f),将发生什么情况?

答: (1) 将一带正电的金属小球移近一个绝缘的不带电导体时,带正电的小球对不带电导体静电感应在近端感应负电荷,远端感应正电荷,异号电荷的吸引力大于同号电荷的排斥力,因此小球受到吸引。

(2) 若小球带负电,对不带电的绝缘导体静电感应在近端感应正电荷,远端感应负电荷,同样,异号电荷的吸引力大于同号电荷的排斥力,小球同样受到吸引。

(3) 将导体远端的电荷导入地下,小球受到剩下异号电荷的吸引力比(2) 更大。

(4) 将导体近端接地,仍是远端的同号电荷流入地下,小球同样受到剩下异号电荷的吸引力比(2) 更大。

(5) 若导体在未接地前与小球接触一下,小球上的部分电荷分给导体,结果两者带同号电荷,彼此相斥。

(6) 若将导体接地,小球与导体接触,全部电荷部流入地下,小球和导体均不带电,小球不再受力。

1 - 44. 如本题图,

(1) 将一个带正电的金属小球 B 放在一个开有小孔的绝缘金属壳内,但不与之接触。将另一带正电的试探电荷 A 移近时(图 a),A将受到吸引力还是排斥力?若将小球 B 从壳内移去后(图 b),A 将受到什么力?

(2) 若使小球B与金属壳内部接触(图 c),A受什么力?这时再将小球B从壳内移去(图 d),情况如何?

(3) 如情形(1),使小球不与壳接触,但金属壳接地(图 e),A 将受什么力?将接地线拆掉后,又将小球 B 从壳内移去(图 f),情况如何?

(4) 如情形(3),但先将小球从壳内移去后再拆接地线,情况与(3) 相比有何不同?

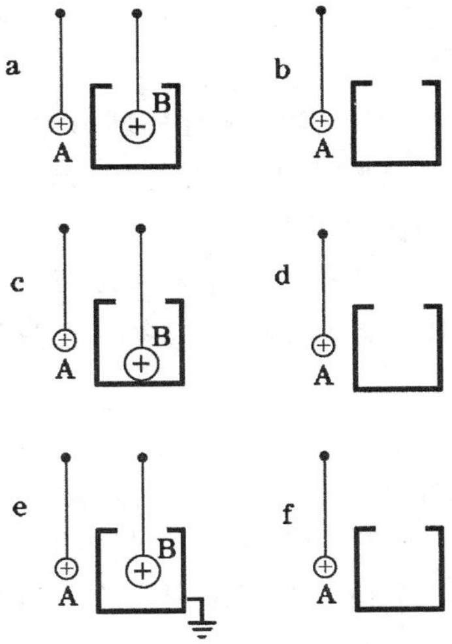

思考题 1 - 44

答: (1) 将一个带正电的金属小球 B 放在一个开有小孔的绝缘金属壳内,但不与之接触,B 在金属壳内表面静电感应出负电荷,从而金属壳外表面感应出正电荷。将另一带正电的试探电荷 A 移近时,使 A 受到排斥力。若将小球B从壳内移去，A对金属壳感应近端为异号电荷，远端为同号电荷，故A受到吸引力。

（2）若使小球B与金属壳内部接触，B球上的正电荷与金属壳内表面感应的负电荷中和，金属壳外表面的正电荷不变，A仍受到排斥力。再将小球B从壳内移去，金属壳外表面的正电荷不变，A受到的排斥力不变。

（3）如情形(1)，使小球不与金属壳接触，但金属壳接地，金属壳外表面的正电荷流入地下，然而移近的A使金属壳感应出异号电荷，A将受到吸引力；将接地线拆掉后，又将小球B从壳内移去，壳内表面的负电荷转移到壳外表面上来，A将受到更大的吸引力。

（4）如情形(3)，先将小球从壳内移去后再拆接地线，壳内外表面的电荷先后流入地下，A受到它在金属壳上的异号感应电荷的吸引，与(3)前一半情况相同。

1－45. 在一个孤立导体球壳的中心放一个点电荷，球壳内、外表面上的电荷分布是否均匀？如果点电荷偏离球心，情况如何？

答： 在一个孤立导体壳的中心放一个点电荷，由于球对称，球壳内、外表面上感应的电荷分布均匀，也是球对称的。如果点电荷偏离球心，内表面感应的异号电荷不再均匀分布，而外表面的感应电荷仍是球对称的均匀分布。

1－46. 两导体球A、B相距很远（因此它们都可看成是孤立的），其中A原来带电，B不带电。现用一根细长导线将两球连接。电荷将按怎样的比例在两球上分配。

答： 两个导体球A、B相距很远，它们都可以看成是孤立的。使A带电，B不带电，现用一要细长导线将两球连接，两球静电平衡的条件是电势相等，

$$\frac{1}{4\pi\varepsilon_0}\frac{q_A}{R_A}=\frac{1}{4\pi\varepsilon_0}\frac{q_B}{R_B},$$

因此两球上电荷分配的比例与它们的半径成正比，即 $q_A : q_B = R_A : R_B$.

1－47. 用一个带电的小球与一个不带电的绝缘大金属球接触，小球上的电荷会全部传到大球上去吗？为什么？

答： 将一个带电的小球与一个不带电的绝缘大金属球接触，小球上的电荷不会全部传到大球上去，因为两球接触的静电平衡条件是它们的电势相等，所以小球上总会残留一些电荷。

1－48. 将一个带电导体接地后，其上是否还会有电荷？为什么？分别就此导体附近有无其它带电体的不同情况讨论之。

答： 将一个带电导体接地后能够得到的结论是其电势与地的电势相

等，即电势为0，仅根据此尚不能对其是否有电荷作出判断。具体地说导体上是否电荷还取决于导体外是否有其他带电荷。如果导体是一个孤立的带电体，接地后，导体上的电势为零，电荷也为零；如果该带电导体旁有其它带电体，该导体接地后，其电势为零，其上还会有其他带电体对它静电感应的异号电荷。

1－49. 本题图中所示是用静电计测量电容器两极板间电压的装置。试说明，为什么电容器上电压大时，静电计的指针偏转也大？

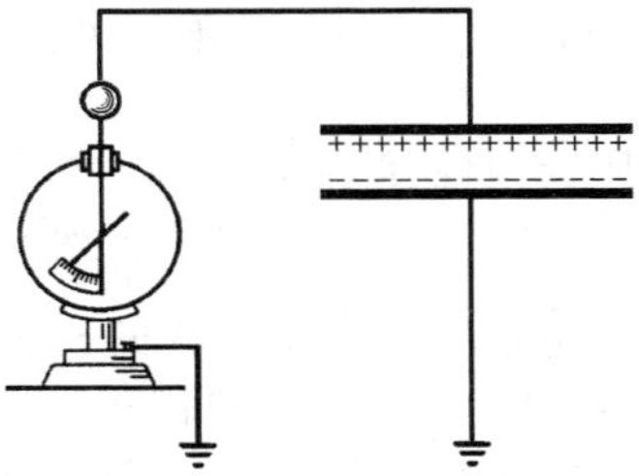

思考题 1－49

答： 当电容器上电压较大时，电容器上储存的电荷较多。静电计并接于电容器上时，两者的电压相等。因此流入静电计指针上的正电荷则较多，同性电荷相斥，使指针的偏转角较大。这表明静电计是测量电容器极板间电压的装置。

1－50. 将一个接地的导体B移近一个带正电的孤立导体A时，A的电势升高还是降低？

答： 将一个接地导体B移近带正电的孤立导体A之前，只有带电导体A，系统的静电能为 $W=\frac{1}{2}\int\rho U_A \mathrm{d}V=\frac{1}{2}QU_A$. 把接地导体移近后，系统的静电能为 $W'=\frac{1}{2}\int\rho U_A'\mathrm{d}V+\frac{1}{2}\int\rho U_B\mathrm{d}V=\frac{1}{2}QU_A'+0$. 由于把接地导体B移近A时，系统对外作正功，因此系统的静电能减少，即 $W'<W$，于是 $U_A'<U_A$，即A的电势降低。

1－51. 两绝缘导体A、B分别带等量异号电荷。现将第三个不带电的导体C插入A、B之间（不与它们接触），U_{AB} 增大还是减少？

【提示：第1－50、1－51两题可从能量来考虑。】

答： 两绝缘导体A、B分别带等量异号电荷，这一系统的静电能为

$$W=\frac{1}{2}\int\rho U_A\mathrm{d}V+\frac{1}{2}\int\rho U_B\mathrm{d}V=\frac{1}{2}Q(U_A-Q_B).$$

现将第三个不带电的导体C插入A、B之间，它将被感应出等量异号电荷 q 和 $-q$，这一系统的静电能为

$$W'=\frac{1}{2}\int\rho U_A'\mathrm{d}V+\frac{1}{2}\int\rho U_B'\mathrm{d}V+\frac{1}{2}\int\rho U_C'\mathrm{d}V$$
$$=\frac{1}{2}Q(U_A'-U_B')+\frac{1}{2}(q-q)U_C=\frac{1}{2}Q(U_A'-U_B')+0=\frac{1}{2}Q(U_A'-U_B').$$

由于将导体C插入A、B之间受到吸引，系统对外作正功，因此系统的静电

能将减少，即 $W' < W$，，由此得

$$U_A' - U_B' < U_A - U_B,$$

即 U_{AB} 减少。

1－52. 为什么在点电荷组相互作用能的公式

$$W_e = \frac{1}{2}\sum_{i=1}^{n} q_i U_i$$

中有 1/2 因子，而在电荷在外电场中的电势能公式

$$W(P) = qU(P)$$

中没有这个因子？

答： 在导出点电荷组相互作用能公式 $W_e = \frac{1}{2}\sum_{i=1}^{n} q_i U_i$ 时，曾根据建立电荷体系外力抵抗电场力所作的功与移动电荷的先后顺序无关，而将相互作用能写成更为对称的形式，重复计算了两次，因此需要除以2，公式中有1/2 的因子。而电荷在外场中的电势能公式中不存在上述问题。

1－53. 在偶极子的势能公式

$$W = -\boldsymbol{p}\cdot\boldsymbol{E}$$

中是否包含偶极子的正、负电荷之间的相互作用能？

答： 在偶极子的势能公式 $W=-\boldsymbol{p}\cdot\boldsymbol{E}$ 的建立过程中仅考虑了外电场对偶极子的作用，并未考虑偶极子正负电荷的相互作用，故不包含偶极子的正负电荷之间的相互作用能。

1－54. 试用唯一性定理论证电容器中的电量 q 与电压 U 成正比。

答： 给定电容器意味着给定了为导体配置所决定的几何边界条件。若在电压为 U 时电量 q 达成某种平衡分布，当电压改变若干倍时，电量以及空间各处电场改变同一倍数，必然也是在给定边界条件下的平衡分布。按唯一性定理，这是唯一可能的平衡分布。对于这种分布，电量正比于电压。

1－55. 一平行板电容器两极板的面积都是 S，相距为 d，电容便为 $C = \frac{\varepsilon_0 S}{d}$. 当在两板上加电压 U 时，略去边缘效应，两板间的电场强度为 $E = U/d$. 其中一板所带电量为 $Q = CU$，故它所受的力为

$$F = QE = CU\left(\frac{U}{d}\right) = CU^2/d.$$

这个结果对不对？为什么？

答： 当两板上加电压 U 时，略去边缘效应，电场强度 $E = U/d$。但一板所带电量为 $Q=CU$ 所受的力不应为 $F=QE$，因为对某一板上的电量 Q 来说，外场应是另一板的电荷的产生的电场，它等于 $E/2$，从而受力

$$F = \frac{1}{2}QE = \frac{CU^2}{2d}.$$

第二章　恒磁场

2－1. 地磁场的主要分量是从南到北的,还是从北到南的?

答:地磁场的主要分量是从南到北的,这是因为地球这个磁体的 N 极位于地理南极附近,S 极位于地理北极附近。

2－2. 如本题图取直角坐标系,电流元 $I_1\mathrm{d}\boldsymbol{l}_1$ 放在 x 轴上指向原点 O,电流元 $I_2\mathrm{d}\boldsymbol{l}_2$ 放在原点 O 处指向 z 轴。试根据安培定律(2.12)式或(2.17)式来回答,在下列各情形里电流元 1 给电流元 2 的力 $\mathrm{d}\boldsymbol{F}_{12}$,以及电流元 2 给电流元 1 的力 $\mathrm{d}\boldsymbol{F}_{21}$,大小和方向各有什么变化?

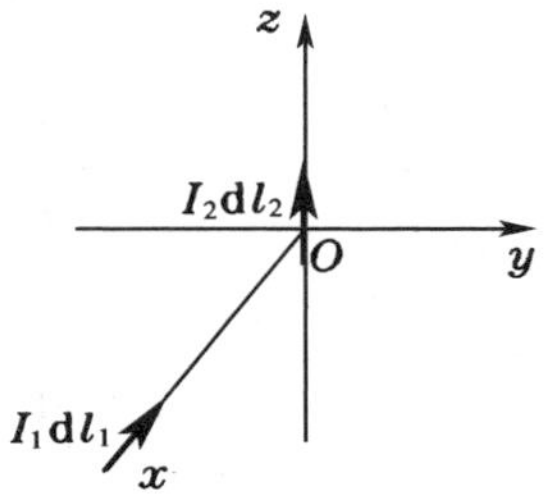

思考题 2－2

(1) 电流元 2 在 zx 平面内转过角度 θ;

(2) 电流元 2 在 yz 平面内转过角度 θ;

(3) 电流元 1 在 xy 平面内转过角度 θ;

(4) 电流元 1 在 zx 平面内转过角度 θ.

答:(1) 因为 $\mathrm{d}\boldsymbol{l}_1\times\boldsymbol{r}_{12}$ 始终为 0,所以 $\mathrm{d}\boldsymbol{F}_{12}$ 始终为 0;而 $\mathrm{d}\boldsymbol{F}_{21}$ 方向始终沿 $-z$,方向不变,其大小在减小。

(2) 因为 $\mathrm{d}\boldsymbol{l}_1\times\boldsymbol{r}_{12}$ 始终为 0,所以 $\mathrm{d}\boldsymbol{F}_{12}$ 始终为 0;而 $\mathrm{d}\boldsymbol{F}_{21}$ 的大小不变,方向不断改变,它在 xy 平面内转过 θ 角。

(3) 因为 $\mathrm{d}\boldsymbol{l}_2$ 始终与 $\mathrm{d}\boldsymbol{l}_1\times\boldsymbol{r}_{12}$ 平行反向,$\mathrm{d}\boldsymbol{F}_{12}$ 始终为 0;而 $\mathrm{d}\boldsymbol{F}_{21}$ 始终指向 $-z$,方向不变,其大小在减小。

(4) $\mathrm{d}\boldsymbol{F}_{12}$ 的方向不变,大小在增大,而 $\mathrm{d}\boldsymbol{F}_{21}$ 的大小不变,方向不断改变,它在 zx 平面内转过 θ 角。

总之,在上述不同变化情形里两电流元的相互作用力 $\mathrm{d}\boldsymbol{F}_{12}$ 和 $\mathrm{d}\boldsymbol{F}_{21}$ 的变化是不同的,这表明在一般情形下磁相互作用不遵从牛顿第三定律。

2－3. 根据安培定律(2.17)式,任意两个闭合载流回路 L_1 和 L_2 之间的相互作用力为

$$\boldsymbol{F}_{12}=\frac{\mu_0}{4\pi}\oint_{(L_1)}\oint_{(L_2)}\frac{I_1I_2\mathrm{d}\boldsymbol{l}_2\times(\mathrm{d}\boldsymbol{l}_1\times\hat{\boldsymbol{r}}_{12})}{r_{12}^{\ 2}},$$

$$\boldsymbol{F}_{21}=\frac{\mu_0}{4\pi}\oint_{(L_2)}\oint_{(L_1)}\frac{I_2I_1\mathrm{d}\boldsymbol{l}_1\times(\mathrm{d}\boldsymbol{l}_2\times\hat{\boldsymbol{r}}_{21})}{r_{21}^{\ 2}}.$$

试证明它们满足牛顿第三定律

$$\boldsymbol{F}_{21}=-\boldsymbol{F}_{12}.$$

【提示:对于任意三个矢量 $\boldsymbol{A}$、$\boldsymbol{B}$、$\boldsymbol{C}$ 组成的双重矢积 $\boldsymbol{A}\times(\boldsymbol{B}\times\boldsymbol{C})$ 有一个很有用的恒等式:

$$\boldsymbol{A}\times(\boldsymbol{B}\times\boldsymbol{C}) = (\boldsymbol{A}\cdot\boldsymbol{C})\boldsymbol{B} - (\boldsymbol{A}\cdot\boldsymbol{B})\boldsymbol{C},$$

利用此式把上述两式展开,并注意到对任意闭合回路 L 有

$$\oint_{(L)} \frac{\hat{\boldsymbol{r}}\cdot \mathrm{d}\boldsymbol{l}}{r^2} = 0,$$

即可证明。】

答: 利用三个矢量的双重矢积公式 $\boldsymbol{A}\times(\boldsymbol{B}\times\boldsymbol{C}) = (\boldsymbol{A}\cdot\boldsymbol{C})\boldsymbol{B}-(\boldsymbol{A}\cdot\boldsymbol{B})\boldsymbol{C}$,

$$\boldsymbol{F}_{12} = \frac{\mu_0}{4\pi}\oint_{(L_1)}\oint_{(L_2)} \frac{I_1 I_2 \mathrm{d}\boldsymbol{l}_2\times(\mathrm{d}\boldsymbol{l}_1\times\hat{\boldsymbol{r}}_{12})}{r_{12}{}^2}$$

$$= \frac{\mu_0 I_1 I_2}{4\pi}\oint_{(L_1)}\oint_{(L_2)} \frac{(\mathrm{d}\boldsymbol{l}_2\cdot\hat{\boldsymbol{r}}_{12})\mathrm{d}\boldsymbol{l}_1-(\mathrm{d}\boldsymbol{l}_2\cdot\mathrm{d}\boldsymbol{l}_1)\hat{\boldsymbol{r}}_{12}}{r_{12}{}^2} = -\frac{\mu_0 I_1 I_2}{4\pi}\oint_{(L_1)}\oint_{(L_2)} \frac{(\mathrm{d}\boldsymbol{l}_2\cdot\mathrm{d}\boldsymbol{l}_1)\hat{\boldsymbol{r}}_{12}}{r_{12}{}^2},$$

$$\boldsymbol{F}_{21} = \frac{\mu_0}{4\pi}\oint_{(L_2)}\oint_{(L_1)} \frac{I_2 I_1 \mathrm{d}\boldsymbol{l}_1\times(\mathrm{d}\boldsymbol{l}_2\times\hat{\boldsymbol{r}}_{21})}{r_{21}{}^2}$$

$$= \frac{\mu_0 I_2 I_1}{4\pi}\oint_{(L_2)}\oint_{(L_1)} \frac{(\mathrm{d}\boldsymbol{l}_1\cdot\hat{\boldsymbol{r}}_{21})\mathrm{d}\boldsymbol{l}_2-(\mathrm{d}\boldsymbol{l}_1\cdot\mathrm{d}\boldsymbol{l}_2)\hat{\boldsymbol{r}}_{21}}{r_{21}{}^2} = -\frac{\mu_0 I_2 I_1}{4\pi}\oint_{(L_2)}\oint_{(L_1)} \frac{(\mathrm{d}\boldsymbol{l}_1\cdot\mathrm{d}\boldsymbol{l}_2)\hat{\boldsymbol{r}}_{21}}{r_{21}{}^2}$$

$$= \frac{\mu_0 I_1 I_2}{4\pi}\oint_{(L_1)}\oint_{(L_2)} \frac{(\mathrm{d}\boldsymbol{l}_2\cdot\mathrm{d}\boldsymbol{l}_1)\hat{\boldsymbol{r}}_{12}}{r_{12}{}^2} = -\boldsymbol{F}_{12}.$$

推导中用到 $\oint_{(L)} \frac{\hat{\boldsymbol{r}}\cdot \mathrm{d}\boldsymbol{l}}{r^2} = 0$ 及 $\hat{\boldsymbol{r}}_{21} = -\hat{\boldsymbol{r}}_{12}$ 等式。

2-4. 试探电流元 $I\mathrm{d}l$ 在磁场中某处沿直角坐标系的 x 轴方向放置时不受力,把这电流元转到 $+y$ 轴方向时受到的力沿 $-z$ 轴方向,此处的磁感应场强度 $\boldsymbol{B}$ 指向何方?

答: 根据磁感应强度定义式(2.21)可以判断 $\boldsymbol{B}$ 指向 $+x$ 轴方向。

2-5. 试根据毕奥-萨伐尔定律证明:一对镜像对称的电流元在对称面上产生的合磁场下必与此面垂直。

答: 对称电流元 $I\mathrm{d}\boldsymbol{l}_1$ 和 $I\mathrm{d}\boldsymbol{l}_2$ 在镜像面 S 上产生的合磁场为

$$\mathrm{d}\boldsymbol{B} = \mathrm{d}\boldsymbol{B}_1 + \mathrm{d}\boldsymbol{B}_2 = \frac{\mu_0 I}{4\pi}\left(\frac{\mathrm{d}\boldsymbol{l}_1\times\hat{\boldsymbol{r}}_1}{r_1^2}+\frac{\mathrm{d}\boldsymbol{l}_2\times\hat{\boldsymbol{r}}_2}{r_2^2}\right) = \frac{\mu_0 I}{4\pi r^2}\left(\mathrm{d}\boldsymbol{l}_1\times\hat{\boldsymbol{r}}_1+\mathrm{d}\boldsymbol{l}_2\times\hat{\boldsymbol{r}}_2\right),$$

式中 $r = |\boldsymbol{r}_1| = |\boldsymbol{r}_2|$.

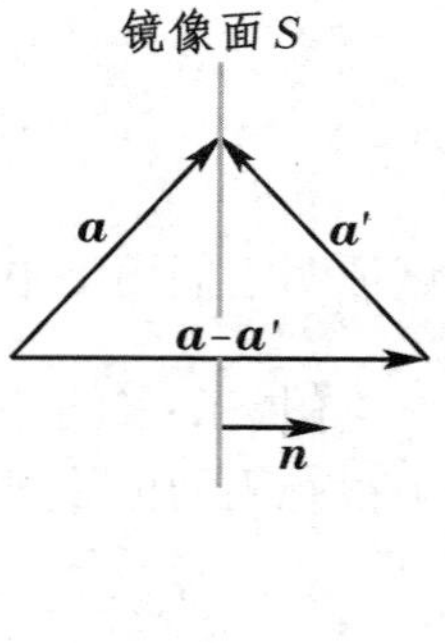

设镜像面 S 的单位法向矢量为 $\boldsymbol{n}$, 对于任何一对对称矢量 $\boldsymbol{a}_1$ 和 $\boldsymbol{a}_2$ 都有 $(\boldsymbol{a}_1-\boldsymbol{a}_2)/\!/\boldsymbol{n}$,从而

$$\boldsymbol{a}_1-\boldsymbol{a}_2 = [(\boldsymbol{a}_1-\boldsymbol{a}_2)\cdot\boldsymbol{n}]\boldsymbol{n}$$

$$\boldsymbol{a}_2\cdot\boldsymbol{n} = -\boldsymbol{a}_1\cdot\boldsymbol{n}, \quad (\boldsymbol{a}_1-\boldsymbol{a}_2)\cdot\boldsymbol{n} = 2\boldsymbol{a}_1\cdot\boldsymbol{n}.$$

以上公式对 $\mathrm{d}\boldsymbol{l}_1$、$\mathrm{d}\boldsymbol{l}_2$ 和 $\hat{\boldsymbol{r}}_1$、$\hat{\boldsymbol{r}}_2$ 都适用。于是

$$\begin{aligned}\boldsymbol{n}\times\mathrm{d}\boldsymbol{B} &\propto \boldsymbol{n}\times(\mathrm{d}\boldsymbol{l}_1\times\hat{\boldsymbol{r}}_1+\mathrm{d}\boldsymbol{l}_2\times\hat{\boldsymbol{r}}_2)\\ &=(\boldsymbol{n}\cdot\hat{\boldsymbol{r}}_1)\mathrm{d}\boldsymbol{l}_1-(\boldsymbol{n}\cdot\mathrm{d}\boldsymbol{l}_1)\hat{\boldsymbol{r}}_1+(\boldsymbol{n}\cdot\hat{\boldsymbol{r}}_2)\mathrm{d}\boldsymbol{l}_2-(\boldsymbol{n}\cdot\mathrm{d}\boldsymbol{l}_2)\hat{\boldsymbol{r}}_2\\ &=(\boldsymbol{n}\cdot\hat{\boldsymbol{r}}_1)(\mathrm{d}\boldsymbol{l}_1-\mathrm{d}\boldsymbol{l}_2)-(\boldsymbol{n}\cdot\mathrm{d}\boldsymbol{l}_1)(\hat{\boldsymbol{r}}_1-\hat{\boldsymbol{r}}_2)\\ &=(\boldsymbol{n}\cdot\hat{\boldsymbol{r}}_1)\,[(\mathrm{d}\boldsymbol{l}_1-\mathrm{d}\boldsymbol{l}_2)\cdot\boldsymbol{n}]\boldsymbol{n}-(\boldsymbol{n}\cdot\mathrm{d}\boldsymbol{l}_1)[(\hat{\boldsymbol{r}}_1-\hat{\boldsymbol{r}}_2)\cdot\boldsymbol{n}]\boldsymbol{n}\\ &=2(\boldsymbol{n}\cdot\hat{\boldsymbol{r}}_1)(\mathrm{d}\boldsymbol{l}_1\cdot\boldsymbol{n})\boldsymbol{n}-2(\boldsymbol{n}\cdot\mathrm{d}\boldsymbol{l}_1)(\hat{\boldsymbol{r}}_1\cdot\boldsymbol{n})\boldsymbol{n}=0,\end{aligned}$$

即 $\mathrm{d}\boldsymbol{B}/\!/\boldsymbol{n}$，或者说 $\mathrm{d}\boldsymbol{B}$ 垂直于 S。

2－6. (1) 在没有电流的空间区域里，如果磁感应线是平行直线，磁感应强度的大小 B 在沿磁感应线和垂直它的方向上是否可能变化(即磁场是否一定是均匀的)？

(2) 若存在电流，上述结论是否还对？

答：(1) 在没有电流的空间区域里磁感应线是平行直线，根据磁高斯定理，作柱状高斯面可以证明，沿磁感应线方向各点磁感应强度相等，根据安培环路定理，作矩形环路，可证明垂直磁感应线方向各点磁感应强度相等，从而可得：在没有电流的空间区域内磁感应线平行，则磁场必定是均匀磁场。

(2) 若存在电流，则得不出上述结论。

2－7. 根据安培环路定理，沿围绕载流导线一周的环路积分为

$$\oint \boldsymbol{B}\cdot\mathrm{d}\boldsymbol{l}=\mu_0 I.$$

现利用圆形载流线圈轴线上的磁场公式(2.29)

$$B=\frac{\mu_0}{4\pi}\frac{2\pi R^2 I}{(R^2+z^2)^{3/2}}$$

(z 是轴线上一点到圆心的距离)，验算一下沿轴线的积分

$$\int_{-\infty}^{\infty}\boldsymbol{B}\cdot\mathrm{d}\boldsymbol{l}=\int_{-\infty}^{\infty}B\,\mathrm{d}z=\mu_0 I.$$

为什么这积分路线虽未环绕电流一周，但与闭合环路积分的结果一样？

答：$\displaystyle\int_{-\infty}^{\infty}B\,\mathrm{d}z=\frac{\mu_0R^2I}{2}\int_{-\infty}^{\infty}\frac{\mathrm{d}z}{(R^2+z^2)^{3/2}}=\frac{\mu_0R^2I}{2}\cdot\frac{z}{R^2(R^2+z^2)^{1/2}}\Bigg|_{-\infty}^{\infty}=\mu_0 I.$

此积分看起来似乎未环绕电流一周，但补上一个从 ∞ 到 $-\infty$ 的大半圆，积分路径就闭合了。由于在无穷远被积函数反比于 r^3，而大半圆积分路径长度正比于 r，这里 r 为大半圆的半径。最终 $r\to\infty$，沿大半圆的积分以 r^{-2} 方式趋于0，沿整个闭合回路积分等于沿 z 轴积分。

2－8. 利用(2.35)式和安培环路定理，证明无限长螺线管外部磁场处处为0. 这个结论成立的近似条件是什么？仅仅“密绕”的条件够不够？

答：利用(2.35)式和安培环路定理证明无限长螺线管外部磁场的分量

为0，只是证明了通过螺线管轴线的平面内磁场的分量为0，并未涉及垂直该平面的分量。若要求垂直该平面的磁场分量也为0，则要求没有轴向电流，这比"密绕"要求更强。这从下面思考题2－9中可以看出。

2－9. 在一个可视为无穷长密绕的载流螺线管外面环绕一周(见本题图)，环路积分$\oint \boldsymbol{B}\cdot d\boldsymbol{l}$等于多少？

答： 因为有电流I穿过环路L，所以$\oint_{(L)} \boldsymbol{B}\cdot d\boldsymbol{l}=\mu_0 I$，这说明螺线管外环向的磁感应强度不为零。

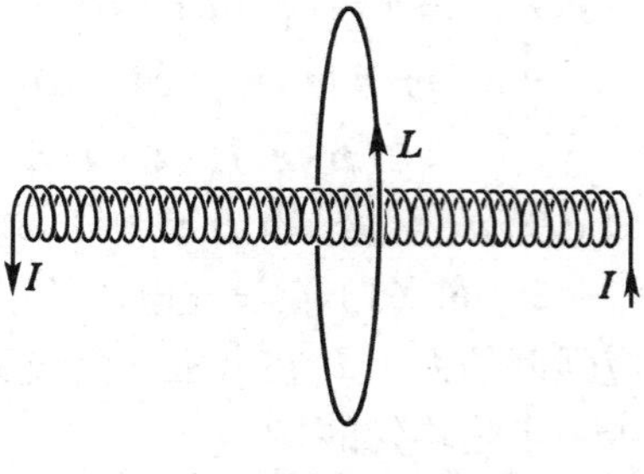

思考题2－9

2－10. 本题图中的载流导线与纸面垂直，确定a和b中电流的方向，以及c和d中导线受力的方向。

答： a中的电流垂直纸面出来；
b中的电流垂直纸面进入；
c中导线受力方向向上；
d中导线受力方向向下。

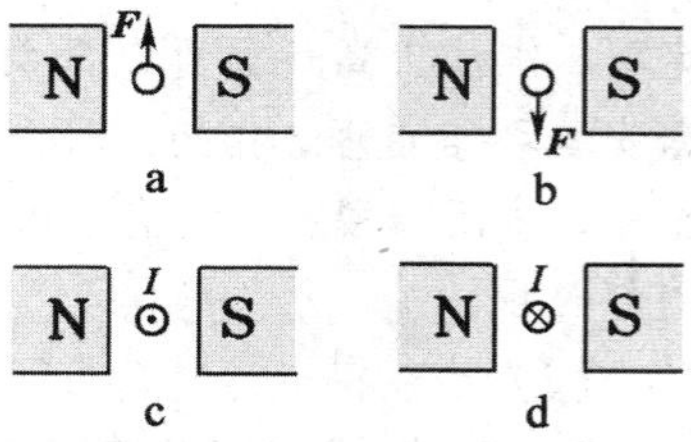

思考题2－10

2－11. 指出本题图中各情形里带电粒子受力方向。

答： a中带电粒子受力向右；
b中带电粒子受力向外；
c中带电粒子受力向里；
d中带电粒子受力为0；
e中带电粒子受力向左；
f中带电粒子受力向下。

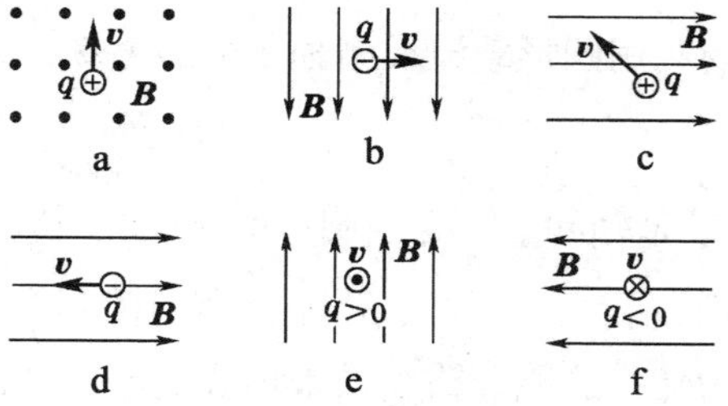

思考题2－11

2－12. 如本题图，在阴极射线管上平行管轴放置一根载流直导线，电流方向如图所示，射线朝什么方向偏转？电流反向后情况怎样？

答： 阴极射线朝下偏转。电流反向后，射线朝上偏转。

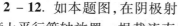

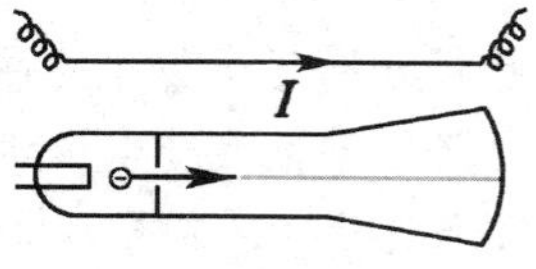

思考题2－12

2－13. 如本题图所示，两个电子同时由电子枪射出，它们的初速与匀磁场垂直，速率分别是v和$2v$. 经磁场偏转后，哪个电子先回到出发点？

答：由于带电粒子回绕一周的时间（周期）为 $T=\frac{2\pi m}{qB}$，与粒子的速度大小无关，因此两个电子同时回到出发点，速度大的电子轨道半径大，速度小的电子轨道半径小。

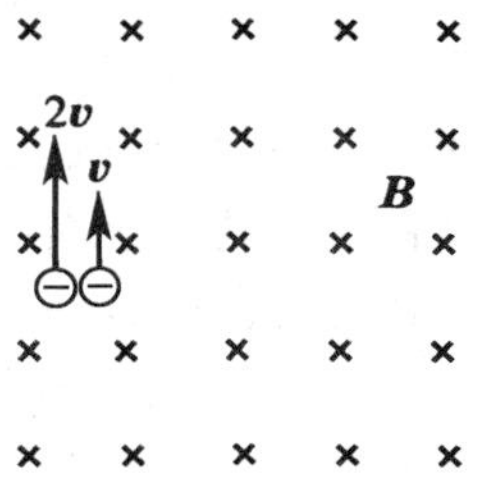

思考题 2－13

2－14. 云室是借助于过饱和水蒸气在离子上凝结，来显示通过它的带电粒子径迹的装置。这里有一张云室中拍摄的照片。云室中加了垂直纸面向里的磁场，图中 a、b、c、d、e 是从 O 点出发的一些正电子或负电子的径迹。

（1）哪些径迹属于正电子的，哪些属于负电子的？

（2）a、b、c 三条径迹中哪个粒子的能量（速率）最大，哪个最小？

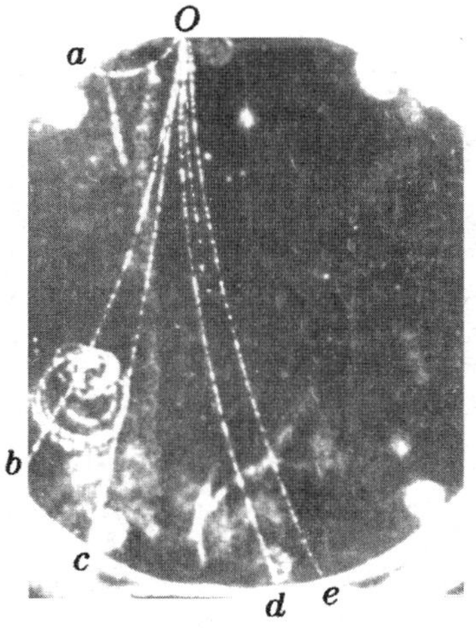

思考题 2－14

答：（1）径迹 a、b、c 是负电子，d、e 是正电子。

（2）径迹 c 的粒子能量最大，径迹 a 的粒子能量最小。

2－15. 本题图是磁流体发电机的示意图。将气体加热到很高温度（譬如 2500 K 以上）使之电离（这样一种高度电离的气体叫做等离子体），并让它通过平行板电极 1、2 之间，在这里有一垂直于纸面向里的磁场 B，试说明这时两电极间会产生一个大小为 vBd 的电压（v 为气体流速，d 为电极间距）。哪个电极是正极？

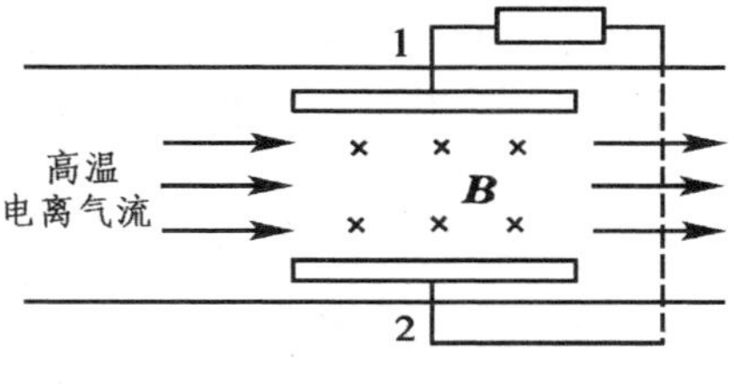

思考题 2－15

答：带正负电的等离子体以速度 v 进入平行板电极 1、2 之间，受到洛伦兹力作用，正负电荷分离，正电荷偏向上极板，负电荷偏向下极板，在极板之间形成电场。以后再过来的带电粒子在洛伦兹力和电场力作用下平衡，不再偏转，因此

$$evB=eE,\quad 得\quad E=vB.$$

两极板之间的电压为 $U=Ed=vBd$，上极板为正极。

2－16. 有一非均匀磁场呈轴对称分布,磁感应线由左至右逐渐收缩(见本题图)。将一圆形载流线圈共轴地放置其中,线圈的磁矩与磁场方向相反,试定性分析此线圈受力的方向。

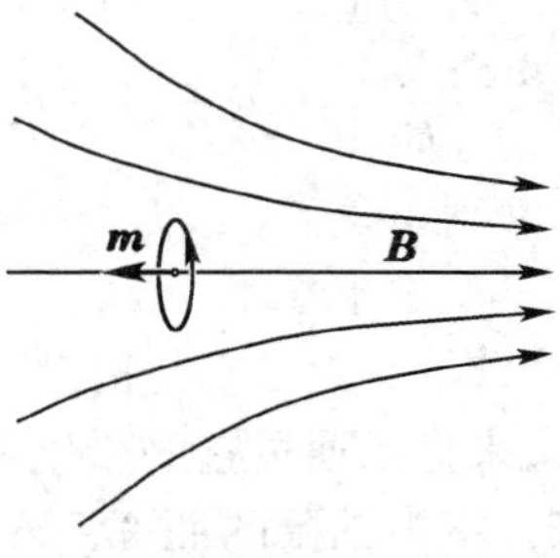

思考题 2－16

答: 考虑圆形载流线圈中的每一电流元在磁场中所受的力,它们都斜指向左边弱磁场区。由于非场匀磁场呈轴对称分布,线圈共轴放置其中,整个线圈所受的力指向磁场弱的一边。

2－17. 试用上题定性地说明磁镜两端对作回旋运动的带电粒子能起反射作用。

答: 当带电粒子以一定速度在磁场中运动时,它们在洛伦兹力的作用下绕磁感应线作螺旋线运动。不管粒子带正电还是带负电,粒子绕磁感应线回旋运动相当于一个磁矩与磁场方向相反的线圈,它在非均匀磁场中受到的力方向指向磁场的弱场区。因此带电粒子在磁镜中运动时,磁镜对它起反射作用,于是带电粒子当其纵向速度不太大时,可约束在磁镜内。

2－18. 设氢原子中的电子沿半径为 r 的圆轨道绕原子核运动。若把氢原子放在磁感应强度为 $\boldsymbol{B}$ 的磁场中,使电子的轨道平面与 $\boldsymbol{B}$ 垂直,假定 r 不因 $\boldsymbol{B}$ 而改变,则当观测者顺着 $\boldsymbol{B}$ 的方向看时,

(1) 若电子沿顺时针方向旋转,问电子的角频率(或角速率)是增大还是减小?

(2) 若电子是沿反时针方向旋转,问电子的角频率是增大还是减小?

答: (1) 若观察者顺着 $\boldsymbol{B}$ 的方向看去,电子沿顺时针方向旋转,电子受到的洛伦兹力指向圆心,与电子受到的核的引力方向相同,故增大了向心力,因此电子的角频率增大。

(2) 若观察者顺着 $\boldsymbol{B}$ 的方向看去,电子沿逆时针方向旋转,电子受到的洛伦兹力背离圆心,与电子受到的核的引力方向相反,故减小了向心力,因此电子的角频率减小。

2－19. 设电子质量为 m,电荷为 e,以角速度 ω 绕带正电的质子作圆周运动。当加上外磁场 $\boldsymbol{B}$、而 $\boldsymbol{B}$ 的方向与电子轨道平面垂直时,设电子轨道半径不变而角速度变为 ω', 证明: 电子角速度的变化近似等于

$$\Delta\omega = \omega' - \omega = \pm \frac{1}{2}\frac{e}{m} B.$$

答： 电子绕原子核作圆周运动，电子受核的库仑引力提供了向心力，电子绕核运动的角速度 ω 满足

$$\frac{1}{4\pi\varepsilon_0}\frac{Ze^2}{r^2}=m\omega^2 r.$$

当加了外磁场 $\boldsymbol{B}$，而 $\boldsymbol{B}$ 的方向与电子轨道平面垂直时，若顺着磁场 $\boldsymbol{B}$ 的方向看去，电子顺时针旋转，电子受磁洛伦兹力方向指向圆心，电子受到的向心力增加，致使电子角速度增加为 ω'，它满足

$$\frac{1}{4\pi\varepsilon_0}\frac{Ze^2}{r^2}+evB=m\omega'^2 r.$$

考虑近似条件

$$\Delta\omega=\omega'-\omega\ll\omega,\quad \omega'^2\approx\omega^2+2\omega\Delta\omega,\quad v=\omega' r\approx\omega r,$$

有

$$m\omega^2 r+e\omega rB=m\omega^2 r+2m\omega\Delta\omega r,$$

得

$$\Delta\omega=\omega'-\omega=\frac{eB}{2m}.$$

若顺着磁场 $\boldsymbol{B}$ 的方向看去，电子绕核逆时针旋转，电子受磁场洛伦兹力方向背离圆心，电子受到的向心力减小，电子角速度减小，同样考虑得

$$\Delta\omega=\omega'-\omega=-\frac{eB}{2m}.$$

从而全部得证。

第三章　电磁感应 电磁场的相对论变换

3-1. 一导体圆线圈在均匀磁场中运动,在下列各种情况下哪些会产生感应电流?为什么?

(1) 线圈沿磁场方向平移;

(2) 线圈沿垂直磁场方向平移;

(3) 线圈以自身的直径为轴转动,轴与磁场方向平行;

(4) 线圈以自身的直径为轴转动,轴与磁场方向垂直。

答: (1) 线圈内不会产生感应电流,因穿过线圆的磁通量没有变化。

(2) 线圈内不会产生感应电流,因为穿过线圈的磁通量没有变化。

(3) 线圈内不会产生感应电流,因为穿过线圈的磁通量始终为0,没有变化。

(4) 线圈内会产生感应电流,因为穿过线圈的磁通量随时间变化。

本题几种情形也可以用线圈运动切割磁感应线来分析,当线圈运动不切割磁感应线或线圈两边切割磁感应线产生的感应电动势因方向相反而相互抵消,则不会产生感应电流,否则会产生感应电流。

3-2. 感应电动势的大小由什么因素决定?如本题图,一个矩形线圈在均匀磁场中以匀角速 ω 旋转,试比较,当它转到位置a和b时感应电动势的大小。

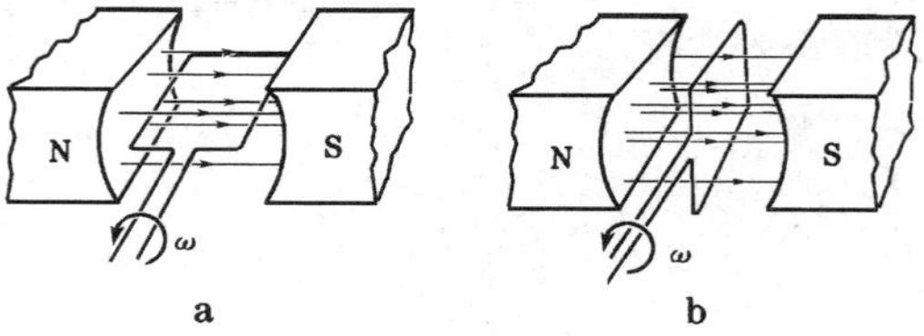

思考题3-2

答: 感应电动势的大小取决于穿过线圈的磁通量随时间的变化率,或者说取决于线圈切割磁感应线的速率。当穿过线圈的磁通量随时间的变化率越大,或线圈切割磁感应线越快,则线圈内的感应电动势越大;反之则相反。

在图示的两种情形,a中穿过线圈的磁通量随时间的变化率最大,线圈切割磁感应线最快,感应电动势最大;b中穿过线圈的磁通量随时间变化率为0,线圈没有切割磁感应线,故感应电动势为0.

3-3. 怎样判断感应电动势的方向?

(1) 判断上题图中感应电动势的方向。

(2) 在本题图所示的变压器(一种有铁芯的互感装置)中,当原线圈的电流减少时,判断副线圈中的感应电动势的方向。

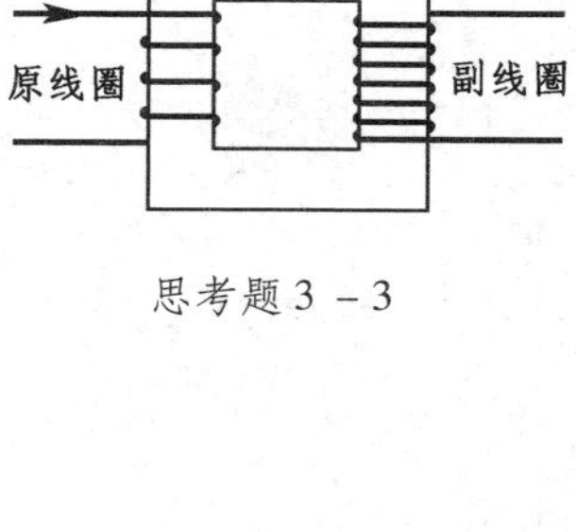

思考题3-3

答： 要判断感应电动势的方向可按下述几种方法：① 由法拉第电磁感应定律 $\mathscr{E}=-\dfrac{\mathrm{d}\Phi}{\mathrm{d}t}$；② 由 $\mathscr{E}=\oint(\boldsymbol{v}\times\boldsymbol{B})\cdot\mathrm{d}\boldsymbol{l}$；③ 由楞次定律。

(1) 在上题 a 图中，选定线圈的绕行方向为从上面向下看是顺时针的，则 $\Phi_1=0$，$\Phi_2>0$，故 $\mathrm{d}\Phi=\Phi_2-\Phi_1>0$，而 $\mathrm{d}t>0$，因此由法拉第电磁感应律得 $\mathscr{E}<0$，即感应电动势方向与标定的线圈绕行方向相反，从上面向下看是逆时针的。用其它两种方法也可判断出同样的结果。

(2) 用如上相同的方法可判断出：当原线圈中电流减少时，感应电动势的方向使副线圈下面的导线相当于一个电源的负极，上面的导线相当于电源的正极。

3－4. 在本题图中，下列各情况里是否有电流通过电阻器 R？如果有，则电流的方向如何？

(1) 开关 K 接通的瞬时；

(2) 开关 K 接通一些时间之后；

(3) 开关 K 断开的瞬间。

当开关 K 保持接通时，线圈的哪一端起磁北极的作用？

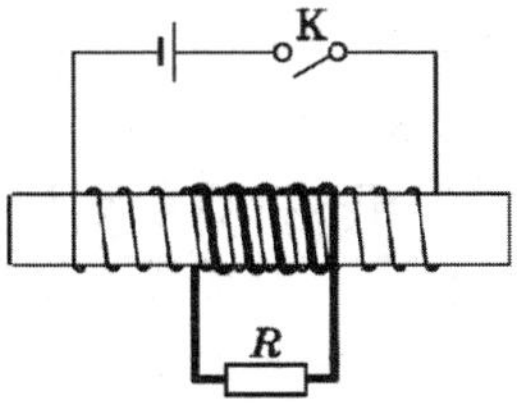

思考题 3－4

答： (1) 开关接通的瞬间有电流过电阻，在电阻 R 上电流从右往左。

(2) 开关接通一些时间之后，通过电阻的电流逐渐减小到 0.

(3) 开关断开的瞬间，有电流通过电阻，在电阻上的电流是从左往右。

当开关 K 保持接通时，线圈的左端相当于磁北极。

3－5. 如果我们使本题图左边电路中的电阻 R 增加，则在右边电路中的感应电流的方向如何？

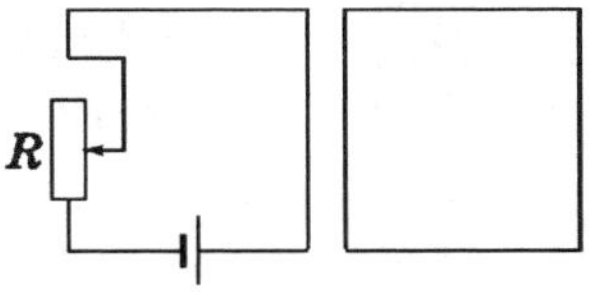

思考题 3－5

答： 右边电路中的感应电流沿顺时针方向。

3－6. 在本题图中，我们使那根可以移动的导线向右移动，因而引起一个如图所示的感应电流。试问：在区域 A 中的磁感应强度 $\boldsymbol{B}$ 的方向如何？

答： 磁感应强度 $\boldsymbol{B}$ 的方向垂直图面向里。

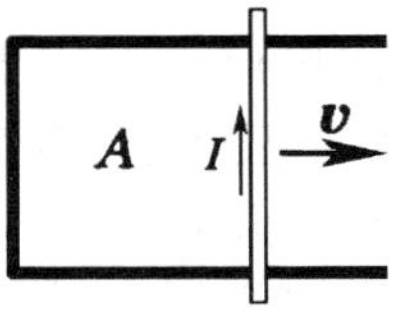

思考题 3－6

3－7. 本题图中所示为一观察电磁感应现象的装置。左边 a 为闭合导体圆环，右边 b 为有缺口的导体圆环，两环用细杆连接支在 O 点，可绕 O 在水平面内自由转动。用足够强的磁铁的任何一极插入圆环。当插入环 a 时，可观察到环向后退；插入环 b 时，环不动。试解释所观察到的现象。当用S极插入环a时,环中的感应电流方向如何?

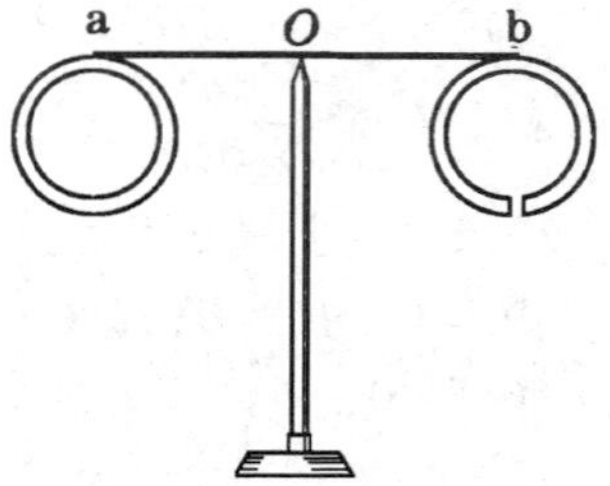

思考题3－7

答: 将S极插入左边的导体环时,通过环的磁通量增加,环中产生感应电流。根据楞次定律,感应电流的方向为顺时针方向。环相当于一个小磁体,纸面外相当于S极,纸面内相当于N极,环的S极与磁铁的S极相斥,因此环向后退。用N极插入左边导体环时按同样的分析,环中感应电流为逆时针方向,环相当于一个小磁体,纸面外是N极,同性相斥,环也向后退。

右边的导体环有缺口,插入磁极时不能形成感应电流,因此环与磁铁没有相斥作用,环不动。

3－8. 试说明思考题3－4和3－6中感应电流的能量是哪里来的。

答: 在思考题3－4中,由于电磁感应作用,在副线圈中产生感应电流,此感应流的变化反过来在原线圈中也产生感应电动势,此感应电动势的方向与原线圈中电源的电动势方向相同,从而增加原线圈内的电流,这样电源就将多作一部分功。这多作的一部分功是就副线圈中感应电流的能量来源。

在思考题3－6中感应电流在磁场中受到的安培力方向向左,其方向为阻碍导线运动,因此移动导线要克服此安培力作功,它就是感应电流的能量来源。

3－9. 一块金属在均匀磁场中平移,金属中是否会有涡流?

答: 一块金属在均匀磁场中平移时不会产生涡流。

3－10. 一块金属在均匀磁场中旋转,金属中是否会有涡流?

答: 一般情况下,一块金属在均匀磁场中旋转,金属中可产生涡流。但若金属的转轴与磁场平行,则穿过金属中的任意一个回路中的磁通量不变化,因而不会产生涡流。

3－11. 一段直导线在均匀磁场中作如本题图所示的四种运动。在哪种情况下导线中有感应电动势?为什么?感应电动势的方向是怎样的?

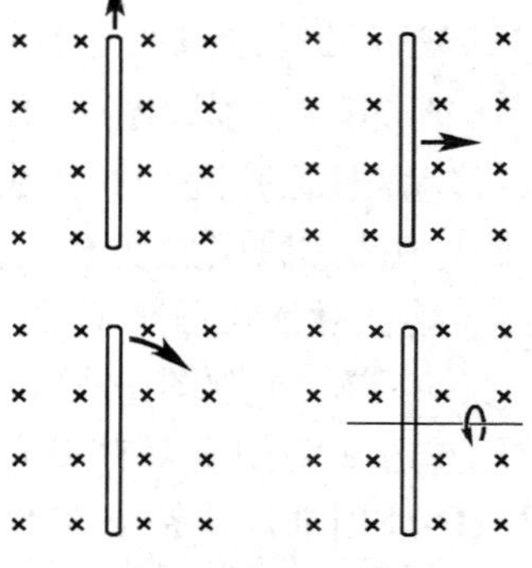
思考题3－11

答: 右上和左下两图的导线运动时切割了磁感应线,因而有感应电动势。左上和右下两图的导线运动时没有切割磁感应线,因而没有感应电动势。根据动生电动势的公式

$\mathscr{E}=\oint(\boldsymbol{v}\times\boldsymbol{B})\cdot d\boldsymbol{l}$,动生电动势的非静电力方向为 $\boldsymbol{v}\times\boldsymbol{B}$ 的方向。

3 - 12. 在电子感应加速器中,电子加速所得到的能量是哪里来的?试定性解释之。

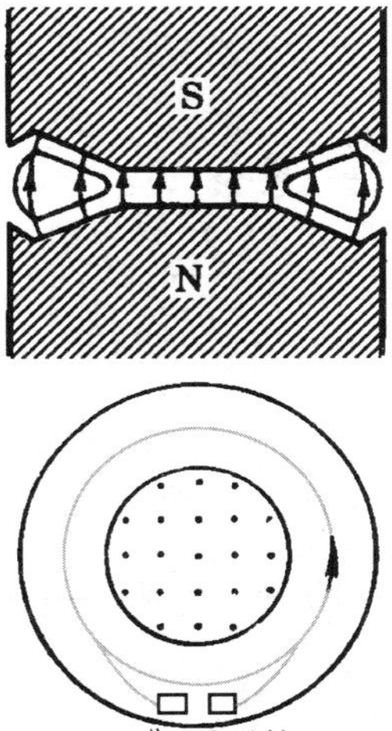

图 3-19

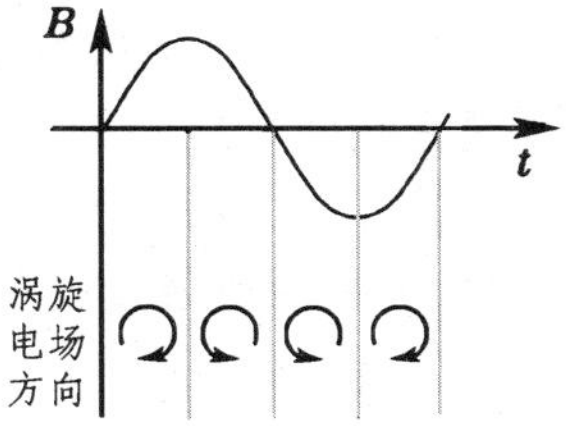

图 3-20

答: 如图 3-20 所示,为使电子获得加速,只有在磁场变化的第一个 1/4 周的时间内才行。此时如图 3-19 中的下图所示磁场方向向外且磁感应强度增加,电子沿逆时针方向加速,相当于电流沿顺时针方向增加,它产生的变化磁场方向垂直于图面向里且增加,这一变化的磁场将在外磁场的绕组中产生感应电动势,此感应电动势的方向与外电源的电动势方向相同,从而增加磁场绕组内的电流,于是外电源将多作一部分功,它就是电子感应加速器加速电子的能量来源。

3 - 13. 运动电荷周围电场的环路积分是否为0?试从电场线图 3-32 分析之。

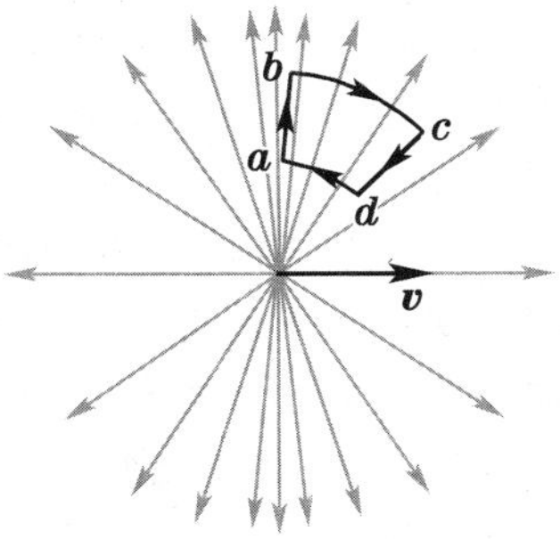

图 3-32

答: 运动电荷周围电场的环路积分一般不为0. 例如在书上图3-32 中选择如图所示的环路 $abcd$,其中 bc 和 da 段由于与电场垂直,它们对环路积分的贡献为零,而 ab 段与 cd 的电场强度不同,因此环路积分 $\oint\boldsymbol{E}\cdot d\boldsymbol{l}\neq 0$. 一般情形下电场分布遵从法第电磁感应定律: $\oint\boldsymbol{E}\cdot d\boldsymbol{l}=-\iint\frac{\partial\boldsymbol{B}}{\partial t}\cdot d\boldsymbol{S}$,运动电荷的电磁场遵从这一规律,即电场的环路积分等于穿过此环路磁通量变化率的负值。这是运动电荷产生的电场与静电场的重要区别。

3 - 14. 如何绕制才能使两个线圈之间的互感最大?

答: 使两个线圈之间的互感最大的方法是使两个线圈紧耦合、无磁漏,即使每个线圈中每一圈激发的磁通量全部穿过另一线圈的每一圈。在这种情形下，两个线圈的耦合系统数最大，$k=1$.

3－15. 有两个相隔距离不太远的线圈，如何放置可使其互感系数为0？

答： 将两线圈的平面互相垂直放置，一个线圈激发的磁场不通过另一个线圈，则这两个线圈的互感系数为0.

3－16. 三个线圈中心在一条直线上，相隔的距离都不太远，如何放置可使它们两两之间的互感系数为0？

答： 将三线圈的平面两两垂直，比如使它们分别处在 xy、yz 和 zx 平面内，则每个线圈激发的磁场都不穿过其他两个线圈，因此它们两两之间的互感系数均为0.

3－17. 在如本题图所示的电路中，S_1、S_2 是两个相同的小灯泡，L 是一个自感系数相当大的线圈，其电阻数值上与电阻 R 相同。由于存在自感现象，试推想开关K接通和断开时，灯泡 S_1、S_2 先后亮暗的顺序如何？

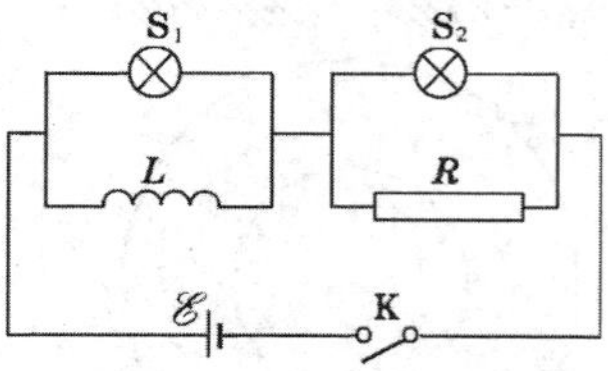

思考题 3－17

答： 图中K接通开始时，线圈 L 上产生较大的自感电动势，其方向与电源 $\mathscr{E}$ 的方向相反，总电压降在灯泡 S_1 上较多，S_2 上较少，因此灯泡 S_1 先亮，以后自感电动势减小，两个灯泡上的压降趋于相等，两灯泡趋于亮度相同。

断开K时，灯泡 S_2 没有通电回路，即刻熄灭。由于线圈的自感作用，电流减小产生自感电动势可通过 S_1 放电。而且由于断开K时电流变化很大，产生的自感电动势也很大，甚至可超过 $\mathscr{E}$，从而 S_2 先闪得更亮一下再熄灭。

3－18. 一个线圈自感系数的大小决定于哪些因素？

答： 一个线圈自感系数的大小取决于线圈的大小、几何形状、匝数、密绕的程度以及其中磁介质的情形。

3－19. 用金属丝绕制的标准电阻要求是无自感的，怎样绕制自感系数为0的线圈？

答： 将金属丝对折双股并行密绕在一柱体上，这样绕制的电阻器相当于两个反接的密绕线圈，根据书上(3.81)式，由于两线圈是双股密绕的，$L_1=L_2$，故总自感为0，即

$$L=L_1+L_2-2\sqrt{L_1L_2}=0.$$

第四章　电磁介质

4 - 1. (1) 将平行板电容器两极板接在电源上以维持其间电压不变。用介电常量为 ε 的均匀电介质将它充满,极板上的电荷量为原来的几倍?电场为原来的几倍?

(2) 若充电后拆掉电源,然后再加入电介质,情况如何?

答: 将介电常量为 ε 的均匀介质充满一平行板电容器,其电容增加 ε 倍, $C=\varepsilon C_0$. 根据电容的定义 $C=Q/U$, 由此可知:

(1) 在接电源情形下,插入电介质极板上的电荷量增加 ε 倍, 因为电压不变, 电容器内电场不变。

(2) 不接电源情形下插入电介质, 极板上的电荷量不变, 则极板间的电压减小为 $1/\varepsilon$, 从而电容器内的电场也减小为原来的 $1/\varepsilon$. 这是由于介质表面产生的极化电荷的退极化场抵消了部分原来的电场。

4 - 2. 如本题图所示,平行板电容器的极板面积为 S, 间距为 d. 试问:

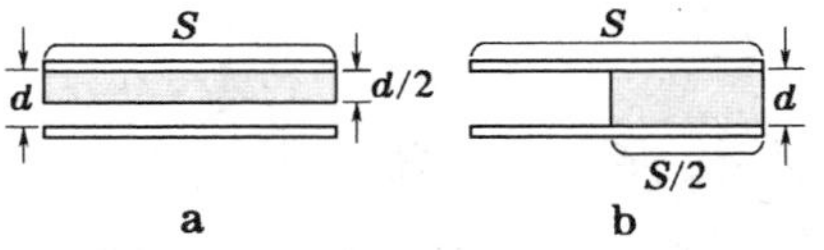

思考题 4 - 2

(1) 将电容器接在电源上,插入厚度为 $d/2$ 的均匀电介质板(图 a),介质内、外电场之比为多少?它们和未插入介质之前电场之比为多少?

(2) 在问题(1) 中,若充电后拆去电源,再插入电介质板,情况如何?

(3) 将电容器接在电源上,插入面积为 $S/2$ 的均匀电介质板(图 b),介质内、外电场之比为多少?它们和未插入介质之前电场之比为多少?

(4) 在问题(3) 中,若充电后拆去电源,再插入电介质板,情况如何?

(5) 图 a、b 中电容器的电容各为真空时的几倍?

在以上各问中都设电介质的介电常量为 ε.

答: 设未插入介质时,电容器内的场强为 E_0, 插入介质后, 介质内的场强为 E_1, 介质外的场强为 E_2.

(1) 如图 a,若插入介质时电容器与电源连接, 则电压维持不变,仍是 U, 因此有

$$U=E_0 d=E_1\cdot\frac{1}{2}+E_2\cdot\frac{1}{2},$$

$$E_0=\frac{1}{2}(E_1+E_2). \qquad ①$$

另外,插入介质后, $D_1=D_2=\sigma_{e0}$, 而 $D_1=\varepsilon\varepsilon_0 E_1$, $D_2=\varepsilon_0 E_2$, 因此

$$E_2=\varepsilon E_1, \qquad ②$$

将 ① 式代入 ② 式,得

$$E_0=\frac{1}{2}(1+\varepsilon)E_1,$$

因此
$$\frac{E_1}{E_2}=\frac{1}{\varepsilon},\quad \frac{E_1}{E_0}=\frac{2}{1+\varepsilon},\quad \frac{E_2}{E_0}=\frac{2\varepsilon}{1+\varepsilon}.$$

（2）如图 a 插入电介质前先拆去电源，则电容器极板上电荷不变。根据介质内的高斯定理可得出 $D_1=D_2=\sigma_{e0}=D_0$，从而

$$\varepsilon E_1=E_2,\varepsilon E_1=E_0\quad,\varepsilon E_2=E_0,$$

因此
$$\frac{E_1}{E_2}=\frac{1}{\varepsilon},\quad \frac{E_1}{E_0}=\frac{1}{\varepsilon},\quad \frac{E_2}{E_0}=1.$$

（3）如图 b 插入介质时电容器与电源连接，电容器极板间电压维持不变，即 $U_1=U_2=U_0$，而 $U=Ed$，因此即 $E_1=E_2=E_0$，也就是说

$$\frac{E_1}{E_2}=1,\quad \frac{E_1}{E_0}=1,\quad \frac{E_2}{E_0}=1.$$

（4）图 b 充电后拆去电源，再插入电介质，则电容器极板上电荷不变。

$$\sigma_{e1}\cdot\frac{S}{2}+\sigma_{e2}\cdot\frac{S}{2}=\sigma_{e0}S,$$

$$\sigma_{e1}+\sigma_{e2}=\sigma_{e0}. \tag{③}$$

另外，插入介质部分与未插入介质部分相当于并联，$U_1=U_2$，因此 $E_1=E_2$. 由于 $\varepsilon\varepsilon_0E_1=D_1=\sigma_{e1}$，$\varepsilon_0E_2=D_2=\sigma_{e2}$，将此两式相除，得

$$\sigma_{e1}=\varepsilon\sigma_{e2}, \tag{④}$$

将④式代入③式，得

$$\sigma_{e2}=\frac{2\sigma_{e0}}{1+\varepsilon}.$$

此外，$E_2=\dfrac{\sigma_{e2}}{\varepsilon_0}$，$E_0=\dfrac{\sigma_{e0}}{\varepsilon_0}$，故有

$$\frac{E_1}{E_2}=1,\quad \frac{E_2}{E_0}=\frac{\sigma_{e2}}{\sigma_{e0}}=\frac{2}{1+\varepsilon},\quad \frac{E_1}{E_0}=\frac{2}{1+\varepsilon}.$$

（5）未插入介质时，电容器的电容为 $C_0=\varepsilon_0S/d$. 考虑图 a 情形，设电容器极板上的电荷量为 $Q_0=\sigma_{e0}S$.

$$U=E_1\cdot\frac{d}{2}+E_2\cdot\frac{d}{2}=\frac{d}{2}(E_1+E_2)=\frac{d}{2}\left(\frac{\sigma_{e0}}{\varepsilon\varepsilon_0}+\frac{\sigma_{e0}}{\varepsilon_0}\right)=\frac{d}{2}\left(\frac{1}{\varepsilon}+1\right)\frac{\sigma_{e0}}{\varepsilon_0},$$

$$C=\frac{Q_0}{U}=\frac{\sigma_{e0}S}{\dfrac{d}{2}\left(\dfrac{1}{\varepsilon}+1\right)\dfrac{\sigma_{e0}}{\varepsilon_0}}=\frac{2\varepsilon}{1+\varepsilon}C_0.$$

考虑图 b 情形，设电容器极板上的电荷量为 $Q_0=\sigma_{e0}S$，由于

$$\sigma_{e1}\cdot\frac{S}{2}+\sigma_{e2}\cdot\frac{S}{2}=\sigma_{e0}S,$$

因此
$$\sigma_{e1}+\sigma_{e2}=2\sigma_{e0}, \tag{⑤}$$

又有 $\dfrac{\sigma_{e1}}{\varepsilon\varepsilon_0}=E_1=E_2=\dfrac{\sigma_{e2}}{\varepsilon_0}$，故

$$\sigma_{e1}=\varepsilon\sigma_{e2}. \qquad ⑥$$

由⑤式和⑥式可解出 $\sigma_{e2}=\dfrac{2\sigma_{e0}}{1+\varepsilon}$,

$$U=E_2d=\frac{\sigma_{e2}}{\varepsilon_0}\cdot d=\frac{2\sigma_{e0}}{1+\varepsilon}\cdot d,\qquad C=\frac{Q_0}{U}=\frac{\sigma_{e0}S}{\dfrac{2\sigma_{e0}}{1+\varepsilon}\cdot d}=\frac{1+\varepsilon}{2}C_0.$$

4-3. 平行板电容器两板上自由电荷密度分别为 $+\sigma_{e0}$、$-\sigma_{e0}$. 今在其中放一半径为 r、高度为 h 的圆柱形介质(介电常量为 ε),其轴与板面垂直。求在下列两种情况下圆柱介质中点的场强 $\boldsymbol{E}$ 和电位移矢量 $\boldsymbol{D}$,

(1) 细长圆柱, $h\gg r$;

(2) 扁平圆柱, $h\ll r$.

答: (1) 电容器中未放入细长圆柱形介质时其中的场强 $E_0=\sigma_{e0}/\varepsilon_0$,放入细长圆柱形介质后其中点的场强为 E_0-E', E' 为介质端面的极化电荷产生的场强。由于端面面积很小,且 $h\gg r$, 则 $E'\approx 0$, 因此

$$E=E_0-E'\approx E_0=\frac{\sigma_{e0}}{\varepsilon_0},$$

$$D=\varepsilon_0E+P=\varepsilon_0E+(\varepsilon-1)\varepsilon_0E=\varepsilon\varepsilon_0E=\varepsilon\sigma_{e0}.$$

(2) 平行板电容器中放入扁平圆柱形介质时介质中点的场强为

$$E=E_0-E'=E_0-\frac{\sigma'}{\varepsilon_0}=\frac{\sigma_{e0}}{\varepsilon_0}-\frac{P}{\varepsilon_0}=\frac{\sigma_{e0}}{\varepsilon_0}-(\varepsilon-1)E,$$

所以 $$E[1+(\varepsilon-1)]=\frac{\sigma_{e0}}{\varepsilon_0},\quad E=\frac{\sigma_{e0}}{\varepsilon\varepsilon_0},\quad D=\varepsilon\varepsilon_0E=\sigma_{e0}.$$

4-4. 在均匀极化的电介质中挖去一半径为 r 高度为 h 的圆柱形空穴,其轴平行于极化强度矢量 $\boldsymbol{P}$. 求下列两情形下空穴中点 A 处的场强 $\boldsymbol{E}$ 和电位移矢量 $\boldsymbol{D}$ 与介质中量 $\boldsymbol{E}$、$\boldsymbol{D}$ 的关系。

(1) 细长空穴, $h\gg r$(本题图 a);

(2) 扁平空穴, $h\ll r$(本题图 b).

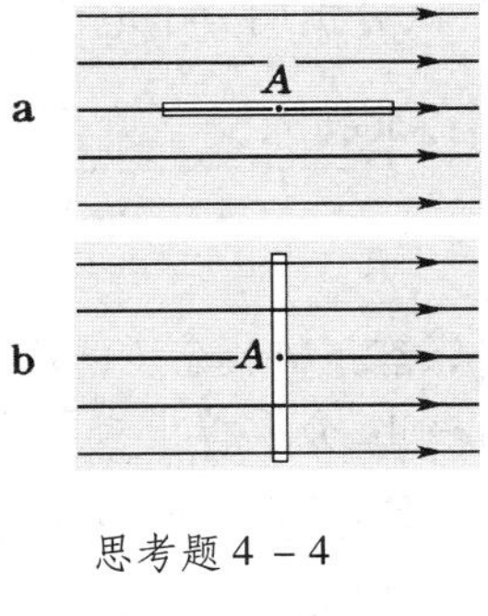

思考题 4-4

答: 设在电介质中未挖去空穴时,介质中的场强为 $\boldsymbol{E}_1$, 电位移为 $\boldsymbol{D}_1$, 有 $\boldsymbol{D}_1=\varepsilon\varepsilon_0\boldsymbol{E}_1$; 挖去空穴后 A 点的场强为 $\boldsymbol{E}_2$, 电位移为 $\boldsymbol{D}_2$, 有 $\boldsymbol{D}_2=\varepsilon_0\boldsymbol{E}_2$, 这是因为空穴内 A 点为真空。

(1) 挖去细长空穴,端面上出现极化电荷,由于 $h\gg r$, $E'\approx 0$, 因此

$$E_2=E_1+E'\approx E_1,$$

$$D_2=\varepsilon_0E_2+P=\varepsilon_0E_1=\frac{D_1}{\varepsilon}.$$

（2）挖去扁平空穴

$$E_2=E_1+E'=E_1+\frac{\sigma'}{\varepsilon_0}=E_1+\frac{P}{\varepsilon}=E_1+(\varepsilon-1)E_1=\varepsilon E_1,$$

$$D_2=\varepsilon_0E_2+P=\varepsilon\varepsilon_0E_1=D_1.$$

4－5. 在均匀磁化的无限大磁介质中挖去一半径为 r 高度为 h 的圆柱形空穴，其轴平行于磁化强度矢量 $\boldsymbol{M}$. 试证明：

（1）对于细长空穴（$h\gg r$），空穴中点的 $\boldsymbol{H}$ 与磁介质中的 $\boldsymbol{H}$ 相等；

（2）对于扁平空穴（$h\ll r$），空穴中点的 $\boldsymbol{B}$ 与磁介质中的 $\boldsymbol{B}$ 相等。

答： 设未挖空穴时介质中的磁感应强度为 $\boldsymbol{B}_1$，磁场强度为 $\boldsymbol{H}_1$，介质的磁化强度为 $\boldsymbol{M}$，有 $\boldsymbol{H}_1=\frac{\boldsymbol{B}_1}{\mu_0}-\boldsymbol{M}$. 挖去空穴后，空穴中点的磁感应强度为 $\boldsymbol{B}_2$，磁场强度为 $\boldsymbol{H}_2$，有 $\boldsymbol{H}_2=\frac{\boldsymbol{B}_2}{\mu_0}$，因为空穴中点为真空。

（1）挖去细长的空穴，空穴侧面出现磁化电流 i'，空穴中点的磁感应强度 $B_2=B_1+B'=B_1-\mu_0i'=B_1-\mu_0M$，因此

$$H_2=\frac{B_2}{\mu_0}=\frac{B_1}{\mu_0}-M=H_1,$$

即对于细长空穴，空穴中点的 $\boldsymbol{H}$ 与磁介质中的 $\boldsymbol{H}$ 相等。

（2）挖去扁平空穴，空穴侧面出现磁化电流 I'，由于 $h\ll r$，此磁化电流产生的磁感应强度 $B'\approx0$，因此

$$B_2=B_1+B'\approx B_1,$$

即对于扁平空穴，空穴中点的 $\boldsymbol{B}$ 与磁介质中的 $\boldsymbol{B}$ 相等。

4－6. 本题图所示是一根沿轴向均匀磁化的细长永磁棒，磁化强度为 M，试分别用分子电流与磁荷两种观点求图中标出各点的 B 和 H.

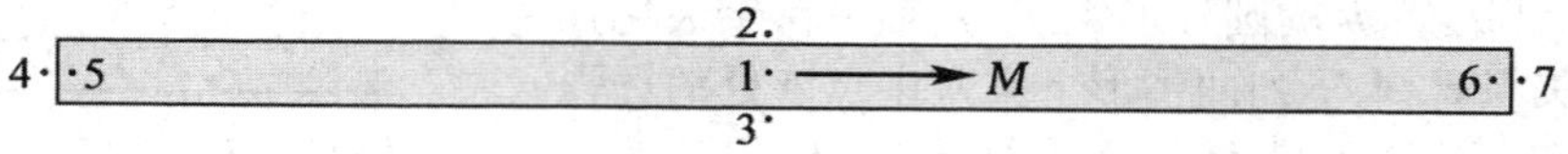

思考题 4－6

答：（1）分子电流观点：不存在传导电流 I_0，因此 $B_0=0$. 由于铁磁质已磁化，介质棒上有磁化电流 $i'=M$，于是

$B_1=B_0+B'=\mu_0i'=\mu_0M$；$H_1=\frac{B_1}{\mu_0}-M=0.$

$B_2=0$；因该点在介质外，$M=0$，$H_2=\frac{B_2}{\mu_0}-M=0.$

$B_3=0$；因该点在介质外，$M=0$，$H_3=\frac{B_3}{\mu_0}-M=0.$

$B_4=B'=\frac{1}{2}\mu_0i'=\frac{1}{2}\mu_0M$；因该点在介质外，$M=0$，$H_4=\frac{B_4}{\mu_0}-M=\frac{1}{2}M.$

$B_5=B'=\frac{1}{2}\mu_0 i'=\frac{1}{2}\mu_0 M$；因该点在介质内，$H_5=\frac{B_5}{\mu_0}-M=-\frac{1}{2}M.$

$B_6=B'=\frac{1}{2}\mu_0 i'=\frac{1}{2}\mu_0 M$；因该点在介质内，$H_6=\frac{B_6}{\mu_0}-M=-\frac{1}{2}M.$

$B_7=B'=\frac{1}{2}\mu_0 i'=\frac{1}{2}\mu_0 M$；因该点在介质外，$M=0$，$H_7=\frac{B_7}{\mu_0}-M=\frac{1}{2}M.$

（2）磁荷观点：由于介质已被磁化，有 $\boldsymbol{M}$，磁极化强度 $\boldsymbol{J}=\mu_0\boldsymbol{M}$. 在磁棒两端面有磁荷，磁荷面密度分别为 $-\sigma_m'$ 和 σ_m'. 由于磁棒较长，磁荷在棒中点处产生的 $H'\approx 0$. 在两端面附近可应用无限大磁荷面分布结果 $H'=\frac{\sigma_m'}{2\mu_0}$，因此

$H_1=0$；因该点在介质内，$B_1=\mu_0 H_1+J=\mu_0 M.$

$H_2=0$；因该点在介质外，$J=0$，$B_2=\mu_0 H_2+J=0.$

$H_3=0$；因该点在介质外，$J=0$，$B_3=\mu_0 H_3+J=0.$

$H_4=H'=\frac{\sigma_m'}{2\mu_0}=\frac{J}{2\mu_0}=\frac{1}{2}M$；因该点在介质外，$J=0$，$B_4=\mu_0 H_4+J=\frac{1}{2}\mu_0 M.$

$H_5=H'=-\frac{1}{2}M$；因该点在介质内，$B_5=\mu_0 H_5+J=-\frac{1}{2}\mu_0 M+\mu_0 M=\frac{1}{2}\mu_0 M.$

$H_6=H'=-\frac{\sigma_m'}{2\mu_0}=-\frac{J}{2\mu_0}=-\frac{1}{2}M$；因该点在介质内，$B_6=\mu_0 H_6+J=\frac{1}{2}\mu_0 M$. $H_7=H'=\frac{1}{2}M$；因该点在介质外，$J=0$，$B_7=\mu_0 H_7+J=\frac{1}{2}\mu_0 M.$

用两种观点计算的结果相同。

4－7. 本题图所示是一个带有很窄缝隙的永磁环，磁化强度为 M，试分别用分子电流与磁荷两种观点求图中标出各点的 B 和 H.

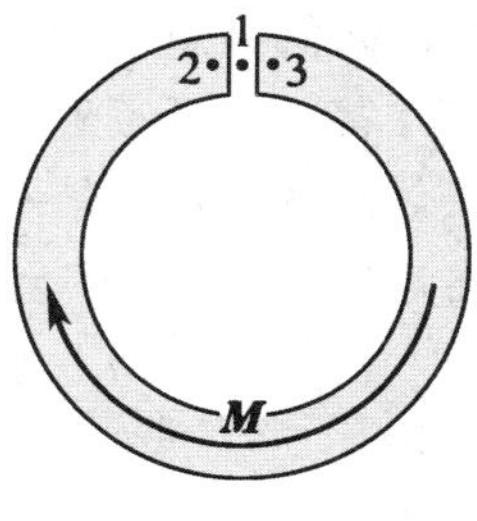

思考题 4－7

答：（1）分子电流观点：根据磁化强度 $\boldsymbol{M}$ 可知永磁环上的磁化电流。其方向在环面上与 $\boldsymbol{M}$ 的方向构成右手螺旋，其大小 $i'=M$，因此近似地有

$$B_1=B_2=B_3=B'=\mu_0 i'=\mu_0 M,$$

其方向指向右，从而

$$H_1=\frac{B_1}{\mu_0}-M=\frac{B_1}{\mu_0}-0=M,\quad H_2=H_3=\frac{B}{\mu_0}-M=0.$$

（2）磁荷观点：磁极化强度 $J=\mu_0 M$，在磁环端面上出现磁荷面密度 σ_m' 和 $-\sigma_m'$. 由于缝隙很小，可以看成两个面密度分别为 σ_m' 和 $-\sigma_m'$ 的无限大平行磁荷面，因此有

$$H_1=\frac{\sigma_m'}{\mu_0}=\frac{J}{\mu_0}=M,\quad H_2=H_3=0.$$

从而

$$B_1=\mu_0H_1+J=\mu_0M+0=\mu_0M,$$

$$B_2=\mu_0H_2+J=0+J=\mu_0M,$$

$$B_3=\mu_0H_3+J=0+J=\mu_0M.$$

两种观点得出的结果相同，而且均得出 B_n 连续、H_n 不连续的结果。

4 - 8. 试证明任何长度的沿轴向磁化的磁棒中垂面上侧表面内外两点1、2（见本题图）的磁场强度 H 相等（这提供了一种测量磁棒内部磁场强度 H 的方法）。这两点的磁感应强度相等吗？为什么？

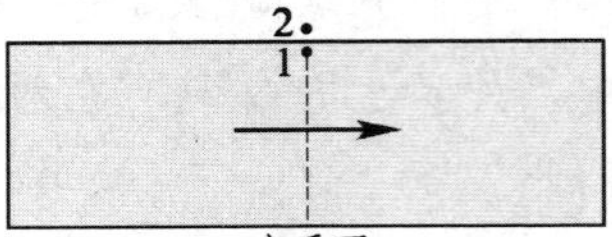

思考题 4 - 8

答： 由于对称性，1、2 两点的磁场强度都应平行于磁棒，据此，过这两点作扁的矩形回路 L，使其较长的两平行边平行于棒长。由安培环路定理

$$\oint \boldsymbol{H}\cdot \mathrm{d}\boldsymbol{l}=H_1l-H_2l=0,\quad 得\quad H_1=H_2.$$

这两点的磁感应强度 B_1 与 B_2 不相等，因根据定义式 $\boldsymbol{H}=\dfrac{\boldsymbol{B}}{\mu_0}-\boldsymbol{M}$，有

$$\boldsymbol{B}_1=\mu_0(\boldsymbol{H}_1+\boldsymbol{M}),\quad \boldsymbol{B}_2=\mu_0\boldsymbol{H}_2.$$

$\boldsymbol{H}_1=\boldsymbol{H}_2$，故 $\boldsymbol{B}_1\neq\boldsymbol{B}_2$.

本题也可根据磁场的边界条件 $H_{1t}=H_{2t}$ 得出 $H_1=H_2$.

4 - 9. 试证明：从一均匀磁化球体外部空间的磁场分布看，它就好像全部磁偶极矩集中于球心上的一个磁偶极子一样。

答： 采用磁荷观点，均匀磁化球体可以看成两个均匀的等量异号磁荷的球体沿磁化方向有一微小位移 $\boldsymbol{l}$ 所形成，如图，它们在球体外部空向产生的磁势为 $U_m=U_{m+}+U_{m-}$，而

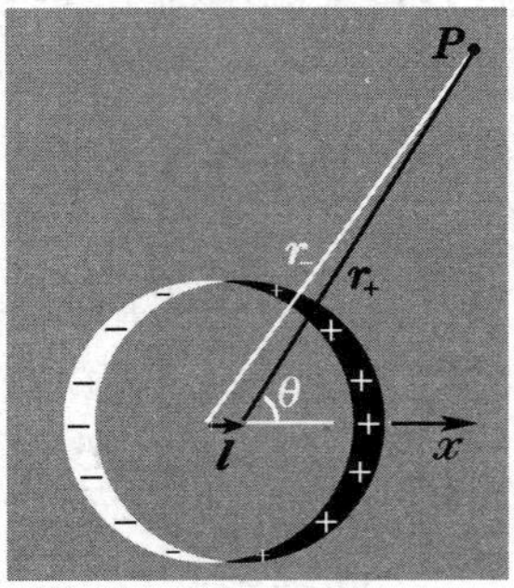

$$U_{m+}=\frac{1}{4\pi\mu_0}\frac{q_m}{r_+},\quad U_{m-}=\frac{1}{4\pi\mu_0}\frac{-q_m}{r_-}$$

所以
$$U_m=\frac{q_m}{4\pi\mu_0}\left(\frac{1}{r_+}-\frac{1}{r_-}\right)=-\frac{q_ml}{4\pi\mu_0}\frac{\partial}{\partial x}\left(\frac{1}{r}\right)$$

$$=\frac{p_m}{4\pi\mu_0}\frac{x}{r^3}=\frac{p_m\cos\theta}{4\pi\mu_0r^2},$$

式中 q_m 为球体的磁荷，$p_m=q_ml$ 为磁偶极矩，$r=\sqrt{x^2+y^2+z^2}$，$\cos\theta=x/r$. 此式表明均匀磁化球体外部空间的磁势分布，从而它的磁场分布，相当于磁偶极矩集中于球心上的一个磁偶极子。

4－10. 证明在真空中 1 Gs 的磁感应强度相当于 1 Oe 的磁场强度。

答：真空中 $H=\frac{B}{\mu_0}=\frac{1\times10^{-4}}{4\pi\times10^{-7}}\,\text{A/m}=\frac{1}{4\pi}\times10^{3}\,\text{A/m}=1\,\text{Oe}.$

4－11. 证明两磁路并联时的磁阻服从下列公式：

$$\frac{1}{R_{\rm m}}=\frac{1}{R_{\rm m1}}+\frac{1}{R_{\rm m2}}.$$

答：由于磁路与电路有一一对应的关系，因此对于并联磁路有对应的磁阻并联公式，即

$$\frac{1}{R_{\rm m}}=\frac{1}{R_{\rm m1}}+\frac{1}{R_{\rm m2}}.$$

4－12. (1) 借助磁路的概念定性地解释一下，为什么电流计中永磁铁两极间加了软铁芯之后，磁感应线会向铁芯内集中？(参看本题图)

(2) 在本题图中设电流计永磁铁和软铁芯之间气隙内线圈竖边所在位置（图中虚线圆弧上）的磁感应强度数值为 B，电流计线圈的面积为 S，匝数为 N，偏转角为 φ，试证明通过线圈的磁通匝链数 $\Psi=NBS\varphi$.

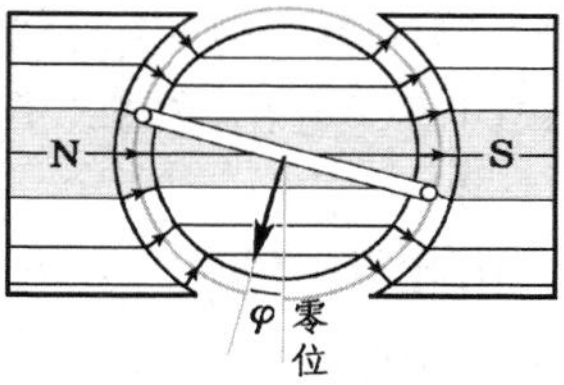

思考题 4－12

答：(1) 永磁铁两极间加了软铁芯后，其相对磁导率较大，因此中间部分比上下两边的磁路具有更小的磁阻，结果磁通向中间集中。根据磁感应线在介质界面上的折射(4.86)式可得出在磁极和软铁芯间隙内的磁感应线沿辐向。

(2) 设线圈面积 $S=ab$，通过线圈的磁通匝链数为

$$\Psi=N\Phi=N\cdot B\cdot b\cdot\frac{a}{2}\cdot2\varphi=NBS\varphi.$$

4－13. 一种磁势计的结构如本题图所示，它是均匀密绕在一条非磁性材料做的软带 L 上的线圈，两端接在冲击电流计上。把它放在某磁场中，突然把产生磁场的电流切断，使 $\boldsymbol{H}$ 变到 0，若此时测得在冲击电流计中迁移的电量为 q，试证明：原来磁场中从 a 沿软带 L 到 b 的磁势降落为

$$\int_{a\,(L)}^{b}\boldsymbol{H}\cdot d\boldsymbol{l}=\frac{Rq}{\mu_0 Sn},$$

其中 S 为软带截面积，n 为单位长度上线圈的匝数，R 为电路的总电阻（包括线圈的电阻和冲击电流计线圈中的电阻）。

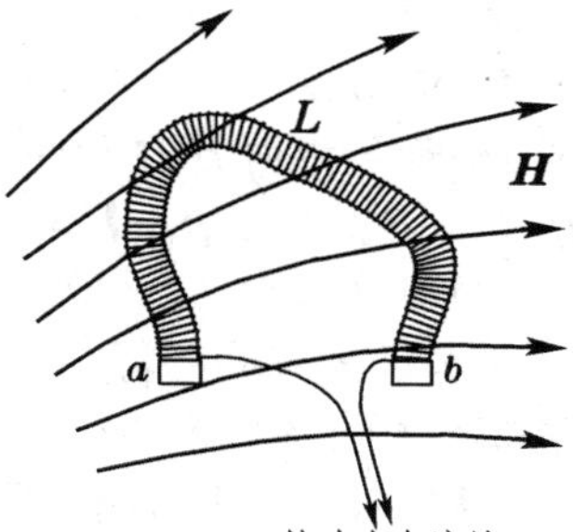

思考题 4－13

答： 突然把产生磁场的电流切断，使 $\boldsymbol{H}$ 变到 0，此时穿过软带线圈的磁通匝链数发生变化，在此线圈内产生感应电动势，从而使一定的电量通过冲击电流计。所通过的电量为

$$q=I\Delta t=\frac{\mathscr{E}}{R}\Delta t=\frac{\Delta\Psi}{R}=\frac{\Psi}{R},$$

式中的 Ψ 为切断电流前穿过软带 L 的磁通匝链数，它可直接计算出来。

$$\Psi=\int_a^b BS\cos\theta n\,\mathrm{d}l=\int_a^b \mu_0 HS\cos\theta n\,\mathrm{d}l=\mu_0 Sn\int_a^b H\cos\theta\,\mathrm{d}l=\mu_0 Sn\int_a^b \boldsymbol{H}\cdot\mathrm{d}\boldsymbol{l},$$

将此式代入上式，得

$$\int_a^b \boldsymbol{H}\cdot\mathrm{d}\boldsymbol{l}=\frac{Rq}{\mu_0 Sn}.$$

4－14. 仿照第一章 6.3 节例题 21 电偶极子在非均匀电场中受力的公式(1.70)导出磁偶极子在非均匀磁场中受力的公式：

$$\boldsymbol{F}=\nabla(\boldsymbol{p}_{\mathrm{m}}\cdot\boldsymbol{H})$$

并由此得出结论：若 $\boldsymbol{p}_{\mathrm{m}}$ 与 $\boldsymbol{H}$ 平行，力指向磁场强的地方；若与 $\boldsymbol{H}$ 反平行（如抗磁质的分子那样），情况如何？

答： 设想磁偶极子有一微小位移 $\delta\boldsymbol{l}$,，则磁场力 $\boldsymbol{F}$ 作功

$$\delta A=\boldsymbol{F}\cdot\delta\boldsymbol{l}=F_l\delta l,$$

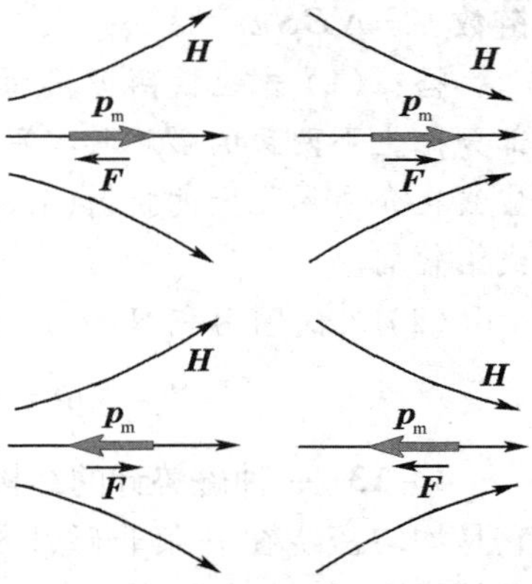

根据能量守恒定律，此磁场力的功等于磁偶极子在磁场中的磁势能的减少，$F_l\delta l=-\delta W_{\mathrm{m}}$，因此 $F_l=-\dfrac{\delta W_{\mathrm{m}}}{\delta l}$，写成矢量式有 $\boldsymbol{F}=-\nabla W_{\mathrm{m}}$. 而磁偶极子在磁场中的磁势能可写成 $W_{\mathrm{m}}=-\boldsymbol{p}_{\mathrm{m}}\cdot\boldsymbol{H}$，于是

$$\boldsymbol{F}=-\nabla W_{\mathrm{m}}=\nabla(\boldsymbol{p}_{\mathrm{m}}\cdot\boldsymbol{H}).$$

由此若 $\boldsymbol{p}_{\mathrm{m}}$ 与 $\boldsymbol{H}$ 同方向，则 $\boldsymbol{p}_{\mathrm{m}}\cdot\boldsymbol{H}=p_{\mathrm{m}}H$，有 $\boldsymbol{F}=\nabla(p_{\mathrm{m}}H)$，即 $\boldsymbol{F}$ 与 H 的梯度方向相同，亦即 $\boldsymbol{F}$ 指向 H 增加的方向。若 $\boldsymbol{p}_{\mathrm{m}}$ 与 $\boldsymbol{H}$ 方向相反，则 $\boldsymbol{p}_{\mathrm{m}}\cdot\boldsymbol{H}=-p_{\mathrm{m}}H$，有 $\boldsymbol{F}=-\nabla(p_{\mathrm{m}}H)$，即 $\boldsymbol{F}$ 与 H 的梯度方向相反，亦即 $\boldsymbol{F}$ 指向 H 减弱的方向。

本题结果也可以直接从磁偶极子在非均匀磁场中受力分析得出。各种情况如右上图所示。

4－15. 用电源将平行板电容器充电后断开，然后插入一块电介质板。在此过程中电介质板受到什么样的力？此力作正功还是负功？电容器储能增加还是减少？

答： 电容器充电后断开电源，插入电介质，电介质被极化，受到吸引力，此力作正功；与此同时，极化电荷产生的电场削弱了原来的电场，电容器储

能减少。整个过程中，电场力吸引电介质所作的功来源于电容器内储能的减少，两者平衡，能量守恒。

4－16. 在上题中如果充电后不断开电源，情况怎样？能量是否守恒？

答： 对电容器充电，不断开电源插入电介质，电介质被极化仍受到吸引力，此力作正功；与此同时，极板间电压维持不变，电容增大，因此电容器内储能增加。另外此时有正电荷从负极板迁移到正极板，电源作正功，整个过程中能量守恒，电源移动电荷所作的功，一方面转化为吸引电介质作正功，另一方面增加电容器储能。能量仍是守恒的。

4－17. 将一个空心螺线管接到恒定电源上通电，然后插入一根软铁棒。在此过程中软铁棒受到什么样的力？此力作正功还是负功？螺线管储能增加还是减少？

答： 将软铁棒插入通电的空心螺线管内，磁场对软铁棒的磁化将吸引磁棒，此力作正功；此时线圈的自感增大，从而螺线管中的磁能增加。与此同时，线圈内的磁通增大，在线圈中产生的自感电动势与电流方向相反，电源推动电流将反抗自感电动势多作一部分功，整个过程中系统能量守恒。电源反抗自感电动势多作的一部分功转化为吸引软铁棒所作的机械功和螺线管内自感磁能的增加。

4－18. 将一根顺磁棒或一根抗磁棒悬挂在电磁铁的磁极之间，它们会有什么不同的表现？你能判断本题图 a 和 b 中哪个是顺磁棒，哪个是抗磁棒吗？

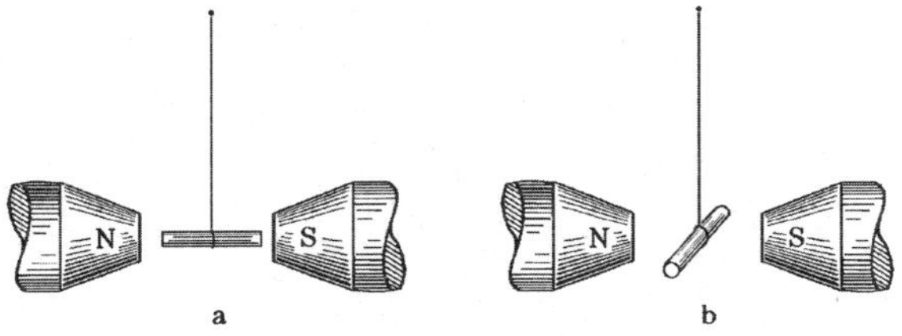

思考题 4－18

答： 顺磁棒在磁场中沿外磁场方向磁化，顺磁棒上形成的磁极与外磁场的磁极相吸引，使顺磁棒沿外磁场方向；而抗磁棒磁化方向与外磁场相反，形成的磁极与外磁场的磁极相对，互相排斥，使抗磁棒垂直于外磁场方向。因此图 a 中为顺磁棒，图 b 中为抗磁棒。

4－19. 本题图所示为火焰在一对磁极之间显示的行为。试解释之。

思考题 4－19

答： 由于火焰中的燃气的抗磁性，磁场使之磁化，分子磁矩受到磁极的排斥作用，使火焰横向偏出磁场区。

4－20. 如本题图所示，将液态氧倒向一对磁极之间的空隙中，一部分液体凝滞在其中不流下来，试解释此现象。

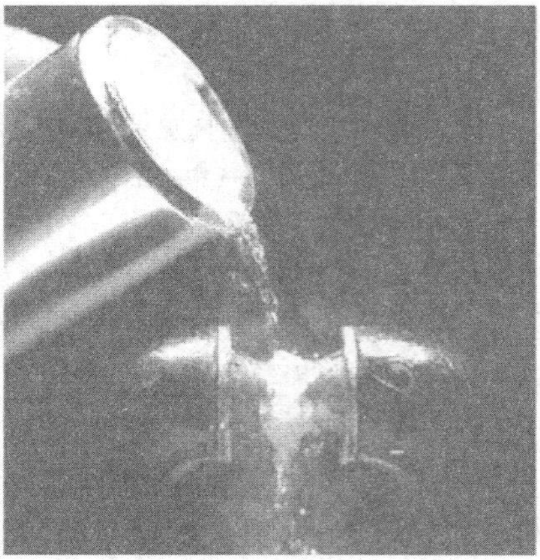

思考题 4－20

答： 由于氧为顺磁质，在磁场中被磁化，分子磁矩与磁极相吸，因此造成一部分液氧凝滞在磁极上而流不下来。

第五章　电 路

5 －1. 把两个相同的电源和两个相同的电阻按本题图a所示电路连接起来,电路中是否有电流? a、b 两点是否有电压? 若将它们按图b所示电路连接起来, 电路中是否有电流? a、b 两点是否有电压? 解释所有的结论。

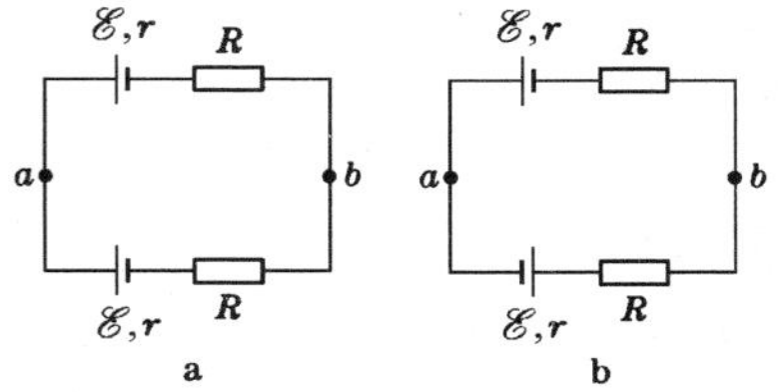

思考题5 －1

答: 在图a中, 两个相同电源反接, 电路中没有电流, a、b 两点有电压, 电压等于电源的电动势。

在图b中, 两个电源顺接, 电路中有电流, 电流 $I=\dfrac{\mathscr{E}}{R+r}$. a、b 的电压 $U=\mathscr{E}-I(R+r)=0$.

5 －2. 当一盏25W、110V的电灯泡连接在一个电源上时,发出正常明亮的光。而一盏500 W、110V的电灯泡接在同一电源上时,只发出暗淡的光。这可能吗? 说明原因。

答: 这种情形是可能的。当电源的内阻较大或电路中连接导线的电阻较大时, 会发生这种情形。例如当电源内阻为24 Ω, 而25 W 灯泡正常发光时的电阻为484 Ω, 500 W 灯泡正常发光时的电阻为24. 2 Ω, 结果接25 W 灯泡时, 在电源内阻上压降约5V, 灯泡上压降为105V, 灯泡可以接近正常发光; 而接500 W 灯泡时,灯泡上压降只有正常时的一半,它不能正常发光。同样电路中连接导线的电阻较大时,例如电阻为24 Ω 时, 结果接25 W 灯泡时,灯泡上压降减少不多, 灯泡可以接近正常发光; 而接500 W 灯泡时, 灯泡上压降只有正常时的一半, 它也不能正常发光。

5 －3. 在本题图中 $\mathscr{E}=6.0\text{V}$, $r=2.0\,\Omega$, $R=10.0\,\Omega$.

(1) 当开关K闭合时 U_{AB}、U_{AC} 和 U_{BC} 分别是多少?当K断开时,又各为多少?

(2) K闭合时,电源的输出功率为多少?

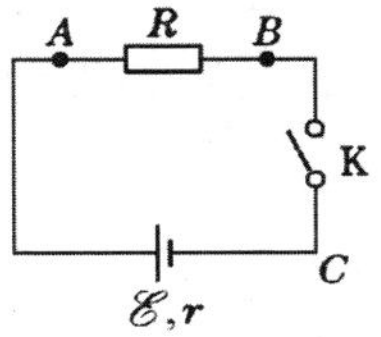

思考题5 －3

答: (1) K闭合, $I=\dfrac{6.0}{10.0+2.0}\text{A}=0.50\text{A}$,

$U_{AB}=IR=(0.50\times10.0)\text{V}=5.0\text{V}$,

$U_{AC}=\mathscr{E}-Ir=(6.0-0.50\times2.0)\text{V}=5.0\text{V}$,

$U_{BC}=0$.

K断开, $I=0$,

$U_{AB}=IR=0$,

$U_{AC}=\mathscr{E}-Ir=6.0\,\mathrm{V}$,

$U_{BC}=U_{AC}=6.0\,\mathrm{V}$.

(2) $P=UI=(5.0\times0.50)\,\mathrm{W}=2.5\,\mathrm{W}$.

5－4. 如上题图,对于给定的$\mathscr{E}$和r,外阻R为多少时,电源输出到其中的功率最大?

答: 可导出电源输出到R的功率P随外阻R的变化关系:

$$P=UI=I^2R=\frac{\mathscr{E}^2}{(R+r)^2}R.$$

P对R求一阶导数等于0可得极值的条件为$R=r$,将它代入P对R的二阶导数得$\frac{\mathrm{d}^2P}{\mathrm{d}R^2}<0$,故$R=r$是个极大值,即此时电源输出到$R$的功率最大。

5－5. 如本题图所示的温差电偶中,$T_2>T_1$,试根据热力学第二定律分析一下,除了导体上产生的焦耳热外,在哪儿吸收热,在哪儿放出热?若$n_A>n_B$,试分析电偶中温差电流的方向。

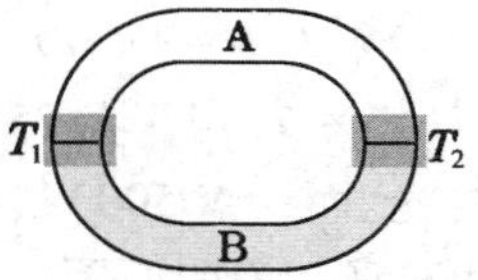

思考题5－5

答: 本题思考的线索如下:

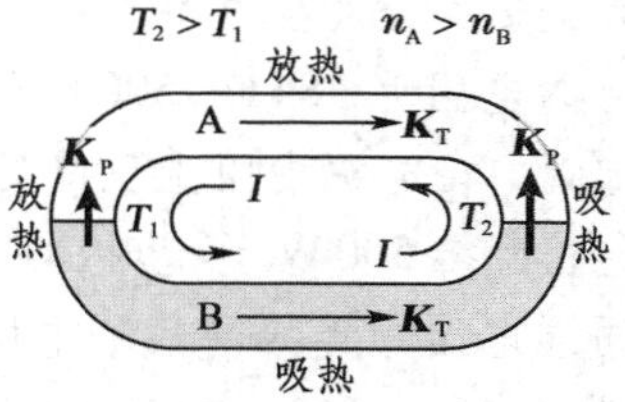

(1) 汤姆孙电动势是由于自由电子的热扩散引起的,它对电子的作用是由高温指向低温,相应的非静电力$\boldsymbol{K}_T$则是由低温指向高温,如图所示。佩尔捷电动势由于自由电子密度不同引起的,对电子的作用是由n大指向n小,相应的非静电力$\boldsymbol{K}_P$则是由n小指向n大,如图所示。

(2) 产生温差电,相当于电源放电,相当于一个热机热能转化为电能。不违背热力学第二定律,应在高温热源处吸热,在低温热源处放热,因此在高温热源处电流的方向应与非静电力的方向相同(此非静电力作正功),而在低温热源处电流的方向与非静力的方向相反(此非静电力作负功),整个电流的方向在图中是逆时针的。

于是在T_2接头处吸热,在导体A上放热,在T_1接头处放热,在导体B上吸热。

5－6. 试论证:如图5－11所示,在A、B两种金属之间插入任何一种金属C,只要维持它和A、B的连接点在同一温度T_2,其中的温差电动势与仅由A、B两种金属组成的温差电动势一样。

答： 按图5－11的连接写出整个回路的温差电动势

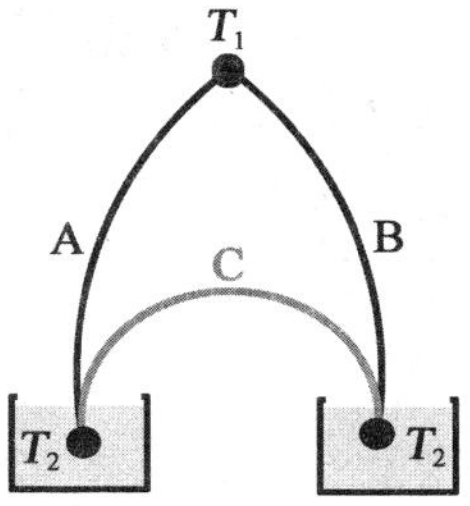

图 5－11

$$\mathscr{E}=\Pi_{AB}(T_1)+\Pi_{BC}(T_2)+\Pi_{CA}(T_2)+\int_{T_1}^{T_2}\sigma_A(T)\,dT+\int_{T_2}^{T_2}\sigma_C(T)\,dT+\int_{T_2}^{T_1}\sigma_B(T)\,dT,$$

式中 $$\Pi_{BC}(T_2)+\Pi_{CA}(T_2)=\Pi_{BA}(T_2),$$

$$\int_{T_2}^{T_2}\sigma_C(T)\,dT=0.$$

于是 $$\mathscr{E}=\Pi_{AB}(T_1)+\Pi_{BA}(T_2)+\int_{T_1}^{T_2}\sigma_A(T)\,dT+\int_{T_2}^{T_1}\sigma_B(T)\,dT,$$

可见其电动势与仅由两种金属A、B组成的温差电动势一样。

5－7. 实际的温差电偶测量电路如图5－12所示，右边两导线C接电势差计。电势差计中的导线和电阻可能由其它金属材料制成。试论证：只要接到电势差计的两根导线材料相同，并且电势差计中各接触点维持同一温度（例如室温），则温差电偶整个回路中的温差电动势仅由金属A、B和T、T_0决定。

答： 按图5－12的连接可写出闭合回路温差电动势

$$\mathscr{E}=\Pi_{CA}(T_0)+\Pi_{AB}(T)+\Pi_{BC}(T_0)+\Pi_{CD}(T')+\cdots+\Pi_{JC}(T')+\int_{T_0}^{T}\sigma_A(T)\,dT+\int_{T}^{T_0}\sigma_B(T)\,dT+\int_{T_0}^{T'}\sigma_C(T)\,dT+\int_{T'}^{T'}\sigma_D(T)\,dT+\cdots+\int_{T'}^{T'}\sigma_J(T)\,dT+\int_{T'}^{T_0}\sigma_C(T)\,dT,$$

其中T'为室温。上式中

$$\Pi_{CD}(T')+\cdots+\Pi_{JC}(T')=0,$$

$$\Pi_{BC}(T_0)+\Pi_{CA}(T_0)=\Pi_{BA}(T_0),$$

$$\int_{T'}^{T'}\sigma_D(T)\,dT=\cdots=\int_{T'}^{T'}\sigma_J(T)\,dT=0,$$

$$\int_{T_0}^{T'}\sigma_C(T)\,dT+\int_{T'}^{T_0}\sigma_C(T)\,dT=0,$$

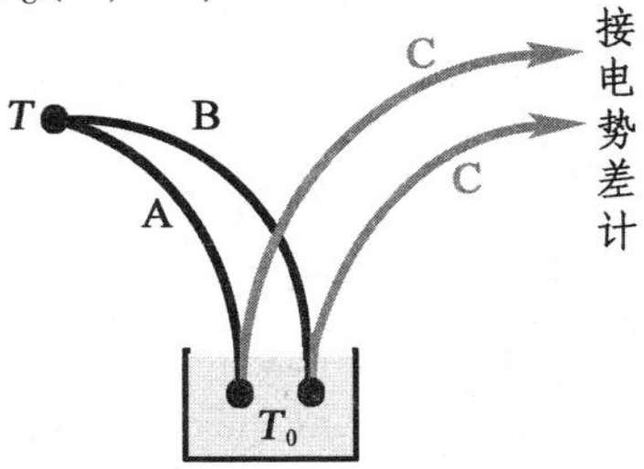

图 5－12

因此

$$\mathscr{E}=\Pi_{AB}(T)+\Pi_{BA}(T_0)+\int_{T_0}^{T}\sigma_A(T)\,dT+\int_{T}^{T_0}\sigma_B(T)\,dT.$$

可见其电动势与仅由两种金属A、B组成的温差电动势相同。

5－8. 试论证图5－13所示的温差电堆的电动势是各温差电偶的电动势之和。

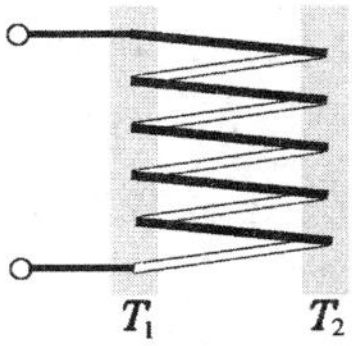

图 5－13

答： 温差电堆中各温差电偶相当于串联，因此

$$\mathscr{E}=\mathscr{E}_1+\mathscr{E}_2+\cdots+\mathscr{E}_n=n\,\mathscr{E}.$$

5 - 9. 将电压 U 加在一根导线的两端,设导线截面的直径为 d,长度为 l. 试分别讨论下列情况对自由电子漂移速率的影响:(1)U 增至 2 倍;(2)d 增至 2 倍;(3)l 增至 2 倍。

答: 根据书上(5.11)式,$\boldsymbol{j}=-ne\boldsymbol{u}$,式中 $\boldsymbol{u}$ 为漂移速度,有

$$u=\frac{j}{ne}=\frac{1}{ne}\frac{I}{\Delta S}=\frac{1}{ne}\frac{1}{\Delta S}\frac{U}{R}=\frac{1}{ne}\frac{1}{\Delta S}\frac{U}{\rho l/\Delta S}=\frac{1}{ne}\frac{U}{\rho l},$$

式中 n 为自由电子的数密度,e 为电子电荷绝对值,ρ 为导体的电阻率。导体确定后,它们都是确定的量,因此,(1) 电压 U 增至 2 倍,u 也增大 2 倍;(2) 导线直径 d 增大,u 不变,从上述公式看 u 也与 d 无关;(3) 导线长度 l 增至 2 倍,u 减小为 1/2.

5 - 10. 在真空中电子运动的轨迹并不总逆着电场线,为什么在金属导体内电流线总与电场线符合?

答: 在真空中电子运动的轨迹并不总是逆着电场线,这是因为一般情况下,电子运动方向与它受力方向并不相同,电子运动方向还与电子的初速度方向有关。在金属导体内,自由电子的定向运动速度很小,而自由电子热运动速度很大,且是无规的,电子频繁地与晶格离子碰撞,每次碰撞也是无规的,碰撞之后定向运动消失,又重新在电场力作用下从初速度为零开始加速,因此可以认为定向运动的速度方向与受力方向平行,从而电流线与电场线重合。

5 - 11. 在两层楼道之间安装一盏电灯,试设计一个线路,使得在楼上和楼下都能开关这盏电灯。

【提示:开关是单刀双掷开关。】

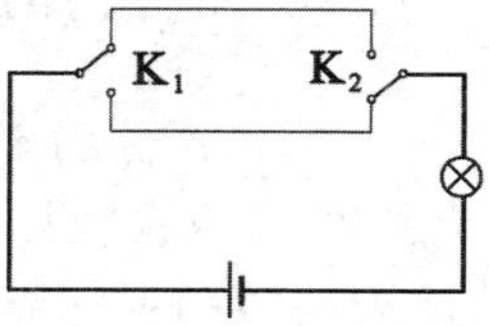

答: 楼梯开关的电路图如右图所示,图中 K_1、K_2 是单刀双掷开关。

5 - 12. 本题图中 R_0 为高电阻元件,R 为可变电阻($R \ll R_0$),试论证,当 R 改变时,BC 间的电压几乎与 R 成正比。

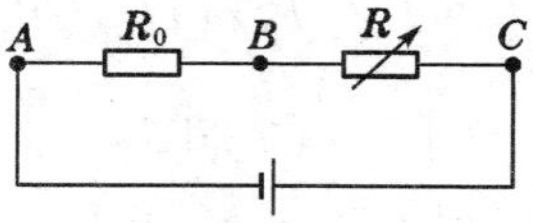

思考题 5 -12

答: $U_{BC}=IR=\dfrac{\mathscr{E}}{R_0+R}\cdot R\approx\dfrac{\mathscr{E}}{R_0}R,$

可见 U_{BC} 几乎与 R 成正比。

5 - 13. 试论证在本题图所示电路中,当数量级为几百 Ω 的负载电阻 R 变化时,通过 R_2 的电流 I 以及负载两端的电压 U_{ab} 几乎不变。

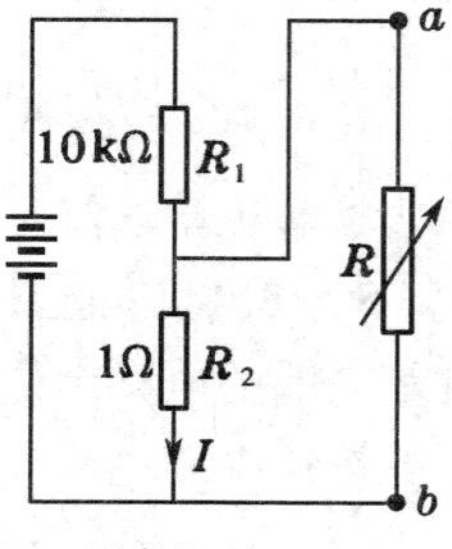

思考题 5 -13

答: 由于 R 和 R_2 并联,而 $R \gg R_2$,因此并联电阻接近 R_2,而 $R_2 \ll R_1$,于是通过 R_2 的电流近似为 $I=\mathscr{E}/R_1$,它几乎不变。而当 R 变化时,$U_{ab}=IR_2=(\mathscr{E}/R_1)R_2$,它也几乎不变。

5－14. (1) 如本题图中接触电阻不稳定使得 AB 间的电压不稳定。为什么对于一定的电源电动势，在大电流的情况下这种不稳定性更为严重?

(2) 由于电池电阻 r 不稳定，也会使得 AB 间的电压不稳定。如果这时我们并联一个相同的电池，是否能将情况改善?为什么?

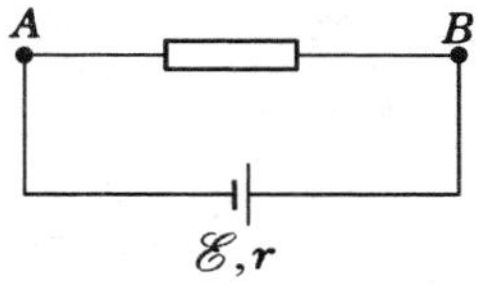

思考题 5－14

答： (1) 设接触电阻为 R'，负载电阻为 R，则 AB 间的电压为

$$U_{AB}=IR=\frac{\mathscr{E}}{R+R'+r}R.$$

可见接触电阻不稳定使 AB 间的电压不稳定。在大电流的情形下，负载电阻 R 较小，而电源内阻一般也不大，因此电路中电流基本上由接触电阻 R' 决定，这样，电压的不稳定性更为严重。

(2) 两个相同的电池并联使用，内阻减为原来的一半，因此电池内阻 r 的不稳定性对电压 U_{AB} 的影响也减小为其一半。

5－15. 实验室或仪器中常用可变电阻作为调节电阻串在电路中构成制流电路，用以调节电路的电流。有时用一个可变电阻调节不便，须用两个阻值不同的可变电阻，一个作粗调(改变电流大)，一个作细调(改变电流小)，这两个变阻器可以如图 a 串联起来或如图 b 并联起来，再串入电路。已知 R_1 较大，R_2 较小，问在这两种连接中哪一个电阻是粗调，哪一个是细调。

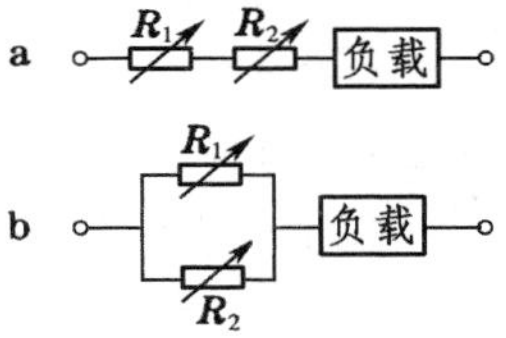

思考题 5－15

答： 两个电阻电器串联构成制流电路，$R_1>R_2$，则 R_1 是粗调，R_2 是细调，因为调节前者一点点，制流电路的电阻改变较大，而调节后者，制流电路的电阻改变较小。

两个电阻电器并联构成制流电路，$R_1>R_2$，则 R_1 是细调，R_2 是粗调，因为调节前者一点点，只是改变较小电流支路的电流，而调节后者，则是改变较大电流支路中的电流。

5－16. 为了测量电路两点之间的电压，必须把伏特计并联在电路上所要测量的两点，如本题图中所示。伏特计有内阻。问：

(1) 将伏特计并入电路后，是否会改变原来电路中的电流和电压分配?

(2) 这样读出的电压值是不是原来要测量的值?

(3) 在什么条件下测量较为准确?

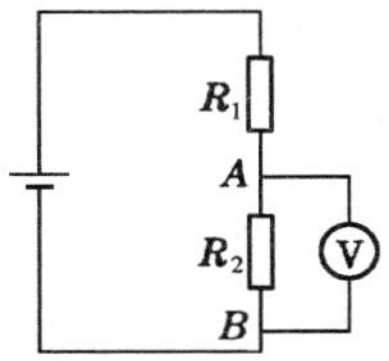

思考题 5－16

答: (1) 伏特计有一定的内阻,将它并入电路,改变了电路中的电阻,从而改变电路中电流和电压分配。

(2) 将伏特计并入电路,这样读出的电压值是电压分配改变后的电压值,不是原来要测量的值。

(3) 只有当伏特计的内阻远大于与之相并联的电阻值时,伏特计所分流的电流可忽略时,测量才较为准确。

5 - 17. 为了测量电路中的电流,必须把电路断开,将安培计接入,如题图所示。安培计有一定的内阻。问:

(1) 将安培计接入电路后,是否会改变原来电路中的电流?

(2) 这样读出的电流数值是不是要测量的值?

(3) 在什么条件下测量较为准确?

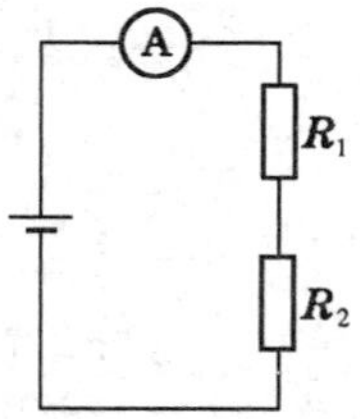

思考题 5 - 17

答: (1) 安培计有一定的内阻,尽管很小,将它接入电路后会改变原来电路中的电阻,从而改变电路中电流。

(2) 将安培计接入电路,这样读出的电流值是电流改变后的值,不是原来电路中的电流值。

(3) 只有当安培计的内阻远小于串联电路中的电阻 R_1 和 R_2 时,安培计的内阻可以忽略,测量才较为准确。

5 - 18. 考虑一个具体的电路,例如电桥电路,验算 n 个节点列出的基尔霍夫第一方程组中只有 $n-1$ 个是独立的。

答: 对于一个有 n 个节点的复杂电路,设定每一支路的电流,按基尔霍夫第一方程组对其中的任意 $n-1$ 个节点列出方程,把这些方程相加起来,化简之后所得的方程正是第 n 个节点的基尔霍夫第一方程。这表明此方程与其它 $n-1$ 个方程是相关的,也就是说有 n 个节点的复杂电路只有 $n-1$ 个基尔霍夫方程是独立的。

例如如图的电桥电路,对 A、B、D 节点到列出的基尔霍夫节一方程如下:

$$A \qquad I_1+I_2-I=0,$$

$$B \qquad I_g+I_3-I_1=0,$$

$$D \qquad I_4-I_g-I_2=0;$$

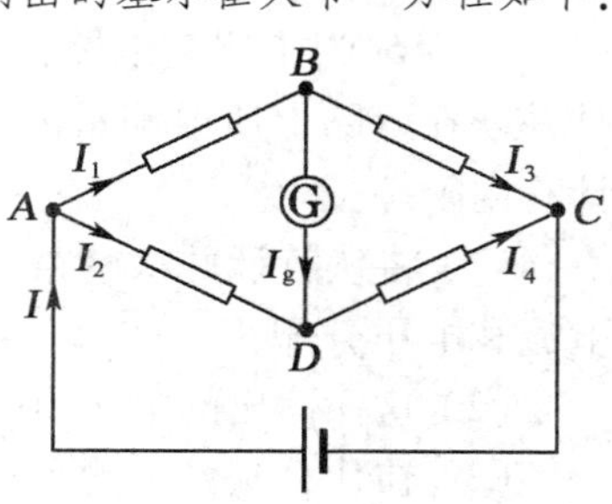

把它们相加起来得到的方程正是对节点 C 列出的基尔霍夫第一方程:

$$C \qquad I-I_3-I_4=0.$$

5 – 19. 已知复杂电路中一段电路的几种情况如本题图所示，分别写出这段电路的 $U_{AB}=U_A-U_B$.

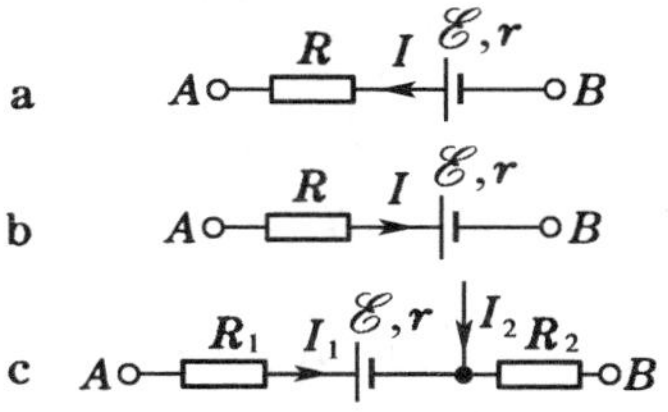

思考题 5 – 19

答：

a　$U_A-U_B=\mathscr{E}-I(R+r)$，

b　$U_A-U_B=\mathscr{E}+I(R+r)$，，

c　$U_A-U_B=\mathscr{E}+I_1(R_1+r)+(I_1+I_2)R_2$.

5 – 20. 理想的电压源内阻是多大？理想的电流源内阻是多大？理想电压源和理想电流源可以等效吗？

答：理想电压源的内阻为 0，理想电流源的内阻为 ∞，理想电压源与理想电流无法等效。

5 – 21. 写出图 5 – 38 所示的 LR 电路在接通电源和短路两种情形下电感以及电阻上的电势差 u_L 和 u_R 的表达式，并定性地绘出 u_L 和 u_R 的时间变化曲线。

答：这是一个典型的 LR 串联电路，书中 4.1 节解出 K 接通电源后电路的电流为

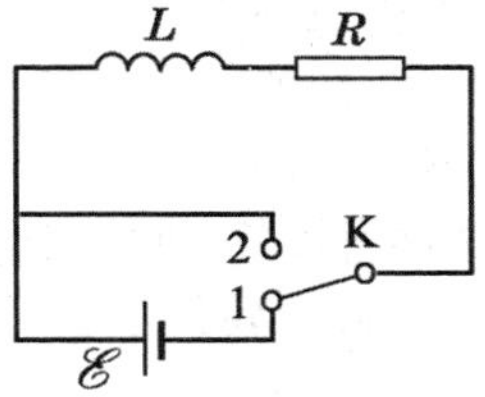

$$i=\frac{\mathscr{E}}{R}(1-e^{-\frac{R}{L}t}),$$

因此　$$u_L=L\frac{di}{dt}=\mathscr{E}e^{-\frac{R}{L}t},$$

$$u_R=iR=\mathscr{E}(1-e^{-\frac{R}{L}t}).$$

K 由 1 很快拨向 2，电路的电流为

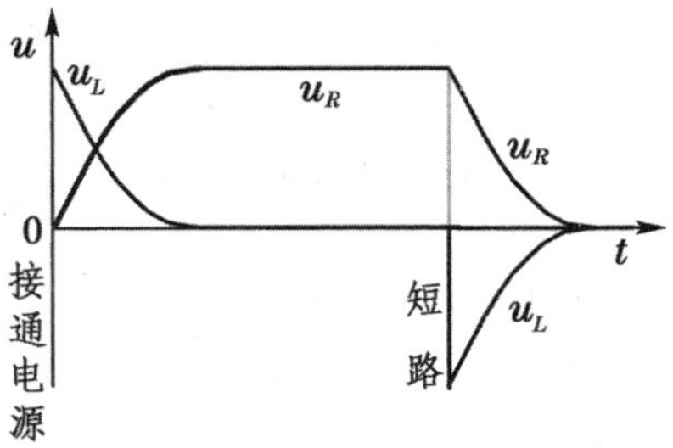

$$i=\frac{\mathscr{E}}{R}e^{-\frac{R}{L}t},$$

因此　$$u_L=L\frac{di}{dt}=-\mathscr{E}e^{-\frac{R}{L}t},$$

$$u_R=iR=\mathscr{E}e^{-\frac{R}{L}t}.$$

整个过程中 u_L 和 u_R 随时间的变化示于右图。

5 – 22. 写出图 5 – 40 所示的 RC 电路在充电和放电两种情形下电路中的电流 i、电容以及电阻上的电势差 u_C 和 u_R 的表达式，并定性地绘出它们的时间变化曲线。

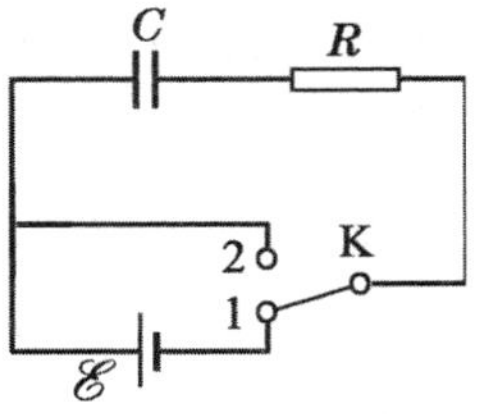

答：这是一个典型的 RC 串联电路，书中 4.2 节解出 K 接通电源后电容器上的电荷为

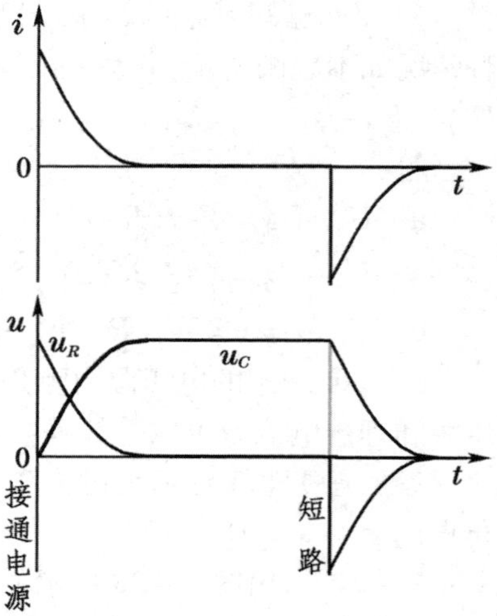

$$q=C\mathscr{E}(1-\mathrm{e}^{-\frac{1}{RC}t}),$$

因此 $$i=\frac{\mathrm{d}q}{\mathrm{d}t}=\frac{\mathscr{E}}{R}\mathrm{e}^{-\frac{1}{RC}t},$$

$$u_C=\frac{q}{C}=\mathscr{E}(1-\mathrm{e}^{-\frac{1}{RC}t}),$$

$$u_R=iR=\mathscr{E}\mathrm{e}^{-\frac{1}{RC}t}.$$

K 由 1 拨向 2 放电情形，电容器上的电荷 $$q=C\mathscr{E}\mathrm{e}^{-\frac{1}{RC}t},$$

因此 $$i=\frac{\mathrm{d}q}{\mathrm{d}t}=-\frac{\mathscr{E}}{R}\mathrm{e}^{-\frac{1}{RC}t},$$

$$u_C=\frac{q}{C}=\mathscr{E}\mathrm{e}^{-\frac{1}{RC}t},$$

$$u_R=iR=-\mathscr{E}\mathrm{e}^{-\frac{1}{RC}t}.$$

整个充电和放电过程中电流 i、u_C 和 u_R 随时间的变化示于右图。

5 - 23. 本题图所示电路中三个电阻相等，令 i_1、i_2 和 i_3 分别为 R_1、R_2、R_3 中的电流，u_1、u_2、u_3 与 u_C 为该三个电阻与电容上的电势差。

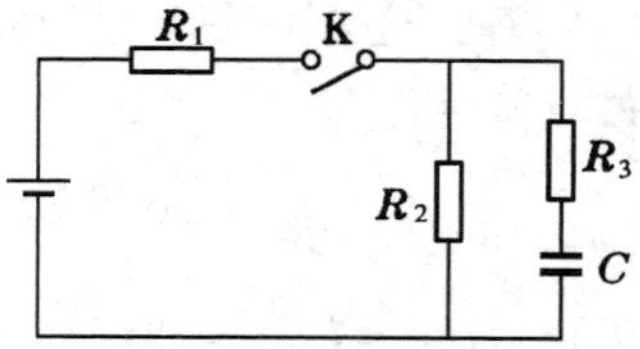

思考题 5 - 23

(1) 试定性地绘出开关 K 接通后上列各量随时间变化的曲线；

(2) K接通较长时间后把它断开，试定性绘出开关断开后，上列各量随时间变化的曲线。

答：先定性分析：

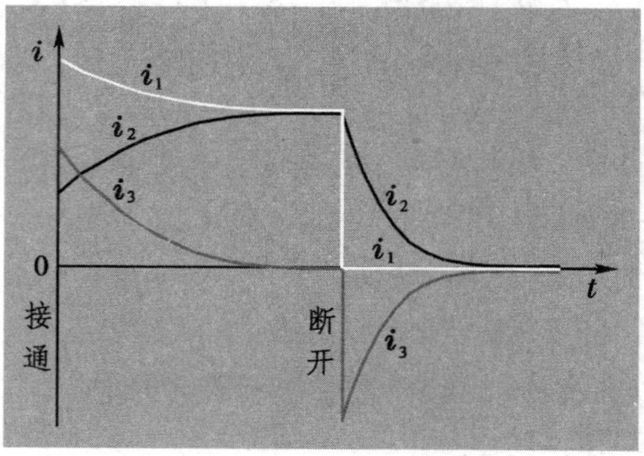

(1) K 接通时，初态 $t=0$ 时，$i_1=i_2+i_3$；终态 $t\to\infty$，$i_3=0$，$i_1=i_2$；中间是一个指数变化过程。

(2) K 断开时，初态为接通时的终态，即 $i_1=0$，$i_2=-i_3$；i_3 与 K 接通时方向相反；中间为指数变化过程，三个电流随时间的变化示于右图中。接通与断开时的时间常数不同。

定量计算：由电路图可列出 K 接通时的方程

$$\begin{cases} i_1=i_2+i_3, & ①\\ i_1R_1+i_2R_2=\mathscr{E}, & ②\\ i_1R_1+i_3R_3+\dfrac{q}{C}=\mathscr{E}. & ③ \end{cases}$$

由 ①、② 消去 i_1:

$$i_2(R_1+R_2)+i_3R_1=\mathscr{E}. \qquad ④$$

由 ②、③ 消去 i_1:

$$i_2R_2=i_3R_3+\frac{q}{C}. \qquad ⑤$$

由 ④、⑤ 消去 i_2，又 $i_3=\dfrac{\mathrm{d}q}{\mathrm{d}t}$，得

$$\frac{R_1R_2+R_2R_3+R_3R_1}{R_2}\frac{\mathrm{d}q}{\mathrm{d}t}+\frac{R_1+R_2}{R_2}\frac{q}{C}=\mathscr{E}.$$

这是一个一阶常系数常微分方程。积分后代入初始条件可解出

$$q=\frac{R_2C\mathscr{E}}{R_1+R_2}(1-\mathrm{e}^{-\frac{1}{RC}t}),\qquad i_3=\frac{\mathrm{d}q}{\mathrm{d}t}=\frac{R_2\mathscr{E}}{R_1R_2+R_2R_3+R_3R_1}\mathrm{e}^{-\frac{1}{RC}t},$$

式中 $R=\dfrac{R_1R_2+R_2R_3+R_3R_1}{R_1+R_2}$. 由 ⑤

$$i_2=\frac{1}{R_2}\left(i_3R_3+\frac{q}{C}\right)=\frac{\mathscr{E}}{R_1+R_2}\left(1-\frac{R_1R_2}{R_1R_2+R_2R_3+R_3R_1}\mathrm{e}^{-\frac{1}{RC}t}\right).$$

由 ②

$$i_1=\frac{1}{R_1}(\mathscr{E}-i_2R_2)=\frac{\mathscr{E}}{R_1+R_2}\left(1+\frac{R_2^2}{R_1R_2+R_2R_3+R_3R_1}\mathrm{e}^{-\frac{1}{RC}t}\right).$$

K 断开，$i_1=0$，电容器通过 R_2、R_3 放电，$i_3=-i_2$，可解出

$$q=C\mathscr{E}\mathrm{e}^{-\frac{1}{(R_2+R_3)C}t},\qquad i_3=\frac{\mathrm{d}q}{\mathrm{d}t}=-\frac{\mathscr{E}}{R_2+R_3}\mathrm{e}^{-\frac{1}{(R_2+R_3)C}t},$$

$$i_2=-i_3=\frac{\mathscr{E}}{R_2+R_3}\mathrm{e}^{-\frac{1}{(R_2+R_3)C}t}.$$

5 – 24. 我们知道，两个理想电容器 C_1、C_2 串联起来接在电源上，电压分配 $U_1:U_2=C_2:C_1$. 但实际电容都有一定的漏阻，漏阻相当于并联在理想电容器 C_1、C_2 上的电阻 R_1、R_2（见本题图），漏阻趋于无穷时，电容器趋于理想电容。将两个实际电容接在电源上，根据恒定条件，电压分配应为 $U_1:U_2=R_1:R_2$. 设 $C_1:C_2=R_1:R_2=1:2$. 并设想 R_1 和 R_2 按此比例趋于无穷。问这时电压分配 $U_1:U_2=$？一种说法认为这时两电容都是理想的，故 $U_1:U_2=C_2:C_1=2:1$；另一种说法认为电压的分配只与 R_1 和 R_2 的比值有关，而这比值未变，故当 $R_1\to\infty$，$R_2\to\infty$ 时，电压分配仍为 $U_1:U_2=R_1:R_2=1:2$. 两种说法有矛盾，问题出在哪里？如果实际去测量的话，你将看到什么结果？

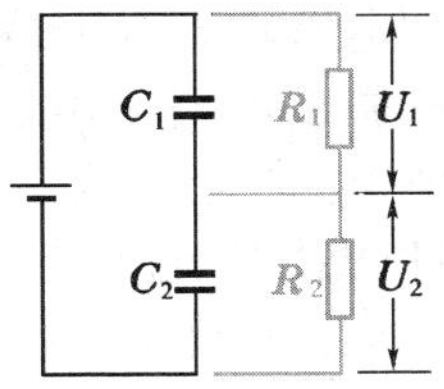

思考题 5 – 24

答: 思考本问题要把握住几点:(1) 两个理想电容器 C_1、C_2 的串联，电压分配 $U_1:U_2=C_2:C_1$ 的条件是两个电容器上的电荷相等，$q_1=q_2$.

(2) 实际的电容器可以看成并联了漏阻，因此两个实际电容器串联，电容器上的电荷可通过漏阻放电，从而不能维持 $q_1=q_2$，于是也就不可能有

电压分配 $U_1:U_2=C_2:C_1$，故达到恒定时电容器实际上已不起作用，电压按 $U_1:U_2=R_1:R_2$ 来分配。

(3) 这里有两个数量级相差极大的 RC 时间常量控制的暂态过程：一是给两个串联的电容器 C_1、C_2 充电[即上述过程(1)]，由于连接到电源的导线的电阻可忽略不计，此过程极短；另一是通过电容器漏阻放电而电荷重新分配的过程[即上述过程(2)]，由于漏阻极大，此过程极长。在第一阶段完成后，电压按 $U_1:U_2=C_2:C_1=2:1$ 的条件分配；直到第二阶段完成时后，电压才按 $U_1:U_2=R_1:R_2=1:2$ 的条件来分配。这就是实际测量时应看到的结果。

在讨论这类问题时，如果我们一开头就把问题极端化，认为充电时电阻为0，放电时漏阻为 ∞，就会不知所措。把极端条件缓和一下，就会把问题分析清楚。

5 - 25. 对于非简谐交流电，能否按 §6 所讲的方式引入阻抗的概念？

答： 对于非简谐交流电，不能按 §6 所讲的方式引入阻抗的概念，因为按照数学上的傅里叶分析，非简谐交流电可以分解成一系列不同频率的简谐交流电的叠加，不同频率的简谐交流电的峰值不同，且它们通过电容元件和电感元件的阻抗不同，无法从电压的峰值和电流的峰值之比来定义阻抗。

5 - 26. 如本题图，信号源为锯齿波发生器，电路中仅有电阻元件。已知电压峰值为100 V，电阻值为200 Ω，试画出电路中电流的波形图及其峰值。假如元件为电容元件或电感元件，能简单地定出电流的波形图吗？试考虑问题的困难在哪里？

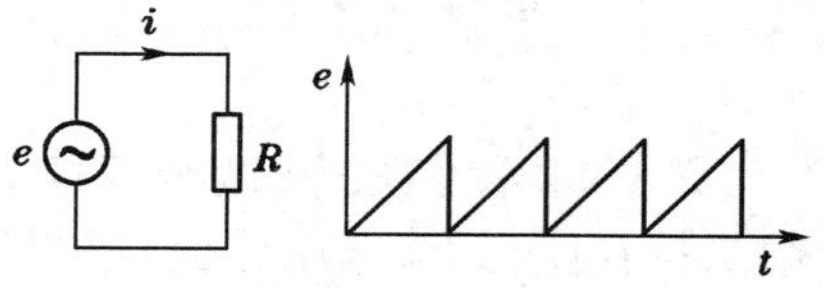

思考题 5 -26

答： 对于仅有电阻元件情形，电流的波形图与电压波形图类似，变化步调一致，电流的峰值为 0.500 A. 如果元件为电容或电感，由于锯齿波中包含许多不同频率的简谐波，它们通过电容或电感的阻抗随频率而变化，而且还引起电流与电压的相位差，再叠加起来就是非常复杂的波形了，不能简单地定出电流的波形。

5 - 27. 电容和电感在直流电路中起什么作用？

答： 电容在直流电路中起隔直流作用，其阻抗为 ∞；电感在直流电路中起短路作用，其阻抗为 0.

5 - 28. 作出本题图所示各电路的阻抗随频率变化的曲线（频率响应曲线），并定性地分析一下，在高频（$\omega\to\infty$）和低频

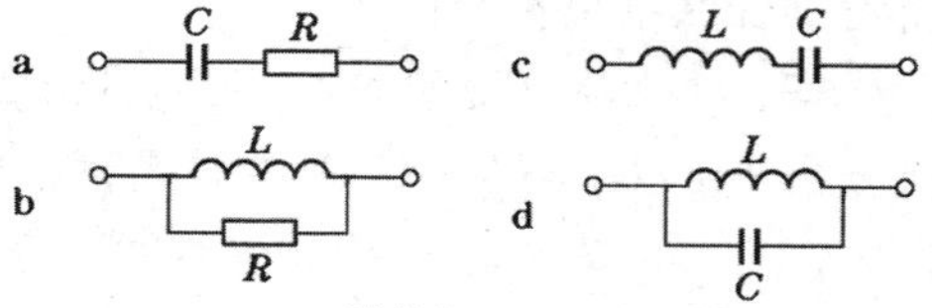

思考题 5 -28

($\omega\to0$)的极限下频率响应的特点。

答： 各电路的阻抗和频率响应曲线如下图所示，从中可以看出在高频和低频的极限下阻抗的特点。

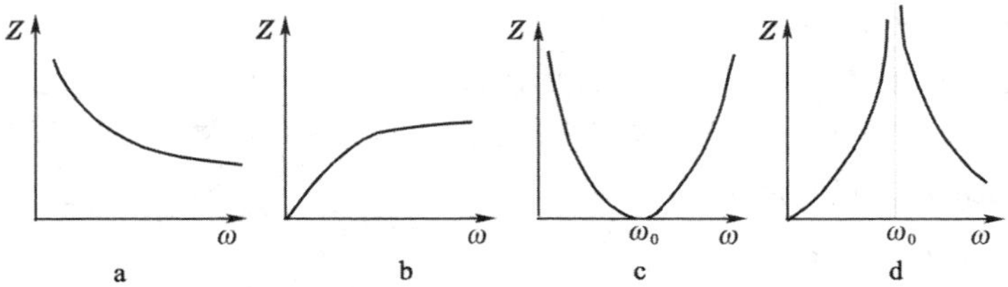

Z	$\sqrt{R^2+\left(\frac{1}{\omega C}\right)^2}$	$\frac{1}{\sqrt{\left(\frac{1}{R}\right)^2+\left(\frac{1}{\omega L}\right)^2}}$	$\left\lvert\omega L-\frac{1}{\omega C}\right\rvert$	$\left\lvert\frac{\omega L}{1-\omega^2 LC}\right\rvert$
$\omega\to\infty$	R	R	∞	0
$\omega\to0$	∞	0	∞	0

5 －29. 在本题图所示电路中，当 R_1 或 R_2 改变时，两分支中的电流之间的相位差是否改变？

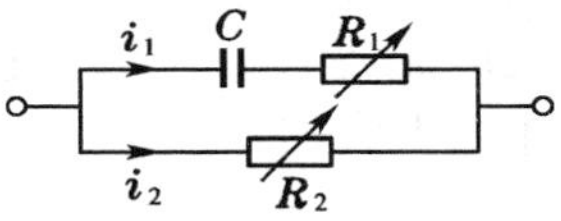

思考题 5 －29

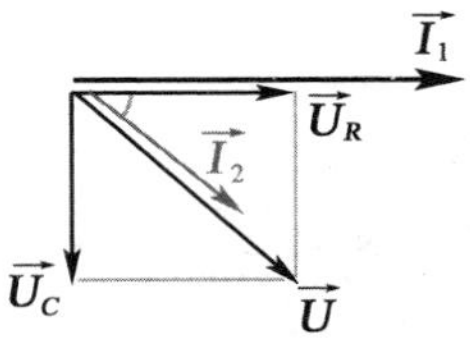

答： 作矢量图如左。从矢量图中可以看出，R_1 改变时，则改变电流 i_1 与电压 u 的相位差，从而改变 i_1 和 i_2 的相位差。

改变 R_2 时，i_1 和 i_2 的相位差不变。

5 －30. 在本题图所示的电路中 aO 和 Oc 间的电阻 R 相等，ab 间的电阻 R' 可调，bc 间是个电容(这电路叫做 RC 相移电桥)。试用矢量图证明：当 R' 的阻值由 0 变到 ∞ 的过程中，aO 间的电压 U_1 和 bO 间的电压 U_2 总是相等的，但它们之间的相位差由 0 变到 π.

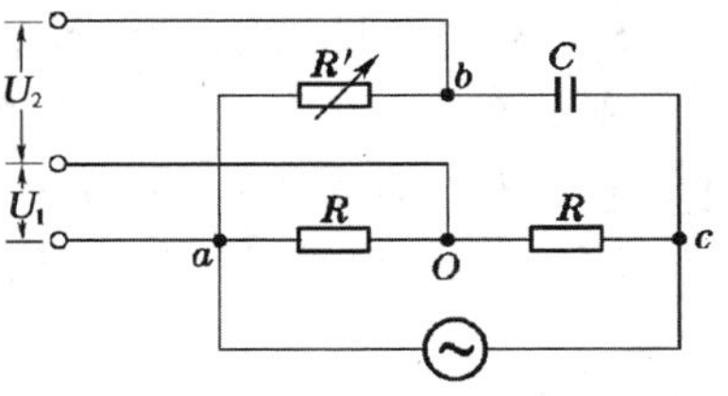

思考题 5 －30

答： 以 O 点的电势为0画出该电路的电压矢量图如右，其中 $U_{aO}=-U_{cO}$，而 U_{ab} 与 U_{bc} 相位差为 $\pi/2$，b 点在圆弧上。于是 U_{aO} 与 U_{bO} 的大小总相等，且当 R' 由 0 变到 ∞ 时，U_{aO} 与 U_{bO} 的相位差由 0 变到 π.

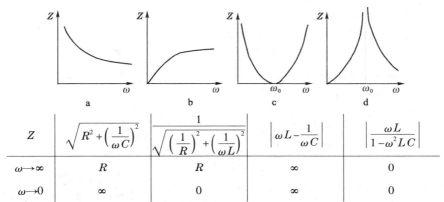

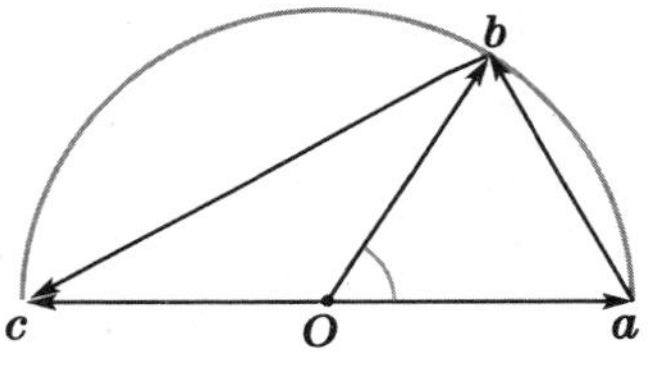

5 －31. (1) 试根据简谐量与矢量的对应关系，分别确定本题图 a、b 两种情况下三个同频简谐电压 $u_1(t)$、$u_2(t)$、$u_3(t)$ 之间的相位差，并写出

相应的简谐表示式(各矢量的长度都等于 U_0)。

(2) 试根据同频简谐量的叠加与矢量合成的对应关系,分别求出上述两种情况下的合成电压

$$u(t)=u_1(t)+u_2(t)+u_3(t).$$

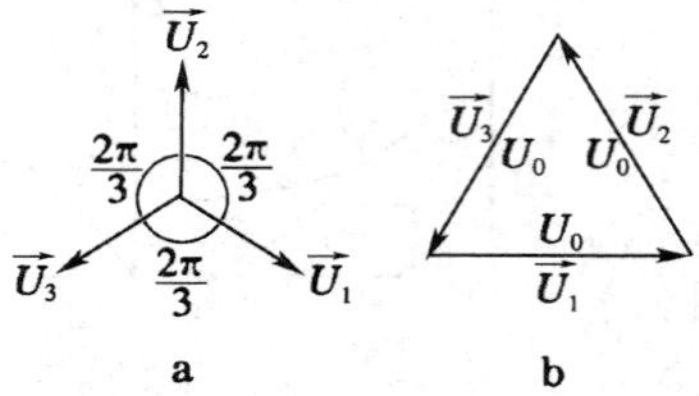

思考题 5 - 31

答: (1) 图 a 和 b 情形, $u_1(t)$、$u_2(t)$、$u_3(t)$ 之间的相位差皆为 $3\pi/2$,

$$\begin{cases} u_1(t)=U_0\cos\omega t, \\ u_2(t)=U_0\cos\left(\omega t+\dfrac{3\pi}{2}\right), \\ u_3(t)=U_0\cos\left(\omega t-\dfrac{3\pi}{2}\right). \end{cases}$$

(2) 两种情形下　$u(t)=u_1(t)+u_2(t)+u_3(t)=0.$

5 - 32. 如本题图,在无线电电路中为了消除前后两级 Ⅰ、Ⅱ 之间的互相关联,往往加 RC 组合来起"退耦"作用。试分析,后一级 Ⅱ 的电压波动或电流波动对前一级 Ⅰ 的影响将因 RC 组合的作用而大大削弱。

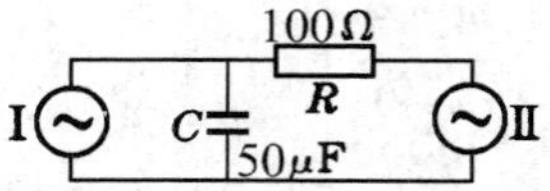

思考题 5 - 32

答: 对于射频,取 10^6Hz, 电路中电容的阻抗

$$Z_C=\frac{1}{\omega C}=\left(\frac{1}{2\pi\times10^6\times50\times10^{-6}}\right)\Omega=3.2\times10^{-3}\Omega,$$

所以 $Z_C\ll R$, 即从后一 级Ⅱ看来, 这是一个低通滤波电路, 把返回的射频波动阻挡住。

5 - 33. 复阻抗 $\widetilde{Z}$(或复导纳 $\widetilde{Y}$)是否对应一个简谐量?

答: 在交流电的复数解法中,把交变电压和交变电流的简谐量与复数电压和复数电流对应起来, 因此复数电压 $\widetilde{U}$ 和复数电流 $\widetilde{I}$ 对应着简谐量 $u(t)$ 和 $i(t)$, 知道了简谐量可以写出对应的复数量, 或者相反, 已知了复数量可直接写出对应的简谐量。其实有意义的只是复数量的实部, 它就是对应的简谐量, 而复数阻抗 $\widetilde{Z}$ 或复导纳 $\widetilde{Y}$ 是整个实部和虚部都是有意义的, 它们不能与简谐量相对应。

5 - 34. 两个同频简谐量的乘积(例如功率)是否对应于两个复数的乘积?

答: 两个同频简谐量的乘积不能用两个复数的乘积来计算, 当然也就不对应于两个复数的乘积。

5 - 35. 判断一下本题图所示各交流电桥中。哪些是根本不能平衡的?

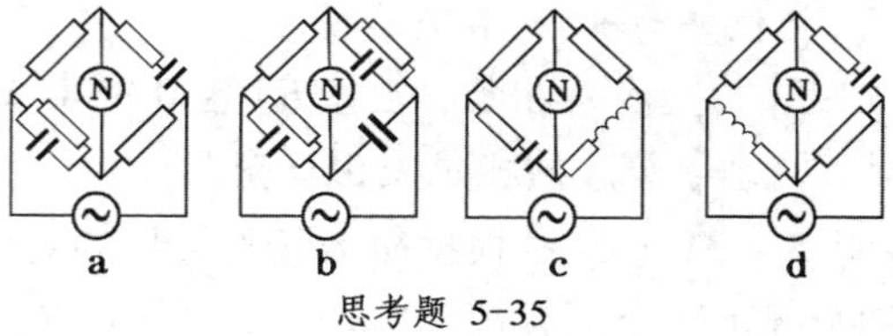

思考题 5-35

答: 根据交流电桥平衡

条件之一 $\varphi_1+\varphi_4=\varphi_2+\varphi_3$，a 和 c 是不可能平衡的，b 和 d 是可能平衡的。

5－36. 日光灯中镇流器起什么作用？在一个电感性的电路中串联或并联一个电容器，都可提高其功率因数。为什么在日光灯电路中电容器必须并联而不能串联？

答： 日光灯中镇流器的作用，一是当启动器内的双金属片断开时，电路电流突然消失，镇流器内自感的作用产生一较强的感应电动势激发点燃日光灯管；二是点燃日光灯管后电路的一部分电压降落在镇流器上，起限制日光灯中电流的作用。

为了提高功率因数，可在电感性电路中并联一个电容器。虽然从减小电流与电压之间的相位差，提高功率因数的角度看，也可以串联一个电容器，但这样做之后，要改变用电器的工作电压，而并联一个电容器不会改变工作电压。

5－37. 能够使某一频带内的信号顺利通过而将这频带以外的信号阻挡住的电路，叫做带通滤波电路；能够将某一频带内的信号阻挡住而使这频带以外的信号顺利通过的电路，叫做带阻滤波电路。试定性分析本题图中的两个滤波电路，哪一个属于带通，哪一个属于带阻？

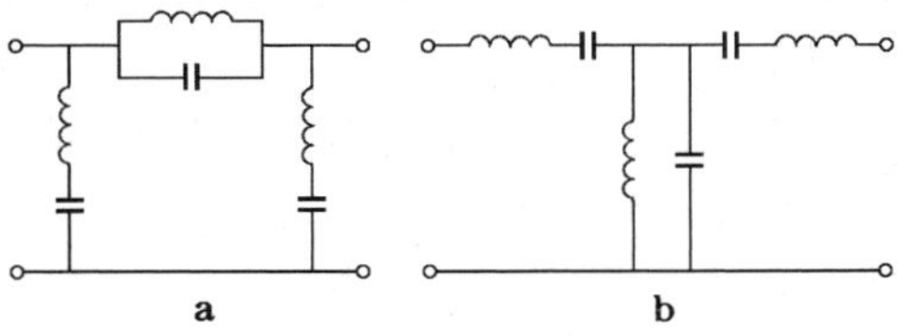

思考题 5－37

答： a 是带阻滤波器，b 是带通滤波器。

使电路中的 LC 电路设置在满足 $\omega=\dfrac{1}{\sqrt{LC}}$，则图 a 输入各种频率的交流电中，频率接近 ω 的交流电遇到 LC 串联电路时，阻抗很小很容易通过，而遇到 LC 并联电路时，阻抗很大不容易通过。图 b 的情形相反，频率接近 ω 的交流电容易通过。由此可判断出上述结果。

5－38. 按照变压器的变比公式，只要 $N_2=N_1/2$，就可把 220 V 的交流电压变为 110 V，同时把电流增大一倍。那么匝数很少（譬如 $N_2=2$ 匝，$N_1=1$ 匝）为什么不行呢？

答： 变压器的变比公式

$$\frac{\widetilde{U}_1}{\widetilde{U}_2}=-\frac{N_1}{N_2},\qquad \frac{\widetilde{I}_1}{\widetilde{I}_2}=-\frac{N_2}{N_1}$$

是有条件的，条件就是变压器是理想的，即要求变压器没有磁漏，没有铜损和铁损，且原副线圈的感抗趋于 ∞. 若原副线圈的匝数很少，不能达到理想变压器没有磁漏、感抗趋于 ∞ 的要求。

5－39. 变压器中原线圈中的电流 $\widetilde{I}_1$(包括励磁电流）和副线圈中的电流 $\widetilde{I}_2$ 相位差在什么范围内？若如本题图所示将两线圈绕在同一磁棒上，它们之间有吸引力还是排斥力？

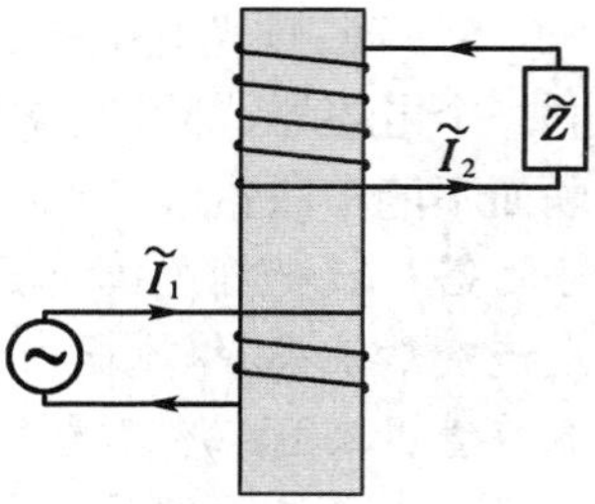

思考题 5－39

答： 变压器中原线圈中的电流 $\widetilde{I_1}$ 和副线圈中的电流 $\widetilde{I_2}$ 的相位差在 π 和 π/2 之间，也就是说在一个周期内电流方向相反的时间较长，平均的结果它们之间是排斥力。

5－40. 在竖立的铁芯上绕有线圈，在它上面套一个铝环，如本题图所示。当把线圈两端接到适当的交流电源上时，铝圈便立刻跳将起来。试说明这一现象。

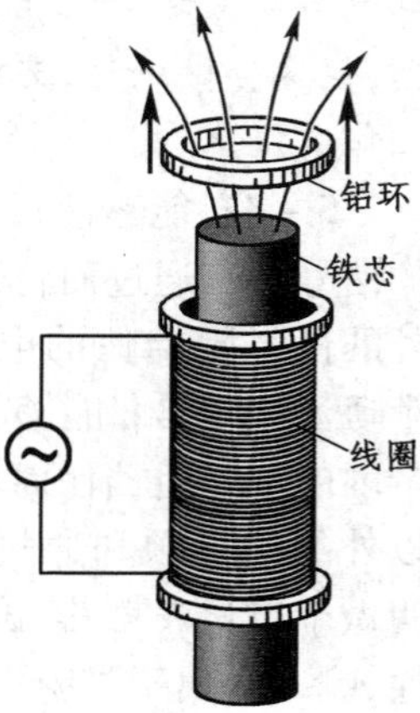

思考题 5－40

答： 铝环相当于变压器的副线圈，原线圈接交流电后，两个线圈中的电流的方向在一个周期内相反的时间较长，相同的时间较少，平均的结果，它们之间的排斥力，因此一接通电源，铝环便立即跳起来。

5－41. 定性地解释一下，为什么铁芯中的涡流损耗反映在电路中相当于一个有功电阻 r，且铁芯的电阻率愈小则 r 愈大。

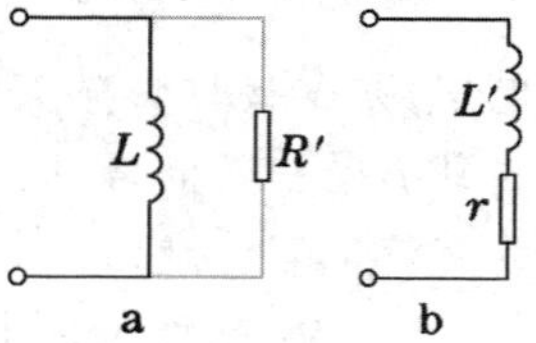

思考题 5－41

答： 利用变压器输入等效电路的概念来说明：涡流的流管可看成是“变压器”的“副线圈”。它的电阻 R 反射到“原线圈”中，相当于在原线圈的电感 L 上并联一个折合电阻 R'，R' 与 R 成正比(本题图 a)。变换到串联式等效电路(本题图 b)，则有功电阻 $r=\dfrac{(\omega L)^2R'}{(R')^2+(\omega L)^2}$. 当铁芯的电阻率较大，$R'\gg\omega L$ 时，$r\approx\dfrac{(\omega L)^2}{R'}\propto\dfrac{1}{R'}\propto\dfrac{1}{\rho}$.

5－42. 如果三相对称负载采用星形接法，当线电压为 220 V 时，相电压为多少？当相电压为 380 V 时，线电压为多少？

答： $U_\varphi=\dfrac{220\ \mathrm{V}}{\sqrt{3}}=127\ \mathrm{V}$，　$U_l=380\ \mathrm{V}\times\sqrt{3}=658\ \mathrm{V}$.

5 -43. 如果三相线电压为380V,对称负载采用星形接法,未接中线,此时若某一相负载突然断了,各相电压变为多少?

答: 如果三相电线电压为380V,对称负载采用星形接法,且未接中线,此时若某一相负载突然断了,则此断了的一相的电压为0;未断的两相由于线电压为380V,它们平分了线电压,每一相为190V。

5 -44. 在三相电炉中有12根硅碳棒,若采用星形对称连接,每相4根,这时是否应接中线?若在中线和某一相火线上各接一个安培计,当中线上的安培计指零时,火线上的安培计读数是否可以代表另外两相里的电流?

答: 每相4根硅碳棒作星形对称连接,可以不接中线。当中线上的安培计指零时,一相火线上安培计的读数可代表另外两相里的电流。

5 -45. 为什么电动机启动时电流很大?为了避免启动电流太大,大功率的电动机有时采用Y-△启动法。如本题图所示的方式将三相绕组ax、by、cz分别接在三相双掷开关上,向下合闸是Y连接,向上合闸是△连接。启动时先向下合闸,待电动机开始运转后将闸刀搬向上去。用这种Y-△启动法为什么可以减少启动电流?

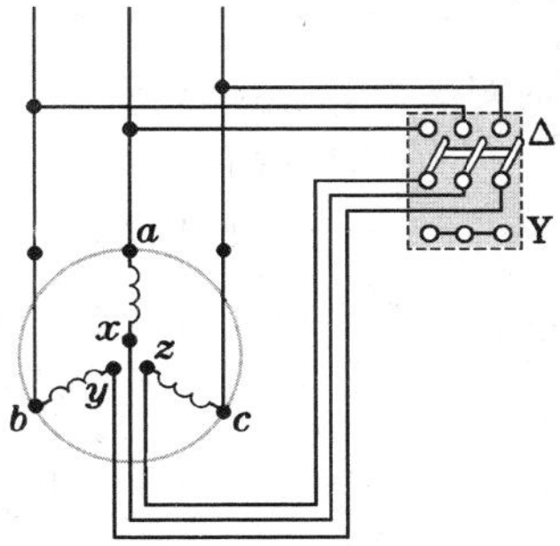

思考题5 -45

答: 电动机启动电流很大的原因是刚接通电源时,电动机的转子还没有转起来,还没有形成反电动势与电源电动势相抗衡,因此在电源电动势单独作用下,电流很大,容易烧坏电动机。为此大型电动机需要采用Y-△启动法,在电动机转动开始,用Y接法输入,输入电压较小,到电动机转速增大而能形成足够的反电动势时,再转换到△接法输入,使输入电压达到正常工作电压。

第六章 麦克斯韦电磁理论 电磁波 电磁单位制

6 －1. 对于镜像反射变换来说，电矢量 $\boldsymbol{E}$ 是极矢量，磁矢量 $\boldsymbol{B}$ 是轴矢量，

（1）它们的旋度各属于哪类矢量？

（2）它们的散度在镜像反射中的变化如何？

答： 设镜像反射面为 z 平面，所谓极矢量 $\boldsymbol{P}=P_x\boldsymbol{i}+P_y\boldsymbol{j}+P_z\boldsymbol{k}$，就是在镜像反射变换中 $\overline{P_x}=P_x$，$\overline{P_y}=P_y$，$\overline{P_z}=-P_z$；
所谓轴矢量 $\boldsymbol{A}=A_x\boldsymbol{i}+A_y\boldsymbol{j}+A_z\boldsymbol{k}$，就是在镜像反射变换中

$$\overline{A_x}=-A_x,\quad \overline{A_y}=-A_y,\quad \overline{A_z}=A_z;$$

此外，一个标量 S 在镜像反射变换中不变，即 $\overline{S}=S$；一个赝标量 S' 在镜像反射变换中反号，即 $\overline{S'}=-S'$.

设 $\boldsymbol{P}$、$\boldsymbol{P}'$ 为任意极矢量，$\boldsymbol{A}$、$\boldsymbol{A}'$ 是任意轴矢量，根据矢量矢积和标积的定义可以直接验证：

$\boldsymbol{P}\times\boldsymbol{P}'$ 或 $\boldsymbol{A}\times\boldsymbol{A}'$ 是轴矢量， $\boldsymbol{P}\times\boldsymbol{A}$ 或 $\boldsymbol{A}\times\boldsymbol{P}$ 是极矢量；

$\boldsymbol{P}\cdot\boldsymbol{P}'$ 或 $\boldsymbol{A}\cdot\boldsymbol{A}'$ 是标量， $\boldsymbol{P}\cdot\boldsymbol{A}$ 或 $\boldsymbol{A}\cdot\boldsymbol{P}$ 是赝标量。

劈形算符 ∇ 与径矢 $\boldsymbol{r}$ 在镜像反射变换中具有同样的性质：

$$\boldsymbol{r}=x\boldsymbol{i}+y\boldsymbol{j}+z\boldsymbol{k},\quad \overline{\boldsymbol{r}}=x\boldsymbol{i}+y\boldsymbol{j}-z\boldsymbol{k};$$

$$\nabla=\boldsymbol{i}\frac{\partial}{\partial x}+\boldsymbol{j}\frac{\partial}{\partial y}+\boldsymbol{k}\frac{\partial}{\partial z},\quad \overline{\nabla}=\boldsymbol{i}\frac{\partial}{\partial x}+\boldsymbol{j}\frac{\partial}{\partial y}-\boldsymbol{k}\frac{\partial}{\partial z}.$$

旋度可看成是劈形算符与矢量的“叉乘”，散度可看成是劈形算符与矢量的“点乘”。所以极矢量的旋度是轴矢量，轴矢量的旋度是极矢量；极矢量的散度是标量，轴矢量的散度是赝标量。按此推论，我们有

（1） $\nabla\times\boldsymbol{E}$ 是轴矢量， $\nabla\times\boldsymbol{B}$ 是极矢量；

（2） $\nabla\cdot\boldsymbol{E}$ 是标量， $\nabla\cdot\boldsymbol{B}$ 是赝标量。

如果我们已知某些矢量是属于哪种矢量，也可利用一些已确立的物理公式（如麦克斯韦方程）较方便地来判断另一些矢量的属性。譬如在 $\nabla\times\boldsymbol{E}=-\dfrac{\partial\boldsymbol{B}}{\partial t}$ 中已知 $\boldsymbol{B}$ 是轴矢量，$\dfrac{\partial\boldsymbol{B}}{\partial t}$ 也是轴矢量，从而 $\nabla\times\boldsymbol{E}$ 也必定是轴矢量。

6 －2. 在时间反演变换（$t\to -t$）中，电矢量 $\boldsymbol{E}$、电偶极矩 $\boldsymbol{p}$ 不变，磁矢量 $\boldsymbol{B}$、磁矩 $\boldsymbol{m}$ 呢？

答： 电荷 q 在时间反演变换中不变，电流 I 在时间反演变换中反号。电矢量 $\boldsymbol{E}$、电偶极矩 $\boldsymbol{p}$ 正比于电荷 q，在时间反演变换中不变。磁矢量 $\boldsymbol{B}$、磁矩 $\boldsymbol{m}$ 正比于电流 I，在时间反演变换中反号。

6 －3. 检验一下，麦克斯韦方程组中同一方程里各项对于镜像反射变换和时间反演变换的行为都是一样的。

答：(1) $\nabla\cdot\boldsymbol{D}=\rho$

左端$\boldsymbol{D}$是极矢量，$\nabla\cdot\boldsymbol{D}$是标量；右端$\rho$也是标量。它们都是对时间反演不变的。

(2) $\nabla\times\boldsymbol{E}=-\frac{\partial\boldsymbol{B}}{\partial t}$

左端$\boldsymbol{E}$是极矢量，$\nabla\times\boldsymbol{E}$是轴矢量，且对时间反演都不变；右端$\boldsymbol{B}$是轴矢量，在时间反演中反号，从而$\frac{\partial\boldsymbol{B}}{\partial t}$也是轴矢量，但在时间反演中不变。

(3) $\nabla\cdot\boldsymbol{B}=0$

$\boldsymbol{B}$是轴矢量，$\nabla\cdot\boldsymbol{B}$是赝标量，它们在时间反演中反号。

(4) $\nabla\times\boldsymbol{H}=\boldsymbol{j}+\frac{\partial\boldsymbol{D}}{\partial t}$

左端$\boldsymbol{H}$是轴矢量，$\nabla\times\boldsymbol{H}$是极矢量，它们都在时间反演变换中反号；右端第一项$\boldsymbol{j}$是极矢量，时间反演反号；右端第二项中$\boldsymbol{D}$和$\frac{\partial\boldsymbol{D}}{\partial t}$都是极矢量，$\boldsymbol{D}$在时间反演中不变，但$\frac{\partial\boldsymbol{D}}{\partial t}$在时间反演中反号。故式中三项都是极矢量，时间反演反号。

6－4. 磁荷q_m对于镜像反射变换和时间反演变换的行为应如何？

答：根据磁场强度$\boldsymbol{H}$的定义$\boldsymbol{F}/q_m$，$\boldsymbol{H}$为轴矢量，力$\boldsymbol{F}$是极矢量，它们在镜像反射变换下所有分量都差一个负号，故q_m在镜像反射变换下反号，即磁荷是个赝标量。

同样，$\boldsymbol{H}$在时间反演变换下反号，而力$\boldsymbol{F}$在时间反演变换下不变号，因此磁荷在时间反演变换下反号。

6－5. 电磁波的能量中电能和磁能各占多少？

答：根据电磁波的性质(6.36)式$\sqrt{\varepsilon\varepsilon_0}E_0=\sqrt{\mu\mu_0}H_0$和(6.37)式$\varphi_E=\varphi_H$，即$E$和$H$同相位，

$$\frac{w_e}{w_m}=\frac{\frac{1}{2}\boldsymbol{D}\cdot\boldsymbol{E}}{\frac{1}{2}\boldsymbol{B}\cdot\boldsymbol{H}}=\frac{\frac{1}{2}\varepsilon\varepsilon_0E^2}{\frac{1}{2}\mu\mu_0H^2}=1,$$

即电磁波的能量中电能和磁能各占一半。

6－6. 设有一列平面电磁波正入射到理想导体($\sigma=\infty$)的镜面上发生反射，

(1) 电场和磁场在界面上应满足的边界条件分别是什么？

(2) 反射时电矢量有无半波损失？磁矢量呢？

(3) 入射波与反射波叠加形成驻波，反射面是电振荡的波腹还是波节？是磁振荡的波腹还是波节？

(4) 在行波中电振荡和磁振荡是同相位的，在驻波中呢？

(5) 设想一下，在电磁驻波中能流是怎样分布的。

答：(1) 电场和磁场在界面上应满足的边界条件是电场强度的切向分量连续,磁场强度的切向分量连续,即

$$E_{1t}=E_{2t},\quad H_{1t}=H_{2t}.$$

(2) 理想导体$\sigma=\infty$，因此在导体内部的场强应趋于0,即$\boldsymbol{E}_2=0$，于是在第一种介质中入射电磁波和反射电磁波的电场强度$\boldsymbol{E}_1$和$\boldsymbol{E}_1'$满足$\boldsymbol{E}_1+\boldsymbol{E}_1'=0$,即

$$\boldsymbol{E}_1'=-\boldsymbol{E}_1,$$

负号表明电磁波反射时电场强度有半波损失。

当电磁波正入射时,由于反射波的波矢方向相反,而电场强度的方向相反,则磁场强度的方向不会相反,而是相同,即

$$\boldsymbol{H}_1'=\boldsymbol{H}_1,$$

这表明反射时磁场强度没有半波损失。

(3) 于是入射波与反射波叠加成驻波,在反射面处电场是波节,磁场则是波腹。

(4) 在行波中电振荡和磁振荡是同相位的，在驻波中电振荡和磁振荡的相位相差$\pi/2$.

(5) 在驻波的波节和波腹之间电场能和磁场能相互来回转化。

6－7. 如本题图所示,设在垂直纸面向内的均匀磁场中放置一平行板电容器,两极板上分别带有等量异号电荷。用一根导线连接两极板,使之放电。设导线与极板的电接触不妨碍它在极板间作无摩擦平行移动。问:

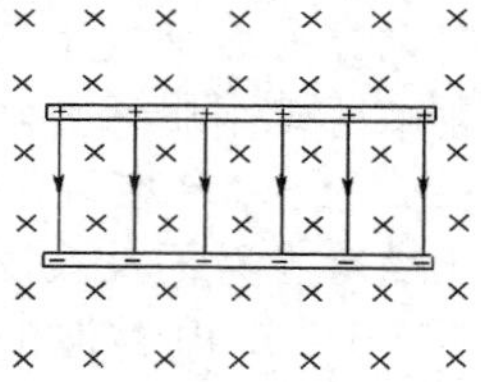

思考题6－7

(1) 放电前两极板间的能流方向如何?

(2) 放电时,放电导线的运动方向如何?

(3) 就整个系统来考虑,放电导线的动量是哪里来的?

答：(1) 根据题图给定的$\boldsymbol{E}$和$\boldsymbol{H}$可得放电之前两极板间的能流方向自左向右。

(2) 用导线连接上下带电极板,导线中的电流方向向下,此电流在电磁场中受到的安培力方向向右,因此导线有向右的加速度。忽略摩擦力，导线向右运动。

(3) 放电前极板之间的能流自左向右，因而电磁场有自左向右的动量，$\boldsymbol{g}=\boldsymbol{S}/c^2$. 连接两极板的放电导线获得的机械动量，正是由原来电磁场的动量转化得来的。

可作如下定量计算。设放电的某一时刻极板上的电荷分别为q和$-q$，极

板间的能流密度大小为

$$S = EH = \frac{q}{\varepsilon_0 A}\cdot\frac{B}{\mu_0} = \frac{qB}{\varepsilon_0\mu_0 A}.$$

A 为极板面积。电磁场的动量密度大小为

$$g = \frac{1}{c^2}S = \frac{qB}{c^2\varepsilon_0\mu_0 A} = \frac{qB}{A}.$$

电容器极板间电磁场的总动量为

$$G = g\cdot Al = qBl,$$

相应的动量变化率为

$$\frac{\mathrm{d}G}{\mathrm{d}t} = \frac{\mathrm{d}q}{\mathrm{d}t}Bl = iBl.$$

此结果与放电导线在磁场中所受的安培力 iBl 一致，这表明放电导线所获得的机械动量确系来自电磁场中的动量的转化。

6－8. 如本题图所示，可绕竖直轴自由旋转的圆柱形电容器放置在均匀磁场中；电容器已充电，内筒带正电，外筒带负电。在电容器内外筒之间用放射性射线照射，引起放电，圆柱形电容器是否会绕竖直轴旋转？试根据电磁场能流和动量概念说明旋转角动量的来源。

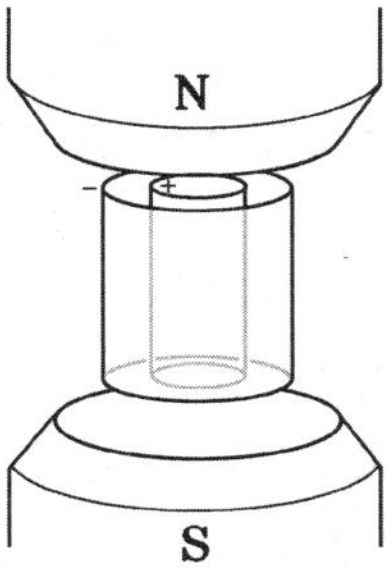

思考题 6－8

答： 用放射性射线照射引起圆柱形电容器极板间放电，辐射状放电电流在磁场中受到洛伦兹力，其方向为横向，从上端往下看去是逆时针方向。运动正电荷获得的横向动量撞击在电容器极板上使电容器逆时针旋转起来。这一角动量来源于放电前存在的电磁场能流密度是环向的，具有电磁角动量。

下面作些定量计算。设柱形电容器内外极板上分别带电为 Q 和 $-Q$，内外极板的半径分别为 R_1 和 R_2，极板高度为 h，极板之间的电场强度

$$E = \frac{Q}{2\pi\varepsilon_0 rh},$$

电磁场的能流密度和动量密度分别为

$$S = EH = \frac{QB}{2\pi\varepsilon_0\mu_0 rh}, \quad g = \frac{S}{c^2} = \frac{QB}{2\pi c^2\varepsilon_0\mu_0 rh} = \frac{QB}{2\pi rh}.$$

能量密度矢量和动量密度矢量是沿环向的，r 处所对应的角动量密度大小为 $|\boldsymbol{r}\times\boldsymbol{g}| = \dfrac{QB}{2\pi h}$，于是电磁场原有的总角动量大小为

$$L = \iiint|\boldsymbol{r}\times\boldsymbol{g}|\mathrm{d}V = \frac{QB}{2\pi h}\int_{R_1}^{R_2} r\,\mathrm{d}r\int_0^{2\pi}\mathrm{d}\theta\int_0^h \mathrm{d}z = \frac{1}{2}QB\left(R_2^2 - R_1^2\right).$$

而柱形电容器因放电电荷受到洛伦兹力所传递给它的角动量，应等于洛伦

磁力矩的冲量，其中洛伦兹力的力矩为

$$M=\int_{R_1}^{R_2} IBr\,\mathrm{d}r=\frac{1}{2}IB\left(R_2^2-R_1^2\right),$$

其冲量为

$$\int M\mathrm{d}t=\int\frac{1}{2}B\left(R_2^2-R_1^2\right)\frac{\mathrm{d}q}{\mathrm{d}t}\mathrm{d}t=\frac{1}{2}B\left(R_2^2-R_1^2\right)\int_0^Q \mathrm{d}q=\frac{1}{2}QB\left(R_2^2-R_1^2\right).$$

这与上面计算的电磁场原有总角动量相等，因而说明了电容器放电所获得的机械角动量正是由电磁场原有总角动量转化得来。

6－9. 如本题图所示，在一个可自由转动的塑料圆盘中部有一通电线圈，电流的方向如图所示。在圆盘的边缘镶有一些金属小球，小球均带正电。切断线圈的电流，圆盘是否会转动起来？转动的方向如何？转动的角动量是哪里来的？

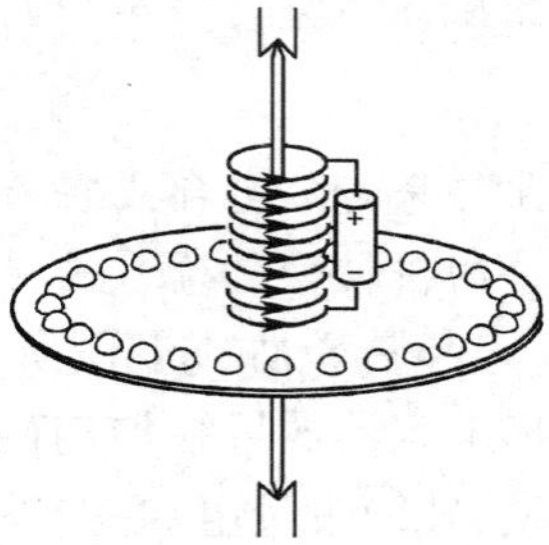
思考题 6－9

答： 切断电源时，线圈中的电流消失，竖直向上的磁场减小，在电荷处产生的感应电场方向沿逆时针方向(由上端往下看)，圆盘上的正电荷在此电场力的作用下将获得逆时针方向的角动量。此角动量来自原来未切断电源时此电磁系统的电磁角动量。根据此电磁系统在空间的电场分布和磁场分布，可判断其中电磁场具有逆时针方向的能流和动量密度，因而有逆时针方向的角动量。切断电源，此电磁场的角动量转化为圆盘的机械角动量。

6－10. 考虑两个等量异号电荷组成的系统，它们在空间形成静电场如本题图所示。当用导线连接这两个异号电荷，使之放电，导线上将产生焦耳热。试定性说明，这部分能量是哪里来的？能量是通过什么途径传递到放电导线中去的？

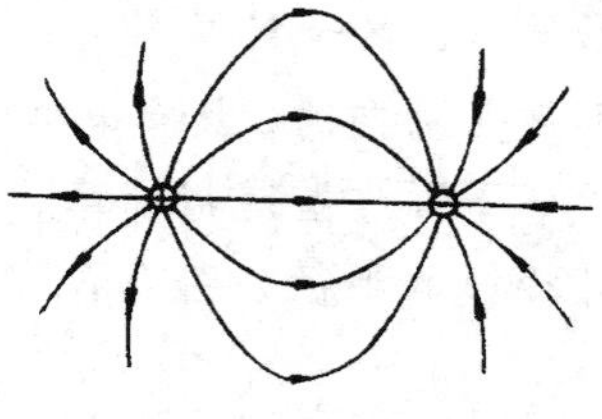
思考题 6－10

答： 用导线连接正负电荷，有放电电流，由电流方向可大致判断磁场方向。于是由 $\boldsymbol{S}=\boldsymbol{E}\times\boldsymbol{H}$ 可断定能流密度矢量方向都是指向导线的，可见导线上消耗的焦耳热这部分能量，是由原来空间储存的电场能通过能流密度矢量传递得来。

能流密度和场能密度是场观点的两个必要的概念。

电磁学习题解答

第一章　静电场 恒定电流场

1－1. 氢原子由一个质子（即氢原子核）和一个电子组成。根据经典模型，在正常状态下，电子绕核作圆周运动，轨道半径是5.29×10^{-11}m. 已知质子质量$m_p=1.67\times10^{-27}$kg，电子质量$m_e=9.11\times10^{-31}$kg，电荷分别为$\pm e=\pm1.60\times10^{-19}$C，万有引力常量$G=6.67\times10^{-11}\text{N}\cdot\text{m}^2/\text{kg}^2$.（1）求电子所受质子的库仑力和引力；（2）库仑力是万有引力的多少倍？（3）求电子的速度。

解：（1）

$$f_C=\frac{1}{4\pi\varepsilon_0}\frac{q_1q_2}{r^2}=\frac{1}{4\times3.14\times8.85\times10^{-12}}\frac{(1.60\times10^{-19})^2}{(5.29\times10^{-11})^2}\text{N}=8.23\times10^{-8}\text{N},$$

$$f_G=G\frac{m_1m_2}{r^2}=6.67\times10^{-11}\times\frac{9.11\times10^{-31}\times1.67\times10^{-27}}{(5.29\times10^{-11})^2}\text{N}=3.63\times10^{-47}\text{N}.$$

（2）$\dfrac{f_C}{f_G}=\dfrac{8.23\times10^{-8}}{3.63\times10^{-47}}=2.27\times10^{39}.$

（3）$m_1\dfrac{v^2}{r}=f_C$，

所以
$$v=\sqrt{\frac{f_Cr}{m_1}}=\sqrt{\frac{8.23\times10^{-8}\times5.29\times10^{-11}}{9.11\times10^{-31}}}\text{m/s}=2.19\times10^6\text{m/s}.$$

1－2. 卢瑟福实验证明：当两个原子核之间的距离小到10^{-15}m时，它们之间的排斥力仍遵守库仑定律。金的原子核中有79个质子，氦的原子核（即α粒子）中有2个质子。已知每个质子带电荷量$e=1.60\times10^{-19}$C，α粒子的质量为6.68×10^{-27}kg. 当α粒子与金核相距为6.9×10^{-15}m时（设这时它们都仍可当作点电荷），求（1）α粒于所受的力；（2）α粒子的加速度。

解：（1）

$$f_C=\frac{1}{4\pi\varepsilon_0}\frac{q_1q_2}{r^2}=\frac{79\times1.60\times10^{-19}\times2\times1.60\times10^{-19}}{4\times3.14\times8.85\times10^{-12}\times(6.90\times10^{-15})^2}\text{N}=7.64\times10^{-2}\text{N},$$

（2）$a=\dfrac{f}{m}=\dfrac{7.64\times10^{2}}{6.68\times10^{-27}}\text{m/s}^2=1.14\times10^{29}\text{m/s}^2.$

1－3. 铁原子核里两质子相距4.0×10^{-15}m，每个质子带电荷量$e=1.60\times10^{-19}$C，（1）求它们之间的库仑力；（2）比较这力与每个质子所受重力的大小。

解：（1）$f_C=\dfrac{1}{4\pi\varepsilon_0}\dfrac{q_1q_2}{r^2}=\dfrac{1.60\times10^{-19}\times1.60\times10^{-19}}{4\times3.14\times8.85\times10^{-12}\times(4.0\times10^{-15})^2}\text{N}=14.4\text{N}$；

（2）$f_g=mg=(1.67\times10^{-27}\times9.80)\text{N}=1.64\times10^{-26}\text{N}$，

$$\frac{f_C}{f_g}=\frac{14.4}{1.64\times10^{-26}}=8.8\times10^{26}.$$

1－4. 两小球质量都是 m，都用长为 l 的细线挂在同一点；若它们带上相同的电量，平衡时两线夹角为 2θ（见本题图）。设小球的半径都可略去不计，求每个小球上的电量。

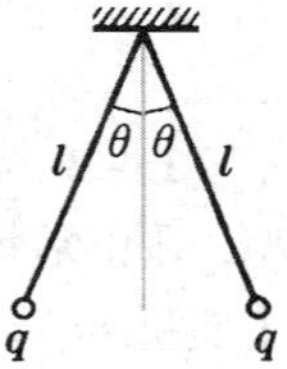

习题 1－4

解：$r=l\sin\theta$，$\quad\dfrac{f_C}{f_g}=\dfrac{\dfrac{1}{4\pi\varepsilon_0}\dfrac{q\cdot q}{(2r)^2}}{mg}=\tan\theta$，

所以 $\qquad q=\pm4l\sin\theta\sqrt{\pi\varepsilon_0mg\tan\theta}$

两个小球上的电荷或都正，或都负。

1－5. 电子所带的电荷量（基元电荷 $-e$）最先是由密立根通过油滴实验测出的。密立根设计的实验装置如本题图所示。一个很小的带电油滴在电场 $\boldsymbol{E}$ 内。调节 $\boldsymbol{E}$，使作用在油滴上的电场力与油滴所受的重力平衡，如果油滴的半径为 1.64×10^{-4}cm，在平衡时，$E=1.92\times10^5$N/C. 求油滴上的电荷（已知油的密度为 0.851 g/cm^3）。

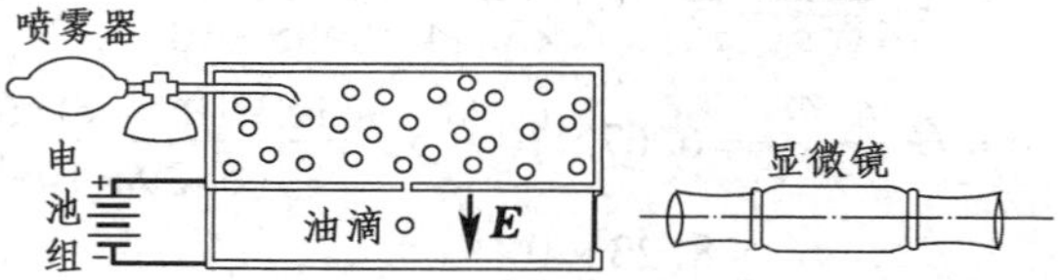

习题 1－5

解：$-qE=\frac{4}{3}\pi r^3\rho g$，

$$q=-\frac{4\times3.14\times(1.64\times10^{-6})^3\times0.851\times10^3\times9.80}{3\times1.92\times10^5}\text{C}=-8.02\times10^{-19}\text{C}.$$

1－6. 在早期（1911 年）的一连串实验中，密立根在不同时刻观察单个油滴上呈现的电荷，其测量结果（绝对值）如下：

6.568×10^{-19}C	13.13×10^{-19}C	19.71×10^{-19}C
8.204×10^{-19}C	16.48×10^{-19}C	22.89×10^{-19}C
11.50×10^{-19}C	18.08×10^{-19}C	26.13×10^{-19}C

根据这些数据，可以推得基元电荷 e 的数值为多少？

解：由于单个油滴上所带的电子数只能是整数，分析所给的数据，可以看出，它们大约是某个公约数 1.6×10^{-19}C 的整数倍，这表明，此公约数可能正是一个电子所具有的基元电荷的数值。因此将这组数分别除以 4、5、7、8、10、11、12、14、16，取它们的平均，得 1.641×10^{-19}C，此即密立根所得的基元电荷 e 的实验值。

1-7. 根据经典理论,在正常状态下,氢原子中电子绕核作圆周运动,其轨道半径为5.29×10^{-11}m. 已知质子电荷为$e=1.60\times10^{-19}$C,求电子所在处原子核(即质子)的电场强度。

解:

$$E=\frac{1}{4\pi\varepsilon_0}\frac{q}{r^2}=\frac{1.60\times10^{-19}}{4\times3.14\times8.85\times10^{-12}\times(5.29\times10^{-11})^2}\text{V/m}=5.14\times10^{11}\text{V/m}.$$

1-8. 如本题图,一电偶极子的电偶极矩$\boldsymbol{p}=q\boldsymbol{l}$, P点至偶极子中心O的距离为r, $\boldsymbol{r}$与$\boldsymbol{l}$的夹角为θ. 设$r\gg l$,求P点的电场强度$\boldsymbol{E}$在$\boldsymbol{r}=\overrightarrow{OP}$方向的分量$E_r$和垂直于$\boldsymbol{r}$方向上的分量$E_\theta$.

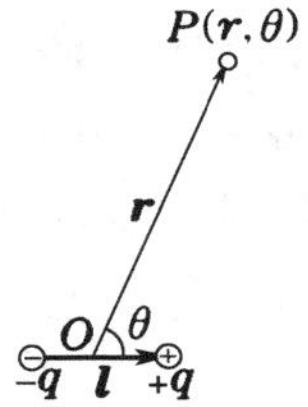

习题 1-8

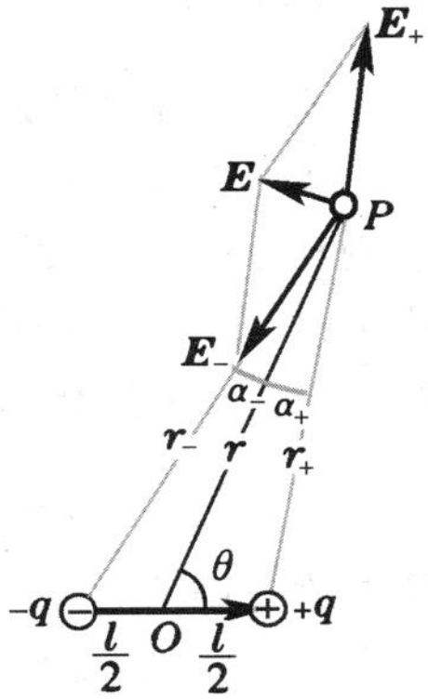

解: $E_r=E_+\cos\alpha_+-E_-\cos\alpha_-$,

式中　$E_+=\dfrac{1}{4\pi\varepsilon_0}\dfrac{q}{r_+^2}$,　　$E_-=\dfrac{1}{4\pi\varepsilon_0}\dfrac{q}{r_-^2}$,

α_+、α_-分别为$\boldsymbol{r}_+$、$\boldsymbol{r}_-$与$\boldsymbol{r}$之间的夹角,而

$$\frac{1}{r_+^2}=\left(r-\frac{l}{2}\cos\theta\right)^{-2}\approx\frac{1}{r^2}\left(1+\frac{l}{r}\cos\theta\right),$$

$$\frac{1}{r_-^2}=\left(r+\frac{l}{2}\cos\theta\right)^{-2}\approx\frac{1}{r^2}\left(1-\frac{l}{r}\cos\theta\right),$$

$$\cos\alpha_+\approx1,\quad \cos\alpha_-\approx1,$$

$$E_r=\frac{q}{4\pi\varepsilon_0}\left(\frac{1}{r_+^2}-\frac{1}{r_-^2}\right)\approx\frac{q}{4\pi\varepsilon_0}\frac{2l}{r^3}\cos\theta=\frac{1}{4\pi\varepsilon_0}\frac{2p\cos\theta}{r^3}.$$

又　　$E_\theta=E_+\sin\alpha_++E_-\sin\alpha_-$,

式中　　$\sin\alpha_+\approx\sin\alpha_-\approx\dfrac{l}{2r}\sin\theta$,

$$E_\theta=\frac{q}{4\pi\varepsilon_0}\frac{l}{2r}\sin\theta\left(\frac{1}{r_+^2}+\frac{1}{r_-^2}\right)\approx\frac{q}{4\pi\varepsilon_0}\frac{l}{r^3}\sin\theta$$

$$=\frac{1}{4\pi\varepsilon_0}\frac{p\sin\theta}{r^3}.$$

E_r、E_θ表达式中的$p=ql$为电偶极矩的大小。

1-9. 把电偶极矩为$\boldsymbol{p}=q\boldsymbol{l}$的电偶极子放在点电荷$Q$的电场内,$\boldsymbol{p}$的中心$O$到$Q$的距离为$r(r\gg l)$。分别求 (1)$\boldsymbol{p}/\!/\overrightarrow{QO}$(本题图a)和(2)$\boldsymbol{p}\perp\overrightarrow{QO}$(图b)时偶极子所受的力$\boldsymbol{F}$和力矩$\boldsymbol{L}$.

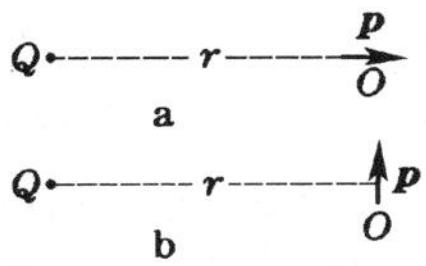

习题 1-9

解: (1)　$F=\dfrac{qQ}{4\pi\varepsilon_0}\left[\dfrac{1}{(r-l/2)^2}-\dfrac{1}{(r+l/2)^2}\right]$

$$\approx\frac{qQ}{4\pi\varepsilon_0r^2}\left[1+\frac{l}{r}-\left(1-\frac{l}{r}\right)\right]=\frac{qQ}{4\pi\varepsilon_0}\frac{2l}{r^3}=\frac{1}{4\pi\varepsilon_0}\frac{2Qp}{r^3},$$

$\boldsymbol{F}$ 的方向指向 Q； 力矩 $\boldsymbol{L}=0$.

$$(2)F=\frac{qQ\sin\theta}{4\pi\varepsilon_0}\left[\frac{1}{r^2+(l/2)^2}+\frac{1}{r^2+(l/2)^2}\right]\approx\frac{qQ}{4\pi\varepsilon_0}\frac{l/2}{r}\frac{2}{r^2}=\frac{1}{4\pi\varepsilon_0}\frac{Qp}{r^3},$$

$\boldsymbol{F}$ 的方向与 $\boldsymbol{p}$ 的方向相同；

$$L=\frac{qQl}{4\pi\varepsilon_0}\frac{1}{r^2+(l/2)^2}\approx\frac{1}{4\pi\varepsilon_0}\frac{Qp}{r^2},$$ $\boldsymbol{L}$ 的方向垂直纸面向里。

1－10. 本题图中所示是一种电四极子，它由两个相同的电偶极子 $\boldsymbol{p}=q\boldsymbol{l}$ 组成，这两个偶极子在一直线上，但方向相反，它们的负电荷重合在一起。试证明：在它们的延长线上离中心（即负电荷）为 $r(r\gg l)$ 处，

（1）场强为 $E=\dfrac{3Q}{4\pi\varepsilon_0 r^4}$,

（2）电势为 $U(r)=\dfrac{Q}{4\pi\varepsilon_0 r^3}$,

式中 $Q=2ql^2$ 叫做它的电四极矩。

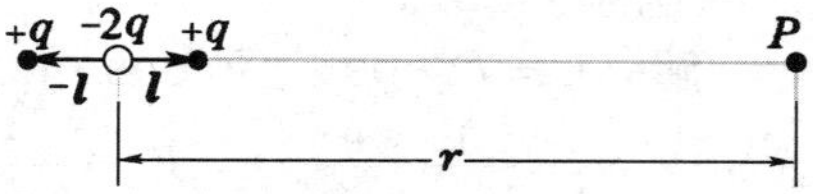

习题 1－10

解：（1）题中的四极子可看成右图所示的两个偶极子组成，它们在 P 点所产生的场强分别为 E_1 和 E_2，由 1－8 题的结果可知

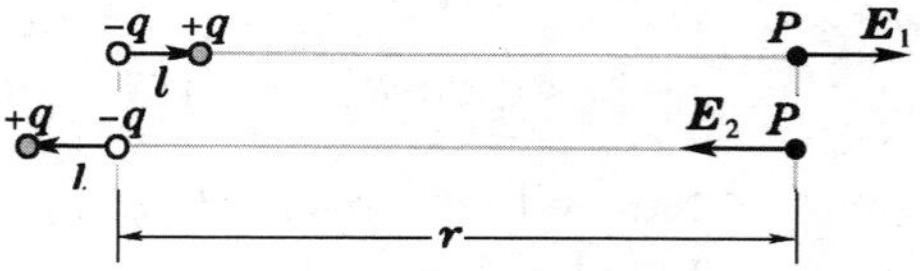

$$E_1=\frac{1}{4\pi\varepsilon_0}\frac{2p}{(r-l/2)^3},\quad E_2=\frac{1}{4\pi\varepsilon_0}\frac{2p}{(r+l/2)^3};$$

P 点的场强为

$$E=E_1-E_2=\frac{1}{4\pi\varepsilon_0}\frac{2p}{r^3}\left[\frac{1}{(1-l/2r)^3}-\frac{1}{(1+l/2r)^3}\right]$$

$$\approx\frac{1}{4\pi\varepsilon_0}\frac{2p}{r^3}\left[1+\frac{3l}{2r}-\left(1-\frac{3l}{2r}\right)\right]=\frac{1}{4\pi\varepsilon_0}\frac{2ql\cdot 3l}{r^4}=\frac{1}{4\pi\varepsilon_0}\frac{3Q}{r^4};$$

（2）电势 $$U=U_1-U_2=\frac{1}{4\pi\varepsilon_0}\left[\frac{p}{(r-l/2)^2}-\frac{p}{(r+l/2)^2}\right]$$

$$\approx\frac{ql}{4\pi\varepsilon_0 r^2}\left[1+\frac{l}{r}-\left(1-\frac{l}{r}\right)\right]=\frac{ql}{4\pi\varepsilon_0}\frac{2l}{r^3}=\frac{1}{4\pi\varepsilon_0}\frac{Q}{r^3}.$$

1－11. 本题图中所示是另一种电四极子，设 q 和 l 都已知，图中 P 点到电四极子中心 O 的距离为 $x(x\gg l)$，$\overrightarrow{OP}$ 与正方形的一对边平行，求 P 点的电场强度 $\boldsymbol{E}$.

解：本题中的四极子可看成左右一对竖直反向偶极子组成，它们在 P 点所产生的场强分别为 E_1 和 E_2，由 1－8 题的结果可知

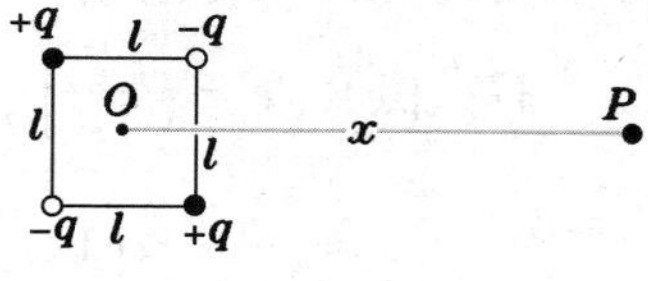

习题 1－11

$$E_1=\frac{1}{4\pi\varepsilon_0}\frac{p}{(x-l/2)^3},\quad E_2=\frac{1}{4\pi\varepsilon_0}\frac{p}{(x+l/2)^3};$$

P 点的场强为

$$E=E_1-E_2=\frac{1}{4\pi\varepsilon_0}\frac{p}{x^3}\left[\frac{1}{(1-l/2x)^3}-\frac{1}{(1+l/2x)^3}\right]$$
$$\approx\frac{1}{4\pi\varepsilon_0}\frac{p}{x^3}\left[1+\frac{3l}{2x}-\left(1-\frac{3l}{2x}\right)\right]=\frac{1}{4\pi\varepsilon_0}\frac{p\cdot 3l}{x^4}=\frac{1}{4\pi\varepsilon_0}\frac{3pl}{x^4}.$$

1－12. 两条平行的无限长直均匀带电线，相距为 a，电荷线密度分别为 $\pm\eta_e$. （1）求这两线构成的平面上任一点（设这点到其中一线的垂直距离为 x）的场强；（2）求每线单位长度上所受的相互吸引力。

解： 设两平行线中左边一条带负电，右边一条带正电，原点取在二者中间，场点 P 的坐标为 x.

（1）利用书上例题 3 的结果，有

$$E=\frac{\eta_e}{2\pi\varepsilon_0}\left(\frac{1}{x-a/2}-\frac{1}{x+a/2}\right)=\frac{\eta_e a}{2\pi\varepsilon_0(x^2-a^2/4)};$$

（2）
$$F=\eta_e\cdot\frac{2\eta_e}{4\pi\varepsilon_0 a}=\frac{\eta_e^2}{2\pi\varepsilon_0 a}.$$

1－13. 均匀电场与半径为 a 的半球面的轴线平行，试用面积分计算通过此半球面的电通量。

解：
$$\Phi_E=\iint E\cos\theta\,\mathrm{d}S=E\iint\cos\theta\,a\,\mathrm{d}\theta\cdot a\sin\theta\,\mathrm{d}\varphi$$
$$=Ea^2\int_0^{\pi/2}\cos\theta\sin\theta\,\mathrm{d}\theta\cdot\int_0^{2\pi}\mathrm{d}\varphi=E\pi a^2.$$

可见，在这种情形下，均匀电场通过半球面的电通量等于 E 与大圆面积的乘积。

1－14. 根据量子理论，氢原子中心是个带正电 e 的原子核（可看成点电荷），外面是带负电的电子云。在正常状态（核外电子处在 s 态）下，电子云的电荷密度分布球对称：

$$\rho_e=-\frac{e}{\pi a_B^3}\mathrm{e}^{-2r/a_B},$$

式中 a_B 为一常量（它相当于经典原子模型中电子圆形轨道的半径，称为玻尔半径）。求原子内的电场分布。

解： 原子核在距中心 r 处的场强为

$$E_+=\frac{1}{4\pi\varepsilon_0}\frac{e}{r^2};$$

电子在距中心 r 处的场强可用高斯定理计算：

$$4\pi r^2E_-=\frac{1}{\varepsilon_0}\iiint\rho_e\mathrm{d}V$$

$$E_- = \frac{1}{4\pi\varepsilon_0}\frac{1}{r^2}\int_0^r\left(-\frac{e}{\pi a_B{}^3}e^{-2r/a_B}\right)r^2 dr\int_0^\pi \sin\theta d\theta\int_0^{2\pi}d\varphi$$

$$= \frac{1}{\varepsilon_0 r^2}\frac{e}{\pi a_B^3}\left[\left(\frac{a_B r^2}{2}+\frac{a_B^2 r}{2}+\frac{a_B^3}{4}\right)e^{-2r/a_B}-\frac{a_B^3}{4}\right],$$

因此原子内的场强为

$$E = E_+ + E_- = \frac{e}{4\pi\varepsilon_0 r^2}\left[2\left(\frac{r}{a_B}\right)^2+2\frac{r}{a_B}+1\right]e^{-2r/a_B},$$

方向由中心指向外。

1－15. 实验表明：在靠近地面处有相当强的电场，$\boldsymbol{E}$ 垂直于地面向下，大小约为 100 V/m；在离地面 1.5 km 高的地方，$\boldsymbol{E}$ 也是垂直于地面向下的，大小约为 25 V/m.

（1）试计算从地面到此高度大气中电荷的平均体密度；

（2）如果地球上的电荷全部均匀分布在表面，求地面上电荷面密度。

解：（1）在地球表面取一底面积为 S、高为 $h=1.5\times10^3$ m 的柱体，据高斯定理：

$$E_1 S - E_2 S = \frac{1}{\varepsilon_0}Sh\rho_e,$$

$$\rho_e = \frac{\varepsilon_0}{h}(E_1-E_2) = \frac{8.85\times10^{-12}}{1.5\times10^3}\times(100-25)\,\mathrm{C/m^3} = 4.4\times10^{-13}\,\mathrm{C/m^3}.$$

（2）据高斯定理：

$$E_1\cdot(-1)\cdot 4\pi R^2 = \frac{1}{\varepsilon_0}\cdot 4\pi R^2\cdot\sigma_e,$$

$$\sigma_e = -\varepsilon_0 E_1 = -(8.85\times10^{-12}\times100)\,\mathrm{C/m^2} = -8.9\times10^{-10}\,\mathrm{C/m^2}.$$

1－16. 半径为 R 的无穷长直圆筒面上均匀带电，沿轴线单位长度的电量为 λ. 求场强分布，并画出 $E-r$ 曲线。

解： 电荷分布具有轴对称性，运用高斯定理可得场强分布：

$$E = \begin{cases}0, & r<R;\\ \lambda/2\pi\varepsilon_0 r, & r>R.\end{cases}$$

E-r 分布曲线如右。

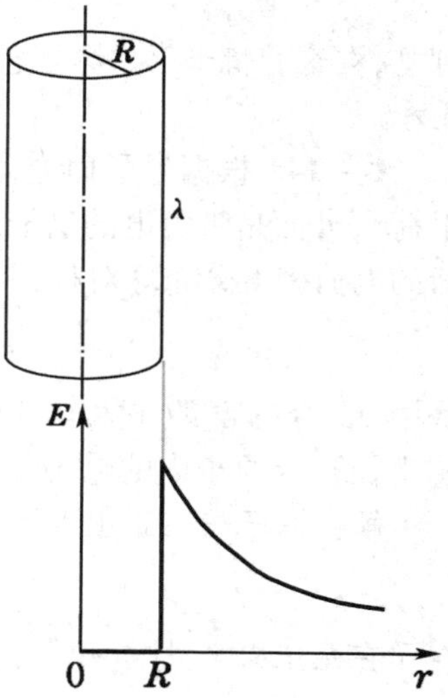

1－17. 两无限大的平行平面均匀带电，电荷的面密度分别为 $\pm\sigma_e$，求各区域的场强分布。

解： 此题所给电荷分布的对称性，不足以一次使用高斯定理求总场强，但对于每一无穷大带电平面可运用高斯定理，然后再用场强叠加原理求总场

强。最后结果为

$$E=\begin{cases}0, & \text{两带电平面外侧;}\\ \sigma_e/\varepsilon_0, & \text{两带电平面之间,方向由正电荷指向负电荷。}\end{cases}$$

1－18. 两无限大的平行平面均匀带电,电荷面密度都是 σ_e,求各处的场强分布。

解: 本题可用高斯定理一次性求解。结果为

$$E=\begin{cases}\sigma_e/\varepsilon_0, & \text{两带电平面外侧;}\\ 0, & \text{两带电平面之间。}\end{cases}$$

1－19. 三个无限大的平行平面都均匀带电,电荷面密度分别为 σ_{e1}、σ_{e2}、σ_{e3}. 求下列情况各处的场强:

(1) $\sigma_{e1}=\sigma_{e2}=\sigma_{e3}=\sigma_e$;

(2) $\sigma_{e1}=\sigma_{e3}=\sigma_e$; $\sigma_{e2}=-\sigma_e$;

(3) $\sigma_{e1}=\sigma_{e3}=-\sigma_e$; $\sigma_{e2}=\sigma_e$;

(4) $\sigma_{e1}=\sigma_e$, $\sigma_{e2}=\sigma_{e3}=-\sigma_e$.

解: 对于单个无限大均匀带电面运用高斯定理,然后用场强叠加原理求总场强。各区域内 E(以 σ_e/ε_0 为单位)为:

		σ_{e1}	σ_{e2}	σ_{e3}	
(1)	−3/2	−1/2	+1/2	+3/2	
(2)	−1/2	+1/2	−1/2	+1/2	
(3)	+1/2	−1/2	+1/2	−1/2	
(4)	+1/2	+3/2	+1/2	−1/2	

其中 + 号表示场强方向向右, − 号表示场强方向向左。

1－20. 一厚度为 d 的无限大平板,平板体内均匀带电,电荷体密度为 ρ_0. 求板内、外场强的分布。

解: 运用高斯定理可解出

$$E_x=\begin{cases}\rho_0 x/\varepsilon_0, & \text{板内;}\\ \rho_0 d/\varepsilon_0, & \text{板外。}\end{cases}$$

式中 x 为场点到带电板中间面的距离。

1－21. 在夏季雷雨中,通常一次闪电里两点间的电势差约为 100 MV,通过的电量约为 30 C. 问一次闪电消耗的能量是多少? 如果用这些能量来烧水,能把多少水从 0 °C 加热到 100 °C?

解: 一次闪电消耗能量

$$W=qU=(30\times100\times10^6)\,\text{J}=3.0\times10^9\,\text{J},$$

水的比热容为 $c=4.19\,\text{kJ/(kg}\cdot\text{K)}$,用这些能量来烧水,可从 0°C 加热到

100°C 的水的质量为

$$m=\frac{W}{c(T_2-T_1)}=\frac{3.0\times10^9}{4.19(100-0)}\text{kg}=7.2\times10^3\text{kg}.$$

1 － 22. 已知空气的击穿场强为 2×10^6V/m，测得某次闪电的火花长 100 m，求发生这次闪电时两端的电势差。

解：
$$U=El=(2\times10^6\times100)\text{V}=2\times10^8\text{V}.$$

1 － 23. 求一对等量同号点电荷联线中点的场强和电势，设电荷都是 q，两者之间距离为 $2l$.

解：
$$E=0,\qquad U=q/2\pi\varepsilon_0 l.$$

1 － 24. 求一对等量异号点电荷联线中点的场强和电势，设电荷分别为 $\pm q$，两者之间距离为 $2l$.

解：
$$E=q/2\pi\varepsilon_0 l^2,\qquad U=0.$$

1 － 25. 如本题图，一半径为 R 的均匀带电圆环，总电荷量为 $q(q>0)$. (1) 求轴线上离环中心 O 为 x 处的场强 E；(2) 画出 E–x 曲线；(3) 轴线上什么地方场强最大？其值多少？(4) 求轴线上电势 $U(x)$ 的分布；(5) 画出 U–x 曲线；(6) 轴线上什么地方场电势最高？其值多少？

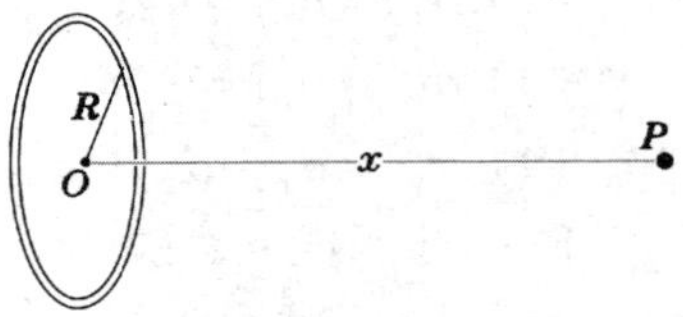

习题 1 － 25

解：(1)

$$E=\int_0^{2\pi R}\frac{1}{4\pi\varepsilon_0}\frac{\eta_e\mathrm{d}l}{x^2+R^2}\frac{x}{\sqrt{x^2+R^2}}$$

$$=\frac{1}{4\pi\varepsilon_0}\frac{\eta_e x}{(x^2+R^2)^{3/2}}\cdot 2\pi R$$

$$=\frac{1}{4\pi\varepsilon_0}\frac{qx}{(x^2+R^2)^{3/2}};$$

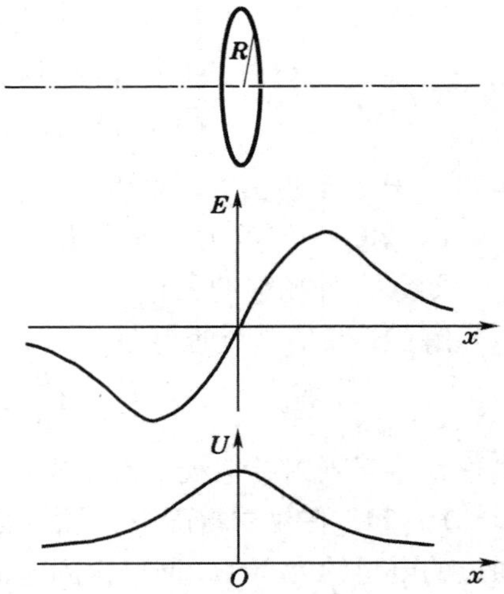

(2) E–x 曲线如右图所示；

(3) 由 $\frac{\mathrm{d}E}{\mathrm{d}x}=0$ 可求出 E 的极值位置在 $x=\pm\frac{R}{\sqrt2}$ 处，其值为

$$E=\pm\frac{\sqrt3 q}{18\pi\varepsilon_0 R^2};$$

(4) $U=\int_0^{2\pi R}\frac{1}{4\pi\varepsilon_0}\frac{\eta_e\mathrm{d}l}{\sqrt{x^2+R^2}}=\frac{1}{4\pi\varepsilon_0}\frac{q}{\sqrt{x^2+R^2}};$

(5) U–x 曲线如右图所示；

（6）$x=0$ 处电势最高，其值为 $U=\frac{1}{4\pi\varepsilon_0}\frac{q}{R}$.

1－26. 半径为 R 的圆面均匀带电，电荷的面密度为 σ_e.

（1）求轴线上离圆心的坐标为 x 处的场强；

（2）在保持 σ_e 不变的情况下，当 $R\to 0$ 和 $R\to\infty$ 时结果各如何？

（3）在保持总电荷 $Q=\pi R^2\sigma_e$ 不变的情况下，当 $R\to 0$ 和 $R\to\infty$ 时结果各如何？

（4）求轴线上电势 $U(x)$ 的分布，并画出 $U-x$ 曲线。

解：（1）利用上题圆环结果，积分可得圆盘轴上一点场强：

$$E=\frac{1}{4\pi\varepsilon_0}\int_0^R\frac{x\cdot\sigma_e\cdot 2\pi r\mathrm{d}r}{(x^2+r^2)^{3/2}}=\frac{2\pi\sigma_e x}{4\pi\varepsilon_0}\int_0^R\frac{r\mathrm{d}r}{(x^2+r^2)^{3/2}}$$

$$=\frac{\sigma_e x}{2\varepsilon_0}\left[\frac{-1}{\sqrt{x^2+r^2}}\right]_0^R=\frac{\sigma_e}{2\varepsilon_0}\left[\frac{x}{|x|}-\frac{x}{\sqrt{x^2+R^2}}\right].$$

（2）保持 σ_e 不变情形下 $R\to 0$ 时 $E=0$；　$R\to\infty$ 时 $E=\frac{\sigma_e}{2\varepsilon_0}\frac{x}{|x|}$.

（3）保持总电量 $Q=\pi R^2\sigma_e$ 不变，场强公式化为

$$E=\frac{Q}{2\pi\varepsilon_0 R^2}\left[\frac{x}{|x|}-\frac{x}{\sqrt{x^2+R^2}}\right],$$

$R\to 0$ 时　$E=\frac{Q}{4\pi\varepsilon_0}\frac{x}{|x|}\left[1-\left(1-\frac{R^2}{x^2}+\cdots\right)\right]\approx\frac{1}{4\pi\varepsilon_0}\frac{x}{|x|}\frac{Q}{x^2}$,

$R\to\infty$ 时　$E=0$.

（4）$U=\frac{1}{4\pi\varepsilon_0}\int_0^R\frac{\sigma_e 2\pi r\mathrm{d}r}{\sqrt{x^2+r^2}}=\frac{\sigma_e}{2\varepsilon_0}\int_0^R\frac{r\mathrm{d}r}{\sqrt{x^2+r^2}}$

$$=\frac{\sigma_e}{2\varepsilon_0}\sqrt{x^2+r^2}\Big|_0^R=\frac{\sigma_e}{2\varepsilon_0}\left(\sqrt{x^2+R^2}-|x|\right).$$

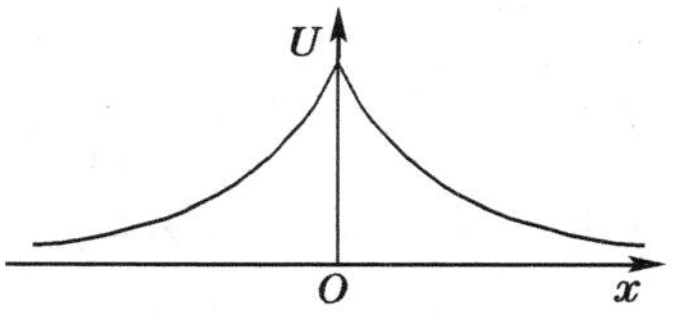

$U-x$ 曲线见右图。

1－27. 如本题图，一示波管偏转电极长度 $l=1.5\,\mathrm{cm}$，两极间电压120 V，间隔 $d=1.0\,\mathrm{cm}$，一个电子以初速 $v_0=2.6\times10^7\,\mathrm{m/s}$ 沿管轴注入。已知电子质量 $m=9.1\times10^{-31}\,\mathrm{kg}$，电荷为 $-e=-1.6\times10^{-19}\,\mathrm{C}$.

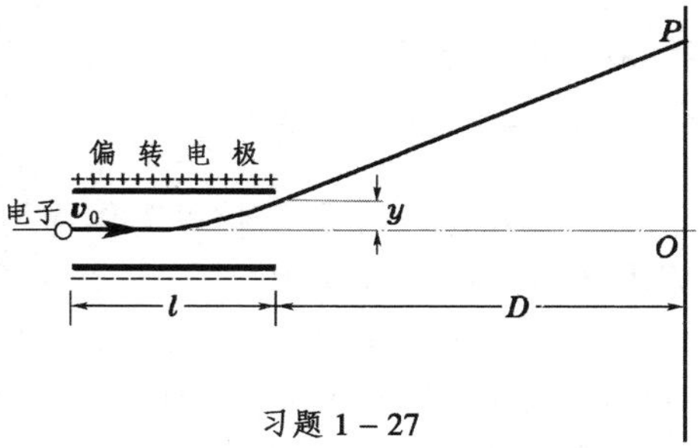

习题 1－27

（1）求电子经过电极后所发生的偏转 y；

（2）若可以认为一出偏转电极的区域后，电场立即为0. 设偏转电极的边缘到荧光屏的距离 $D=10\,\mathrm{cm}$，求电子打在荧光屏上产生的光点偏离中心 O 的距离 y'.

解:(1) $ma=eE$,

$$y=\frac{1}{2}at^2=\frac{1}{2}\frac{eE}{m}\frac{l^2}{v_0^2}=\frac{1.60\times10^{-19}\times1.20\times10^4\times(1.5\times10^{-2})^2}{2\times9.1\times10^{-31}\times(2.6\times10^7)^2}\text{m}$$
$$=3.5\times10^{-4}\text{m};$$

(2) $v_y=at=\frac{eE}{m}\frac{l}{v_0}$, $\quad\frac{v_y}{v_0}=\frac{y''}{D}$, 所以 $\quad y''=\frac{v_y}{v_0}D=\frac{eE}{m}\frac{l}{v_0^2}D$,

$$y'=y+y''=\frac{eEl^2}{2mv_0^2}+\frac{eElD}{mv_0^2}=\frac{eEl}{mv_0^2}\left(\frac{l}{2}+D\right)$$

$$=\frac{1.60\times10^{-19}\times1.20\times10^4\times1.5\times10^{-2}}{9.10\times10^{-31}\times(2.6\times10^7)^2}\left(\frac{1.5\times10^{-2}}{2}+0.10\right)\text{m}=5.0\times10^{-3}\text{m}.$$

1－28. 有两个异号点电荷 ne 和 $-e(n>1)$,相距为 a.

(1) 证明电势为零的等电势面是一个球面。

(2) 证明球心在这两个点电荷的延长线上,且在 $-e$ 点电荷的外边。

(3) 这球的半径为多少?

解:(1) 取坐标原点在 ne 电荷上,ne 和 $-e$ 联线为 x 轴,电势为 0 的曲面满足的方程为

$$U=U_++U_-=\frac{1}{4\pi\varepsilon_0}\left(\frac{ne}{\sqrt{x^2+y^2+z^2}}-\frac{e}{\sqrt{(x-a)^2+y^2+z^2}}\right)=0,$$

所以 $$n^2\left[(x-a)^2+y^2+z^2\right]=x^2+y^2+z^2,$$

$$(n^2-1)\left[\left(x-\frac{n^2a}{n^2-1}\right)^2+y^2+z^2\right]=\frac{n^4a^2}{n^2-1}-n^2a^2=\frac{n^2a^2}{n^2-1},$$

所以 $$\left(x-\frac{n^2a}{n^2-1}\right)^2+y^2+z^2=\left(\frac{na}{n^2-1}\right)^2,$$

这表明,电势为 0 的曲面是一球面。

(2) 该球面的球心坐标为$\left\{\frac{n^2a}{n^2-1},\ 0,\ 0\right\}$,它在两点电荷联线的延长线上,在 $-e$ 的外侧。

(3) 该球面的半径为$\frac{na}{n^2-1}$.

1－29. (1) 金原子核可当作均匀带电球,其半径约为 6.9×10^{-15}m,电荷为 $Ze=79\times1.60\times10^{-19}\text{C}=1.26\times10^{-17}\text{C}$. 求它表面上的电势。

(2) 一质子(电荷为 $e=1.60\times10^{-19}$C,质量为 1.67×10^{-27}kg) 以 1.2×10^7m/s 的初速从很远的地方射向金原子核,求它能达到金原子核的最近距离。

(3) α 粒子的电荷为 $2e$,质量为 6.7×10^{-27}kg,以 1.6×10^7m/s 的初速度从很远的地方射向金原子核,求它能达到金原子核的最近距离。

解:(1) $$U=\frac{1}{4\pi\varepsilon_0}\frac{Ze}{r}=\frac{79\times1.60\times10^{-19}}{4\times3.14\times8.85\times10^{-12}\times6.9\times10^{-15}}\text{V}=1.6\times10^7\text{V};$$

（2） $\frac{1}{2}m_p v^2 = eU = \frac{1}{4\pi\varepsilon_0}\frac{e \cdot Ze}{r}$ 所以 $r = \frac{2Ze^2}{4\pi\varepsilon_0 m_p v^2} = 1.5\times10^{-13}\text{m}$；

（3）同(2)得 $r = \frac{4Ze^2}{4\pi\varepsilon_0 m_\alpha v^2} = 4.2\times10^{-14}\text{m}$.

1－30. 在氢原子中，正常状态下电子到质子的距离为5.29×10^{-11}m，已知氢原子核（质子）和电子带电荷量各为$\pm e$（$e=1.60\times10^{-19}$C）。把氢原子中的电子从正常状态下拉开到无穷远处所需的能量，叫做氢原子的电离能。求此电离能是多少 eV？

解：氢原子中的电子处于正常状态下的能量为

$$E_1 = \frac{1}{2}mv^2 - \frac{1}{4\pi\varepsilon_0}\frac{e^2}{r},$$

式中电子速度 v 满足 $m\frac{v^2}{r} = \frac{1}{4\pi\varepsilon_0}\frac{e^2}{r^2}$，因此将此式中的 v 代入上式，得

$$E_1 = \frac{1}{8\pi\varepsilon_0}\frac{e^2}{r} - \frac{1}{4\pi\varepsilon_0}\frac{e^2}{r} = -\frac{1}{8\pi\varepsilon_0}\frac{e^2}{r},$$

电子处于无穷远时的动能和势能均为0，因此氢原子的电离能为

$$\Delta E = E_\infty - E_1 = \frac{1}{8\pi\varepsilon_0}\frac{e^2}{r}$$

$$= \frac{(1.60\times10^{-19})^2}{8\times3.14\times8.85\times10^{-12}\times5.29\times10^{-11}}\text{J} = 2.18\times10^{-18}\text{J} = 13.6\text{ eV}.$$

1－31. 轻原子核（如氢及其同位素氘、氚的原子核）结合成为较重原子核的过程，叫做核聚变。核聚变过程可以释放出大量能量。例如，四个氢原子核（质子）结合成一个氦原子核（α 粒子）时，可释放出 28 MeV 的能量。这类核聚变就是太阳发光、发热的能量来源。如果我们能在地球上实现核聚变，就可以得到非常丰富的能源。实现核聚变的困难在于原子核都带正电，互相排斥，在一般情况下不能互相靠近而发生结合。只有在温度非常高时，热运动的速度非常大，才能冲破库仑排斥力的壁垒，碰到一起发生结合，这叫做热核反应。根据统计物理学，绝对温度为 T 时，粒子的平均平动动能为

$$\overline{\frac{1}{2}mv^2} = \frac{3}{2}kT,$$

式中 $k = 1.38\times10^{-23}$ J/K 叫做玻耳兹曼常量。已知质子质量 $m_p = 1.67\times10^{-27}$kg，电荷 $e = 1.6\times10^{-19}$C，半径的数量级为 10^{-15}m. 试计算：

（1）一个质子以怎样的动能（以 eV 表示）才能从很远的地方达到与另一个质子接触的距离？

（2）平均热运动动能达到此数值时，温度（以 K 表示）需高到多少？

解：(1) $$E=\frac{1}{2}m_{\mathrm{p}}v^2=\frac{1}{4\pi\varepsilon_0}\frac{e^2}{r}$$

$$=\frac{(1.60\times10^{-19})^2}{4\times3.14\times8.85\times10^{-12}\times10^{-15}}\times\frac{1}{1.60\times10^{-19}}\,\mathrm{eV}\approx10^6\,\mathrm{eV},$$

(2) $E=\frac{1}{2}m_{\mathrm{p}}v^2=\frac{3}{2}kT$，所以 $T=\frac{2E}{3k}=\frac{2\times10^6\times1.6\times10^{-19}}{3\times1.38\times10^{-23}}\,\mathrm{K}\approx10^{10}\,\mathrm{K}.$

1－32. 在绝对温度为T时，微观粒子热运动能量具有kT的数量级（玻耳兹曼常量$k=1.38\times10^{-23}\,\mathrm{J/K}$）。有时人们把能量$kT$折合成eV，就说温度$T$为若干eV. 问：

(1) $T=1\,\mathrm{eV}$ 相当于多少K？

(2) $T=50\,\mathrm{keV}$ 相当于多少K？

(3) 室温（$T\approx300\,\mathrm{K}$）相当于多少eV？

解：(1) $\frac{1\times1.60\times10^{-19}}{1.38\times10^{-23}}\,\mathrm{K}=1.16\times10^4\,\mathrm{K},$

(2) $\frac{50\times10^3\times1.60\times10^{-19}}{1.38\times10^{-23}}\,\mathrm{K}=5.8\times10^8\,\mathrm{K},$

(3) $\frac{300\times1.38\times10^{-23}}{1.60\times10^{-19}}\,\mathrm{eV}=2.6\times10^{-2}\,\mathrm{eV}.$

1－33. 如本题图所示，两条均匀带电的无限长平行直线（与图纸垂直），电荷的线密度分别为$\pm\eta_{\mathrm{e}}$，相距为$2a$，

(1) 求空间任一点$P(x,y)$处的电势。

(2) 证明在电势为U的等势面是半径为$r=\frac{2ka}{k^2-1}$的圆筒面，筒的轴线与两直线共面，位置在$x=\frac{k^2+1}{k^2-1}a$处，其中$k=\exp(2\pi\varepsilon_0U/\eta_{\mathrm{e}})$。

(3) $U=0$ 的等势面是什么形状？

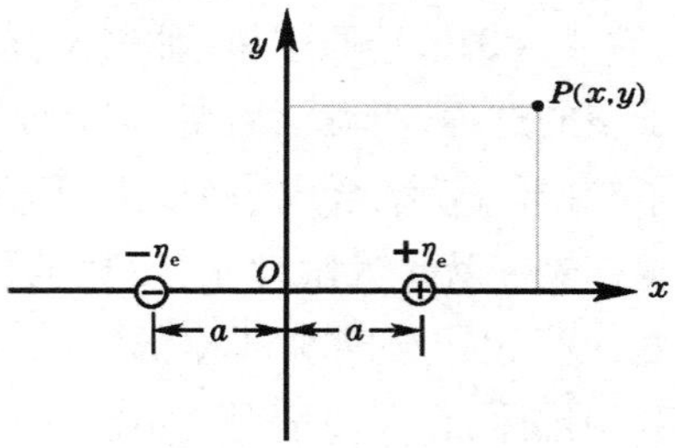

习题 1－33

解：(1) 因为带电体延伸到无限远，不能选无限远处为电势的零点。现选图中O点为电势零点，带正电直线在P点的电势为

$$U_{P+}=\int_P^O\frac{\eta_{\mathrm{e}}}{2\pi\varepsilon_0r}\mathrm{d}r=\frac{\eta_{\mathrm{e}}}{2\pi\varepsilon_0}(\ln r_O-\ln r_{P+}),$$

带负电直线在P点的电势为

$$U_{P-}=\int_P^O\frac{-\eta_{\mathrm{e}}}{2\pi\varepsilon_0r}\mathrm{d}r=\frac{-\eta_{\mathrm{e}}}{2\pi\varepsilon_0}(\ln r_O-\ln r_{P-}),$$

两线同时存在时 P 点的电势为

$$U=U_{P+}+U_{P-}=\frac{\eta_e}{2\pi\varepsilon_0}(\ln r_{P-}-\ln r_{P+})=\frac{\eta_e}{4\pi\varepsilon_0}\ln\frac{(x+a)^2+y^2}{(x-a)^2+y^2};$$

(2) 等势面的形状推导如下：令 U 为常量，且令 $k^2=\exp\left(\frac{4\pi\varepsilon_0 U}{\eta_e}\right)$，则

$$\frac{(x+a)^2+y^2}{(x-a)^2+y^2}=k^2,$$

$$(k^2-1)x^2-(k^2+1)\cdot 2ax+(k^2-1)a^2+(k^2-1)y^2=0,$$

$$(k^2-1)[(x-b)^2+y^2]=(k^2-1)b^2-(k^2-1)a^2,$$

其中 $b=\frac{(k^2+1)}{(k^2-1)}a$，由此

$$(x-b)^2+y^2=b^2-a^2=\left(\frac{2ka}{k^2-1}\right)^2,$$

可见等势面是圆筒面，其轴线与两带电直线平行共面，位置在 $x=b$ 处，圆筒半径为 $r=\frac{2ka}{k^2-1}$；

(3) $U=0$ 的等势面为 $k=1$，也就是 $r\to\infty$ 的平面，即 yz 平面。

1 - 34. 电视显像管的第二和第三阳极是两个直径相同的同轴金属圆筒。两电极间的电场即为显像管中的主聚焦电场。本题图中所示为主聚焦电场中的等势面，数字表示电势值。试用直尺量出管轴上各等势面间的距离，并求出相应的电场强度。

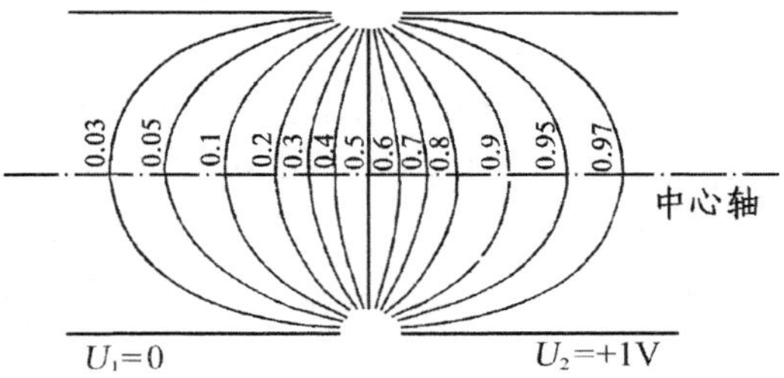

习题 1 - 34

解： 用直尺量得管轴上各等势面间距从左到右分别为(4.0, 4.5, 3.6, 2.5, 2.0, 2.5, 2.5, 2.0, 2.2, 4.0, 4.2, 4.0)mm，根据 $E=\left|\frac{\partial U}{\partial n}\right|$ 计算，各区间的平均场强分别(5.0, 11, 28, 40, 50, 40, 40, 50, 46, 25, 12, 5.0)V/m.

1 - 35. 带电粒子经过加速电压加速后，速度增大。已知电子质量 $m=9.11\times10^{-31}$ kg，电荷量绝对值 $e=1.60\times10^{-19}$ C.

(1) 设电子质量与速度无关，把静止电子加速到光速 $c=3\times10^8$ m/s 要多高的电压 ΔU?

(2) 对于高速运动的物体来说，上面的算法不对，因为根据相对论，物体的动能不是 $\frac{1}{2}mv^2$，而是

$$mc^2\left(\frac{1}{\sqrt{1-\frac{v^2}{c^2}}}-1\right).$$

按照这公式,静止电子经过上述电压ΔU加速后,速度v是多少?它是光速c的百分之几?

(3) 按照相对论,要把带电粒子从静止加速到光速,需要多高的电压?这可能吗?

解:(1) $$\frac{1}{2}mv^2=eU,$$

$$U=\frac{1}{2e}mv^2=\frac{1}{2\times1.60\times10^{-19}}\times9.11\times10^{-31}\times(3\times10^8)^2\text{V}=2.56\times10^5\text{V};$$

(2) $$mc^2\left(\frac{1}{\sqrt{1-\frac{v^2}{c^2}}}-1\right)=eU,\quad v=\sqrt{1-\frac{1}{\left(\frac{eU}{mc^2}+1\right)^2}}\cdot c=0.745c=2.24\times10^8\text{m/s}$$

即 v 等于光速 c 的 74.5%。

(3) 按照相对论,光速 c 是极限速度,要把带电粒子加速到光速 c,需要无限大的电压,这当然是不可能的。

1-36. 如本题图所示,在半径为R_1和R_2的两个同心球面上,分别均匀地分布着电荷 Q_1 和 Q_2,

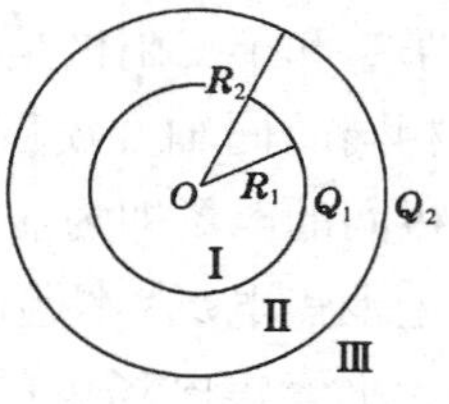

习题 1-36

(1) 求 I、II、III 三个区域内的场强分布。

(2) 若 $Q_1=-Q_2$,情况如何?画出此情形的下 $E-r$ 曲线。

(3) 按情形(2) 求 I、II、III 三个区域内的电势分布,并画出 $U-r$ 曲线。

解:(1) $E_{\text{I}}=0,\quad E_{\text{II}}=\frac{1}{4\pi\varepsilon_0}\frac{Q_1}{r^2},$

$$E_{\text{III}}=\frac{1}{4\pi\varepsilon_0}\frac{Q_1+Q_2}{r^2};$$

(2) $E_{\text{I}}=0,\quad E_{\text{II}}=\frac{1}{4\pi\varepsilon_0}\frac{Q_1}{r^2},\quad E_{\text{III}}=0;$

$E-r$ 曲线见右图。

(3) $$U_{\text{I}}=\frac{Q_1}{4\pi\varepsilon_0}\left(\frac{1}{R_1}-\frac{1}{R_2}\right),$$

$$U_{\text{II}}=\frac{Q_1}{4\pi\varepsilon_0}\left(\frac{1}{r}-\frac{1}{R_2}\right),\quad U_{\text{III}}=0.$$

$U-r$ 曲线见右图。

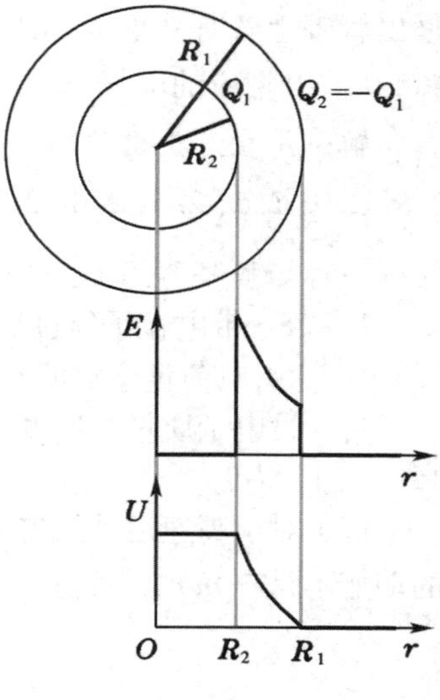

1－37. 一对无限长的共轴直圆筒，半径分别为 R_1 和 R_2，筒面上都均匀带电。沿轴线单位长度的电荷量分别为 λ_1 和 λ_2.

（1）求各区域内的场强分布。

（2）若 $\lambda_1=-\lambda_2$，情况如何？画出此情形的 $E-r$ 曲线。

（3）按情形(2)求两筒间的电势差和电势分布。

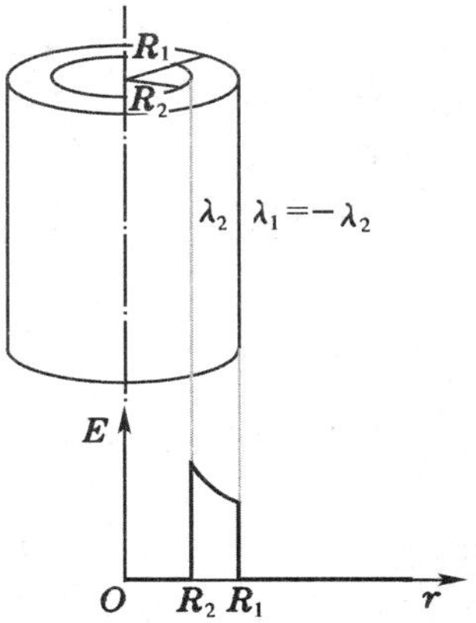

解:(1) $E_{\mathrm{I}}=0$, $E_{\mathrm{II}}=\dfrac{\lambda_1}{2\pi\varepsilon_0 r}$, $E_{\mathrm{III}}=\dfrac{\lambda_1+\lambda_2}{2\pi\varepsilon_0 r}$;

(2) $E_{\mathrm{I}}=0$, $E_{\mathrm{II}}=\dfrac{\lambda_1}{2\pi\varepsilon_0 r}$, $E_{\mathrm{III}}=0$, 曲线见右图。

(3) $\Delta U=\dfrac{\lambda_1}{2\pi\varepsilon_0}\ln\dfrac{R_2}{R_1}$, $U_{\mathrm{I}}=\dfrac{\lambda_1}{2\pi\varepsilon_0}\ln\dfrac{R_2}{R_1}$,

$U_{\mathrm{II}}=\dfrac{\lambda_1}{2\pi\varepsilon_0}\ln\dfrac{R_2}{r}$, $U_{\mathrm{III}}=0$.

1－38. 半径为 R 的无限长直圆柱体内均匀带电，电荷体密度为 ρ_e.

（1）求场强分布，并画出 $E-r$ 曲线。

（2）以轴线为电势零点求电势分布。

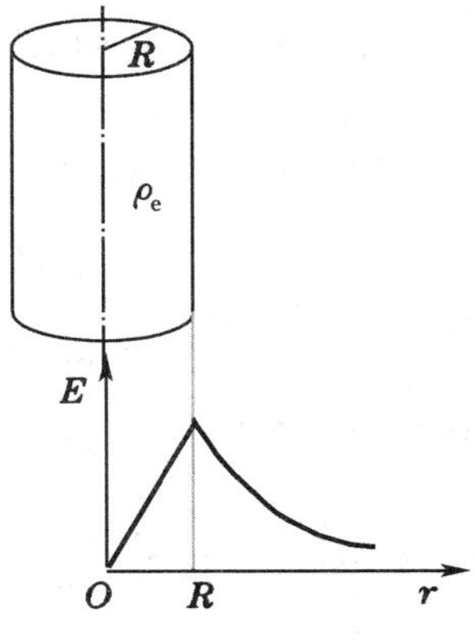

解:(1) 根据对称性，作通过场点的柱形高斯面，运用高斯定理，有

$$2\pi r\cdot l\cdot E_{外}=\frac{1}{\varepsilon_0}\pi R^2\cdot l\cdot\rho_e,$$

所以 $$E_{外}=\frac{R^2\rho_e}{2\varepsilon_0 r}\quad(r>R),$$

$$2\pi r\cdot l\cdot E_{内}=\frac{1}{\varepsilon_0}\pi r^2\cdot l\cdot\rho_e,$$

所以 $$E_{内}=\frac{\rho_e}{2\varepsilon_0}r\quad(r<R),$$

$E-r$ 曲线见右图。

(2) $\Delta U=0-U_{内}=\int_0^r\dfrac{\rho_e}{2\varepsilon_0}r\,\mathrm{d}r=\dfrac{\rho_e}{4\varepsilon_0}r^2$, 所以 $U_{内}=-\dfrac{\rho_e}{4\varepsilon_0}r^2\quad(r<R)$,

$$\Delta U=0-U_{外}=\int_0^R\frac{\rho_e}{2\varepsilon_0}r\,\mathrm{d}r+\int_R^r\frac{\rho_e R^2}{2\varepsilon_0 r}\mathrm{d}r=\frac{\rho_e}{4\varepsilon_0}R^2+\frac{\rho_e R^2}{2\varepsilon_0}\ln\frac{r}{R},$$

所以 $$U_{外}=-\frac{\rho_e}{4\varepsilon_0}R^2\left(1+2\ln\frac{r}{R}\right)\quad(r>R).$$

1－39. 设气体放电形成的等离子体圆柱内的体电荷分布可用下式表示:

$$\rho_e(r)=\frac{\rho_0}{\left[1+\left(\dfrac{r}{a}\right)^2\right]^2},$$

式中 r 是到轴线的距离，ρ_0 是轴线上的 ρ_e 值，a 是个常量（它是 ρ_e 减少到 $\rho_0/4$ 处的半径）。

（1）求场强分布。

（2）以轴线为电势零点求电势分布。

解：（1）根据对称性作柱状高斯面，运用高斯定理，有

$$2\pi r\cdot l\cdot E=\frac{1}{\varepsilon_0}\iint\rho_e\cdot r\mathrm{d}\varphi\cdot\mathrm{d}r\cdot l=\frac{l\rho_0}{\varepsilon_0}\cdot 2\pi\int_0^r\frac{r\mathrm{d}r}{\left[1+\left(\frac{r}{a}\right)^2\right]^2},$$

所以

$$E=\frac{\rho_0 a^2 r}{2\varepsilon_0(a^2+r^2)};$$

（2）
$$\Delta U=0-U=\int_0^r E\mathrm{d}r=\int_0^r\frac{\rho_0 a^2 r\mathrm{d}r}{2\varepsilon_0(a^2+r^2)}=\frac{\rho_0 a^2}{4\varepsilon_0}\ln\frac{a^2+r^2}{a^2},$$

所以

$$U=\frac{\rho_0 a^2}{4\varepsilon_0}\ln\frac{a^2}{a^2+r^2}.$$

1－40．一电子二极管由半径 $r=0.50\,\mathrm{mm}$ 的圆柱形阴极 K 和套在阴极外同轴圆筒形的阳极 A 构成，阳极的半径 $R=0.45\,\mathrm{cm}$. 阳极电势比阴极高 300 V. 设电子从阴极发射出来时速度很小，可忽略不计。求：

（1）电子从 K 向 A 走过 2.0 mm 时的速度。

（2）电子到达 A 时的速度。

解：（1）按圆柱形电极的场强公式计算两极间电势差：

$$\Delta U=\int_r^R\frac{\eta_e}{2\pi\varepsilon_0 r}\mathrm{d}r=\frac{\eta_e}{2\pi\varepsilon_0}\ln\frac{R}{r},$$

设电子从 K 极向 A 极走过 2.0 mm 到达 $R_1=r+2.0\,\mathrm{mm}=2.50\,\mathrm{mm}$ 处，该处电压为 $\Delta U_1=\dfrac{\ln(R_1/r)}{\ln(R/r)}\Delta U$，　于是 $\dfrac{1}{2}mv_1^2=e\Delta U_1=\dfrac{\ln(R_1/r)}{\ln(R/r)}e\Delta U$，

$$v_1=\sqrt{\frac{2e\Delta U\ln(R_1/r)}{m\ln(R/r)}}=\left(\frac{2\times1.60\times10^{-19}\times300\times\ln5}{9.10\times10^{-31}\times\ln9}\right)^{1/2}\mathrm{m/s}=8.8\times10^6\,\mathrm{m/s};$$

（2）
$$\frac{1}{2}mv^2=e\Delta U,$$

$$v=\sqrt{\frac{2e\Delta U}{m}}=\left(\frac{2\times1.60\times10^{-19}\times300}{9.10\times10^{-31}}\right)^{1/2}\mathrm{m/s}=1.03\times10^7\,\mathrm{m/s}.$$

1－41．如本题图所示，一对均匀、等量异号的平行带电平面。若其间距离 d 远小于带电平面的线度时，这对带电面可看成是无限大的。这样的模型可叫做电偶极层。求场强和电势沿垂直两平面的方向 x 的分布，并画出 E-x 和 U-x 曲线（取离两平面等距的 O 点为参考点，令该处电势为零）。

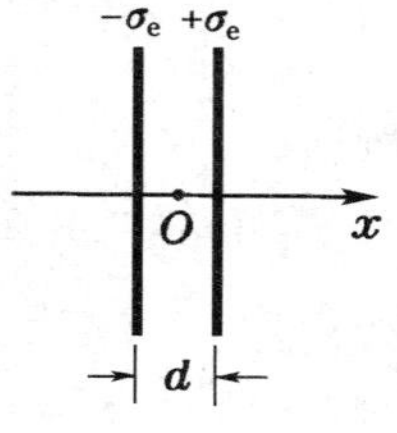

习题 1－41

解：

$$E=\begin{cases}0, & x<-d/2;\\ -\sigma_e/\varepsilon_0; & -d/2<x<d/2;\\ 0, & x>d/2.\end{cases}$$

$$U=\begin{cases}-\sigma_e d/2\varepsilon_0, & x<-d/2;\\ \sigma_e x/\varepsilon_0, & -d/2<x<d/2;\\ \sigma_e d/2\varepsilon_0, & x>d/2.\end{cases}$$

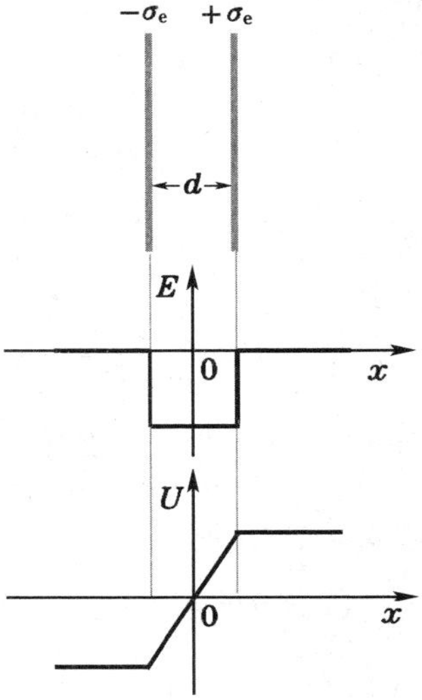

曲线见右图。

1 − 42. 在半导体 PN 结附近总是堆积着正、负电荷，在 N 区内有正电荷，P 区内有负电荷，两区电荷的代数和为零。我们把 PN 结看成是一对带正、负电荷的无限大平板，它们相互接触（见本题图）。取坐标 x 的原点在 P、N 区的交界面上，N 区的范围是 $-x_N \leqslant x \leqslant 0$，P 区的范围是 $0 \leqslant x \leqslant x_P$. 设两区内电荷体分布都是均匀的：

$$\begin{cases}N\text{ 区：} & \rho_e(x) = n_N e,\\ P\text{ 区：} & \rho_e(x) = -n_P e.\end{cases}\qquad\text{（突变结模型）}$$

这里 n_N、n_P 是常量，且 $n_N x_N = n_P x_P$（两区电荷数量相等）。试证明：

（1）电场的分布为

$$\begin{cases}N\text{ 区：} & E(x) = \dfrac{n_N e}{\varepsilon_0}(x_N + x),\\ P\text{ 区：} & E(x) = \dfrac{n_P e}{\varepsilon_0}(x_P - x).\end{cases}$$

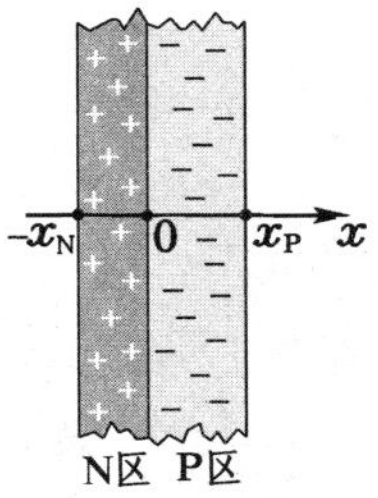

习题 1 − 42

并画出 $\rho_e(x)$ 和 $E(x)$ 随 x 变化的曲线来。

（2）PN 结内的电势分布为

$$\begin{cases}N\text{ 区：} & U(x) = -\dfrac{n_N e}{\varepsilon_0}\left(x_N x + \dfrac{1}{2}x^2\right),\\ P\text{ 区：} & U(x) = -\dfrac{n_P e}{\varepsilon_0}\left(x_P x - \dfrac{1}{2}x^2\right).\end{cases}$$

这公式是以何处为电势零点的？PN 结两侧的电势差多少？

解：（1）先计算一定厚度均匀体分布无限大带电板内外的场强分布。运用高斯定理可得

$$2S\cdot E_{内}=\frac{1}{\varepsilon_0}\rho_e\cdot S\cdot 2x',\quad 得\quad E_{内}=\frac{\rho_e}{\varepsilon_0}x',$$

$$2S\cdot E_{外}=\frac{1}{\varepsilon_0}\rho_e\cdot S\cdot x_0,\quad 得\quad E_{外}=\frac{\rho_e}{2\varepsilon_0}x_0;$$

这里的 x' 是从带电板的中间对称面算起的，x_0 是带电板的厚度，譬如 x_N 或

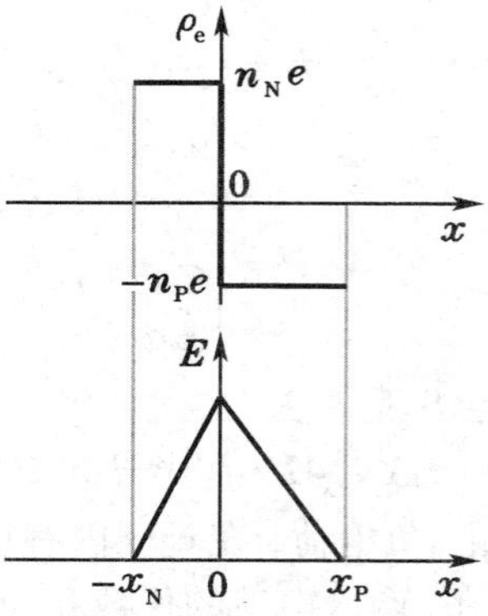

x_P. 现将上式分别运用于P区和N区，计算两区同时存在时的场强。在N区内：

$$E=E_N+E_P=\frac{\rho_N}{\varepsilon_0}x'+\frac{\rho_P}{\varepsilon_0}\frac{x_P}{2},\quad 其中\ x'=\frac{x_N}{2}+x.$$

因此 $$E=\frac{\rho_N}{\varepsilon_0}\left(\frac{x_N}{2}+x\right)+\frac{\rho_N}{\varepsilon_0}\frac{x_P}{2}=\frac{n_Ne}{\varepsilon_0}(x_N+x).$$

在P区内：

$$E=E_N+E_P=\frac{\rho_N}{\varepsilon_0}\frac{x_N}{2}-\frac{\rho_P}{\varepsilon_0}x',\quad 其中\ x'=x-\frac{x_P}{2}.$$

因此 $$E=\frac{\rho_N}{\varepsilon_0}\frac{x_N}{2}-\frac{\rho_P}{\varepsilon_0}\left(x-\frac{x_P}{2}\right)=\frac{n_Pe}{\varepsilon_0}(x_P-x).$$

曲线见右图。

(2) $$\Delta U=0-U_P=\int_0^x E\,\mathrm{d}x=\int_0^x\frac{n_P e}{\varepsilon_0}(x_P-x)\,\mathrm{d}x=\frac{n_Pe}{\varepsilon_0}\left(x_P x-\frac{1}{2}x^2\right),$$

$$U_P=-\frac{n_P e}{\varepsilon_0}\left(x_P x-\frac{1}{2}x^2\right).$$

$$\Delta U=U_N-0=\int_x^0 E\,\mathrm{d}x=-\int_0^x\frac{n_N e}{\varepsilon_0}(x_N+x)\,\mathrm{d}x=-\frac{n_N e}{\varepsilon_0}\left(x_N x-\frac{1}{2}x^2\right),$$

$$U_N=-\frac{n_N e}{\varepsilon_0}\left(x_N x+\frac{1}{2}x^2\right).$$

电势零点选在 $x=0$ 处，即P区N区的交界面上。PN结两侧的电势差为

$$\Delta U=U_P-U_N=-\frac{e}{\varepsilon_0}\left(n_P x_P^2+n_N x_N^2\right).$$

1－43. 如果在上题中电荷的体分布为

$$\begin{cases}\text{PN外：} & \rho(x)=0,\\ -x_N\leqslant x\leqslant x_P: & \rho(x)=-eax.\end{cases}\qquad\text{（线性缓变结模型）}$$

这里 a 是常量，$x_N=x_P$（为什么？），统一用 $x_m/2$ 表示。试证明：

(1) 电场的分布为

$$E(x)=\frac{ae}{8\varepsilon_0}(x_m^2-4x^2),$$

并画出 $\rho_e(x)$ 和 $E(x)$ 随 x 变化的曲线来。

(2) PN结内的电势分布为

$$U(x)=\frac{ae}{2\varepsilon_0}\left(\frac{x^3}{3}-\frac{x_m^2x}{4}\right),$$

这公式是以何处为电势零点的？PN结两侧的电势差多少？

解：(1) 由题中给的电荷分布，两区的电荷数量相等要求 $x_N=x_P$，统一用 $x_m/2$ 表示。因此得出PN结外的场强为0的结论。根据此对称性，作垂直于带电面的柱形高斯面，左底面在PN结外，场强为0；右底面在PN结内，场

强为 $E(x)$. 根据高斯定理,

$$E\cdot S=\frac{1}{\varepsilon_0}\int\rho(x)\,\mathrm{d}x\cdot S$$

所以 $E(x)=\dfrac{1}{\varepsilon_0}\displaystyle\int_{-x_m/2}^{x}(-eax)\,\mathrm{d}x=\dfrac{ea}{8\varepsilon_0}(x_m^2-4x^2)$. 曲线见右图。

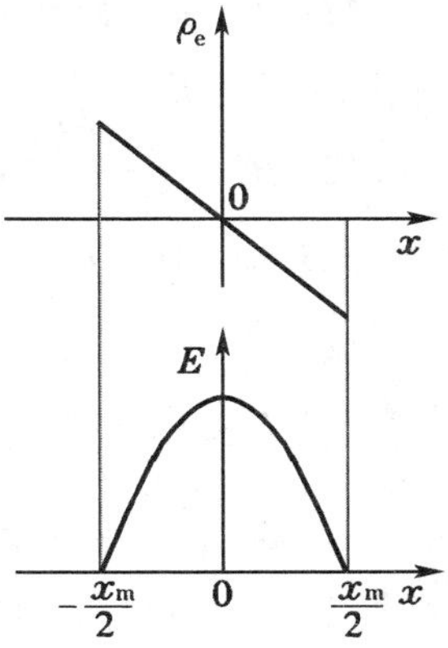

(2) 以原点($x=0$)为电势零点,则 x 点的电势为

$$U(x)=-\int_0^x\frac{ea}{8\varepsilon_0}(x_m^2-4x^2)\,\mathrm{d}x$$

$$=-\frac{ea}{8\varepsilon_0}\left(x_m^2x-\frac{4}{3}x^3\right)=\frac{ea}{2\varepsilon_0}\left(\frac{1}{3}x^3-\frac{x_m^2}{4}x\right).$$

PN 结两侧的电势差为

$$\Delta U=U\left(\frac{x_m}{2}\right)-U\left(\frac{-x_m}{2}\right)=\frac{ea}{2\varepsilon_0}\left[\left(\frac{1}{24}x_m^3-\frac{1}{8}x_m^3\right)-\left(-\frac{1}{24}x_m^3+\frac{1}{8}x_m^3\right)\right]=-\frac{eax_m^3}{12\varepsilon_0}.$$

1－44. 证明:在真空静电场中凡是电场线都是平行直线的地方,电场强度的大小必定处处相等;或者换句话说,凡是电场强度的方向处处相同的地方,电场强度的大小必定处处相等。

【提示:利用高斯定理和作功与路径无关的性质,分别证明沿同一电场线和沿同一等势面上两点的场强相等。】

解: 在电场线平行区域内同一电场线上任取两点 A 和 B,作无限细柱形高斯面使其两底分别通过这两点。此高斯面内无电荷,按高斯定理,穿过高斯面的电通量为 0,因此穿入一底面的电通量等于穿入另一底面的电通量。因两底面面积相等,故 A、B 两点的场强相等。

在电场线平行区域内垂直电场线方向上任取两点 A 和 C,作无限窄矩形环路使其平行于电场线的两短边分别通过这两点,而两长边与电场线垂直。由此环路积分为 0 可得 A、C 两点的场强相等。

在上面的论证中,A、B 或 C 是任取的,故在电场线平行区域内电场大小处处相等得证。

1－45. 如本题图所示,一平行板电容器充电后, A、B 两极板上电荷的面密度分别为 σ_e 和 $-\sigma_e$. 设 P 为两板间任一点,略去边缘效应(即可把两板当作无限大),

(1) 求 A 板上的电荷在 P 点产生的电场强度 $\boldsymbol{E}_A$;

(2) 求 B 板上的电荷在 P 点产生的电场强度 $\boldsymbol{E}_B$;

(3) 求 A、B 两板上的电荷在 P 点产生的电场强度 $\boldsymbol{E}$;

(4) 若把 B 板拿走, A 板上电荷如何分布? A 板上的电荷在 P 点产生的电场强度为多少?

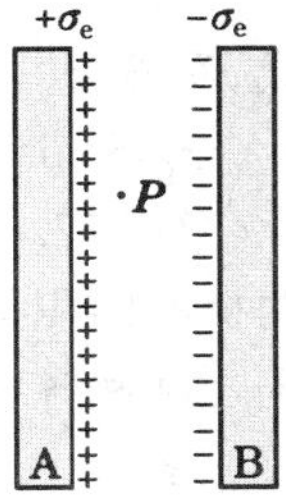

习题 1－45

解:(1) 根据静电平衡条件,等量异号电荷只可能分布在两极板相对的侧面上,于是 $E_A=\dfrac{\sigma_e}{2\varepsilon_0}$, 方向指 B;

(2) $E_B=\dfrac{\sigma_e}{2\varepsilon_0}$, 方向指 B,

(3) $E=E_A+E_B=\dfrac{\sigma_e}{\varepsilon_0}$, 方向指 B。

(4) 若把 B 板拿走,A 板上的电荷重新分布。达到平衡时,由 A 板上的总电荷不变和其内部场强为 0 可知,其两表面上的电荷平分,面密度皆为 $\sigma_e/2$,两表面的电荷在 P 点的产生的合场强仍为 $\sigma_e/2\varepsilon_0$.

1 - 46. 对于两个无限大的平行平面带电导体板来说,

(1) 证明:相向的两面(本题图中 2 和 3) 上,电荷的面密度总是大小相等而符号相反;

(2) 证明:相背的两面(本题图中 1 和 4) 上,电荷的面密度总是大小相等而符号相同;

(3) 若左导体板带电 $+3\,\mu C/m^2$,右导体板带电 $+7\,\mu C/m^2$,求四个表面上的电荷。

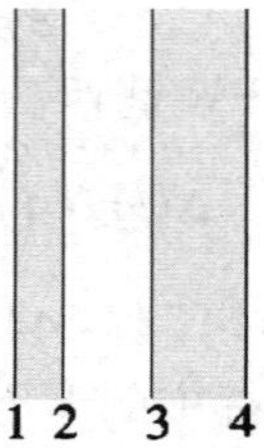

习题 1 - 46

解:(1) 设两板四表面的电荷面密度分别为 σ_1、σ_2、σ_3、σ_4,根据导体内部场强为 0 的平衡条件,有

$$\frac{1}{2\varepsilon_0}(\sigma_1-\sigma_2-\sigma_3-\sigma_4)=0, \tag{①}$$

$$\frac{1}{2\varepsilon_0}(\sigma_1+\sigma_2+\sigma_3-\sigma_4)=0. \tag{②}$$

两式相减,得

$$\sigma_2+\sigma_3=0, \quad 即 \quad \sigma_2=-\sigma_3. \tag{③}$$

即相对的两面上电荷面密度等量异号。

(2) 将 ①、② 两式相加,得

$$\sigma_1-\sigma_4=0, \quad 即 \quad \sigma_1=\sigma_4. \tag{④}$$

即相背的两面上电荷面密度等量同号。

(3) 按题中所给,$\sigma_1+\sigma_2=3\,\mu C/m^2$, $\sigma_3+\sigma_4=7\,\mu C/m^2$,再加上 ③、④ 两式,可解得

$$\sigma_1=5\,\mu C/m^2, \quad \sigma_2=-2\,\mu C/m^2, \quad \sigma_3=2\,\mu C/m^2, \quad \sigma_4=5\,\mu C/m^2.$$

1 - 47. 两平行金属板分别带有等量的正负电荷。两板的电势差为 120V,两板的面积都是 $3.6\,cm^2$,两板相距 1.6 mm. 略去边缘效应,求两板间的电场强度和各板上所带电荷量。

解:
$$E=\frac{U}{d}=\frac{120\,V}{1.6\times10^{-3}\,m}=7.5\times10^4 V/m,$$

$$q=\varepsilon_0 ES=(8.85\times10^{-12}\times7.5\times10^4\times3.6\times10^{-4})\,C=2.4\times10^{-10}C.$$

1－48. 两块带有等量异号电荷的金属板 a 和 b，相距 5.0 mm，两板的面积都是 150 cm^2，电荷量的数值都是 2.66×10^{-8} C，a 板带正电并接地（见本题图）。以地的电势为零，并略去边缘效应，问：

（1）b 板的电势是多少？

（2）a、b 间离 a 板 1.0 mm 处的电势是多少？

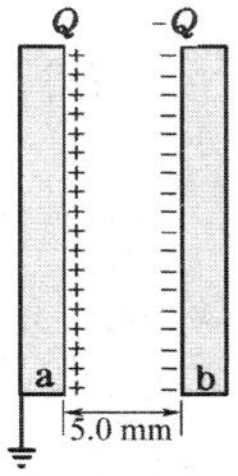

习题 1－48

解：（1）$U=-Ed=-\dfrac{Qd}{\varepsilon_0 S}=-\dfrac{2.66\times10^{-8}\times5.0\times10^{-3}}{8.85\times10^{-12}\times150\times10^{-4}}\text{V}$

$=-1.0\times10^{3}\text{V}$，

（2）$U'=-Ed_1=\dfrac{d_1}{d}U=\dfrac{1}{5}U=-2.0\times10^{2}\text{V}.$

1－49. 三平行金属板 A、B 和 C，面积都是 200 cm^2，AB 相距 4.0 mm，AC 相距 2.0 mm，BC 两板都接地（见本题图）。如果使 A 板带正电 3.0×10^{-7} C，在略去边缘效应时，问 B 板和 C 板上感应电荷各是多少？以地的电势为零，问 A 板的电势是多少？

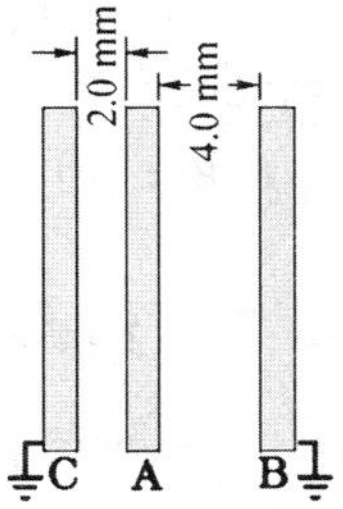

习题 1－49

解：设 A 板的两表面分别带电 q_1 和 q_2，则

$$q_1+q_2=3.0\times10^{-7}C,$$

由 B、C 等电势知

$$E_1d_1=E_2d_2 \quad 即 \quad \frac{q_1d_1}{\varepsilon_0 S}=\frac{q_2d_2}{\varepsilon_0 S},$$

由此解得

$$q_1=1.0\times10^{-7}\text{C},\qquad q_2=2.0\times10^{-7}\text{C};$$

故 B、C 板上的感应电荷分别为

$$q_B=-1.0\times10^{-7}\text{C},\qquad q_C=-2.0\times10^{-7}\text{C}.$$

A 板的电势为

$$U_A=\frac{q_1d_1}{\varepsilon_0 S}=\frac{q_2d_2}{\varepsilon_0 S}=\frac{1.0\times10^{-7}\times4.0\times10^{-3}}{8.85\times10^{-12}\times200\times10^{-4}}\text{V}=2.3\times10^{3}\text{V}.$$

1－50. 点电荷 q 处在导体球壳的中心，壳的内外半径分别为 R_1 和 R_2（见本题图）。求场强和电势的分布，并画出 $E-r$ 和 $U-r$ 曲线。

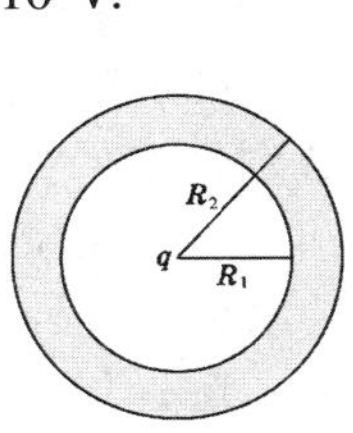

习题 1－50

解：

$$E=\begin{cases}\dfrac{1}{4\pi\varepsilon_0}\dfrac{q}{r^2}, & r<R_1;\\ 0, & R_1<r<R_2;\\ \dfrac{1}{4\pi\varepsilon_0}\dfrac{q}{r^2}, & r>R_2.\end{cases}$$

$$U=\begin{cases}\dfrac{q}{4\pi\varepsilon_0}\left(\dfrac{1}{r}-\dfrac{1}{R_1}+\dfrac{1}{R_2}\right), & r<R_1;\\ \dfrac{q}{4\pi\varepsilon_0}\dfrac{1}{R_2}, & R_1<r<R_2;\\ \dfrac{q}{4\pi\varepsilon_0}\dfrac{1}{r}, & r>R_2.\end{cases}$$

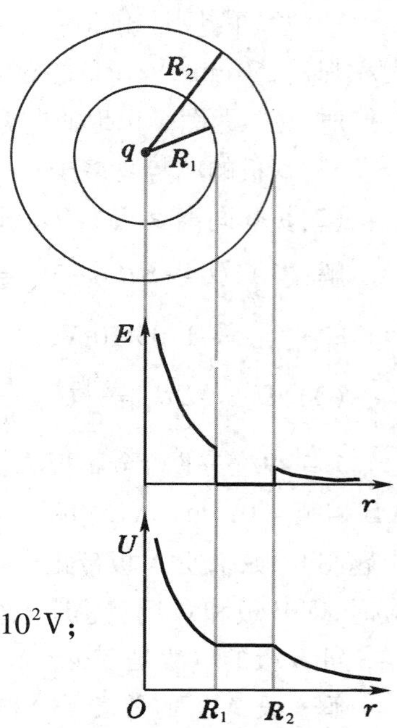

曲线见右图。

1－51. 在上题中,若 $q=4.0\times10^{-10}$C, $R_1=2.0$ cm, $R_2=3.0$ cm,

(1) 求导体球壳的电势;

(2) 求离球心 $r=1.0$ cm 处的电势;

(3) 把点电荷移开球心 1.0 cm,求导体球壳的电势。

解:(1) $U=\dfrac{1}{4\pi\varepsilon_0}\dfrac{q}{R_2}$

$$=\frac{4.0\times10^{-10}}{4\times3.14\times8.85\times10^{-12}\times3.0\times10^{-2}}\text{ V}=1.2\times10^{2}\text{V};$$

(2) $U=\dfrac{q}{4\pi\varepsilon_0}\left(\dfrac{1}{r}-\dfrac{1}{R_1}+\dfrac{1}{R_2}\right)$

$$=\frac{4.0\times10^{-10}}{4\times3.14\times8.85\times10^{-12}}\left(\frac{1}{1.0\times10^{-2}}-\frac{1}{2.0\times10^{-2}}+\frac{1}{3.0\times10^{-2}}\right)\text{V}=3.0\times10^{2}\text{V};$$

(3) 把电荷移开球心,球壳内表面电荷分布改变,它和点电荷 q 在球壳外产生的场强之和为 0, 而球壳外表面电荷分布不变,仍为球对称分布,它决定了球壳的电势,仍为 1.2×10^{2}V.

1－52. 半径为 R_1 的导体球带有电荷 q,球外有一个内外半径为 R_2、R_3 的同心导体球壳,壳上带有电荷 Q(见本题图)。

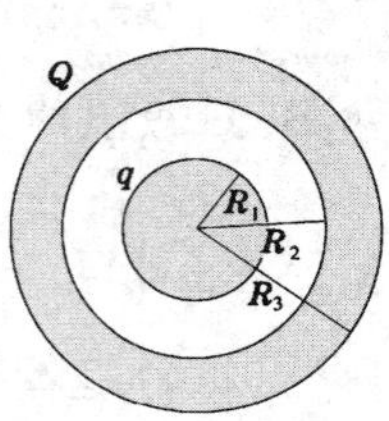

习题 1－52

(1) 求两球的电势 U_1 和 U_2;

(2) 求两球的电势差 ΔU;

(3) 以导线把球和壳连接在一起后, U_1、U_2 和 ΔU 分别是多少?

(4) 在情形(1)、(2) 中,若外球接地, U_1、U_2 和 ΔU 为多少?

(5) 设外球离地面很远,若内球接地,情况如何?

解:(1) 由于球对称性,内球表面、球壳内表面和球壳外表面上的电荷分布是均匀的,分别为 q, $-q$ 和 $Q+q$, 因此,

$$U_1=\frac{1}{4\pi\varepsilon_0}\left(\frac{q}{R_1}-\frac{q}{R_2}+\frac{Q+q}{R_3}\right),\quad U_2=\frac{1}{4\pi\varepsilon_0}\frac{Q+q}{R_3};$$

(2)
$$\Delta U=U_1-U_2=\frac{1}{4\pi\varepsilon_0}\left(\frac{q}{R_1}-\frac{q}{R_2}\right);$$

(3) $$U_1 = U_2 = \frac{1}{4\pi\varepsilon_0}\frac{Q+q}{R_3};\quad \Delta U = U_1 - U_2 = 0;$$

(4) $$U_2 = 0,\quad U_1 = \Delta U = \frac{1}{4\pi\varepsilon_0}\left(\frac{q}{R_1}-\frac{q}{R_2}\right);$$

(5) 内球接地,则内球电势为 0, 三个球面上的电荷分布发生变化。设内球表面电荷为 q_1,球壳内表面电荷为 q_2, 球壳外表面电荷为 q_3, 根据导体静电平衡条件,有

$$U_1 = \frac{1}{4\pi\varepsilon_0}\left(\frac{q_1}{R_1}+\frac{q_2}{R_2}+\frac{q_3}{R_3}\right) = 0,$$

此外还有

$$q_1 + q_2 = 0,\quad q_2 + q_3 = Q,$$

由此三式解出

$$q_1 = -q_2 = \frac{-R_1R_2Q}{R_1R_2+R_2R_3-R_3R_1},$$

$$q_3 = \frac{(R_2-R_1)R_3Q}{R_1R_2+R_2R_3-R_3R_1},$$

于是

$$U_1 = 0,\quad U_2 = \frac{1}{4\pi\varepsilon_0}\frac{(R_2-R_1)Q}{R_1R_2+R_2R_3-R_3R_1},$$

$$\Delta U = U_1 - U_2 = \frac{1}{4\pi\varepsilon_0}\frac{(R_1-R_2)Q}{R_1R_2+R_2R_3-R_3R_1}.$$

1 - 53. 在上题中设 $q = 1.0\times10^{-10}\,\mathrm{C}$, $Q = 11\times10^{-10}\,\mathrm{C}$, $R_1 = 1.0\,\mathrm{cm}$, $R_2 = 3.0\,\mathrm{cm}$, $R_3 = 4.0\,\mathrm{cm}$, 试计算各情形中的 U_1、U_2 和 ΔU,并画出 $U-r$ 曲线来。

解:(1) $U_1 = 3.3\times10^2\,\mathrm{V}$,

$U_2 = 2.7\times10^2\,\mathrm{V}$;

(2) $\Delta U = 60\,\mathrm{V}$;

(3) $U_1 = U_2 = 2.7\times10^2\,\mathrm{V}$, $\Delta U = 0$;

(4) $U_2 = 0$, $U_1 = \Delta U = 60\,\mathrm{V}$;

(5) $U_1 = 0$, $U_2 = 180\,\mathrm{V}$,

$\Delta U = U_1 - U_2 = -180\,\mathrm{V}$.

$U-r$ 曲线见右。

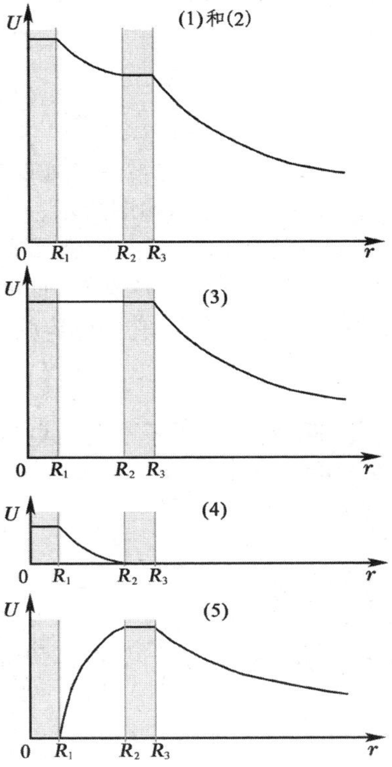

1 - 54. 假设范德格拉夫起电机的球壳与传送带上喷射电荷的尖针之间的电势差为 $3.0\times10^6\,\mathrm{V}$,如果传送带迁移电荷到球壳上的速率为 $3.0\times10^{-3}\,\mathrm{C/s}$,则在仅考虑电力的情况下,必须用多大的功率来开动传送带?

解： $P=UQ=(3.0\times10^{6}\times3.0\times10^{-3})\,\mathrm{W}=9.0\times10^{3}\,\mathrm{W}.$

1－55. 范德格拉夫起电机的球壳直径为1.0 m，空气的击穿场强为30 kV/cm（即球表面的场强超过此值，电荷就会从空气中漏掉）。这起电机最多能达到多高的电势？

解： $E=\dfrac{1}{4\pi\varepsilon_0}\dfrac{q}{R^2},$

$$U=\frac{1}{4\pi\varepsilon_0}\frac{q}{R}=ER=(30\times10^{5}\times0.50)\,\mathrm{V}=1.5\times10^{6}\,\mathrm{V}.$$

1－56. 地球的半径为6370 km，把地球当作真空中的导体球，求它的电容。

解： $C=4\pi\varepsilon_0 R=(4\times3.14\times8.85\times10^{-12}\times6.37\times10^{6})\,\mu\mathrm{F}=7.08\,\mu\mathrm{F}.$

1－57. 如本题图所示，平行板电容器两极板的面积都是 S，相距为 d，其间有一厚为 t 的金属片。略去边缘效应。

(1) 求电容 C；

(2) 金属片离极板的远近有无影响？

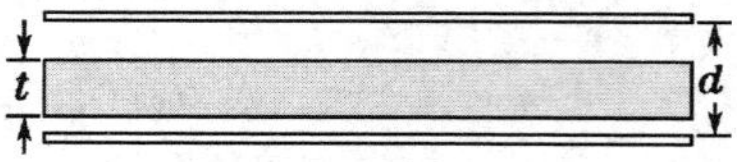

习题 1－57

解：(1) 设电容器极板上电荷为$+q$ 和$-q$，在金属片两边感应电荷为$-q$ 和 $+q$，极板与金属片之间的场强仍为 $q/\varepsilon_0 S$，电容器极板间电势差为

$$U=E(d-t)=\frac{q}{\varepsilon_0 S}(d-t),$$

因此
$$C=\frac{q}{U}=\frac{\varepsilon_0 S}{d-t};$$

(2) 从上面的推导中可以看出，金属片离极板的远近对电容没有影响。

1－58. 如本题图所示，一电容器两极板都是边长为 a 的正方形金属平板，两板不严格平行，其间有一夹角 θ. 证明：当 $\theta\ll d/a$ 时，略去边缘效应，它的电容为

$$C=\varepsilon_0\frac{a^2}{d}\left(1-\frac{a\theta}{2d}\right).$$

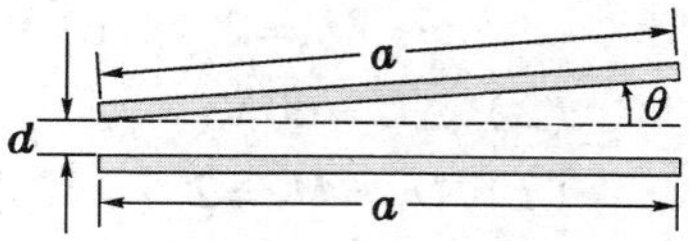

习题 1－58

解：将这极板不平行的电容器看成是许多不同间距的窄条电容器并联的结果。令水平向右为 x 坐标，原点取在左端点，x 处的窄条电容器的电容为

$$\mathrm{d}C=\frac{\varepsilon_0 a\,\mathrm{d}x}{d+\theta x}$$

总电容为
$$C=\int_0^a\frac{\varepsilon_0 a\,\mathrm{d}x}{d+\theta x}=\frac{\varepsilon_0 a}{\theta}\ln\frac{d+\theta a}{d}$$

由于 $\theta\ll d/a$，$\ln\left(1+\dfrac{\theta a}{d}\right)=\dfrac{\theta a}{d}-\dfrac{1}{2}\left(\dfrac{\theta a}{d}\right)^2+\cdots$，所以

$$C=\frac{\varepsilon_0 a^2}{d}\left(1-\frac{\theta a}{2d}\right).$$

1－59. 半径都是a的两根平行长直导线相距为$d(d\gg a)$,求单位长度的电容。

解:在两根平行长直导线的公共平面内,正负带电导线产生的电场方向相同,故总电场为

$$E=\frac{\eta}{2\pi\varepsilon_0 r}+\frac{\eta}{2\pi\varepsilon_0(d-r)},$$

这两根带电导线之间的电势差为

$$U=\int_a^{d-a}E\,\mathrm{d}r=\int_a^{d-a}\frac{\eta}{2\pi\varepsilon_0 r}\mathrm{d}r+\int_a^{d-a}\frac{\eta}{2\pi\varepsilon_0(d-r)}\mathrm{d}r=\frac{\eta}{\pi\varepsilon_0}\ln\frac{d-a}{a},$$

单位长度带电导线的电容为

$$C=\frac{\eta}{U}=\frac{\pi\varepsilon_0}{\ln\dfrac{d-a}{a}}\approx\frac{\pi\varepsilon_0}{\ln\dfrac{d}{a}}.$$

1－60. 证明:同轴圆柱形电容器两极的半径相差很小(即$R_\mathrm{B}-R_\mathrm{A}\ll R_\mathrm{A}$)时,它的电容公式(1.78)趋于平行板电容公式(1.76)。

解:同轴圆柱形电容器的电容公式为

$$C=\frac{2\pi\varepsilon_0 L}{\ln(R_\mathrm{B}/R_\mathrm{A})},$$

当$R_\mathrm{B}-R_\mathrm{A}=\Delta R\ll R_\mathrm{A}$时,可将$\ln(R_\mathrm{B}/R_\mathrm{A})$展开,取第一项:

$$\ln\frac{R_\mathrm{B}}{R_\mathrm{A}}=\ln\left(1+\frac{\Delta R}{R_\mathrm{A}}\right)\approx\frac{\Delta R}{R_\mathrm{A}},$$

得

$$C=\frac{2\pi\varepsilon_0 L}{\Delta R/R_\mathrm{A}}=\frac{\varepsilon_0\cdot 2\pi R_\mathrm{A}\cdot L}{\Delta R}=\frac{\varepsilon_0 S}{d},$$

式中$d=\Delta R$为两极板之间的距离,可见结果与平行板电容器公式相同。

1－61. 证明:同心球形电容器两极的半径相差很小(即$R_\mathrm{B}-R_\mathrm{A}\ll R_\mathrm{A}$)时,它的电容公式(1.77)趋于平行板电容公式(1.76)。

解:球形电容器的电容公式当$R_\mathrm{B}-R_\mathrm{A}\ll R_\mathrm{A}$时化为

$$C=\frac{4\pi\varepsilon_0 R_\mathrm{A}R_\mathrm{B}}{R_\mathrm{B}-R_\mathrm{A}}\approx\frac{\varepsilon_0\cdot 4\pi R_\mathrm{A}^2}{R_\mathrm{B}-R_\mathrm{A}}=\frac{\varepsilon_0 S}{d},$$

与平行板电容器公式相同。

1－62. 一球形电容器内外两壳的半径分别为R_1和R_4,今在两壳之间放一个内外半径分别为R_2和R_3的同心导体球壳(见本题图)。

(1) 给内壳(R_1)以电量Q,求R_1和R_4两壳的电势差;

(2) 求以R_1和R_4为两极的电容。

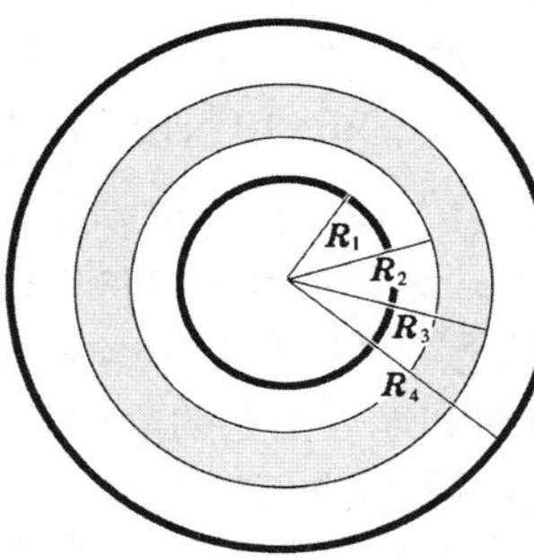

习题 1－62

解:(1) $U=\dfrac{1}{4\pi\varepsilon_0}\displaystyle\int_{R_1}^{R_2}\frac{Q}{r^2}\mathrm{d}r+\dfrac{1}{4\pi\varepsilon_0}\displaystyle\int_{R_3}^{R_4}\frac{Q}{r^2}\mathrm{d}r$

$$=\frac{Q}{4\pi\varepsilon_0}\left(\frac{1}{R_1}-\frac{1}{R_2}+\frac{1}{R_3}-\frac{1}{R_4}\right);$$

（2）$$C=\frac{Q}{U}=\frac{4\pi\varepsilon_0R_1R_2R_3R_4}{R_2R_3R_4-R_1R_3R_4+R_1R_2R_4-R_1R_2R_3}.$$

此电容还可利用电容器串联公式加以计算得到。

1－63. 半径为2.0 cm的导体球外套有一个与它同心的导体球壳，壳的内外半径分别为4.0 cm和5.0 cm，球与壳间是空气。壳外也是空气，当内球的电量为3.0×10^{-8}C时，

（1）这个系统储藏了多少电能？

（2）如果用导线把壳与球联在一起，结果如何？

解：（1）系统可以看成两个电容器的串联，小球与大球内表面构成一个电容器，大球外表面与无穷远构成孤立导体的电容，它们的电容分别为

$$C_1=\frac{4\pi\varepsilon_0R_1R_2}{R_2-R_1},\quad C_2=4\pi\varepsilon_0R_3;$$

当给内球电量3.0×10^{-8}C时，导体球壳内外表面感应了电荷，整个系统储藏的电能为

$$W=\frac{Q^2}{2C_1}+\frac{Q^2}{2C_2}=\frac{Q^2}{8\pi\varepsilon_0}\left(\frac{1}{R_1}-\frac{1}{R_2}+\frac{1}{R_3}\right)$$

$$=\frac{(3\times10^{-8})^2}{8\pi\times8.85\times10^{-12}}\left(\frac{1}{2.0\times10^{-2}}-\frac{1}{4.0\times10^{-2}}+\frac{1}{5.0\times10^{-2}}\right)\text{J}=1.8\times10^{-4}\text{J}.$$

（2）$$W'=\frac{Q^2}{2C_2}=\frac{(3\times10^{-8})^2}{8\pi\times8.85\times10^{-12}\times5.0\times10^{-2}}\text{J}=8.1\times10^{-5}\text{J}.$$

用导线连接球壳与内球，内球电容器不带电，整个系统静电能减少，减少的静电能$W-W'$在C_1短接的过程中转化为焦耳热。

1－64. 激光闪光灯的电源线路如本题图所示，由电容器C储存的能量，通过闪光灯线路放电，给闪光提供能量。电容$C=6000\ \mu$F，火花间隙击穿电压为2000 V，问C在一次放电过程中，能放出多少能量？

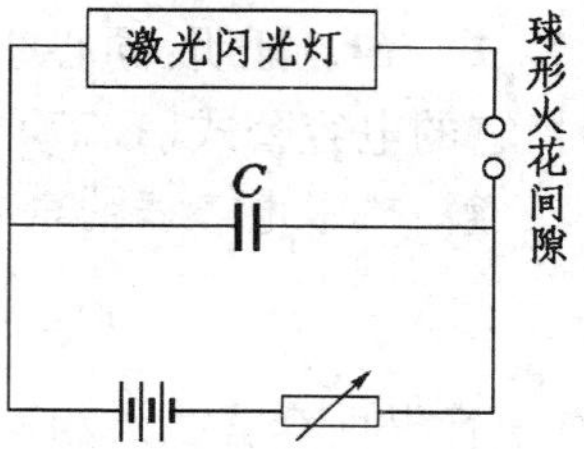

习题 1－64

解：$$W=\frac{1}{2}CU^2$$

$$=\frac{1}{2}\times6\times10^3\times10^{-6}\times(2\times10^3)^2\text{J}=1.2\times10^4\text{J}.$$

1－65. 地面可看成是无穷大的导体平面，一均匀带电无限长直导线平行地面放置（垂直于本题图），求空间的电场强度、电势分布和地表面上的电荷分布。

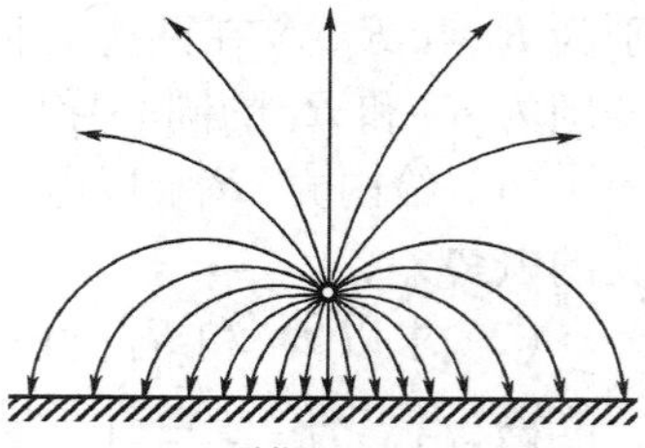
习题 1－65

解：此题可用电像法求解。电像法的精神是将静电问题中边界对场的影响用边界

外部虚设的像电荷等效替代。像电荷放在边界外部，它的存在并不改变原来问题的电荷分布，只要像电荷的位置和大小使它产生的场满足所给的边界条件，便找到了问题的解。这是由唯一性定理确保的。

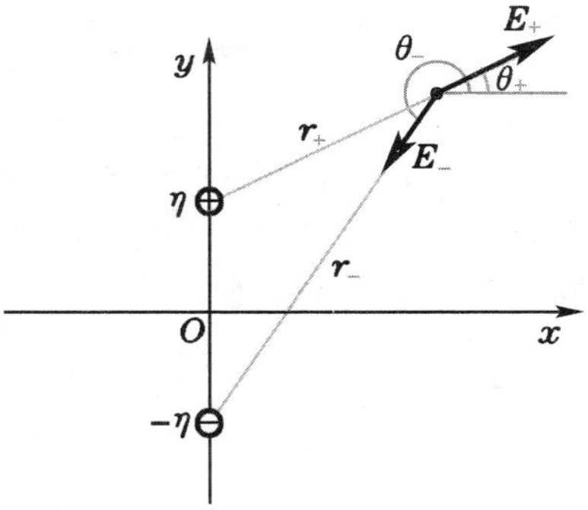

设本题导体平面为 $y=0$ 平面，在 $y=a$ 处有一无限长均匀带电线，电荷线密度为 η. 本题的解是 $y=a$ 处有一无限长均匀带 $+\eta$ 的直线和 $y=-a$ 处有一无限长均匀带电且电荷线密度为 $-\eta$ 的直线(像电荷)在上半空间的场分布，它们在 $y=0$ 平面处的电势为 0. 与题中所给的地面的边界条件一致，因此根据唯一性定理，它就是本题的解。所以

$$E_x=\frac{\eta_+}{2\pi\varepsilon_0 r_+}\cos\theta_+ +\frac{\eta_-}{2\pi\varepsilon_0 r_-}\cos\theta_-=\frac{\eta}{2\pi\varepsilon_0}\left(\frac{x}{(y-a)^2+x^2}-\frac{x}{(y+a)^2+x^2}\right)$$
$$=\frac{2\eta axy}{\pi\varepsilon_0[(y-a)^2+x^2][(y+a)^2+x^2]},$$
$$E_y=\frac{\eta_+}{2\pi\varepsilon_0 r_+}\sin\theta_+ +\frac{\eta_-}{2\pi\varepsilon_0 r_-}\sin\theta_-=\frac{\eta}{2\pi\varepsilon_0}\left(\frac{y-a}{(y-a)^2+x^2}-\frac{y+a}{(y+a)^2+x^2}\right),$$
$$U=\frac{\eta}{4\pi\varepsilon_0}\ln\frac{(y+a)^2+x^2}{(y-a)^2+x^2}.$$

此电势分布的结果在习题 1－33(1) 已计算过，可参看之，电势零点在坐标原点。上面的 E_x、E_y 也可由电势梯度得到。

在地面处，$y=0$，则 $E_x=0$，$E_y=\dfrac{-\eta a}{\pi\varepsilon_0(x^2+a^2)}$，根据导体静电平衡性质，从表面外附近的电场可得导体表面电荷面密度为

$$\sigma=\varepsilon_0 E_y=-\frac{\eta a}{\pi(x^2+a^2)},$$

由此可算出 z 方向单位长度上地面的总电荷为

$$\int_{-\infty}^{\infty}\sigma\cdot 1\cdot \mathrm{d}x=-\frac{\eta a}{\pi}\int_{-\infty}^{\infty}\frac{1}{x^2+a^2}\mathrm{d}x=-\frac{2\eta a}{\pi}\cdot\frac{1}{a}\arctan\frac{x}{a}\bigg|_0^{\infty}=-\eta,$$

与像电荷的线密度相等。

1－66. 本题图中两边为电导率很大的导体，中间两层是电导率分别为 σ_1、σ_2 的均匀导电介质，其厚度分别为 d_1、d_2，导体的截面积为 S，通过导体的恒定电流为 I，求：

(1) 两层导电介质中的场强 E_1 和 E_2；

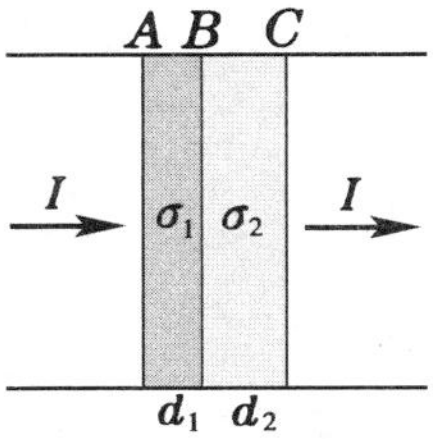

习题 1－66

（2）电势差 U_{AB} 和 U_{BC}.

解：（1）$j=\dfrac{I}{S}=\sigma E$，　所以　$E_1=\dfrac{I}{\sigma_1 S}$，　$E_2=\dfrac{I}{\sigma_2 S}$.

（2）$U_{AB}=E_1 d_1=\dfrac{Id_1}{\sigma_1 S}$，　$U_{BC}=E_2 d_2=\dfrac{Id_2}{\sigma_2 S}$.

1 - 67. 同轴电缆内、外半径分别为 a 和 b，其间电介质有漏电阻，电导率为 σ，如本题图所示。求长度为 l 的一段电缆内的漏阻。

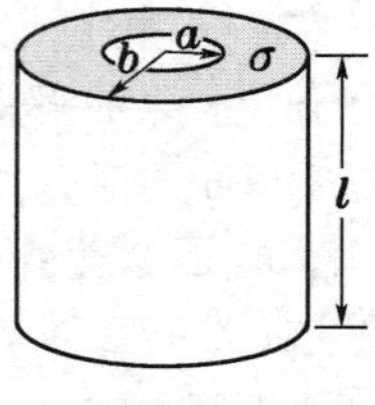

习题 1 - 67

解：$R=\displaystyle\int_a^b \frac{1}{\sigma}\frac{\mathrm{d}r}{2\pi r l}=\frac{1}{2\pi\sigma l}\ln\frac{b}{a}$.

第二章　恒磁场

2 －1. 如本题图所示,一条无穷长直导线在一处弯折成 1/4 圆弧,圆弧的半径为 R,圆心在 O,直线的延长线都通过圆心。已知导线中的电流为 I, 求 O 点的磁感应强度。

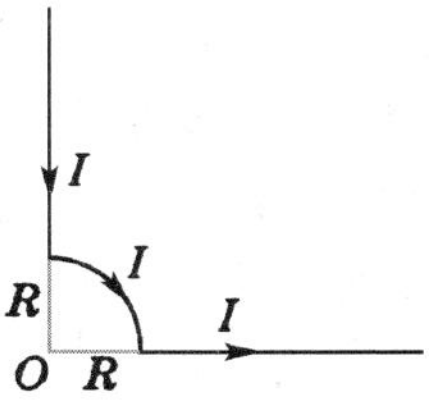

习题 2 －1

解: 两条直的载流导线通过 O 点, 在 O 点产生的磁感应强度应为 0, 中间 1/4 圆弧在 O 点的磁感应强度为 $\mu_0 I/8R$, 因此整个载流导线在 O 点产生的磁感应强度为 $B=\mu_0 I/8R$, 方向垂直纸面向里。

2 －2. 如本题图所示,两条无穷长的平行直导线相距为 $2a$,分别载有方向相同的电流 I_1 和 I_2. 空间任一点 P 到 I_1 的垂直距离为 x_1、到 I_2 的垂直距离为 x_2,求 P 点的磁感应强度 $\boldsymbol{B}$.

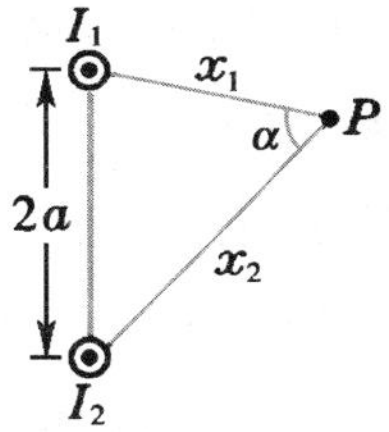

习题 2 －2

解: 根据无限长直载流导线产生磁场的结果:

$$B_1=\frac{\mu_0 I_1}{2\pi x_1},\qquad B_2=\frac{\mu_0 I_2}{2\pi x_2}.$$

设 P 点的磁感应强度为 B,有

$$B^2=B_1^2+B_2^2+2B_1B_2\cos\alpha,$$

另有

$$(2a)^2=x_1^2+x_2^2-2x_1x_2\cos\alpha,$$

所以

$$B^2=\left(\frac{\mu_0 I_1}{2\pi x_1}\right)^2+\left(\frac{\mu_0 I_2}{2\pi x_2}\right)^2+\frac{\mu_0^2 I_1 I_2}{4\pi^2 x_1 x_2}\cdot\frac{x_1^2+x_2^2-4a^2}{x_1x_2}$$

$$=\frac{\mu_0^2}{4\pi^2x_1^2x_2^2}\left[(I_1+I_2)(I_1x_2^2+I_2x_1^2)-4a^2I_1I_2\right],$$

得

$$B=\frac{\mu_0}{2\pi x_1x_2}\left[(I_1+I_2)(I_1x_2^2+I_2x_1^2)-4a^2I_1I_2\right]^{1/2}.$$

2 －3. 如本题图所示,两条无穷长的平行直导线相距为 $2a$, 载有大小相等而方向相反的电流 I. 空间任一点 P 到两导线的垂直距离分别为 x_1 和 x_2, 求 P 点的磁感应强度 $\boldsymbol{B}$.

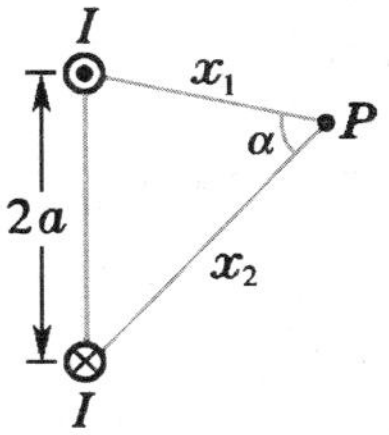

习题 2 －3

解:

$$B_1=\frac{\mu_0 I}{2\pi x_1},\quad B_2=\frac{\mu_0 I}{2\pi x_2}.$$

$$B^2=B_1^2+B_2^2-2B_1B_2\cos\alpha,$$

$$(2a)^2=x_1^2+x_2^2-2x_1x_2\cos\alpha,$$

所以 $$B^2=\left(\frac{\mu_0 I}{2\pi x_1}\right)^2+\left(\frac{\mu_0 I}{2\pi x_2}\right)^2-\frac{\mu_0^2 I^2}{4\pi^2 x_1 x_2}\cdot\frac{x_1^2+x_2^2-4a^2}{x_1 x_2},$$

得 $$B=\frac{\mu_0 a I}{\pi x_1 x_2}.$$

2－4. 如本题图，两条无限长直载流导线垂直而不相交，其间最近距离为 $d=2.0\,\mathrm{cm}$，电流分别为 $I_1=4.0\,\mathrm{A}$ 和 $I_2=6.0\,\mathrm{A}$. P 点到两导线的距离都是 d，求 P 点的磁感应强度 $\boldsymbol{B}$.

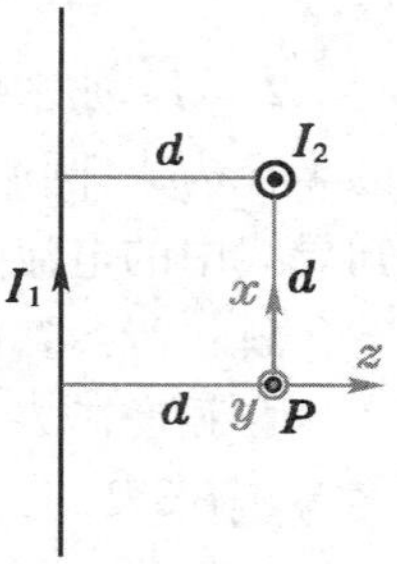

习题 2－4

解： $$B=\frac{\mu_0}{2\pi d}\sqrt{I_1^2+I_2^2}$$

$$=\frac{4\times 3.14\times 10^{-7}}{2\times 3.14\times 2.0\times 10^{-2}}\sqrt{4.0^2+6.0^2}\,\mathrm{T}=7.2\times 10^{-5}\,\mathrm{T}=0.72\,\mathrm{Gs}.$$

$\boldsymbol{B}$ 的方向如下：设电流 I_1 的方向为 $+x$ 轴方向，电流 I_2 的方向为 $+y$ 轴方向，则 $\boldsymbol{B}_1$ 沿 $-y$ 方向，$\boldsymbol{B}_2$ 沿 $+z$ 方向，$\boldsymbol{B}$ 在 yz 平面内，它与 z 轴的夹角为 $\arctan=\frac{4.0}{6.0}=33.7°$（见右图）。

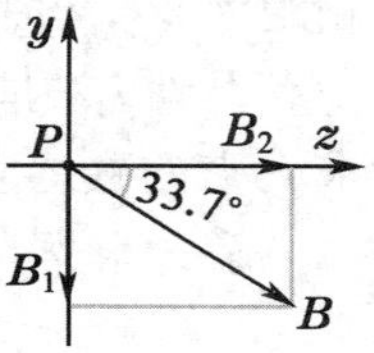

2－5. 载流等边三角形线圈边长为 $2a$，电流为 I，

（1）求轴线上距中心为 r_0 处的磁感应强度。

（2）证明：当 $r_0 \gg a$ 时轴线上磁感应强度具有如下形式：

$$B=\frac{\mu_0 m}{2\pi r_0^3},$$

式中 $m=IS$ 为三角形线圈的磁矩。

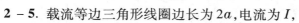

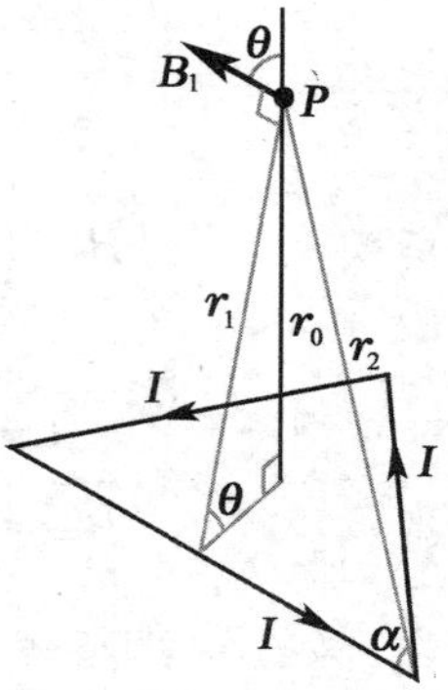

解：（1）三角形一边在 P 点产生的磁感应强度为

$$B_1=\frac{\mu_0}{2\pi}\frac{I}{r_1}\cos\theta,$$

式中 $r_1=\sqrt{r_0^2+\frac{1}{3}a^2}$， $\cos\alpha=\frac{a}{r_2}=\frac{\sqrt{3}a}{\sqrt{3r_0^2+4a^2}}$；

另外 $$\cos\theta=\frac{a/\sqrt{3}}{r_1}=\frac{a}{\sqrt{3r_0^2+a^2}}.$$

由于对称性，总的磁感应强度 B 沿对称轴方向，且有

$$B=3B_1\cos\theta=\frac{9\mu_0 I a^2}{2\pi(3r_0^2+a^2)\sqrt{3r_0^2+4a^2}}.$$

（2）当 $r_0\gg a$ 时，$B=\sqrt{3}\mu_0 I a^2/2\pi r_0^3$，而三角形线圈的面积 $S=\frac{1}{2}\cdot 2a\cdot\sqrt{3}a=\sqrt{3}a^2$，线圈的磁矩为 $m=IS=\sqrt{3}Ia^2$，因此有

$$B=\frac{\mu_0 m}{2\pi r_0^3}.$$

2－6. 电流均匀地流过宽为 $2a$ 的无穷长平面导体薄板。电流大小为 I,通过板的中线并与板面垂直的平面上有一点 P, P 到板的垂直距离为 x(见本题图),设板厚可略去不计。

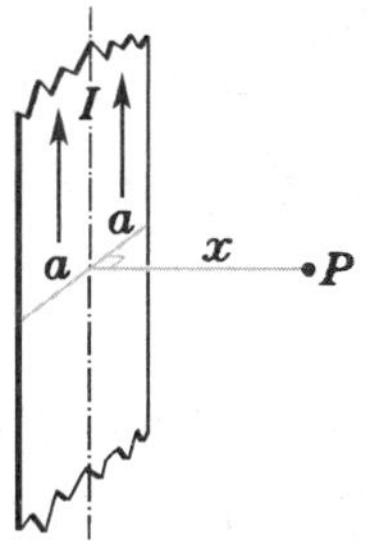

习题 2－6

(1) 求 P 点的磁感应强度 $\boldsymbol{B}$.

(2) 当 $a\to\infty$,但 $\iota=I/2a$(单位宽度上的电流,叫做面电流密度) 为一常量时 P 点的磁感应强度。

解: (1) 将载流薄板分割为一系列窄条，利用无限长直导线的磁感应强度公式和叠加原理可得

$$B=\int \mathrm{d}B\cos\alpha=\int_{-a}^{a}\frac{\mu_0}{4\pi}\cdot\frac{2(I/2a)\cdot \mathrm{d}l}{\sqrt{x^2+l^2}}\cdot\frac{x}{\sqrt{x^2+l^2}}$$

$$=\frac{\mu_0 I x}{2\pi a}\int_0^a\frac{\mathrm{d}l}{x^2+l^2}=\frac{\mu_0 I}{2\pi a}\arctan\frac{a}{x}.$$

P 点磁感应强度 $\boldsymbol{B}$ 的方向在平行于导体薄板的平面内且与电流方向垂直。

(2) 在维持 $\iota=I/2a$ 为常量的条件下令 $a\to\infty$ 时，P 点的磁感应强度为

$$B=\mu_0\iota/2.$$

2－7. 如本题图,两无穷大平行平面上都有均匀分布的面电流,面电流密度(见上题) 分别为 ι_1 和 ι_2,两电流平行。求:

(1) 两面之间的磁感应强度;

(2) 两面之外空间的磁感应强度;

(3) $\iota_1=\iota_2=\iota$ 时结果如何?

(4) 在情形(3) 中电流反平行,情形如何?

(5) 在情形(3) 中电流方向垂直,情形如何?

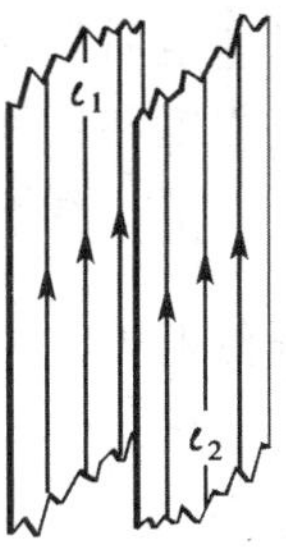

习题 2－7

解: (1) 利用习题 2－6 的结果，

$$B=\frac{\mu_0}{2}(\iota_2-\iota_1);$$

(2)
$$B=\frac{\mu_0}{2}(\iota_2+\iota_1);$$

(3) 两面之间 $B=0$, 两面外侧 $B=\mu_0\iota$;

(4) 两面之间 $B=\mu_0\iota$, 两面外侧 $B=0$;

(5) 磁感应强度的大小都是 $\mu_0\iota/\sqrt{2}$, 但不同区域 $\boldsymbol{B}$ 的方向不同。

2－8. 半径为 R 的无限长直圆筒上有一层均匀分布的面电流,电流都环绕着轴线流动并与轴线方向成一角度 θ,即电流在筒面上沿螺旋线向前流动(见本题图)。设面电流密度为 ι, 求轴线上的

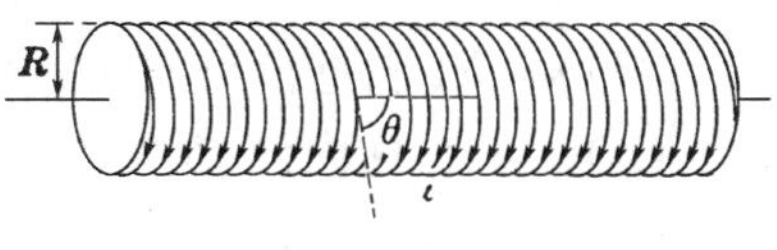

习题 2－8

磁感应强度。

解：可将螺线管上的面电流密度 ι 沿轴向和环向分解。轴向的面电流密度 $\iota\cos\theta$ 在轴线上产生的磁感应强度为0，而环面上的面电流密度 $\iota\sin\theta$ 构成一无限长螺线管，它在轴上产生的磁感应强度 $B=\mu_0\iota\sin\theta$.

2－9. 一很长的螺线管，由外皮绝缘的细导线密绕而成，每厘米有35匝。当导线中通过的电流为2.0 A时，求这螺线管轴线上中心和端点的磁感强应强度。

解：轴线上中心的磁感应强度

$$B=\mu_0 nI=(4\pi\times10^{-7}\times35\times10^2\times2.0)\,\mathrm{T}=8.8\times10^{-3}\,\mathrm{T}=88\,\mathrm{Gs},$$

轴线上端点的磁感应强度

$$B=\frac{1}{2}\mu_0 nI=44\,\mathrm{Gs}.$$

2－10. 一螺线管长1.0 m，平均直径为3.0 cm，它有五层绕组，每层有850匝，通过电流5.0 A，中心的磁感应强度是多少Gs？

解：$B=\mu_0 nI=(4\pi\times10^{-7}\times850\times5\times5.0)\,\mathrm{T}=2.7\times10^{-2}\,\mathrm{T}=2.7\times10^2\,\mathrm{Gs}.$

2－11. 用直径0.163 cm的铜线绕在6.0 cm直径的圆筒上，做成一个单层螺线管。管长30 cm，每厘米绕5匝。铜线在75°C时每米电阻0.010 Ω（假设通电后导线将达此温度）。将此螺线管接在2.0 V的蓄电池上，其中磁感应强度和功率消耗各多少？

解：线圈电阻

$$R=(0.010\times2\times3.14\times0.030\times5\times30)\,\Omega=0.28\,\Omega,$$

线圈电流

$$I=\frac{U}{R}=\frac{2.0}{0.28}\,\mathrm{A}=7.1\,\mathrm{A}.$$

由此

$$B=\mu_0 nI=(4\pi\times10^{-7}\times500\times7.1)\,\mathrm{T}=4.4\times10^{-3}\,\mathrm{T}=44\,\mathrm{Gs},$$

$$P=I^2R=(7.1^2\times0.28)\,\mathrm{W}=14\,\mathrm{W}.$$

2－12. 球形线圈由表面绝缘的细导线在半径为 R 的球面上密绕而成，线圈的中心都在同一直径上，沿这直径单位长度内的匝数为 n，并且各处的 n 都相同，通过线圈的电流为 I. 设该直径上一点 P 到球心的距离为 x，求下列各处的磁感应强度 B：

(1) $x=0$（球心）；

(2) $x=R$（该直径与球面的交点）；

(3) $x<R$（球内该直径上任一点）；

(4) $x>R$（球外该直径上任一点）。

解：(1) 一圈电流在 x 处产生的磁感应强度

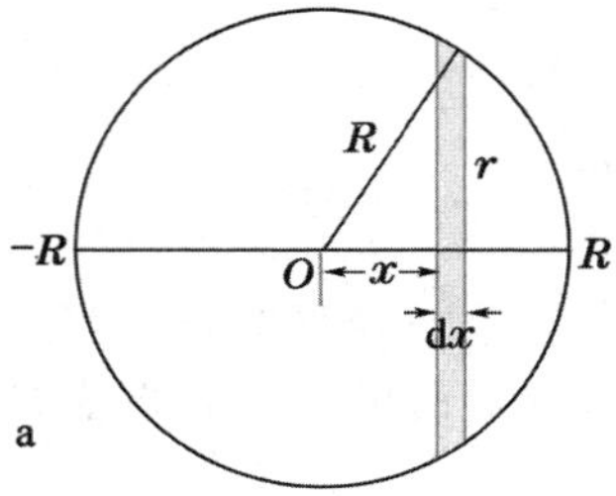

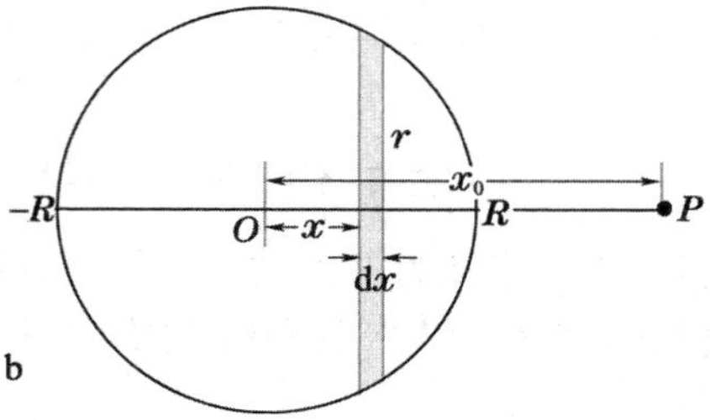

$$B=\frac{\mu_0 r^2 I}{2(r^2+x^2)^{3/2}},$$

球形线圈在球心处产生的磁感应强度为(参见图 a)

$$B=\int_{-R}^{R}\frac{\mu_0 r^2 nI\mathrm{d}x}{2(r^2+x^2)^{3/2}}=\frac{\mu_0 nI}{2R^3}\int_{-R}^{R}(R^2-x^2)\mathrm{d}x=\frac{2}{3}\mu_0 nI.$$

(2) 先导出一个一般公式,如图 b:

$$B=\int_{-R}^{R}\frac{\mu_0 nI}{2}\frac{(R^2-x^2)\mathrm{d}x}{[r^2+(x_0-x)^2]^{3/2}}$$

$$=\frac{\mu_0 nI}{2}\left[\int_{-R}^{R}\frac{R^2\mathrm{d}x}{(R^2+x_0^2-2x_0x)^{3/2}}-\int_{-R}^{R}\frac{x^2\mathrm{d}x}{(R^2+x_0^2-2x_0x)^{3/2}}\right],$$

设 $R^2+x_0^2=a$, $2x_0=b$,则上述积分化为

$$B=\frac{\mu_0 nI}{2}\left[R^2\int_{-R}^{R}\frac{\mathrm{d}x}{(a-bx)^{3/2}}-\int_{-R}^{R}\frac{x^2\mathrm{d}x}{(a-bx)^{3/2}}\right]$$

其中 $$\int\frac{\mathrm{d}x}{(a-bx)^{3/2}}=\frac{2}{b}\frac{1}{(a-bx)^{1/2}},$$

$$\int\frac{x^2\mathrm{d}x}{(a-bx)^{3/2}}=\frac{2x^2}{b(a-bx)^{1/2}}+\frac{8x}{b^2}(a-bx)^{1/2}+\frac{16}{3b^3}(a-bx)^{3/2},$$

则 $$B=\frac{\mu_0 nI}{2}\left[\frac{2R^2}{b(a-bx)^{1/2}}-\frac{2x^2}{b(a-bx)^{1/2}}-\frac{8x}{b^2}(a-bx)^{1/2}-\frac{16}{3b^3}(a-bx)^{3/2}\right]_{-R}^{R}$$

$$=-\frac{\mu_0 nI}{2}\left[2R(|R-x_0|+|R+x_0|)+\frac{2}{3x_0}(|R-x_0|^3-|R+x_0|^3)\right].$$

P 点在球面上, $x_0=\pm R$, 则

$$B=-\frac{\mu_0 nI}{2R^2}\left[4R^2-\frac{2}{3R}(2R)^3\right]=-\frac{\mu_0 nI}{2R^2}\left(4R^2-\frac{16}{3}R^2\right)=\frac{2}{3}\mu_0 nI.$$

(3) P 点在球内, $|x_0|<R$,

$$B=-\frac{\mu_0 nI}{2x_0^2}\left\{4R^2+\frac{2}{3x_0}\left[(R-x_0)^3-(R+x_0)^3\right]\right\}$$

$$=-\frac{\mu_0 nI}{2x_0^2}\left(4R^2-4R^2-\frac{4}{3}x_0^2\right)=\frac{2}{3}\mu_0 nI.$$

(4) P 点在球外, $|x_0|>R$,

$$B=-\frac{\mu_0 nI}{2x_0^2}\left\{4Rx_0+\frac{2}{3x_0}\left[(x_0-R)^3-(x_0+R)^3\right]\right\}$$

$$=-\frac{\mu_0 nI}{2x_0^2}\left(4Rx_0-4Rx_0-\frac{4R^3}{3x_0}\right)=\frac{2}{3}\mu_0 nI\frac{R^3}{x_0^3}.$$

2－13. 半径为R的球面上均匀分布着电荷，面密度为σ_e. 当这球面以角速度ω绕它的直径旋转时，求转轴上球内和球外任一点的磁感应强度分布。

解： 此带电球面绕它的直径旋转，面电荷的运动就形成电流。结果与上题情形类似，只要求出轴线上单位长度电流值，利用上题的结果即可求出球内、球外轴线上任一点的磁感应强度。

设轴线上$\mathrm{d}x$宽度内的电流为$q\nu=\sigma_e\cdot 2\pi r\cdot\frac{\mathrm{d}x}{\sin\alpha}\cdot\frac{\omega}{2\pi}=\sigma_e\cdot\frac{r}{\sin\alpha}\cdot\omega\cdot\mathrm{d}x=\sigma_e R\omega\,\mathrm{d}x$，因此上题中单位长度内电流$nI$应代之以$\sigma_e R\omega$，于是

$$\begin{cases}\text{球内}\quad B=\dfrac{2}{3}\mu_0\sigma_e\omega R,\\ \text{球外}\quad B=\dfrac{2}{3}\mu_0\sigma_e\omega\dfrac{R^4}{x^3}.\end{cases}$$

2－14. 半径为R的圆片上均匀带电，面密度为σ_e. 令该片以匀角速度ω绕它的轴旋转，求轴线上距圆片中心O为x处的磁场(见本题图)。

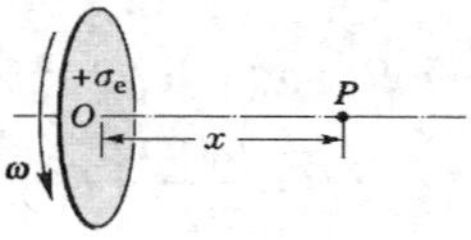

习题2－14

解： 利用书上(2.29)式，P点的磁感应强度可写成下列积分：

$$B=\int_0^R\frac{\mu_0}{2}\frac{r^2\cdot\sigma_e\cdot 2\pi r\,\mathrm{d}r\cdot\omega/2\pi}{(r^2+x^2)^{3/2}}=\frac{\mu_0\sigma_e\omega}{2}\int_0^R\frac{r^3\,\mathrm{d}r}{(r^2+x^2)^{3/2}},$$

设$r=x\tan\theta$，则$\mathrm{d}r=\frac{x\,\mathrm{d}\theta}{\cos^2\theta}$，且$\frac{r^3}{(r^2+x^2)^{3/2}}=\sin^3\theta$，我们有

$$B=\frac{\mu_0\sigma_e\omega x}{2}\int_0^\alpha\frac{\sin^3\theta}{\cos^2\theta}\mathrm{d}\theta=\frac{\mu_0\sigma_e\omega x}{2}\left(\frac{1}{\cos\theta}+\cos\theta\right)\Bigg|_0^\alpha$$

$$=\frac{\mu_0\sigma_e\omega x}{2}\left(\frac{1}{\cos\alpha}+\cos\alpha-2\right)=\frac{\mu_0\sigma_e\omega}{2}\left(\frac{R^2+2x^2}{\sqrt{R^2+x^2}}-2x\right).$$

2－15. 氢原子处在正常状态(基态)时，它的电子可看作是在半径为$a=0.53\times10^{-8}\,\mathrm{cm}$的轨道(叫做玻尔轨道)上作匀速圆周运动，速率为$v=2.2\times10^8\,\mathrm{cm/s}$. 已知电子电荷的大小为$e=1.6\times10^{-19}\,\mathrm{C}$，求电子的这种运动在轨道中心产生的磁感强度$B$的值。

解： $B=\frac{\mu_0 I}{2R}$，而$I=e\cdot\frac{\omega}{2\pi}=\frac{ev}{2\pi R}$，所以

$$B=\frac{\mu_0 ev}{4\pi R^2}=\frac{10^{-7}\times1.6\times10^{-19}\times2.2\times10^{8}}{(0.53\times10^{-10})^2}\text{T}=13\text{ T}=1.3\times10^{5}\text{Gs}.$$

2－16. 一载有电流I的无穷长直空心圆筒,半径为R(筒壁厚度可以忽略),电流沿它的轴线方向流动,并且是均匀分布的,分别求离轴线为$r<R$和$r>R$处的磁场。

解: 本题所给的情形有很好的对称性,可以用安培环路定理计算磁感应强度。根据对称性,可在空心圆筒内部作一同轴环路,穿过环路的电流为0,可得圆筒内部的磁感应强度$B_{内}=0$;在空心圆筒外部作一同轴圆形环路,由安培环路定理得$B_{外}=\dfrac{\mu_0 I}{2\pi r}$.

2－17. 有一很长的载流导体直圆管,内半径为a,外半径为b,电流为I,电流沿轴线方向流动,并且均匀分布在管壁的横截面上(见本题图)。空间某一点到管轴的垂直距离为r,求:(1)$r<a$,(2)$a<r<b$,(3)$r>b$等处的磁感应强度。

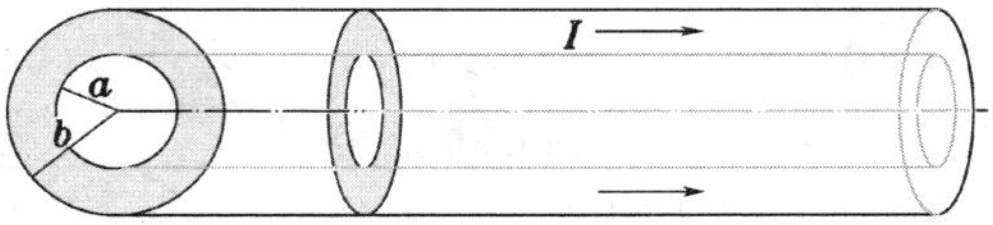

习题 2－17

解: 运用安培环路定理容易得出

(1) $B=0,\quad r<a$;

(2) $B=\dfrac{\mu_0 I}{2\pi r}\dfrac{r^2-a^2}{b^2-a^2},\quad a<r<b$;

(3) $B=\dfrac{\mu_0 I}{2\pi r},\quad r>b$.

2－18. 一很长的导体直圆管,管厚为5.0 mm,外直径为50 mm,载有50 A的直流电,电流沿轴向流动,并且均匀分布在管的横截面上。求下列几处磁感应强度的大小B:

(1) 管外靠近外壁;

(2) 管内靠近内壁;

(3) 内外壁之间的中点。

解: (1) $B=\dfrac{\mu_0 I}{2\pi R_2}=\dfrac{4\pi\times10^{-7}\times50}{2\pi\times25\times10^{-3}}\text{T}=4.0\times10^{-4}\text{T}=4.0\text{ Gs}$;

(2) $B=0$;

(3) $$B=\frac{\mu_0 I}{2\pi r}\frac{r^2-R_1^2}{R_2^2-R_1^2}=\frac{4\pi\times10^{-7}\times50}{2\pi\times22.5\times10^{-3}}\cdot\frac{(22.5^2-20^2)\times10^{-6}}{(25^2-20^2)\times10^{-6}}\text{T}$$
$$=2.1\times10^{-4}\text{T}=2.1\text{ Gs}.$$

2－19. 电缆由一导体圆柱和一同轴的导体圆筒构成。使用时，电流 I 从一导体流去，从另一导体流回，电流都均匀分布在横截面上。设圆柱的半径为 r_1，圆筒的内外半径分别为 r_2 和 r_3（见本题图），r 为到轴线的垂直距离，求 r 从 0 到 ∞ 的范围内各处的磁感应强度 B.

解： 分区运用安培环路定理可求得：

$$B=\begin{cases}\dfrac{\mu_0 I r}{2\pi r_1^2}, & r<r_1;\\ \dfrac{\mu_0 I}{2\pi r}, & r_1<r<r_2;\\ \dfrac{\mu_0 I}{2\pi r}\dfrac{r_3^2-r^2}{r_3^2-r_2^2}, & r_2<r<r_3;\\ 0, & r>r_3.\end{cases}$$

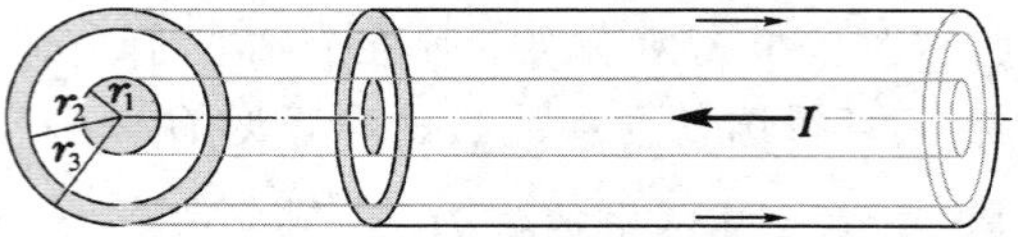

习题 2－19

2－20. 一对同轴无穷长直的空心导体圆筒，内、外筒半径分别为 R_1 和 R_2（筒壁厚度可以忽略）。电流 I 沿内筒流去，沿外筒流回（见本题图），

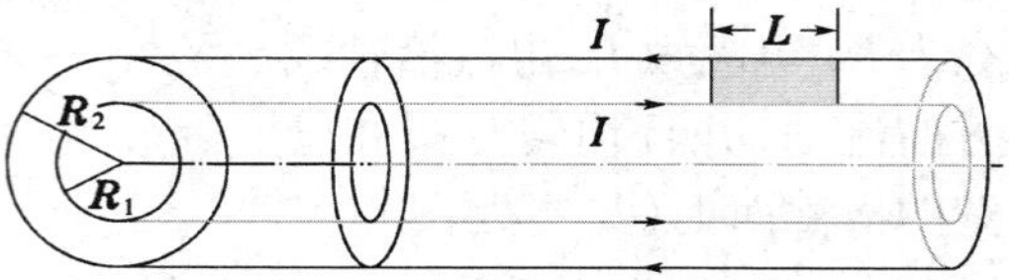

习题 2－20

（1）计算两筒间的磁感应强度 B；

（2）通过长度为 L 的一段截面（图中阴影区）的磁通量 Φ_B；

（3）计算磁矢势 A 在两筒间的分布。

解：（1）运用安培环路定理可得 $B=\dfrac{\mu_0 I}{2\pi r}$，

（2）$\Phi_B=\int Bl\,dr=\int_{R_1}^{R_2}\dfrac{\mu_0 I}{2\pi r}l\,dr=\dfrac{\mu_0 I l}{2\pi}\ln\dfrac{R_2}{R_1}$，

（3）考虑一矩形回路，其一边在内筒处，另一边在 r 处，其它两边与轴线垂直。对此矩形回路运用(2.52)式，其中

$$\oint \boldsymbol{A}\cdot d\boldsymbol{l}=A(R_1)l-A(r)l,$$

$$\iint \boldsymbol{B}\cdot d\boldsymbol{S}=\oint \boldsymbol{A}\cdot d\boldsymbol{l}=\int_{R_1}^{r}\frac{\mu_0 I}{2\pi r}l\,dr=\frac{\mu_0 I l}{2\pi}\ln\frac{r}{R_1},$$

$$A(r)-A(R_1)=-\frac{\mu_0 I}{2\pi}\ln\frac{r}{R_1},$$

取 R_1 处为磁矢势的零点，$A(R_1)=0$，因此磁矢势的分布为

$$A(r)=-\frac{\mu_0 I}{2\pi}\ln\frac{r}{R_1}.$$

2 - 21. 矩形截面的螺绕环，尺寸见本题图。

(1) 求环内磁感应强度的分布；

(2) 证明通过螺绕环截面(图中阴影区)的磁通量为

$$\Phi_B = \frac{\mu_0 NIh}{2\pi}\ln\frac{D_1}{D_2},$$

其中 N 为螺绕环总匝数，I 为其中电流的大小。

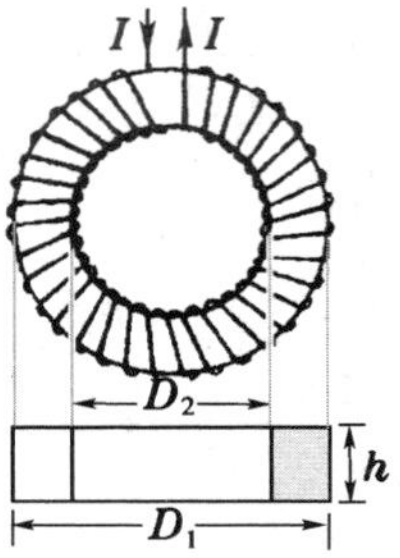

习题 2 - 21

解：(1) 在螺绕环内作一圆形回路，根据安培环路定理有

$$2\pi r\cdot B=\mu_0 NI,\qquad B=\frac{\mu_0 NI}{2\pi r},$$

(2) 通过螺绕环截面的磁通量为

$$\Phi_B=\int_{R_2}^{R_1}Bh\,\mathrm{d}r=\int_{R_2}^{R_1}\frac{\mu_0 NIh}{2\pi r}\mathrm{d}r$$

$$=\frac{\mu_0 NIh}{2\pi}\ln\frac{R_1}{R_2}=\frac{\mu_0 NIh}{2\pi}\ln\frac{D_1}{D_2}.$$

2 - 22. 用安培环路定理重新计算习题 2 - 6(2) 中无限大均匀载流平面外的磁感应强度。

解：无限大平面电流产生的磁感应强度方向与无限大平面平行。根据对称性分析，可作矩形回路，运用安培环路定理有

$$2l\cdot B=\mu_0\iota l,\quad 故\quad B=\frac{1}{2}\mu_0\iota.$$

2 - 23. 如本题图所示，有一根长为 l 的直导线，质量为 m，用细绳子平挂在外磁场 $\boldsymbol{B}$ 中，导线中通有电流 I，I 的方向与 $\boldsymbol{B}$ 垂直。

(1) 求绳子张力为 0 时的电流 I. 当 $l=50\,\mathrm{cm}$，$m=10\,\mathrm{g}$，$B=1.0\,\mathrm{T}$ 时，$I=?$

(2) 在什么条件下导线会向上运动？

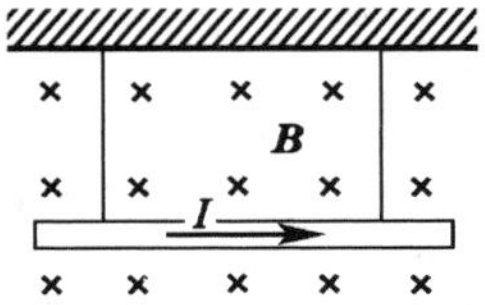

习题 2 - 23

解：(1) 绳子张力为 0 时，直导线所受的重力与安培力相等，因此

$$mg=IlB,\quad 则\quad I=\frac{mg}{lB}=\frac{10\times10^{-3}\times9.8}{0.50\times1.0}\mathrm{A}=0.20\,\mathrm{A}.$$

(2) 当 $I>\dfrac{mg}{lB}$ 时，安培力大于重力，导线会向上运动。

2 - 24. 横截面积 $S=2.0\,\mathrm{mm}^2$ 的铜线弯成如本题图中所示形状，其中 OA 和 DO' 段固定在水平方向不动，$ABCD$ 段是边长为 a 的正方形的三边，可以绕 OO' 转动；整个导线放在均匀磁场 $\boldsymbol{B}$ 中，$\boldsymbol{B}$ 的方向竖直向上。已知铜的密度 $\rho=8.9\,\mathrm{g/cm^3}$，当这铜线中的 $I=10\,\mathrm{A}$ 时，在平衡情况下，AB 段和 CD 段

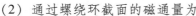

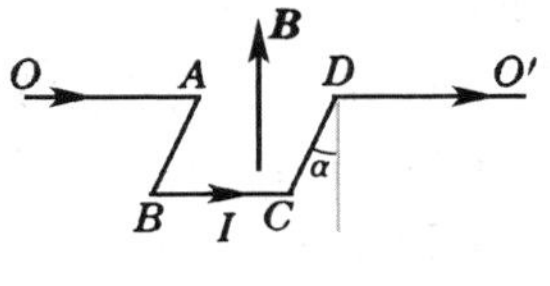

习题 2 - 24

与竖直方向的夹角 $\alpha=15°$，求磁感应强度 $\boldsymbol{B}$ 的大小。

解： 载流导线 AB 段、BC 段和 CD 段受的重力矩和 BC 段的磁力矩平衡，

$$mga\sin\alpha+2mg\frac{a}{2}\sin\alpha=IaB\cdot a\cos\alpha,$$

$$B=\frac{2mg}{Ia}\tan\alpha=\frac{2\rho Sg}{I}\tan\alpha$$
$$=\frac{2\times8.9\times10^{3}\times2.0\times10^{-6}\times9.8}{10}\mathrm{T}\times\tan15°=9.3\times10^{-3}\mathrm{T}=93\,\mathrm{Gs}.$$

2－25. 一段导线弯成如本题图中所示的形状，它的质量为 m，上面水平一段的长度为 l，处在均匀磁场中，磁感应强度为 $\boldsymbol{B}$，$\boldsymbol{B}$ 与导线垂直；导线下面两端分别插在两个浅水银槽里，两槽水银与一带开关K的外电源连接。当K一接通，导线便从水银槽里跳起来。

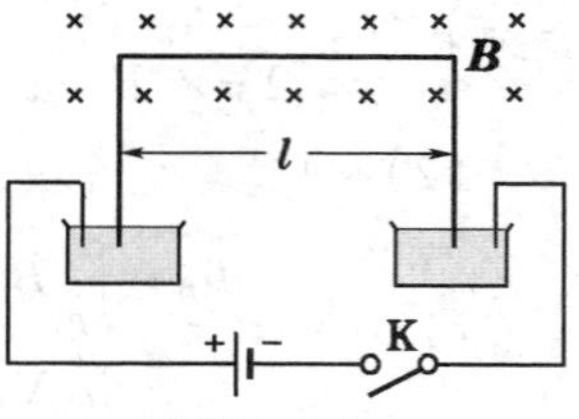

习题 2-25

(1) 设跳起来的高度为 h，求通过导线的电量 q；

(2) 当 $m=10\,\mathrm{g}$，$l=20\,\mathrm{cm}$，$h=3.0\,\mathrm{m}$，$B=0.10\,\mathrm{T}$ 时，求 q 的量值。

解： (1) 根据动量定理，由K接通瞬间载流导线所受的安培力可计算出它向上运动的速度。再根据机械能守恒定律可找到它与跳起来高度之间的联系，

$$\int F\mathrm{d}t=\int I\mathrm{d}t\cdot l\cdot B=lBq=mv-0,\quad 得\quad v=\frac{lBq}{m};$$

又 $\frac{1}{2}mv^2=mgh$，因此

$$q=\frac{mv}{lB}=\frac{m}{lB}\sqrt{2gh}.$$

(2) 代入数值 $q=\frac{m}{lB}\sqrt{2gh}=\frac{10\times10^{-3}}{20\times10^{-2}\times0.10}\times\sqrt{2\times9.8\times3.0}\,\mathrm{C}=3.8\,\mathrm{C}.$

2－26. 安培秤如本题图所示，它的一臂下面挂有一个矩形线圈，线圈共有 N 匝，线圈的下部悬挂在均匀磁场 $\boldsymbol{B}$ 内，下边一段长为 l，它与 $\boldsymbol{B}$ 垂直。当线圈的导线中通有电流 I 时，调节砝码使两臂达到平衡；然后使电流反向，这时需要在一臂上加质量为 m 的砝码，才能使两臂再达到平衡。

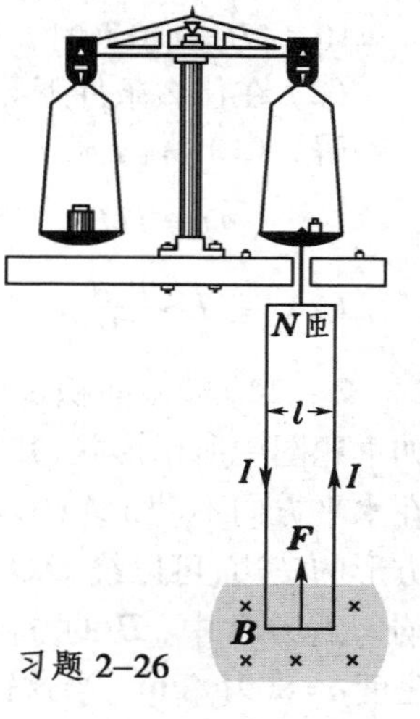

习题 2-26

(1) 求磁感应强度 $\boldsymbol{B}$ 的大小 B；

(2) 当 $N=9$，$l=10.0\,\mathrm{cm}$，$I=0.100\,\mathrm{A}$，$m=8.78\,\mathrm{g}$ 时，设 $g=9.80\,\mathrm{m/s^2}$，$B=?$

解： (1) 根据线圈所受的安培力与重力平衡，

$$2NIlB=\Delta mg,\quad 则\quad B=\frac{\Delta mg}{2NIl};$$

(2) $B=\dfrac{\Delta mg}{2NIl}=\dfrac{8.78\times10^{-3}\times9.80}{2\times9\times0.100\times0.100}\mathrm{T}=0.478\,\mathrm{T}.$

2－27. 一矩形载流线圈由20匝互相绝缘的细导线绕成,矩形边长为10.0 cm 和5.0 cm,导线中的电流为0.10 A,这线圈可以绕它的一边 OO' 转动(见本题图)。当加上 $B=0.50\,\mathrm{T}$ 的均匀外磁场、$\boldsymbol{B}$ 与线圈平面成30°角时,求这线圈受到的力矩。

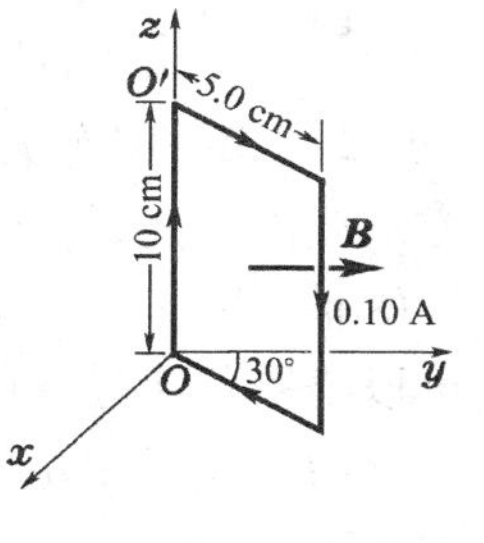

习题 2－27

解: 力矩 $L=NIl_1B\cdot l_2\cos30°$

$=(20\times0.10\times10\times10^{-2}\times0.50\times5.0\times10^{-2}\times\cos30°)\,\mathrm{N\cdot m}$

$=4.3\times10^{-3}\,\mathrm{N\cdot m}.$

2－28. 一边长为 a 的正方形线圈载有电流 I,处在均匀外磁场 $\boldsymbol{B}$ 中,$\boldsymbol{B}$ 沿水平方向,线圈可以绕通过中心的竖直轴 OO' 转动(见本题图),转动惯量为 J. 求线圈在平衡位置附近作微小摆动的周期 T.

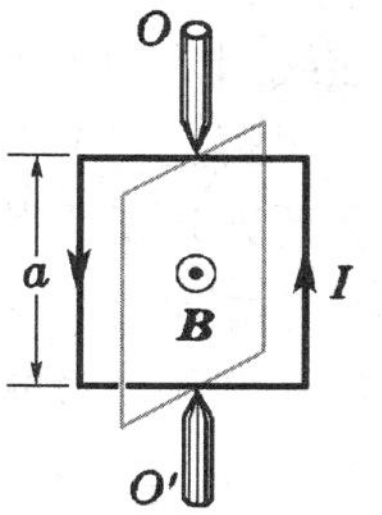

习题 2－28

解:

$$J\frac{\mathrm{d}^2\theta}{\mathrm{d}t^2}=-Ia^2B\sin\theta\approx-Ia^2B\theta,$$

$$\frac{\mathrm{d}^2\theta}{\mathrm{d}t^2}+\frac{Ia^2B}{J}\theta=0,$$

$$T=\frac{2\pi}{\omega}=2\pi\sqrt{\frac{J}{Ia^2B}}.$$

2－29. 一螺线管长30 cm,横截面的直径为15 mm,由表面绝缘的细导线密绕而成,每厘米绕有100匝。当导线中通有2.0 A的电流后,把这螺线管放到 $B=4.0\,\mathrm{T}$ 的均匀磁场中,求:

(1) 螺线管的磁矩;

(2) 螺线管所受力矩的最大值。

解: (1) $m=NIS=30\times100\times2.0\times\pi\times\left(\dfrac{15\times10^{-3}}{2}\right)^2\mathrm{A\cdot m^2}=1.1\,\mathrm{A\cdot m^2};$

(2) $L=mB=(1.06\times4.0)\,\mathrm{kg\cdot m}=4.2\,\mathrm{kg\cdot m}.$

2－30. 两条很长的平行输电线相距20 mm, 都载有100 A的电流, 分别求电流方向相同和相反时,其中两段1 m长的输电线之间的相互作用力。

解: 根据(2.63) 式

$$f=\frac{\mu_0I_1I_2}{2\pi a}l=\left(\frac{2\times10^{-7}\times100\times100}{20\times10^{-3}}\times1\right)\mathrm{N}=0.10\,\mathrm{N}.$$

电流方向相同时为吸引力, 电流方向相反时为排斥力。

2－31. 发电厂的汇流条是两条3 m长的平行铜棒，相距50 cm；当向外输电时，每条棒中的电流都是10000 A. 作为近似，把两棒当作无穷长的细线，试计算它们之间的相互作用力。

解： $f=\frac{\mu_0 I_1 I_2}{2\pi a}l=\left(\frac{2\times10^{-7}\times1.0\times10^4\times1.0\times10^4}{0.5}\times3.0\right)\text{N}=1.2\times10^2\text{N}.$

2－32. 载有电流 I_1 的长直导线旁边有一正方形线圈，边长为 $2a$，载有电流 I_2，线圈中心到导线的垂直距离为 b，电流方向如本题图所示。线圈可以绕平行于导线的轴 O_1O_2 转动。求：

（1）线圈在 θ 角度位置时所受的合力 $\boldsymbol{F}$ 和合力矩 $\boldsymbol{L}$；

（2）线圈平衡时 θ 的值；

（3）线圈从平衡位置转到 $\theta=\pi/2$ 时，I_1 作用在线圈上的力作了多少功？

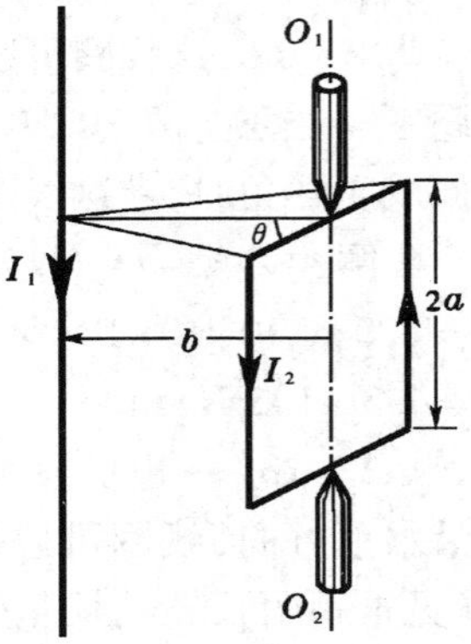

习题 2－32

解：（1）坐标选取如右下图所示，图中的上下两条边所受的力大小相等方向相反，相互抵消，只有线圈的左右两条边受到的安培力 $\boldsymbol{F}_1$ 和 $\boldsymbol{F}_2$ 对合力和合力矩有贡献。容易得出 $\boldsymbol{F}_1$ 和 $\boldsymbol{F}_2$ 的大小为

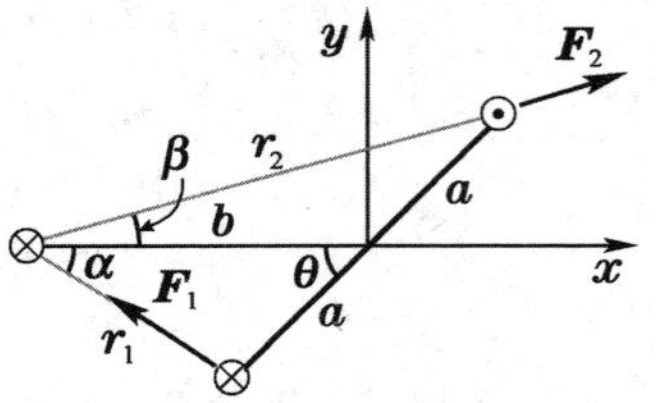

$$F_1=\frac{\mu_0 a I_1 I_2}{\pi r_1},\qquad F_2=\frac{\mu_0 a I_1 I_2}{\pi r_2};$$

余弦定理有

$$\begin{cases}r_1^2=a^2+b^2-2ab\cos\theta,\\ r_2^2=a^2+b^2+2ab\cos\theta;\end{cases}$$

$\boldsymbol{F}_1$ 和 $\boldsymbol{F}_2$ 在 x 和 y 方向的分量分别为

$$\begin{cases}F_{1x}=-F_1\cos\alpha,\\ F_{1y}=F_1\sin\alpha;\end{cases}\qquad\begin{cases}F_{2x}=F_2\cos\beta,\\ F_{2y}=F_2\sin\beta.\end{cases}$$

由图中的几何关系可求出

$$\begin{cases}\cos\alpha=\dfrac{b-a\cos\theta}{r_1},\\ \sin\alpha=\dfrac{a\sin\theta}{r_1};\end{cases}\qquad\begin{cases}\cos\beta=\dfrac{b+a\cos\theta}{r_2},\\ \sin\beta=\dfrac{a\sin\theta}{r_2}.\end{cases}$$

由此可得出线圈所受的合力在 x 和 y 方向的分量分别为

$$F_x=F_{2x}+F_{1x}=F_2\cos\beta-F_1\cos\alpha$$

$$=\frac{\mu_0 a I_1 I_2}{\pi}\left(\frac{b+a\cos\theta}{a^2+b^2+2ab\cos\theta}-\frac{b-a\cos\theta}{a^2+b^2-2ab\cos\theta}\right),$$

$$F_y = F_{2y} + F_{1y} = = F_2 \sin\beta + F_1 \sin\alpha$$
$$= \frac{\mu_0 a I_1 I_2}{\pi}\left(\frac{a\sin\theta}{a^2+b^2+2ab\cos\theta} + \frac{a\cos\theta}{a^2+b^2-2ab\cos\theta}\right);$$

合力矩为

$$L = F_1 a\sin(\theta+\alpha) + F_2 a\sin(\theta-\beta)$$
$$= \frac{\mu_0 a^2 I_1 I_2}{\pi r_1}(\sin\theta\cos\alpha + \cos\theta\sin\alpha) + \frac{\mu_0 a^2 I_1 I_2}{\pi r_2}(\sin\theta\cos\beta - \cos\theta\sin\beta)$$
$$= \frac{\mu_0 a^2 I_1 I_2}{\pi r_1^2}[\sin\theta(b - a\cos\theta) + a\cos\theta\sin\theta]$$
$$+ \frac{\mu_0 a^2 I_1 I_2}{\pi r_2^2}[\sin\theta(b + a\cos\theta) - a\cos\theta\sin\theta]$$
$$= \frac{\mu_0 a^2 I_1 I_2 b\sin\theta}{\pi}\left(\frac{1}{r_1^2} + \frac{1}{r_2^2}\right)$$
$$= \frac{\mu_0 a^2 I_1 I_2 b\sin\theta}{\pi}\left(\frac{1}{a^2+b^2-2ab\cos\theta} + \frac{1}{a^2+b^2+2ab\cos\theta}\right)$$
$$= \frac{2\mu_0 I_1 I_2 a^2 b(a^2+b^2)\sin\theta}{\pi\left[(a^2+b^2)^2 - 4a^2b^2\cos^2\theta\right]}.$$

（2）线圈平衡时所受的力矩为0，由上式可以看出

$$\theta = \begin{cases} 0, & \text{稳定平衡；} \\ \pi, & \text{不稳定平衡。} \end{cases}$$

（3）功　$A = \int_0^{\pi/2} L\,\mathrm{d}\theta$

$$= \frac{\mu_0 I_1 I_2 a^2 b}{\pi}\left[\int_0^{\pi/2}\frac{\sin\theta\,\mathrm{d}\theta}{a^2+b^2-2ab\cos\theta} + \int_0^{\pi/2}\frac{\sin\theta\,\mathrm{d}\theta}{a^2+b^2+2ab\cos\theta}\right]$$
$$= -\frac{\mu_0 I_1 I_2 a}{2\pi}\left[-\ln(a^2+b^2-2ab\cos\theta)\Big|_0^{\pi/2} + \ln(a^2+b^2+2ab\cos\theta)\Big|_0^{\pi/2}\right]$$
$$= -\frac{\mu_0 I_1 I_2 a}{\pi}\ln\frac{b-a}{b+a}.$$

2－33. 载有电流 I_1 的长直导线旁边有一平面圆形线圈，线圈半径为 r，中心到直导线的距离为 l，线圈载有电流 I_2，线圈和直导线在同一平面内（见本题图）。求 I_1 作用在圆形线圈上的力。

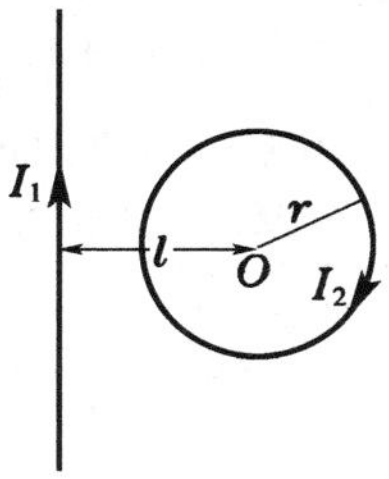

习题 2－33

解： 载流 I_1 的长直导线在圆形线圈上一电流元 $I_2 \mathrm{d}L$ 处产生的 $\boldsymbol{B}$ 垂直图面向里，其值可表为

$$B = \frac{\mu_0 I_1}{2\pi(l + r\cos\theta)}.$$

在 O 点处建立直角坐标系 Oxy，设 x 轴指向右，y 轴指向上，由于圆形载流

线圈的对称性，它所受的安培力指向 $-x$ 方向，沿 y 方向的安培力为0，因此圆线圈受到的总安培力为

$$F=\oint_{(L)}\frac{\mu_0 I_1 I_2 \mathrm{d}L}{2\pi(l+r\cos\theta)}\cdot\cos\theta,$$

式中 $\mathrm{d}L$ 为圆弧元，$\mathrm{d}L=r\mathrm{d}\theta$，因此

$$F=\int_0^{2\pi}\frac{\mu_0 I_1 I_2 r\cos\theta\mathrm{d}\theta}{2\pi(l+r\cos\theta)}=\frac{\mu_0 I_1 I_2 r}{2\pi}\int_0^{2\pi}\frac{\cos\theta\mathrm{d}\theta}{l+r\cos\theta}$$

$$=\frac{\mu_0 I_1 I_2 r}{2\pi}\left[\frac{\theta}{r}-\frac{2l}{r\sqrt{l^2-r^2}}\arctan\left(\sqrt{\frac{l-r}{l+r}}\tan\frac{\theta}{2}\right)\right]_0^{2\pi}$$

$$=\mu_0 I_1 I_2\left(1-\frac{l}{\sqrt{l^2-r^2}}\right).$$

2－34. 试证明电子绕原子核沿圆形轨道运动时磁矩与角动量大小之比为

$$\gamma=\frac{-e}{2m}\text{（经典回旋磁比率）},$$

式中 $-e$ 和 m 是电子的电荷与质量，负号表示磁矩与角动量的方向相反，如图。（它们各沿什么方向？）

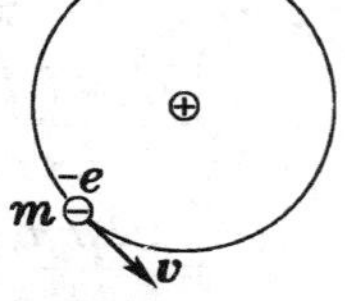

习题 2–34

【提示：计算磁矩时，可把在圆周上运动的电子看成是电流环。】

解：电子绕原子核沿圆形轨道运动的磁矩为

$$M=IS=-e\cdot\frac{v}{2\pi r}\cdot\pi r^2=-\frac{evr}{2},$$

角动量为 $L=mvr$，因此经典回旋磁比率为

$$\gamma=\frac{M}{L}=-\frac{e}{2m}.$$

电子绕核运动角动量 $\boldsymbol{L}$ 的方向垂直纸面向外，磁矩的方向垂直纸面向里。

2－35. 一磁电式电流计线圈长 $a=2.0\,\mathrm{cm}$，宽 $b=1.0\,\mathrm{cm}$，$N=250$ 匝，磁极间隙内的磁感应强度 $B=2000\,\mathrm{Gs}$. 当通入电流 $I=0.10\,\mathrm{mA}$ 时，偏转角 $\theta=30°$，求：

（1）作用在线圈上的磁偏转力矩 $L_{磁}$；

（2）游丝的扭转常数 D.

解：（1）$L_{磁}=NIabB=250\times0.10\times10^{-3}\times2.0\times10^{-2}\times1.0\times10^{-2}\times0.20\,\mathrm{N\cdot m}$
$=1.0\times10^{-6}\,\mathrm{N\cdot m}$，

（2）$D=\dfrac{L_{磁}}{\varphi}=\dfrac{1.0\times10^{-6}}{30}\,\mathrm{N\cdot m/(°)}=3.3\times10^{-8}\,\mathrm{N\cdot m/(°)}$.

2－36. 带电粒子穿过过饱和蒸气时，在它走过的路径上，过饱和蒸气便凝结成小液滴，从而使得它运动的轨迹（径迹）显示出来，这就是云室的原理。今在云室中有 $B=10000\,\mathrm{Gs}$ 的均匀磁场，观测到一个质子的径迹是圆

弧,半径 $r=20\,\mathrm{cm}$,已知这粒子的电荷为 $1.6\times10^{-19}\,\mathrm{C}$,质量为 $1.67\times10^{-27}\,\mathrm{kg}$,求它的动能。

解:
$$f=evB=m\frac{v^2}{r},\quad 所以\quad mv=eBr;$$
$$E_k=\frac{1}{2}mv^2=\frac{1}{2}m\left(\frac{eBr}{m}\right)^2=\frac{1}{2m}(eBr)^2$$
$$=\frac{(1.6\times10^{-19}\times1.0\times0.20)^2}{2\times1.67\times10^{-27}}\,\mathrm{J}=3.07\times10^{-13}\,\mathrm{J}=1.9\,\mathrm{MeV}.$$

2－37. 测得一太阳黑子的磁场为 $B=4\,000\,\mathrm{Gs}$,问其中电子以(1)$5.0\times10^7\,\mathrm{cm/s}$,(2)$5.0\times10^8\,\mathrm{cm/s}$ 的速度垂直于 $\boldsymbol{B}$ 运动时,受到的洛伦兹力各有多大?回旋半径各有多大?已知电子电荷的大小为 $1.6\times10^{-19}\,\mathrm{C}$,质量为 $9.1\times10^{-31}\,\mathrm{kg}$.

解:(1) $f=evB=(1.6\times10^{-19}\times5.0\times10^5\times0.40)\,\mathrm{N}=3.2\times10^{-14}\,\mathrm{N}$,
$$r=\frac{mv}{eB}=\frac{9.1\times10^{-31}\times5.0\times10^5}{1.6\times10^{-19}\times0.40}\,\mathrm{m}=7.1\times10^{-6}\,\mathrm{m};$$
(2) $f=evB=(1.6\times10^{-19}\times5.0\times10^6\times0.40)\,\mathrm{N}=3.2\times10^{-13}\,\mathrm{N}$,
$$r=\frac{mv}{eB}=\frac{9.1\times10^{-31}\times5.0\times10^6}{1.6\times10^{-19}\times0.40}\,\mathrm{m}=7.1\times10^{-5}\,\mathrm{m}.$$

2－38. 一电子以 $v=3.0\times10^7\,\mathrm{m/s}$ 的速率射入匀强磁场 $\boldsymbol{B}$ 内,它的速度与 $\boldsymbol{B}$ 垂直,$B=10\,\mathrm{T}$. 已知电子电荷 $-e=-1.6\times10^{-19}\,\mathrm{C}$,质量 $m=9.1\times10^{-31}\,\mathrm{kg}$,求这电子所受的洛伦兹力,并与它在地面所受的重力加以比较。

解:
$$f=evB=(1.6\times10^{-19}\times3.0\times10^7\times10)\,\mathrm{N}=4.8\times10^{-11}\,\mathrm{N},$$
$$mg=(9.1\times10^{-31}\times9.8)\,\mathrm{N}=8.9\times10^{-30}\,\mathrm{N},$$
$$\frac{f}{mg}=\frac{4.8\times10^{-11}}{8.9\times10^{-30}}=5.4\times10^{18},$$
电子在磁场中所受的洛伦兹力为其重力的 5.4×10^{18} 倍。

2－39. 已知质子质量 $m=1.67\times10^{-27}\,\mathrm{kg}$,电荷 $e=1.6\times10^{-19}\,\mathrm{C}$,地球半径 $6370\,\mathrm{km}$,地球赤道上地面的磁场 $B=0.32\,\mathrm{Gs}$.

(1) 要使质子绕赤道表面作圆周运动,其动量 p 和能量 E 应有多大?

(2) 若要使质子以速率 $v=1.0\times10^7\,\mathrm{m/s}$ 环绕赤道表面作圆周运动,问地磁场应该有多大?

【提示:相对论中粒子的动量 $\boldsymbol{p}$ 和能量 E 的公式如下:
$$\boldsymbol{p}=m\boldsymbol{v},$$
$$E=mc^2=c\sqrt{p^2+m_0^2c^2},$$
m 和 m_0 的关系见(2.79)式。】

解:(1) $p=mv=eBR$
$$=(1.6\times10^{-19}\times0.32\times10^{-4}\times6.37\times10^6)\,\mathrm{kg\cdot m/s}=3.3\times10^{-17}\,\mathrm{kg\cdot m/s},$$

此时质子的速度已经很接近光速 c，可估计如下：

$$p=\frac{m_0v}{\sqrt{1-(v/c)^2}},$$

$$v=\frac{p}{\sqrt{m_0^2+(p/c)^2}}=\frac{3.3\times10^{-17}}{\sqrt{(1.67\times10^{-27})^2+\left(\frac{3.3\times10^{-17}}{3\times10^8}\right)^2}}\text{m/s}\approx3\times10^8\text{m/s},$$

因此需要考虑相对论效应

$$\begin{aligned}E&=c\sqrt{p^2+(m_0c)^2}\\&=3.0\times10^8\times\left[(3.3\times10^{-17})^2+(1.67\times10^{-27}\times3.0\times10^8)^2\right]^{1/2}\text{J}\\&=9.9\times10^{-9}\text{J}=62\,\text{GeV};\end{aligned}$$

（2）$B=\dfrac{m_0v}{eR}=\dfrac{1.67\times10^{-27}\times1.0\times10^7}{1.6\times10^{-19}\times6.37\times10^6}\text{T}=1.6\times10^{-8}\text{T}=1.6\times10^{-4}\text{Gs}.$

2－40. 在一个显像管里，电子沿水平方向从南到北运动，动能是 1.2×10^4 eV. 该处地球磁场在竖直方向上的分量向下，$\boldsymbol{B}$ 的大小是 0.55 Gs. 已知电子电荷 $-e=-1.6\times10^{-19}$ C，质量 $m=9.1\times10^{-31}$ kg.

（1）电子受地磁的影响往哪个方向偏转？

（2）电子的加速度有多大？

（3）电子在显像管内走 20 cm 时，偏转有多大？

（4）地磁对看电视有没有影响？

解：（1）向东偏。

（2）
$$E=\frac{1}{2}mv^2,$$

所以
$$v=\sqrt{\frac{2E}{m}}=\sqrt{\frac{2\times1.2\times10^4\times1.6\times10^{-19}}{9.1\times10^{-31}}}\text{m/s}=6.50\times10^7\text{m/s};$$

又 $ma=evB$，故

$$a=\frac{evB}{m}=\frac{1.6\times10^{-19}\times6.50\times10^7\times0.55\times10^{-4}}{9.1\times10^{-31}}\text{m/s}^2=6.3\times10^{14}\text{m/s}^2.$$

（3）$s=\dfrac{1}{2}at^2=\dfrac{1}{2}a\left(\dfrac{l}{v}\right)^2=\dfrac{1}{2}\times6.3\times10^{14}\times\left(\dfrac{20\times10^{-2}}{6.50\times10^7}\right)^2\text{m}=2.398\times10^{-3}\text{m}.$

（4）地磁场仅使电子向东偏了 3 mm，相当于视角平移 10^{-3} rad，影响可忽略。

2－41. 如本题图所示，一质量为 m 的粒子带有电量 q，以速度 v 射入磁感应强度为 B 的均匀磁场，$\boldsymbol{v}$ 与 $\boldsymbol{B}$ 垂直；粒子从磁场出来后继续前进。已知磁场区域在 $\boldsymbol{v}$ 方向（即 x 方向）

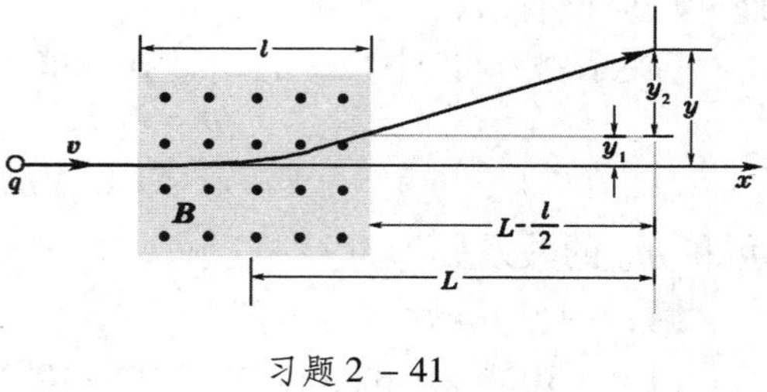

习题 2－41

上的宽度为l，当粒子从磁场出来后在x方向前进的距离为$L-l/2$时，求它的偏转y.

解： 由磁场的方向和粒子轨道的偏离方向可判定该粒子带负电。设该粒子受洛伦兹力偏转向上的加速度为a，则

$$mv=qvB,\quad a=\frac{qvB}{m};\quad 得\quad y_1=\frac{1}{2}at^2=\frac{1}{2}\frac{qvB}{m}\left(\frac{l}{v}\right)^2=\frac{qBl^2}{2mv},$$

而

$$v_1=at=\frac{qvB}{m}\cdot\frac{l}{v}=\frac{qBl}{m},\quad \frac{y_2}{v_1}=\frac{L-l/2}{v},\quad 得\quad y_2=\frac{v_1}{v}\left(L-\frac{l}{2}\right)=\frac{qBl}{mv}\left(L-\frac{l}{2}\right),$$

所以

$$y=y_1+y_2=\frac{qBlL}{mv}.$$

2-42. 一氘核在$B=1.5\,\mathrm{T}$的均匀磁场中运动，轨迹是半径为40 cm的圆周。已知氘核的质量为$3.34\times10^{-27}\,\mathrm{kg}$，电荷为$1.6\times10^{-19}\,\mathrm{C}$.

(1) 求氘核的速度和走半圈所需的时间；

(2) 需要多高的电压才能把氘核从静止加速到这个速度？

解： (1) $R=\dfrac{mv}{qB}$，故 $v=\dfrac{qBR}{m}=\dfrac{1.6\times10^{-19}\times1.5\times0.40}{3.34\times10^{-27}}\,\mathrm{m/s}=2.9\times10^7\,\mathrm{m/s}.$

由于此速度值仅为光速c的十分之一，故可忽略相对论效应，

$$T=\frac{\pi m}{qB}=\frac{3.14\times3.34\times10^{-27}}{1.6\times10^{-19}\times1.5}\,\mathrm{s}=4.4\,\mathrm{s}.$$

(2) $\dfrac{1}{2}mv^2=eU$，故 $U=\dfrac{mv^2}{2e}=\dfrac{3.34\times10^{-27}\times(2.9\times10^7)^2}{2\times1.6\times10^{-19}}\,\mathrm{V}=8.6\times10^6\,\mathrm{V}.$

2-43. 一种质谱仪的构造原理如本题图所示，离子源S产生质量为m、电荷为q的离子，离子产生出来时速度很小，可以看作是静止的；离子产生出来后经过电压U加速，进入磁感应强度为B的均匀磁场，沿着半圆周运动而达到记录它的照相底片P上，测得它在P上的位置到入口处的距离为x. 证明这离子的质量为

$$m=\frac{qB^2}{8U}x^2.$$

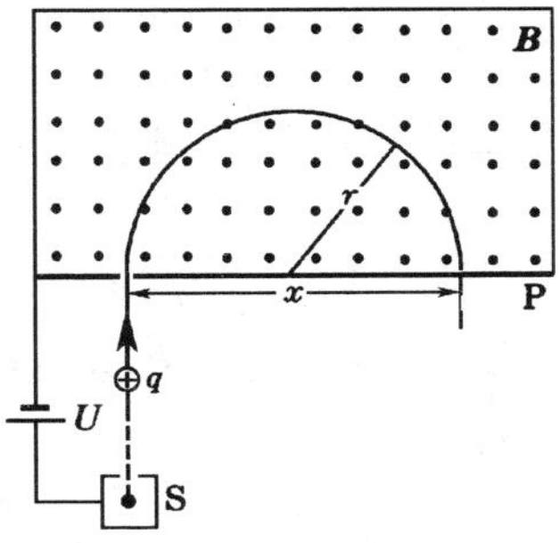

习题 2-43

解： $\dfrac{1}{2}mv^2=qU$，则 $v^2=\dfrac{2qU}{m}$；

$$R=\frac{x}{2}=\frac{mv}{qB},\quad 则\quad \frac{x^2}{4}=\frac{m^2v^2}{q^2B^2}=\frac{2mqU}{q^2B^2},\quad 所以\quad m=\frac{qB^2x^2}{8U}.$$

2-44. 如上题，以钠离子做实验，得到数据如下：加速电压$U=705\,\mathrm{V}$，磁感应强度$B=3\,580\,\mathrm{Gs}$，$x=10\,\mathrm{cm}$. 求钠离子的荷质比q/m.

解： $\dfrac{q}{m}=\dfrac{8U}{B^2x^2}=\dfrac{8\times705}{0.3580^2\times0.10^2}\,\mathrm{C/kg}=4.4\times10^6\,\mathrm{C/kg}.$

2－45. 一回旋加速器D形电极周围的最大半径$R=60\,\text{cm}$,用它来加速质量为$1.67\times10^{-27}\,\text{kg}$、电荷为$1.6\times10^{-19}\,\text{C}$的质子,要把质子从静止加速到4.0 MeV的能量。

(1) 求所需的磁感应强度B;

(2) 设两D形电极间的距离为1.0 cm, 电压为$2.0\times10^4\,\text{V}$,其间电场是均匀的,求加速到上述能量所需的时间。

解: (1) $$\frac{1}{2}mv^2=E,\quad 则\quad v=\sqrt{\frac{2E}{m}};$$

又 $$R=\frac{mv}{qB},\qquad 则\quad B=\frac{mv}{qR}=\frac{\sqrt{2mE}}{qR}$$

$$=\frac{(2\times1.67\times10^{-27}\times4.0\times10^{6}\times1.6\times10^{-19})^{1/2}}{1.6\times10^{-19}\times0.60}\,\text{T}=0.48\,\text{T}.$$

(2) 加速到上述能量所需的时间主要是粒子在D形盒中回旋的时间。每经过一个D形盒回旋的半周期是固定的,等于$\pi m/qB$, 因此加速到上述能量所需的总时间为加速的次数n与半周期的乘积,而加速的次数n等于加速达到的能量除以每次加速获得的能量,因此

$$t=n\cdot\frac{\pi m}{qB}=\frac{4\times10^{6}}{2\times10^{4}}\cdot\frac{3.14\times1.67\times10^{-27}}{1.6\times10^{-19}\times0.48}\,\text{s}=1.4\times10^{-5}\,\text{s}.$$

2－46. 一电子在$B=20\,\text{Gs}$的磁场里沿半径$R=20\,\text{cm}$的螺旋线运动。螺距$h=5.0\,\text{cm}$,如本题图。已知电子的荷质比$e/m=1.76\times10^{11}\,\text{C/kg}$. 求这电子的速度。

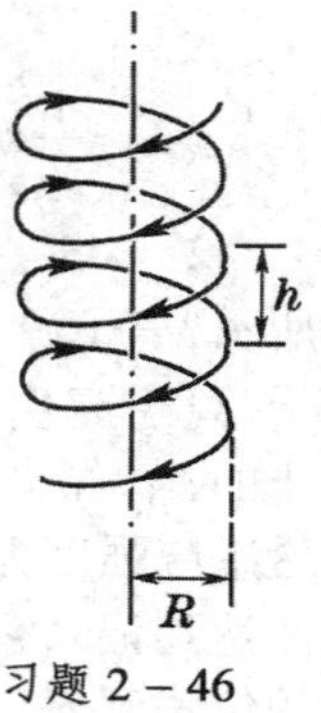

习题 2－46

解: $$h=\frac{2\pi mv_{/\!/}}{qB},\qquad 得\quad v_{/\!/}=\frac{hB}{2\pi}\left(\frac{q}{m}\right)$$

$$=\left(\frac{5.0\times10^{-2}\times20\times10^{-4}}{2\pi}\times1.76\times10^{11}\right)\text{m/s}=2.8\times10^{6}\,\text{m/s};$$

$$R=\frac{mv_{\perp}}{qB},\qquad 得\quad v_{\perp}=\frac{q}{m}\cdot RB$$

$$=(1.76\times10^{11}\times0.20\times20\times10^{-4})\,\text{m/s}=7.04\times10^{7}\,\text{m/s};$$

所以 $$v=\sqrt{v_{/\!/}^2+v_{\perp}^2}=7.05\times10^{7}\,\text{m/s}.$$

2－47. 本题图是微波技术中用的一种磁控管的示意图。一群电子在垂直于磁场B的平面内作圆周运动。在运行过程中它们时而接近电极1,时而接近电极2,从而使两电极间的电势差作周期性变化。试证明电压变化的频率为$eB/2\pi m$,电压的幅度为

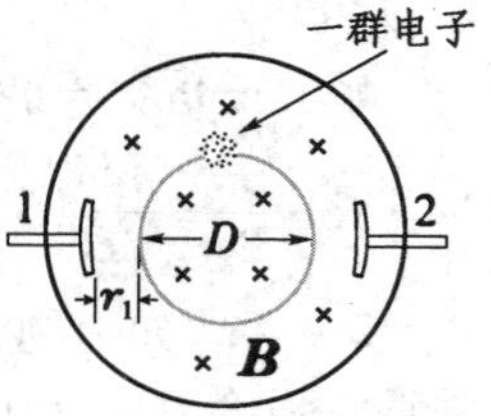

习题 2－47

$$U_0=\frac{Ne}{4\pi\varepsilon_0}\left(\frac{1}{r_1}-\frac{1}{r_1+D}\right),$$

式中 e 是电子电荷的绝对值，m 是电子的质量，D 是圆形轨道的直径，r_1 是电子群最靠近某一电极时的距离，N 是这群电子的数目。

解： 电子群在磁场中的回旋运动造成两电极间的电压作周期性变化，电压变化的周期与电子群回旋运动的周期相同，因此电压变化的频率为

$$\nu=\frac{1}{T}=\frac{eB}{2\pi m}.$$

当电子群在图中左边处，它在电极 1 处产生的电势为 $U_1=\frac{1}{4\pi\varepsilon_0}\frac{Ne}{r_1}$，它在电极 2 处产生的电势为 $U_2=\frac{1}{4\pi\varepsilon_0}\frac{Ne}{r_1+D}$，因此两极的电势差为

$$U_0=\frac{Ne}{4\pi\varepsilon_0}\left(\frac{1}{r_1}-\frac{1}{r_1+D}\right),$$

它也就是电压变化的幅度。

2－48. 在空间有互相垂直的均匀电场 $\boldsymbol{E}$ 和均匀磁场 $\boldsymbol{B}$，$\boldsymbol{B}$ 沿 x 方向，$\boldsymbol{E}$ 沿 z 方向，一电子开始时以速度 $\boldsymbol{v}$ 沿 y 方向前进（见本题图），问电子运动的轨迹如何？

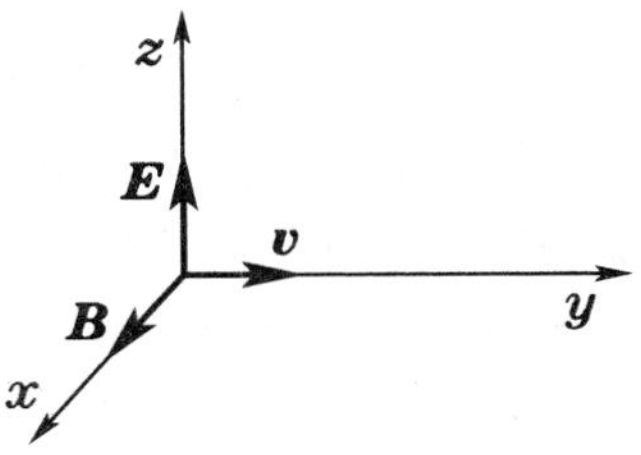

习题 2－48

解： 如图，设电子质量为 m，电荷为 $-e$，电场和磁场分别为

$$\boldsymbol{E}=\{0,0,E\},\quad \boldsymbol{B}=\{B,0,0\}.$$

初始条件为 $t=0$ 时电子在坐标原点处，有

$$x_0=y_0=z_0=0,$$

$$\left(\frac{\mathrm{d}x}{\mathrm{d}t}\right)_0=0,\quad \left(\frac{\mathrm{d}y}{\mathrm{d}t}\right)_0=v_0,\quad \left(\frac{\mathrm{d}z}{\mathrm{d}t}\right)_0=0.$$

电子的运动方程为

$$m\frac{\mathrm{d}^2\boldsymbol{r}}{\mathrm{d}t^2}=-e\boldsymbol{E}-e\frac{\mathrm{d}\boldsymbol{r}}{\mathrm{d}t}\times\boldsymbol{B}$$

写出分量式

$$m\frac{\mathrm{d}^2x}{\mathrm{d}t^2}=0,\qquad ①$$

$$m\frac{\mathrm{d}^2y}{\mathrm{d}t^2}=-eB\frac{\mathrm{d}z}{\mathrm{d}t},\qquad ②$$

$$m\frac{\mathrm{d}^2z}{\mathrm{d}t^2}=eB\frac{\mathrm{d}y}{\mathrm{d}t}-eE,\qquad ③$$

由 ① 式和初始条件得 $x=0$，表面电子始终在 yz 平面内运动。

将 ② 式对时间积分，并利用初始条件得

$$m\frac{\mathrm{d}y}{\mathrm{d}t}=mv_0-eBz,\qquad ④$$

将 ④ 式代入 ③ 式，得

$$m\frac{\mathrm{d}^2z}{\mathrm{d}t^2}=-\frac{e^2B^2}{m}\left(z+\frac{mE}{eB^2}-\frac{mv_0}{eB}\right),$$

由于$\left(\frac{mE}{eB^2}-\frac{mv_0}{eB}\right)$为常量，可另设变量$\zeta=z+\frac{mE}{eB^2}-\frac{mv_0}{eB}$,则这一$\zeta$满足的微分方程为一简谐振动方程,其解的形式为$\zeta=A\cos\left(\frac{eB}{m}t+\varphi_0\right)$，利用初始条件可解出

$$z=\frac{m}{eB}\left(v_0-\frac{E}{B}\right)\left(1-\cos\frac{eB}{m}t\right), \quad ⑤$$

将此式中的z代入④式，得

$$m\frac{\mathrm{d}y}{\mathrm{d}t}=m\left(v_0-\frac{E}{B}\right)\cos\frac{eB}{m}t+\frac{mE}{B},$$

积分之,并利用初始条件,得

$$y=\frac{m}{eB}\left(v_0-\frac{E}{B}\right)\sin\frac{eB}{m}t+\frac{E}{B}t, \quad ⑥$$

⑤式和⑥式表明，电子运动轨迹在yz平面内是一条摆线(旋轮线)。

2－49. 一铜片厚为$d=1.0\,\mathrm{mm}$,放在$B=1.5\,\mathrm{T}$的磁场中，磁场方向与铜片表面垂直(见本题图)。已知铜片里每立方厘米有8.4×10^{22}个自由电子,每个电子电荷的大小为$e=1.6\times10^{-19}\,\mathrm{C}$,当铜片中有$I=200\,\mathrm{A}$的电流时,

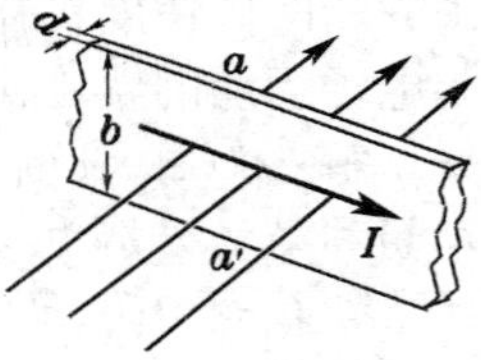

习题2－49

(1) 求铜片两边的电势差$U_{aa'}$;

(2) 铜片宽度b对$U_{aa'}$有无影响？为什么？

解：(1) $U_{aa'}=\frac{1}{-Ne}\frac{IB}{d}=-\frac{200\times1.5}{8.4\times10^{22}\times10^6\times1.6\times10^{19}\times1.0\times10^{-3}}\,\mathrm{V}$

$=-2.2\times10^{-5}\,\mathrm{V}=-22\,\mu\mathrm{V}.$

(2) 宽度b对$U_{aa'}$无影响,在最后表达式中$U_{aa'}$与b无关。

2－50. 一块半导体样品的体积为$a\times b\times c$,如本题图所示,沿x方向有电流I,在z轴方向加有均匀磁场$\boldsymbol{B}$. 实验数据为$a=0.10\,\mathrm{cm}$, $b=0.35\,\mathrm{cm}$, $c=1.0\,\mathrm{cm}$, $I=1.0\,\mathrm{mA}$, $B=3000\,\mathrm{Gs}$,片两侧的电势差$U_{\mathrm{AA'}}=6.55\,\mathrm{mV}$.

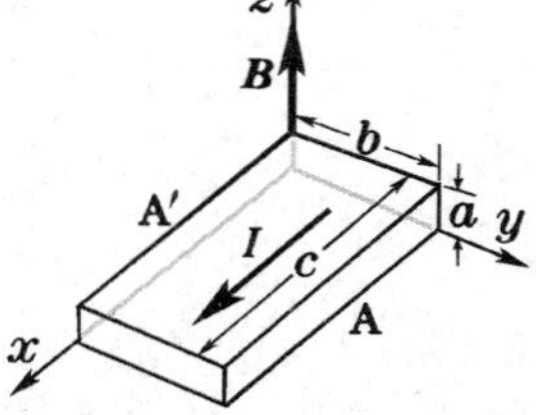

习题2－50

(1) 问这半导体是正电荷导电(P型)还是负电荷导电(N型)?

(2) 求载流子浓度(即单位体积内参加导电的带电粒子数)。

解：(1) 根据霍尔电压的极性可知半导体是N型的,负电荷导电。

（2）
$$U_{AA'}=\frac{1}{ne}\frac{IB}{a},$$

$$n=\frac{IB}{eaU_{AA'}}=\frac{1.0\times10^{-3}\times0.30}{1.6\times10^{-19}\times0.10\times10^{-2}\times6.55\times10^{-3}}\frac{1}{\mathrm{m}^3}$$
$$=2.9\times10^{20}/\mathrm{m}^3=2.9\times10^{14}/\mathrm{cm}^3.$$

第三章　电磁感应　电磁场的相对论变换

3－1. 一横截面积为 $S=20\,\mathrm{cm}^2$ 的空心螺绕环，每厘米长度上绕有 50 匝，环外绕有 5 匝的副线圈，副线圈与电流计串联，构成一个电阻为 $R=2.0\,\Omega$ 的闭合回路。今使螺绕环中的电流每秒减少 20 A，求副线圈中的感应电动势 $\mathscr{E}$ 和感应电流。

解： $\Phi=BS=\mu_0 nIS$，　所以　$\mathscr{E}=-N\dfrac{\mathrm{d}\Phi}{\mathrm{d}t}=-N\mu_0 nS\dfrac{\mathrm{d}I}{\mathrm{d}t}$

$=-5\times4\times3.14\times10^{-7}\times50\times10^2\times20\times10^{-4}\times(-20)\,\mathrm{V}=1.3\times10^{-3}\,\mathrm{V}=1.3\,\mathrm{mV}$；

$$I=\frac{\mathscr{E}}{R}=\frac{1.3\times10^{-3}}{2.0}\,\mathrm{A}=6.3\times10^{-4}\,\mathrm{A}=0.63\,\mathrm{mA}.$$

3－2. 一正方形线圈每边长 100 mm，在地磁场中转动，每秒转 30 圈；转轴通过中心并与一边平行，且与地磁场 $\boldsymbol{B}$ 垂直。

（1）线圈法线与地磁场 $\boldsymbol{B}$ 的夹角为什么值时，线圈中产生的感应电动势最大？

（2）设地磁场的 $B=0.55\,\mathrm{Gs}$，这时要在线圈中最大产生 10 mV 的感应电动势，求线圈的匝数 N.

解：（1）线圈法线与地磁场 $\boldsymbol{B}$ 的夹角 $\theta=\pi/2$ 或 $3\pi/2$ 时，线圈中产生的感应电动势最大。

（2）
$$\mathscr{E}=-\frac{\mathrm{d}\Phi}{\mathrm{d}t}=NBS\omega\sin\omega t,$$

$$N=\frac{\mathscr{E}_{\mathrm{m}}}{BS\omega}=\frac{10\times10^{-3}}{0.55\times10^{-4}\times0.100^2\times2\times3.14\times30}=97.$$

3－3. 如本题图所示，一很长的直导线有交变电流 $i(t)=I_0\sin\omega t$，它旁边有一长方形线圈 $ABCD$，长为 l，宽为 $(b-a)$，线圈和导线在同一平面内。求：

（1）穿过回路 $ABCD$ 的磁通量 Φ；

（2）回路 $ABCD$ 中的感应电动势 $\mathscr{E}$.

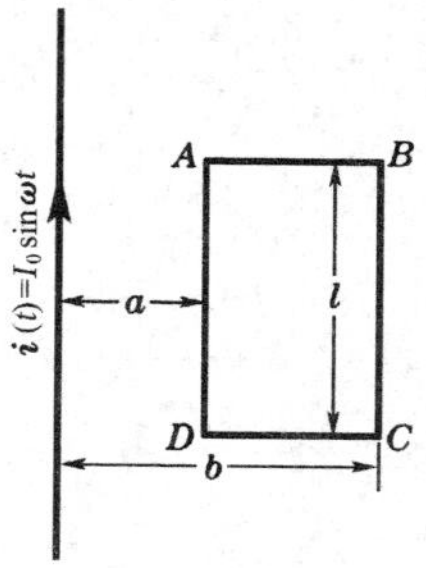

习题 3－3

解：（1）$B=\dfrac{\mu_0 i}{2\pi r}=\dfrac{\mu_0 I_0}{2\pi r}\sin\omega t$，

$$\Phi=\int_a^b\frac{\mu_0 I_0 l}{2\pi r}\mathrm{d}r\sin\omega t=\frac{\mu_0 I_0 l}{2\pi}\left(\ln\frac{b}{a}\right)\sin\omega t.$$

（2）
$$\mathscr{E}=-\frac{\mathrm{d}\Phi}{\mathrm{d}t}=-\frac{\mu_0 l\omega}{2\pi}\left(\ln\frac{b}{a}\right)I_0\cos\omega t.$$

3－4. 一长直导线载有 5.0 A 的直流电流，旁边有一个与它共面的矩形线圈，长 $l=20\,\mathrm{cm}$，$a=10\,\mathrm{cm}$，$b=20\,\mathrm{cm}$，如本题图所示；线圈共有 $N=1000$ 匝，以 $v=3.0\,\mathrm{m/s}$ 的速度离开直导线。求图示位置的感应电动势的大小和方向。

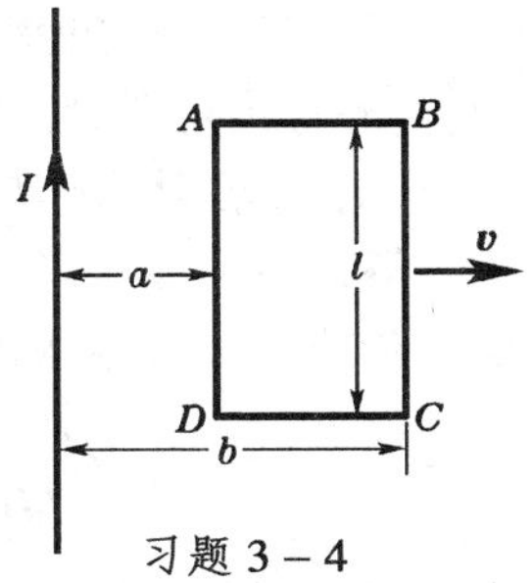

习题 3－4

解： 设右边的矩形线圈的中心在 x 处，矩形线圈的短边为 $2c$，则 $a=x-c$，$b=x+c$，利用上题结果，

$$\Phi=\frac{\mu_0 I l}{2\pi}\ln\frac{x+c}{x-c},$$

$$\mathscr{E}=-N\frac{\mathrm{d}\Phi}{\mathrm{d}t}=-\frac{\mu_0 N I l}{2\pi}\cdot\frac{x-c}{x+c}\cdot\frac{x-c-(x+c)}{(x-c)^2}\cdot\frac{\mathrm{d}x}{\mathrm{d}t}=\frac{\mu_0 N I l}{2\pi}\cdot\frac{b-a}{ab}\cdot v$$

$$=\frac{4\pi\times10^{-7}\times1000\times5.0\times0.20\times0.10\times3.0}{2\pi\times0.10\times0.20}\mathrm{V}=3.0\times10^{-3}\mathrm{V}=3.0\,\mathrm{mV}.$$

3－5. 如本题图，电流为 I 的长直导线附近有正方形线圈绕中心轴 OO' 以匀角速度 ω 旋转，求线圈中的感应电动势。已知正方形边长为 $2a$，OO' 轴与长导线平行，相距为 b.

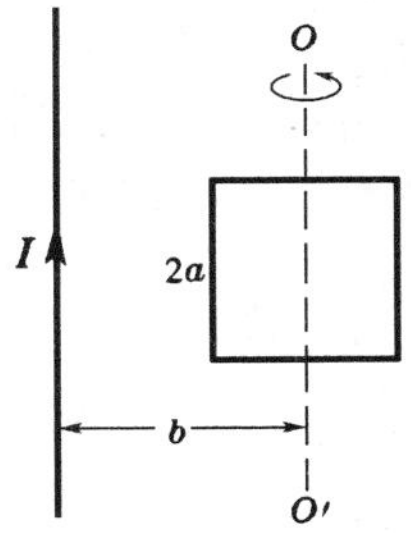

习题 3－5

解： 画出原题的顶视图如右，穿过线圈 CD 的磁感应通量也就是穿过 $C'D'$ 的磁感应通量。设线圈方位角为 $\alpha=\omega t$，于是通过线圈的磁感应通量为

$$\Phi=\int_{a_1}^{a_2}\frac{\mu_0 I}{2\pi r}\cdot2a\cdot\mathrm{d}r=\frac{\mu_0 I a}{\pi}\ln\frac{a_2}{a_1},$$

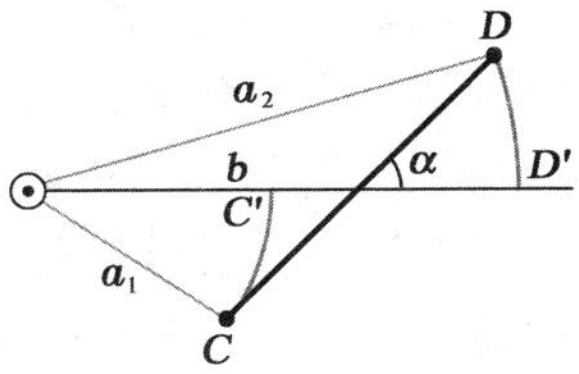

式中

$$a_1=a^2+b^2-2ab\cos\alpha$$
$$=a^2+b^2-2ab\cos\omega t,$$
$$a_2=a^2+b^2+2ab\cos\alpha$$
$$=a^2+b^2+2ab\cos\omega t,$$

所以 $$\Phi=\frac{\mu_0 I a}{2\pi}\ln\frac{a^2+b^2+2ab\cos\omega t}{a^2+b^2-2ab\cos\omega t},$$

$$\mathscr{E}=\frac{\mu_0 I a^2 b\omega}{\pi}\left(\frac{1}{a^2+b^2+2ab\cos\omega t}+\frac{1}{a^2+b^2-2ab\cos\omega t}\right)\sin\omega t.$$

3－6. 本题图中导体棒 AB 与金属轨道 CA 和 DB 接触，整个线框放在 $B=0.50\,\mathrm{T}$ 的均匀磁场中，磁场方向与图画垂直。

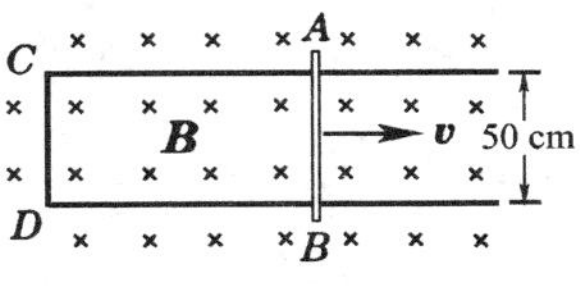

习题 3－6

(1) 若导体棒以 $4.0\,\mathrm{m/s}$ 的速度向右运动，求棒内感应电动势的大小和方向；

(2) 若导体棒运动到某一位置时,电路的电阻为0.20Ω,求此时棒所受的力。摩擦力可不计。

(3) 比较外力作功的功率和电路中所消耗的热功率。

解: (1) $\mathscr{E}=vBl=(4.0\times0.50\times0.50)\text{V}=1.0\text{V}$,
电动势的方向为导体棒上从 B 到 A;

(2)
$$I=\mathscr{E}/R=(1.0/0.20)\text{A}=5.0\text{A},$$
$$f=IBl=(50\times0.50\times0.50)\text{N}=1.3\text{N};$$

(3) 外力作功的功率和电路中所消耗的热功率分别为
$$P=fv=(1.3\times4.0)\text{W}=5.0\text{W},$$
$$P_{热}=I^2R=(5.0^2\times0.2)\text{W}=5.0\text{W};$$
这表明,电路内消耗的焦耳热的能量来源是外力克服感应电流在磁场中受到的安培力所作的功。

3-7. 闭合线圈共有 N 匝,电阻为 R. 证明:当通过这线圈的磁通量改变 $\Delta\Phi$ 时,线圈内流过的电荷量为
$$\Delta q=\frac{N\Delta\Phi}{R}.$$

解:
$$|\mathscr{E}|=N\frac{\mathrm{d}\Phi}{\mathrm{d}t}=IR,\quad 所以\quad N\mathrm{d}\Phi=IR\mathrm{d}t=R\mathrm{d}q;$$
两边积分,得
$$\Delta q=\frac{N\Delta\Phi}{R}.$$

3-8. 本题图所示为测量螺线管中磁场的一种装置。把一个很小的测量线圈放在待测处,这线圈与测量电荷量的冲击电流计G串联。冲击电流计是一种可测量迁移过它的电荷量的仪器。当用反向开关K使螺线管的电流反向时,测量线圈中就产生感应电动势,从而产生电荷量 Δq 的迁移;由G测出 Δq 就可以算出测量线圈所在处的 B. 已知测量线圈有2000匝,它的直径为2.5cm,它和G串联回路的电阻为1000Ω,在K反向时测得 $\Delta q=2.5\times10^{-7}$C. 求被测处的磁感应强度。

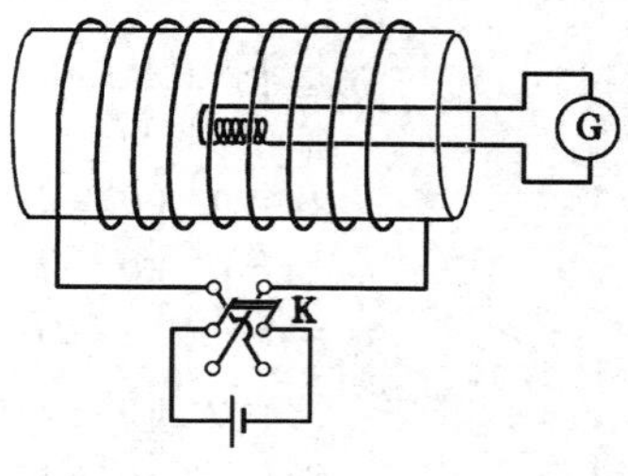

习题3-8

解: 利用上一题的结果,得
$$\Delta q=\frac{N\Delta\Phi}{R}=\frac{N\cdot2\Phi}{R}=\frac{2NBS}{R},$$
$$B=\frac{R\Delta q}{2NS}=\frac{1000\times2.5\times10^{-7}}{2\times2000\times3.14\times(2.5\times10^{-2}/2)^2}\text{T}=1.3\times10^{-4}\text{T}=1.3\text{Gs}.$$

3－9. 如本题图所示，线圈 $abcd$ 放在 $B=6.0\times10^3$Gs 的均匀磁场中，磁场方向与线圈平面法线的夹角 $\alpha=60°$，ab 长1.0m，可左右运动。今使 ab 以 $v=5.0$m/s 的速度向右运动，求感应电动势的大小及感应电流的方向。

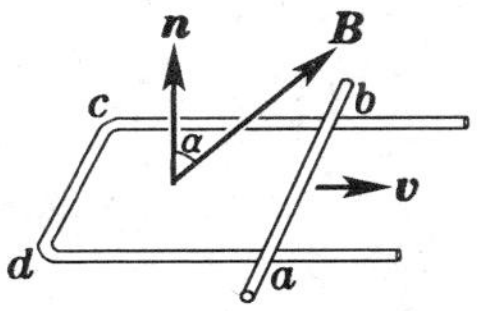

习题 3－9

解： $\mathscr{E}=\int(\boldsymbol{v}\times\boldsymbol{B})\cdot\mathrm{d}\boldsymbol{l}=\int vB\sin30°\mathrm{d}l=\frac{1}{2}vBl$

$$=\left(\frac{1}{2}\times5.0\times0.60\times1.0\right)\text{V}=1.5\text{V},$$

感应电流的方向沿 $badc$.

3－10. 两段导线 $ab=bc=10$cm，在 b 处相接而成30°角。若使导线在匀强磁场中以速率 $v=1.5$m/s 运动，方向如本题图所示，磁场方向垂直图面向内，$B=2.5\times10^2$Gs，问 ac 间的电势差是多少？哪一端的电势高？

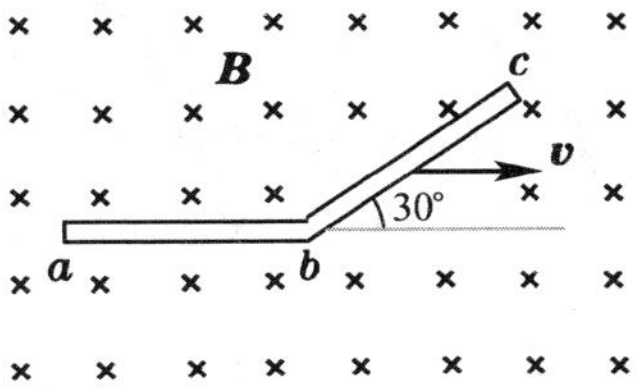

习题 3－10

解： $U_{ac}=-\mathscr{E}=-\int(\boldsymbol{v}\times\boldsymbol{B})\cdot\mathrm{d}\boldsymbol{l}$

$$=-\int_b^c vB\cos60°\mathrm{d}l=-\frac{1}{2}vBl=-\left(\frac{1}{2}\times1.5\times2.5\times10^{-2}\times0.10\right)\text{V}=-1.9\text{V},$$

c 点电势高。

3－11. 如本题图，金属棒 ab 以 $v=2.0$m/s 的速率平行于一长直导线运动，此导线内有电流 $I=40$ A. 求棒中感应电动势的大小。哪一端的电势高？

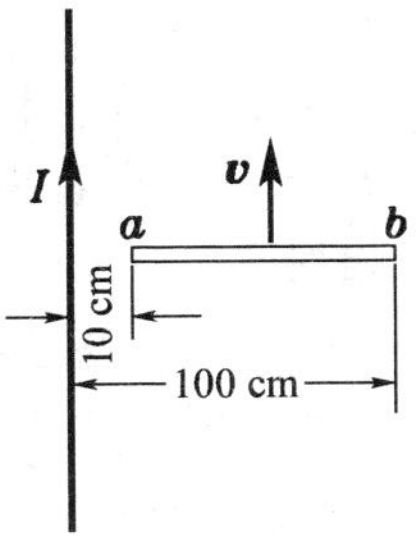

解： $\mathscr{E}=\int_a^b(\boldsymbol{v}\times\boldsymbol{B})\cdot\mathrm{d}\boldsymbol{l}=-\int_a^b v\cdot\frac{\mu_0 I}{2\pi r}\mathrm{d}r=-\frac{\mu_0 vI}{2\pi}\ln\frac{b}{a}$

$$=-\left(\frac{4\pi\times10^{-7}\times2.0\times40}{2\pi}\ln\frac{100}{10}\right)\text{V}=-3.7\times10^{-5}\text{V},$$

a 端电势高。

3－12. 如本题图，一金属棒长为0.50m水平放置，以长度的1/5 处为轴，在水平面内旋转，每秒转两转。已知该处地磁场在竖直方向上的分量 $B_\perp=0.50$Gs，求 a、b 两端的电势差。

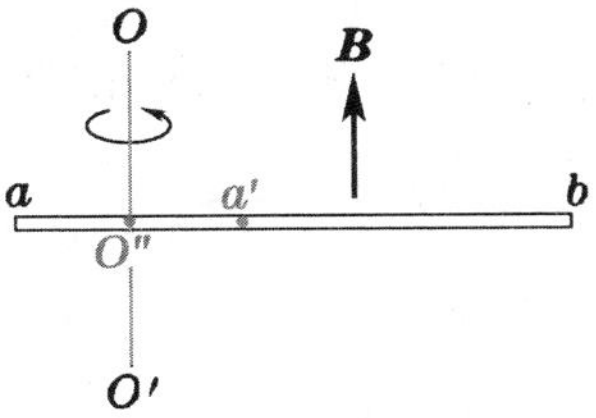

习题 3－12

解： 在图中棒上轴的右边取一点 a'，使它到轴的距离等于 a 点到轴的距离。这两段导体棒旋转时速度方向相反。它们所产生的动生电动势大小相等，方向相反，

相互抵消，因此

$$U_{ab}=-\mathscr{E}_{a'b}=-\int_{a'}^{b}(\boldsymbol{v}\times\boldsymbol{B})\cdot\mathrm{d}\boldsymbol{l}=-\frac{1}{2}\omega B\left(\overline{O''b}^{\,2}-\overline{O''a'}^{\,2}\right)$$

$$=-\left[\frac{1}{2}\times2\pi\times2\times0.50\times10^{-4}\times(0.40^2-0.10^2)\right]\mathrm{V}=-4.7\times10^{-5}\mathrm{V}.$$

3－13. 只有一根辐条的轮子在均匀外磁场 $\boldsymbol{B}$ 中转动，轮轴与 $\boldsymbol{B}$ 平行，如本题图所示。轮子和辐条都是导体，辐条长为 R，轮子每秒转 N 圈。两根导线 a 和 b 通过各自的刷子分别与轮轴和轮边接触。

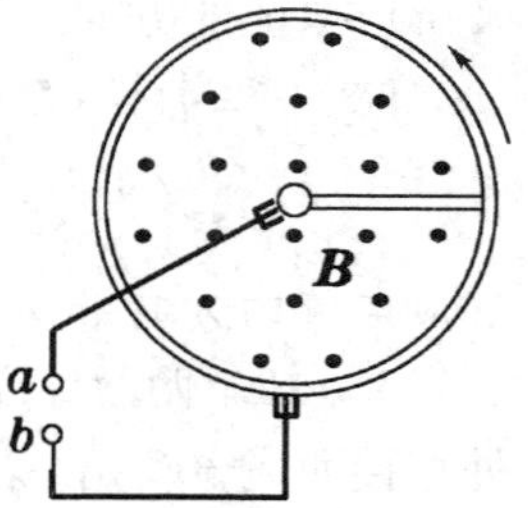

习题 3－13

（1）求 a、b 间的感应电动势 $\mathscr{E}$；

（2）若在 a、b 间接一个电阻，使辐条中的电流为 I，问 I 的方向如何？

（3）求这时磁场作用在辐条上的力矩的大小和方向；

（4）当轮反转时，I 是否也会反向？

（5）若轮子的辐条是对称的两根或更多根，结果如何？

解：（1）$\mathscr{E}=\int(\boldsymbol{v}\times\boldsymbol{B})\cdot\mathrm{d}\boldsymbol{l}=\int_0^R\omega lB\,\mathrm{d}l=\frac{1}{2}\omega BR^2=\pi NBR^2$，

（2）辐条中电流的方向为从中心到边缘。

（3）$L=\int_0^R l\cdot IB\,\mathrm{d}l=\frac{1}{2}IBR^2$，　方向垂直图面向里。

（4）电流也相反。

（5）因为各辐条上的感应电动势为并联，故感应电动势与单根辐条情形相同。

3－14. 法拉第圆盘发电机是一个在磁场中转动的导体圆盘。设圆盘的半径为 R，它的轴线与均匀外磁场 $\boldsymbol{B}$ 平行，它以角速度 ω 绕轴线转动，如本题图所示。

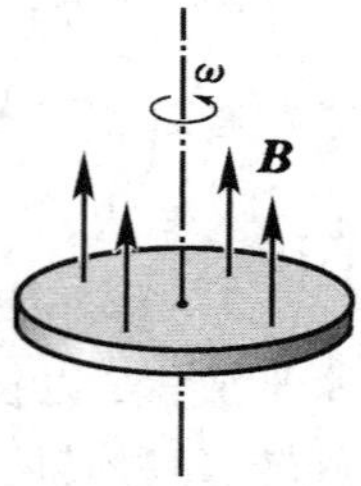

习题 3－14

（1）求盘边与盘心间的电势差 U；

（2）当 $R=15\,\mathrm{cm}$，$B=0.60\,\mathrm{T}$，转速为每秒 30 圈时，U 等于多少？

（3）盘边与盘心哪处电势高？当盘反转时，它们电势的高低是否也会反过来？

解：（1）$U=\mathscr{E}=\int(\boldsymbol{v}\times\boldsymbol{B})\cdot\mathrm{d}\boldsymbol{l}=\int_0^R\omega lB\,\mathrm{d}l=\frac{1}{2}\omega BR^2$；

（2）$U=\frac{1}{2}\omega BR^2=\left(\frac{1}{2}\times2\pi\times30\times0.60\times0.15^2\right)\mathrm{V}=1.3\,\mathrm{V}$；

已（3）盘边缘的电势高；盘反转时盘心的电势高。

3－15. 已知在电子感应加速器中,电子加速的时间是4.2ms, 电子轨道内最大磁通量为1.8Wb,试求电子沿轨道绕行一周平均获得的能量。若电子最终获得的能量为100MeV,电子绕了多少周?若轨道半径为84cm,电子绕行的路程有多少?

解: 设电子感应加速器中磁场的增加是线性的,电子加速 N 圈总的经历时间为 $N\mathrm{d}t=4.2\,\mathrm{ms}$, 电子轨道内磁通量从0增加到最大 $\Phi_{\mathrm{m}}=1.8\,\mathrm{Wb}$, 因此加速一圈经历的电动势为

$$\mathscr{E}=\frac{\mathrm{d}\Phi}{\mathrm{d}t}=\frac{\Delta\Phi/N}{\mathrm{d}t}=\frac{\Phi_{\mathrm{m}}}{N\mathrm{d}t}=\frac{1.8}{4.2\times10^{-3}}\,\mathrm{V}=4.3\times10^{2}\,\mathrm{V};$$

电子经一圈加速获得的能量则为 $4.3\times10^{2}\,\mathrm{eV}$.

于是,电子最终绕的圈数为

$$N=\frac{100\times10^{6}}{4.3\times10^{2}}=2.3\times10^{5},$$

电子绕行的路径为

$$s=N\cdot2\pi R=(2.3\times10^{5}\times2\times3.14\times0.84)\,\mathrm{m}=1.2\times10^{6}\,\mathrm{m}.$$

3－16. 如本题图所示,一对同轴圆柱形导体,半径分别为 a 和 b, 内柱载有沿柱轴 z 方向的电流 I,电流沿外柱流回。

(1) 求两柱之间区域内的磁矢势表达式;

(2) 一电子从内柱以速率 v_0 垂直于柱轴出发,这电子能达到外柱的最小 v_0 值为多少?

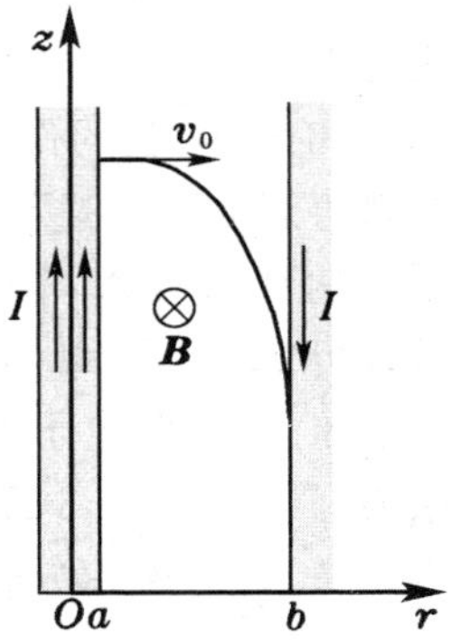

习题 3－16

解: (1) 根据(2.52)式, $\oint \boldsymbol{A}\cdot\mathrm{d}\boldsymbol{l}=\iint \boldsymbol{B}\cdot\mathrm{d}\boldsymbol{S}$,

选择矩形回路,其四条边为 l_1、l_2、l_3、l_4, 其中 l_1 在 r 处, l_2、l_4 垂直轴线, l_3 在 $r=a$ 处, 回路绕行方向为顺时针方向, 并选定 $r=a$ 处 $A=0$, 有

$$\oint \boldsymbol{A}\cdot\mathrm{d}\boldsymbol{l}=\int_{(l_1)}\boldsymbol{A}\cdot\mathrm{d}\boldsymbol{l}+\int_{(l_2)}\boldsymbol{A}\cdot\mathrm{d}\boldsymbol{l}+\int_{(l_3)}\boldsymbol{A}\cdot\mathrm{d}\boldsymbol{l}+\int_{(l_4)}\boldsymbol{A}\cdot\mathrm{d}\boldsymbol{l}=Al_1,$$

$$\iint \boldsymbol{B}\cdot\mathrm{d}\boldsymbol{S}=\int_a^r\frac{\mu_0 I}{2\pi r}l_1\,\mathrm{d}r=\frac{\mu_0 I}{2\pi}l_1\ln\frac{r}{a},$$

所以 $$A=\frac{\mu_0 I}{2\pi}\ln\frac{r}{a},\quad \boldsymbol{A}\text{ 的方向由上指向下。}$$

于是可写成

$$\boldsymbol{A}=-\hat{\boldsymbol{z}}\frac{\mu_0 I}{2\pi}\ln\frac{r}{a},$$

$\hat{\boldsymbol{z}}$ 为 z 方向的单位矢量,与 z 轴平行。

(2) 电磁场中带电粒子的哈密顿量(柱坐标形式)为

$$H=\frac{1}{2m}\left[(p_r-eA_r)^2+\frac{1}{r^2}(p_\theta-eA_\theta)^2+(p_z-eA_z)^2\right]+e\varphi,$$

式中 $e<0$，由于只有磁场，标势 $\varphi=0$，而 $A_r=A_\theta=0$，$A_z=-\frac{\mu_0 I}{2\pi}\ln\frac{r}{a}$，哈密顿量与 z 无关。正则方程 $\dot{p}_z=-\frac{\partial H}{\partial z}=0$，相应的正则动量守恒，

$$p_z=mv_z+eA_z=mv_z-\frac{e\mu_0 I}{2\pi}\ln\frac{r}{a}=\text{常量}\ C,$$

在 $r=a$ 处，$v_z=0$，$A_z=0$，故上式中常量 $C=0$.

对于刚好到达外柱面的电子，在 $r=b$ 处 $v_r=0$，存在唯一的速度分量 $v_z=-v_0$（因为磁场对电荷的洛伦兹力不作功，电荷的动能守恒），代入上式得

$$v_0=\frac{|e|\mu_0 I}{2\pi m}\ln\frac{b}{a}.$$

3－17. 柱形磁控管如本题图所示，设内、外柱半径分别为 a 和 b. 两极间加电压 U_0，处于轴向匀强磁场 B 中。电子以可忽略的初速从阴极 K 出发，它一方面在径向电场的作用下加速，同时在磁场的作用下偏转，电子将沿心脏线轨迹运动。当磁场超过某临界值 B_c 时，电子不能达到阳极 A. 因 B_c 与荷质比 e/m 有关，1921 年 A. W. Hull 首先用此法测量了电子的荷质比。试证明电子的荷质比与临界磁场的关系为

$$\frac{e}{m}=\frac{8U_0}{b^2B_c^{\ 2}}\frac{1}{\left(1-\frac{a^2}{b^2}\right)^2}.$$

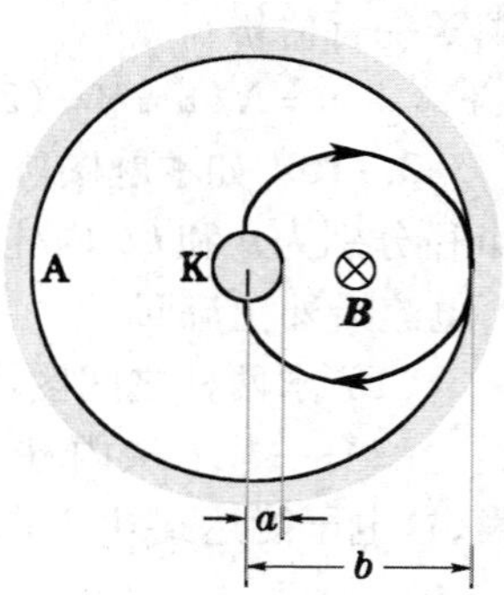

习题 3－17

解： 在本题中标势 $\varphi=\varphi(r)$，B 均匀沿轴向，因此由(2.52)式

$$A\cdot 2\pi r=B\cdot\pi r^2,\quad \text{所以}\quad A=\frac{1}{2}Br,\text{方向沿}\ -\theta\ \text{方向。}$$

于是可写成

$$A_\theta=-\frac{1}{2}Br,\quad A_r=A_z=0.$$

由于哈密顿量 H 与 θ 无关，从而由正则方程 $\dot{p}_\theta=-\frac{\partial H}{\partial\theta}=0$，相应的正则动量守恒，

$$p_\theta=r(mv_\theta+A_\theta)=r(mv_\theta-\frac{1}{2}eBr)=\text{常量}\ C,$$

在 $r=a$ 处 $v_r=0$，$v_\theta=0$，故上式中 $C=-\frac{1}{2}eBa^2$.

当磁场超过某一临界值 B_c 时，电子不再能达到阳极 A，由此 $r=b$，$v_r=0$，唯一的速度分量 $v_\theta=\sqrt{\frac{2|e|U}{m}}$，代入上式，得

$$b\left(m\sqrt{\frac{2|e|U}{m}}-\frac{1}{2}eB_cb\right)=-\frac{1}{2}eB_ca^2,\quad 得\quad \frac{|e|}{m}=\frac{8U}{b^2B_c^2}\cdot\frac{1}{(1-a^2/b^2)^2}.$$

3－18. 证明 $E^2-c^2B^2$ 和 $\boldsymbol{B}\cdot\boldsymbol{E}$ 是洛伦兹变换下的不变量。由此可以推论：

（1）如果在一个参考系中 $E>cB$，则在任意其它参考系中也有 $E>cB$；

（2）如果在一个参考系中 $\boldsymbol{E}$ 和 $\boldsymbol{B}$ 正交，则在任意其它参考系中，它们也正交；

（3）如果在一个参考系中 $\boldsymbol{E}$ 和 $\boldsymbol{B}$ 之间的夹角为锐角（或钝角），则在任意其它参考系中，它们之间的夹角也是锐角（或钝角）。

解： 利用电磁场的逆变换公式(3.55)，并注意到 $\gamma^2(1-v^2/c^2)=1$，则

$$E^2-c^2B^2=E_x^2+E_y^2+E_z^2-c^2(B_x^2+B_y^2+B_z^2)$$

$$=E_x'^2+\gamma^2(E_y'+vB_z')^2+\gamma^2(E_z'-vB_y')^2$$
$$-c^2\left[B_x'^2+\gamma^2\left(B_y'-\frac{v}{c^2}E_z'\right)^2+\gamma^2\left(B_z'+\frac{v}{c^2}E_y'\right)^2\right]$$
$$=E_x'^2+\gamma^2(E_y'^2+2vE_y'B_z'+v^2B_z'^2)+\gamma^2(E_z'^2-2vE_z'B_y'+v^2B_y'^2)$$
$$-c^2\left[B_x'^2+\gamma^2\left(B_y'^2-2\frac{v}{c^2}B_y'E_z'+\frac{v^2}{c^4}E_z'^2\right)+\gamma^2\left(B_z'^2+2\frac{v}{c^2}B_z'E_y'+\frac{v^2}{c^4}E_y'^2\right)\right]$$
$$=E_x'^2+\gamma^2\left(1-\frac{v^2}{c^2}\right)E_y'^2+\gamma^2\left(1-\frac{v^2}{c^2}\right)E_z'^2$$
$$-c^2\left[B_x'^2+\gamma^2\left(1-\frac{v^2}{c^2}\right)B_y'^2+\gamma^2\left(1-\frac{v^2}{c^2}\right)B_z'^2\right]$$
$$=E_x'^2+E_y'^2+E_z'^2-c^2(B_x'^2+B_y'^2+B_z'^2)=E'^2-c^2B'^2.$$

及

$$\boldsymbol{B}\cdot\boldsymbol{E}=B_xE_x+B_yE_y+B_zE_z$$
$$=B_x'E_x'+\gamma^2\left(B_y'-\frac{v}{c^2}E_z'\right)(E_y'+vB_z')+\gamma^2\left(B_z'+\frac{v}{c^2}E_y'\right)(E_z'-vB_y')$$
$$=B_x'E_x'+\gamma^2\left(B_y'E_y'+vB_y'B_z'-\frac{v}{c^2}E_y'E_z'-\frac{v^2}{c^2}B_z'E_z'\right)$$
$$+\gamma^2\left(B_z'E_z'-vB_y'B_z'+\frac{v}{c^2}E_y'E_z'-\frac{v^2}{c^2}B_z'E_z'\right)$$
$$=B_x'E_x'+\gamma^2\left(1-\frac{v^2}{c^2}\right)B_y'E_y'+\gamma^2\left(1-\frac{v^2}{c^2}\right)B_z'E_z'$$
$$=B_x'E_x'+B_y'E_y'+B_z'E_z'=\boldsymbol{B}'\cdot\boldsymbol{E}'.$$

由此可推论：

（1）在 K 系中 $E^2-c^2B^2>0$，则在 K′ 系中 $E'^2-c^2B'^2>0$.

（2）在 K 系中 $\boldsymbol{E}\perp\boldsymbol{B}$，$\boldsymbol{B}\cdot\boldsymbol{E}=0$，则在 K′ 系中 $\boldsymbol{B}'\cdot\boldsymbol{E}'=0$，$\boldsymbol{E}'\perp\boldsymbol{B}'$.

（3）在 K 系中 $\boldsymbol{E}$ 和 $\boldsymbol{B}$ 夹角为锐角，即 $\boldsymbol{B}\cdot\boldsymbol{E}>0$，则在 K′ 系中 $\boldsymbol{B}'\cdot\boldsymbol{E}'>0$，

即 $\boldsymbol{E}'$ 和 $\boldsymbol{B}'$ 夹角也为锐角；同样，由在 K 系中 $\boldsymbol{E}$ 和 $\boldsymbol{B}$ 夹角为钝角，可推知在 K′ 系中 $\boldsymbol{E}'$ 和 $\boldsymbol{B}'$ 夹角也为钝角。

3－19. 在某一参考系 K 中有电场和磁场分别为 $\boldsymbol{E}$ 和 $\boldsymbol{B}$，它们满足什么条件时，可以找到另外的参考系 K′，使得 (1) $\boldsymbol{E}'$ 和 $\boldsymbol{B}'$ 垂直；(2) $\boldsymbol{B}'=0$；(3) $\boldsymbol{E}'=0$.

解：(1) 使得在 K′ 系中 $\boldsymbol{E}'$ 和 $\boldsymbol{B}'$ 垂直的条件是在 K 系中 $\boldsymbol{E}$ 和 $\boldsymbol{B}$ 垂直。

(2) 使得在 K′ 系中 $\boldsymbol{B}'=0$ 的条件是在 K 系中 $\boldsymbol{E}$ 和 $\boldsymbol{B}$ 垂直，且 $E^2-c^2B^2>0$，这是因为在 K′ 系中 $\boldsymbol{B}'=0$ 而 $\boldsymbol{E}'$ 可以不为 0，而 $E^2-c^2B^2$ 是个不变量，它在 K′ 系中等于 E'^2，所以有 $E^2-c^2B^2=E'^2>0$.

(3) 使得在 K′ 系中 $\boldsymbol{E}'=0$ 的条件是在 K 系中 $\boldsymbol{E}$ 和 $\boldsymbol{B}$ 垂直，且 $E^2-c^2B^2<0$，这是因为在 K′ 系中 $\boldsymbol{E}'=0$ 而 $\boldsymbol{B}'$ 可以不为 0，而 $E^2-c^2B^2$ 是个不变量，它在 K′ 系中等于 $-c^2B'^2$，所以有 $E^2-c^2B^2=-c^2B'^2<0$.

3－20. 已知在 K′ 系中一根无限长直带正电的细棒静止，且沿 x' 轴放置。其电荷线密度 η'_e 均匀。设 K′ 系相对于 K 系以速度 v 沿 x 轴正向运动。

(1) 求在 K 系中空间的电场；

(2) 求在 K 系中空间的磁场；

(3) 在 K 系中看来，运动的带电细棒相当于无限长直电流，它所产生的磁场服从毕奥－萨伐尔定律，由此证明 $\varepsilon_0\mu_0=1/c^2$.

解：在 K′ 系中带电细棒静止，只有电场，没有磁场，空间任意点的电场和磁场为轴对称的，对称轴为 x 轴。考虑 xy 平面内一点，电场和磁场为

$$E'_x=0,\ E'_y=\frac{1}{4\pi\varepsilon_0}\frac{2\eta'_e}{y'},\ E'_z=0;$$

$$B'_x=0,\ B'_y=0,\ B'_z=0.$$

(1) 根据电磁场的洛伦兹变换(3.55)式可得在 K 系中的电场为

$$E_x=E'_x=0, \quad ①$$

$$E_y=\gamma(E'_y+vB'_z)=\gamma E'_y=\frac{\gamma}{4\pi\varepsilon_0}\frac{2\eta'_e}{y}, \quad ②$$

$$E_z=\gamma(E'_z-vB'_y)=0. \quad ③$$

电场对 x 轴呈轴对称性。

(2) 根据电磁场的洛伦兹变换(3.55)式可得在 K 系中的磁场为

$$B_x=B'_x=0, \quad ④$$

$$B_y=\gamma\left(B'_y-\frac{v}{c^2}E'_z\right)=0, \quad ⑤$$

$$B_z=\gamma\left(B'_z+\frac{v}{c^2}E'_y\right)=\gamma\frac{v}{c^2}E'_y=\frac{\gamma}{4\pi\varepsilon_0}\frac{2v\eta'_e}{c^2y}. \quad ⑥$$

磁场也对 x 轴呈轴对称性。

（3）在K系中运动的带电细棒相当于无限长直电流，$I=\frac{\eta_e \mathrm{d}l}{\mathrm{d}t}=\eta_e v=\gamma\eta_e'v$，根据毕奥－萨伐尔定律，此无限长直电流在 y 处产生的磁感应强度为

$$B_z=\frac{\mu_0}{4\pi}\frac{2I}{y}=\frac{\mu_0}{4\pi}\frac{2\gamma\eta_e'v}{y},\qquad \text{与⑥式比较得 } \mu_0=\frac{1}{\varepsilon_0 c^2}.$$

3－21. 在无限大带正电的平面为静止的参考系中，观测到该平面的电荷面密度为 σ_e'，当此带电平面平行于 xz 平面，且以速度 v 沿 x 轴方向匀速运动时，求空间的电场和磁场。

解： 在K′系中此无限大的带电面只产生电场，没有磁场，即

$$E_x'=0,\ E_y'=\frac{\sigma_e'}{2\varepsilon_0},\ E_z'=0;$$

$$B_x'=0,\ B_y'=0,\ B_z'=0.$$

通过洛伦兹变换到K系中

$$E_x=0,\ E_y=\gamma(E_y'+vB_z')=\frac{\gamma\sigma_e'}{2\varepsilon_0},\ E_z=0;$$

$$B_x=0,\ B_y=0,,\ B_z==\gamma\left(B_z'+\frac{v}{c^2}E_y'\right)=\frac{\gamma v}{c^2}\frac{\sigma_e'}{2\varepsilon_0}=\frac{\gamma\mu_0\sigma_e'v}{2}.$$

而 $\gamma\sigma_e'=\sigma_e$，$\gamma\sigma_e'v=\sigma_e v=\iota$（单位长度的电流），由此上面的结果化为

$$E_y=\frac{\sigma_e}{2\varepsilon_0},\quad B_z=\frac{\mu_0\iota}{2}.$$

与直接从K系中按电场和磁场计算的结果相同。

3－22. 在一个充电电容器为静止的参考系中观测到电容器极板上电荷面密度分别为 $+\sigma_e'$ 和 $-\sigma_e'$. 设此电容器极板平行于 xz 平面，且以速度 $\boldsymbol{v}$ 沿 x 轴方向匀速运动，求空间的电场和磁场。

解： 在电容器静止的K′系中，两极板间有电场，无磁场，即

$$E_x'=0,\ E_y'=\frac{\sigma_e'}{\varepsilon_0},\ E_z'=0;$$

$$B_x'=0,\ B_y'=0,\ B_z'=0.$$

在两极板的外侧，电场和磁场都恒为0. 通过洛伦兹变换，变到K系中，在两运动极板之间

$$E_x=0,\ E_y=\gamma(E_y'+vB_z')=\frac{\gamma\sigma_e'}{\varepsilon_0},\ E_z=0;$$

$$B_x=0,\ B_y=0,\ B_z=\gamma\left(B_z'+\frac{v}{c^2}E_y'\right)=\frac{\gamma\sigma_e'v}{c^2\varepsilon_0}=\mu_0\sigma_e v=\mu_0\iota.$$

式中 $\sigma_e=\gamma\sigma_e'$ 为K系中观测到的电荷面密度，$\iota=\sigma_e v$ 为极板单位长度上的电流。在两极板外侧，电磁场均为0. 所有结果与直接从K系中计算的结果相同。

3 - 23. 两个正的点电荷q,相距为r,并排平行运动,速度为$\boldsymbol{v}$. 求它们之间的相互作用力。这力是斥力还是吸引力?

解: 在两电荷静止的K′系中,只有静电场,无磁场,即

$$E_x'=0,\quad E_y'==\frac{q}{4\pi\varepsilon_0 r^2},\quad E_z'=0;$$

$$B_x'=0,\quad B_y'=0,\quad B_z'=0.$$

运用电磁场的洛伦兹变换(3.55)式,在K系中的电场和磁场为

$$E_x=0,\quad E_y=\gamma E_y'=\frac{\gamma q}{4\pi\varepsilon_0 r^2},\quad E_z=0;$$

$$B_x=0,\quad B_y=0,\quad B_z=\gamma\frac{v}{c^2}E_y'=\frac{\gamma\sigma_e' v}{c^2\varepsilon_0}=\frac{\gamma q v}{4\pi\varepsilon_0 c^2 r^2}.$$

再根据洛伦兹力公式(3.50)得电荷1对电荷2的作用力为

$$f_y=q\left(E_y+v_zB_x-v_xB_z\right)=q\left(\gamma E_y'-\gamma\frac{v^2}{c^2}E_y'\right)=\frac{q}{\gamma}E_y'=\frac{q^2}{4\pi\varepsilon_0 r^2}\sqrt{1-\frac{v^2}{c^2}}>0,$$

$$f_x=f_z=0.$$

这表明,两并排平行运动的正电荷之间的作用力比静电荷间的库仑力小了,但仍是排斥力。

3 - 24. 如本题图所示,一对正负电荷以速度$\boldsymbol{v}$沿x方向运动。试论证这对电荷的相互作用力虽不沿联线,但两个电荷的加速度却沿它们之间的联线。

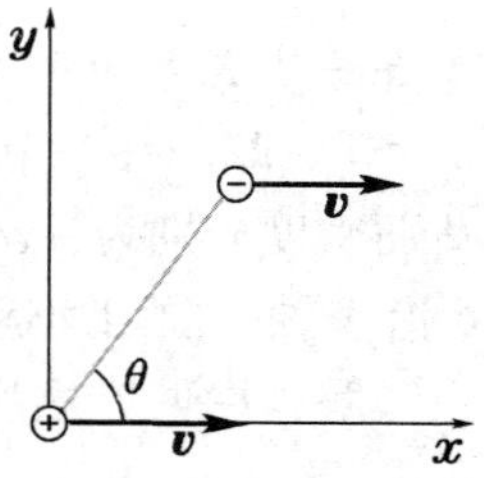

习题 3 - 24

解: 设随两电荷运动的参考系(即它们的固有系)为K′系,图中所示的参考系为K系。在K′系内负电荷相对于正电荷的方位角θ'满足关系$\tan\theta'=\dfrac{y'}{x'}$,它们之间的库仑力的方向以及在此力作用下的加速度的方向均满足

$$\frac{f_y'}{f_x'}=\tan\theta',\qquad \frac{a_y'}{a_x'}=\tan\theta'.$$

这表明在K′系中静止电荷之间的库仑力和它们所产生的加速度的方向均在电荷连线方向上。电荷之间的相互作用力不会引起电荷系统的转动。

下面考虑在K系中的情形。由于在K′系内$v_x'=v_y'=v_z'=0$. 两参考系的相对速度为v. 由此$\mathrm{d}t'$为固有时间隔,即$\dfrac{\mathrm{d}t'}{\mathrm{d}\tau}=1$,功率$P'=0$,从而根据书上(3.49)式前面的那组公式,四维力的分量$F_x'=f_x'$,$F_y'=f_y'$,$F_t'=0$. 将K′系内的力变换到K系,利用书上四维力矢量相对论变换公式(3.49):

$$\begin{cases} f_x = \dfrac{F_x}{\gamma} = F_x' - \mathrm{i}\beta F_t' = F_x' = f_x', \\ f_y = \dfrac{F_y}{\gamma} = \dfrac{F_y'}{\gamma} = \dfrac{f_y'}{\gamma}. \end{cases}$$

所以 K 系中力的方向

$$\tan\theta_f = \frac{f_y}{f_x} = \frac{1}{\gamma}\frac{f_y'}{f_x'} = \frac{1}{\gamma}\tan\theta'.$$

式中 $\gamma = \dfrac{1}{\sqrt{1-\beta^2}}$，$\beta = v/c$，式中还用到 $\dfrac{\mathrm{d}t}{\mathrm{d}\tau} = \gamma$. 将 K′系内的速度变换到 K 系：

$$\begin{cases} v_x = \dfrac{v_x' + v}{1 + v_x' v/c^2}, \\ v_y = \dfrac{v_y'}{\gamma(1 + v_x' v/c^2)}. \end{cases}$$

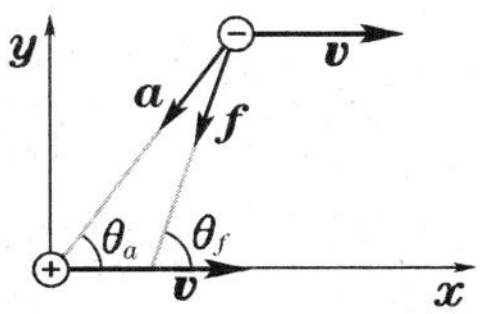

加速度变换为

$$\begin{cases} a_x = \dfrac{\mathrm{d}v_x}{\mathrm{d}t} = \dfrac{\mathrm{d}v_x}{\mathrm{d}t'}\dfrac{\mathrm{d}t'}{\mathrm{d}t} = \left[\dfrac{1}{1+v_x'v/c^2} - \dfrac{(v_x'+v)v}{(1+v_x'v/c^2)^2c^2}\right]\dfrac{\mathrm{d}v_x'}{\mathrm{d}t'}\dfrac{\mathrm{d}t'}{\mathrm{d}t} \\ \quad = \dfrac{c^2 + v_x'v - v_x'v - v^2}{(1+v_x'v/c^2)^2c^2}\dfrac{a_x'}{\gamma} = \dfrac{a_x'}{\gamma^3}, \\ a_y = \dfrac{\mathrm{d}v_y}{\mathrm{d}t} = \dfrac{\mathrm{d}v_y}{\mathrm{d}t'}\dfrac{\mathrm{d}t'}{\mathrm{d}t} = \left[\dfrac{1}{\gamma(1+v_x'v/c^2)} - \dfrac{v_y'v}{\gamma(1+v_x'v/c^2)^2c^2}\right]\dfrac{\mathrm{d}v_y'}{\mathrm{d}t'}\dfrac{\mathrm{d}t'}{\mathrm{d}t} = \dfrac{a_y'}{\gamma^2}. \end{cases}$$

这里 $\mathrm{d}t'$ 为固有时间间隔，因此 $\dfrac{\mathrm{d}t'}{\mathrm{d}t} = \dfrac{1}{\gamma}$，于是 K 系中加速度的方向为

$$\tan\theta_a = \frac{a_y}{a_x} = \gamma\frac{a_y'}{a_x'} = \gamma\tan\theta'.$$

由于洛伦兹收缩，$x = x'\sqrt{1-\beta^2}$，$y = y'$，电荷 $-q$ 的方位角

$$\tan\theta = \frac{y}{x} = \frac{y'}{x'\sqrt{1-\beta^2}} = \gamma\frac{a_y}{a_x} = \gamma\tan\theta',$$

可见在K系中，这对电荷的相互作用力不沿它们的联线，但加速度仍沿联线。也就是说，这对电荷的相互作用力虽然构成力偶，但不会引起电荷系统的转动。这是相对论力学与经典力学的一个重要区别。

3-25. 一螺绕环横截面的半径为 a，中心环线的半径为 R，$R \gg a$，其上由表面绝缘的导线均匀地密绕两个线圈，一个 N_1 匝，另一个 N_2 匝，求两线圈的互感 M.

解： $\Psi_{12} = N_2\Phi_{12} = N_2B_1S = N_2\cdot\mu_0\cdot\dfrac{N_1I_1}{2\pi R}\cdot\pi a^2 = \dfrac{\mu_0N_1N_2}{2R}I_1a^2$，

$$M = \frac{\Psi_{12}}{I_1} = \frac{\mu_0N_1N_2}{2R}a^2.$$

3-26. 一圆形线圈由 50 匝表面绝缘的细导线绕成，圆面积为 $S = 4.0\,\mathrm{cm}^2$. 放在另一个半径 $R = 20\,\mathrm{cm}$ 的大圆形线圈中心，两者同轴，如本题图所示，大圆形线圈由 100 匝

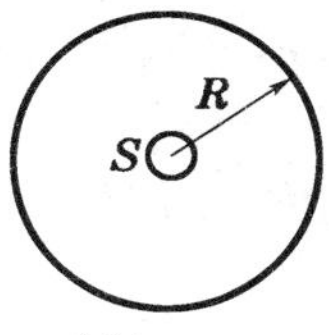

习题 3-26

表面绝缘的导线绕成。

（1）求这两线圈的互感 M；

（2）当大圆形导线中的电流每秒减小 50 A 时，求小线圈中的感应电动势 $\mathscr{E}$.

解：（1）$\Psi_{12}=N_2\Phi_{12}=N_2B_1S=N_2\cdot N_1\cdot\dfrac{\mu_0I_1}{2R}\cdot S=\dfrac{\mu_0N_1N_2S}{2R}I_1$，

$$M=\frac{\Psi_{12}}{I_1}=\frac{\mu_0N_1N_2S}{2R}=\frac{4\pi\times10^{-7}\times100\times50\times4.0\times10^{-4}}{2\times0.20}\text{H}=6.3\times10^{-6}\text{H}.$$

（2）$\mathscr{E}=-M\dfrac{\mathrm{d}I_1}{\mathrm{d}t}=-6.3\times10^{-6}\times(-50)\text{V}=3.2\times10^{-4}\text{V}.$

3-27. 如本题图，一矩形线圈长 $a=20\text{cm}$，宽 $b=10\text{cm}$，由 100 匝表面绝缘的导线绕成，放在一很长的直导线旁边并与之共面，这长直导线是一个闭合回路的一部分，其他部分离线圈都很远，影响可略去不计。求图中 a 和 b 两种情况下，线圈与长直导线之间的互感。

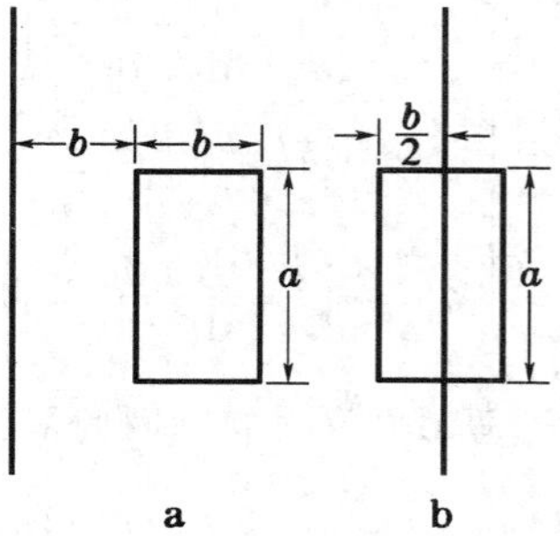

习题 3-27

解：对于图 a 情形，

$$\Psi_{12}=N_2\Phi_{12}=N_2\int B_1\mathrm{d}S=N_2\int_b^{2b}\frac{\mu_0}{4\pi}\frac{2I_1}{r}a\,\mathrm{d}r$$
$$=\left(\frac{\mu_0N_2a}{2\pi}\ln2\right)I_1,$$

$$M=\frac{\Psi_{12}}{I_1}=\frac{\mu_0N_2a}{2\pi}\ln2=\frac{4\pi\times10^{-7}\times100\times0.20}{2\pi}\times\ln2\text{ H}=2.8\times10^{-6}\text{H}.$$

对于图 b 情形，$\Psi_{12}=0$，所以 $M=0$.

3-28. 如本题图，两长螺线管同轴，半径分别为 R_1 和 $R_2(R_1>R_2)$，长度为 $l(l\gg R_1$ 和 $R_2)$，匝数分别为 N_1 和 N_2. 求互感系数 M_{12} 和 M_{21}，由此验证 $M_{12}=M_{21}$.

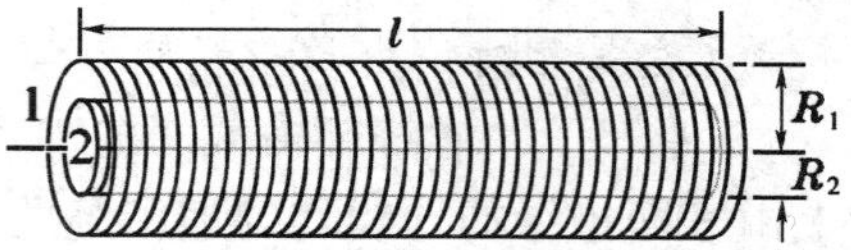

习题 3-28

解：

$\Psi_{12}=N_2\Phi_{12}=N_2B_{12}S=N_2\cdot\dfrac{\mu_0N_1I_1}{l}\cdot\pi R_2^2$，故 $M_{12}=\dfrac{\Psi_{12}}{I_1}=\dfrac{\mu_0\pi N_1N_2R_2^2}{l}$；

$\Psi_{21}=N_1\Phi_{21}=N_1B_{21}S=N_1\cdot\dfrac{\mu_0N_2I_2}{l}\cdot\pi R_2^2$，故 $M_{21}=\dfrac{\Psi_{21}}{I_2}=\dfrac{\mu_0\pi N_1N_2R_2^2}{l}=M_{12}$.

3 - 29. 在长 60 cm、直径 5.0 cm 的空心纸筒上绕多少匝导线，才能得到自感为 6.0×10^{-3} H 的线圈？

解： $\Psi=N\Phi=NBS=N\cdot\dfrac{\mu_0NI}{l}\cdot\pi R^2$，　$L=\dfrac{\Psi}{I}=\dfrac{\mu_0\pi N^2R^2}{l}$，

$$N=\sqrt{\frac{Ll}{\mu_0\pi R^2}}=\left(\frac{6\times10^{-3}\times0.60}{4\pi\times10^{-7}\times\pi(2.5\times10^{-2})^2}\right)^{1/2}=1.2\times10^3.$$

3 - 30. 矩形截面螺绕环的尺寸如本题图，总匝数为 N.

（1）求它的自感系数；

（2）当 $N=1000$ 匝，$D_1=20$ cm，$D_2=10$ cm，$h=1.0$ cm 时，自感为多少？

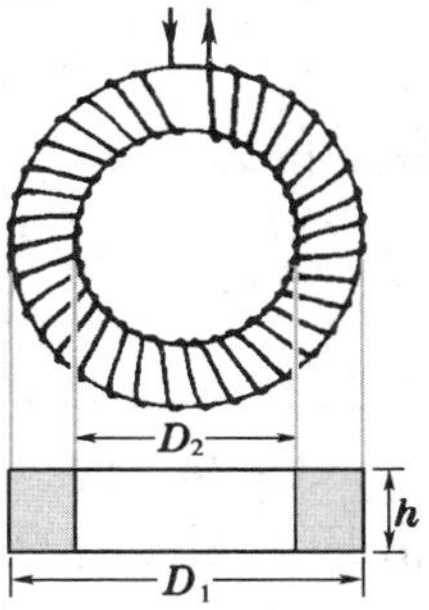

习题 3 - 30

解：（1）先求螺绕环内的 B，

$$B\cdot2\pi r=\mu_0NI，则\ B=\frac{\mu_0NI}{2\pi r},$$

$$\Phi=\int B\cdot h\,\mathrm{d}r=\int_{D_2/2}^{D_1/2}\frac{\mu_0NI}{2\pi r}h\,\mathrm{d}r=\frac{\mu_0NhI}{2\pi}\ln\frac{D_1}{D_2},$$

$$\Psi=N\Phi=\left(\frac{\mu_0N^2h}{2\pi}\ln\frac{D_1}{D_2}\right)I,$$

所以
$$L=\frac{\Psi}{I}=\frac{\mu_0N^2h}{2\pi}\ln\frac{D_1}{D_2};$$

（2）$L=\dfrac{4\pi\times10^{-7}\times10^3\times10^3\times1.0\times10^{-2}}{2\pi}\times\ln\dfrac{0.20}{0.10}\,\mathrm{H}=1.4\times10^{-3}\,\mathrm{H}=1.4\,\mathrm{mH}.$

3 - 31. 两根平行导线，横截面的半径都是 a，中心相距为 d，载有大小相等而方向相反的电流。设 $d\gg a$，且两导线内部的磁通量都可略去不计。证明：这样一对导线长为 l 的一段的自感为

$$L=\frac{\mu_0l}{\pi}\ln\frac{d}{a}.$$

解：
$$\Phi=\int B\cdot l\,\mathrm{d}r=\int_a^{d-a}\left[\frac{\mu_0I}{2\pi r}+\frac{\mu_0I}{2\pi(d-r)}\right]l\,\mathrm{d}r$$
$$=\frac{\mu_0Il}{2\pi}\Big[\ln r-\ln(d-r)\Big]_a^{d-a}\approx\left(\frac{\mu_0l}{\pi}\ln\frac{d}{a}\right)\cdot I,$$

所以
$$L=\frac{\Phi}{I}=\frac{\mu_0l}{\pi}\ln\frac{d}{a}.$$

3 - 32. 在一纸筒上密绕有两个相同的线圈 ab 和 $a'b'$，每个线圈的自感都是 0.050 H，如本题图所示。求：

（1）a 和 a' 相接时，b 和 b' 间的自感；

（2）a' 和 b 相接时，a 和 b' 间的自感。

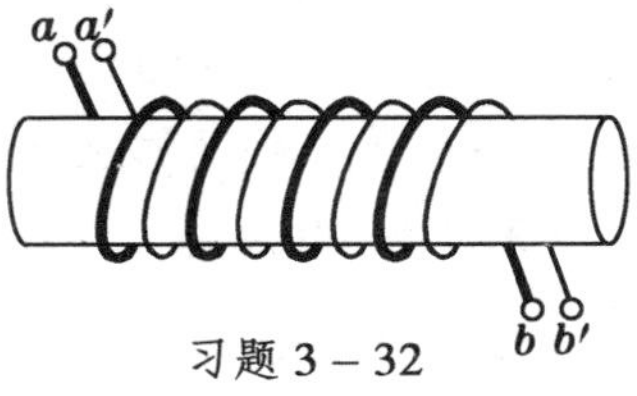

习题 3 - 32

解： 设线圈 ab 和 $a'b'$ 的自感 $L_1=L_2=0.050\,\text{H}$，

它们的互感为 $M=\sqrt{L_1L_2}=L_1=0.050\,\text{H}$.

（1） $L=L_1+L_2-2M=0$，

（2） $L=L_1+L_2+2M=4L_1=0.20\,\text{H}$.

3 - 33. 两线圈的自感分别为 $L_1=5.0\,\text{mH}$，$L_2=3.0\,\text{mH}$，当它们顺接串联时，总自感为 $L=11.0\,\text{mH}$.

（1）求它们之间的互感；

（2）设这两线圈的形状和位置都不改变，只把它们反接串联，求它们反接后的总自感。

解：（1） $L=L_1+L_2+2M$，

所以
$$M=\frac{1}{2}(L-L_1-L_2)=\frac{1}{2}(11.0-5.0-3.0)\,\text{mH}=1.5\,\text{mH};$$

（2） $L=L_1+L_2-2M=(5.0+3.0-2\times1.5)\,\text{mH}=5.0\,\text{mH}$.

3 - 34. 两线圈顺接后总自感为1.00 H，在它们的形状和位置都不变的情况下，反接后的总自感为0.40 H. 求它们之间的互感。

解： $L=L_1+L_2+2M,\qquad L'=L_1+L_2-2M,$

所以
$$M=\frac{1}{4}(L-L')=\frac{1}{4}(1.00-0.40)\,\text{H}=0.15\,\text{H}.$$

3 - 35. 两根足够长的平行导线间的距离为20 cm，在导线中保持一大小为20 A 而方向相反的恒定电流。

（1）求两导线间每单位长度的自感系数，设导线的半径为1.0 mm；

（2）若将导线分开到相距40 cm，求磁场对导线单位长度所作的功；

（3）位移时，单位长度的磁能改变了多少？是增加还是减少？说明能量的来源。

解：（1）
$$\Phi=\int B\cdot1\cdot\mathrm{d}r=\int_a^{d-a}\left[\frac{\mu_0I}{2\pi r}+\frac{\mu_0I}{2\pi(d-r)}\right]\mathrm{d}r$$
$$=\frac{\mu_0I}{2\pi}\Big[\ln r-\ln(d-r)\Big]_a^{d-a}\approx\left(\frac{\mu_0I}{\pi}\ln\frac{d}{a}\right)\cdot I,$$

所以
$$L=\frac{\Phi}{I}=\frac{\mu_0}{\pi}\ln\frac{d}{a}=\frac{4\pi\times10^{-7}}{\pi}\ln\frac{20}{0.10}=2.1\times10^{-6}\,\text{H}.$$

（2）
$$A=\int F\mathrm{d}r=\int_d^{2d}\frac{\mu_0I^2}{2\pi r}\mathrm{d}r=\frac{\mu_0I^2}{2\pi}\ln2=\left(\frac{4\pi\times10^{-7}\times20^2}{2\pi}\times\ln2\right)\text{J}$$
$$=5.5\times10^{-5}\,\text{J}.$$

（3）单位长度的磁能增加
$$W=W_2-W_1=\frac{1}{2}L_2I^2-\frac{1}{2}L_1I^2=\frac{1}{2}\left(\frac{\mu_0}{\pi}\ln\frac{2d}{a}-\frac{\mu_0}{\pi}\ln\frac{d}{a}\right)I^2=\frac{\mu_0I^2}{\pi}\ln2$$
$$=5.5\times10^{-5}\,\text{J},$$

移动过程中磁场所作的功与磁能的增加两者之和来自电源所作的功。

第四章　电磁介质

4－1. 面积为1.0m^2的两平行金属板,带有等量异号电荷 ±30μC,其间充满了介电常量 $\varepsilon=2.0$ 的均匀电介质。略去边缘效应,求介质内的电场强度和介质表面上的极化电荷面密度 σ_e'.

解:

$$D=\sigma_{e0}=\frac{Q_0}{S},$$

$$E=\frac{D}{\varepsilon\varepsilon_0}=\frac{Q_0}{\varepsilon\varepsilon_0 S}=\frac{30\times10^{-6}}{2.0\times8.85\times10^{-12}\times1.0}\text{V/m}=1.7\times10^6\text{V/m},$$

$$\sigma_e'=P_n=(\varepsilon-1)\varepsilon_0E=(\varepsilon-1)\frac{Q_0}{\varepsilon S}=\frac{30\times10^{-6}}{2.0\times1.0}\text{C/m}^2=1.5\times10^{-5}\text{C/m}^2.$$

4－2. 平行板电容器(极板面积为 S,间距为 d)中间有两层厚度各为 d_1 和 d_2($d_1+d_2=d$)、介电常量各为 ε_1 和 ε_2 的电介质层(见本题图)。试求:

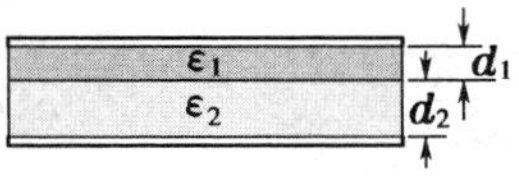

习题4－2

(1) 电容 C;

(2) 当金属板上带电面密度为 $\pm\sigma_{e0}$ 时, 两层介质的分界面上的极化电荷面密度 σ_e';

(3) 极板间电势差 U;

(4) 两层介质中的电位移 D.

解: (1) 设上极板带正电, 电荷面密度为 σ_{e0}, 下极板带负电, 电荷面密度为 $-\sigma_{e0}$, 则可得

$$D=\sigma_{e0},\quad E_1=\frac{D}{\varepsilon_1\varepsilon_0}=\frac{\sigma_{e0}}{\varepsilon_1\varepsilon_0},\quad E_2=\frac{D}{\varepsilon_2\varepsilon_0}=\frac{\sigma_{e0}}{\varepsilon_2\varepsilon_0};$$

从而

$$U=E_1d_1+E_2d_2=\frac{(\varepsilon_2d_1+\varepsilon_1d_2)\sigma_{e0}}{\varepsilon_1\varepsilon_2\varepsilon_0},$$

$$C=\frac{Q_e}{U}=\frac{\sigma_{e0}S}{(\varepsilon_2d_1+\varepsilon_1d_2)\sigma_{e0}/\varepsilon_1\varepsilon_2\varepsilon_0}=\frac{\varepsilon_1\varepsilon_2\varepsilon_0S}{\varepsilon_2d_1+\varepsilon_1d_2}.$$

(2) $\sigma_e'=\sigma_{e1}'+\sigma_{e2}'=P_1-P_2=(\varepsilon_1-1)\varepsilon_0E_1-(\varepsilon_2-1)\varepsilon_0E_2=\dfrac{\varepsilon_1-\varepsilon_2}{\varepsilon_1\varepsilon_2}\sigma_{e0}$,

若上极板带负电, 则 $\sigma_e'=\dfrac{\varepsilon_2-\varepsilon_1}{\varepsilon_1\varepsilon_2}\sigma_{e0}$.

(3) $U=\dfrac{(\varepsilon_2d_1+\varepsilon_1d_2)\sigma_{e0}}{\varepsilon_1\varepsilon_2\varepsilon_0}$.　　(4) $D_1=D_2=\sigma_{e0}$.

4－3. 一平行板电容器两极板的面积都是2.0m^2, 相距为5.0mm, 两板间加上10000V电压后, 取去电源,再在其间充满两层介质,一层厚2.0mm、$\varepsilon_1=5.0$,另一层厚3.0mm、$\varepsilon_2=2.0$. 略去边缘效应,求:

（1）各介质中的电极化强度 P；

（2）电容器靠近电介质 2 的极板为负极板，将它接地，两介质接触面上的电势是多少？

解：（1）根据 4－2 题的结果 $C=\dfrac{\varepsilon_1\varepsilon_2\varepsilon_0 S}{\varepsilon_2 d_1+\varepsilon_1 d_2}$，因此

$$Q_0=CU=\frac{\varepsilon_1\varepsilon_2\varepsilon_0 S}{\varepsilon_2 d_1+\varepsilon_1 d_2}U$$

$$=\left(\frac{5.0\times 2.0\times 8.85\times 10^{-12}\times 2.0}{2.0\times 2.0\times 10^{-3}+5.0\times 3.0\times 10^{-3}}\times 10000\right)\mathrm{C}=9.3\times 10^{-5}\mathrm{C},$$

$$P_1=(\varepsilon_1-1)\varepsilon_0 E_1=(\varepsilon_1-1)\frac{Q_0}{\varepsilon_1 S}=(5.0-1)\frac{9.3\times 10^{-5}}{5.0\times 2.0}\mathrm{C/m^2}=3.7\times 10^{-5}\mathrm{C/m^2},$$

$$P_2=(\varepsilon_2-1)\varepsilon_0 E_2=(\varepsilon_2-1)\frac{Q_0}{\varepsilon_2 S}=(2.0-1)\frac{9.3\times 10^{-5}}{2.0\times 3.0}\mathrm{C/m^2}=1.6\times 10^{-5}\mathrm{C/m^2}.$$

（2）$U=E_2 d_2=\dfrac{Q_0 d_2}{\varepsilon_2\varepsilon_0 S}=\dfrac{9.3\times 10^{-5}\times 3.0\times 10^{-3}}{2.0\times 8.85\times 10^{-12}\times 2.0}\mathrm{V}=7.9\times 10^{3}\mathrm{V}.$

4－4. 平行板电容器两极板相距 3.0 cm，其间放有一层 $\varepsilon=2.0$ 的电介质，位置和厚度如本题图所示。已知极板上面电荷密度为 $\sigma_{e0}=8.9\times 10^{-11}\mathrm{C/m^2}$，略去边缘效应，求：

（1）极板间各处的 P、E 和 D；

（2）极板间各处的电势（设正极板处 $U_0=0$）；

（3）画 $E-x$、$D-x$、$U-x$ 曲线；

（4）已知极板面积为 0.11 m²，求电容 C，并与不加电介质时的电容 C_0 比较。

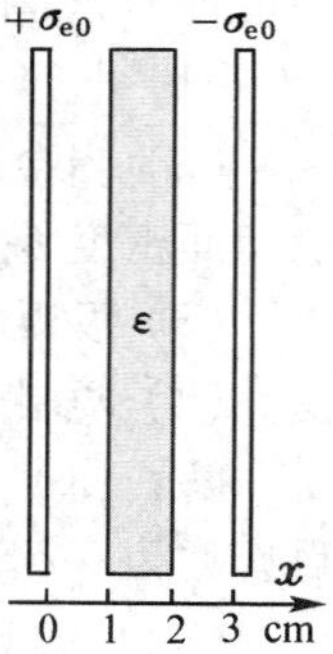

习题 4－4

解：（1）设本题图中电容器内部从左到右分成 Ⅰ、Ⅱ、Ⅲ 区。由介质中的高斯定理可解出

$$D_{\mathrm{I}}=D_{\mathrm{II}}=D_{\mathrm{III}}=\sigma_{e0}=8.9\times 10^{-11}\mathrm{C/m^2},$$

从而

$$E_{\mathrm{I}}=E_{\mathrm{III}}=\frac{D}{\varepsilon_0}=\frac{\sigma_{e0}}{\varepsilon_0}=\frac{8.9\times 10^{-11}}{8.85\times 10^{-12}}=10\,\mathrm{V/m},$$

$$E_{\mathrm{II}}=\frac{D}{\varepsilon\varepsilon_0}=\frac{\sigma_{e0}}{\varepsilon\varepsilon_0}=5.0\,\mathrm{V/m};$$

$$P_{\mathrm{I}}=P_{\mathrm{III}}=0,$$

$$P_{\mathrm{II}}=(\varepsilon-1)\varepsilon_0 E_{\mathrm{II}}=(\varepsilon-1)\frac{\sigma_{e0}}{\varepsilon}=4.5\times 10^{-11}\mathrm{C/m^2}.$$

（2）$U_1=-E_{\mathrm{I}}d=-(10\times 1.0\times 10^{-2})\mathrm{V}=-0.10\mathrm{V},$

$U_2=U_1-E_{\mathrm{II}}d=(-0.10-5.0\times 1.0\times 10^{-2})\mathrm{V}=-0.15\mathrm{V},$

$U_3=U_2-E_{\mathrm{III}}d=(-0.15-10\times 1.0\times 10^{-2})\mathrm{V}=-0.25\mathrm{V}.$

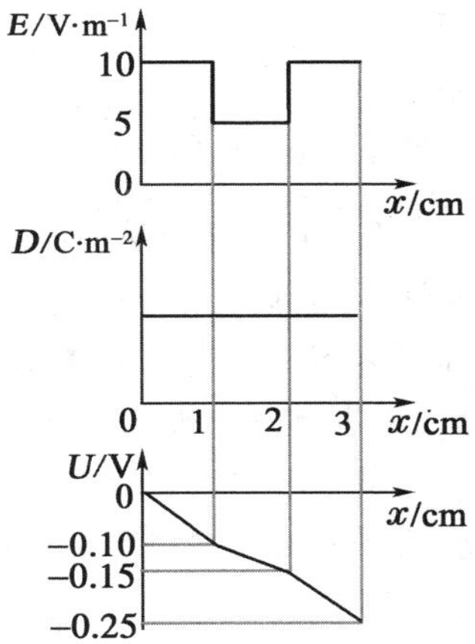

(3) $E-x$、$D-x$、$U-x$ 曲线见右图。

(4) $C=\dfrac{Q_0}{U}=\dfrac{\sigma_{e0}S}{E_{\mathrm{I}}d+E_{\mathrm{II}}d+E_{\mathrm{III}}d}=\dfrac{3\varepsilon}{2\varepsilon+1}\left(\dfrac{\varepsilon_0 S}{3d}\right)$

$=\dfrac{3.0\times2.0}{5}\times\left(\dfrac{8.85\times10^{-12}\times0.11}{3.0\times10^{-2}}\right)\mathrm{pF}=39\,\mathrm{pF}$,

$=1.2C_0$　　其中　$C_0=32\,\mathrm{pF}$,

插入电介质,电容增大 1.2 倍。

4－5. 平行板电容器的极板面积为 S,间距为 d,其间充满电介质,介质的介电常量是变化的,在一极板处为 ε_1,在另一极板处为 ε_2,其它处的介电常量与到 ε_1 处的距离呈线性关系,略去边缘效应。

(1) 求这电容器的 C;

(2) 当两极板上的电荷分别为 Q 和 $-Q$ 时,求介质内的极化电荷体密度 ρ_e' 和表面上的极化电荷面密度 σ_e'.

解: (1) 设电容器极板左右放置,电介质左端面处坐标为 $x=0$,右端面处坐标为 $x=d$,电介质中的相对介电常量为

$$\varepsilon=\varepsilon_1+\frac{\varepsilon_2-\varepsilon_1}{d}x.$$

根据介质中的高斯定理可得 $D=\sigma_{e0}$,从而介质中的场强为

$$E=\frac{D}{\varepsilon\varepsilon_0}=\frac{\sigma_{e0}}{\varepsilon\varepsilon_0}=\frac{\sigma_{e0}d}{\varepsilon_0[\varepsilon_1 d+(\varepsilon_2-\varepsilon_1)x]},$$

$$U=\int E\,\mathrm{d}x=\int_0^d\frac{\sigma_{e0}d}{\varepsilon_0[\varepsilon_1 d+(\varepsilon_2-\varepsilon_1)x]}\mathrm{d}x=\frac{\sigma_{e0}d}{(\varepsilon_2-\varepsilon_1)\varepsilon_0}\ln\frac{\varepsilon_2}{\varepsilon_1},$$

所以

$$C=\frac{Q_0}{U}=\frac{(\varepsilon_2-\varepsilon_1)\varepsilon_0 S}{d\ln\dfrac{\varepsilon_2}{\varepsilon_1}}.$$

(2) 根据矢量场论里的高斯定理(B.17)式可由介质中的极化强度 $\boldsymbol{P}$ 与极化电荷 q' 关系(4.2)式导出其微分形式 $\rho_e'=-\nabla\cdot\boldsymbol{P}$,其中 ρ_e' 为极化电荷体密度。由此

$$\rho_e'=-\nabla\cdot\boldsymbol{P}=-\nabla\cdot(\varepsilon-1)\varepsilon_0\boldsymbol{E}=-\varepsilon_0\frac{\partial}{\partial x}[(\varepsilon-1)E]$$

$$=-\varepsilon_0\left\{\frac{\varepsilon_2-\varepsilon_1}{d}\frac{\sigma_{e0}d}{[\varepsilon_1 d+(\varepsilon_2-\varepsilon_1)x]\varepsilon_0}-(\varepsilon-1)\frac{\sigma_{e0}d(\varepsilon_2-\varepsilon_1)\varepsilon_0}{[\varepsilon_1 d+(\varepsilon_2-\varepsilon_1)x]^2\varepsilon_0^2}\right\}$$

$$=-\frac{(\varepsilon_2-\varepsilon_1)\sigma_{e0}d}{[\varepsilon_1 d+(\varepsilon_2-\varepsilon_1)x]^2}=-\frac{(\varepsilon_2-\varepsilon_1)Qd}{[\varepsilon_1 d+(\varepsilon_2-\varepsilon_1)x]^2S},$$

$$\sigma_{e1}' = -P_1 = -(\varepsilon_1 - 1)\varepsilon_0 E_1 = -(\varepsilon_1 - 1)\frac{\sigma_{e0}}{\varepsilon_1} = -(\varepsilon_1 - 1)\frac{Q}{\varepsilon_1 S},$$

$$\sigma_{e2}' = P_2 = (\varepsilon_2 - 1)\varepsilon_0 E_2 = (\varepsilon_2 - 1)\frac{\sigma_{e0}}{\varepsilon_2} = (\varepsilon_2 - 1)\frac{Q}{\varepsilon_2 S}.$$

4－6. 一平行板电容器两极板相距为 d，其间充满了两部分介质，介电常量为 ε_1 的介质所占的面积为 S_1，介电常量为 ε_2 的介质所占的面积为 S_2（见本题图）。略去边缘效应，求电容 C.

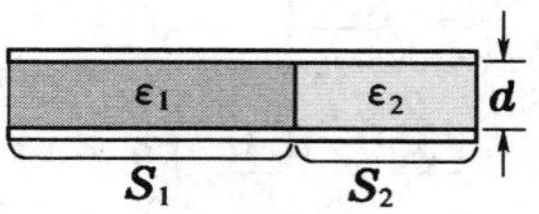

习题 4－6

解： 可以看出，这相当于两个分别充满 ε_1 和 ε_2 介质的电容器并联，于是有

$$C = C_1 + C_2 = \frac{\varepsilon_1\varepsilon_0 S_1 + \varepsilon_2\varepsilon_0 S_2}{d}.$$

4－7. 如本题图所示，一平行板电容器两极板的面积都是 S，相距为 d，今在其间平行地插入厚度为 t、介电常量为 ε 的均匀电介质，其面积为 $S/2$，设两板分别带电荷 Q 和 $-Q$，略去边缘效应，求

（1）两板电势差 U；

（2）电容 C；

（3）介质的极化电荷面密度 σ_e'.

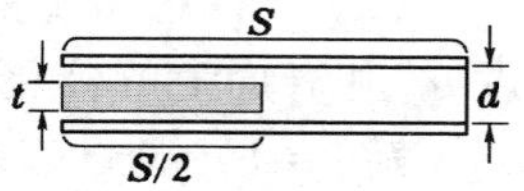

习题 4－7

解：（1）设电容器右半边极板上的电荷面密度为 σ_{e1}，左半边极板上的电荷面密度为 σ_{e2}，右边电场强度为 E_1，左边介质内的电场强度为 E_2，介质外的电场强度为 E_3，于是

$$\frac{S}{2}\sigma_{e1} + \frac{S}{2}\sigma_{e2} = Q, \qquad \sigma_{e1} + \sigma_{e2} = \frac{2Q}{S}, \tag{①}$$

$$D_1 = \sigma_{e1}, \quad D_2 = \sigma_{e2}, \quad E_1 = \frac{\sigma_{e1}}{\varepsilon_0}, \quad E_2 = \frac{\sigma_{e2}}{\varepsilon\varepsilon_0}, \quad E_3 = \frac{\sigma_{e2}}{\varepsilon_0},$$

从左边看，两极板间的电势差为

$$U = E_2 t + E_3(d-t) = \frac{\sigma_{e2}}{\varepsilon\varepsilon_0}t + \frac{\sigma_{e2}}{\varepsilon_0}(d-t),$$

从右边看，两极板间的电势差为

$$U = E_1 d = \frac{\sigma_{e1}}{\varepsilon_0}d,$$

两电势差相等，因此有

$$\sigma_{e2}t + \varepsilon\sigma_{e2}(d-t) = \varepsilon\sigma_{e2}d, \tag{②}$$

由①、②两式可解出

$$\sigma_{e2} = \frac{\varepsilon d}{2\varepsilon d - \varepsilon t + t}\,\frac{2Q}{S}, \qquad \sigma_{e1} = \frac{\varepsilon d - \varepsilon t + t}{2\varepsilon d - \varepsilon t + t}\,\frac{2Q}{S},$$

所以

$$U = \frac{\sigma_{e1}}{\varepsilon_0}d = \frac{2[\varepsilon d - (\varepsilon - 1)t]Qd}{\varepsilon_0 S[2\varepsilon d - (\varepsilon - 1)t]}.$$

(2) $$C=\frac{Q}{U}=\frac{\varepsilon_0 S[2\varepsilon d-(\varepsilon-1)t]}{2[\varepsilon d-(\varepsilon-1)t]d}.$$

(3) $$\sigma_e'=P_n=(\varepsilon-1)\varepsilon_0 E_2=(\varepsilon-1)\frac{\sigma_{e2}}{\varepsilon}=\frac{2(\varepsilon-1)Qd}{S[2\varepsilon d-(\varepsilon-1)t]}.$$

4-8. 同心球电容器内外半径分别为 R_1 和 R_2，两球间充满介电常量为 ε 的均匀电介质，内球的电荷量为 Q，求：

(1) 电容器内各处的电场强度 E 的分布和电势差 U；

(2) 介质表面的极化电荷面密度 σ_e'；

(3) 电容 C.（它是真空时电容 C_0 的多少倍？）

解：(1) 根据介质中的高斯定理可解出 $D=\frac{Q}{4\pi r^2}$，因此

$$E=\frac{D}{\varepsilon\varepsilon_0}=\frac{Q}{4\pi\varepsilon\varepsilon_0 r^2},$$

$$U=\int_{R_1}^{R_2}\frac{Q}{4\pi\varepsilon\varepsilon_0 r^2}\mathrm{d}r=\frac{Q}{4\pi\varepsilon\varepsilon_0}\left(\frac{1}{R_1}-\frac{1}{R_2}\right).$$

(2) $$\sigma_{e1}'=P_1\cos\theta_1=-P_1=-\chi_e\varepsilon_0 E_1=-(\varepsilon-1)\frac{Q}{4\pi\varepsilon R_1^2},$$

$$\sigma_{e2}'=P_2\cos\theta_2=P_2=\chi_e\varepsilon_0 E_2=(\varepsilon-1)\frac{Q}{4\pi\varepsilon R_2^2}.$$

(3) $$C=\frac{Q}{U}=\frac{4\pi\varepsilon\varepsilon_0 R_1 R_2}{R_2-R_1},$$ 是真空电容的 ε 倍。

4-9. 在半径为 R 的金属球之外有一层半径为 R' 的均匀电介质层（见本题图）。设电介质的介电常量为 ε，金属球带电荷量为 Q，求：

(1) 介质层内、外的场强分布；

(2) 介质层内、外的电势分布；

(3) 金属球的电势。

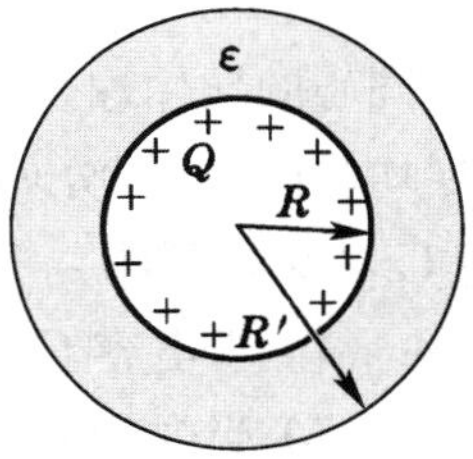

习题 4-9

解：(1) $$E_{内}=\frac{Q}{4\pi\varepsilon\varepsilon_0 r^2},\quad R<r<R';$$

$$E_{外}=\frac{Q}{4\pi\varepsilon_0 r^2},\quad r>R'.$$

(2) $$U_{内}=\int_r^{R'}E_{内}\mathrm{d}r+\int_{R'}^{\infty}E_{外}\mathrm{d}r=\frac{Q}{4\pi\varepsilon\varepsilon_0}\left(\frac{1}{r}+\frac{\varepsilon-1}{R'}\right),\quad R<r<R';$$

$$U_{外}=\int_r^{\infty}E_{外}\mathrm{d}r=\frac{Q}{4\pi\varepsilon_0 r},\quad r>R'.$$

(3) $$U_{球}=\frac{Q}{4\pi\varepsilon\varepsilon_0}\left(\frac{1}{R}+\frac{\varepsilon-1}{R'}\right).$$

4－10. 一半径为 R 的导体球带电荷 Q,处在介电常量为 ε 的无限大均匀电介质中。求:

(1) 介质中的电场强度 E、电位移 D 和极化强度 P 的分布;

(2) 极化电荷面密度 σ_e'.

解: (1) $D = = \dfrac{Q}{4\pi r^2}$, $E = \dfrac{D}{\varepsilon\varepsilon_0} = \dfrac{Q}{4\pi\varepsilon\varepsilon_0 r^2}$, $P = \chi_e\varepsilon_0 E = \dfrac{(\varepsilon-1)Q}{4\pi\varepsilon r^2}$;

(2) $\sigma_e' = P\cos\theta = -P = -\dfrac{(\varepsilon-1)Q}{4\pi\varepsilon r^2}$.

4－11. 半径为 R、介电常量为 ε 的均匀介质球中心放有点电荷 Q,球外是空气。

(1) 求球内外的电场强度 E 和电势 U 的分布;

(2) 如果要使球外的电场强度为 0 且球内的电场强度不变,则球面上需要有面密度为多少的电荷?

解:

(1) $\begin{cases} E_{内} = \dfrac{Q}{4\pi\varepsilon\varepsilon_0 r^2}, & r<R; \\ E_{外} = \dfrac{Q}{4\pi\varepsilon_0 r^2}, & r>R. \end{cases}$ $\begin{cases} U_{内} = \dfrac{Q}{4\pi\varepsilon\varepsilon_0}\left(\dfrac{1}{r}+\dfrac{\varepsilon-1}{R}\right), & r<R; \\ U_{外} = \dfrac{Q}{4\pi\varepsilon_0 r}, & r>R. \end{cases}$

(2) $\sigma_e = -\dfrac{Q}{4\pi R^2}$, 这是指除电介质极化电荷之外所需另加电荷面密度。

4－12. 球形电容器由半径为 R_1 的导体球和与它同心的导体球壳构成,壳的内半径为 R_2,其间有两层均匀电介质,分界面的半径为 r,介电常量分别 ε_1 和 ε_2(见本题图)。

(1) 求电容 C;

(2) 当内球带电 $-Q$ 时,求各介质表面上极化电荷面密度 σ_e'.

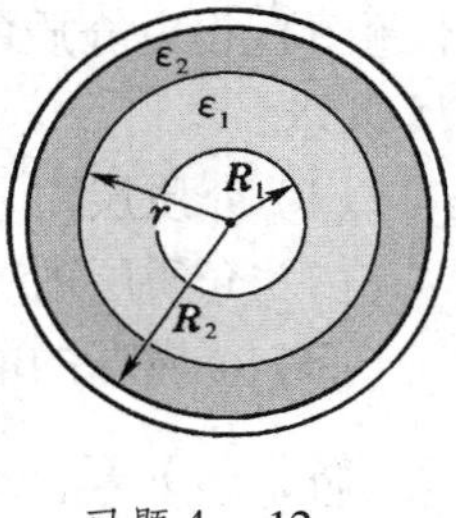

习题 4－12

解: (1)

$$D = \frac{Q}{4\pi r^2}, \quad \begin{cases} E_1 = \dfrac{D}{\varepsilon_1\varepsilon_0} = \dfrac{Q}{4\pi\varepsilon_1\varepsilon_0 r^2}, & R_1<r<R; \\ E_2 = \dfrac{D}{\varepsilon_2\varepsilon_0} = \dfrac{Q}{4\pi\varepsilon_2\varepsilon_0 r^2}, & R<r<R_2. \end{cases}$$

极板间电势差为

$$U = \int_{R_1}^{R} E_1 \mathrm{d}r + \int_{R}^{R_2} E_{外}\ \mathrm{d}r = \frac{Q}{4\pi\varepsilon_0}\left[\left(\frac{1}{\varepsilon_1 R_1}-\frac{1}{\varepsilon_1 R}\right)+\left(\frac{1}{\varepsilon_2 R}-\frac{1}{\varepsilon_2 R_2}\right)\right],$$

所以

$$C = \frac{Q}{U} = \frac{4\pi\varepsilon_1\varepsilon_2\varepsilon_0 R R_1 R_2}{\varepsilon_2 R_2(R-R_1)+\varepsilon_1 R_1(R_2-R_1)}.$$

（2）$\sigma_e'(R_1)=P_1=\chi_e\varepsilon_0 E_1=\dfrac{(\varepsilon_1-1)Q}{4\pi\varepsilon_1 R_1^2}$,

$$\sigma_e'(R)=\frac{(\varepsilon_2-1)Q}{4\pi\varepsilon_2 R^2}-\frac{(\varepsilon_1-1)Q}{4\pi\varepsilon_1 R^2}=\frac{(\varepsilon_2-\varepsilon_1)Q}{4\pi\varepsilon_1\varepsilon_2 R^2},$$

$$\sigma_e'(R_2)=-\frac{(\varepsilon_2-1)Q}{4\pi\varepsilon_2 R_2^2}.$$

4－13. 球形电容器由半径为 R_1 的导体球和与它同心的导体球壳构成，壳的半径为 R_2，其间一半充满介电常量为 ε 的均匀介质（见本题图）。求电容 C.

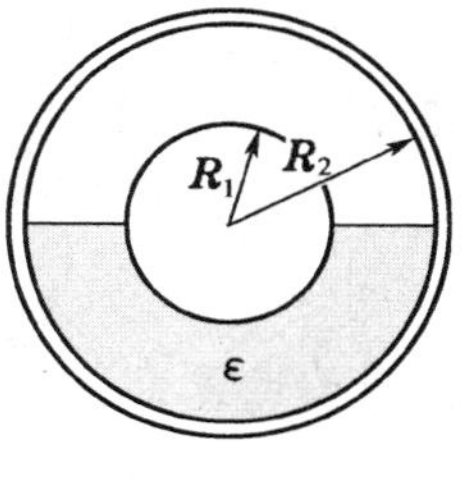

习题 4－13

解： 若两导体球间没有电介质，或充满均匀电介质，则由于球对称，两球面上电荷均匀分布，电场 $\boldsymbol{E}$ 沿径向球对称分布。然而在本题中不存在球对称性，我们可否设想电荷分别在两个半球面上均匀分布，电场 $\boldsymbol{E}$ 仍处处沿径向分布。如果是这样，我们设未充电介质的内半球电荷面密度为 σ_{e1}，充有电介质的内半球电荷面密度为 σ_{e2}，$\sigma_{e1}\neq\sigma_{e2}$. 我们进一步猜想两半的电场分别为

$$\begin{cases} E_1=\dfrac{Q_1}{4\pi\varepsilon_0 r^2}, \quad Q_1=4\pi R_1^2\sigma_{e1}; & ① \\ E_2=\dfrac{Q_2}{4\pi\varepsilon\varepsilon_0 r^2}, \quad Q_2=4\pi R_1^2\sigma_{e2}. & ② \end{cases}$$

在电介质与真空的分界面两侧电场沿其切向，按电介质的边界条件它们应相等：

$$E_1=E_2 \rightarrow Q_1=Q_2/\varepsilon, \rightarrow \sigma_{e1}=\sigma_{e2}/\varepsilon. \qquad ③$$

电容器两极板之间的电压为

$$U=\int E_1\mathrm{d}r=\int_{R_1}^{R_2}\frac{Q_1}{4\pi\varepsilon_0 r^2}\mathrm{d}r=\frac{Q_1}{4\pi\varepsilon_0}\left(\frac{1}{R_1}-\frac{1}{R_2}\right). \qquad ④$$

电容器极板上所带总电量

$$Q=2\pi R_1^2\sigma_{e1}+2\pi R_1^2\sigma_{e2}=\frac{Q_1}{2}+\frac{Q_2}{2}=\frac{1+\varepsilon}{2}Q_1. \qquad ⑤$$

代入④式，有

$$U==\frac{Q}{2\pi\varepsilon_0(1+\varepsilon)}\left(\frac{1}{R_1}-\frac{1}{R_2}\right). \qquad ⑥$$

于是

$$C=\frac{Q}{U}=\frac{2\pi\varepsilon_0(\varepsilon+1)R_1R_2}{R_2-R_1}. \qquad ⑦$$

以上的推演建筑在我们猜想的场分布上，我们的猜想对不对呢？首先，我们猜想的电场分布垂直于所有导体的表面，满足导体、电介质和真空之间所有分界面上的边界条件，因此它是合理的。其次，根据静电场边值问题的唯一性定理，我们的猜想是唯一正确的解。

4－14. 圆柱形电容器是由半径为 R_1 的导线和与它同轴的导体圆筒构成的，圆筒的内半径为 R_2，其间充满了介电常量为 ε 的介质（见本题图）。设沿轴

线单位长度上导线的电荷为 λ，圆筒的电荷为 $-\lambda$，略去边缘效应，求：

（1）两极的电势差 U；

（2）介质中的电场强度 E、电位移 D、极化强度 P；

（3）介质表面的极化电荷面密度 σ_e'；

（4）电容 C.（它是真空时电容 C_0 的多少倍？）

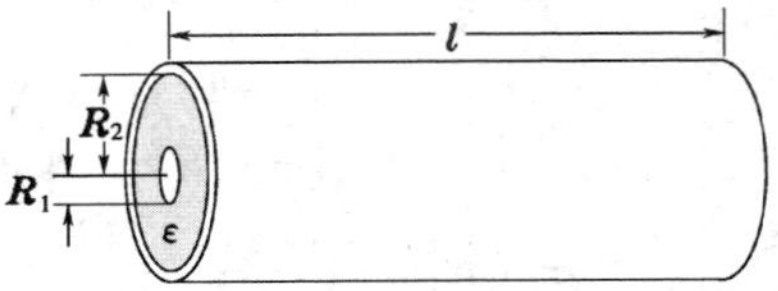

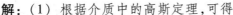

习题 4 –14

解：（1）根据介质中的高斯定理，可得

$$D=\frac{\lambda}{2\pi r},\quad E=\frac{D}{\varepsilon\varepsilon_0}=\frac{\lambda}{2\pi\varepsilon\varepsilon_0 r};$$

两极的电势差

$$U=\int E\,\mathrm{d}r=\int_{R_1}^{R_2}\frac{\lambda}{2\pi\varepsilon\varepsilon_0 r}\mathrm{d}r=\frac{\lambda}{2\pi\varepsilon\varepsilon_0}\ln\frac{R_2}{R_1}.$$

（2）$D=\dfrac{\lambda}{2\pi r},\quad E=\dfrac{D}{\varepsilon\varepsilon_0}=\dfrac{\lambda}{2\pi\varepsilon\varepsilon_0 r},\quad P=\chi_e\varepsilon_0 E=(\varepsilon-1)\varepsilon_0 E=\dfrac{(\varepsilon-1)\lambda}{2\pi\varepsilon r}.$

（3）$\sigma_{e1}'=P\cos\theta=-P=-\dfrac{(\varepsilon-1)\lambda}{2\pi\varepsilon R_1},\quad \sigma_{e2}'=P\cos\theta=P=\dfrac{(\varepsilon-1)\lambda}{2\pi\varepsilon R_2}.$

（4）$C=\dfrac{Q}{U}=\dfrac{2\pi\varepsilon\varepsilon_0 l}{\ln(R_2/R_1)},$

它是真空电容 C_0 的 ε 倍。

4 – 15. 圆柱形电容器是由半径为 a 的导线和与它同轴的导电圆筒构成，圆筒内半径为 b，长为 l，其间充满了两层同轴圆筒形的均匀电介质，分界面的半径为 r，介电常量分别为 ε_1 和 ε_2（见本题图），略去边缘效应，求电容 C.

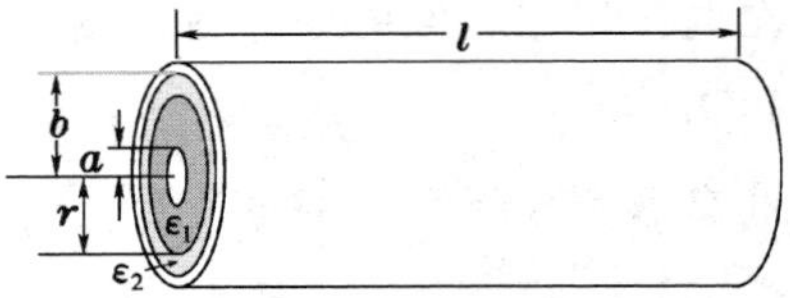

习题 4 – 15

解：根据介质中的高斯定理可得解出 $D=\dfrac{\lambda}{2\pi r}$，从而

$$E_1=\frac{D}{\varepsilon_1\varepsilon_0}=\frac{\lambda}{2\pi\varepsilon_1\varepsilon_0 r},\quad E_2=\frac{D}{\varepsilon_2\varepsilon_0}=\frac{\lambda}{2\pi\varepsilon_2\varepsilon_0 r};$$

两极板之间的电势差为

$$U=\int_a^r E_1\,\mathrm{d}r+\int_r^b E_2\,\mathrm{d}r=\frac{\lambda}{2\pi\varepsilon_1\varepsilon_0}\ln\frac{r}{a}+\frac{\lambda}{2\pi\varepsilon_2\varepsilon_0}\ln\frac{b}{r},$$

$$C=\frac{\lambda l}{U}=\frac{2\pi\varepsilon_1\varepsilon_2\varepsilon_0 l}{\varepsilon_2\ln(r/a)+\varepsilon_1\ln(b/r)}.$$

4 – 16. 一长直导线半径为1.5 cm，外面套有内半径为3.0 cm的导体圆筒，两者共轴。当两者电势差为5000 V时，何处电场强度最大？其值是多少？

与其间介质有无关系?

解:

$$E=\frac{\lambda}{2\pi\varepsilon\varepsilon_0 r},$$

长直导线与导体圆筒之间的电势差为

$$U=\int_{R_1}^{R_2}E\,\mathrm{d}r=\frac{\lambda}{2\pi\varepsilon\varepsilon_0}\ln\frac{R_2}{R_1},$$

从两式中消去 λ 得用电势差表示的场强分布公式:

$$E=\frac{1}{r}\frac{U}{\ln(R_2/R_1)},$$

可见场强与 r 成反比, $r=R_1$ 处场强最大,其值为

$$E_1=\frac{U}{R_1\ln(R_2/R_1)}=\frac{5000}{0.015\times\ln 2}\mathrm{V/m}=4.8\times10^5\mathrm{V/m},$$

由场强分布公式可以看出其值与其间的介质无关。

4 - 17. 求垂直轴线均匀极化的无限长圆柱形电介质轴线上的退极化场,已知极化强度为 P.

解: 垂直轴线极化的无限长圆柱面出现极化电荷,在 θ 角方向 $\mathrm{d}\theta$ 处的一窄条无限长极化电荷在轴线上产生的退极化场为

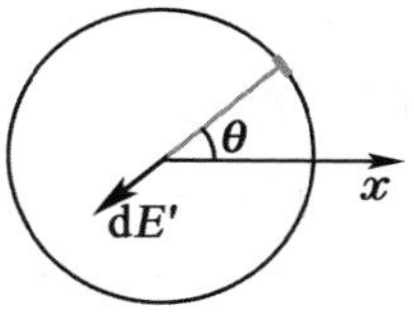

$$\mathrm{d}E'=\frac{\mathrm{d}\eta_e'}{2\pi\varepsilon_0 R}=\frac{\sigma_e' R\,\mathrm{d}\theta}{2\pi\varepsilon_0 R}=\frac{P\cos\theta\,\mathrm{d}\theta}{2\pi\varepsilon_0},$$

它在 x 方向的分量为

$$\mathrm{d}E_x'=\mathrm{d}E'\cos(\pi+\theta)=-\frac{P}{2\pi\varepsilon_0}\cos^2\theta\,\mathrm{d}\theta,$$

从而轴线上的退极化场为

$$E'=E_x'=-\frac{P}{2\pi\varepsilon_0}\int_0^{2\pi}\cos^2\theta\,\mathrm{d}\theta=-\frac{P}{2\varepsilon_0}.$$

4 - 18. 在介电常量为 ε 的无限大均匀电介质中存在均匀电场 $\boldsymbol{E}_0$. 今设想以其中某点 O 为中心作一球面,把介质分为内、外两部分。求球面外全部电荷在 O 点产生的场强 E. (E 比 E_0 大还是小?)

解: 根据书上第四章例题 4 的结果, 均匀极化电介质球的退极化场 $\boldsymbol{E}'=-\boldsymbol{P}/3\varepsilon_0$, 挖去一 均匀介质球产生的退极化场则为 $\boldsymbol{E}'=\boldsymbol{P}/3\varepsilon_0$, 于是球面外部电荷在球心 O 点的场强为

$$E=E_0+\frac{P}{3\varepsilon_0}=E_0+\frac{\varepsilon-1}{3}E_0=\frac{\varepsilon+2}{3}E_0>E_0.$$

4 - 19. 在介电常量为 ε 的无限大均匀电介质中存在均匀电场 $\boldsymbol{E}_0$. 今设想在其中作一轴线与 $\boldsymbol{E}_0$ 垂直的无限长圆柱面,把介质分为内、外两部分。求柱面外全部电荷在柱轴上产生的场强 $\boldsymbol{E}$. (如果真把圆柱面内部的介质挖去,本题的结论还适用吗?)

解： 与上题类似，根据习题 4－17 的结果，得

$$E=E_0+\frac{P}{2\varepsilon_0}=E_0+\frac{\varepsilon-1}{2}E_0=\frac{\varepsilon+1}{2}E_0>E_0.$$

上述论证的前提如下：介质对空间电场的影响是由于极化电荷的出现而激发的退极化场 $\boldsymbol{E}'$ 的存在，使得总电场为 $\boldsymbol{E}=\boldsymbol{E}_0+\boldsymbol{E}'$，若在介质中真的挖去一圆柱体，由于此圆柱体空腔不是无限小的，它将破坏均匀极化的条件，以上的所有推论都不再适用。

4－20. 空气的介电强度为 3.0×10^6 V/m，铜的密度为 $8.9\,\mathrm{g/cm^3}$，铜的原子量为 63.75 g/mol，阿伏伽德罗常量 $N_A=6.022\times10^{23}\,\mathrm{mol^{-1}}$，金属铜里每个铜原子有一个自由电子，每个电子的电荷量为 1.60×10^{-19} C.

（1）问半径为 1.0 cm 的铜球在空气中最多能带多少电荷量？

（2）这铜球所带电荷量达到最多时，求它所缺少或多出的电子数与自由电子总数之比；

（3）因导体带电时电荷都在外表面上，当铜球所带电压达到最多时，求它所缺少或多出的电子数与表面一层铜原子所具有的自由电子数之比。

【提示：可认为表面层的厚度为 $n^{-1/3}$，n 为原子数密度。】

解：（1）$E=\dfrac{Q}{4\pi\varepsilon_0R^2}$，　　　$Q=4\pi\varepsilon_0R^2E$

$$=\left[4\pi\times8.85\times10^{-12}\times(1.0\times10^{-2})^2\times3.0\times10^6\right]\mathrm{C}=3.3\times10^{-8}\,\mathrm{C}.$$

（2）铜球得失的电子数为 Q/e，自由电子的总数为 $\dfrac{\rho V}{\mu}N_A$，其中 ρ 是铜的密度，V 为铜球的体积，ρV 为铜球的质量，μ 为铜的摩尔质量，$\dfrac{\rho V}{\mu}$ 为铜球的摩尔数，再乘以 N_A 就是铜球内的原子数，等于铜球中的自由电子数。因此铜球带电荷量达到最多时它得失的电子数与其中自由电子数之比为

$$k_1=\frac{Q/e}{\dfrac{\rho V}{\mu}N_A}$$

$$=\frac{3.3\times10^{-8}\times63.75\times10^{-3}\times3}{8.9\times10^3\times4\pi\times(1.0\times10^{-2})^3\times6.02\times10^{23}\times1.6\times10^{-19}}=5.9\times10^{-13}.$$

（3）单位体积内铜原子数设为 n，$n=\dfrac{\rho N_A}{\mu}$. 表面层厚度的数量级为原子间平均距离，即 $n^{-1/3}$，铜球表面层体积为 $4\pi r^2n^{-1/3}$，因而表面层内铜原子数为 $N=n\cdot4\pi r^2n^{-1/3}=4\pi r^2n^{2/3}$，于是铜球带电最多时，铜球得失电子数与表面层内电子数之比为

$$k_2=\frac{Q/e}{N}=\frac{Q}{4\pi r^2 n^{2/3}e}$$

$$=\frac{3.3\times10^{-8}}{4\pi\times(1.0\times10^{-2})^2\times\left(\frac{8.9\times10^3\times6.02\times10^{23}}{63.75\times10^{-3}}\right)^{2/3}\times1.6\times10^{-19}}=8.6\times10^{-6}.$$

4 -21. 空气的介电强度为 30 kV/cm，今有一平行板电容器，两极板相距 0.50 cm，板间是空气，问它能耐多高的电压。

解： $U=Ed=(30\times10^3\times0.50)\text{V}=15\text{ kV}.$

4 -22. 一圆柱形电容器，由直径为 5.0 cm 的直圆筒和与它共轴的直导线构成，导线的直径为 5.0 mm，筒与导线间是空气，已知空气的击穿场强为 30 000 V/cm，问这电容器能耐多高的电压？

解： 由圆柱电容器内场强分布可知内导体半径处场强最大，电容器的耐压由该处的场强小于击穿场强决定，因此

$$E=\frac{\lambda}{2\pi\varepsilon_0 R_1},$$

$$U=\frac{\lambda}{2\pi\varepsilon_0}\ln\frac{R_2}{R_1}=ER_1\ln\frac{R_2}{R_1}=\left(3.0\times10^4\times0.25\times\ln\frac{2.5}{0.25}\right)\text{V}=1.7\times10^4\text{V}.$$

4 -23. 两共轴的导体圆筒，内筒外半径为 R_1，外筒内半径为 R_2（$R_2<2R_1$），其间有两层均匀介质，分界面的半径为 r，内层介电常量为 ε_1，外层介电常量为 $\varepsilon_2=\varepsilon_1/2$，两介质的介电强度都是 $E_{\max}$.

（1）当电压升高时，哪层介质先击穿？

（2）证明：两筒最大的电势差为

$$U_{\max}=\frac{E_{\max}r}{2}\ln\frac{R_2{}^2}{rR_1}.$$

解：（1）两层均匀介质中的场强分布规律分别为

$$E_1=\frac{\lambda}{2\pi\varepsilon_1\varepsilon_0 r},\quad E_2=\frac{\lambda}{2\pi\varepsilon_2\varepsilon_0 r}=\frac{\lambda}{\pi\varepsilon_1\varepsilon_0 r},$$

对于同一种介质，半径 r 小的地方场强大，故内层介质最容易在 R_1 处被击穿，外层介质最容易在分界面 r 处被击穿。由于 $\varepsilon_2=\varepsilon_1/2$，分界面半径 r 最大可能为 R_2，而 $r/2<R_2/2<R_1$，因此介质 2 即外层介质将先被击穿。

（2）外层介质被击穿的场强为 $E_{\max}=\frac{\lambda}{2\pi\varepsilon_2\varepsilon_0 r}$，两筒最大的电势差为

$$U_{\max}=\frac{\lambda}{2\pi\varepsilon_1\varepsilon_0}\ln\frac{r}{R_1}+\frac{\lambda}{2\pi\varepsilon_2\varepsilon_0}\ln\frac{R_2}{r}$$

$$=\frac{\lambda}{2\pi\varepsilon_1\varepsilon_0}\left(\ln\frac{r}{R_1}+2\ln\frac{R_2}{r}\right)=\frac{\lambda}{2\pi\varepsilon_1\varepsilon_0}\ln\frac{R_2^2}{rR_1}=\frac{E_{\max}r}{2}\ln\frac{R_2^2}{rR_1}.$$

4－24. 设一同轴电缆里面导体的半径是 R_1，外面的半径是 R_3，两导体间充满了两层均匀电介质，它们的分界面的半径是 R_2，设内外两层电介质的介电常量分别为 ε_1 和 ε_2（横截面见本题图），它们的介电强度分别为 E_1 和 E_2，证明：当两极（即两导体）间的电压逐渐升高时，在

$$\varepsilon_1 E_1 R_1 > \varepsilon_2 E_2 R_2$$

的条件下，首先被击穿的是外层电介质。

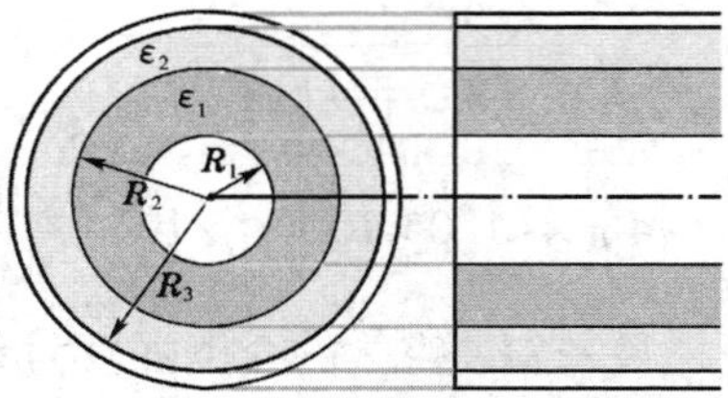

习题 4－24

解： 两层介质中场强分布规律分别为

$$E^{内}=\frac{\lambda}{2\pi\varepsilon_1\varepsilon_0 r},\quad E^{外}=\frac{\lambda}{2\pi\varepsilon_2\varepsilon_0 r},$$

在每层介质中场强最大的地方在其内侧，在给定 λ 的条件下那里的场强分别为

$$E^{内}_{max}=\frac{\lambda}{2\pi\varepsilon_1\varepsilon_0 R_1},\quad E^{外}_{max}=\frac{\lambda}{2\pi\varepsilon_2\varepsilon_0 R_2},$$

使 $E^{内}_{max}$ 达到 E_1 的 $\lambda=\lambda_1=2\pi\varepsilon_1\varepsilon_0 R_1 E_1$，使 $E^{外}_{max}$ 达到 E_2 的 $\lambda=\lambda_2=2\pi\varepsilon_2\varepsilon_0 R_2 E_2$. 外层介质 2 先被击穿的条件为 $\lambda_2<\lambda_1$，即

$$\varepsilon_1 E_1 R_1 > \varepsilon_2 E_2 R_2.$$

4－25. 一均匀磁化的磁棒，直径为 25 mm，长为 75 mm，磁矩为 12 000 A·m²，求棒侧表面上的面磁化电流密度。

解： 磁化强度（即单位体积内的磁矩）

$$M=\frac{12000}{\pi\times[(25/2)\times10^{-3}]^2\times75\times10^{-3}}\text{ A/m}=3.3\times10^8\text{ A/m},$$

$$i'=M=3.3\times10^8\text{ A/m}.$$

4－26. 一均匀磁化磁棒，体积为 0.01 m³，磁矩为 500 A·m²，棒内的磁感应强度 $B=5.0$ Gs，

（1）求磁场强度为多少 Oe；

（2）按照磁荷观点，磁棒端面上磁荷密度和磁极化强度为多少？

解：（1）$M=\dfrac{5.00}{0.01}\text{ A/m}=5.0\times10^4\text{ A/m}$，

$$H=\frac{B}{\mu_0}-M=\left(\frac{5.0\times10^{-4}}{4\pi\times10^{-7}}-5.0\times10^4\right)\text{A/m}=-5.0\times10^4\text{ A/m}=-6.2\times10^2\text{ Oe}.$$

（2）$J=\mu_0 M=(4\pi\times10^{-7}\times5.0\times10^4)\text{ Wb/m}^2=6.3\times10^{-2}\text{ Wb/m}^2$，

$$\sigma_m'=J=6.3\times10^{-2}\text{ Wb/m}^2.$$

4 - 27. 一长螺线管长为 l,由表面绝缘的导线密绕而成,共绕有 N 匝,导线中通有电流 I. 一同样长的铁磁棒,横截面也和上述螺线管相同,棒是均匀磁化的,磁化强度为 $\boldsymbol{M}$,且 $M=NI/l$. 在同一坐标纸上分别以该螺线管和铁磁棒的轴线为横坐标 x,以它们轴线上的 B、$\mu_0 M$ 和 $\mu_0 H$ 为纵坐标,画出包括螺线管和铁磁棒在内两倍长度区间的 $B-x$、$\mu_0 M-x$ 和 $\mu_0 H-x$ 曲线。

解: 长螺线管轴线上的 B、$\mu_0 M$、$\mu_0 H$ 随坐标 x 的变化关系如图 a 所示。$B-x$ 曲线根据书上第二章 2.5 节的计算结果作出; 因没有磁介质, $M=0$, $\mu_0 M$ 也为 0; $\mu_0 H=B-\mu_0 M=B$, 故 $\mu_0 H$ 曲线与 $B-x$ 曲线同。

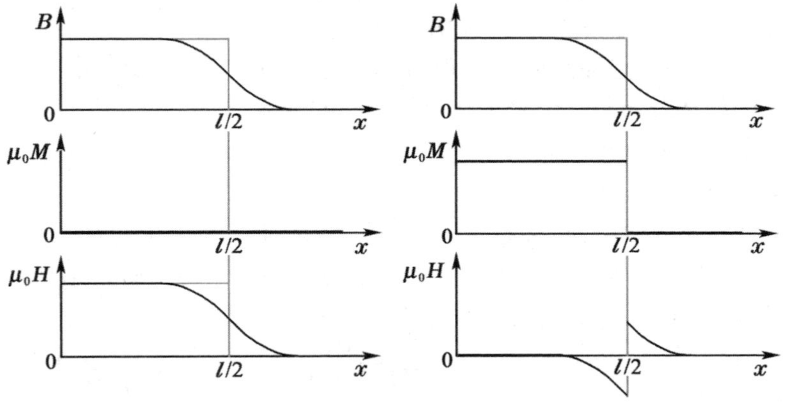

a 螺线管　　b 铁磁棒

铁磁棒轴线上的 B、$\mu_0 M$、$\mu_0 H$ 随坐标 x 的变化关系如图 b 所示。由 $M=NI/l$ 知它在磁铁范围内为恒定值,以外为 0; 由分子电流与磁荷观点的等效性,其 $B-x$ 曲线与螺线管同; 根据 $\mu_0 H=B-\mu_0 M$ 可由 $B-x$ 曲线与 $\mu_0 M-x$ 曲线相减得 $\mu_0 H-x$ 曲线。

4 - 28. 一圆柱形永磁铁,直径 10 mm,长 100 mm,均匀磁化后磁极化强度 $J=1.20\ \mathrm{Wb/m^2}$,求:

(1) 它两端的磁荷密度;

(2) 它的磁矩;

(3) 其中心的磁场强度 H 和磁感应强度 B.

此外, $\boldsymbol{H}$ 和 $\boldsymbol{B}$ 的方向关系若何?

解: (1) $\sigma_m'=J=1.20\ \mathrm{Wb/m^2}$;

(2) $m=\dfrac{P_m}{\mu_0}=\dfrac{\sigma_m'\pi r^2 l}{\mu_0}=\dfrac{1.20\times\pi\times(5.0\times10^{-3})^2\times0.10}{4\pi\times10^{-7}}\mathrm{A\cdot m^2}=7.5\ \mathrm{A\cdot m^2}$;

(3) $H=H'=N_D\dfrac{J}{\mu_0}=\dfrac{0.020286\times1.20}{4\pi\times10^{-7}}\text{A/m}=1.9\text{A/m}$,

式中 $N_D=0.020286$ 是题设情形下的退磁因子。

$\boldsymbol{H}'$ 的方向与 $\boldsymbol{J}$ 相反, $\boldsymbol{B}=\mu_0\boldsymbol{H}+\boldsymbol{J}$, 因此

$$B=-\mu_0H'+J=-N_DJ+J=1.18\text{T},$$

$\boldsymbol{H}$ 和 $\boldsymbol{B}$ 的方向相反。

4-29. (1) 一圆磁片半径为R, 厚为l,片的两面均匀分布着磁荷, 面密度分别为 σ_m 和 $-\sigma_m$(见本题图)。求轴线上离圆心为 x 处的磁场强度 H.

(2) 此磁片的磁偶极矩 p_m 和磁矩 m 为多少?

(3) 试证明,当 $l\ll R$(磁片很薄) 时,磁片外轴线上的磁场分布与一个磁矩和半径相同的电流环所产生的磁场一样。

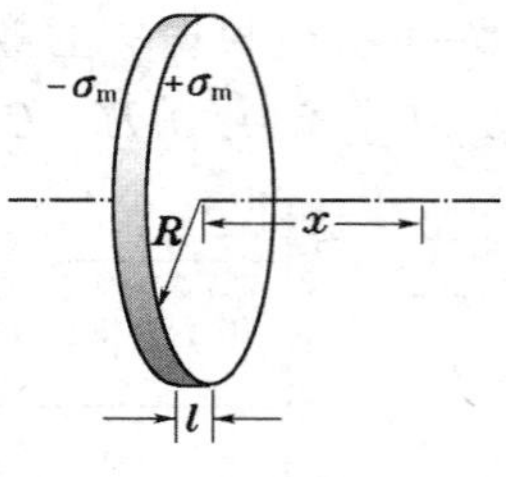

习题 4-29

解: (1) 由于磁荷观点的磁介质理论与电介质理论有很大的相似性,可仿照电介质的极化得到磁荷观点的若干结果。由习题1-26 均匀带电圆面的电场分布结果容易写出一个圆磁片两面均匀分布磁荷 σ_m 和 $-\sigma_m$ 产生的磁场分布:

$$H=\frac{\sigma_m}{2\mu_0}\left[1-\frac{x-l/2}{\sqrt{R^2+(x-l/2)^2}}\right]+\frac{-\sigma_m}{2\mu_0}\left[1-\frac{x+l/2}{\sqrt{R^2+(x+l/2)^2}}\right]$$

$$=\frac{\sigma_m}{2\mu_0}\left[\frac{x+l/2}{\sqrt{R^2+(x+l/2)^2}}-\frac{x-l/2}{\sqrt{R^2+(x-l/2)^2}}\right].$$

(2) $P_m=q_ml=\sigma_m\pi R^2l,\quad m=\dfrac{P_m}{\mu_0}=\dfrac{1}{\mu_0}\sigma_m\pi R^2l.$

(3) 当磁片很薄即$l\ll R$时, 上面(1) 的结果可简化,将分母作二项式展开,取到 l 的一次方项:

$$H=\frac{\sigma_m}{2\mu_0}\left[\frac{x+l/2}{(R^2+x^2+xl+l^2/4)^{1/2}}-\frac{x-l/2}{(R^2+x^2-xl+l^2/4)^{1/2}}\right]$$

$$=\frac{\sigma_m}{2\mu_0\sqrt{R^2+x^2}}\left[\frac{x+l/2}{\left(1+\dfrac{xl+l^2/4}{R^2+x^2}\right)^{1/2}}-\frac{x-l/2}{\left(1-\dfrac{xl+l^2/4}{R^2+x^2}\right)^{1/2}}\right]$$

$$\approx\frac{\sigma_m}{2\mu_0\sqrt{R^2+x^2}}\left[(x+l/2)\left(1-\frac{xl+l^2/4}{2(R^2+x^2)}\right)-(x-l/2)\left(1+\frac{xl-l^2/4}{2(R^2+x^2)}\right)\right]$$

$$=\frac{\sigma_ml}{2\mu_0\sqrt{R^2+x^2}}\left(1-\frac{x^2}{R^2+x^2}\right)=\frac{\sigma_mR^2l}{2\mu_0(R^2+x^2)^{3/2}}$$

$$=\frac{P_m}{2\pi\mu_0(R^2+x^2)^{3/2}}=\frac{m}{2\pi(R^2+x^2)^{3/2}}.$$

一个磁矩和半径与此相同的电流环所产生的磁场在书上有[见(2.29)式]:

$$B=\frac{\mu_0 IR^2}{2(R^2+x^2)^{3/2}}=\frac{\mu_0 m}{2\pi(R^2+x^2)^{3/2}},$$

从而

$$H=\frac{B}{\mu_0}=\frac{m}{2\pi(R^2+x^2)^{3/2}},$$

结果与上述完全相同。

4－30. 地磁场可以近似地看作是位于地心的一个磁偶极子产生的,在地磁纬度45°处,地磁的水平分量平均为0.23 Oe,地球的平均半径为6370 km,求上述磁偶极子的磁矩。

解: 利用电偶极子场强分布公式(见书上第一章例题14)可得

$$H_\theta=\frac{1}{4\pi\mu_0}\frac{p_{\mathrm{m}}\sin\theta}{r^3}=\frac{1}{4\pi}\frac{m\sin\theta}{r^3},$$

$$m=\frac{4\pi r^3}{\sin\theta}H_\theta=\left[\frac{4\pi\times(6.37\times10^6)^3}{\sin45°}\times\frac{0.23}{4\pi\times10^{-3}}\right]\mathrm{A\cdot m^2}=8.4\times10^{22}\,\mathrm{A\cdot m^2}.$$

4－31. 地磁场可以近似地看做是位于地心的一个磁偶极子产生的。证明:磁倾角(地磁场的方向与当地水平面之间的夹角)i 与地磁纬度 φ 的关系为(见本题图)

$$\tan i=2\tan\varphi.$$

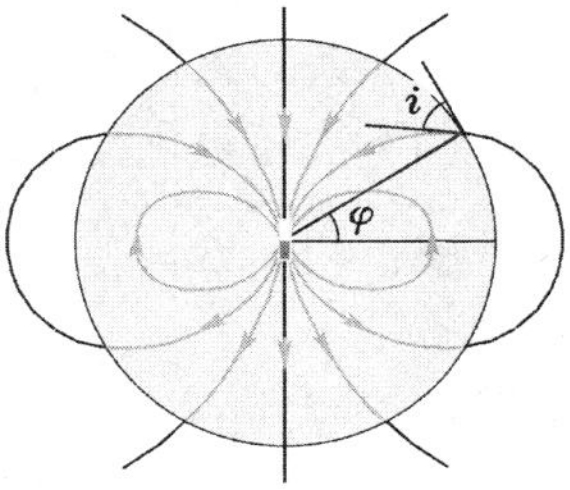

习题4－31

解: 利用电偶极子场强分布公式,见上题,有

$$\tan i=\frac{-H_r}{H_\theta}=\frac{\dfrac{-1}{4\pi\mu_0}\dfrac{2p_{\mathrm{m}}\cos(90°+\varphi)}{r^3}}{\dfrac{1}{4\pi\mu_0}\dfrac{p_{\mathrm{m}}\sin(90°+\varphi)}{r^3}}$$

$$=\frac{2\sin\varphi}{\cos\varphi}=2\tan\varphi.$$

4－32. 根据测量得出,地球的磁矩为 $8.4\times10^{22}\,\mathrm{A\cdot m^2}$.

(1) 如果在地磁赤道上套一个铜环,在铜环中通以电流 I,使它的磁矩等于地球的磁矩,求 I 的值(已知地球半径为6370 km);

(2) 如果这电流的磁矩正好与地磁矩的方向相反,这样能不能抵消地球表面的磁场?

解: (1) $m=I\pi R^2$,　则　$I=\dfrac{m}{\pi R^2}=\dfrac{8.4\times10^{22}}{3.14\times(6.37\times10^6)^2}\,\mathrm{A}=6.6\times10^8\,\mathrm{A}.$

(2) 套在地磁赤道上的载流铜环不可能抵消地球表面的磁场,因为这两种不同磁矩的磁场只有在远处分布才是相同的,而在地球表面处是不同的。

4 - 33. 一环形铁芯横截面的直径为 4.0 mm，环的平均半径 $R=15$ mm，环上密绕着 200 匝线圈（见本题图），当线圈导线通有 25 mA 的电流时，铁芯的磁导率 $\mu=300$，求通过铁芯横截面的磁通量 Φ.

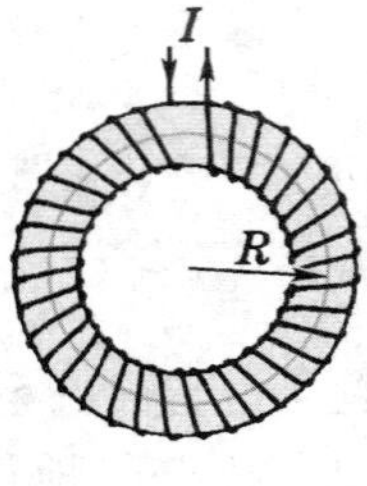

习题 4 - 33

解： $\Phi=BS=\mu\mu_0\dfrac{N}{2\pi R}\cdot I\cdot\pi r^2=\dfrac{\mu\mu_0 NIr^2}{2R}$

$$=\frac{4\pi\times10^{-7}\times300\times200\times25\times10^{-3}\times(2.0\times10^{-3})^2}{2\times15\times10^{-3}}\text{Wb}$$

$=2.5\times10^{-7}$ Wb.

4 - 34. 一铁环中心线的周长为 30 cm，横截面积为 1.0 cm^2，在环上紧密地绕有 300 匝表面绝缘的导线，当导线中通有电流 32 mA 时，通过环的横截面的磁通量为 2.0×10^{-6} Wb，求：

（1）铁环内部磁感应强度的大小 B；

（2）铁环内部磁场强度的大小 H；

（3）铁的磁化率 χ_m 和磁导率 μ；

（4）铁环磁化强度的大小 M.

解：（1）$B=\dfrac{\Phi}{S}=\dfrac{2.0\times10^{-6}}{1.0\times10^{-4}}\text{T}=2.0\times10^{-2}\text{T}$；

（2）$H=nI=\dfrac{N}{l}I=\dfrac{300\times32\times10^{-3}}{30\times10^{2}}\text{A/m}=32\text{ A/m}$；

（3）$\mu=\dfrac{B}{\mu_0 H}=\dfrac{2.0\times10^{-2}}{4\pi\times10^{-7}\times32}=5.0\times10^2$，　$\chi_m=\mu-1\approx5.0\times10^2$；

（4）$M=\chi_m H=(5.0\times10^2\times32)\text{A/m}=1.6\times10^4\text{A/m}$.

4 - 35. 一无穷长圆柱形直导线外包一层磁导率为 μ 的圆筒形磁介质，导线半径为 R_1，磁介质的外半径为 R_2（见本题图），导线内有电流 I 通过。

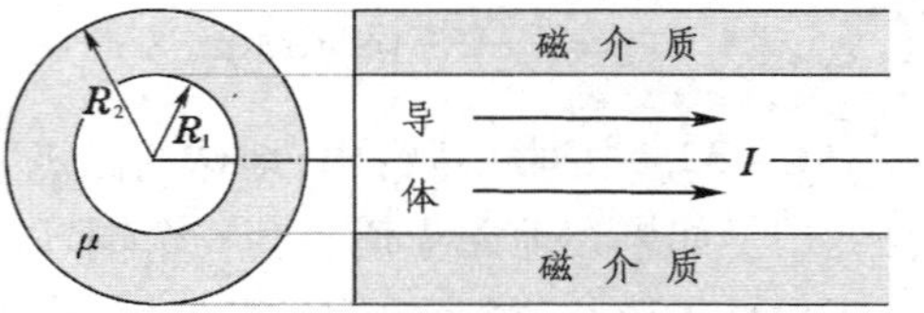

习题 4 - 35

（1）求介质内、外的磁场强度和磁感应强度的分布，并画 $H-r$ 和 $B-r$ 曲线；

（2）介质内、外表面的磁化面电流密度 i'；

（3）从磁荷观点来看，磁介质表面有无磁荷？

解：（1）此题具有轴对称性，根据介质中的安培环路定理可求出介质内、外的磁场强度和磁感应强度为

$$H=\frac{I}{2\pi r},$$

$$B=\mu\mu_0 H=\begin{cases}\dfrac{\mu\mu_0 I}{2\pi r}, & R_1<r<R_2\\ \dfrac{\mu_0 I}{2\pi r}, & r>R_2\end{cases}$$

导体内　$H=\dfrac{Ir}{2\pi R_1^2}$，　$B=\dfrac{\mu_0 Ir}{2\pi R_1^2}$.

曲线见右图。

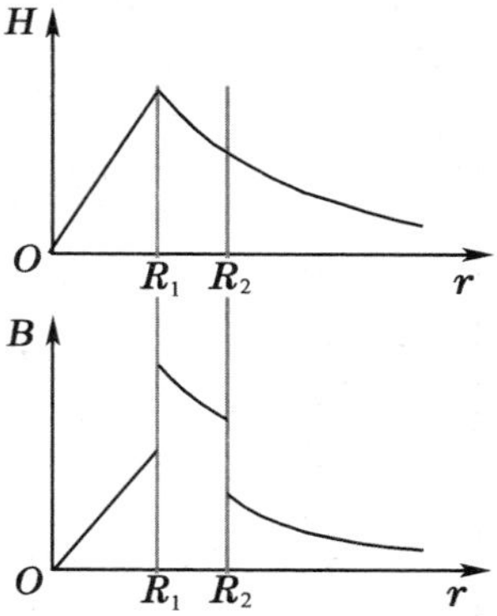

（2）$M=\chi_m H=\dfrac{(\mu-1)I}{2\pi r}$，

$$i'_{内}=\frac{(\mu-1)I}{2\pi R_1},\quad i'_{外}=\frac{(\mu-1)I}{2\pi R_2}.$$

（3）由于 $\boldsymbol{J}_m=\mu_0\boldsymbol{M}$，$\boldsymbol{J}_m$ 的方向与 $\boldsymbol{M}$ 同，与磁介质的表面法线方向正交，故表面无磁荷。

4－36. 本题图是某种铁磁材料的起始磁化曲线，试根据这曲线求出最大磁导率 $\mu_{最大}$，并绘制相应的 $\mu-H$ 曲线。

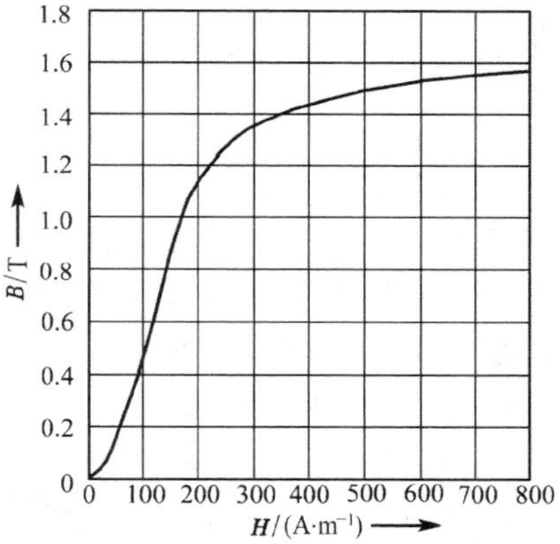

习题 4－36

解： 由图中原点作起始磁化曲线的切线，切点处 $H=170\ \text{A/m}$，该处的 μ 最大，为

$$\mu=\frac{B}{\mu_0 H}=\frac{1}{4\pi\times10^{-7}\times170}=4.7\times10^3.$$

根据本题图，取不同 H 值及其对应的 B 值，由 $\mu=B/\mu_0H$ 计算出对应的 μ 值，制成表如右。根据表中数值绘制 $\mu-H$ 曲线如下。

$H/(\text{A}\cdot\text{m}^{-1})$	B/T	$\mu/10^3$
10	0.02	1.6
50	0.13	2.1
100	0.43	3.4
200	1.13	4.5
300	1.32	3.5
400	1.44	2.9
500	1.50	2.4
600	1.52	2.0
700	1.56	1.8
800	1.57	1.6

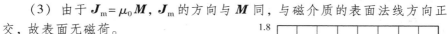

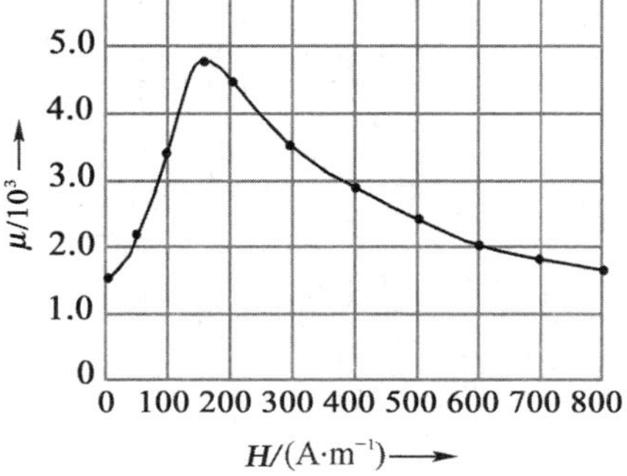

4－37. 下表中列出某种磁性材料的 H 和 B 的实验数据，

$H/(\mathrm{A\cdot m^{-1}})$	$B/(\mathrm{Wb\cdot m^{-2}})$
0	0
33	0.2
50	0.4
61	0.6
72	0.8
93	1.0
155	1.2
290	1.4
600	1.6

(1) 画出此材料的起始磁化曲线；

(2) 求表中所列各点处材料的磁导率 μ；

(3) 求最大磁导率 $\mu_{最大}$.

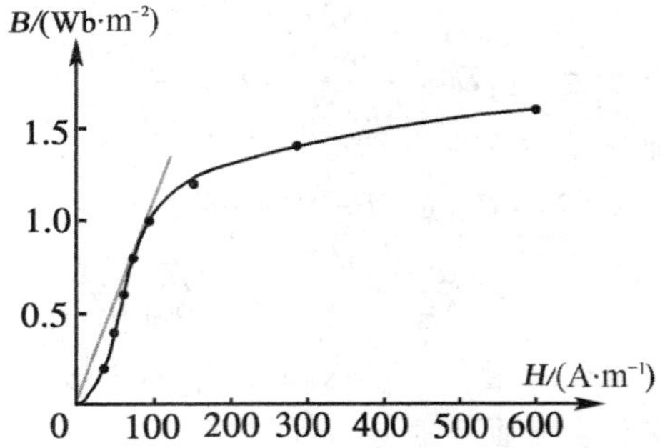

解：(1) 根据题给数据作出的起始磁化曲线如右。

(2) 表中所列各点处材料的磁导率 μ 分别为(自上至下)

$$\mu=\frac{B}{\mu_0 H}=\{0,\ 4.8,\ 6.4,\ 7.8,\ .8.8,\ 8.6,\ 6.2,\ 3.8,\ 2.1\}\times10^3.$$

(3) 最大磁导率是由原点作起始磁化曲线的切线的斜率，$\mu_{最大}=8.8\times10^3$.

4－38. 中心线周长为 20 cm、截面积为 4 cm^2 的闭合环形磁芯，其材料的磁化曲线如本题图所示。

(1) 若需要在该磁芯中产生磁感强度为 0.1、0.6、1.2、1.8 Wb/m^2 的磁场时，绕组的A·匝数 NI 要多大?

(2) 若绕组的匝数 $N=1000$，上述各种情况下通过绕组的电流 I 应多大?

(3) 若固定绕组中的电流，使它恒为 $I=0.1$ A，绕组的匝数各为多少?

(4) 求上述各工作状态下材料的磁导率 μ.

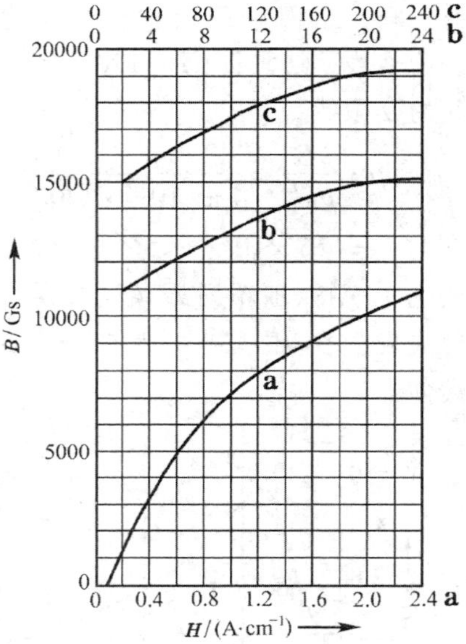

习题 4－38

解：(1) 由本题图可得

$B=0.1\ \mathrm{Wb/m^2}$ 时，$H=0.18\ \mathrm{A/cm}$，

$NI=Hl=(0.18\times10^2\times0.20)$ A·匝$=3.6$ A·匝；

$B=0.6\ \mathrm{Wb/m^2}$ 时，$H=0.77\ \mathrm{A/cm}$，

$NI=Hl=(0.77\times10^2\times0.20)$ A·匝$=15$ A·匝；

$B=1.2\,\mathrm{Wb/m^2}$ 时，$H=5.6\,\mathrm{A/cm}$，

$NI=Hl=(5.6\times10^2\times0.20)\mathrm{A\cdot匝}=1.1\times10^2\,\mathrm{A\cdot匝}$；

$B=1.8\,\mathrm{Wb/m^2}$ 时，$H=126\,\mathrm{A/cm}$，

$NI=Hl=(126\times10^2\times0.20)\mathrm{A\cdot匝}=2.5\times10^3\,\mathrm{A\cdot匝}$。

（2）$I=\dfrac{NI}{1000}=\{3.6\times10^{-3},\ 15\times10^{-3},\ 0.11,\ 2.5\}\mathrm{A}$；

（3）$N=\dfrac{NI}{0.1}=\{36,\ 150,\ 1.1\times10^3,\ 2.5\times10^4\}$ 匝；

（4）$\mu=\dfrac{B}{\mu_0 H}=4.4\times10^3,\ 6.2\times10^3,\ 1.7\times10^3,\ 1.1\times10^2.$

4－39. 矩磁材料具有矩形磁滞回线（见本题图 a），反向场一超过矫顽力，磁化方向就立即反转。矩磁材料的用途是制作电子计算机中存储元件的环形磁芯。图 b 所示为一种这样的磁芯，其外直径为 0.8 mm，内直径为 0.5 mm，高为 0.3 mm，这类磁芯由矩磁铁氧体材料制成。若磁芯原来已被磁化，其方向如图所示。现需使磁芯中自内到外的磁化方向全部翻转，导线中脉冲电流 i 的峰值至少需多大？设磁芯矩磁材料的矫顽力 $H_C=2\,\mathrm{Oe}$.

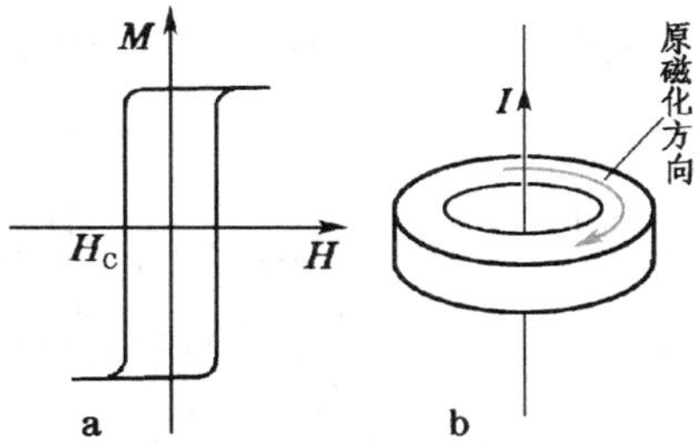

习题 4－39

解：根据安培环路定理可得长直载流导线的磁场强度 $H=\dfrac{I}{2\pi r}$，为使已磁化的磁芯自内到外磁化方向全部翻转，则应使磁芯外沿处的磁场强度大于矫顽力，即

$$H=\frac{I}{2\pi r_2}>H_c,$$

因此
$$I>2\pi r_2 H_c=2\pi\times0.4\times10^{-3}\times2.0\times\frac{10^3}{4\pi}\,\mathrm{A}=0.40\,\mathrm{A}.$$

4－40. 在空气（$\mu=1$）和软铁（$\mu=7000$）的交界面上，软铁内的磁感强度 B 与交界面法线的夹角为 85°，求空气中磁感强度与交界面法线的夹角。

解：根据磁感应线在介质界面上的"折射"关系

$$\frac{\tan\theta_1}{\tan\theta_2}=\frac{\mu_1}{\mu_2},$$

$$\theta_1=\arctan\left(\frac{\mu_1}{\mu_2}\tan\theta_2\right)=\arctan\left(\frac{1}{7000}\times\tan85^\circ\right)=0.094^\circ=5.6'。$$

4－41. 一铁芯螺绕环由表面绝缘的导线在铁环上密绕而成，环的中心线长 500 mm，横截面积为 1000 mm²。现在要在环内产生 $B=1.0\,\mathrm{T}$ 的磁感应强度，由铁的 $B-H$ 曲线得这时铁的 $\mu=796$，求所需的 A·匝数 NI. 如果铁环

上有一个2.0 mm宽的空气间隙，所需的A·匝数 NI 又为多少？

解： 密闭环的A·匝数为

$$NI=\Phi_B R_m=BS\cdot\frac{l}{\mu\mu_0 S}=\frac{1.0\times0.5}{4\pi\times10^{-7}\times796}\text{A·匝}=5.0\times10^2\text{A·匝},$$

有空气间隙的环的A·匝数为

$$NI=\Phi_B(R_{m1}+R_{m2})=BS\left(\frac{l}{\mu\mu_0 S}+\frac{l_1}{\mu_0 S}\right)$$

$$=\frac{1.0}{4\pi\times10^{-7}}\left(\frac{0.5}{796}+2.0\times10^{-3}\right)\text{A·匝}=2.1\times10^3\text{A·匝}。$$

4－42. 一铁环中心线的半径 $R=200$ mm，横截面积为150 mm^2，在它上面绕有表面绝缘的导线 N 匝，导线中通有电流 I，环上有一个1.0 mm宽的空气隙。现在要在空气隙内产生 $B=0.50$ T的磁感应强度，由铁的 B–H 曲线得这时铁的 $\mu=250$，求所需的A·匝数 NI.

解： $NI=BS\left(\frac{2\pi R}{\mu\mu_0 S}+\frac{l_1}{\mu_0 S}\right)=\frac{B}{\mu_0}\left(\frac{2\pi R}{\mu}+l_1\right)$

$$=\frac{0.50}{4\pi\times10^{-7}}\left(\frac{2\pi\times0.200}{250}+1.0\times10^{-3}\right)\text{A·匝}=2.4\times10^3\text{A·匝}。$$

4－43. 一铁环中心线的直径 $D=40$ cm，环上均匀地绕有一层表面绝缘的导线，导线中通有一定电流。若在这环上锯一个宽为1.0 mm的空气隙，则通过环的横截面的磁通量为 3.0×10^{-4} Wb；若空气隙的宽度为2.0 mm，则通过环的横截面的磁通量为 2.5×10^{-4} Wb，忽略漏磁不计，求这铁环的磁导率。

解： $$NI=\frac{B_1}{\mu_0}\left(\frac{2\pi R}{\mu}+l_1\right)=\frac{B_2}{\mu_0}\left(\frac{2\pi R}{\mu}+l_2\right)$$

$$\mu=\frac{(B_1-B_2)\cdot2\pi R}{B_2 l_2-B_1 l_1}=\frac{(3.0-2.5)\times10^{-4}\times2\pi\times0.20}{2.5\times10^{-4}\times2.0\times10^{-3}-3.0\times10^{-4}\times1.0\times10^{-3}}=314.$$

4－44. 一铁环中心线的半径 $R=20$ cm，横截面是边长为4.0 cm的正方形。环上绕有500匝表面绝缘的导线。导线中载有电流1.0 A，这时铁的磁导率 $\mu=400$.

(1) 求通过环的横截面的磁通量；

(2) 如果在这环上锯开一个宽为1.0 mm的空气隙，求这时通过环的横截面的磁通量的减少。

解： (1) $NI=\Phi_B\frac{2\pi R}{\mu\mu_0 S}$,

$$\Phi_B=\frac{\mu\mu_0 S}{2\pi R}NI=\frac{4\pi\times10^{-7}\times400\times(4.0\times10^{-2})^2\times500\times1.0}{2\pi\times0.20}\text{Wb}$$

$$=3.2\times10^{-4}\text{Wb}.$$

(2) $NI=\Phi_B'\left(\frac{2\pi R}{\mu\mu_0 S}+\frac{l_1}{\mu_0 S}\right)=\frac{\Phi_B'}{\mu_0 S}\left(\frac{2\pi R}{\mu}+l_1\right)$,

$$\Phi_B'=\frac{\mu_0 SNI}{\frac{2\pi R}{\mu}+l_1}=\frac{4\pi\times10^{-7}\times(4.0\times10^{-2})^2\times500\times1.0}{\frac{2\pi\times0.20}{400}+1.0\times10^{-3}}\text{Wb}=2.4\times10^{-4}\text{Wb}.$$

磁通量的减少为 $\Phi_B-\Phi_B'=(3.2\times10^{-4}-2.4\times10^{-4})\text{Wb}=0.8\times10^{-4}\text{Wb}$.

4－45. 一个利用空气间隙获得强磁场的电磁铁如本题图所示，铁芯中心线的长度 $l_1=500\text{mm}$，空气隙长度 $l_2=20\text{mm}$，铁芯是磁导率 $\mu=5000$ 的硅钢。要在空气隙中得到 $B=3000$ Gs 的磁场，求绕在铁芯上的线圈的 A·匝数 NI.

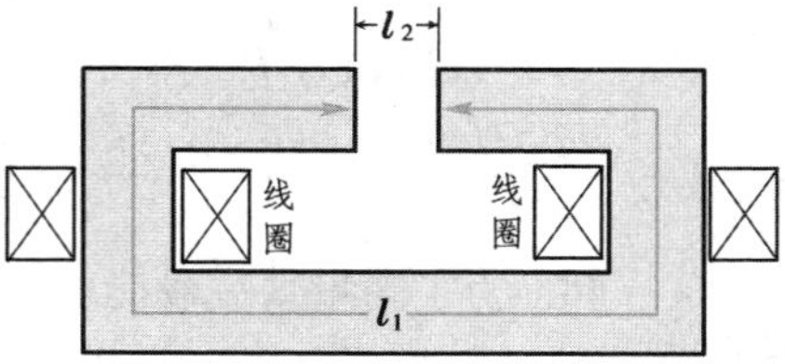

习题 4－45

解：$NI=\Phi_B(R_{m1}+R_{m2})=\frac{B}{\mu_0}\left(\frac{l_1}{\mu}+l_2\right)$

$$=\frac{0.3000}{4\pi\times10^{-7}}\left(\frac{0.500}{5000}+20\times10^{-3}\right)\text{A}\cdot\text{匝}=4.8\times10^3\text{A}\cdot\text{匝}。$$

4－46. 某电钟里有一铁芯线圈，已知铁芯磁路长 14.4 cm，空气隙宽 2.0 mm，铁芯横截面积为 0.60 cm^2，钦芯的磁导率 $\mu=1600$. 现在要使通过空气隙的磁通量为 4.8×10^{-6} Wb，求线圈电流的 A·匝数 NI. 若线圈两端电压为 220 V，线圈消耗的功率为 2.0 W，求线圈的匝数 N.

解：$NI=\Phi_B\left(\frac{l_1}{\mu\mu_0 S}+\frac{l_2}{\mu_0 S}\right)=\frac{\Phi_B}{\mu_0 S}\left(\frac{l_1}{\mu}+l_2\right)$

$$=\frac{4.8\times10^{-6}}{4\pi\times10^{-7}\times0.60\times10^{-4}}\left(\frac{14.4\times10^{-2}}{1600}+2\times10^{-3}\right)\text{A}\cdot\text{匝}=133\text{A}\cdot\text{匝},$$

$$N=\frac{(NI)}{I}=\frac{(NI)U}{P}=\frac{133\times220}{2.0}\text{匝}=1.46\times10^4\text{匝}。$$

4－47. 本题图是某日光灯所用镇流器铁芯尺寸(单位为mm)，材料的磁化曲线见习题4－41 附图。在铁芯上共绕N=1280 匝线圈，现要求线圈中通过电流I=0.41 A时铁芯中的磁通量 $\Phi=5.8\times10^{-4}$ Wb，

(1) 求此时气隙中的磁感应强度和磁场强度；

(2) 求铁芯中的磁感应强度 B 和磁场强度 H；

(3) 应留多大的气隙才能满足上述要求？

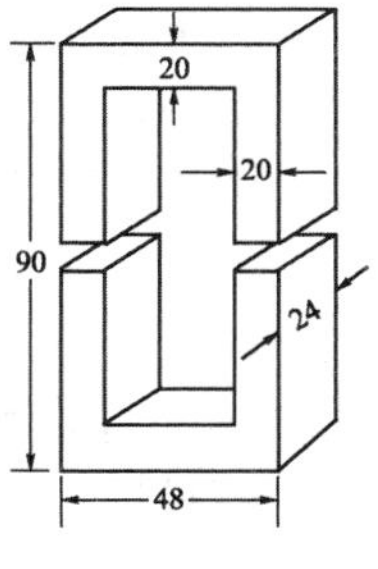

习题 4－47

解：（1）$B_1=\dfrac{\Phi}{S}=\dfrac{5.8\times10^{-4}}{20\times10^{-3}\times24\times10^{-3}}\mathrm{T}=1.2\mathrm{T}$，

$$H_1=\frac{B_1}{\mu_0}=\frac{1.2}{4\pi\times10^{-7}}\mathrm{A/m}=9.6\times10^5\mathrm{A/m};$$

（2）$B_2=1.2\mathrm{T}$，由习题 4－38 附图得

$$H_2=5.6\mathrm{A/cm}=5.6\times10^2\mathrm{A/m};$$

（3）$NI=H_1l_1+H_2l_2$

$$l_1=\frac{NI-H_2l_2}{H_1}=\frac{1280\times0.41-5.6\times10^2\times98\times2\times10^{-3}}{9.6\times10^5}\mathrm{m}=4.3\times10^{-4}\mathrm{m}.$$

4－48. 为了测量某一硬磁材料的磁棒的磁滞回线，需要测量其中磁场强度 H 的变化。为此将磁棒夹在电磁铁的两极之间，用平均直径为 D 的半圆形有机玻璃为芯做一磁势计，放在硬磁棒侧面上（见本题图）。

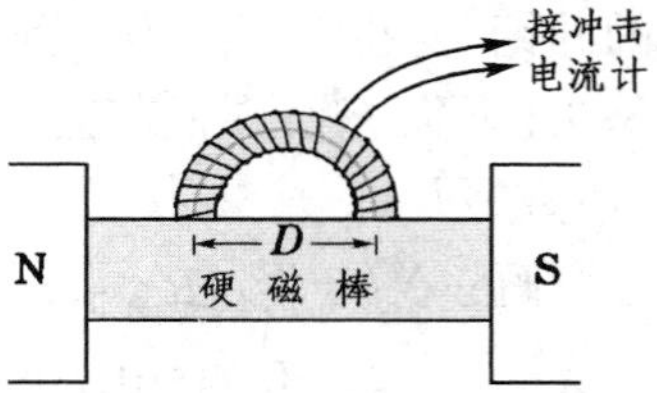

习题 4－48

（1）磁势计测得的磁势降落与磁棒内的磁场强度 H 有什么关系？

（2）先增加电磁铁绕组中的电流 I 使硬磁棒的磁化达到饱和，然后将励磁电流突然切断，由冲击电流计测得迁移的电量 $q=25\,\mu\mathrm{C}$，已知半圆磁势计的平均直径 $D=1.6\,\mathrm{cm}$，横截面积 $S=0.16\,\mathrm{cm}^2$，磁势计线圈共有 3725 匝，电路的总电阻 $R=4100\,\Omega$，求硬磁棒中的磁场强度 H 的改变量。（切断励磁电流后，硬磁棒内的磁场强度是否为 0？为什么？）

解：（1）根据磁荷观点，磁荷产生的磁场强度满足$\oint \boldsymbol{H}\cdot\mathrm{d}\boldsymbol{l}=0$，$\boldsymbol{H}$ 具有磁势，因此磁势计测得的磁势降落为 $\int_a^b \boldsymbol{H}\cdot\mathrm{d}\boldsymbol{l}=HD$，式中 D 为磁势计半圆芯的直径。因此

$$H=\frac{1}{D}\int_a^b \boldsymbol{H}\cdot\mathrm{d}\boldsymbol{l}.$$

（2）根据思考题 4－13 结果$\int_a^b \boldsymbol{H}\cdot\mathrm{d}\boldsymbol{l}=\dfrac{Rq}{\mu_0 Sn}$，有

$$H=\frac{Rq}{\mu_0 SnD}=\frac{4100\times25\times10^{-6}}{4\pi\times10^{-7}\times0.16\times10^{-4}\times\dfrac{3725}{\pi\times D/2}\times D}\mathrm{A/m}$$

$$=2.1\times10^6\mathrm{A/m}=2.7\times10^4\mathrm{Oe}.$$

在此测量装置里硬磁棒是夹在电磁铁两极之间的，电磁铁的磁芯与硬磁棒组成闭合磁路，在任何情况下都没有退磁场，亦即磁棒内的磁场 $\boldsymbol{H}$ 永远等于磁化场 $\boldsymbol{H}_0$. 励磁电流切断后，磁化场 $\boldsymbol{H}_0=0$，磁棒内的磁场 $\boldsymbol{H}$ 也等于 0.

4 - 49. 电视显像管的磁偏转线圈套在管颈上，在管颈中间产生一个均匀磁场。磁偏转线圈的结构如本题图 a 所示，用磁性材料做一个空心磁环，把线缠绕在上面，A、A' 处绕得较稀，B、B' 处绕得较密，而且 ABA' 与 $AB'A'$ 两半边绕的方向相反(图 a 中只画了一个象限内的绕组)。于是磁感应线就会形成如图 b 的均匀分布。设磁芯的磁导率很大，从而其中磁阻可以忽略。试证明，为了在管颈中得到均匀磁场，磁环单位长度上线圈的匝数应服从下列规律：

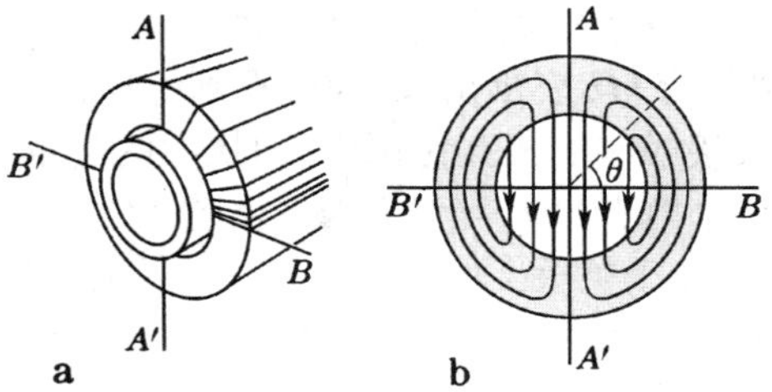

习题 4 - 49

$$n(\theta)\propto\cos\theta.$$

其中 θ 是从 B 点算起的方位角。

解： 考虑本题图 b 的一部分闭合磁感应线构成的磁路，如右图。由于磁芯的磁导率很大，其磁阻可以忽略，根据磁路定理，有

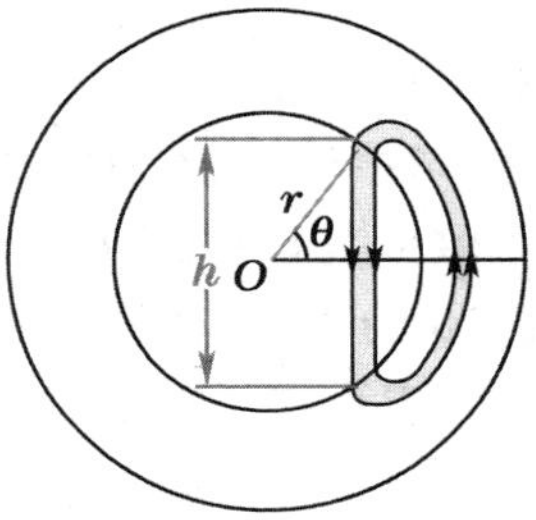

$$NI=\Phi_B\frac{h}{\mu_0 S}=\frac{\Phi_B}{S}\frac{2r\sin\theta}{\mu_0}=B\frac{2r\sin\theta}{\mu_0},$$

$$N=\frac{2Br\sin\theta}{\mu_0 I},$$

N 为总匝数。由于环内部为均匀磁场，B 为常量，可见总匝数为 θ 的函数。磁环上单位长度上线圈的匝数为

$$n(\theta)=\frac{\mathrm{d}N}{\mathrm{d}l}=\frac{2Br}{\mu_0 I}\cos\theta\frac{\mathrm{d}\theta}{\mathrm{d}l}=\frac{2B}{\mu_0 I}\cos\theta,$$

式中 $\dfrac{\mathrm{d}\theta}{\mathrm{d}l}=\dfrac{1}{r}$，因此 $n(\theta)\propto\cos\theta$ 得证。

4 - 50. (1) 证明电磁铁吸引衔铁的起重力 F(见本题图)为

$$F=\frac{SB^2}{2\mu_0},$$

式中 S 为两磁极与衔铁相接触的总面积，B 为电磁铁内的磁感应强度(设磁铁内的 $H\ll M$)。

(2) 起重力与磁极、衔铁间的距离 x 有无关系？

【提示：先假设衔铁与磁极之间有长度为 x 的小气隙，则磁极和衔铁的表面带有正、负号相反的磁荷，起重力，即它们之间的吸引力为

$$F=\frac{1}{2}S\sigma_{\mathrm{m}}H,$$

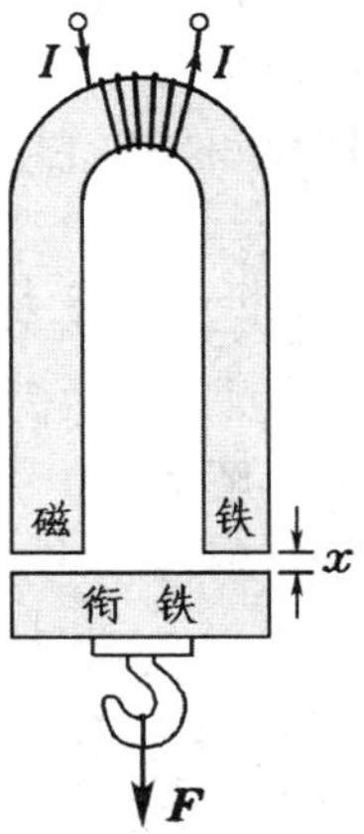

习题 4 - 50

式中H为气隙中的磁场强度。(为什么有因子1/2?)进一步用磁铁内部的B将σ_m、H表示出来,即可得到上述公式。令$x\to 0$,可以计算衔铁与磁极直接接触时的相互作用力,即最大的起重力。】

解: (1) 类似于平行板电容器一个极板的电荷受另一极板电荷的吸引力,一个磁极上的磁荷受另一磁极的磁荷的吸引力为$F=q_mH'=\sigma_mS\cdot H/2$,式中$S$为两极板与衔铁相接触的总面积,$\sigma_m$为磁荷面密度,$H'=H/2$的一个磁极在另一磁极处的磁场强度,它等于两个异号磁荷平面产生的磁场强度之半。

由于$\sigma_m=J=\mu_0M$,而磁铁内的$H\ll M$,$B=\mu_0(H+M)\approx\mu_0M$,此外气隙中的$H=B/\mu_0$,这里的$B$也就等于电磁铁中的$B$,于是

$$F=\mu_0MS\cdot\frac{B}{2\mu_0}=\frac{SB^2}{2\mu_0}.$$

(2) 从上述公式形式上看,起重力F与间隙x无关,但间隙x的大小影响磁路的磁阻,从而影响B的大小,影响起重力的大小。

4-51. 在上题中已知电磁铁的每个磁极的面积都是$1.5\times10^{-2}\,m^2$.在磁极与衔铁间夹有薄铜片,以免铁与铁直接接触。设这时的磁通量为$1.5\times10^{-2}\,Wb$,求这电磁铁的起重力。

解: 根据上题的结果有

$$F=\frac{(2S)B^2}{2\mu_0}=\frac{\Phi^2}{S\mu_0}=\frac{(1.5\times10^{-2})^2}{1.5\times10^{-2}\times4\pi\times10^{-7}}\,N=1.2\times10^4\,N.$$

4-52. (1) 一起重用的马蹄形电磁铁形状如本题图所示,两极的横截面都是边长为a的正方形,磁铁的磁导率$\mu=200$,上面绕有$N=200$匝线圈,电流$I=2.0\,A$,已知$R=a=x=5.0\,cm$,$l=d=10\,cm$,衔铁与磁极直接接触。求这电磁铁的起重力(包括衔铁在内)。

(2) 若磁铁与衔铁间垫有厚1.0 mm的铜片,当负重(包括衔铁自重)20 kg时,需要多大电流?

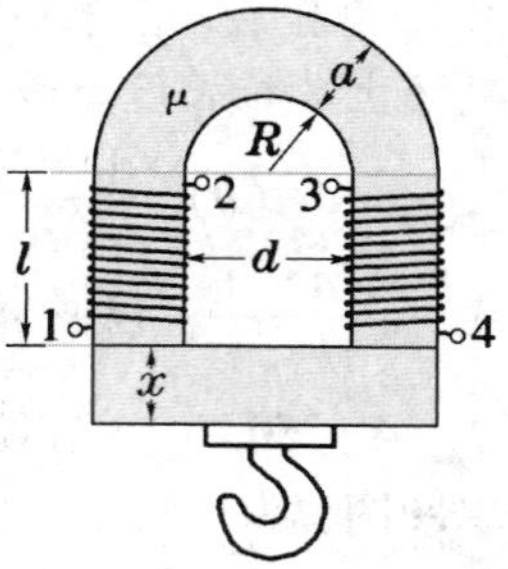

习题4-52

解: (1) 应用磁路定理先计算间隙中的B,也就是电磁铁中B,

$$NI=\Phi_B\frac{l}{\mu\mu_0S}=B\cdot\frac{\pi(R+a/2)+2l+x+(d+a)}{\mu\mu_0},\quad 得\ B=\frac{\mu\mu_0NI}{(1.5\pi+8)a}.$$

利用习题4-50的结果

$$F=\frac{SB^2}{2\mu_0}=\frac{(2a^2)\mu^2\mu_0N^2I^2}{2(1.5\pi+8)^2a^2}=\frac{4\pi\times10^{-7}\times200^2\times200^2\times2.0^2}{(1.5\pi+8)^2}\,N=50\,N.$$

(2) 应用磁路定理先计算有气隙时的磁感应强度 B,

$$NI=\Phi_B\left(\frac{l}{\mu\mu_0 S}+\frac{2l_1}{\mu_0 S}\right)=B\left(\frac{l}{\mu\mu_0}+\frac{2l_1}{\mu_0}\right)$$

所以
$$B=\frac{\mu\mu_0 NI}{l+2\mu l_1}=\frac{\mu\mu_0 NI}{(1.5\pi+8+2\mu l_1/a)a},$$

式中 $l=\pi(R+a/2)+2l+x+(d+a)=(15\pi+8)a$, $l_1=1.0\,\mathrm{mm}$, 将 B 代入习题 4－51 的公式 $F=\dfrac{(2a^2)B^2}{2\mu_0}$, 可解出

$$I=\left[\frac{F(15\pi+8+2\mu l_1/a)^2}{\mu^2\mu_0 N^2}\right]^{1/2}$$

$$=\left[\frac{20\times 9.8\times\left(15\pi+8+\dfrac{2\times 200\times 0.10}{5.0}\right)^2}{4\pi\times 10^{-7}\times 200^2\times 200^2}\right]^{1/2}\mathrm{A}=6.5\,\mathrm{A}.$$

4－53. (1) 在上题中两绕组串联和并联时, 1、2、3、4 各接头该如何连接?

(2) 若两绕组完全相同,在同样电压的条件下,哪种连接方法使电磁铁的起重力较大?大几倍?

(3) 在同样电流的条件下比较,结论如何?

(4) 在同样功率的条件下比较,结论如何?

解: (1) 两绕组串联是将2与4连接, 1与3接电源,或将1与3连接, 2与4接电源。两绕组并联是将1与4连接, 2与3连接,再将它们分别接电源。

(2) 习题4－52得到的结果,在其它条件相同的情形下,电磁铁的起重力与通过的电流 I^2 成正比。在电压相同的条件下,并联时线圈的励磁电流是串联时的2倍,因此并联时电磁铁起重力较大,是串联时起重力的4倍。

(3) 在输入电流相同的条件下,并联时线圈的励磁电流只有串联时线圈励磁电流的1/2, 因此串联时电磁铁的起重力较大, 是并联时的4倍。

(4) 在输入功率相同的条件下,线圈的励磁电流相等,因此串联和并联时电磁铁的起重力相等。

4－54. 一磁铁棒长5.0 cm,横截面积为1.0 cm^2,设棒内所有铁原子的磁矩都沿棒长方向整齐排列,每个铁原子的磁矩为 $1.8\times 10^{-23}\,\mathrm{A\cdot m^2}$.

(1) 求这磁铁棒的磁矩 m 和磁偶极矩 p_{m};

(2) 当这磁铁棒在 B=1.5 Gs 的外磁场中并与之垂直时, $\boldsymbol{B}$ 使它转动的力矩有多大?

解: (1) 一个铁原子的磁矩 $m_1=1.8\times 10^{-23}\,\mathrm{A\cdot m^2}$, 铁的密度为 $\rho=7.8\times 10^3\,\mathrm{kg/m^3}$, 铁的摩尔质量为 $\mu_{\mathrm{Fe}}=56\times 10^{-3}\,\mathrm{kg/mol}$, 因此铁棒的磁矩

$$m=Nm_1=\frac{V\rho}{\mu_{Fe}}N_A m_1$$

$$=\frac{5.0\times10^{-2}\times1.0\times10^{-4}\times7.8\times10^{3}\times6.02\times10^{23}\times1.8\times10^{-23}}{56\times10^{-3}}\text{A}\cdot\text{m}^2=7.5\,\text{A}\cdot\text{m}^2,$$

$$P_m=\mu_0 m=(4\pi\times10^{-7}\times7.5)\,\text{Wb}\cdot\text{m}=9.5\times10^{-6}\,\text{Wb}\cdot\text{m}.$$

(2) $L=mB=(7.5\times1.5\times10^{-4})\,\text{N}\cdot\text{m}=1.1\times10^{-3}\,\text{N}\cdot\text{m}.$

4－55. 一磁针的磁矩为20 A·m²，处在$B=5.0\times10^{-2}$Gs的均匀外磁场中。求B作用在这磁针上的力矩的最大值。

解：$L_{max}=mB=(20\times5.0\times10^{-2}\times10^{-4})\,\text{N}\cdot\text{m}=1.0\times10^{-4}\,\text{N}\cdot\text{m}.$

4－56. 一小磁针的磁矩为$\boldsymbol{m}$，处在磁场强度为$\boldsymbol{H}$的均匀外磁场中，这磁针可以绕它的中心转动，转动惯量为J. 它在平衡位置附近作小振动时，求振动的周期和频率。

解：
$$J\frac{d^2\theta}{dt^2}=-m\mu_0 H\sin\theta\approx-m\mu_0 H\theta,\qquad \frac{d^2\theta}{dt^2}+\frac{\mu_0 mH}{J}\theta=0,$$

所以 $$\omega=\sqrt{\frac{\mu_0 mH}{J}},\quad \nu=\frac{\omega}{2\pi}=\frac{1}{2\pi}\sqrt{\frac{\mu_0 mH}{J}},\quad T=\frac{1}{\nu}=2\pi\sqrt{\frac{J}{\mu_0 mH}}.$$

4－57. 两磁偶极排列在同一条直线上，它们的磁偶极矩分别为$\boldsymbol{p}_{m1}$和$\boldsymbol{p}_{m2}$，中心的距离为r，它们各自的长度都比r小很多。

(1) 证明：它们之间相互作用力是大小$F=\dfrac{3p_{m1}p_{m2}}{2\pi\mu_0 r^4}$；

(2) 在什么情况下它们互相吸引？在什么情况下互相排斥？

解：(1) 磁偶极子2由相距l_2的一对磁荷$\pm q_{m2}$组成，磁偶极子1给它的力为

$$F=q_{m2}\cdot\frac{1}{4\pi\mu_0}\frac{2p_{m1}}{\left(r-\frac{l_2}{2}\right)^3}+(-q_{m2})\cdot\frac{1}{4\pi\mu_0}\frac{2p_{m1}}{\left(r+\frac{l_2}{2}\right)^3}$$

$$=\frac{p_{m1}q_{m2}}{2\pi\mu_0 r^3}\left[\frac{1}{\left(1-\frac{l_2}{2r}\right)^3}-\frac{1}{\left(1+\frac{l_2}{2r}\right)^3}\right]$$

$$=\frac{p_{m1}q_{m2}}{2\pi\mu_0 r^3}\left[\left(1+\frac{3l_2}{2r}+\cdots\right)-\left(1-\frac{3l_2}{2r}+\cdots\right)\right]=\frac{3p_{m1}p_{m2}}{2\pi\mu_0 r^4}.$$

(2) 当$\boldsymbol{p}_{m1}$、$\boldsymbol{p}_{m2}$同方向时，它们相互吸引；当它们反向时，相互排斥。

4－58. 一抗磁质小球的质量为0.10 g，密度$\rho=9.8\,\text{g/cm}^3$，磁化率$\chi_m=-1.82\times10^{-4}$，放在一个半径$R=10$ cm的圆线圈的轴线上距圆心$l=10$ cm处（见本题图），线圈中载有电流$I=1.0$ mA. 求电流作用在这抗磁质小球上的力的大小和方向。

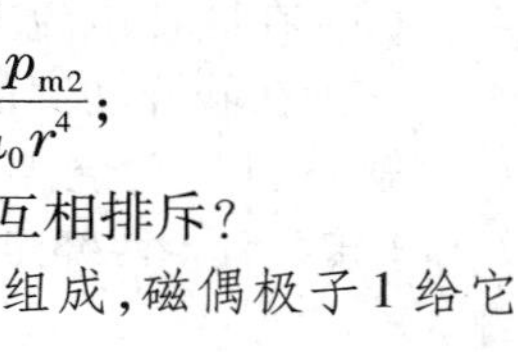

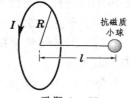

习题 4－58

解： 先一般地导出磁偶极子 $p_m=q_m\Delta l$ 在磁场中所受的力，设磁场 $\boldsymbol{H}$ 沿水平方向向右增加，磁偶极子与磁场方向夹角为 θ，磁偶极子所受的力为

$$F=q_mH_1-q_mH_2=q_m\frac{\partial H}{\partial x}\Delta x=q_m\frac{\partial H}{\partial x}\Delta l\cos\theta=p_m\frac{\partial H}{\partial x}\cos\theta.$$

当 $\boldsymbol{p}_m$ 与 $\boldsymbol{H}$ 同方向时，$\cos\theta=1$，$\boldsymbol{F}$ 的方向指向 $\boldsymbol{H}$ 增加的方向；当 $\boldsymbol{p}_m$ 与 $\boldsymbol{H}$ 反方向时，$\cos\theta=-1$，$\boldsymbol{F}$ 的方向指向 $\boldsymbol{H}$ 减少的方向。

对于本题抗磁质小球的磁偶极矩 p_m 所受的力的大小为

$$F=\left|p_m\left(\frac{\partial H}{\partial x}\right)_l\right|,$$

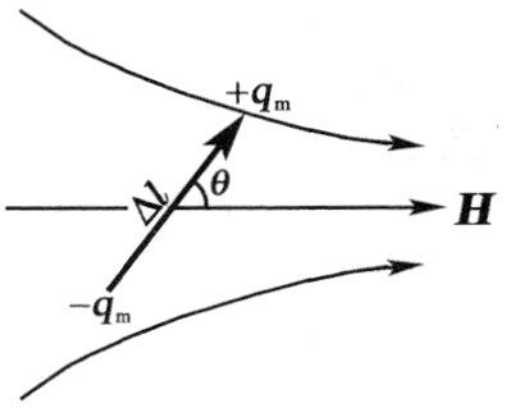

式中 H 为圆电流圈在 l 处的磁场强度：

$$H=\frac{B}{\mu_0}=\frac{1}{\mu_0}\frac{\mu_0R^2I}{2(R^2+l^2)^{3/2}}=\frac{R^2I}{2(R^2+l^2)^{3/2}},$$

$$\left(\frac{\partial H}{\partial x}\right)_l=\frac{-3R^2Il}{2(R^2+l^2)^{5/2}}.$$

而 p_m 可如下法求出：$\chi_m\boldsymbol{H}=\boldsymbol{M}=\dfrac{\sum\boldsymbol{m}}{\Delta V}$，所以抗磁质小球的磁矩 $\sum\boldsymbol{m}=\chi_m\boldsymbol{H}\Delta V$，抗磁质小球的磁偶极矩则为

$$p_m=\mu_0\left|\sum\boldsymbol{m}\right|=\mu_0\chi_mH\Delta V=\mu_0\chi_mH\frac{(\text{质量})}{\rho},$$

故

$$F=\left|p_m\left(\frac{\partial H}{\partial x}\right)_l\right|$$

$$=\mu_0\chi_m\frac{R^2I}{2(R^2+l^2)^{3/2}}\cdot\frac{(\text{质量})}{\rho}\cdot\frac{3R^2Il}{2(R^2+l^2)^{5/2}}=\frac{\mu_0\chi_m\cdot3R^4I^2l\cdot(\text{质量})}{4\rho(R^2+l^2)^4}$$

$$=\frac{4\pi\times10^{-7}\times1.82\times10^{-4}\times3\times0.10^4(1.0\times10^{-3})^2\times0.10\times0.10\times10^{-3}}{4\times9.8\times10^3\times(0.10^2+0.10^2)^4}\text{N}$$

$$=1.1\times10^{-22}\text{N}.$$

抗磁质的磁偶极矩方向与磁场方向相反，它受的力方向指向 H 减少的方向，即指向右。

4－59. 一平行板电容器极板面积为 S，间距为 d，电荷为 $\pm Q$. 将一块厚度为 d、介电常量为 ε 的均匀电介质板插入极板间空隙。计算：

(1) 静电能的改变；

(2) 电场力对介质板作的功。

解： (1) 电容器未插入电介质的静电能为

$$W_0=\frac{Q^2}{2C_0}=\frac{Q^2d}{2\varepsilon_0S},$$

电容器充满电介质的静电能为

$$W=\frac{Q^2}{2C}=\frac{Q^2d}{2\varepsilon\varepsilon_0S},$$

静电能的改变为

$$\Delta W = W_0 - W = \frac{Q^2 d}{2\varepsilon_0 S}\left(1-\frac{1}{\varepsilon}\right),$$

表明将电介质插入电容器,静电能减少。

(2) 为计算电介质插入过程中电场力所作的功,可根据能量守恒定律,由于插入过程中没有能量损耗,电场力所作的功等于静电能的减少,即 $\delta A=-\delta W$, 而 $\delta A = F\delta x$, 由此可得插入的某一位置时电场对介质板的作用力 $F=-\frac{\delta W}{\delta x}$. 然后再计算插入介质的整个过程中电场力所作的功 $A=\int F\mathrm{d}x$, 为此先计算电介质插入某一位置时的静电能。设介质板面积 $S=ab$, 当介质板插入的深度为 x 时, 总的电容为两个电容器的并联:

$$C_1=\frac{\varepsilon\varepsilon_0 bx}{d},\quad C_2=\frac{\varepsilon_0 b(a-x)}{d},\quad C(x)=C_1+C_2=\frac{\varepsilon_0 b}{d}[a+(\varepsilon-1)x],$$

$$W(x)=\frac{Q^2}{2C(x)}=\frac{Q^2 d}{2b\varepsilon_0[a+(\varepsilon-1)x]},$$

$$F=-\frac{\partial W(x)}{\partial x}=\frac{Q^2 d}{2b\varepsilon_0}\frac{\varepsilon-1}{[a+(\varepsilon-1)x]^2},$$

$$A=\int_0^a F\mathrm{d}x=\frac{Q^2 d}{2b\varepsilon_0}\int_0^a\frac{(\varepsilon-1)\mathrm{d}x}{[a+(\varepsilon-1)x]^2}=\frac{Q^2 d}{2b\varepsilon_0}\left[-\frac{1}{a+(\varepsilon-1)x}\right]_0^a$$

$$=\frac{Q^2 d}{2ab\varepsilon_0}\left(1-\frac{1}{\varepsilon}\right)=\frac{Q^2 d}{2S\varepsilon_0}\left(1-\frac{1}{\varepsilon}\right).$$

这表明 $A=\Delta W$, 即电场力所作的功能量的来源是静电能的减少。

4-60. 一平行板电容器极板面积为 S,间距为 d,接在电源上以维持其电压为 U. 将一块厚度为 d、介电常量为 ε 的均匀电介质板插入极板间空隙。计算:

(1) 静电能的改变;

(2) 电源所作的功;

(3) 电场对介质板作的功。

解: (1) 介质插入电容器后,电容器的静电能增加,

$$\Delta W = W - W_0=\frac{1}{2}CU^2-\frac{1}{2}C_0U^2=\frac{\varepsilon_0 SU^2}{2d}(\varepsilon-1),$$

(2) 由于介质插入过程中电容增大,极板上的电荷增多,电源要作功。增加的电荷为

$$\Delta Q = Q-Q_0=CU-C_0U=\frac{\varepsilon_0 SU}{d}(\varepsilon-1),$$

电源移动电荷作功为

$$\Delta E=\Delta Q\cdot U=\frac{\varepsilon_0 SU^2}{d}(\varepsilon-1).$$

(3) 计算电场对插入介质板所作的功与上一题考虑相同。设极板面积 $S=ab$,

$$C_1=\frac{\varepsilon\varepsilon_0 bx}{d},\quad C_2=\frac{\varepsilon_0 b(a-x)}{d},\quad C=C_1+C_2=\frac{\varepsilon_0 b}{d}\left[a+(\varepsilon-1)x\right];$$

$$W(x)=\frac{1}{2}CU^2=\frac{\varepsilon_0 bU^2}{2d}\left[a+(\varepsilon-1)x\right],$$

$$F=-\frac{\partial W(x)}{\partial x}=\frac{\varepsilon_0 bU^2}{2d}(\varepsilon-1),$$

$$A=\int F\mathrm{d}x=\frac{\varepsilon_0 bU^2}{2d}(\varepsilon-1)x\Big|_0^a=\frac{\varepsilon_0 SU^2}{2d}(\varepsilon-1).$$

可见,由于插入电介质过程中没有其它的能量消耗,能量守恒,$\Delta E=\Delta W+A$,即电源移动电荷所作的功等于过程中静电能的增加以及电场力吸引介质板所作的功之和。

4－61. 一平行板电容器极板是边长为a的正方形,间距为d,电荷$\pm Q$.把一块厚度为d、介电常量为ε的电介质板插入一半,它受力多少?什么方向?

解: 设介质插入电容器的距离为x,则

$$C_1=\frac{\varepsilon\varepsilon_0 ax}{d},\quad C_2=\frac{\varepsilon_0 a(a-x)}{d},\quad C=C_1+C_2=\frac{\varepsilon_0 a}{d}\left[a+(\varepsilon-1)x\right];$$

$$W(x)=\frac{Q^2}{2C}=\frac{Q^2 d}{2a\varepsilon_0\left[a+(\varepsilon-1)x\right]},$$

所以
$$F=-\frac{\partial W(x)}{\partial x}\Big|_{x=a/2}=\frac{Q^2 d}{2a\varepsilon_0}\frac{\varepsilon-1}{\left[a+(\varepsilon-1)\frac{a}{2}\right]^2}=\frac{2(\varepsilon-1)Q^2 d}{\varepsilon_0(\varepsilon+1)^2 a^3}.$$

介质受力的方向即为介质插入的方向。

4－62. 两个相同的平行板电容器,它们的极板都是圆形的,半径10 cm,极板间隔1.0 mm.两电容器中一个两板间是空气,另一个两板间是$\varepsilon=26$的酒精。把这两个电容器并联后充电到120 V,求它们所蓄的总电能;再断开电源,把它们带异号电荷的两极分别联在一起,求这时两者所蓄的总电能。少的能量哪里去了?

解: 设空气电容器的电容为C_1,酒精电容器的电容为C_2,

$$C_1=\frac{\varepsilon_0 S}{d},\quad C_2=\frac{\varepsilon\varepsilon_0 S}{d},\quad C=C_1+C_2=\frac{\varepsilon_0 S}{d}(\varepsilon+1);$$

$$W=\frac{1}{2}CU^2=\frac{\varepsilon_0 SU^2}{2d}(\varepsilon+1)$$
$$=\frac{8.85\times10^{-12}\times3.14\times0.10^2\times120^2\times27}{2\times1.0\times10^{-3}}\,\mathrm{J}=5.4\times10^{-5}\,\mathrm{J}.$$

将两电容器充电之后反接,极板上的电荷流动要中和一部分,剩余的电荷可计算如下,并由此算出反接后的静电能。

$$Q_1=C_1U=\frac{\varepsilon_0SU}{d},\quad Q_2=C_2U=\frac{\varepsilon\varepsilon_0SU}{d},\quad Q=Q_2-Q_1=\frac{\varepsilon_0SU}{d}(\varepsilon-1);$$

$$W'=\frac{Q^2}{2C}=\frac{\varepsilon_0(\varepsilon-1)^2SU^2}{2(\varepsilon+1)d}$$

$$=\frac{8.85\times10^{-12}\times(26-1)^2\times3.14\times0.10^2\times120^2}{2\times27\times1.0\times10^{-3}}\text{J}=4.6\times10^{-5}\text{J},$$

减少的能量为 $W-W'$ 在放电过程中转化为导线上消耗的焦耳热。

4－63. 球形电容器的内外半径分别为 R_1 和 R_2，电势差为 U.

(1) 求电容器所储的静电能;

(2) 求电场的能量;比较两个结果。

解: (1) 电容器所储的静电能 $W=\frac{1}{2}CU^2=\frac{2\pi\varepsilon_0R_1R_2}{R_2-R_1}U^2$.

(2) 电场能量密度

$$w_e=\frac{1}{2}\varepsilon_0E^2=\frac{\varepsilon_0}{2}\left(\frac{1}{4\pi\varepsilon_0}\frac{Q}{r^2}\right)^2=\frac{1}{32\pi^2\varepsilon_0}\frac{Q^2}{r^4},$$

电场能量

$$W_e=\iiint w_e\mathrm{d}V=\frac{Q^2}{32\pi^2\varepsilon_0}\int_{R_1}^{R_2}\frac{4\pi r^2\mathrm{d}r}{r^4}=\frac{Q^2}{8\pi\varepsilon_0}\left(\frac{1}{R_1}-\frac{1}{R_2}\right),$$

考虑到球形电容器的电压为 $U=\frac{Q}{4\pi\varepsilon_0}\left(\frac{1}{R_1}-\frac{1}{R_2}\right)$，可以看出两者结果相同。本来这就是从两种不同观点计算同一个问题。

4－64. 半径为 a 的导体圆柱外面套有一半径为 b 的同轴导体圆筒，长度都是 l，其间充满介电常量为 ε 的均匀介质。圆柱带电为 Q，圆筒带电为 $-Q$，略去边缘效应。

(1) 整个介质内的电场总能量 W_e 是多少?

(2) 证明: $W_e=\frac{1}{2}\frac{Q^2}{C}$，式中 C 是圆柱和圆筒间的电容。

解: (1) 有电介质充满圆柱形电容器情形,场强为 $E=\frac{\eta_e}{2\pi\varepsilon\varepsilon_0r}$，其中 η_e 是单位长度上的电荷,即电荷线密度,

$$w_e=\frac{1}{2}\varepsilon\varepsilon_0E^2=\frac{\eta_e^2}{8\pi^2\varepsilon\varepsilon_0r^2},$$

$$W_e=\iiint w_e\mathrm{d}V=\frac{\eta_e^2}{8\pi^2\varepsilon\varepsilon_0}\int_a^b\frac{2\pi rl\mathrm{d}r}{r^2}==\frac{\eta_e^2l}{4\pi\varepsilon\varepsilon_0}\ln\frac{b}{a}=\frac{Q^2}{4\pi\varepsilon\varepsilon_0l}\ln\frac{b}{a}.$$

(2) 电容器的储能就是电容器内电场的总能量,可以写成 $W_e=\frac{Q^2}{2C}$，与上式相比较可得

$$C=\frac{2\pi\varepsilon\varepsilon_0l}{\ln\frac{b}{a}},$$

由书中(1.78) 式和(4.12) 式可以看出,它就是充满电介质的圆柱形电容器的电容。

4－65. 圆柱电容器由一长直导线和套在它外面的共轴导体圆筒构成。设导线的半径为 a，圆筒的内半径为 b. 证明：这电容器所储藏的能量有一半是在半径 $r=\sqrt{ab}$ 的圆柱体内。

解： 上题已得出半径为 a、b 的圆柱形电容器所储的电能为

$$W==\frac{Q^2}{4\pi\varepsilon\varepsilon_0 l}\ln\frac{b}{a},$$

于是，半径为 a、$\sqrt{ab}$ 的圆柱内所储的电场能为

$$W'=\frac{Q^2}{4\pi\varepsilon\varepsilon_0 l}\ln\frac{\sqrt{ab}}{a}=\frac{Q^2}{4\pi\varepsilon\varepsilon_0 l}\ln\sqrt{\frac{b}{a}}=\frac{Q^2}{8\pi\varepsilon\varepsilon_0 l}\ln\frac{b}{a}=\frac{1}{2}W.$$

4－66. 目前在实验室里产生 $E=10^5$ V/m 的电场和 $B=10^4$Gs 的磁场是不难做到的。今在边长为 10 cm 的立方体空间里产生上述两种均匀场，问所需的能量各为多少？

解： $W_e=\frac{1}{2}\varepsilon_0E^2\cdot V=\left[\frac{1}{2}\times 8.85\times10^{-12}\times(10^5)^2\times(0.10)^3\right]\text{J}$
$=4.4\times10^{-5}\text{J}$,

$$W_m=\frac{1}{2\mu_0}B^2\cdot V=\left[\frac{1}{2\times4\pi\times10^{-7}}\times(1.0)^2\times(0.10)^3\right]\text{J}=4.0\times10^2\text{J}.$$

4－67. 利用高磁导率的铁磁体，在实验室产生 $B=5000$ Gs 的磁场并不困难。

(1) 求这磁场的能量密度 w_m；

(2) 要想产生能量密度等于这个值的电场，问电场强度 E 的值应为多少？这在实验中容易做到吗？

解： (1) $w_m=\frac{1}{2\mu_0}B^2=\frac{0.50^2}{2\times4\pi\times10^{-7}}\text{J/m}^3=1.0\times10^5\text{J/m}^3$.

(2) $w_e=\frac{1}{2}\varepsilon_0E^2=w_m$，所以

$$E=\sqrt{\frac{2w_m}{\varepsilon_0}}=\left(\frac{2\times1.0\times10^5}{8.85\times10^{-12}}\right)^{1/2}\text{V/m}=1.5\times10^8\text{V/m},$$

这一场强在实验中难以达到。

4－68. 一同轴线由很长的直导线和套在它外面的同轴圆筒构成，导线的半径为 a，圆筒的内半径为 b，外半径为 c，电流 I 沿圆筒流去，沿导线流回；在它们的横截面上电流都是均匀分布的。

(1) 求下列四处每米长度内所储磁能 W_m 的表达式：导线内，导线和圆筒之间，圆筒内，圆筒外；

(2) 当 $a=1.0$ mm，$b=4.0$ mm，$c=5.0$ mm，$I=10$ A 时，每米长度的同轴线中储存磁能多少？

解： (1) 将题中所要求计算储能的四区从里到外分别标以 1、2、3、4，

四区的磁场强度和磁能密度分别为

$$H_1=\frac{Ir}{2\pi a^2},\quad w_{m1}=\frac{1}{2}\mu_0H_1^2=\frac{\mu_0I^2r^2}{8\pi^2a^4};$$

$$H_2=\frac{I}{2\pi r},\quad w_{m2}=\frac{1}{2}\mu_0H_2^2=\frac{\mu_0I^2}{8\pi^2r^2};$$

$$H_3=\frac{I}{2\pi r}\frac{c^2-r^2}{c^2-b^2},\quad w_{m3}=\frac{1}{2}\mu_0H_3^2=\frac{\mu_0I^2}{8\pi^2r^2}\left(\frac{c^2-r^2}{c^2-b^2}\right)^2;$$

$$H_4=0,\quad w_{m4}=0.$$

于是

$$W_{m1}=\iiint w_{m1}\mathrm{d}V=\int_0^a\frac{\mu_0I^2r^2}{8\pi^2a^4}\cdot2\pi r\mathrm{d}r=\frac{\mu_0I^2}{4\pi a^4}\int_0^a r^3\mathrm{d}r=\frac{\mu_0I^2}{16\pi},$$

$$W_{m2}=\iiint w_{m2}\mathrm{d}V=\int_a^b\frac{\mu_0I^2}{8\pi^2r^2}\cdot2\pi r\mathrm{d}r=\frac{\mu_0I^2}{4\pi}\int_a^b\frac{\mathrm{d}r}{r}=\frac{\mu_0I^2}{4\pi}\ln\frac{b}{a},$$

$$W_{m3}=\iiint w_{m3}\mathrm{d}V=\int_b^c\frac{\mu_0I^2}{8\pi^2r^2}\left(\frac{c^2-r^2}{c^2-b^2}\right)^2\cdot2\pi r\mathrm{d}r$$

$$=\frac{\mu_0I^2}{4\pi(c^2-b^2)^2}\int_b^c\frac{(c^2-r^2)^2\mathrm{d}r}{r}=\frac{\mu_0I^2}{16\pi(c^2-b^2)^2}\left(4c^4\ln\frac{c}{b}-3c^4+4b^2c^2-b^4\right),$$

$$W_{m4}=0.$$

（2）将题设数据代入上述储能公式可分别得出：

$$W_{m1}=2.5\times10^{-6}\mathrm{J/m},\quad W_{m2}=1.4\times10^{-5}\mathrm{J/m},$$

$$W_{m3}=6.8\times10^{-7}\mathrm{J/m},\quad W_{m4}=0;$$

因此每米总储能为

$$W=W_{m1}+W_{m2}+W_{m3}+W_{m4}=1.7\times10^{-5}\mathrm{J/m}.$$

4－69. 试验算一下，用7.2节所述两种平均磁链法计算例题18的结果，都与磁能法一致。

解： 按平均磁链法一计算。Ψ 包括两部分，一部分 Ψ_1 通过两电流之间，其计算见书上第三章5.2节例题9，结果为

$$\Psi_1=\frac{\mu\mu_0I}{2\pi}\ln\frac{R_2}{R_1},$$

另一部分 Ψ_2 在内导体柱内：

$$\Psi_2=\frac{1}{I}\iint i\,\mathrm{d}\Phi=\frac{1}{I}\int_0^{R_1}\left(\frac{I}{\pi R_1^2}\cdot\pi r^2\right)\left(\frac{\mu'\mu_0Ir}{2\pi R_1^2}\cdot1\cdot\mathrm{d}r\right)=\frac{\mu'\mu_0I}{2\pi R_1^4}\int_0^{R_1}r^3\mathrm{d}r=\frac{\mu'\mu_0I}{8\pi},$$

于是

$$L=\frac{\Psi_1+\Psi_2}{I}=\frac{\mu\mu_0}{2\pi}\ln\frac{R_2}{R_1}+\frac{\mu'\mu_0}{8\pi}.$$

按平均磁链法二计算。Ψ 包括两部分，一部分 Ψ_1 是两电流之间的磁链，与前面相同。另一部分为 $\Psi_2=\iint\Phi\,\mathrm{d}i$，其中 Φ 为与 $\mathrm{d}i$ 相链结的磁通，但不包括两电流区间的部分。因此

$$\Phi=\iint B\,\mathrm{d}S=\int_{r}^{R_1}\frac{\mu'\mu_0 Ir}{2\pi R_1^2}\mathrm{d}r=\frac{\mu'\mu_0 I}{4\pi R_1^2}(R_1^2-r^2),$$

$$\Psi_2=\frac{1}{I}\iint\Phi\,\mathrm{d}i=\frac{1}{I}\int_0^{R_1}\frac{\mu'\mu_0 I}{4\pi R_1^2}(R_1^2-r^2)\left(\frac{I}{\pi R_1^2}\cdot 2\pi r\,\mathrm{d}r\right)$$

$$=\frac{\mu'\mu_0 I}{2\pi R_1^4}\left(\frac{R_1^4}{2}-\frac{R_1^4}{4}\right)=\frac{\mu'\mu_0 I}{8\pi},$$

于是

$$L=\frac{\Psi_1+\Psi_2}{I}=\frac{\mu\mu_0}{2\pi}\ln\frac{R_2}{R_1}+\frac{\mu'\mu_0}{8\pi}.$$

两种磁链法计算结果相同，并与磁能法计算结果(见书上第四章7.2节例题18)相同。

第五章　电　路

5－1. 电动势为 12 V 的汽车电池的内阻为 0.05 Ω，问：

（1）它的短路电流多大？

（2）若启动电流为 100 A，则启动马达的内阻多大？

解：（1）$I=\dfrac{\mathscr{E}}{r}=\dfrac{12}{0.05}\text{A}=240\text{A}.$

（2）$I=\dfrac{\mathscr{E}}{R+r}$，　所以　$R=\dfrac{\mathscr{E}}{I}-r=\left(\dfrac{12}{100}-0.05\right)\Omega=0.07\Omega.$

5－2. 如本题图所示，在电动势为 $\mathscr{E}$、内阻为 r 的电池上连接一个 $R_1=10.0\,\Omega$ 的电阻时，测出 R_1 的端电压为 8.0 V，若将 R_1 换成 R_2=5.0 Ω 的电阻时，其端电压为 6.0 V. 求此电池的 $\mathscr{E}$ 和 r.

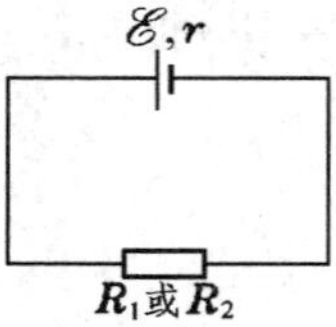

习题 5－2

解： $U=\mathscr{E}-Ir=\mathscr{E}-\dfrac{\mathscr{E}}{R+r}r=\dfrac{\mathscr{E}R}{R+r}$，所以 $UR+Ur=R\mathscr{E}$，代入题给数值

$$8.0\times10.0+8.0r=10.0\mathscr{E},$$

$$6.0\times5.0+6.0r=5.0\mathscr{E},$$

由此可以解出

$$r=5.0\Omega,\quad \mathscr{E}=12\text{V}.$$

5－3. 试推导当气体中有正负两种离子参与导电时，电流密度的公式为

$$\boldsymbol{j}=n_+q_+\boldsymbol{u}_++n_-q_-\boldsymbol{u}_-,$$

式中 n_+、q_+、$\boldsymbol{u}_+$ 分别代表正离子的数密度、所带电量和漂移速度，n_-、q_-、$\boldsymbol{u}_-$ 分别代表负离子的相应量。

解： 如图，考虑电流场中垂直电流线的一块小面积 ΔS，在 Δt 时间内有一些正电荷从 ΔS 的左边运动到右边，有一些负电荷同时从 ΔS 的右边运动到左边，这相当于在 Δt 时间内总 的有数量为 Δq 的(正) 电荷从 ΔS 的左边运动到右边：

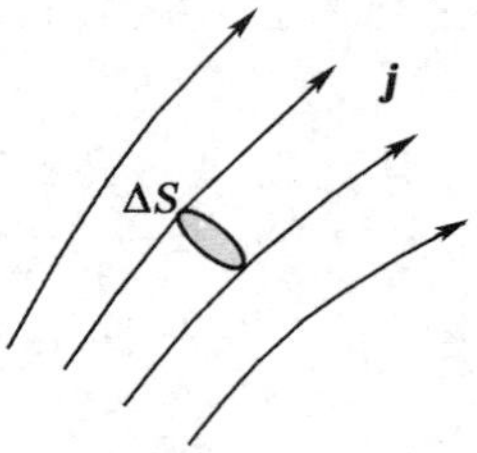

$$\Delta q=n_+q_+u_+\Delta t\Delta S+n_-|q_-|u_-\Delta t\Delta S,$$

则

$$j=\frac{\Delta q}{\Delta t\Delta S}=n_+q_+u_++n_-|q_-|u_-=n_+q_+u_+-n_-q_-u_-,$$

考虑到方向，对于正电荷，$\boldsymbol{u}_+$ 与 $\boldsymbol{j}$ 方向相同，$\boldsymbol{u}_-$ 与 $\boldsymbol{j}$ 方向相反，因此有

$$\boldsymbol{j}=n_+q_+\boldsymbol{u}_++n_-q_-\boldsymbol{u}_-.$$

5－4. 在地面附近的大气里，由于土壤的放射性和宇宙线的作用，平均每 1cm^3 的大气里约有 5 对离子。离子的漂移速度正比于场强，比例系数称为“迁移率”。已知大气中正离子的迁移率为 $1.37\times10^{-4}\text{m}^2/(\text{s}\cdot\text{V})$，负离子的迁移率为 $1.91\times10^{-4}\text{m}^2/(\text{s}\cdot\text{V})$，正负离子所带的电荷量数值都

是 1.60×10^{-19}C. 求地面大气的电导率 σ.

解： $j=n_+eu_++n_-eu_-=n_+eb_+E+n_-eb_-E=\sigma E$,

所以 $\sigma=n_+eb_++n_-eb_-=ne(b_++b_-)$

$$=5\times10^6\times1.6\times10^{-19}\times(1.37\times10^{-4}+1.91\times10^{-4})(\Omega\cdot\text{m})^{-1}$$

$$=2.6\times10^{-16}(\Omega\cdot\text{m})^{-1},$$

式中 b_+、b_- 分别是正负离子的迁移率。

5－5. 空气中有一对平行放着的极板，相距 2.00 cm，面积都是 300 cm². 在两板上加 150 V 的电压，这个值远小于使电流达到饱和所需的电压。今用 X 射线照射板间的空气，使其电离，于是两板间便有 4.00 μA 的电流通过。设正负离子的电量都是 1.60×10^{-19}C，已知其中正离子的迁移率为 $1.37\times10^{-4}\text{m}^2/(\text{s·V})$，负离子的迁移率为 $1.91\times10^{-4}\text{m}^2/(\text{s·V})$，求这时板间离子的浓度。

解： $\dfrac{I}{S}=j=n_+eu_++n_-eu_-=ne(u_++u_-)=ne(b_++b_-)E$

$$=ne(b_++b_-)U/d,$$

所以 $n=\dfrac{Id}{Se(b_++b_-)U}$

$$=\frac{4.00\times10^{-6}\times2.00\times10^{-2}}{300\times10^{-4}\times1.60\times10^{-19}\times(1.37+1.91)\times10^{-4}\times150}\ \frac{1}{\text{m}^3}$$

$$=3.39\times10^{14}/\text{m}^3,$$

正负离子浓度均为 $3.39\times10^{14}/\text{m}^3$.

5－6. 四个电阻均为 6.0 Ω 的灯泡，工作电压为 12 V，把它们并联起来接到一个电动势为 12 V、内阻为 0.20 Ω 的电源上。问：

(1) 开一盏灯时，此灯两端的电压多大？

(2) 四盏灯全开，灯两端的电压多大？

解： (1) $U=\mathscr{E}-Ir=\mathscr{E}-\dfrac{\mathscr{E}}{R+r}\cdot r=\dfrac{\mathscr{E}R}{R+r}=\dfrac{12\times6.0}{6.0+0.20}\text{V}=11.6\text{V}$;

(2) $U=\mathscr{E}-Ir=\mathscr{E}-\dfrac{\mathscr{E}}{R/4+r}\cdot r=\dfrac{\mathscr{E}R/4}{R/4+r}=\dfrac{12\times1.5}{1.5+0.20}\text{V}=10.6\text{V}$.

5－7. 本题图中伏特计的内阻为 300 Ω，在开关 K 未合上时其电压读数为 1.49 V，开关合上时其读数为 1.46 V，求电源的电动势和内阻。

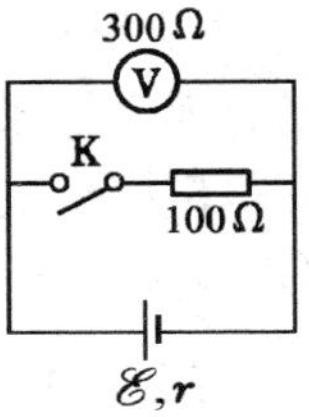

习题 5－7

解： 合上开关 K，外电阻 $R=\dfrac{300\times100}{300+100}\Omega=75\,\Omega$,

而 $U=\dfrac{\mathscr{E}R}{R+r}$, 因此 $UR+Ur=R\mathscr{E}$,

代入数值 $\begin{cases}1.49\times300+1.49r=300\mathscr{E},\\1.46\times75+1.46r=75\mathscr{E};\end{cases}$

可解出 $\mathscr{E}=1.50\,\mathrm{V}$, $r=2.05\,\Omega$.

5-8. 变阻器可用作分压器，用法如本题图所示。U是输入电压，R是变阻器的全电阻，r是负载电阻，c是R上的滑动接头。滑动c，就可以在负载上得到从0到U之间的任何电压U_r. 设R的长度$ab=l$，R上各处单位长度的电阻都相同，a、c之间的长度$ac=x$,求加到r上的电压U_r与x的关系。用方格纸画出当$r=0.1R$和$r=10R$时的U_r-x曲线。

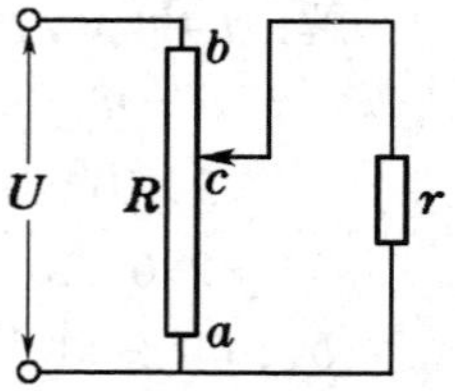

习题5-8

解: 按图中电路可得

$$U_r=\frac{U}{R_{cb}+\dfrac{R_{ac}r}{R_{ac}+r}}\cdot\frac{R_{ac}r}{R_{ac}+r}=\frac{R_{ac}rU}{R_{cb}R_{ac}+R_{cb}r+R_{ac}r},$$

设 $R_{ac}=\dfrac{R}{l}x$, 则 $R_{cb}=\dfrac{R}{l}(l-x)$, 代入上式得

$$U_r=\frac{\dfrac{R}{l}xrU}{(l-x)\dfrac{R}{l}\cdot x\dfrac{R}{l}+(l-x)\dfrac{R}{l}\cdot r+x\dfrac{R}{l}\cdot r}$$

$$=\frac{Ulxr}{l^2r+Rlx-Rx^2},$$

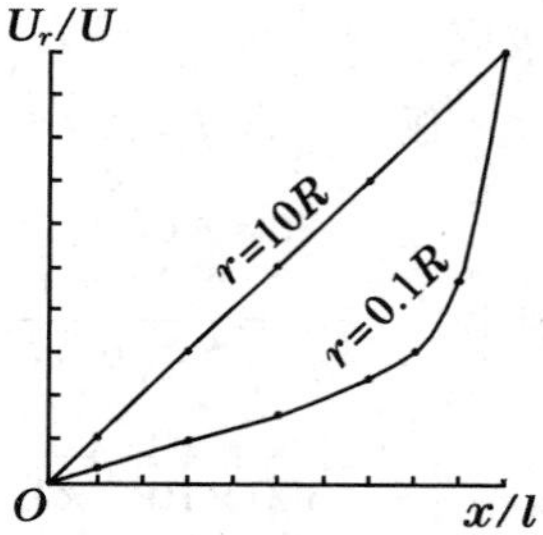

当 $r=0.1R$ 时,上式化为

$$U_r=\frac{lx(0.1R)}{0.1l^2+lx-x^2}\cdot\frac{U}{R},$$

取以下几点作图:

x	$0.1l$	$0.3l$	$0.5l$	$0.7l$	$0.8l$	$0.9l$	$1l$
U_r	$0.053U$	$0.1U$	$0.143U$	$0.23U$	$0.31U$	$0.47U$	$1U$

当 $r=10R$ 时,上式化为

$$U_r=\frac{lx\cdot 10R}{10l^2+lx-x^2}\cdot\frac{U}{R},$$

取以下几点作图:

x	$0.1l$	$0.3l$	$0.5l$	$0.7l$	$1l$
U_r	$0.1U$	$0.29U$	$0.49U$	$0.69U$	$1U$

从图中曲线可以看出,当r与R相比很大时,变阻器用作分压器时电压随滑动头移动的线性比较好。

5-9. 在本题图所示的电路中,求:(1) R_{CD}, (2) R_{BC},(3) R_{AB}.

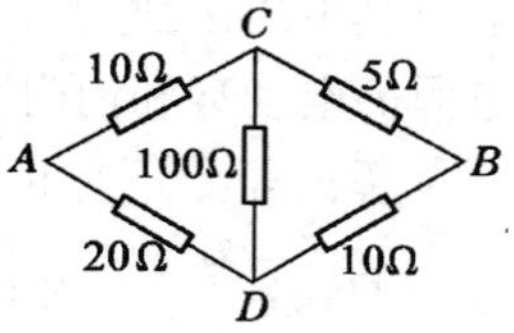

习题5-9

解: (1) $\dfrac{1}{R_{CD}/\Omega}=\dfrac{1}{20+10}+\dfrac{1}{100}+\dfrac{1}{10+5}$,

所以 $R_{CD}=9.1\,\Omega$.

(2) $\dfrac{1}{R_{BC}/\Omega}=\dfrac{1}{5}+\dfrac{1}{10+\dfrac{100\times30}{100+30}}$, 所以 $R_{BC}=4.3\,\Omega$.

(3) 电路组成具有对称性，CD 之间没有电流通过电阻 $100\,\Omega$，可以认为该处是断开的，因此

$$\frac{1}{R_{AB}/\Omega}=\frac{1}{20+10}+\frac{1}{10+5},\quad 所以\ R_{AB}=10\,\Omega.$$

5-10. 判断一下，在本题图中所示各电路中哪些可以化为串、并联电路的组合，哪些不能。如果可以，就利用串、并联公式写出它们总的等效电阻。

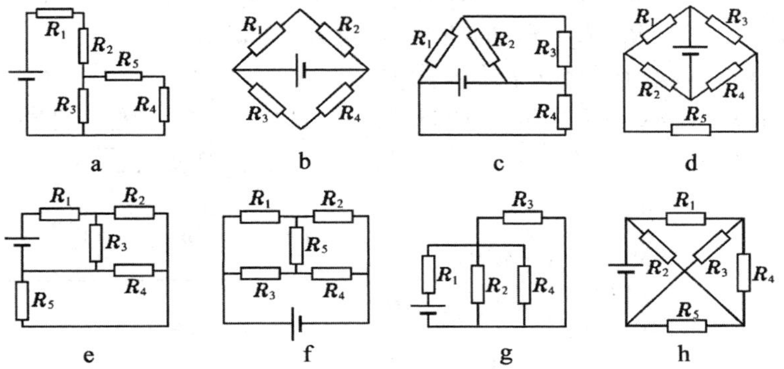

习题 5-10

解：(a) 可以，$R=R_1+R_2+\dfrac{R_3(R_4+R_5)}{R_3+R_4+R_5}$.

(b) 可以，$R=\dfrac{(R_1+R_2)(R_3+R_4)}{R_1+R_2+R_3+R_4}$.

(c) 可以，$R=\dfrac{R_4\left(R_1+\dfrac{R_2R_3}{R_2+R_3}\right)}{R_4+R_1+\dfrac{R_2R_3}{R_2+R_3}}$.

(d) 不能。

(e) 可以，$R=R_1+\dfrac{R_3\left(R_2+\dfrac{R_4R_5}{R_4+R_5}\right)}{R_3+R_2+\dfrac{R_4R_5}{R_4+R_5}}$.

(f) 不能。

(g) 可以，$R=R_1+\dfrac{1}{\dfrac{1}{R_2}+\dfrac{1}{R_3}+\dfrac{1}{R_4}}$.

(h) 不能。

5-11. 无轨电车速度的调节，是依靠在直流电动机的回路中串入不同数值的电阻，以改变通过电动机的电流，使电动机的转速发生变化。例如，可以在回路中串接四个电阻 R_1、R_2、R_3 和 R_4，再利用一些开关 K_1、K_2、K_3、K_4 和 K_5，使电阻

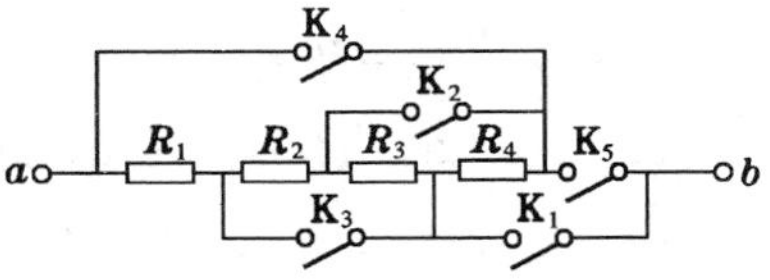

习题 5-11

分别串联或并联，以改变总电阻的数值，如本题图中所示。设 $R_1=R_2=R_3=R_4=1.0\,\Omega$，求下列四种情况下的等效电阻 R_{ab}：

(1) K_1、K_5 合上，K_2、K_3、K_4 断开；

(2) K_2、K_3、K_5 合上，K_1、K_4 断开；

(3) K_1、K_3、K_4 合上，K_2、K_5 断开；

(4) K_1、K_2、K_3、K_4 合上，K_5 断开。

解：(1) 相当于 R_4 短路，R_1、R_2、R_3 串联，因此 $R=3\,\Omega$；

(2) 相当于 R_2、R_3、R_4 并联，再与 R_1 串联，因此 $R=\frac{4}{3}\Omega$；

(3) 相当于 R_2、R_3 短路，R_1 和 R_4 并联，因此 $R=0.5\,\Omega$；

(4) 相当于 R_1、R_2、R_3、R_4 并联，因此 $R=0.25\,\Omega$.

5－12. 本题图所示电路，$U=12\,\mathrm{V}$，$R_1=30\,\mathrm{k\Omega}$，$R_2=6.0\,\mathrm{k\Omega}$，$R_3=100\,\mathrm{k\Omega}$，$R_4=10\,\mathrm{k\Omega}$，$R_5=100\,\mathrm{k\Omega}$，$R_6=1.0\,\mathrm{k\Omega}$，$R_7=2.0\,\mathrm{k\Omega}$，求电压 U_{ab}、U_{ac}、U_{ad}.

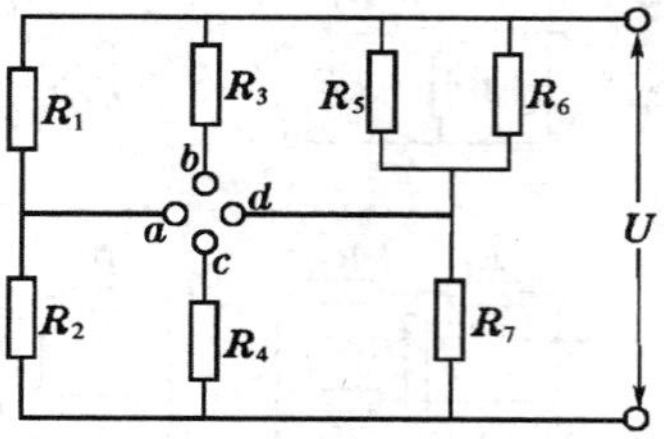

习题 5 － 12

解：
$$U_{ab}=-IR_1=-\frac{U}{R_1+R_2}R_1=-\left(\frac{12}{30+6.0}\times 30\right)\mathrm{V}=-10\,\mathrm{V},$$

$$U_{ac}=IR_2=\frac{U}{R_1+R_2}R_2=\left(\frac{12}{30+6.0}\times 6.0\right)\mathrm{V}=2.0\,\mathrm{V},$$

$$U_{ad}=-\frac{UR_1}{R_1+R_2}+\frac{U\cdot\dfrac{R_5R_6}{R_5+R_6}}{\dfrac{R_5R_6}{R_5+R_6}+R_7}=\left(-10+\frac{12\times 100\times 1.0}{100\times 1.0+2.0\times(100+1.0)}\right)\mathrm{V}=-6.0\,\mathrm{V}.$$

以上假定了电源 U 上正下负。

5－13. MF－5 型万用电表的电流挡为闭路抽头式的，如本题图所示。表头的内阻 $R_G=2333\,\Omega$，满度电流 $I_G=150\,\mu\mathrm{A}$，将其改装为量程是 $500\,\mu\mathrm{A}$、$10\mathrm{mA}$、$100\mathrm{mA}$. 试算出 R_1、R_2、R_3 的阻值，并标出三个接头的量程。

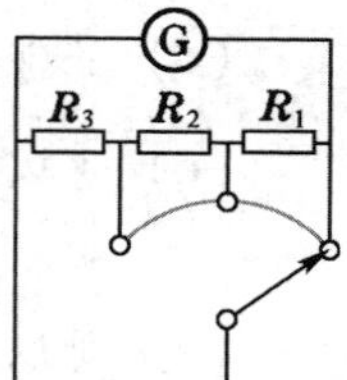

习题 5 － 13

解：设 $I_1=500\,\mu\mathrm{A}$，$I_2=10\,\mathrm{mA}$，$I_3=100\,\mathrm{mA}$，三个接头从左到右分别为 $100\,\mathrm{mA}$，$10\,\mathrm{mA}$，$500\,\mu\mathrm{A}$，于是

$(I_1-I_G)(R_1+R_2+R_3)=I_GR_G$，得 $R_1+R_2+R_3=1000\,\Omega$， ①

$(I_2-I_G)(R_2+R_3)=I_G(R_G+R_1)$，得 $197R_1+197R_3=3R_1+7000\,\Omega$， ②

$(I_3-I_G)R_3=I_G(R_G+R_1+R_2)$，得 $1997R_3=3R_1+3R_2+7000\,\Omega$. ③

由 ②、③ 式，得 $9R_3=R_2$， ④

②+①×3，得 $R_2+R_3=50\,\Omega$， ⑤

从④、⑤式及①式解得　$R_3=5.0\,\Omega$，　$R_2=45\,\Omega$，　$R_1=950\,\Omega$.

5 - 14. MF-5 型万用电表的电压挡如本题图所示，表头满度电流 $I_G=0.50\,mA$，内阻 $R_G=700\,\Omega$，改装为多量程伏特计的量程分别为 $U_1=10\,V$，$U_2=50\,V$，$U_3=250\,V$，求各挡的降压电阻 R_1、R_2、R_3. 若再增加两个量程 $U_4=500\,V$，$U_5=1000\,V$，又该如何？

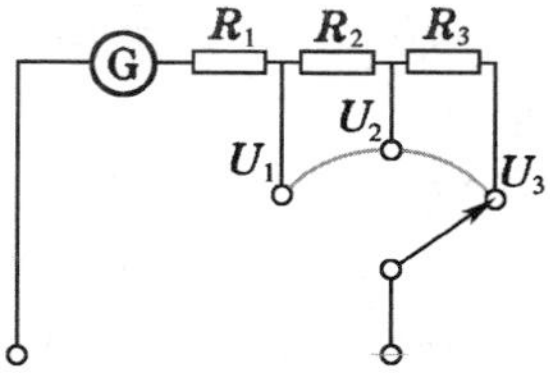

习题 5 - 14

解： 设 $U_1=10\,V$，$U_2=50\,V$，$U_3=250\,V$，另设 $U_4=500\,V$，$U_5=1000\,V$. 要增加两个量程，需再串联两个 降压电阻 R_4 和 R_5，并增加两个接头 U_4 和 U_5，因此

$$\frac{U_1}{R_G+R_1}=0.50\,mA，得\ R_1=\frac{U_1}{0.50\times10^{-3}/A}-R_G=19.3\,k\Omega;$$

$$\frac{U_2}{R_G+R_1+R_2}=0.50\,mA，得\ R_2=\frac{U_2}{0.50\times10^{-3}/A}-\frac{U_1}{0.50\times10^{-3}/A}=80\,k\Omega;$$

$$\frac{U_3}{R_G+R_1+R_2+R_3}=0.50\,mA，得\ R_3=\frac{U_3}{0.50\times10^{-3}/A}-\frac{U_2}{0.50\times10^{-3}/A}=400\,k\Omega;$$

$$\frac{U_4}{R_G+R_1+R_2+R_3+R_4}=0.50\,mA，得\ R_4=\frac{U_4}{0.50\times10^{-3}/A}-\frac{U_3}{0.50\times10^{-3}/A}=500\,k\Omega;$$

$$\frac{U_5}{R_G+R_1+R_2+R_3+R_4+R_5}=0.50\,mA，得\ R_5=\frac{U_5}{0.50\times10^{-3}/A}-\frac{U_4}{0.50\times10^{-3}/A}=1.0\,M\Omega.$$

5 - 15. 甲乙两站相距 50 km，其间有两条相同的电话线，有一条因在某处触地而发生故障，甲站的检修人员用本题图所示的办法找出触地到甲站的距离 x，让乙站把两条电话线短路，调节 r 使通过检流计 G 的电流为 0. 已知电话线每 km 长的电阻为 $6.0\,\Omega$，测得 $r=360\,\Omega$，求 x.

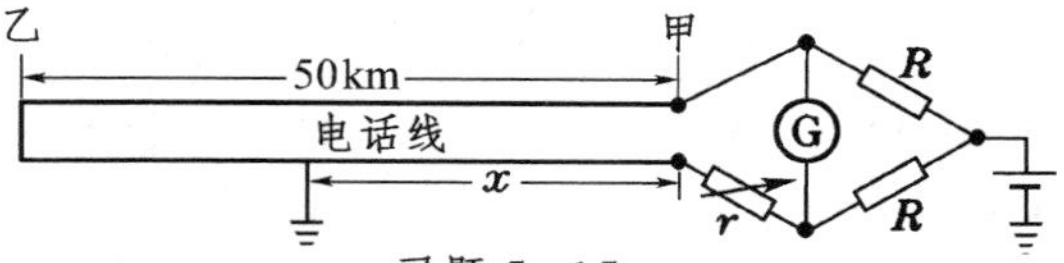

习题 5 -15

解： 本题可看成平衡电桥问题，代入数值

$$50\times6.0+(50-x)\times6.0=6.0x+360,\quad 得\quad x=20\,k\Omega.$$

5 - 16. 为了找出电缆在某处由于损坏而通地的地方，也可以用本题图所示的装置。AB 是一条长为 100 cm 的均匀电阻线，接触点 S 可在它上面滑动。已知电缆长 7.8 km，设当 S 滑到 $SB=41\,cm$ 时，通过电流计 G 的电

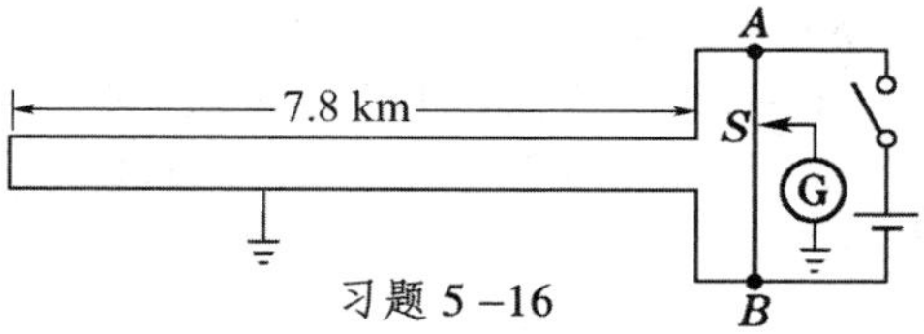

习题 5 -16

流为0. 求电缆损坏处到 B 的距离 x.

解: 根据题给数值，有 $(2\times7.8-x)\times41=59x$，

得
$$x=6.4\,\text{km}.$$

5 - 17. 一电路如本题图，已知 $\mathscr{E}_1=1.5\,\text{V}$，$\mathscr{E}_2=1.0\,\text{V}$，$R_1=50\,\Omega$，$R_2=80\,\Omega$，$R=10\,\Omega$，电池的内阻都可忽略不计。求通过 R 的电流。

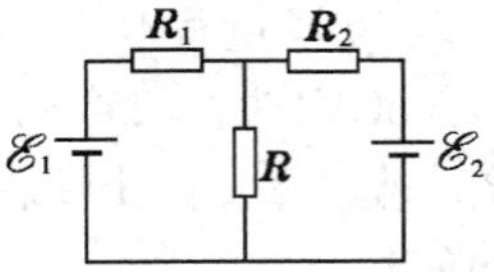

习题 5 - 17

解:
$$\begin{cases}I_1+I_2-I_3=0,\\ I_1R_1+I_3R=\mathscr{E}_1,\\ I_2R_2+I_3R=\mathscr{E}_2.\end{cases}$$

由此解得
$$I_3=\frac{\mathscr{E}_1R_2+\mathscr{E}_2R_1}{R_1R_2+R_1R+R_2R}=\frac{1.5\times80+1.0\times50}{4000+500+800}\text{A}=32\,\text{mA}.$$

5 - 18. 一电路如本题图，已知 $\mathscr{E}_1=12\,\text{V}$，$\mathscr{E}_2=9\,\text{V}$，$\mathscr{E}_3=8\,\text{V}$，$r_1=r_2=r_3=1\,\Omega$，$R_1=R_3=R_4=R_5=2\,\Omega$，$R_2=3\,\Omega$. 求：

（1）a、b 断开时的 U_{ab}；

（2）a、b 短路时通过 $\mathscr{E}_2$ 的电流的大小和方向。

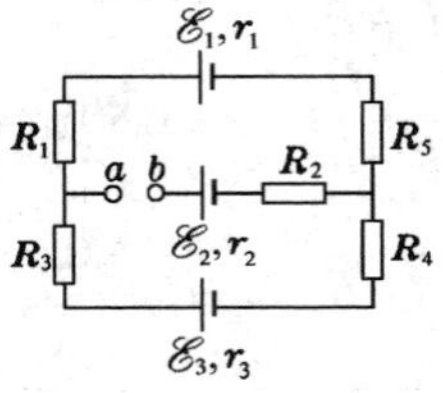

习题 5 - 18

解:（1）
$$I=\frac{\mathscr{E}_1-\mathscr{E}_3}{R_1+r_1+R_4+R_5+r_3+R_3}=0.4\,\text{A},$$
$$U_{ab}=-IR_1+\mathscr{E}_1-Ir_1-IR_5-\mathscr{E}_2=1\,\text{V}.$$

（2）a、b 短路，在电路上设定各支路电流标称方向，以及各闭合回路绕行方向如右图，在此基础上列出基尔霍夫方程组：

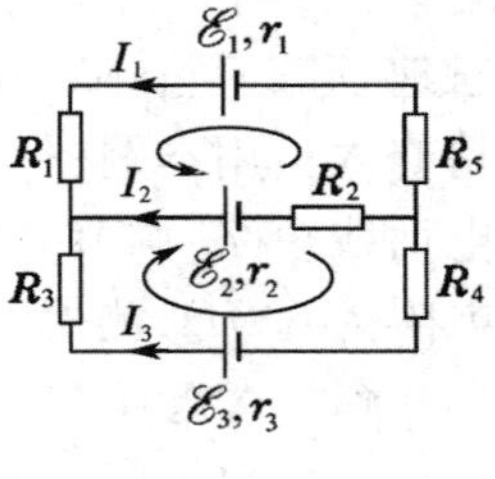

$$\begin{cases}I_1+I_2+I_3=0,\\ I_1(R_5+r_1+R_1)-\mathscr{E}_1+\mathscr{E}_2-I_2(R_2+r_2)=0,\\ I_3(R_4+r_3+R_3)-\mathscr{E}_3+\mathscr{E}_2-I_2(R_2+r_2)=0.\end{cases}$$

代入数值
$$\begin{cases}I_1+I_2+I_3=0,\\ 5I_1-4I_2=3,\\ 5I_3-4I_2=-1.\end{cases}$$
由此解得 $I_2=-\dfrac{2}{13}\text{A}$，

负号表明实际电流 I_2 的方向与原设方向相反，它在该支路中实应从左到右。

5 - 19. 一电路如本题图，已知 $\mathscr{E}_1=1.0\,\text{V}$，$\mathscr{E}_2=2.0\text{V}$，$\mathscr{E}_3=3.0\text{V}$，$r_1=r_2=r_3=1.0\Omega$，$R_1=1.0\Omega$，$R_2=3.0\Omega$. 求：

（1）通过电源3的电流；

（2）R_2 消耗的功率；

（3）电源3对外供给的功率。

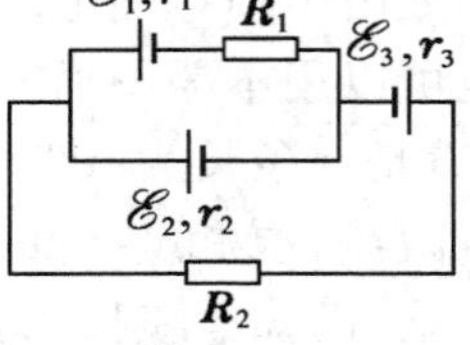

习题 5 –19

解：(1) 在电路上设定各支路电流名谓及标称方向，以及各闭合回路绕行方向如右，在此基础上列出基尔霍夫方程组：

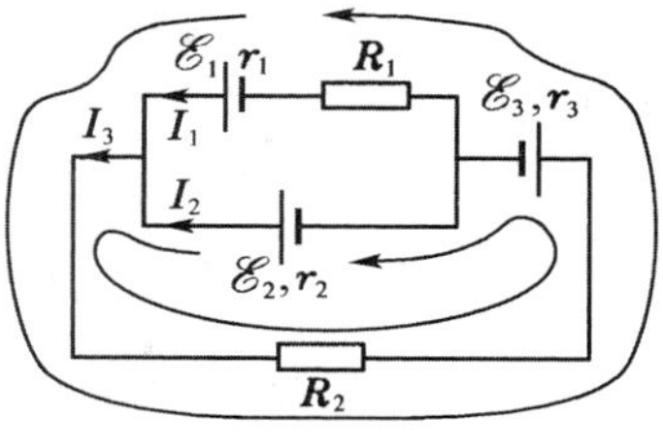

$$\begin{cases} I_1+I_2-I_3=0, \\ -\mathscr{E}_1+I_1(R_1+r_1)+I_3(R_2+r_3)+\mathscr{E}_3=0, \\ -\mathscr{E}_2+I_2r_2+I_3(R_2+r_3)+\mathscr{E}_3=0. \end{cases}$$

代入数值 $\begin{cases} I_1+I_2-I_3=0, \\ 2I_1+4I_3=-2\,\text{A}, \\ I_2+4I_3=-1\,\text{A}. \end{cases}$ 由此解得 $I_3=\dfrac{2}{7}\,\text{A}=0.29\,\text{A}.$

(2) $P=I_3^2R_2=[(2/7)^2\times3.0]\,\text{W}=0.24\,\text{W}.$

(3) $P=\mathscr{E}_3I_3-I_3^2r_3=[3.0\times(2/7)-(2/7)^2\times1.0]\,\text{W}=0.78\,\text{W}.$

5－20. 分别求出本题图 a、b、c 中 a、b 间的电阻。

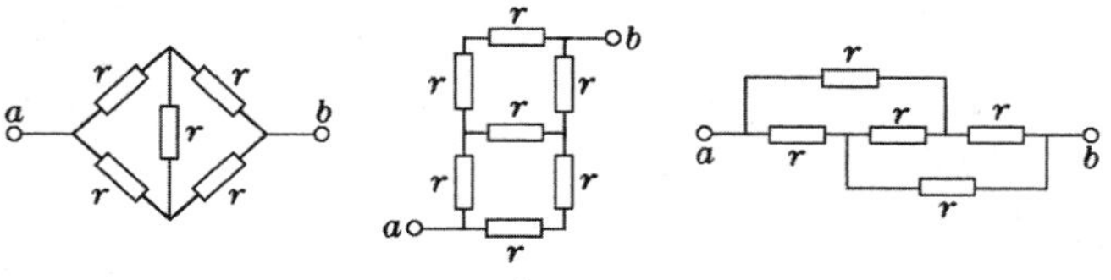

习题 5－20

解：(a) 由对称性，通过中间电阻的电流为 0，故可拆除，于是电路化为简单的串联和并联，
$$R=\frac{2r\cdot2r}{2r+2r}=r.$$

(b) 此种情形不能简化为串并联电路。在 a、b 之间接上电源，在电路上设定各支路电流名谓及标称方向，以及各闭合回路绕行方向如下图，列出基尔霍夫方程组：

$$\begin{cases} I-I_1-I_2=0, \\ I_1+I_5-I_3=0, \\ I_2-I_5-I_4=0, \\ I_2r+I_5r-2I_1r=0, \\ I_5r+I_3r-2I_4r=0, \\ I_2r+2I_4r=\mathscr{E}. \end{cases}$$

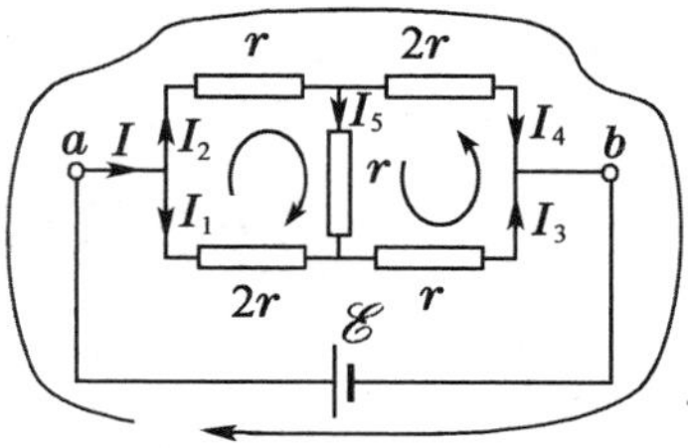

由此解出 $I_1=\dfrac{2}{7}\dfrac{\mathscr{E}}{r}$， $I_2=\dfrac{3}{7}\dfrac{\mathscr{E}}{r}$， $I=I_1+I_2=\dfrac{5}{7}\dfrac{\mathscr{E}}{r}$

a、b 之间 d 的等效电阻为 $R=\dfrac{\mathscr{E}}{I}=\dfrac{7}{5}r=1.4r.$

(c) 由对称性，通过中间电阻的电流为 0，故可拆除，于是电路化为简单的串联和并联，
$$R=\frac{2r\cdot2r}{2r+2r}=r.$$

5 - 21. 将本题图中的电压源变换成等效的电流源。

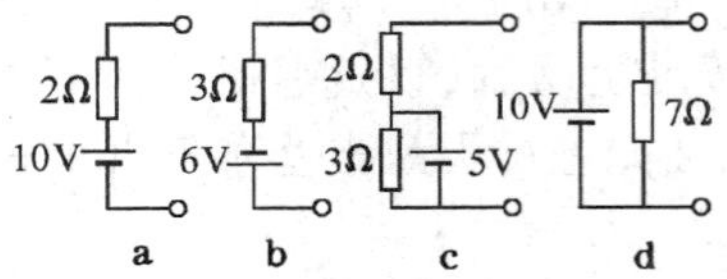

习题5 - 21

解：(a) 等效的电流源的

$$I_0=\frac{\mathscr{E}}{r}=5\,\mathrm{A},\quad r_0=r=2\,\Omega.$$

(b) 等效的电流源的

$$I_0=\frac{\mathscr{E}}{r}=2\,\mathrm{A},\quad r_0=r=3\,\Omega.$$

(c) 先根据等效电流源定理得 $\mathscr{E}=5\,\mathrm{V}$， $r=2\,\Omega$，

$$I_0=\frac{\mathscr{E}}{r}=2.5\,\mathrm{A},\quad r_0=r=2\,\Omega.$$

(d) 不能等效于一个电流源。

5 - 22. 将本题图中的电流源转换成等效的电压源。

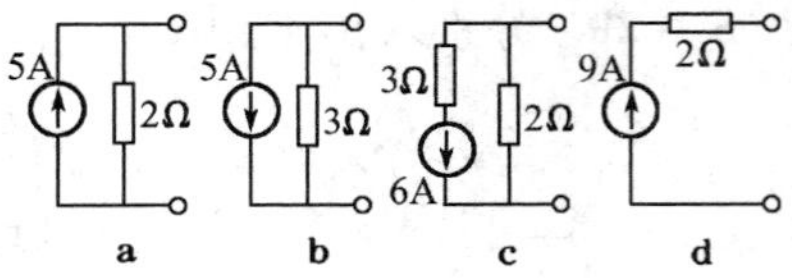

习题5 - 22

解：(a) 等效的电压源的

$\mathscr{E}=I_0r_0=10\,\mathrm{V}$， $r=r_0=2\,\Omega$.

(b) 等效的电压源的

$\mathscr{E}=I_0r_0=15\,\mathrm{V}$， $r=r_0=3\,\Omega$.

(c) 先根据等效电流源定理得 $I_0=6\,\mathrm{A}$， $r_0=2\,\Omega$，

$$\mathscr{E}=I_0r_0=12\,\mathrm{V},\quad r=r_0=2\,\Omega.$$

(d) 不能等效一个电压源。

5 - 23. 用等效电源定理解习题5-18 中的(2)。

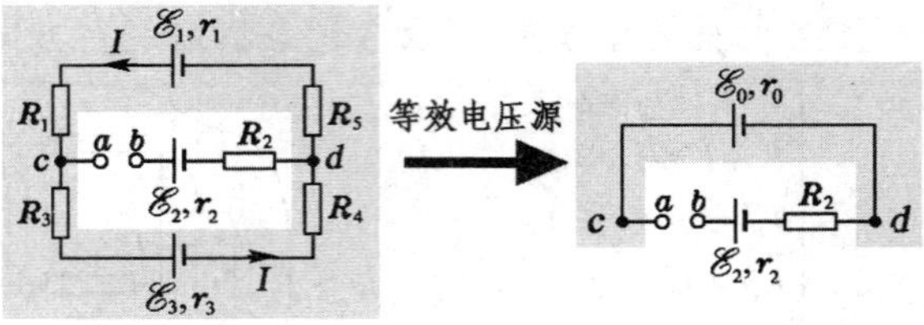

习题5 - 18 电路

解：a、b 断开时回路中的电流

$$I=\frac{\mathscr{E}_1-\mathscr{E}_3}{R_1+r_1+R_4+R_5+r_3+R_3}=0.4\,\mathrm{A},$$

将 $\mathscr{E}_1-\mathscr{E}_3$ 支路连接的网络看成 c、d 之间一等效电压源。根据等效电压源定理，此电源的等效电动势

$$\mathscr{E}_0=\text{开路电压}\ U_{cd}=I(R_3+r_3+R_4)+\mathscr{E}_3=10\,\mathrm{V},$$

此电源的等效内阻r_0=c、d之间除源电阻$=\dfrac{(R_1+r_1+R_5)(R_3+r_3+R_4)}{R_1+r_1+R_4+R_5+r_3+R_3}=2.5\,\Omega$.

从而在a、b接通后的单一回路的等效电路里

$$I_{ab}=\frac{\mathscr{E}_0-\mathscr{E}_2}{R_2+r_2+r_0}=\frac{2}{13}\text{A}.$$

5 －24. 用等效电源定理求图5 －32 中电桥电路的I_G.

解： 设想将图5 －32 的电桥电路中拆除BD支路，其余部分用B、D间一 等效电压源代替。则

$$I_1\equiv I_{ADC}=\frac{\mathscr{E}}{R_2+R_4},\quad I_2\equiv I_{ABC}=\frac{\mathscr{E}}{R_1+R_3},$$

则等效电压源的电动势和内阻分别为

$$\mathscr{E}_0=U_{BD}=I_2R_3-I_1R_4=\frac{\mathscr{E}R_3}{R_1+R_3}-\frac{\mathscr{E}R_4}{R_2+R_4},\qquad r_0=\frac{R_1R_3}{R_1+R_3}+\frac{R_2R_4}{R_2+R_4},$$

从而电桥电路化为一简单的串并联电路，于是有

$$I_G=\frac{\mathscr{E}_0}{R_G+r_0}=\frac{(R_2R_3-R_1R_4)\mathscr{E}}{R_G(R_1+R_3)(R_2+R_4)+R_1R_3(R_2+R_4)+R_2R_4(R_1+R_3)}.$$

5 －25. 求本题图中ab支路中的电流。

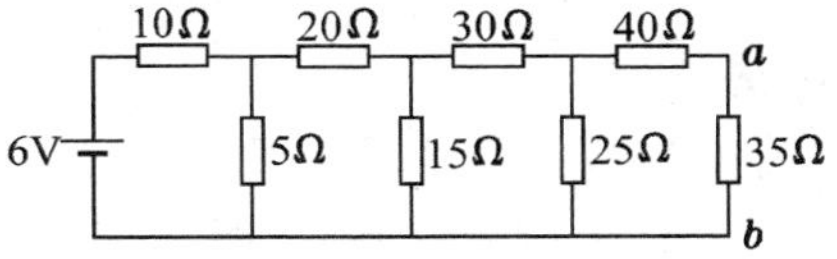

习题5 －25

解： 本题可多次运用等效电压源定理来计算，先将20 Ω 的电阻以左部分网络等效于一个电压源：

$$\mathscr{E}_1=\left(\frac{6}{10+5}\times5\right)\text{V}=2\,\text{V},\quad r_1=\frac{10\times5}{10+5}\,\Omega=\frac{10}{3}\,\Omega;$$

进一步将30 Ω 的电阻以左部分网络等效于一个电压源：

$$\mathscr{E}_2=\left(\frac{2}{10/3+20+15}\times15\right)\text{V}=\frac{18}{23}\text{V},\quad r_2=\frac{(10/3+20)\times15}{10/3+20+15}\,\Omega=\frac{210}{23}\,\Omega;$$

然后再将40 Ω 的电阻以左部分网络等效于一个电压源：

$$\mathscr{E}_3=\left(\frac{18/23}{210/23+30+25}\times25\right)\text{V}=\frac{450}{1475}\text{V},\quad r_3=\frac{(210/23+30)\times25}{210/23+30+25}\,\Omega=\frac{22500}{1475}\,\Omega;$$

它与电阻40 Ω 和35 Ω 构成一个简单回路，于是

$$I_{ab}=\frac{450/1475}{22500/1475+40+35}\text{A}=3.4\,\text{mA}.$$

5 －26. 证明L/R和RC具有时间的量纲，并且$1\,\text{H}/1\,\Omega=1\,\text{s}$，$1\,\Omega\cdot1\,\text{F}=1\,\text{s}$.

解： $\left[\dfrac{L}{R}\right]=\dfrac{\text{L}^2\text{MT}^{-2}\text{I}^{-2}}{\text{L}^2\text{MT}^{-3}\text{I}^{-2}}=\text{T}$，　$[RC]=\text{L}^2\text{MT}^{-3}\text{I}^{-2}\cdot\text{L}^{-2}\text{M}^{-1}\text{T}^4\text{I}^2=\text{T}$，

$$\frac{1\,\text{H}}{1\,\Omega}=\frac{1\,\text{Wb}}{1\,\text{A}}\cdot\frac{1}{1\,\Omega}=\frac{1\,\text{Wb}}{1\,\text{V}}=1\,\text{s},\quad 1\,\Omega\cdot1\,\text{F}=\frac{1\,\text{V}}{1\,\text{A}}\cdot\frac{1\,\text{C}}{1\,\text{V}}=\frac{1\,\text{C}}{1\,\text{A}}=1\,\text{s}.$$

5－27. 一个自感为0.50 mH、电阻为0.01 Ω的线圈连接到内阻可忽略、电动势为12 V的电源上。开关接通多长时间,电流达到终值的90%?到此时线圈中储存了多少能量?电源消耗了多少能量?

解:　$I=\frac{\mathscr{E}}{R}(1-e^{-\frac{R}{L}t})=0.90\frac{\mathscr{E}}{R}$,　$t=-\frac{L}{R}\ln 0.1=0.12\,\mathrm{s}$,

线圈中储存的磁能:

$$W_m=\frac{1}{2}LI^2=\frac{1}{2}L\left(0.90\frac{\mathscr{E}}{R}\right)^2=\frac{1}{2}\times0.50\times10^{-3}\times\left(0.90\times\frac{12}{0.01}\right)^2\mathrm{J}=2.9\times10^2\,\mathrm{J},$$

电源消耗的能量:

$$W=\int_0^{T_{90}}\mathscr{E}I\,\mathrm{d}t=\int_0^{T_{90}}\frac{\mathscr{E}^2}{R}\left(1-e^{-\frac{R}{L}t}\right)\mathrm{d}t=\frac{\mathscr{E}^2}{R}\left[T_{90}-\frac{L}{R}\left(e^{-\frac{R}{L}T_{90}}-1\right)\right]=1.1\times10^3\,\mathrm{J},$$

式中T_{90}是电流达到终值的90%的时间,即$T_{90}=0.12\,\mathrm{s}$.

5－28. 一自感为L、电阻为R的线圈与一无自感的电阻R_0串联地接于电源上,如本题图所示。

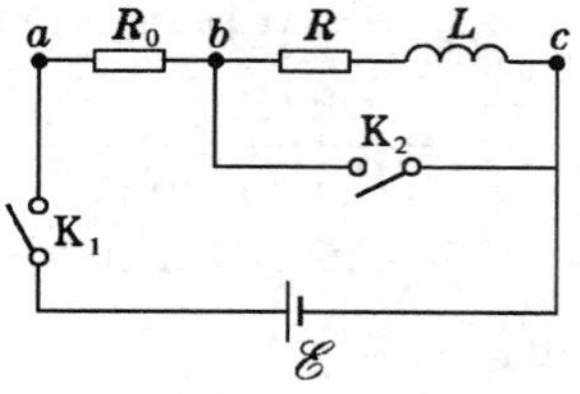

习题 5－28

(1) 求开关K_1闭合t时间后,线圈两端的电势差U_{bc};

(2) 若$\mathscr{E}=20\,\mathrm{V}$, $R_0=50\,\Omega$, $R=150\,\Omega$, $L=5.0\,\mathrm{H}$, 求$t=0.5\tau$时(τ为电路的时间常量)线圈两端的电势差U_{bc}和U_{ab};

(3) 待电路中电流达到稳定值,闭合开关K_2,求闭合0.01 s后通过K_2中电流的大小和方向。

解: (1) $i=\frac{\mathscr{E}}{R_0+R}\left[1-\exp\left(-\frac{R_0+R}{L}t\right)\right]$,

$$U_{bc}=L\frac{\mathrm{d}i}{\mathrm{d}t}+iR=\mathscr{E}\exp\left(-\frac{R_0+R}{L}t\right)+\frac{R\mathscr{E}}{R_0+R}\left[1-\exp\left(-\frac{R_0+R}{L}t\right)\right]$$

$$=\frac{\mathscr{E}}{R_0+R}\left[R+R_0\exp\left(-\frac{R_0+R}{L}t\right)\right].$$

(2) $U_{bc}=\frac{20}{50+150}(150+50e^{-0.5})\,\mathrm{V}=18\,\mathrm{V}$,

$U_{ab}=\mathscr{E}-U_{bc}=(20-18)\,\mathrm{V}=2.0\,\mathrm{V}$.

(3) 闭合K_2,通过K_2的电流有两部分,其方向相反,

$$I_1=\frac{\mathscr{E}}{R_0}=\frac{20}{50}=0.40\,\mathrm{A},\quad I_2=\frac{\mathscr{E}}{R_0+R}e^{-\frac{R}{L}t}=\left(\frac{20}{50+150}e^{-\frac{150}{5}\times0.01}\right)\mathrm{A}=0.074\,\mathrm{A},$$

故　$i(0.01)=I_1-I_2=0.33\,\mathrm{A}$,　方向为由$b$到$c$通过$K_2$.

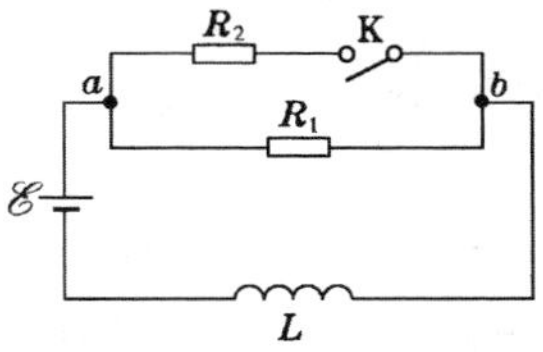

习题 5 – 29

5 – 29. 一电路如本题图所示，R_1、R_2、L 和 $\mathscr{E}$ 都已知，电源 $\mathscr{E}$ 和线圈 L 的内阻都可略去不计。

(1) 求K接通后，a、b 间的电压与时间的关系；

(2) 在电流达到最后稳定值的情况下，求 K 断开后 a、b 间的电压与时间的关系。

解：(1) K 接通，电路中的总电流可看成由两部分组成，一部分为通过 R_1 的恒定电流 $\frac{\mathscr{E}}{R_1}$，另一部分为通过 R_2 的暂态电流 $\frac{\mathscr{E}}{R_2}(1-\mathrm{e}^{-\frac{R}{L}t})$，其中时间常数中的 R 为 R_1 和 R_2 的并联。因为接通后的暂态过程中 R_1、R_2 都起作用。于是总电流为两者之和：

$$i=\frac{\mathscr{E}}{R_1}+\frac{\mathscr{E}}{R_2}(1-\mathrm{e}^{-\frac{R}{L}t}).$$

此总电流的另一解法是把 R_1 和 R_2 并联起来解微分方程，得到与书上第五章 4.1 节(5.34) 式相同的解：

$$i-\frac{\mathscr{E}}{R}=K_1\mathrm{e}^{-\frac{R}{L}t},$$

但初始条件不同。现在的初始条件为 $t=0$ 时 $i_0=\frac{\mathscr{E}}{R_1}$，于是代入上述解中得

$$K_1=\frac{\mathscr{E}}{R_1}-\frac{\mathscr{E}}{R}=\frac{\mathscr{E}}{R_1}-\frac{(R_1+R_2)\mathscr{E}}{R_1R_2}=-\frac{\mathscr{E}}{R_2}$$

从而

$$i=\frac{\mathscr{E}}{R}-\frac{\mathscr{E}}{R_2}\mathrm{e}^{-\frac{R}{L}t}=\frac{\mathscr{E}}{R_1}+\frac{\mathscr{E}}{R_2}\left\{1-\exp\left[-\frac{R_1R_2}{(R_1+R_2)L}t\right]\right\}.$$

两者结果相同。由此

$$U_{ab}=i\cdot\frac{R_1}{R_1+R_2}=\mathscr{E}\left\{1-\frac{R_1}{R_1+R_2}\exp\left[-\frac{R_1R_2}{(R_1+R_2)L}t\right]\right\}.$$

(2) K断开后，通过 R_1 的电流也有两部分，一部分为电源通过 R_1 的恒定电流 $\frac{\mathscr{E}}{R_1}$，另一部分为自感电动势的暂态电流 $\frac{\mathscr{E}}{R_2}\mathrm{e}^{-\frac{R}{L}t}$，两者方向相同，因此

$$i=\frac{\mathscr{E}}{R_1}+\frac{\mathscr{E}}{R_2}\mathrm{e}^{-\frac{R_1}{L}t},\quad 得\quad U_{ab}=iR_1=\mathscr{E}\left(1+\frac{R_1}{R_2}\mathrm{e}^{-\frac{R_1}{L}t}\right).$$

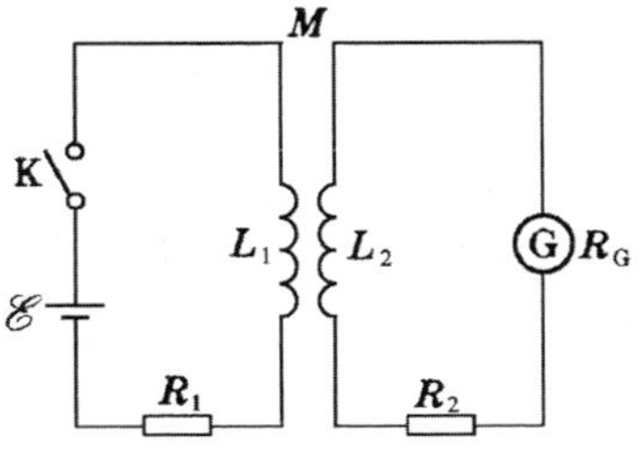

习题 5 – 30

5 – 30. 两线圈之间的互感为 M，电阻分别为 R_1 和 R_2，第一个线圈接在电动势为 $\mathscr{E}$ 的电源上，第二个线圈接在电阻为 R_G 的电流计 G 上，如本题图所示。设开关 K 原先是接通的，第二个线圈内无电流，然后把 K 断开。

(1) 求通过电流计 G 的电量 q；

（2）q 与两线圈的自感有什么关系？

解：（1）K 断开后，第 2 个线圈内的感应电动势为

$$\mathscr{E}_2=-L_2\frac{\mathrm{d}i_2}{\mathrm{d}t}-M\frac{\mathrm{d}i_1}{\mathrm{d}t},$$

于是

$$\frac{\mathrm{d}q}{\mathrm{d}t}=i_2=\frac{\mathscr{E}_2}{R_2+R_G}=-\frac{L_2}{R_2+R_G}\frac{\mathrm{d}i_2}{\mathrm{d}t}-\frac{M}{R_2+R_G}\frac{\mathrm{d}i_1}{\mathrm{d}t},$$

$$\mathrm{d}q=-\frac{L_2}{R_2+R_G}\mathrm{d}i_2-\frac{M}{R_2+R_G}\mathrm{d}i_1,$$

$$q=\int\mathrm{d}q=-\frac{L_2}{R_2+R_G}\int_0^0\mathrm{d}i_2-\frac{M}{R_2+R_G}\int_{\frac{\mathscr{E}}{R_1}}^0\mathrm{d}i_1=\frac{M\mathscr{E}}{R_1(R_2+R_G)}.$$

（2）从结果看，q 与两线圈的自感无关。

5 - 31. 本题图示为一对互感耦合的 LR 电路。证明在无漏磁的条件下两回路充放电的时间常量都是

$$\tau=\frac{L_1}{R_1}+\frac{L_2}{R_2}.$$

由此定性地解释，为什么当电感元件的铁芯中若有涡流时，电路充放电的时间常量要增大？

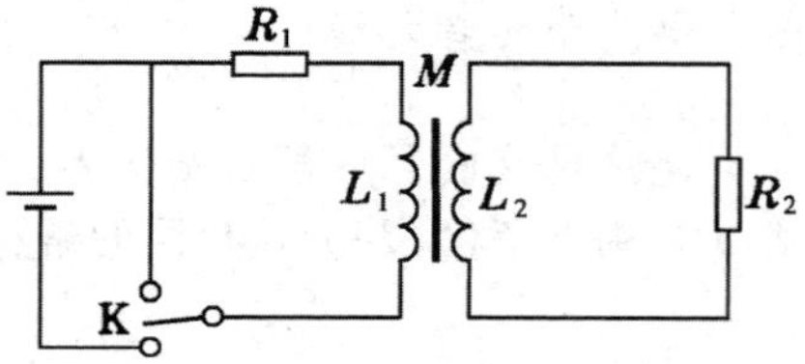

习题 5 - 31

【提示：列出两回路的电路方程，这是一组联立的一阶线性微分方程组，解此方程组即可求得。】

解： 按电路图列出电路微分方程。K 接通电源 $\mathscr{E}$ 时，

$$\begin{cases}L_1\dfrac{\mathrm{d}i_1}{\mathrm{d}t}+M\dfrac{\mathrm{d}i_2}{\mathrm{d}t}+i_1R_1=\mathscr{E}, & ①\\ L_2\dfrac{\mathrm{d}i_2}{\mathrm{d}t}+M\dfrac{\mathrm{d}i_1}{\mathrm{d}t}+i_2R_2=0. & ②\end{cases}$$

K 短接于另一端时，

$$\begin{cases}L_1\dfrac{\mathrm{d}i_1}{\mathrm{d}t}+M\dfrac{\mathrm{d}i_2}{\mathrm{d}t}+i_1R_1=0, & ③\\ L_2\dfrac{\mathrm{d}i_2}{\mathrm{d}t}+M\dfrac{\mathrm{d}i_1}{\mathrm{d}t}+i_2R_2=0. & ④\end{cases}$$

这两组方程对应的齐次方程相同，因此暂态过程随时间变化的因子相同，也就是说充放电的时间常数相同。

现在就考虑 K 短接于另一端的放电情形，即考虑方程③和④，消去方程中的$\dfrac{\mathrm{d}i_1}{\mathrm{d}t}$项，并代入无漏磁条件 $M^2-L_1L_2=0$，得

$$i_2=\frac{R_1L_2}{R_2M}i_1=\frac{R_1M}{R_2L_1}i_1, \qquad ⑤$$

这表明两个回路中的电流在放电情形有相同的变化规律，有相同的时间常数。将⑤式代入③式，得

$$L_1\frac{\mathrm{d}i_1}{\mathrm{d}t}+\frac{L_2R_1}{R_2}\frac{\mathrm{d}i_1}{\mathrm{d}t}+i_1R_1=0,$$

$$\frac{\mathrm{d}i_1}{i_1}=-\frac{R_1R_2}{L_1R_2+L_2R_1}\mathrm{d}t,$$

两边积分，并化为指数形式，得解为

$$i_1=K_1\exp\left(-\frac{R_1R_2}{L_1R_2+L_2R_1}t\right),$$

可见此暂态过程的时间常数为

$$\tau=\frac{L_1R_2+L_2R_1}{R_1R_2}=\frac{L_1}{R_1}+\frac{L_2}{R_2}.$$

若电感元件的铁芯中有涡流，则此互感耦合电路相当于多重耦合电路，其充放电时间常数应加上反应涡流的项 L/R，涡流电阻很小，所加项值增大，所以 τ 增大。

5 －32. 在 LC 振荡回路中，设开始时 C 上的电荷量为 Q，L 中的电流为 0.

（1）求第一次达到 L 中磁能等于 C 中电能所需的时间 t；

（2）求这时 C 上的电荷量 q.

解：（1）K 接通后，电路微分方程为

$$L\frac{\mathrm{d}i}{\mathrm{d}t}+\frac{q}{C}=0,\quad 即\quad L\frac{\mathrm{d}^2q}{\mathrm{d}t^2}+\frac{q}{C}=0,$$

这是一个二阶常系数微分方程，是一个简谐振动方程，其通解为

$$q=A\cos(\omega t+\varphi),\quad \omega=\frac{1}{\sqrt{LC}}$$

初始条件为 $t=0$ 时，$q=Q$，$i=0$，由此可定出 $A=Q$，$\varphi=0$，所以

$$q=Q\cos\omega t,\quad i=\frac{\mathrm{d}q}{\mathrm{d}t}=-Q\omega\sin\omega t.$$

将上述解代入 $\frac{1}{2}Li^2=\frac{Q^2}{2C}$，得

$$\frac{1}{2}LQ^2\omega^2\sin^2\omega t=\frac{1}{2C}Q^2\cos^2\omega t,$$

所以 $$\tan\omega t=1,\quad \omega t=\frac{\pi}{4},\quad t=\frac{\pi}{4\omega}=\frac{\pi}{4}\sqrt{LC},$$

它就是第一次达到 L 中磁能等于 C 中电能所需的时间。

（2）这时 $$q=Q\cos\omega t=Q\cos\frac{\pi}{4}=\frac{\sqrt{2}}{2}Q.$$

5 －33. 两个 $C=2.0\,\mu\mathrm{F}$ 的电容器已充有相同的电荷量，经过一线圈（$L=1.0\,\mathrm{mH}$、$R=50\,\Omega$）放电。问当这两个电容器（1）并联时，（2）串联时，能不能发生振荡。

解： 能否发生振荡取决于电路微分方程中的阻尼度 $\lambda=\frac{R}{2}\sqrt{\frac{C}{L}}$，$\lambda\geqslant 1$ 为过阻尼或临界阻尼，无振荡；$\lambda<1$ 为阻尼振荡。

(1) 两个电容器并联时，$C=4.0\,\mu\text{F}$，

$$\lambda=\frac{R}{2}\sqrt{\frac{C}{L}}=\frac{50}{2}\sqrt{\frac{4\times10^{-6}}{1.0\times10^{-3}}}=1.1,$$

故不会振荡。

(2) 两个电容器串联时，$C=1.0\,\mu\text{F}$，

$$\lambda=\frac{R}{2}\sqrt{\frac{C}{L}}=\frac{50}{2}\sqrt{\frac{1.0\times10^{-6}}{1.0\times10^{-3}}}=0.79,$$

故会振荡。

5－34. 在同一时间坐标轴上画出简谐交流电压

$$u_1(t)=311\cos(314t-2\pi/3)\,\text{V} \quad 和 \quad u_2(t)=311\sin(314t-5\pi/6)\,\text{V}$$

的曲线。它们的峰值、有效值、频率和相位各多少？哪个超前？

解： $U_{01}=311\,\text{V}$，$U_{02}=311\,\text{V}$；

$U_1=220\,\text{V}$，$U_2=220\,\text{V}$；

$\omega=314\,\text{rad/s}$，$\nu=50\,\text{Hz}$；

$\varphi_1=-\frac{2\pi}{3}$，$\varphi_2=-\frac{5\pi}{6}-\frac{\pi}{2}=-\frac{4\pi}{3}$，$\varphi_1-\varphi_2=\frac{2\pi}{3}$，

u_1 比 u_2 超前 $\frac{2\pi}{3}$，两简谐交流电压曲线见右图。

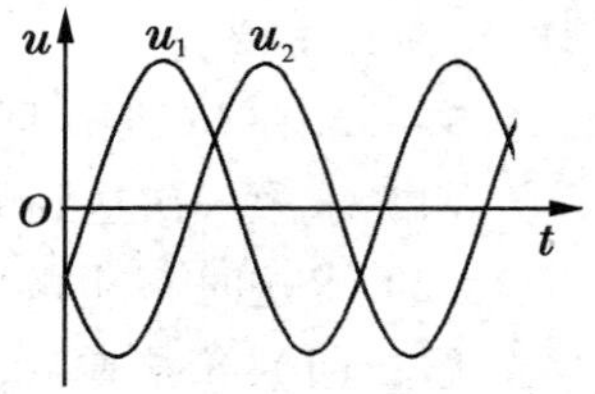

5－35. 两个简谐交流电 $i_1(t)$ 和 $i_2(t)$ 的波形如本题图所示，

(1) 写出它们的三角函数(余弦)表达式，

(2) 它们之间的相位差为多少？哪个超前？

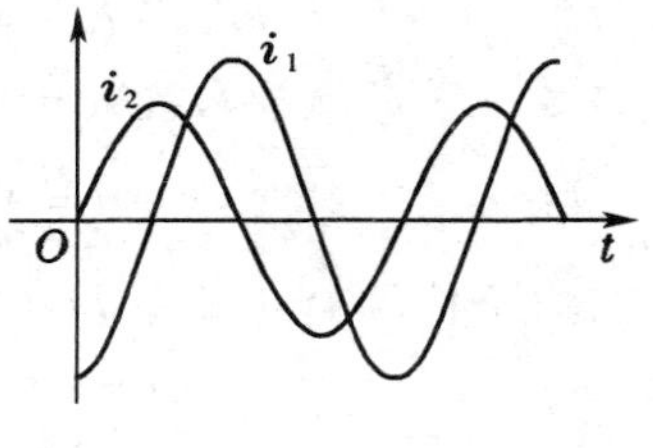

习题 5－35

解： (1) $i_1=I_{10}\cos(\omega t-\pi)$，

$$i_2=I_{20}\cos\left(\omega t-\frac{\pi}{2}\right);$$

(2) $\varphi_2-\varphi_1=-\frac{\pi}{2}-(-\pi)=\frac{\pi}{2}$， i_2 超前 i_1 相位 $\frac{\pi}{2}$.

5－36. 电阻 R 的单位为 Ω，自感 L 的单位为 H，电容 C 的单位为 F，频率 ν 的单位为 Hz，角频率 $\omega=2\pi\nu$. 证明 ωL、$1/\omega C$ 的单位为 Ω.

解： ωL： $\text{Hz}\cdot\text{H}=\frac{1}{\text{s}}\cdot\frac{\text{V}}{\text{A/s}}=\frac{\text{V}}{\text{A}}=\Omega$， $\frac{1}{\omega C}$： $\frac{1}{\text{Hz}\cdot\text{F}}=\frac{\text{s}}{\text{C/V}}=\frac{\text{V}}{\text{A}}=\Omega$.

5－37. (1) 分别求频率为 50 Hz 和 500 Hz 时 10 H 电感的阻抗。

(2) 分别求频率为 50 Hz 和 500 Hz 时 10 μF 电容的阻抗。

(3) 在哪一个频率时，10 H 电感器的阻抗等于 10 μF 电容器的阻抗？

解：（1）50 Hz 时 $\omega L=2\pi\nu L=(100\pi\times10)\,\Omega=3.14\times10^3\,\Omega$，

500 Hz 时 $\omega L=2\pi\nu L=(1000\pi\times10)\,\Omega=3.14\times10^4\,\Omega$；

（2）50 Hz 时 $\dfrac{1}{\omega C}=\dfrac{1}{2\pi\nu C}=\dfrac{1}{100\pi\times10\times10^{-6}}\,\Omega=3.2\times10^2\,\Omega$，

500 Hz 时 $\dfrac{1}{\omega C}=\dfrac{1}{2\pi\nu C}=\dfrac{1}{1000\pi\times10\times10^{-6}}\,\Omega=32\,\Omega$；

（3）$\omega L=\dfrac{1}{\omega C}$， 得 $\nu=\dfrac{1}{2\pi\sqrt{LC}}=16\,\text{Hz}$.

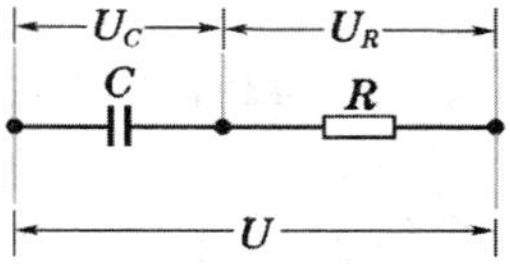

习题 5－38

5－38. 已知在某频率下本题图中电容、电阻的阻抗数值之比为

$$Z_C : Z_R=3:4,$$

若在串联电路两端加总电压 $U=100\,\text{V}$，

（1）电容和电阻元件上的电压 U_C、U_R 为多少？

（2）电阻元件中的电流与总电压之间有无相位差？

解：（1）$\dfrac{U_C}{U_R}=\dfrac{Z_C}{Z_R}=\dfrac{3}{4}$， 由矢量图

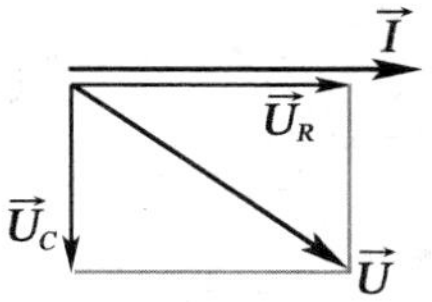

$$U=\sqrt{U_R^2+U_C^2}=U_R\sqrt{1+\left(\frac{U_C}{U_R}\right)^2}=U_R\sqrt{1+\left(\frac{3}{4}\right)^2}=\frac{5}{4}U_R.$$

所以 $U_R=\dfrac{4}{5}U=80\,\text{V}$， $U_C=\dfrac{3}{5}U=60\,\text{V}$.

（2）电流与总电压的相位差为

$$\varphi_i-\varphi_u=\arctan\frac{U_C}{U_R}=\arctan\frac{3}{4}=37°,$$

电流超前电压的相位为 37°。

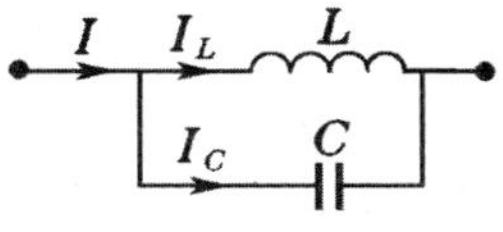

习题 5－39

5－39. 已知在某频率下本题图中电感和电容元件阻抗数值之比为

$$Z_L : Z_C=2:1,$$

总电流 $I=1\,\text{mA}$，问通过 L 和 C 的电流 I_L、I_C 各多少？

解：$U=I_LZ_L=I_CZ_C$， 所以 $\dfrac{I_C}{I_L}=\dfrac{Z_L}{Z_C}=\dfrac{2}{1}$， 即 $I_C=2I_L$.

故 $I_C>I_L$，在矢量图上 $\vec{I_C}$ 与 $\vec{I_L}$ 差 180°，故 $I=I_C-I_L$，代入上式，得

$$I_L=I=1\,\text{mA},\quad I_C=2I_L=2\,\text{mA}.$$

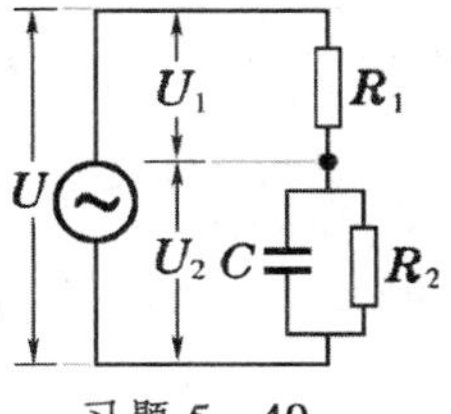

习题 5－40

5－40. 在本题图中 $U_1=U_2=20\,\text{V}$，$Z_C=R_2$，求总电压 U.

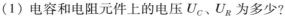

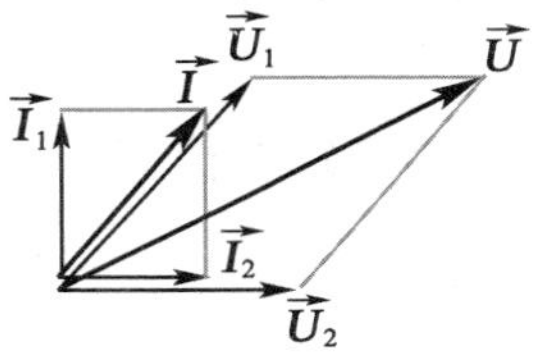

解：作矢量图如左，由图可知

$$U^2=U_1^2+U_1^2+2U_1U_2\cos45°,$$

代入数值得 $U=\sqrt{20(2+\sqrt{2})}\ \text{V}=37\ \text{V}.$

5－41. 在上题图中已知 $U_1=U_2$，$Z_C:R_2=1:\sqrt{3}$，用矢量图解法求总电压与总电流的相位差。

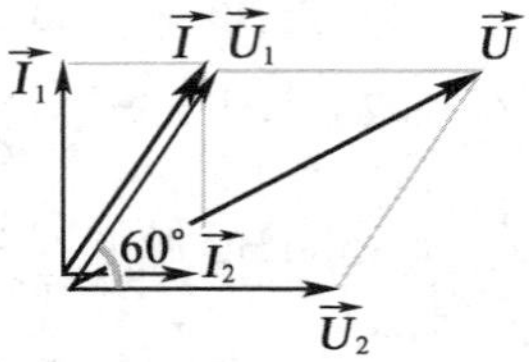

解： 由矢量图可以看出 $U_1=U_2$ 且 $I_2:I_1=1:\sqrt{3}$，$\vec{I}$ 与 $\vec{I}_2$ 之间夹角 60°，从而 $\varphi_u-\varphi_i=-30°=-\dfrac{\pi}{6}.$

5－42. 在本题图中已知 $Z_L:Z_C:R=2:1:1$，求：

（1）I_1 与 I_2 间的相位差，

（2）U 与 U_C 间的相位差，并用矢量图说明之。

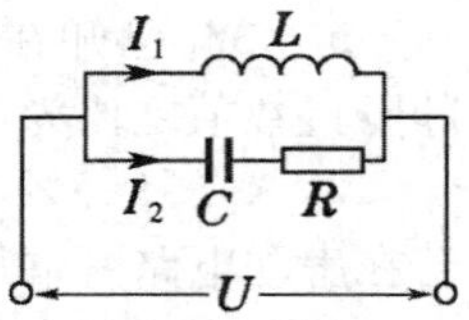

习题 5－42

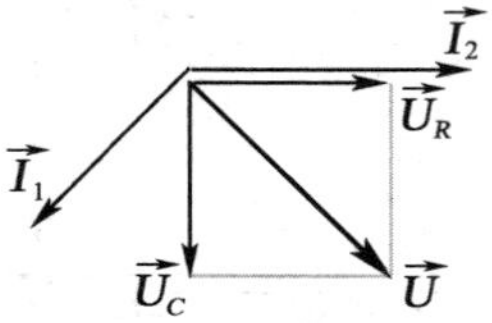

解：（1）作矢量图如左，由图可见 $\varphi_{i1}-\varphi_{i2}=-\dfrac{3\pi}{4}.$

（2）$\varphi_u-\varphi_{u_C}=\dfrac{\pi}{4}.$

可见，在矢量图上各电压、电流间的相位关系是一目了然的。

5－43. 在本题图中 $Z_L=Z_C=R$，求下列各量间的相位差，并用矢量图说明之：

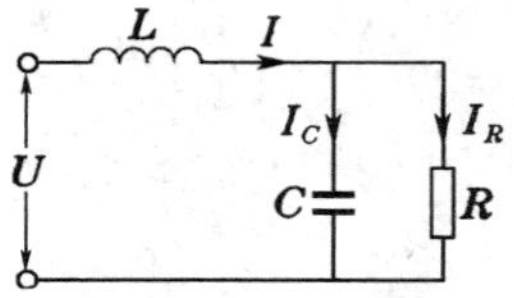

习题 5－43

（1）U_C 与 U_R；

（2）I_C 与 I_R；

（3）U_R 与 U_L；

（4）U 与 I.

解： 作矢量图如右，由图可见：

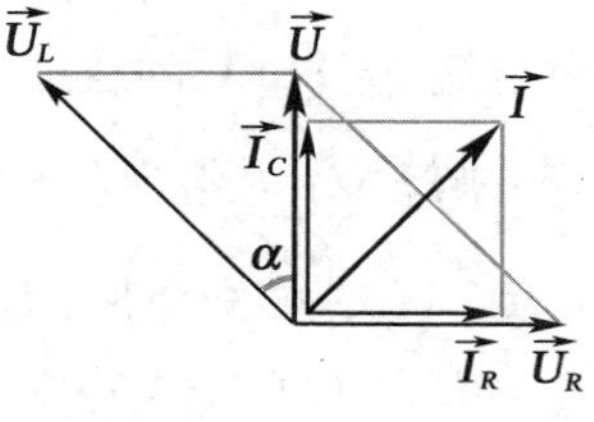

（1）$\varphi_{u_C}-\varphi_{u_R}=0$；

（2）$\varphi_{i_C}-\varphi_{i_R}=\dfrac{\pi}{2}$；

（3）$\varphi_{u_R}-\varphi_{u_L}=-\dfrac{3\pi}{4}$；

（4）$\dfrac{U_L}{U_R}=\dfrac{I_LZ_L}{I_RR}=\dfrac{\sqrt{2}I_RZ_L}{I_RR}=\sqrt{2}$，

$$U^2=U_L^2+U_R^2+2U_LU_R\cos\frac{3\pi}{4}=2U_R^2+U_R^2+2\sqrt{2}U_R\cdot U_R\cdot\left(-\frac{\sqrt{2}}{2}\right)=U_R^2,$$

所以 $U=U_R$；$\cos\alpha=\dfrac{U}{U_L}=\dfrac{\sqrt{2}}{2}$，$\alpha=\dfrac{\pi}{4}$，即 $\varphi_u-\varphi_i=\dfrac{\pi}{4}.$

5－44. 用复数法推导表中各阻抗、相位差公式。

电 路	Z	$\tan\varphi$
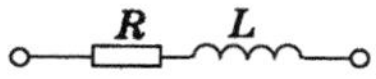	$\sqrt{R^2+(\omega L)^2}$	$\dfrac{\omega L}{R}$
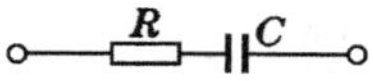	$\sqrt{R^2+\left(\dfrac{1}{\omega C}\right)^2}$	$-\dfrac{1}{\omega CR}$
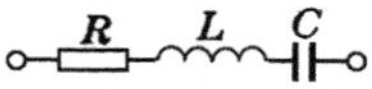	$\sqrt{R^2+\left(\omega L-\dfrac{1}{\omega C}\right)^2}$	$\dfrac{\omega L-\dfrac{1}{\omega C}}{R}$
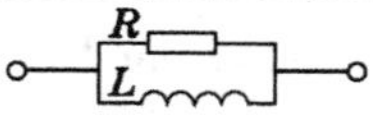	$\dfrac{R\omega L}{\sqrt{R^2+(\omega L)^2}}$	$\dfrac{R}{\omega L}$
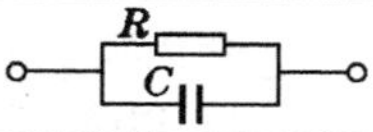	$\dfrac{R}{\sqrt{1+(\omega CR)^2}}$	$-\omega CR$
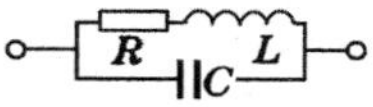	$\sqrt{\dfrac{R^2+(\omega L)^2}{(\omega CR)^2+(1-\omega^2 LC)^2}}$	$\dfrac{\omega L-\omega C[R^2+(\omega L)^2]}{R}$
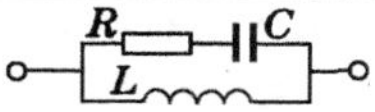	$\sqrt{\dfrac{(\omega L)^2[1+(\omega CR)^2]}{(\omega CR)^2+(1-\omega^2 LC)^2}}$	$\dfrac{(\omega CR)^2+1-\omega^2 LC}{\omega^3 RLC^2}$
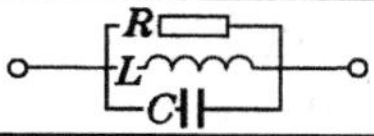	$\dfrac{\omega LR}{\sqrt{R^2(1-\omega^2 LC)^2+(\omega L)^2}}$	$\dfrac{R(1-\omega^2 LC)}{\omega L}$

解：(1) $\widetilde{Z}=R+\mathrm{i}\omega L$，故 $Z=\sqrt{R^2+(\omega L)^2}$，$\tan\varphi=\dfrac{\omega L}{R}$.

(2) $\widetilde{Z}=R+\dfrac{1}{\mathrm{i}\omega C}=R-\dfrac{\mathrm{i}}{\omega C}$，故 $Z=\sqrt{R^2+\left(\dfrac{1}{\omega C}\right)^2}$，$\tan\varphi=\dfrac{-1/\omega C}{R}=-\dfrac{1}{R\omega C}$.

(3) $\widetilde{Z}=R+\mathrm{i}\omega L+\dfrac{1}{\mathrm{i}\omega C}=R+\mathrm{i}\left(\omega L-\dfrac{1}{\omega C}\right)$，

故 $Z=\sqrt{R^2+\left(\omega L-\dfrac{1}{\omega C}\right)^2}$，$\tan\varphi=\dfrac{\omega L-\dfrac{1}{\omega C}}{R}$.

(4) $\widetilde{Z}=\dfrac{R\cdot\mathrm{i}\omega L}{R+\mathrm{i}\omega L}=\dfrac{R\omega L}{R^2+(\omega L)^2}(\omega L+\mathrm{i}R)$，

故 $Z=\dfrac{R\omega L}{R^2+(\omega L)^2}\sqrt{R^2+(\omega L)^2}=\dfrac{R\omega L}{\sqrt{R^2+(\omega L)^2}}$，$\tan\varphi=\dfrac{R}{\omega L}$.

(5) $\widetilde{Z}=\dfrac{R\cdot\dfrac{1}{\mathrm{i}\omega C}}{R+\dfrac{1}{\mathrm{i}\omega C}}=\dfrac{R}{1+\mathrm{i}\omega CR}$，故 $Z=\dfrac{R}{\sqrt{1+(\omega CR)^2}}$，$\tan\varphi=-\omega CR$.

(6) $\widetilde{Z}=\dfrac{(R+\mathrm{i}\omega L)\cdot\dfrac{1}{\mathrm{i}\omega C}}{R+\mathrm{i}\omega L+\dfrac{1}{\mathrm{i}\omega C}}=\dfrac{R+\mathrm{i}\omega L}{1-\omega^2 LC+\mathrm{i}\omega CR}$，

故 $Z=\sqrt{\dfrac{R^2+(\omega L)^2}{(1-\omega^2 LC)^2+(\omega CR)^2}}$，$\tan\varphi=\tan(\varphi_1-\varphi_2)=\dfrac{\tan\varphi_1-\tan\varphi_2}{1+\tan\varphi_1\tan\varphi_2}$，

其中 $\begin{cases}\tan\varphi_1=\dfrac{\omega L}{R}\ (\varphi_1\text{为}\tilde{Z}\text{表达式分子的辐角}),\\ \tan\varphi_2=\dfrac{\omega CR}{1-\omega^2 LC}\ (\varphi_2\text{为}\tilde{Z}\text{表达式分母的辐角}),\end{cases}$

于是
$$\tan\varphi=\frac{\dfrac{\omega L}{R}-\dfrac{\omega CR}{1-\omega^2 LC}}{1+\dfrac{\omega L}{R}\cdot\dfrac{\omega CR}{1-\omega^2 LC}}=\frac{\omega L-\omega C[R^2+(\omega L)^2]}{R}.$$

(7) $$\tilde{Z}=\frac{\left(R+\dfrac{1}{\mathrm{i}\omega C}\right)\cdot\mathrm{i}\omega L}{R+\dfrac{1}{\mathrm{i}\omega C}+\mathrm{i}\omega L}=\frac{-R\omega^2 LC+\mathrm{i}\omega L}{1-\omega^2 LC+\mathrm{i}\omega CR}=\frac{\omega L(1+\mathrm{i}\omega CR)}{\omega CR-\mathrm{i}(1-\omega^2 LC)},$$

故 $Z=\sqrt{\dfrac{(\omega L)^2[1+(\omega CR)^2]}{(\omega CR)^2+(1-\omega^2 LC)^2}}$，　$\tan\varphi=\tan(\varphi_1-\varphi_2)=\dfrac{\tan\varphi_1-\tan\varphi_2}{1+\tan\varphi_1\tan\varphi_2}$，

其中 $\begin{cases}\tan\varphi_1=\omega CR\ (\varphi_1\text{为}\tilde{Z}\text{表达式分子的辐角}),\\ \tan\varphi_2=\dfrac{\omega^2 LC-1}{\omega CR}\ (\varphi_2\text{为}\tilde{Z}\text{表达式分母的辐角}),\end{cases}$

于是
$$\tan\varphi=\frac{\omega CR+\dfrac{1-\omega^2 LC}{\omega CR}}{1-\omega CR\cdot\dfrac{1-\omega^2 LC}{\omega CR}}=\frac{(\omega CR)^2+1-\omega^2 LC}{\omega^3 LC^2 R}.$$

(8) $$\frac{1}{\tilde{Z}}=\frac{1}{R}+\frac{1}{\mathrm{i}\omega L}+\mathrm{i}\omega C=\frac{\mathrm{i}\omega L+R-\omega^2 LCR}{\mathrm{i}\omega LR}$$
$$\tilde{Z}=\frac{\mathrm{i}\omega LR}{R(1-\omega^2 LCR)+\mathrm{i}\omega L}=\frac{\omega LR}{\omega L-\mathrm{i}R(1-\omega^2 LCR)},$$

故 $Z=\dfrac{\omega LR}{\sqrt{R^2(1-\omega^2 LCR)^2+(\omega L)^2}}$，　$\tan\varphi'=\dfrac{-R(1-\omega^2 LCR)}{\omega L}$，

式中 φ' 是 $\tilde{Z}$ 表达式分子母的辐角，
$$\tan\varphi=-\tan\varphi'=\frac{R(1-\omega^2 LCR)}{\omega L}.$$

5－45. 本题图中 a、b 两点接到一个交流电源上，二点间的电压为130V，R_1=6.0Ω，R_2=R_3=3.0Ω，Z_L=8.0Ω，Z_C=3.0Ω，求：

(1) 电路中的电流；

(2) a、c 两点间的电压；

(3) c、d 两点间的电压。

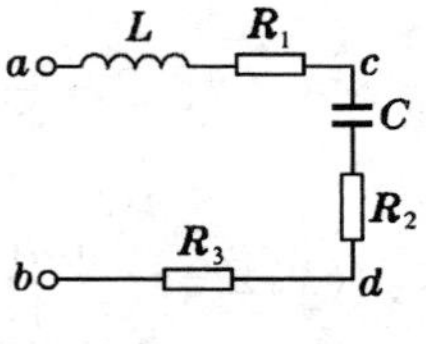

习题 5－45

解：(1) $I=\dfrac{U}{\sqrt{(R_1+R_2+R_3)^2+(Z_L-Z_C)^2}}=\dfrac{130}{\sqrt{12^2+5^2}}\text{A}=10\text{A}$，

(2) $U_{ac}=IZ_{ac}=10\times\sqrt{6.0^2+8.0^2}\text{V}=100\text{V}$，

(3) $U_{cd}=IZ_{cd}=10\times\sqrt{3^2+3^2}\text{V}=42\text{V}$.

5 - 46. 一直流电阻为120 Ω 的抗流圈与一电容为10 μF 的电容器串联。当电源频率为50 Hz、总电压为120 V、电流为1.0 A 时，求抗流圈的自感。

解： $U=IZ=I\sqrt{R^2+\left(\omega L-\frac{1}{\omega C}\right)^2}$，

代入题中所给的电阻、电压和电流的数值，得 $\omega L-\frac{1}{\omega C}=0$，因此

$$L=\frac{1}{\omega^2 C}=\frac{1}{4\pi^2\times 50^2\times 10\times 10^{-6}}\text{H}=1.0\text{H}.$$

5 - 47. (1) 一个电阻与一个电感串联在100 V 的交流电源上，一个交流伏特计不论接在电阻或电感上时，读数都相等。这个读数应为多少？

(2)改变(1)中电阻及电感的大小，使接于电感上的伏特计读数为50 V. 这时若把伏特计接于电阻上，其读数是多少？

解： (1) $U=\sqrt{U_R^2+U_L^2}$，　$U_R=U_L=\frac{1}{\sqrt{2}}U=71\text{V}.$

(2) $U_R=\sqrt{U^2-U_L^2}=\sqrt{100^2-50^2}\text{V}=87\text{V}.$

5 - 48. 如本题图，从 AO 输入的信号中，有直流电压6 V，交流成分400 kHz，现在要信号到达 BO 两端没有直流压降，而交流成分要有90%以上，为此在 AB 路上安置一个电容 C，电容 C 在这里起什么作用？它的容量至少该取多大？

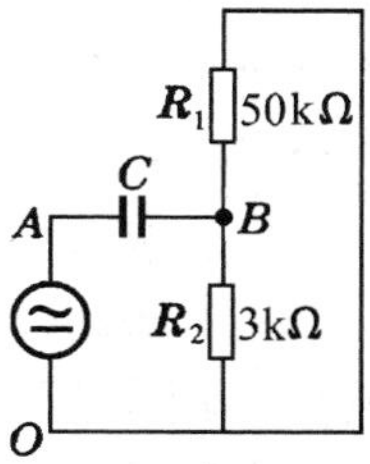

习题 5 - 48

解： 图中 R_1 和 R_2 并联，

$$R=\frac{R_1R_2}{R_1+R_2}=\frac{50\times 10^3\times 3\times 10^3}{50\times 10^3+3\times 10^3}\Omega=2.83\text{k}\Omega.$$

由题意，　$$U_{BO}=IR=\frac{U}{Z}R=\frac{U}{\sqrt{R^2+\left(\frac{1}{\omega C}\right)^2}}R,$$

由于要求 $U_{BO}/U=90\%$，代入数值

$$0.90=\frac{R}{\sqrt{R^2+\left(\frac{1}{\omega C}\right)^2}},\quad 0.90^2\left(\frac{1}{\omega C}\right)^2=R^2(1-0.90^2)=0.19R^2,$$

所以　$$C=\frac{0.90}{\sqrt{0.19}\omega R}=\frac{0.90}{\sqrt{0.19}\times 2\pi\times 4.0\times 10^5\times 2.83\times 10^3}\text{F}$$
$$=2.9\times 10^{-10}\text{F}=2.9\times 10^{-4}\mu\text{F}.$$

电容 C 起隔直流作用，也起到控制输出电压幅度的作用。

5 - 49. 如本题图，输入信号中包含直流成分6 V，交流成分500 Hz、1 V. 要求在 AB 两端获得直流电压1 V，而交流电压小于1 mV，问电阻 R_2 该取多大，旁路电容 C 至少该取多大？

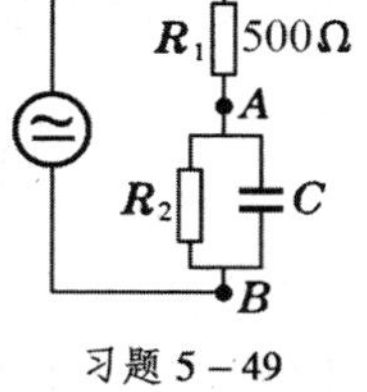

习题 5 - 49

解： 考虑直流成分来确定 R_2：

$$U_{AB}=\frac{U}{R_1+R_2}R_2,\qquad \text{代入数值得}\quad R_2=100\,\Omega.$$

考虑交流成分来确定 C:

$$\widetilde{Z}_{AB}=\frac{R_2\cdot\frac{1}{\mathrm{i}\omega C}}{R_2+\frac{1}{\mathrm{i}\omega C}}=\frac{R_2}{1+\mathrm{i}R_2\omega C},\quad \widetilde{Z}=R_1+\widetilde{Z}_{AB}=\frac{(R_1+R_2)+\mathrm{i}R_1R_2\omega C}{1+\mathrm{i}R_2\omega C},$$

$$\widetilde{U}_{AB}=\frac{\widetilde{U}}{\widetilde{Z}}\widetilde{Z}_{AB}=\frac{R_2\widetilde{U}}{(R_1+R_2)+\mathrm{i}R_1R_2\omega C},$$

所以

$$U_{AB}=\frac{R_2U}{\sqrt{(R_1+R_2)^2+(R_1R_2\omega C)^2}},$$

$$(R_1+R_2)^2+(R_1R_2\omega C)^2=R_2U/U_{AB}=10^3R_2^2,$$

代入数值

$$600^2+(500\times100\times\omega C)^2=10^3\times100^2,$$

得

$$C=\frac{\sqrt{10^7-3.6\times10^5}}{500\times100\times2\pi\times500}\,\mathrm{F}=20\,\mu\mathrm{F}.$$

5 - 50. 本题图为测量线圈的电感量及其损耗电阻而采用的一种电桥电路。R_s 和 C_s 为已知的固定电阻和电容，调节 R_1、R_2 使电桥达到平衡，

(1) 求 L_x、r_x.

(2) 试比较这个电桥和图5-88所示的麦克斯韦 LC 电桥，哪个计算起来比较方便？如果待测电感的等效电路采用并联式的，情况怎样？

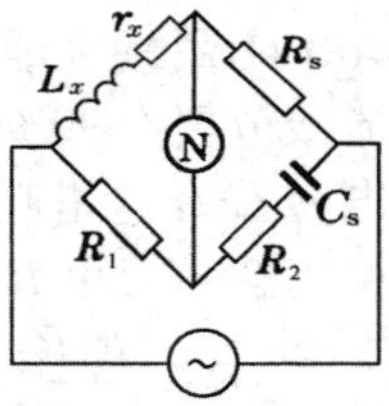

习题 5 - 50

【提示：并联式等效电路与串联式等效电路中的损耗电阻含义不同。】

解：(1) 根据电桥平衡条件 $\widetilde{Z}_1\widetilde{Z}_4=\widetilde{Z}_2\widetilde{Z}_3$，有

$$(r_x+\mathrm{i}\omega L_x)\left(R_2+\frac{1}{\mathrm{i}\omega C_s}\right)=R_1R_s,\quad \text{虚实部分别给出}\begin{cases}R_2\omega L_x=\dfrac{r_x}{\omega C_s},\\ R_2r_x+\dfrac{L_x}{C_s}=R_1R_s.\end{cases}$$

解得

$$L_x=\frac{R_1R_sC_s}{(R_2\omega C_s)^2+1},\quad r_x=\frac{R_sR_1R_2(\omega C_s)^2}{(R_2\omega C_s)^2+1}.$$

(2) 与麦克斯韦电桥相比，这一电桥的计算公式显然复杂得多，而且结果依赖于工作频率。

如果电感支路采用并联式，由平衡条件

$$\frac{1}{\frac{1}{r_x}+\frac{1}{\mathrm{i}\omega L_s}}\left(R_2+\frac{1}{\mathrm{i}\omega C_s}\right)=R_1R_s\quad\text{或}\quad R_2+\frac{1}{\mathrm{i}\omega C_s}=\frac{R_1R_s}{r_x}+\frac{R_1R_s}{\mathrm{i}\omega L_s},$$

得

$$r_x=\frac{R_1R_s}{R_2},\quad L_x=R_1R_2C_s,$$

此结果与工作频率无关，而且计算简便。

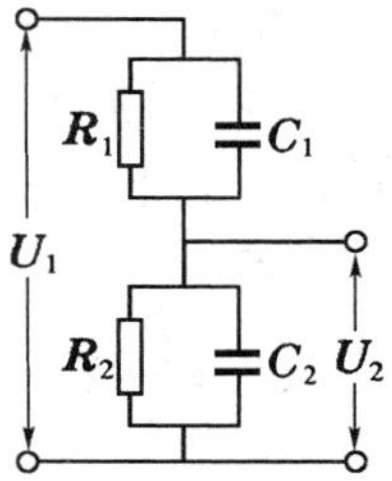

习题 5 - 51

5 - 51. 本题图是为消除分布电容的影响而设计的一种脉冲分压器。当 C_1、C_2、R_1、R_2 满足一定条件时，这分压器就能和直流电路一样，使输入电压 U_1 与输出电压 U_2 之比等于电阻之比：

$$\frac{U_1}{U_2}=\frac{R_2}{R_1+R_2},$$

而和频率无关。试求电容、电阻应满足的条件。

解：

$$\frac{\widetilde{U}_2}{\widetilde{U}_1}=\frac{\widetilde{Z}_2}{\widetilde{Z}_1+\widetilde{Z}_2}=\frac{\dfrac{R_2}{1+\mathrm{i}R_2\omega C_2}}{\dfrac{R_1}{1+\mathrm{i}R_1\omega C_1}+\dfrac{R_2}{1+\mathrm{i}R_2\omega C_2}}=\frac{R_2}{R_1+R_2}\left[\frac{1+\mathrm{i}R_1\omega C_1}{1+\mathrm{i}\dfrac{R_1R_2}{R_1+R_2}\omega(C_1+C_2)}\right],$$

令方括号内的量等于 1，则

$$1+\mathrm{i}R_1\omega C_1=1+\mathrm{i}\frac{R_1R_2}{R_1+R_2}\omega(C_1+C_2),\quad 得\quad C_1=\frac{R_2}{R_1+R_2}(C_1+C_2),$$

即电容、电阻应满足的条件为 $\quad C_1R_1=C_2R_2.$

5 - 52. 在环形铁芯上绕有两个线圈，一个匝数为 N，接在电动势为 $\mathscr{E}$ 的交流电源上；另一个是均匀圆环，电阻为 R，自感很小，可略去不计。在这环上有等距离的三点：a、b 和 c. G 是内阻为 r 的交流电流计。

（1）如附图 a 连接，求通过 G 的电流；

（2）如附图 b 连接，求通过 G 的电流。

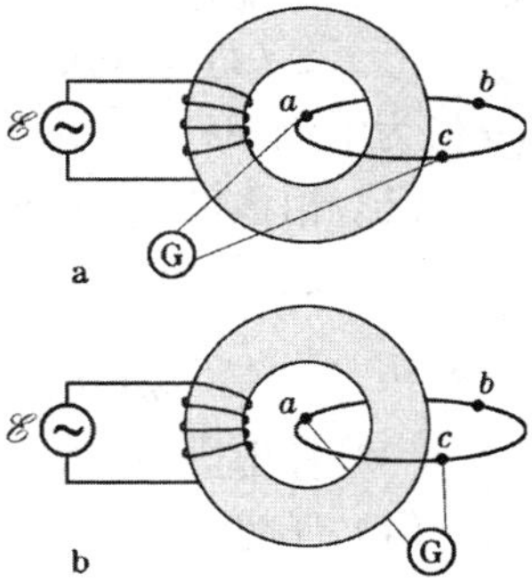

习题 5 - 52

解： 根据变压器变比公式，圆环中的感应电动势 $\mathscr{E}'$ 满足

$$\frac{\mathscr{E}'}{\mathscr{E}}=\frac{1}{N},\quad 即\quad \mathscr{E}'=\frac{1}{N}\mathscr{E}.$$

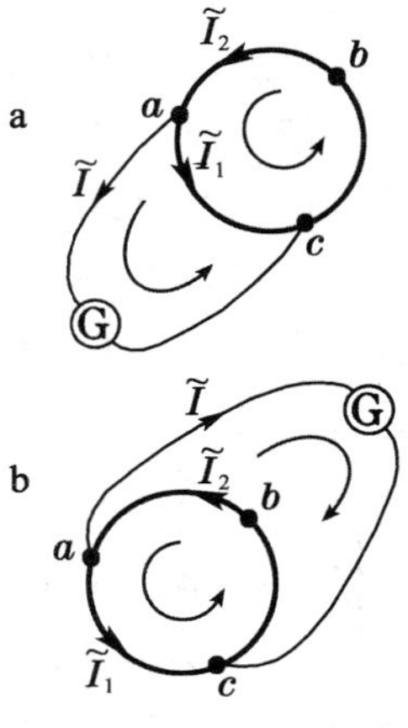

（1）标定电路中的电流，列出基尔霍夫方程组：

$$\begin{cases}\widetilde{I}+\widetilde{I}_1=\widetilde{I}_2,\\ \widetilde{I}_2\cdot\frac{2}{3}R+\widetilde{I}_1\cdot\frac{1}{3}R=\dfrac{\widetilde{\mathscr{E}}}{N},\\ \widetilde{I}r-\widetilde{I}_1\cdot\frac{1}{3}R=0.\end{cases}\quad 得\quad \widetilde{I}=\frac{3\widetilde{\mathscr{E}}}{N(9r+2R)}.$$

（2）标定电路中的电流，列出基尔霍夫方程组：

$$\begin{cases}\widetilde{I}+\widetilde{I}_1=\widetilde{I}_2,\\ \widetilde{I}_2\cdot\frac{2}{3}R+\widetilde{I}_1\cdot\frac{1}{3}R=\dfrac{\widetilde{\mathscr{E}}}{N},\\ \widetilde{I}r+\widetilde{I}_2\cdot\frac{2}{3}R=0.\end{cases}\quad 得\quad \widetilde{I}=\frac{-6\widetilde{\mathscr{E}}}{N(9r+2R)}.$$

5－53. 在本题图的滤波电路中，在 $\nu=100\,\mathrm{Hz}$ 的频率下欲使输出电压 U_2 为输入电压 U_1 的 1/10，求此时抗流圈自感 L，已知 $C_1=C_2=10\,\mu\mathrm{F}$.

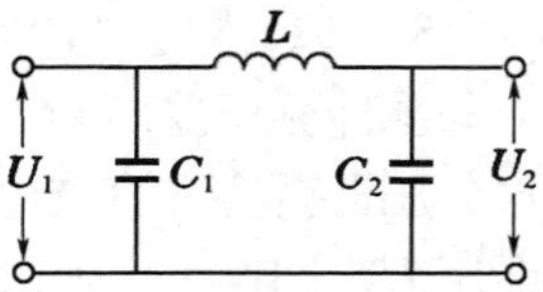

习题 5－53

解： 按电路图有

$$\widetilde{U}_2=\frac{\widetilde{U}_1}{\widetilde{Z}}\widetilde{Z}_C=\frac{\widetilde{U}_1}{\mathrm{i}\omega L+\dfrac{1}{\mathrm{i}\omega C}}\cdot\frac{1}{\mathrm{i}\omega C}=\frac{\widetilde{U}_1}{1-\omega^2LC},$$

$$\frac{U_2}{U_1}=\left|\frac{1}{1-\omega^2LC}\right|=\frac{1}{10},$$

只有 $1-\omega^2LC<0$ 时才有合理的解，于是 $\omega^2LC-1=10$，

$$L=\frac{11}{\omega^2C}=\frac{11}{(2\pi\times100)^2\times10\times10^{-6}}\,\mathrm{H}=2.8\,\mathrm{H}.$$

5－54. 本题图为电流高通型三级 RC 相移电路。设输入信号电流为 $i(t)=I\cos\omega t$，输出信号电流为

$$i_3(t)=I\cos(\omega t+\varphi_3),$$

φ_3 值为电流相移量，电流传输系数 $\eta=I_3/I$.

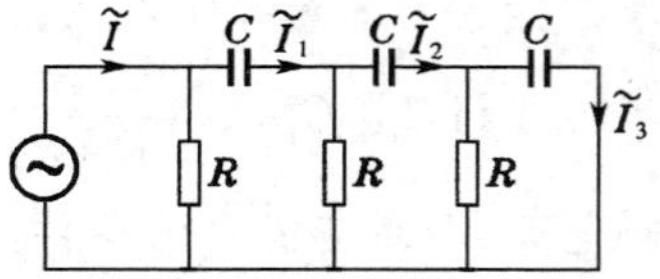

习题 5－54

(1) 相移量 φ_3 应该是正值还是负值?

(2) 证明

$$\widetilde{I}_3=\frac{(\omega CR)^3}{\omega CR[(\omega CR)^2-5]+\mathrm{i}[1-6(\omega CR)^2]}\widetilde{I};$$

(3) 算出当 $\omega CR=1$ 时的相移量 φ_3 值及传输系数 η;

(4) 证明：相移量达到 π 值的频率条件为

$$\nu_0=\frac{1}{2\pi\sqrt{6}RC},$$

此时 $\eta=1/29$.

(5) 已知 $R=10\,\mathrm{k}\Omega$，$C=0.01\,\mu\mathrm{F}$，算出振荡频率 ν_0.

解： (1) 作出相应的矢量图，可以看出 $\varphi_3>0$，即 $\widetilde{I}_3$ 超前 $\widetilde{I}$.

(2) 在电路中的电阻 R 和电容 C 自左向右依次标为 R_1 和 C_1、R_2 和 C_2、R_3 和 C_3，R_1、R_2、R_3 上的电压依次标为 U_1、U_2、U_3，设 R_3 和 C_3 并联的阻抗为 $\widetilde{Z}_3$，它与 C_2 串联的阻抗为 $\widetilde{Z}_3'$，再与 R_2 并联的阻抗为 $\widetilde{Z}_2$，它与 C_1 串联的阻抗为 $\widetilde{Z}_2'$，再与 R_1 并联的阻抗为 $\widetilde{Z}_1$. 于是

$$\begin{cases}\widetilde{U}_1=\widetilde{I}\widetilde{Z}_1=\widetilde{I}_1\widetilde{Z}_2',\\ \widetilde{U}_2=\widetilde{I}_1\widetilde{Z}_2=\widetilde{I}_2\widetilde{Z}_3',\\ \widetilde{U}_3=\widetilde{I}_2\widetilde{Z}_3=I_3\widetilde{Z}_C.\end{cases}\quad\text{即}\quad\begin{cases}\widetilde{I}_1/\widetilde{I}=\widetilde{Z}_1/\widetilde{Z}_2',\\ \widetilde{I}_2/\widetilde{I}_1=\widetilde{Z}_2/\widetilde{Z}_3',\\ \widetilde{I}_3/\widetilde{I}_2=\widetilde{Z}_3/\widetilde{Z}_C.\end{cases}\quad\text{得}\quad\frac{\widetilde{I}_3}{\widetilde{I}}=\frac{\widetilde{Z}_1\widetilde{Z}_2\widetilde{Z}_3}{\widetilde{Z}_2'\widetilde{Z}_3'\widetilde{Z}_C}.\qquad①$$

各阻抗之间的关系如下：

$$\widetilde{Z}_3=\frac{R\widetilde{Z}_C}{R+\widetilde{Z}_C},\qquad \widetilde{Z}_2=\frac{R\widetilde{Z}_3'}{R+\widetilde{Z}_3'},\qquad \widetilde{Z}_1=\frac{R\widetilde{Z}_2'}{R+\widetilde{Z}_2'}.$$

$$\widetilde{Z}_3'=\widetilde{Z}_C+\widetilde{Z}_3,\qquad \widetilde{Z}_2'=\widetilde{Z}_C+\widetilde{Z}_2.$$

所以

$$\frac{\widetilde{Z}_1\widetilde{Z}_2\widetilde{Z}_3}{\widetilde{Z}_2'\widetilde{Z}_3'\widetilde{Z}_C}=\frac{\dfrac{R\widetilde{Z}_2'}{R+\widetilde{Z}_2'}\cdot\dfrac{R\widetilde{Z}_3'}{R+\widetilde{Z}_3'}\cdot\dfrac{R\widetilde{Z}_C}{R+\widetilde{Z}_C}}{\widetilde{Z}_2'\widetilde{Z}_3'\widetilde{Z}_C}=\frac{R^3}{(R+\widetilde{Z}_C)(R+\widetilde{Z}_2')(R+\widetilde{Z}_3')}$$

$$=\frac{R^3}{(R+\widetilde{Z}_C)(R+\widetilde{Z}_C+\widetilde{Z}_2)(R+\widetilde{Z}_C+\widetilde{Z}_3)},\qquad ②$$

其中

$$R+\widetilde{Z}_C+\widetilde{Z}_2=R+\widetilde{Z}_C+\frac{R\widetilde{Z}_3'}{R+\widetilde{Z}_3'}=R+\widetilde{Z}_C+\frac{R(\widetilde{Z}_C+\widetilde{Z}_3)}{R+\widetilde{Z}_C+\widetilde{Z}_3},$$

所以 $(R+\widetilde{Z}_C+\widetilde{Z}_2)(R+\widetilde{Z}_C+\widetilde{Z}_3)=(R+\widetilde{Z}_C)(R+\widetilde{Z}_C+\widetilde{Z}_3)+R(\widetilde{Z}_C+\widetilde{Z}_3)$

$$=(R+\widetilde{Z}_C)\left(R+\widetilde{Z}_C+\frac{R\widetilde{Z}_C}{R+\widetilde{Z}_C}\right)+R\left(\widetilde{Z}_C+\frac{R\widetilde{Z}_C}{R+\widetilde{Z}_C}\right),$$

$$(R+\widetilde{Z}_C)(R+\widetilde{Z}_C+\widetilde{Z}_2)(R+\widetilde{Z}_C+\widetilde{Z}_3)=(R+\widetilde{Z}_C)^3+2(R+\widetilde{Z}_C)R\widetilde{Z}_C+R^2\widetilde{Z}_C$$

$$=R^3+6R^2\widetilde{Z}_C+5R\widetilde{Z}_C^2+\widetilde{Z}_C^3,\qquad ③$$

因 $\widetilde{Z}_C=1/\mathrm{i}\omega C$，代入上式，得

$$(R+\widetilde{Z}_C)(R+\widetilde{Z}_C+\widetilde{Z}_2)(R+\widetilde{Z}_C+\widetilde{Z}_3)$$

$$=\frac{1}{(\omega C)^3}\left\{(R\omega C)^3-5R\omega C+\mathrm{i}\left[1-6(R\omega C)^2\right]\right\}.\qquad ④$$

将 ④ 式代入 ② 式再代入 ① 式，得

$$\frac{\widetilde{I}_3}{\widetilde{I}}=\frac{(R\omega C)^3}{R\omega C[(R\omega C)^2-5]+\mathrm{i}[1-6(R\omega C)^2]}.$$

此即所求证。

(3) 当 $R\omega C=1$，$\dfrac{\widetilde{I}_3}{\widetilde{I}}=\dfrac{1}{-4-5\mathrm{i}}=\dfrac{-1}{4+5\mathrm{i}}$，$\varphi=\pi-\arctan\dfrac{5}{4}=128.7°$.

$$\eta=\frac{I_3}{I}=\frac{1}{\sqrt{4^2+5^2}}=15.6\%.$$

(4) 当 $\varphi=-\arctan\dfrac{1-6(R\omega C)^2}{R\omega C[(R\omega C)^2-5]}=\pi$ 时，$6(R\omega C)^2=1$，

$$\nu_0=\frac{\omega}{2\pi}=\frac{1}{2\sqrt{6}\pi RC}.$$

$$\eta=\frac{I_3}{I}=\frac{(R\omega C)^2}{5-(R\omega C)^2}=\frac{1/6}{5-1/6}=\frac{1}{29}.$$

(5) $\nu_0=\dfrac{1}{2\times\sqrt{6}\times\pi\times10\times10^3\times0.010\times10^{-6}}\,\mathrm{Hz}=650\,\mathrm{Hz}.$

5 －55. 一单相电动机的铭牌告诉我们 $U=220\text{V}$，$I=3.0\text{A}$，$\cos\varphi=0.8$，试求电动机的视在功率、有功功率和绕组的电阻。

解： 视在功率 $S=UI=6.6\times10^2\text{W}$，

有功功率 $$P=UI\cos\varphi=(6.6\times10^2\times0.8)\text{W}=5.3\times10^2\text{W},$$

绕组的阻抗 $$Z=\frac{U}{I}=\frac{220}{3.0}\Omega=73.3\Omega,$$

绕组的电阻 $$r=\frac{P}{I^2}=\frac{5.3\times10^2}{3.0^2}\Omega=59\Omega.$$

5－56. 一个 110 V、50 Hz 的交流电源供给一电路 330 W 的功率，功率因数 0.6，且电流相位落后于电压。

（1）若在电路中并联一电容器使功率因数增到 1，求电容器的电容；

（2）这时电源供给多少功率？

解：（1）$P=UI\cos\varphi$，$\quad I=\dfrac{P}{U\cos\varphi}=\dfrac{330}{110\times0.60}\text{A}=5.0\text{A}$，

$$I_C=U\omega C=I\sin\varphi,\quad 得\quad C=\frac{I\sin\varphi}{U\omega}=\frac{5.0\times0.8}{110\times2\pi\times50}\text{F}=1.2\times10^2\ \mu\text{F}.$$

（2）由于电容为非耗散元件，电源提供的功率不变，仍为 330 W.

5 －57. 一电路感抗 $X_L=8.0\Omega$，电阻 $R=6.0\Omega$，串接在 220 V、50 Hz 的市电上，问：

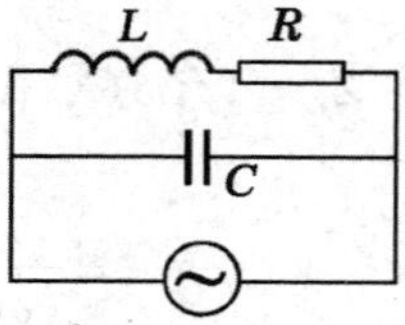

（1）要使功率因数提高到 95%，应在 LR 上并联多大的电容？

（2）这时流过电容的电流是多少？

（3）若串联电容，情况如何？

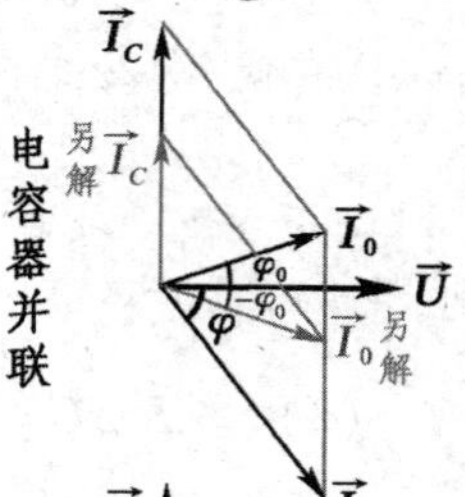

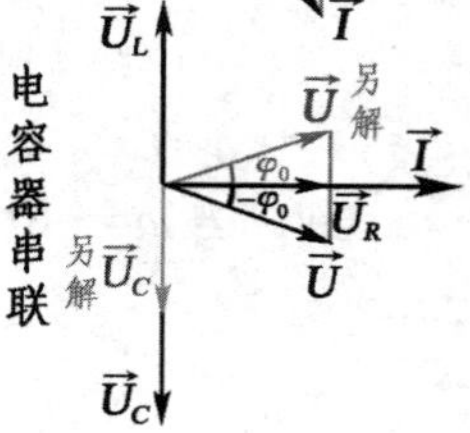

解：（1）$$I=\frac{U}{Z}=\frac{U}{\sqrt{R^2+X_L^2}}=\frac{220}{\sqrt{6.0^2+8.0^2}}\text{A}=20\text{A},$$

$$\tan\varphi=\frac{8.0}{6.0},\quad 即\quad \varphi=53.1°.$$

并联电容后，总电流为 I'，有 $I\cos\varphi=I'\cos\varphi'$，

所以 $$I'=\frac{I\cos\varphi}{\cos\varphi'}=\frac{20\times\cos53.1°}{0.95}\text{A}=12.6\text{A}.$$

由矢量图 $\quad U\omega C=I_C=I\sin\varphi+I'\sin\varphi'$

得 $$C=\frac{1}{U\omega}(I\sin\varphi+I'\sin\varphi')$$

$$=\frac{20\times\sin53.1°+12.6\times\sin(\arccos0.95)}{200\times2\pi\times50}\mu\text{F}$$

$$=3.2\times10^2\ \mu\text{F}.$$

还可能是 $\quad U\omega C=I_C=I\sin\varphi-I'\sin\varphi'$

得 $$C=\frac{1}{U\omega}(I\sin\varphi-I'\sin\varphi')$$

$$=\frac{20\times\sin 53.1°-12.6\times\sin(\arccos 0.95)}{200\times 2\pi\times 50}\ \mu\text{F}=1.9\times10^{2}\ \mu\text{F}.$$

(2) $I_C=U\omega C=(200\times 2\pi\times 50\times 3.2\times10^{-4})\ \text{A}=20\ \text{A}$,

或 $I_C=U\omega C=(200\times 2\pi\times 50\times 1.9\times10^{-4})\ \text{A}=12\ \text{A}$.

(3) 由矢量图 $\tan\varphi_0=\tan(\arccos 0.95)=\dfrac{U_L-U_C}{U_R}=\dfrac{Z_L-1/\omega C}{R}$,

得 $$C=\frac{1}{\omega[Z_L-R\tan(\arccos 0.95)]}=\frac{1}{2\pi\times 50\times(8.0-6.0\times 0.33)}\ \mu\text{F}$$

$$=5.3\times10^{2}\ \mu\text{F}.$$

还可能是 $$\tan\varphi_0=\tan(-\arccos 0.95)=-\tan(\arccos 0.95)$$

$$=\frac{U_L-U_C}{U_R}=\frac{Z_L-1/\omega C}{R},$$

得 $$C=\frac{1}{\omega(Z_L+R\tan(\arccos 0.95))}=\frac{1}{2\pi\times 50\times(8.0+6.0\times 0.33)}\ \mu\text{F}$$

$$=3.2\times10^{2}\ \mu\text{F}.$$

在两种情形下

$$\frac{1}{\omega C}=Z_L\mp R\tan(\arccos 0.95)\,\Omega^{-1}=(8.0\mp 6.0\times 0.33)\,\Omega^{-1}$$

$$=(8.0\mp 2.0)\,\Omega^{-1}=\begin{cases}6.0\,\Omega^{-1},\\ 10.0\,\Omega^{-1}.\end{cases}$$

串联了电容之后电流增大到

$$I=\frac{U}{\sqrt{R^2+\left(\omega L-\dfrac{1}{\omega C}\right)^2}}=\left\{\begin{matrix}\dfrac{200}{\sqrt{6.0^2+(8.0-6.0)^2}}\ \text{A}\\ \dfrac{200}{\sqrt{6.0^2+(8.0-10.0)^2}}\ \text{A}\end{matrix}\right\}=32\ \text{A},$$

这改变了电器的工作条件。

5－58. 一发电机沿干线输送电能给用户,此发电机电动势为 $\mathscr{E}$,角频率为 ω,干线及发电机的电阻和电感各为 R_0 和 L_0,用户电路中的电阻和电感各为 R 和 L,求:

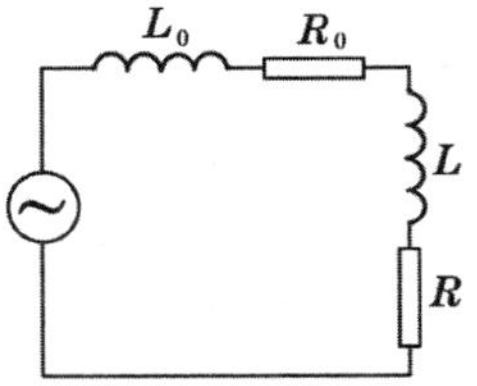

(1) 电源所供给的全部功率 P;

(2) 用户得到的功率 P';

(3) 整个装置的效率 $\eta=P'/P$.

解: (1) 电路图如右所示,

$$\tilde{Z}=(R_0+R)+\mathrm{i}\omega(L_0+L),\quad Z=\sqrt{(R_0+R)^2+\omega^2(L_0+L)^2};$$

$$I=\frac{\mathscr{E}}{Z}=\frac{\mathscr{E}}{\sqrt{(R_0+R)^2+\omega^2(L_0+L)^2}},$$

所以 $$P=I^2(R_0+R)=\frac{\mathscr{E}^2(R_0+R)}{(R_0+R)^2+\omega^2(L_0+L)^2}.$$

(2) $P'=I^2R=\dfrac{\mathscr{E}^2R}{(R_0+R)^2+\omega^2(L_0+L)^2}.$　　(3) $\eta=\dfrac{P'}{P}=\dfrac{R}{R_0+R}.$

5－59. 输电干线的电压 $U=120\text{ V}$,频率为 50.0 Hz. 用户照明电路与抗流圈串联后接于干线间,抗流圈的自感 $L=0.0500\text{ H}$,电阻 $R=1.00\ \Omega$ (见本题图),问:

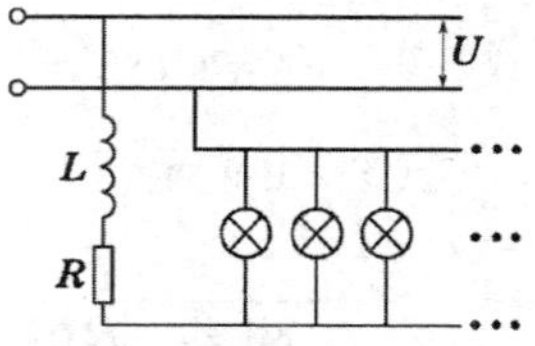

习题 5－59

(1) 当用户共用电 $I_0=2.00\text{ A}$ 时,他们电灯两端的电压 U' 等于多少?

(2) 用户电路(包括抗流圈在内)能得到最大的功率是多少?

(3) 当用户电路中发生短路时,抗流圈中消耗功率多少?

解: (1) $$I_0=\frac{U}{\sqrt{(R+R')^2+(\omega L)^2}}$$

$$R'=\sqrt{\left(\frac{U}{I_0}\right)^2-(\omega L)^2}-R=\left[\sqrt{\left(\frac{120}{2.00}\right)^2-(2\pi\times50\times0.0500)^2}-1.00\right]\Omega=56.9\ \Omega,$$

$$U'=I_0R'=(2.00\times56.9)\text{ V}=114\text{ V}.$$

(2) 用户电路(包括抗流圈在内)能得到的平均功率

$$P=I_0^2(R'+R)=\left[2.00^2\times(56.9+1.00)\right]\text{W}=232\text{ W},$$

能得到最大的功率还应乘以 2,即 464 W.

(3) 当用户电路中发生短路时的电流为

$$I=\frac{U}{\sqrt{R^2+(\omega L)^2}}=\frac{120}{\sqrt{1.00^2+(2\pi\times50\times0.0500)^2}}\text{A}=7.63\text{ A},$$

此时抗流圈中消耗的功率为

$$P=I^2R=(7.63^2\times1.00)\text{ W}=58.2\text{ W}.$$

5－60. 本题图中已知电阻 $R=20\ \Omega$,三个伏特计 V_1、V_2、V 的读数分别为 $U_1=91\text{ V}$, $U_2=44\text{ V}$, $U=120\text{ V}$,求元件 Z 中的功率。

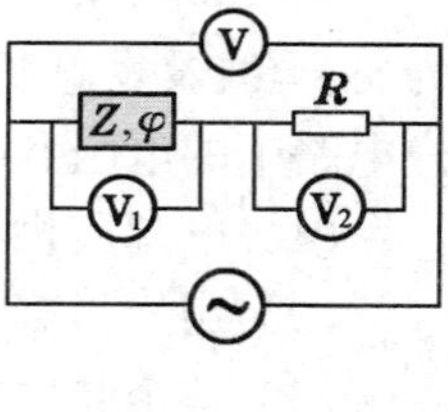

习题 5－60

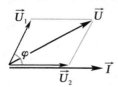

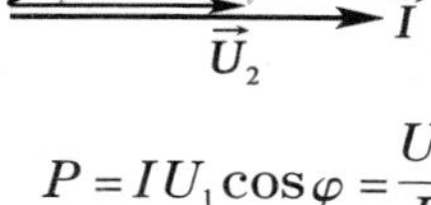

解: 由如左矢量图

$$U^2=U_1^2+U_2^2+2U_1U_2\cos\varphi,$$

得 $$\cos\varphi=\frac{U^2-U_1^2-U_2^2}{2U_1U_2},$$

$$P=IU_1\cos\varphi=\frac{U_2}{R}\cdot U_1\cdot\frac{U^2-U_1^2-U_2^2}{2U_1U_2}=\frac{U^2-U_1^2-U_2^2}{2R}=\frac{120^2-91^2-44^2}{2\times20}\text{W}=105\text{ W}.$$

5 － 61. 本题图中已知电阻 $R=50\,\Omega$，三个电流计 A_1、A_2、A 的读数分别为 I_1=2.8 A，I_2=2.5 A，I=4.5 A，求元件 Z 中的功率。

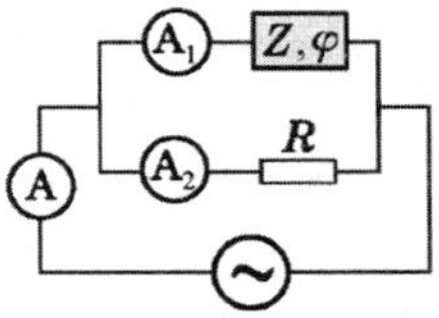

习题 5－61

解： 由如右矢量图

$$I^2=I_1^2+I_2^2+2I_1I_2\cos\varphi，\ 得\ \cos\varphi=\frac{I^2-I_1^2-I_2^2}{2I_1I_2},$$

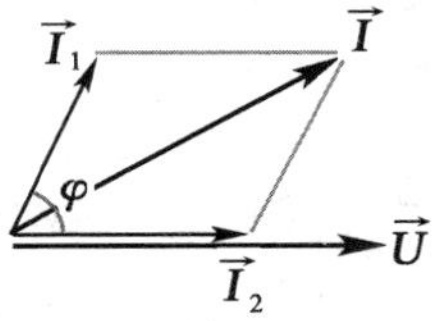

$$P=I_1U\cos\varphi=I_1\cdot I_2R\cdot\frac{I^2-I_1^2-I^2I_2}{2I_1I_2}=\frac{1}{2}R(I^2-I_1^2-I_2^2)$$

$$=\frac{50}{2}\times(4.5^2-2.8^2-2.5^2)\,\mathrm{W}=154\,\mathrm{W}.$$

5 － 62. 一个 RLC 串联电路如本题图，已知 $R=300\,\Omega$，$L=250\,\mathrm{mH}$，$C=8.00\,\mu\mathrm{F}$，A 是交流安培计，V_1、V_2、V_3、V_4 和 V 都是交流伏特计。现在把 a、b 两端分别接到市电(220 V、50 Hz) 电源的两极上。

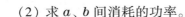

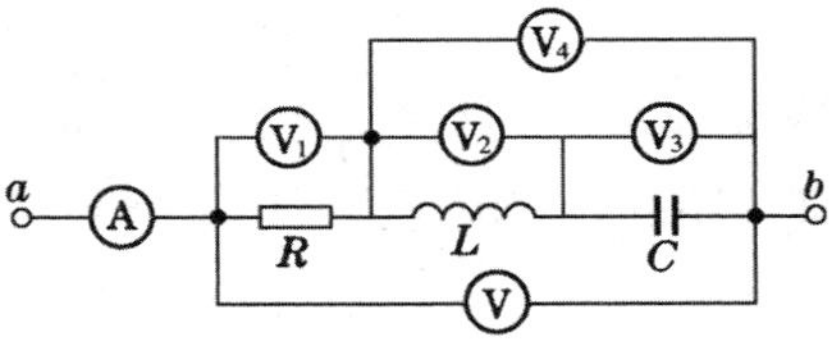

习题 5－62

（1）问 A、V_1、V_2、V_3、V_4 和 V 的读数各多少？

（2）求 a、b 间消耗的功率。

解：（1）
$$I=\frac{U}{\sqrt{R^2+\left(\omega L-\frac{1}{\omega C}\right)^2}}$$

$$=\frac{220}{\sqrt{300^2+\left(100\pi\times0.250-\frac{1}{100\pi\times8.00\times10^{-6}}\right)^2}}\,\mathrm{A}=0.502\,\mathrm{A}.$$

$$\left.\begin{aligned}U_1&=IR=(0.502\times300)\,\mathrm{V}=151\,\mathrm{V},\\U_2&=I\omega L=(0.502\times100\pi\times0.250)\,\mathrm{V}=39.4\,\mathrm{V},\\U_3&=\frac{I}{\omega C}==\frac{0.502}{100\pi\times8.00\times10^{-6}}\,\mathrm{V}=200\,\mathrm{V},\\U_4&=|U_2-U_3|=161\,\mathrm{V},\end{aligned}\right\}\quad U=220\,\mathrm{V}.$$

（2）$P=I^2R=(0.502^2\times300)\,\mathrm{W}=75.6\,\mathrm{W}.$

5 － 63. 计算 LR 并联电路的有功电阻 r.

解： $\tilde{Z}=\dfrac{R\cdot\mathrm{i}\omega L}{R+\mathrm{i}\omega L}=\dfrac{R(\omega L)^2+\mathrm{i}R^2\omega L}{R^2+(\omega L)^2}$，　得　$r=\dfrac{R(\omega L)^2}{R^2+(\omega L)^2}.$

5 － 64. 平行板电容器中的电介质介电常量 $\varepsilon=2.8$，因电介质漏电而使电容器在 50 Hz 的频率下有损耗角 $\delta=1°$，求电介质的电阻率。

解： $\tan\delta=\dfrac{r}{x}=r\omega C=\rho\dfrac{d}{S}\cdot\omega\cdot\dfrac{\varepsilon\varepsilon_0S}{d}=\rho\omega\varepsilon\varepsilon_0,$

所以 $\rho=\dfrac{\tan\delta}{\omega\varepsilon\varepsilon_0}=\dfrac{\tan 1^\circ}{100\pi\times 2.8\times 8.85\times 10^{-12}}\ \Omega\cdot\text{m}=2.2\times 10^{6}\ \Omega\cdot\text{m}.$

5－65. 在一电感线圈的相邻匝与匝间，不相邻匝与匝间，接线端间，与地间都存在小的"分布电容"。这许多小电容的总效应可以用一个适当大小的电容 C_0 并联在线圈两端来表示（见图本题图 a）。分布电容的数值取决于线圈的尺寸及绕法。分布电容的效应在频率愈高时愈显著（根据图 a 分析一下，为什么?），试证明：如果我们仍把电感线圈看成纯电感 L' 和有功电阻 r' 串联的话（见图 b），由于存在分布电容 C_0，则

$$L'=\frac{L}{1-\omega^2LC_0},\quad r'=\frac{r}{(1-\omega^2LC_0)^2},$$

从而 $$Q'=\frac{\omega L'}{r'}=Q(1-\omega^2LC_0).$$

即线圈的表观电感 L' 增加，而表观 Q 值下降（设 $Q\gg1$）。

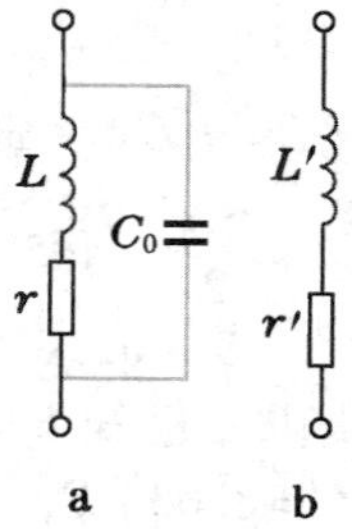

习题 5－65

解： 分布电容虽不大，但频率很高时阻抗较小，因此并联于线圈两端的分布电容相当并联了一个低阻抗，从而显著影响电路的电压分配和电流分配。频率愈高，影响愈显著。考虑到分布电容的阻抗为

$$\widetilde{Z}=\frac{(r+\mathrm{i}\omega L)\cdot\dfrac{1}{\mathrm{i}\omega C_0}}{r+\mathrm{i}\omega L+\dfrac{1}{\mathrm{i}\omega C_0}}=\frac{(r+\mathrm{i}\omega L)[(1-\omega^2LC_0)-\mathrm{i}r\omega C_0]}{(1-\omega^2LC_0)^2+(r\omega C_0)^2}$$

$$=\frac{r}{(1-\omega^2LC_0)^2+(r\omega C_0)^2}+\mathrm{i}\frac{\omega L(1-\omega^2LC_0)-r^2\omega C_0}{(1-\omega^2LC_0)^2+(r^2\omega C_0)^2},$$

仍把它看成纯电感 L' 和有功电阻 r' 串联，由于 r 很小，C_0 也不大，因此有

$$r'=\frac{r}{(1-\omega^2LC_0)^2+(r^2\omega C_0)^2}\approx\frac{r}{(1-\omega^2LC_0)^2},$$

$$L'=\frac{L(1-\omega^2LC_0)-r^2C_0}{(1-\omega^2LC_0)^2+(r^2\omega C_0)^2}\approx\frac{L}{1-\omega^2LC_0},$$

从而 $$Q'=\frac{\omega L'}{r'}=\frac{\omega L}{r}(1-\omega^2LC_0)=Q(1-\omega^2LC_0).$$

5－66. 串联谐振电路中 $L=0.10\ \text{H}$，$C=25.0\ \text{pF}$，$R=10\ \Omega$，

（1）求谐振频率；

（2）若总电压为 50 mV，求谐振时电感元件上的电压。

解：（1）$\nu=\dfrac{1}{2\pi\sqrt{LC}}=\dfrac{1}{2\pi\times\sqrt{0.10\times 25.0\times 10^{-12}}}\ \text{Hz}=1.0\times 10^{5}\ \text{Hz}.$

（2）$U_L=I\omega L=\dfrac{U}{R}\cdot\omega L=\dfrac{50\times 10^{-3}\times 2\pi\times 1.0\times 10^{5}\times 0.10}{10}\ \text{V}=3.1\times 10^{2}\ \text{V}.$

5－67. 串联谐振电路接在 $\mathscr{E}=5.0\ \text{V}$ 的电源上，谐振时电容器上的电压等于 150 V，求 Q 值。

解：$Q=\dfrac{\omega L}{R}=\dfrac{I\omega L}{IR}=\dfrac{I/\omega C}{U}=\dfrac{U_C}{U}=\dfrac{150}{5.0}=30.$

5 - 68. 串联谐振电路的谐振频率 $\nu_0=600\,\text{kHz}$，电容 $C=370\,\text{pF}$，这频率下电路的有功电阻 $r=15\,\Omega$，求电路的 Q 值。

解：$Q=\dfrac{\omega L}{r}=\dfrac{1}{r\omega C}=\dfrac{1}{15\times2\pi\times600\times10^3\times370\times10^{-12}}=48.$

5 - 69. 将一个输入 220 V、输出 6.3 V 的变压器改绕成输入 220 V、输出 30 V 的变压器，现拆出次级线圈，数出圈数是 38 匝，应改绕成多少匝？

解：设 6.3 V 的圈数为 N_2，30 V 的圈数为 N_2'，由变压器的变比公式有

$\dfrac{U_2}{U_1}=\dfrac{N_2}{N_1}$，即 $N_1=\dfrac{U_1}{U_2}N_2$；

$\dfrac{U_2'}{U_1}=\dfrac{N_2'}{N_1}$，即 $N_2'=\dfrac{U_2'}{U_1}N_1=\dfrac{U_2'}{U_1}\cdot\dfrac{U_1}{U_2}N_2=\dfrac{U_2'}{U_2}N_2=\dfrac{30}{6.3}\times38=181.$

5 - 70. 有一变压器能将 100 V 升高到 3 300 V. 将一导线绕过其铁芯，两端接在伏特计上（见本题图）。此伏特计的读数为 0.5 V，问变压器二绕组的匝数（设变压器是理想的）。

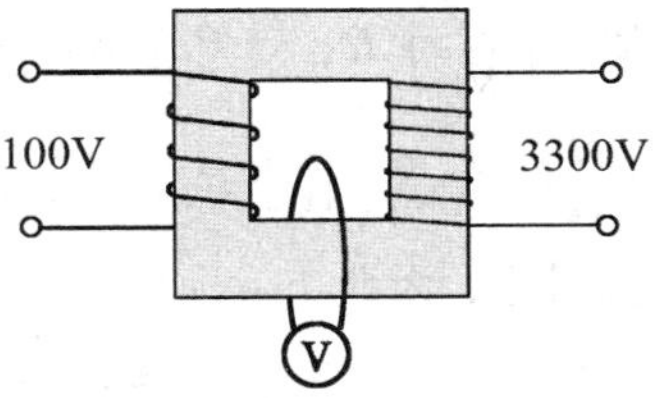

习题 5 - 70

解：$\dfrac{U_1}{0.5}=\dfrac{N_1}{1}$，即 $N_1=\dfrac{U_1}{0.5}\times1=200$；

$\dfrac{U_1}{U_2}=\dfrac{N_1}{N_2}$，即 $N_2=\dfrac{U_2}{U_1}\cdot N_1=\dfrac{3\,300}{100}\times1\,200=6\,600.$

5 - 71. 理想变压器匝数比 $N_2/N_1=10$，交流电源电压为 110 V，负载 1.0 kΩ，求两线圈中的电流。

解：设反射阻抗为 Z_L'，则　$Z_L'=\left(\dfrac{N_1}{N_2}\right)^2Z_L=\left(\dfrac{1}{10}\right)^2\times1.0\times10^3\,\Omega=10\,\Omega$，

$I_1=\dfrac{U_1}{Z_L'}=\dfrac{110}{10}\text{A}=11\,\text{A}$，　$\dfrac{I_2}{I_1}=\dfrac{N_1}{N_2}$，即 $I_2=\dfrac{N_1}{N_2}I_1=\dfrac{1}{10}\times11\,\text{A}=1.1\,\text{A}.$

5 - 72. 某电源变压器的原线圈是 660 匝，接在电压为 220 V 的电源上，问：

（1）要在三个副线圈上分别得到 5.0 V、6.3 V 和 350 V 的电压，三个副线圈各应绕多少匝？

（2）设通过三个副线圈的电流分别是 3.0 A、3.0 A 和 280 mA，通过原线圈的电流是多少？

解：（1）　$\dfrac{U_2}{U_1}=\dfrac{N_2}{N_1}$，即 $N_2=\dfrac{U_2}{U_1}N_1=\dfrac{5.0}{220}\times660=15$；

$\dfrac{U_2'}{U_1}=\dfrac{N_2'}{N_1}$，即 $N_2'=\dfrac{U_2'}{U_1}N_1=\dfrac{6.3}{220}\times660=19$；

$\dfrac{U_2''}{U_1}=\dfrac{N_2'}{N_1}$，即 $N_2''=\dfrac{U_2''}{U_1}N_1=\dfrac{350}{220}\times660=1050.$

（2） $\dfrac{I_1'}{I_2}=\dfrac{N_2}{N_1}$，即 $I_1'=\dfrac{N_2}{N_1}I_2=\dfrac{15}{660}\times3.0\,\mathrm{A}=0.068\,\mathrm{A}$；

$\dfrac{I_1''}{I_2'}=\dfrac{N_2'}{N_1}$，即 $I_1''=\dfrac{N_2''}{N_1}I_2'=\dfrac{19}{660}\times3.0\,\mathrm{A}=0.084\,\mathrm{A}$；

$\dfrac{I_1'''}{I_2''}=\dfrac{N_2''}{N_1}$，即 $I_1'''=\dfrac{N_2''}{N_1}I_2''=\dfrac{1050}{660}\times0.28\,\mathrm{A}=0.445\,\mathrm{A}$；

所以 $I=I_1+I_1''+I_1'''=(0.068+0.084+0.445)\,\mathrm{A}=0.60\,\mathrm{A}.$

5－73. 如本题图所示，输出变压器的次级有中间抽头，以便接 3.5 Ω 的扬声器或接 8 Ω 的扬声器都能使阻抗匹配，次级线圈两部分匝数之比 N_1/N_2 应为多少？

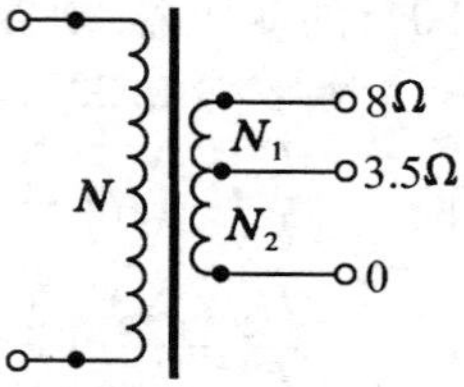

习题 5－73

解： 从输入等效电路看，扬声器的反射阻抗为 $R'=\left(\dfrac{N}{N_{副}}\right)^2R$，则对于 8 Ω 和 3.5 Ω 反射阻抗分别为 $\left(\dfrac{N}{N_1}\right)^2R_1$ 和 $\left(\dfrac{N}{N_2}\right)^2R_2$，两者都与前组阻抗匹配，两者应相等，并与电源的阻抗相等，因此有

$$\left(\frac{N}{N_1}\right)^2R_1=\left(\frac{N}{N_2}\right)^2R_2,\ 得\ \frac{N_1}{N_2}=\sqrt{\frac{R_1}{R_2}}=\sqrt{\frac{8}{3.5}}=1.51.$$

5－74. 若需绕制一个电源变压器，接 220 V、50 Hz 的输入电压，要求有 40 V 和 6 V 的两组输出电压，试问原线圈及两组副线圈的匝数。已知铁芯的截面积为 8.0 cm²，最大磁感应强度 $B_{\max}$ 选取 12000 Gs.

解： $\widetilde{U}_1=\mathrm{i}\omega N_1\widetilde{\Phi}$，得 $U_{10}=\omega N_1BS$，

所以 $$N_1=\frac{U_{10}}{\omega BS}=\frac{220\times\sqrt{2}}{2\pi\times50\times1.2\times8.0\times10^{-4}}=1032,$$

对于 40 V 输出电压 $$N_2=\frac{U_2}{U_1}N_1=\frac{40}{220}\times1032=187,$$

对于 6 V 的两组输出电压 $$N_2=\frac{U_2}{U_1}N_2=\frac{6.0}{220}\times1032=28.$$

5－75. 在可控硅的控制系统中常用到 RC 移相电桥电路（见本题图），电桥的输入电压由变压器次级提供，输出电压从变压器中心抽头 O 和 D 之间得到。试证明输出电压 $\widetilde{U}_{OD}$ 的相位随 R 改变，但其大小保持不变。

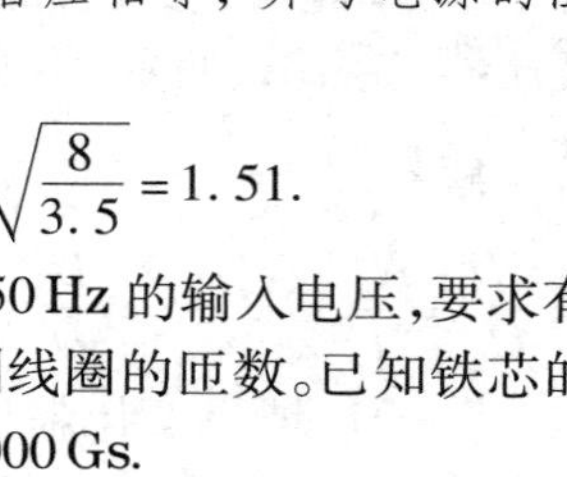

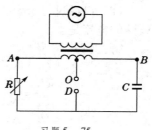

习题 5－75

解： 按电路图画出电压矢量图如右。以 O 点为电势零点，AO 和 BO 的电压矢量方向相

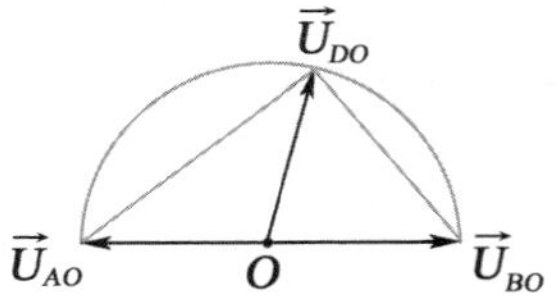

反。AB之间接一电容器和电阻的串联，在此串联电路上电容上的电压和电阻上的电压有相位差$\pi/2$，故D点电势在以O点为圆心U_{BO}为半径的圆弧上，DO之间的电压为U_{DO}. 改变电阻R，D点总在圆弧上，因此$\widetilde{U}_{DO}$的相位随R变化，但其大小保持不变。

5－76. 导纳电桥的原理性电路如本题图所示，其中两个臂1和2是有抽头的变压器副线圈，电源通过这变压器耦合起来。另外两个臂一个是电阻R，一个是电容C和待测电感元件(其等效电路示于右旁阴影区内)的并联，R和C都是可调的。试证明：电桥达到平衡时，待测电感元件的Q值可通过下式算出：

$$Q=\frac{N_1}{N_2}\frac{1}{\omega CR},$$

其中N_1、N_2分别是1、2两臂的匝数。

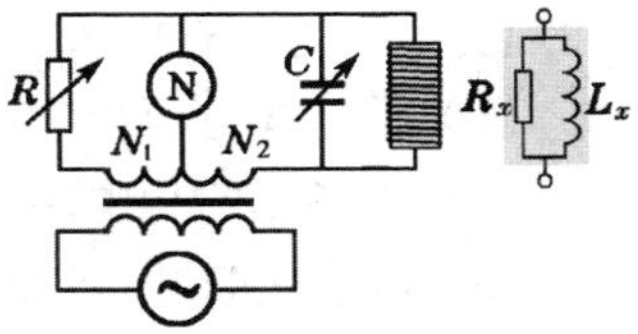

习题 5－76

若等效电路设为R_x与L_x串联，Q的表达式如何？

解： 电桥平衡条件为$\widetilde{Z}_1\widetilde{Z}_4=\widetilde{Z}_2\widetilde{Z}_3$.

(1) 按待测电感元件等效于R_x与L_x并联来计算，则

$$\frac{N_1}{N_2}=\frac{\widetilde{Z}_2}{\widetilde{Z}_4}=\frac{\widetilde{Z}_1}{\widetilde{Z}_3}=\frac{R[R_x(1-\omega^2L_xC)+\mathrm{i}\omega L_x]}{\mathrm{i}R_x\omega L_x},$$

这里利用了习题5－44(8)的结果，于是

$$\mathrm{i}N_1R_x\omega L_x=N_2R[R_x(1-\omega^2L_xC)+\mathrm{i}\omega L_x],$$

两边实部、虚部分别相等，有

$$\begin{cases}1-\omega^2L_xC=0,\\ N_1R_x=N_2R.\end{cases}\quad \text{因此}\quad Q=\frac{\omega L_x}{R_x}=\frac{N_1}{N_2}\frac{\omega L_x}{R}=\frac{N_1}{N_2}\frac{1}{\omega CR}.$$

(2) 如果按待测电感元件等效于R_x与L_x串联来计算，则

$$\frac{N_1}{N_2}=\frac{\widetilde{Z}_2}{\widetilde{Z}_4}=\frac{\widetilde{Z}_1}{\widetilde{Z}_3}=R\left[\frac{1}{R_x+\mathrm{i}\omega L_x}+\mathrm{i}\omega C\right]=\frac{R[(1-\omega^2L_xC)+\mathrm{i}R_x\omega C]}{R_x+\mathrm{i}\omega L_x},$$

所以
$$N_1(R_x+\mathrm{i}\omega L_x)=N_2R[(1-\omega^2L_xC)+\mathrm{i}R_x\omega C],$$

两边实部、虚部分别相等，有$N_1\omega L_x=N_2RR_x\omega C$，

从而
$$Q=\frac{\omega L_x}{R_x}=\frac{N_2}{N_1}\omega CR.$$

5－77. 有一星形连接的三相对称负载(电动机)，每相的电阻为$R=6.0\,\Omega$，电抗为$X=8.0\,\Omega$；电源的线电压为380 V，求：

(1) 线电流；

（2）负载所消耗的功率；

（3）如果改接成三角形，求线电流和负载所消耗的功率。

解：（1）$I_l = I_\varphi = \dfrac{U_\varphi}{Z} = \dfrac{220}{\sqrt{6.0^2+8.0^2}}\,\text{A} = 22\,\text{A}$；

（2）$P = \sqrt{3}I_lU_l\cos\varphi = (\sqrt{3}\times 22\times 380\times 0.60)\,\text{W} = 8.7\,\text{kW}$；

（3）$I_l = \sqrt{3}I_\varphi = \sqrt{3}\dfrac{U_l}{Z} = \sqrt{3}\times\dfrac{380}{\sqrt{6.0^2+8.0^2}}\,\text{A} = 66\,\text{A}$，

$$P = \sqrt{3}I_lU_l\cos\varphi = (\sqrt{3}\times 66\times 380\times 0.60)\,\text{W} = 26\,\text{kW}.$$

5－78. 三相交流电的线电压为380 V，负载是不对称的纯电阻，$R_A = R_B = 22\,\Omega$，$R_C = 27.5\,\Omega$，作星形连接。

（1）求中线电流；

（2）求各相的相电压；

（3）若中线断开，各相电压将变为多少？

解：（1）由于三相负载都是纯电阻，相电流与相电压同相位，

$$I_A = \frac{220}{22} = 10\,\text{A},\quad I_B = \frac{220}{22} = 10\,\text{A},\quad I_C = \frac{220}{27.5} = 8.0\,\text{A},$$

$\overrightarrow{I_A}$和$\overrightarrow{I_B}$叠加的方向与$\overrightarrow{I_C}$相反，其大小为10 A，中线电流为$\overrightarrow{I_A}+\overrightarrow{I_B}+\overrightarrow{I_C}$，因此中线电流为2.0 A.

（2）当有中线时，每一相的电压仍为220 V.

（3）中线断开时，则可根据交流电基尔霍夫方程组解出每一相的电流，从而解出每一相的电压。

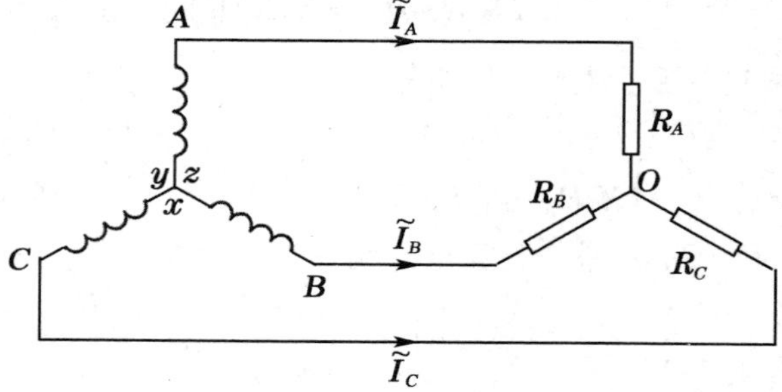

设三相交流电每一相的电动势为

$$\begin{cases}\tilde{\mathscr{E}}_{Ax} = \mathscr{E}_0 e^{i\omega t},\\ \tilde{\mathscr{E}}_{By} = \mathscr{E}_0 e^{i(\omega t-2\pi/3)},\\ \tilde{\mathscr{E}}_{Cz} = \mathscr{E}_0 e^{i(\omega t-4\pi/3)}.\end{cases}$$

由于中线断开，电路如右图所示，不是每一相的电动势加在每一相的负载上，而是线间的电动势加在两线间的负载上。线间的电动势由矢量图得

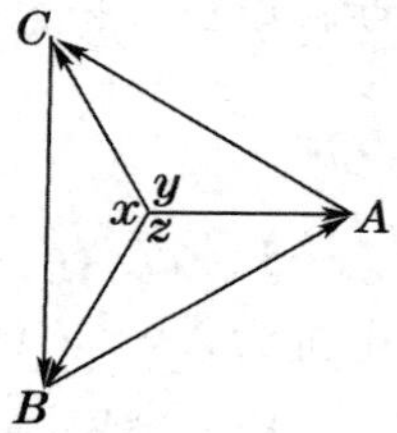

$$\begin{cases}\tilde{\mathscr{E}}_{BA} = U_0 e^{i(\omega t+\pi/6)},\\ \tilde{\mathscr{E}}_{AC} = U_0 e^{i(\omega t+5\pi/6)},\\ \tilde{\mathscr{E}}_{CB} = U_0 e^{i(\omega t+9\pi/6)}.\end{cases}\quad 其中\ U_0 = 380\,\text{V}.$$

由电路图所得基尔霍夫方程组为

$$\begin{cases}\tilde{I}_A+\tilde{I}_B+\tilde{I}_C=0,\\ \tilde{I}_AR_A-\tilde{I}_BR_B=\tilde{\mathscr{E}}_{BA},\\ \tilde{I}_CR_C-\tilde{I}_AR_A=\tilde{\mathscr{E}}_{AC}.\end{cases}$$ 由此解出 $$\begin{cases}\tilde{I}_A=\dfrac{1}{\Delta}\left(R_C\tilde{\mathscr{E}}_{BA}-R_B\tilde{\mathscr{E}}_{AC}\right),\\ \tilde{I}_B=-\dfrac{1}{\Delta}\left[R_A\tilde{\mathscr{E}}_{AC}+\left(R_A+R_C\right)\tilde{\mathscr{E}}_{BA}\right],\\ \tilde{I}_C=\dfrac{1}{\Delta}\left[R_A\tilde{\mathscr{E}}_{BA}+\left(R_A+R_B\right)\tilde{\mathscr{E}}_{AC}\right].\end{cases}$$

式中 $R_A=R_B=22\,\Omega$，$R_C=27.5\,\Omega$，$\Delta=R_AR_B+R_BR_C+R_CR_A=1694\,\Omega^2$，

$$\begin{cases}\tilde{U}_{AO}=\tilde{I}_AR_A=\dfrac{R_AU_0}{2\Delta}[(2R_C+R_B)-\mathrm{i}\sqrt{3}R_B]\mathrm{e}^{\mathrm{i}(\omega t+\pi/6)},\\ \tilde{U}_{BO}=\tilde{I}_BR_B=-\dfrac{R_BU_0}{2\Delta}[(2R_C+R_A)+\mathrm{i}\sqrt{3}R_A]\mathrm{e}^{\mathrm{i}(\omega t+\pi/6)},\\ \tilde{U}_{CO}=\tilde{I}_CR_C=\dfrac{R_CU_0}{2\Delta}[(R_A-R_B)+\mathrm{i}\sqrt{3}(R_A+R_B)]\mathrm{e}^{\mathrm{i}(\omega t+\pi/6)}.\end{cases}$$

所以 $$\begin{cases}U_{AO}=\dfrac{22\times380}{2\times1694}\times\sqrt{(2\times27.5+22)^2+3\times22^2}\ \mathrm{V}=212\ \mathrm{V},\\ U_{BO}=\dfrac{22\times380}{2\times1694}\times\sqrt{(2\times27.5+22)^2+3\times22^2}\ \mathrm{V}=212\ \mathrm{V},\\ U_{CO}=\dfrac{27.5\times380}{2\times1694}\times\sqrt{3}\times(22+22)\ \mathrm{V}=235\ \mathrm{V}.\end{cases}$$

可见三相电负载不对称时，中线断开，则各相电流、电压不平衡，各相电压都偏离 220 V.

第六章 麦克斯韦电磁理论 电磁波 电磁单位制

6－1. 一平行板电容器的两极板都是半径为5.0cm的圆导体片，在充电时，其中电场强度的变化率为$\frac{dE}{dt}=1.0\times10^{12}\text{V/(m·s)}$. 求：

（1）两极板间的位移电流；

（2）极板边缘的磁感应强度。

解：（1）$I=\frac{\partial D}{\partial t}\cdot S=\varepsilon_0\frac{\partial E}{\partial t}\cdot\pi R^2$

$$=8.85\times10^{-12}\times1.0\times10^{12}\times\pi\times(5.0\times10^{-2})^2\text{A}=7.0\times10^{-2}\text{A}.$$

（2）$2\pi rH=\frac{\partial D}{\partial t}\cdot S=\varepsilon_0\frac{\partial E}{\partial t}\cdot\pi R^2$,

$$B=\mu_0H=\mu_0\cdot\frac{\varepsilon_0}{2\pi r}\frac{\partial E}{\partial t}\cdot\pi R^2=\frac{\varepsilon_0\mu_0}{2}r\frac{\partial E}{\partial t}$$

$$=\left(\frac{1}{2}\times8.85\times10^{-12}\times4\pi\times10^{-7}\times5.0\times10^{-2}\times1.0\times10^{12}\right)\text{T}=2.8\times10^{-7}\text{T}.$$

6－2. 设电荷在半径为R的圆形平行板电容器极板上均匀分布，且边缘效应可以忽略。把电容器接在角频率为ω的简谐交流电路中，电路中的传导电流为I_0（峰值），求电容器极板间磁场强度（峰值）的分布。

解：$2\pi rH=\frac{\partial D}{\partial t}\cdot\pi R^2=\varepsilon_0\frac{\partial E}{\partial t}\cdot\pi r^2=\varepsilon_0\frac{d(\sigma_e/\varepsilon_0)}{dt}\cdot\pi r^2=\frac{r^2}{R^2}I$,

所以 $$H_0=\frac{1}{2\pi r}\frac{r^2}{R^2}I_0=\frac{rI_0}{2\pi R^2}.$$

6－3. 如本题图，同心球形电容器中有介电常量为ε和电导率为σ的漏电介质。电容器充电后遂即缓慢放电，这时在介质中有径向衰减电流通过。求此过程中的位移电流密度与传导电流密度的关系，以及磁场的分布。

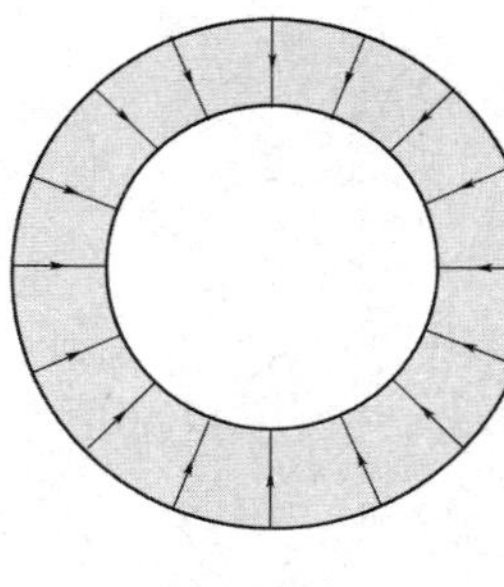

习题6－3

解：此同心球形电容器的放电可看成RC电路的放电，电荷

$$q=Qe^{-\frac{1}{RC}t},\qquad 其中\quad C=\frac{4\pi\varepsilon\varepsilon_0R_1R_2}{R_2-R_1},$$

$$R=\int_{R_1}^{R_2}\frac{1}{\sigma}\frac{dr}{4\pi r^2}=\frac{1}{4\pi\sigma}\left(\frac{1}{R_1}-\frac{1}{R_2}\right)=\frac{R_2-R_1}{4\pi\sigma R_1R_2},$$

于是放电时间常量$RC=\frac{\varepsilon\varepsilon_0}{\sigma}$，从而

$$q=Qe^{-\frac{\sigma}{\varepsilon\varepsilon_0}t},\qquad i=\frac{dq}{dt}=-\frac{\sigma Q}{\varepsilon\varepsilon_0}e^{-\frac{\sigma}{\varepsilon\varepsilon_0}t},\qquad j=\frac{i}{4\pi r^2}=-\frac{\sigma Q}{4\pi\varepsilon\varepsilon_0r^2}e^{-\frac{\sigma}{\varepsilon\varepsilon_0}t},$$

而位移电流密度为

$$j_D=\frac{\mathrm{d}D}{\mathrm{d}t}=\frac{\mathrm{d}}{\mathrm{d}t}\left(\frac{q}{4\pi r^2}\right)=\frac{i}{4\pi r^2}=-\frac{\sigma Q}{4\pi\varepsilon\varepsilon_0 r^2}\mathrm{e}^{-\frac{\sigma}{\varepsilon\varepsilon_0}t}=j,$$

位移电流密度与传导电流密度相等。

由于同心球形电容器中放电电流具有球对称性分布，电流产生的磁场分布也必定是球对称的；然而磁场是轴矢量，球对称的磁场只能处处为 0，即电容器中没有磁场。

6－4. 太阳每分钟垂直射于地球表面上每 cm^2 的能量约为2 cal(1 cal≈4.2 J)，求地面上日光中电场强度 E 和磁场强度 H 的方均根值。

解： $S=\frac{1}{2}E_0H_0=\frac{1}{2}\sqrt{\frac{\mu\mu_0}{\varepsilon\varepsilon_0}}E_0^2,$

得 $$E_0=\left(2S\sqrt{\frac{\mu\mu_0}{\varepsilon\varepsilon_0}}\right)^{1/2}=\left(\frac{2\times2\times4.2}{60\times10^{-4}}\sqrt{\frac{4\pi\times10^{-7}}{8.85\times10^{-12}}}\right)^{1/2}\mathrm{V/m}=1.01\times10^3\mathrm{V/m}.$$

又 $\overline{E^2}=\frac{1}{T}\int_0^T E_0^2\cos^2\omega\left(t-\frac{x}{v}\right)\mathrm{d}t=\frac{1}{2}E_0^2$，得 $\sqrt{\overline{E^2}}=\frac{1}{\sqrt{2}}E_0=7.3\times10^2\mathrm{V/m}.$

同样

$$\sqrt{\overline{H^2}}=\frac{1}{\sqrt{2}}H_0=\frac{1}{\sqrt{2}}\sqrt{\frac{\varepsilon_0}{\mu_0}}E_0=\sqrt{\frac{\varepsilon_0}{\mu_0}}\sqrt{\overline{E^2}}=\left(\sqrt{\frac{8.85\times10^{-12}}{4\pi\times10^{-7}}}\times7.3\times10^2\right)\mathrm{A/m}=1.9\,\mathrm{A/m}.$$

6－5. (1) 作为典型的原子内部电场强度，试计算氢原子核在玻尔轨道处产生电场强度的数量级。(玻尔半径 $a_B=0.053\,\mathrm{nm}$.)

(2) 若要激光束中的电场强度达到此数量级，其能流密度应为多少？

解： (1) 氢原子核在玻尔轨道处产生的电场强度为

$$E=\frac{1}{4\pi\varepsilon_0}\frac{q}{r^2}=\frac{1}{4\pi\times8.85\times10^{-12}}\times\frac{1.6\times10^{-19}}{(0.53\times10^{-10})^2}\mathrm{V/m}=5.1\times10^{11}\mathrm{V/m}.$$

(2) $$S=\frac{1}{2}\sqrt{\frac{\varepsilon_0}{\mu_0}}E^2=\frac{1}{2}\times\sqrt{\frac{8.85\times10^{-12}}{4\pi\times10^{-7}}}\times(5.1\times10^{11})^2\mathrm{W/m^2}$$
$$=3.5\times10^{20}\mathrm{W/m^2}.$$

6－6. 本题图所示为太阳的结构模型，中心核约占 $0.25R_\odot$，是聚变反应区，密度为 $160\,\mathrm{g/cm^3}$(太阳平均密度的114倍)，温度为 $1.5\times10^7\mathrm{K}$. 日核外面 $(0.25\sim0.86)R_\odot$ 是辐射转移区，能量靠辐射和扩散向外传输。再外面是对流层、光球、色球和日冕。各层的辐射光压可用斯特藩－玻耳兹曼定律算出：

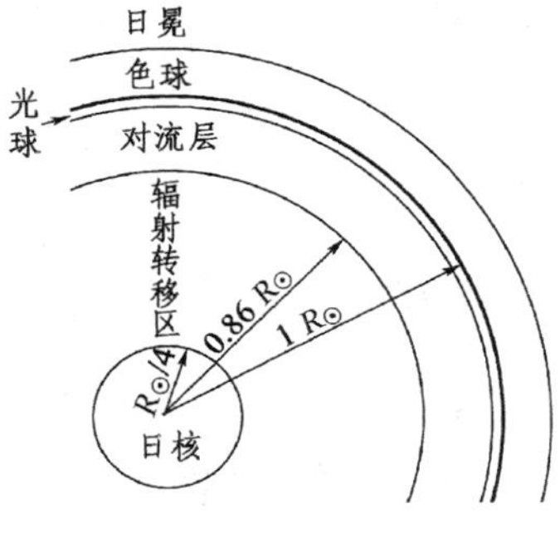

习题 6－6

$$p=\frac{1}{3}aT^4,$$

式中斯特藩–玻耳兹曼常量 $a=7.566\times10^{-16}\text{J/(m}^3\cdot\text{K}^4)$.

（1）估算太阳中心的光压和电磁辐射中电场强度；

（2）在辐射转移区内取半径为 $0.4R_\odot$ 处的温度为 $4.8\times10^6\text{K}$，求该处的光压和电磁辐射中电场强度；

（3）将以上两问的电场强度与原子内部电场强度作数量上的比较。

解：（1）太阳中心的光压

$$p=\frac{1}{3}aT^4=\left[\frac{1}{3}\times7.566\times10^{-16}\times(1.5\times10^7)^4\right]\text{N/m}^2=1.3\times10^{13}\text{N/m}^2,$$

又
$$p=\frac{1}{c}EH=\frac{1}{c}\sqrt{\frac{\varepsilon_0}{\mu_0}}E^2=\varepsilon_0E^2,$$

太阳中心的电磁辐射里的电场强度

$$E=\sqrt{\frac{p}{\varepsilon_0}}=\sqrt{\frac{1.3\times10^{13}}{8.85\times10^{-12}}}\text{V/m}=1.2\times10^{12}\text{V/m}.$$

（2）在辐射转移区内取半径为 $0.4R_\odot$ 处，光压的电场强度为

$$p=\frac{1}{3}aT^4=\frac{1}{3}\times7.566\times10^{-16}\times(4.8\times10^6)^4\text{N/m}^2=1.3\times10^{11}\text{N/m}^2,$$

$$E=\sqrt{\frac{p}{\varepsilon_0}}=\sqrt{\frac{1.3\times10^{11}}{8.85\times10^{-12}}}\text{V/m}=1.2\times10^{11}\text{V/m}.$$

（3）氢原子内部的场强为 $5.1\times10^{11}\text{V/m}$，太阳中心的电磁辐射里的电场强度为氢原子内部的场强的 2 倍有余，在太阳辐射转移区内的场强约为氢原子内部场强的 1/4 有余。

6－7. 设 100 W 的电灯泡将所有能量以电磁波的形式沿各方向均匀地辐射出去，求：

（1）20 m 以外的地方电场强度和磁场强度的方均根值；

（2）在该处对理想反射面产生的光压。

解：（1）$S=\dfrac{100}{4\pi r}=\dfrac{1}{2}E_0H_0=\dfrac{1}{2}\sqrt{\dfrac{\varepsilon_0}{\mu_0}}E_0^2$，　得　$E_0=\left(2S\sqrt{\dfrac{\mu_0}{\varepsilon_0}}\right)^{1/2}$，

$$\sqrt{\overline{E^2}}=\frac{1}{\sqrt{2}}E_0=\left(S\sqrt{\frac{\mu_0}{\varepsilon_0}}\right)^{1/2}=\left(\frac{100}{4\pi\times20^2}\sqrt{\frac{4\pi\times10^{-7}}{8.85\times10^{-12}}}\right)^{1/2}\text{V/m}=2.7\text{V/m},$$

$$\sqrt{\overline{H^2}}==\sqrt{\frac{\varepsilon_0}{\mu_0}}\sqrt{\overline{E^2}}=\left(\sqrt{\frac{8.85\times10^{-12}}{4\pi\times10^{-7}}}\times2.7\right)\text{A/m}=7.3\times10^{-3}\text{A/m}.$$

（2）由书上第六章 3.4 节(6.58)式

$$p=\frac{2}{c}EH=\left(\frac{2}{3\times10^8}\times2.7\times7.3\times10^{-3}\right)\text{N/m}^2=1.3\times10^{-10}\text{N/m}^2.$$

6－8. 设图 6－21b 或 c 中圆柱形导线长为 l，电阻为 R，载有电流 I. 求

证:电磁场通过表面 Σ 输入导线的功率 $\iint \boldsymbol{E}\times\boldsymbol{H}\cdot \mathrm{d}\boldsymbol{\Sigma}$ 等于焦耳热功率 I^2R.

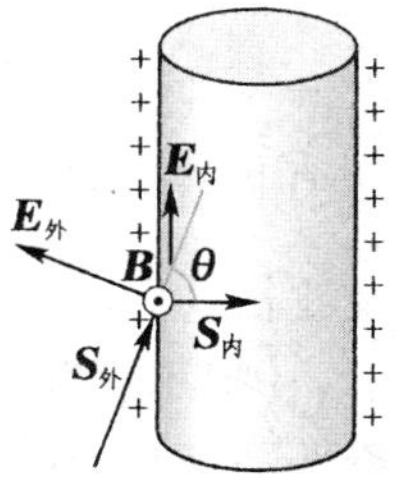

解: 如右图所示， $\boldsymbol{S}=\boldsymbol{E}\times\boldsymbol{H}$， $S_{\perp}=EH\cos\theta$，

$$E\cos\theta=E_{内}=\frac{j}{\sigma}=\frac{I}{\sigma A},\quad H=\frac{I}{2\pi r},$$

$$S_{\perp}=E_{内}H=\frac{I}{\sigma A}\cdot\frac{I}{2\pi r}\quad(A\text{ 为导线横截面积}),$$

电磁场通过侧面输入的功率为

$$P=S_{\perp}\cdot 2\pi rl=I^2\cdot\frac{1}{\sigma}\frac{l}{A}=I^2R,$$

式中 R 是长为 l 的导线的电阻。此式表明,电磁场通过侧面能流输入的功率等于导线内产生的焦耳热功率。

6 - 9. 本题图是一个正在充电的圆形平行板电容器,设边缘效应可以忽略,且电路是准恒的。求证:

(1) 坡印亭矢量 $\boldsymbol{S}=\boldsymbol{E}\times\boldsymbol{H}$ 处处与两极板间圆柱形空间的侧面垂直;

(2) 电磁场输入的功率 $\iint \boldsymbol{E}\times\boldsymbol{H}\cdot\mathrm{d}\boldsymbol{\Sigma}$ 等于电容器内静电能的增加率,即 $\frac{\mathrm{d}}{\mathrm{d}t}\left(\frac{q^2}{2C}\right)$，式中 C 是电容量，q 是极板上的电荷量。

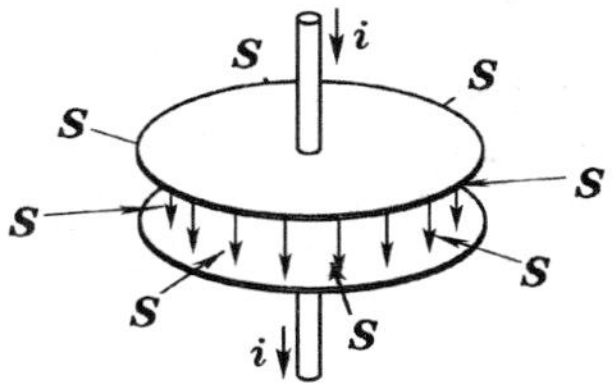

习题 6 - 9

解: (1) 由于 $\boldsymbol{E}$ 竖直向下, $\boldsymbol{H}$ 与板间圆柱形空间的侧面相切，因此能流密度矢量 $\boldsymbol{S}$ 垂直于侧面指向电容器内部。

(2) 能流通过侧面输入的功率为 $P=S\cdot 2\pi Rl=EH\cdot 2\pi Rl$

$$=\frac{q}{\varepsilon_0 A}\cdot\frac{I}{2\pi R}\cdot 2\pi Rl=\frac{q}{C}\frac{\mathrm{d}q}{\mathrm{d}t}=\frac{1}{2C}\frac{\mathrm{d}(q^2)}{\mathrm{d}t}=\frac{\mathrm{d}}{\mathrm{d}t}\left(\frac{q^2}{2C}\right),$$

它等于电容器内静电能的增加率。

6 - 10. 利用第一章习题 1 - 59 和第三章习题 3 - 31 的结果证明：在真空中沿平行双线传输线传播的电磁波速度为 c.

解: $C^*=\dfrac{\pi\varepsilon_0}{\ln\dfrac{d}{a}}$， $L^*=\dfrac{\mu_0\ln\dfrac{d}{a}}{\pi}$， 得 $v=\dfrac{1}{\sqrt{L^*C^*}}=\dfrac{1}{\sqrt{\varepsilon_0\mu_0}}=c.$

6 - 11. 利用电报方程证明:长度为 l 的平行双线(损耗可以忽略)两端开启时电压和电流分别形成如下形式的驻波:

$$\left.\begin{aligned}\widetilde{U}&=\widetilde{U_0}\cos\frac{p\pi x}{l}\exp(\mathrm{i}\omega_p t),\\ \widetilde{I}&=\widetilde{I}_0\sin\frac{p\pi x}{l}\exp(\mathrm{i}\omega_p t),\end{aligned}\right\}\quad(p=1,2,3,\cdots)$$

其中谐振角频率为 $\omega_p=\dfrac{p\pi}{l\sqrt{L^*C^*}}$. 指出电压、电流的波腹和波节的位置,以及波长的大小。

【提示:假设电报方程的解是入射波和反射波的叠加,利用两端的边界条件确定驻波的谐振频率。】

解: 根据书上第六章6.3节(6.76)式,无损耗传输线上的电流满足

$$\frac{\partial^2 I}{\partial x^2}-L^*C^*\frac{\partial^2 I}{\partial t^2}=0,$$

这表明传输线上的电流为一波动过程,传播的速度为 $v=\dfrac{1}{\sqrt{L^*C^*}}$. 上述方程的通解为

$$I=I_1\mathrm{e}^{\mathrm{i}(\omega t-kx)}+I_2\mathrm{e}^{\mathrm{i}(\omega t+kx)},\qquad ①$$

式中两项分别为朝 $\pm x$ 方向传播的波。两端开启的条件是 $x=0$ 和 $x=l$ 处 $I=0$,代入 ① 式得

$$\begin{cases}I_1+I_2=0, & ②\\ I_1\mathrm{e}^{-\mathrm{i}kl}+I_2\mathrm{e}^{\mathrm{i}kl}=0, & ③\end{cases}$$

I_1 和 I_2 的这一 齐次方程组的非零解条件是其系数组成的行列式为0, 即

$$\begin{vmatrix}1 & 1\\ \mathrm{e}^{-\mathrm{i}kl} & \mathrm{e}^{\mathrm{i}kl}\end{vmatrix}=\mathrm{e}^{\mathrm{i}kl}-\mathrm{e}^{-\mathrm{i}kl}=2\mathrm{i}\sin kl=0,$$

所以 $kl=p\pi$, 式中 $p=1, 2, 3, 4, \cdots$.

因此传输线上电流波的波长 λ 和角频率 ω 分别为

$$\lambda=\frac{2\pi}{k}=\frac{2l}{p},\quad \omega=2\pi\nu=2\pi\frac{v}{\lambda}=\frac{p\pi}{l\sqrt{L^*C^*}},\qquad ④$$

这表明此传输线上可传播的波长是 $2l, l, 2l/3, l/2, \cdots$, 而角频率是

$$\frac{\pi}{l\sqrt{L^*C^*}},\ \frac{2\pi}{l\sqrt{L^*C^*}},\ \frac{3\pi}{l\sqrt{L^*C^*}},\ \frac{4\pi}{l\sqrt{L^*C^*}},\ \cdots.$$

由 ② 式得 $I_2=-I_1$, 代入 ① 式,得

$$I=I_1\left(\mathrm{e}^{-\mathrm{i}\frac{p\pi x}{l}}-\mathrm{e}^{\mathrm{i}\frac{p\pi x}{l}}\right)\mathrm{e}^{\mathrm{i}\omega t}=I_0\sin\frac{p\pi x}{l}\mathrm{e}^{\mathrm{i}\omega t},\qquad ⑤$$

式中 $I_0=-2\mathrm{i}I_1$. 由 ⑤ 式可知, 传输线上的电流波形成驻波, 波节在 $x=n\dfrac{\lambda}{2}$ 处, $n=0, 1, 2, \cdots, p$.

将 ⑤ 式代入书上(6.73) 式或(6.74) 式,有

$$\frac{\partial U}{\partial x}=-L^*\frac{\partial I}{\partial t}=-\mathrm{i}\omega L^*I_0\sin\frac{p\pi x}{l}\mathrm{e}^{\mathrm{i}\omega t},$$

$$U=\int(-\mathrm{i}\omega L^*)I_0\sin\frac{p\pi x}{l}\mathrm{e}^{\mathrm{i}\omega t}\mathrm{d}x=\frac{l}{p\pi}\mathrm{i}\omega L^*I_0\cos\frac{p\pi x}{l}\mathrm{e}^{\mathrm{i}\omega t},$$

即
$$U=U_0\cos\frac{p\pi x}{l}\mathrm{e}^{\mathrm{i}\omega t},\qquad ⑥$$

式中
$$U_0=\frac{\mathrm{i}\omega L^* l}{p\pi}I_0=\frac{\mathrm{i}\,L^*}{\sqrt{L^*C^*}}I_0=\mathrm{i}\sqrt{\frac{L^*}{C^*}}I_0.$$

⑥式中还有一个不定积分的任意常数，它与 x 无关，因此与电磁波无关，可以不考虑。

⑥式表明横向电压也是一个驻波，电压波节在电流波腹处，传输线上的电压波长也由④式给出。

电流波和电压波的驻波如右图所示。

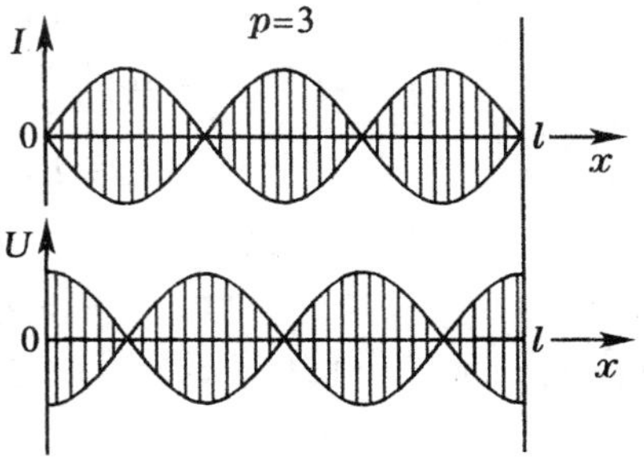

6－12. 上题中若传输双线两端短路，情况若何？

解： 与6－11题解法类似。对于无损耗传输线上的电压书上第六章6.3节有(6.75)式，
$$\frac{\partial^2 U}{\partial x^2}-L^*C^*\frac{\partial^2 U}{\partial t^2}=0,$$
这表明传输线上的横向电压为一波动过程，波的传播的速度为 $v=\dfrac{1}{\sqrt{L^*C^*}}$.

上述方程的通解为
$$U=U_1\mathrm{e}^{\mathrm{i}(\omega t-kx)}+U_2\mathrm{e}^{\mathrm{i}(\omega t+kx)},\qquad ①$$
式中两项分别为朝 $\pm x$ 方向传播的波。两端开启的条件是 $x=0$ 和 $x=l$ 处 $U=0$，代入①式得
$$\begin{cases} U_1+U_2=0, & ②\\ U_1\mathrm{e}^{-\mathrm{i}kl}+U_2\mathrm{e}^{\mathrm{i}kl}=0, & ③\end{cases}$$
U_1 和 U_2 的这一齐次方程组的非零解条件是其系数组成的行列式为0，即
$$\begin{vmatrix}1 & 1\\ \mathrm{e}^{-\mathrm{i}kl} & \mathrm{e}^{\mathrm{i}kl}\end{vmatrix}=\mathrm{e}^{\mathrm{i}kl}-\mathrm{e}^{-\mathrm{i}kl}=2\mathrm{i}\sin kl=0,$$
所以
$$kl=p\pi,\ 式中\ p=1,\ 2,\ 3,\ 4,\ \cdots.$$
因此传输线上电压波的波长 λ 和角频率 ω 分别为
$$\lambda=\frac{2\pi}{k}=\frac{2l}{p},\quad \omega=2\pi\nu=2\pi\frac{v}{\lambda}=\frac{p\pi}{l\sqrt{L^*C^*}},\qquad ④$$
这表明此传输线上可传播的波长是 $2l,\ l,\ 2l/3,\ l/2,\ \cdots$，而角频率是
$$\frac{\pi}{l\sqrt{L^*C^*}},\ \frac{2\pi}{l\sqrt{L^*C^*}},\ \frac{3\pi}{l\sqrt{L^*C^*}},\ \frac{4\pi}{l\sqrt{L^*C^*}},\ \cdots.$$

由②式得 $U_2=-U_1$，代入①式，得
$$U_1=U_1\left(\mathrm{e}^{-\mathrm{i}\frac{p\pi x}{l}}-\mathrm{e}^{\mathrm{i}\frac{p\pi x}{l}}\right)\mathrm{e}^{\mathrm{i}\omega t}=U_0\sin\frac{p\pi x}{l}\mathrm{e}^{\mathrm{i}\omega t},\qquad ⑤$$
式中 $U_0=-2iU_1$. 由⑤式可知，传输线上的横向电压波形成驻波，波节在

$x=n\dfrac{\lambda}{2}$ 处，$n=0,\ 1,\ 2,\ \cdots,\ p.$

将 ⑤ 式代入书上(6.73)式或(6.74)式，有

$$\frac{\partial I}{\partial x}=-C^*\frac{\partial U}{\partial t}=-\mathrm{i}\omega C^*U_0\sin\frac{p\pi x}{l}\mathrm{e}^{\mathrm{i}\omega t},$$

$$I=\int(-\mathrm{i}\omega C^*)U_0\sin\frac{p\pi x}{l}\mathrm{e}^{\mathrm{i}\omega t}\mathrm{d}x=\frac{l}{p\pi}\mathrm{i}\omega C^*U_0\cos\frac{p\pi x}{l}\mathrm{e}^{\mathrm{i}\omega t}$$

即
$$I=I_0\cos\frac{p\pi x}{l}\mathrm{e}^{\mathrm{i}\omega t},\qquad⑥$$

式中
$$I_0=\frac{\mathrm{i}\omega C^*l}{p\pi}U_0=\frac{\mathrm{i}C^*}{\sqrt{L^*C^*}}I_0=\mathrm{i}\sqrt{\frac{C^*}{L^*}}U_0.$$

⑥ 式中还有一个不定积分的任意常数，它与 x 无关，因此与电磁波无关，可以不考虑。

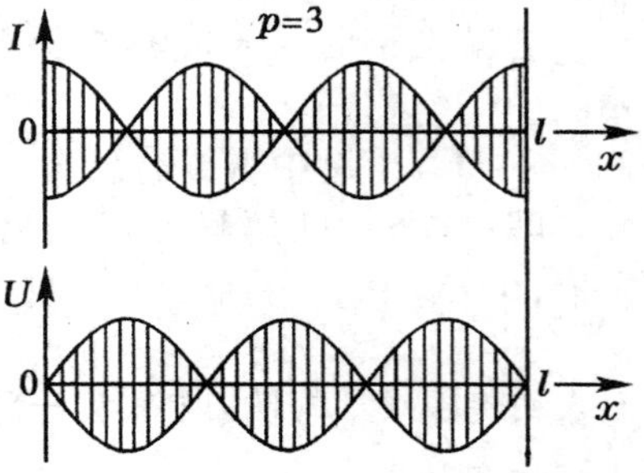

⑥ 式表明电流也是一个驻波，电流波节在电压波腹处，传输线上的电流波长也由 ④ 式给出。

电压波和电流波的驻波如右图所示。

6 － 13. 上题中若传输双线一端开启、一端短路，情况若何？

解： 无损耗传输线的电报方程对于横向电压和电流满足的方程为[见书上第六章 6.3 节有(6.75) 式和(6.75) 式]

$$\frac{\partial^2U}{\partial x^2}-L^*C^*\frac{\partial^2U}{\partial t^2}=0,\qquad \frac{\partial^2I}{\partial x^2}-L^*C^*\frac{\partial^2I}{\partial t^2}=0,$$

这表明传输线上的横向电压和电流是波动过程，波的传播速度为 $v=\dfrac{1}{\sqrt{L^*C^*}}$.

上述方程的通解为

$$U=U_1\mathrm{e}^{\mathrm{i}(\omega t-kx)}+U_2\mathrm{e}^{\mathrm{i}(\omega t+kx)},\qquad①$$

$$I=I_1\mathrm{e}^{\mathrm{i}(\omega t-kx)}+I_2\mathrm{e}^{\mathrm{i}(\omega t+kx)},\qquad②$$

将 ①、② 两式代入(6.74) 式，得

$$\mathrm{i}k\left(-U_1\mathrm{e}^{-\mathrm{i}kx}+U_2\mathrm{e}^{\mathrm{i}kx}\right)=-\mathrm{i}\omega L^*\left(I_1\mathrm{e}^{-\mathrm{i}kx}+I_2\mathrm{e}^{\mathrm{i}kx}\right).\qquad③$$

一端开启一端短路的边界条件为 $x=0$ 处 $I=0$，$x=l$ 处 $U=0$. 由 ①、② 两式可得

$$\begin{cases}I_2=-I_1, & ④\\ U_2=U_1\mathrm{e}^{-2\mathrm{i}kx}. & ⑤\end{cases}$$

将 ④、⑤ 两式代入 ③ 式，得

$$kU_1\left[\mathrm{e}^{-\mathrm{i}kx}+\mathrm{e}^{\mathrm{i}k(x-2l)}\right]=\omega L^*I_1\left(\mathrm{e}^{\mathrm{i}kx}-\mathrm{e}^{-\mathrm{i}kx}\right).\qquad⑥$$

此式适用于任何 x. 令 $x=0$，有

$$kU_1\left(1+\mathrm{e}^{-2\mathrm{i}kl}\right)=0.\qquad⑦$$

U_1 有非零解的条件是

$$1+e^{-2ikl}=0, \quad 得 \quad e^{-2ikl}=-1=e^{-ip\pi},$$

所以 $$2kl=p\pi, \quad k=\frac{p\pi}{2l}, \quad 其中 p=1, 3, 5, \cdots.$$

由此得横向电压波和电流波的波长和角频率分别为

$$\lambda=\frac{2\pi}{k}=\frac{4l}{p}, \quad \omega=2\pi\nu=\frac{2\pi v}{\lambda}=\frac{p\pi}{2l\sqrt{L^* C^*}},$$

于是将④式代入②式

$$I=I_1\left(e^{-ikx}-e^{ikx}\right)e^{i\omega t}=-2iI_1\sin\frac{p\pi x}{2l}e^{i\omega t}=I_0\sin\frac{p\pi x}{2l}e^{i\omega t}, \tag{8}$$

其中 $I_0=-2iI_1$。将⑤式代入①式，且考虑到⑦式

$$U=U_1 e^{i(\omega t-kx)}-U_1 e^{i(\omega t+kx)}e^{2ikl}$$
$$=U_1\left(e^{-ikx}+e^{ikx}\right)e^{i\omega t}=2U_1\cos\frac{p\pi x}{2l}e^{i\omega t}=U_0\cos\frac{p\pi x}{2l}e^{i\omega t}, \tag{9}$$

其中 $U_0=2U_1$. 可见传输线上横向电压和电流也都形成驻波。电流驻波波节如下确定。由⑧式，

$$\frac{p\pi x}{2l}=n\pi, \quad n=0, 1, 2, \cdots.$$

由于 x 最大为 l，即 $x\leqslant l$，因此

$$x=\frac{2nl}{p}\leqslant l, \quad 故 \quad n\leqslant\frac{p}{2},$$

即最大的整数 n 应小于 $\frac{p}{2}$. 例如当 $p=3$ 时，则 $n=0, 1$，波节在 $x=0$ 和 $\frac{2l}{3}$ 处，如右图上所示。

相应的电压驻波波节如下确定。由⑨式，

$$\frac{p\pi x}{2l}=n\pi+\frac{\pi}{2}, \quad n=0, 1, 2, \cdots。$$

由于 x 最大为 l，即 $x\leqslant l$，因此

$$x=\frac{(2n+1)l}{p}\leqslant l, \; 故 \; n\leqslant\frac{p-1}{2},$$

即最大的整数 n 应小于 $\frac{p-1}{2}$. 例如当 $p=3$ 时，则 $n=0, 1$，波节在 $x=\frac{l}{3}$ 和 l 处，如右图下所示。

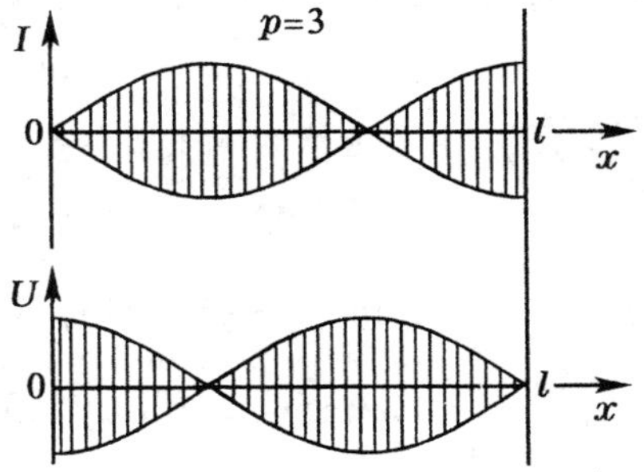

6－14. 推导高斯单位制中电能密度 w_e、磁能密度 w_m、坡印亭矢量 $\boldsymbol{S}$ 和电磁动量密度 $\boldsymbol{g}$ 的表达式。

解：（1）由书上第六章表 6－4，

$$1\,\mathrm{V/m}=\frac{10^6}{c}\mathrm{e.s.u.},\quad 即\quad E_{\mathrm{MKSA}}=\frac{c}{10^6}E_{\mathrm{e.s.u.}},$$

$$1\,\mathrm{C/m^2}=\frac{4\pi c}{10^5}\mathrm{e.s.u.},\quad 即\quad D_{\mathrm{MKSA}}=\frac{10^5}{4\pi c}D_{\mathrm{e.s.u.}},$$

$$1\,\mathrm{J/m^3}=10\,\mathrm{erg/cm^3},\quad 即\quad w_{\mathrm{MKS}}=\frac{1}{10}w_{\mathrm{CGS}},$$

于是

$$\frac{1}{10}w_{\mathrm{CGS}}=w_{\mathrm{MKS}}=\frac{1}{2}\boldsymbol{D}_{\mathrm{MKSA}}\cdot\boldsymbol{E}_{\mathrm{MKSA}}$$

$$=\frac{1}{2}\,\frac{10^5}{4\pi c}\boldsymbol{D}_{\mathrm{e.s.u.}}\cdot\frac{c}{10^6}\boldsymbol{E}_{\mathrm{e.s.u.}}=\frac{1}{80\pi}\boldsymbol{D}_{\mathrm{e.s.u.}}\cdot\boldsymbol{E}_{\mathrm{e.s.u.}},$$

所以

$$w_{\mathrm{CGS}}=\frac{1}{8\pi}\boldsymbol{D}_{\mathrm{e.s.u.}}\cdot\boldsymbol{E}_{\mathrm{e.s.u.}},$$

即在高斯单位制中电能密度的表达式为

$$w=\frac{1}{8\pi}\boldsymbol{D}\cdot\boldsymbol{E}.$$

（2）由书上第六章表 6－4,

$$1\,\mathrm{T}=10^4\,\mathrm{Gs},\quad 即\quad B_{\mathrm{MKSA}}=\frac{1}{10^4}B_{\mathrm{e.m.u.}},$$

$$1\,\mathrm{A/m}=4\pi\times10^{-3}\,\mathrm{Oe},\quad 即\quad H_{\mathrm{MKSA}}=\frac{1}{4\pi\times10^{-3}}H_{\mathrm{e.m.u.}},$$

于是

$$\frac{1}{10}w_{\mathrm{CGS}}=w_{\mathrm{MKS}}=\frac{1}{2}\boldsymbol{B}_{\mathrm{MKSA}}\cdot\boldsymbol{H}_{\mathrm{MKSA}}$$

$$=\frac{1}{2}\,\frac{1}{10^4}\boldsymbol{B}_{\mathrm{e.m.u.}}\cdot\frac{1}{4\pi\times10^{-3}}\boldsymbol{H}_{\mathrm{e.m.u.}}=\frac{1}{80\pi}\boldsymbol{B}_{\mathrm{e.m.u.}}\cdot\boldsymbol{H}_{\mathrm{e.m.u.}},$$

所以

$$w_{\mathrm{CGS}}=\frac{1}{8\pi}\boldsymbol{B}_{\mathrm{e.m.u.}}\cdot\boldsymbol{H}_{\mathrm{e.m.u.}},$$

即在高斯单位制中磁能密度的表达式为

$$w=\frac{1}{8\pi}\boldsymbol{B}\cdot\boldsymbol{H}.$$

（3）由书上第六章表 6－4,

$$1\,\mathrm{V/m}=\frac{10^6}{c}\mathrm{e.s.u.},\quad 即\quad E_{\mathrm{MKSA}}=\frac{c}{10^6}E_{\mathrm{e.s.u.}};$$

$$1\,\mathrm{A/m}=4\pi\times10^{-3}\,\mathrm{Oe},\quad 即\quad H_{\mathrm{MKSA}}=\frac{1}{4\pi\times10^{-3}}H_{\mathrm{e.m.u.}};$$

$$1\,\mathrm{J/m^2\cdot s}=10^3\,\mathrm{erg/cm^2\cdot s},\quad 即\quad S_{\mathrm{MKS}}=\frac{1}{10^3}S_{\mathrm{CGS}};$$

于是

$$\frac{1}{10^3}\boldsymbol{S}_{\mathrm{CGS}}=\boldsymbol{S}_{\mathrm{MKS}}=\boldsymbol{E}_{\mathrm{MKSA}}\times\boldsymbol{H}_{\mathrm{MKSA}}$$

$$=\frac{c}{10^6}\boldsymbol{E}_{\mathrm{e.s.u.}}\times\frac{1}{4\pi\times10^{-3}}\boldsymbol{H}_{\mathrm{e.m.u.}}=\frac{c}{4\pi\times10^3}\boldsymbol{E}_{\mathrm{e.s.u.}}\times\boldsymbol{H}_{\mathrm{e.m.u.}},$$

所以

$$\boldsymbol{S}_{\mathrm{CGS}}=\frac{c}{4\pi}\boldsymbol{E}_{\mathrm{e.s.u.}}\times\boldsymbol{H}_{\mathrm{e.m.u.}}$$

即在高斯单位制中坡印亭矢量的表达式为

$$S=\frac{c}{4\pi}E\times H.$$

(4) 由书上第六章表 6－4，

$$1\,\mathrm{kg/m^2\cdot s}=10^{-1}\mathrm{g/cm^2\cdot s},\quad 即\quad g_{\mathrm{MKSA}}=10g_{\mathrm{CGS}};$$

于是

$$10\,\boldsymbol{g}_{\mathrm{CGS}}=\boldsymbol{g}_{\mathrm{MKS}}=\frac{1}{c_{\mathrm{MKS}}^2}\boldsymbol{E}_{\mathrm{MKSA}}\times\boldsymbol{H}_{\mathrm{MKSA}}$$

$$=\frac{1}{10^{-4}c_{\mathrm{CGS}}^2}\frac{c_{\mathrm{CGS}}}{10^6}\boldsymbol{E}_{\mathrm{e.s.u.}}\times\frac{1}{4\pi\times10^{-3}}\boldsymbol{H}_{\mathrm{e.m.u.}}=\frac{10}{4\pi c}\boldsymbol{E}_{\mathrm{e.s.u.}}\times\boldsymbol{H}_{\mathrm{e.m.u.}},$$

即在高斯单位制中电磁动量密度的表达式为

$$\boldsymbol{g}=\frac{1}{4\pi c}\boldsymbol{E}\times\boldsymbol{H}.$$

6－15. 推导高斯单位制中平行板电容器电容和螺线管自感的表达式。

解：(1) 由书上第六章表 6－4，

$$1\,\mathrm{F}=\frac{c^2}{10^9}\mathrm{e.s.u.},\quad 即\quad C_{\mathrm{MKSA}}=\frac{10^9}{c^2}C_{\mathrm{e.s.u.}};$$

$$1\,\mathrm{C/m^2}=\frac{4\pi c}{10^5}\mathrm{e.s.u.},\quad 即\quad D_{\mathrm{MKSA}}=\frac{10^5}{4\pi c}D_{\mathrm{e.s.u.}};$$

$$1\,\mathrm{V/m}=\frac{10^6}{c}\mathrm{e.s.u.},\quad 即\quad E_{\mathrm{MKSA}}=\frac{c}{10^6}E_{\mathrm{e.s.u.}};$$

$$\varepsilon_0=\frac{D_{\mathrm{MKSA}}}{E_{\mathrm{MKSA}}}=\frac{\frac{10^5}{4\pi c}D_{\mathrm{e.s.u.}}}{\frac{c}{10^6}E_{\mathrm{e.s.u.}}}=\frac{10^{11}}{4\pi c^2}\frac{D_{\mathrm{e.s.u.}}}{E_{\mathrm{e.s.u.}}}=\frac{10^{11}}{4\pi c^2};$$

$$\frac{10^9}{c^2}C_{\mathrm{e.s.u.}}=C_{\mathrm{MKSA}}=\frac{\varepsilon_0 S_{\mathrm{MKS}}}{d_{\mathrm{MKS}}}=\frac{10^{11}}{4\pi c^2}\frac{10^{-4}S_{\mathrm{CGS}}}{10^{-2}d_{\mathrm{CGS}}}=\frac{10^9}{4\pi c^2}\frac{S_{\mathrm{CGS}}}{d_{\mathrm{CGS}}},$$

所以

$$C_{\mathrm{e.s.u.}}=\frac{S_{\mathrm{CGS}}}{4\pi d_{\mathrm{CGS}}},$$

即在高斯单位制中平行板电容器电容的表达式为

$$C=\frac{S}{4\pi d}.$$

(2) 由书上第六章表 6－4，

$$1\,\mathrm{H}=10^9\mathrm{e.m.u.},\quad 即\quad L_{\mathrm{MKSA}}=\frac{1}{10^9}L_{\mathrm{e.m.u.}};$$

$$\frac{1}{10^9}L_{\mathrm{e.m.u.}}=L_{\mathrm{MKSA}}=\mu_0 n_{\mathrm{MKS}}^2V_{\mathrm{MKS}}$$

$$=4\pi\times10^{-7}\times10^4n_{\mathrm{CGS}}^2\times10^{-6}V_{\mathrm{CGS}}=\frac{4\pi}{10^9}n_{\mathrm{CGS}}^2V_{\mathrm{CGS}},$$

所以

$$L_{\mathrm{e.m.u.}}=4\pi n_{\mathrm{CGS}}^2V_{\mathrm{CGS}},$$

即在高斯单位制中螺线圈自感的表达式为

$$L=4\pi n^2V.$$

6 - 16. 实用中磁场强度的单位往往用 Oe,而电流的单位用 A,长度的单位用 cm(这是 MKSA 制和高斯制的混合)。试证明，在这种情况下螺线管磁场强度的公式为

$$H = 0.4\pi nI.$$

解：$1\,\mathrm{A/m} = 4\pi\times10^{-3}\,\mathrm{Oe}$， 即 $H_{\mathrm{MKSA}} = \dfrac{1}{4\pi\times10^{-3}}H_{\mathrm{e.m.u.}}$；

$$\frac{H_{\mathrm{e.m.u.}}}{4\pi\times10^{-3}} = H_{\mathrm{MKSA}} = n_{\mathrm{MKS}}I_{\mathrm{MKSA}} = 10^{2}n_{\mathrm{CGS}}I_{\mathrm{MKSA}},$$

所以

$$H_{\mathrm{e.m.u.}} = 0.4\pi n_{\mathrm{CGS}}I_{\mathrm{MKSA}}.$$

6 - 17. 实用中磁通量的单位常常用 Mx,电动势的单位用 V. 试证明：在这种情况下法拉第电磁感应定律的表达式为

$$\mathscr{E} = -10^{-8}\frac{\mathrm{d}\Phi_B}{\mathrm{d}t}.$$

解：$1\,\mathrm{Wb} = 10^{8}\,\mathrm{Mx}$， 即 $\Phi_{\mathrm{MKSA}} = 10^{-8}\Phi_{\mathrm{e.m.u.}}$；

$$\mathscr{E}_{\mathrm{MKSA}} = -\frac{\mathrm{d}\Phi_{\mathrm{MKSA}}}{\mathrm{d}t} = -10^{-8}\frac{\mathrm{d}\Phi_{\mathrm{e.m.u.}}}{\mathrm{d}t}.$$

附录 D　复数的运算

D－**1**. 计算下列复数的模和辐角。

(1) $(1+2i)+(2+3i)$;

(2) $(3+i)-[1+(1+\sqrt{3})i]$;

(3) $(2+3i)-(3+4i)$;

(4) $(-2+7i)+(-1-2i)$.

解: (1) $(1+2i)+(2+3i)=3+5i$,

$$A=\sqrt{3^2+5^2}=\sqrt{34},\quad \varphi=\arctan\frac{5}{3}=\arctan 1.67=59°;$$

(2) $(3+i)-[1+(1+\sqrt{3})i]=2-\sqrt{3}i$,

$$A=\sqrt{2^2+3}=\sqrt{7},\quad \varphi=\arctan\left(-\frac{\sqrt{3}}{2}\right)=319°;$$

(3) $(2+3i)-(3+4i)=-1-i$,

$$A=\sqrt{1+1}=\sqrt{2},\quad \varphi=\arctan\frac{-1}{-1}=225°;$$

(4) $(-2+7i)+(-1-2i)=-3+5i$,

$$A=\sqrt{(-3)^2+5^2}=\sqrt{34},\quad \varphi=\arctan\frac{5}{-3}=121°.$$

D－**2**. 计算下列复数的实部和虚部。

(1) $(-1-\sqrt{3}i)\times(1+\sqrt{3}i)$;

(2) $(-1+\sqrt{3}i)^2$;

(3) $\dfrac{-2i}{1-i}$;

(4) $\dfrac{1-\sqrt{3}i}{\sqrt{3}+i}$.

解: (1) $(-1-\sqrt{3}i)\times(1+\sqrt{3}i)=2-2\sqrt{3}i$,　实部=2,　虚部=$-2\sqrt{3}$;

(2) $(-1+\sqrt{3}i)^2=-2-2\sqrt{3}i$,　实部=$-2$,　虚部=$-2\sqrt{3}$;

(3) $\dfrac{-2i}{1-i}=\dfrac{-2i}{1-i}\cdot\dfrac{1+i}{1+i}=1-i$,　实部=1,　虚部=$-1$;

(4) $\dfrac{1-\sqrt{3}i}{\sqrt{3}+i}=\dfrac{1-\sqrt{3}i}{\sqrt{3}+i}\cdot\dfrac{\sqrt{3}-i}{\sqrt{3}-i}=\dfrac{\sqrt{3}}{2}-i$,　实部=$\dfrac{\sqrt{3}}{2}$,　虚部=$-1$.

D－**3**. 用复数求两个简谐量

$$a(t)=A\cos(\omega t+\varphi_a) \text{ 和 } b(t)=B\cos(\omega t+\varphi_b)$$

乘积的平均值 $\overline{a(t)b(t)}=\dfrac{1}{T}\displaystyle\int_0^T a(t)b(t)\,dt\ (T=2\pi/\omega)$:

	A	φ_a	B	φ_b	平均值
(1)	2	$\pi/3$	1	$2\pi/3$	
(2)	6	$\pi/4$	2	0	
(3)	3	$\pi/3$	1	$-2\pi/3$	
(4)	0.2	$4\pi/5$	7	$6\pi/5$	

解:

$$\overline{a(t)b(t)}=\frac{1}{T}\int_0^T a(t)b(t)\,\mathrm{d}t$$

$$=\frac{AB}{T}\int_0^T \cos(\omega t+\varphi_a)\cos(\omega t+\varphi_b)\,\mathrm{d}t$$

$$=\frac{AB}{2T}\left[\int_0^T \cos(2\omega t+\varphi_a+\varphi_b)\,\mathrm{d}t+\int_0^T \cos(\varphi_a-\varphi_b)\,\mathrm{d}t\right]$$

$$=\frac{AB}{2}\cos(\varphi_a-\varphi_b).$$

(1) $\overline{a(t)b(t)}=\cos\left(-\frac{\pi}{3}\right)=0.5$;

(2) $\overline{a(t)b(t)}=6\cos\left(\frac{\pi}{4}\right)=3\sqrt{2}=4.23$;

(3) $\overline{a(t)b(t)}=\frac{3}{2}\cos\pi=-1.5$;

(4) $\overline{a(t)b(t)}=0.7\cos\left(-\frac{2\pi}{5}\right)=0.22$.

读者意见反馈

为收集对教材的意见建议，进一步完善教材编写并做好服务工作，读者可将对本教材的意见建议通过如下渠道反馈至我社。

咨询电话　400-810-0598

反馈邮箱　hepsci@pub.hep.cn

通信地址　北京市朝阳区惠新东街4号富盛大厦1座
　　　　　高等教育出版社理科事业部

邮政编码　100029